Lehr- und Handbücher der Statistik

Herausgegeben von Universitätsprofessor Dr. Rainer Schlittgen

Bisher erschienene Werke:

Böhning, Allgemeine Epidemiologie
Caspary · Wichmann, Lineare Modelle
Chatterjee · Price (Übers. Lorenzen), Praxis der Regressionsanalyse, 2. Auflage
Degen · Lorscheid, Statistik-Lehrbuch, 2. Auflage
Degen · Lorscheid, Statistik-Aufgabensammlung, 4. Auflage
Hartung, Modellkatalog Varianzanalyse
Harvey (Übers. Untiedt), Ökonometrische Analyse von Zeitreihen, 2. Auflage
Harvey (Übers. Untiedt), Zeitreihenmodelle, 2. Auflage
Heiler · Michels, Deskriptive und Explorative Datenanalyse
Kockelkorn, Lineare statistische Methoden
Miller (Übers. Schlittgen), Grundlagen der Angewandten Statistik
Naeve, Stochastik für Informatik
Oerthel · Tuschl, Statistische Datenanalyse mit dem Programmpaket SAS
Pflaumer · Heine · Hartung, Statistik für Wirtschaft- und Sozialwissenschaften: Deskriptive Statistik, 2. Auflage
Pflaumer · Heine · Hartung, Statistik für Wirtschafts- und Sozialwissen-schaften: Induktive Statistik
Pokropp, Lineare Regression und Varianzanalyse
Rasch · Herrendörfer u. a., Verfahrensbibliothek, Band I und Band 2
Riedwyl · Ambühl, Statistische Auswertungen mit Regressionsprogrammen
Rinne, Wirtschafts- und Bevölkerungsstatistik, 2. Auflage
Rinne, Statistische Analyse multivariater Daten – Einführung
Rüger, Induktive Statistik, 3. Auflage
Rüger, Test- und Schätztheorie, Band I
Rüger, Test- und Schätztheorie, Band II: Statistische Tests
Schlittgen, Statistik, 10. Auflage
Schlittgen, Statistik-Trainer
Schlittgen, Statistische Inferenz
Schlittgen, GAUSS für statistische Berechnungen
Schlittgen, Angewandte Zeitreihenanalyse
Schlittgen · Streitberg, Zeitreihenanalyse, 9. Auflage
Schürger, Wahrscheinlichkeitstheorie
Tutz, Die Analyse kategorialer Daten

Fachgebiet Biometrie

Herausgegeben von Dr. Rolf Lorenz

Bisher erschienene Werke:

Bock, Bestimmung des Stichprobenumfangs
Brunner · Langer, Nichtparametrische Analyse longitudinaler Daten

Einführung in die Statistik

Analyse und Modellierung von Daten

Von
Univ.-Prof. Dr. Rainer Schlittgen

10., durchgesehene Auflage

R. Oldenbourg Verlag München Wien

Bibliografische Information Der Deutschen Bibliothek

Die Deutsche Bibliothek verzeichnet diese Publikation in der Deutschen Nationalbibliografie; detaillierte bibliografische Daten sind im Internet über <http://dnb.ddb.de> abrufbar.

Rosenheimer Straße 145, D-81671 München
Telefon: (089) 45051-0
www.oldenbourg-verlag.de

Gedruckt auf säure- und chlorfreiem Papier
Druck: Tutte Druckerei GmbH, Salzweg
Bindung: R. Oldenbourg Graphische Betriebe Binderei GmbH

ISBN 3-486-27446-5

Vorwort zur zehnten Auflage

Die breite Akzeptanz der Einführung in die Statistik hat erfreulicherweise eine Neuauflage notwendig gemacht. Nach den zwischenzeitlichen Verbesserungen, die bis hin zur neunten Auflage eingearbeitet wurden, kann diese Auflage nun in unveränderter Form dem Leser vorgelegt werden.

Rainer Schlittgen,
Hamburg

Vorwort zur achten Auflage

Nach der zwischenzeitlichen gründlichen Durchsicht mit der Einarbeitung der sich daraus ergebenden Änderungen und Erweiterungen ist der Text ausgereift. Trotzdem erschienen mir an einigen Stellen weitere Verbesserungen wünschenswert; diese habe ich für diese Auflage vorgenommen.

Ich möchte allen herzlich danken, die mich ermunterten, weiter an dem Buch zu feilen. Besonderer Dank geht an Herrn M. Weigert sowohl für das bereitwillige Akzeptieren meiner Änderungswünsche, als auch für die gute Zusammenarbeit.

Vorwort zur ersten Auflage

Experimentell arbeitende Wissenschaftler sammeln Daten, bereiten sie auf und analysieren sie, um so zu neuen Einsichten und Erkenntnissen zu gelangen. Sie und auch sonst alle, die aus Daten Erkenntnisse gewinnen möchten, setzen dabei statistische Methoden ein. Als Ansammlung der Methoden zur Datengewinnung, -aufbereitung, -analyse sowie der Darstellung von Daten ist die angewandte Statistik jedoch nicht vollständig erfaßt. Es kommen die Fragen von der richtigen Auswahl und dem korrekten Einsatz der Methoden hinzu, Fragen, deren Antwort von den zugrundeliegenden statistischen Modellen abhängt. Neben der Analyse von Daten auf der Basis von Modellen ist auch die Anpassung von statistischen Modellen an Datensätze ein wesentlicher Bereich der angewandten Statistik.

Generell ist die datenanalytische Komponente der angewandten Statistik von großer Bedeutung. Dies ist erst im letzten Jahrzehnt wieder verstärkt zu Bewußtsein gekommen, nach einer Zeit, in der das Augenmerk der Fachvertreter mehr auf die Entwicklung und Untersuchung von Methoden im Rahmen vorgegebener Modelle gerichtet war. Hier hat der amerikanische Statistiker John W. Tukey eine wichtige Rolle gespielt. Mit seinem 1977 erschienenen Buch „Exploratory Data Analysis“ hat er gewissermaßen eine großangelegte Erziehungskampagne eingeleitet. Um eingefahrene Vorstellungen aufzubrechen, prägte er auch zahlreiche neue Vokabeln für unwesentlich geänderte, etablierte Konzepte. Nachdem nun die Botschaft angekommen ist, können wir auf diese Modifikationen und neuen Vokabeln wieder verzichten, ohne daß die wichtigen Aspekte der Datenanalyse verloren gingen.

Das Gerüst dieser Einführung in die Statistik bilden die grundlegenden statistischen Verfahren zur Aufbereitung, Darstellung und Analyse von Daten. Die Orientierung lieferte dabei der an deutschen Hochschulen übliche Standard für die zweisemestrige Statistik-Ausbildung für Wirtschaftswissenschaftler. Aufgenommen wurden aber einige der Darstellungsweisen und Methoden der explorativen Datenanalyse. Verschiedene Methoden wurden unter dem Gesichtspunkt der neueren Erkenntnisse über die Anwendungsprobleme anders gewichtet als in den meisten der vorliegenden Einführungen in die Statistik.

Abgewichen wird von der verbreiteten Gliederung „Deskriptive Statistik – Wahrscheinlichkeitsrechnung – Induktive Statistik". Sie entspricht nicht der hier vertretenen, an der Analyse von Daten orientierten Auffassung von angewandter Statistik. Dieser Blick motiviert eine weit nach vorn gezogene, knappe Darstellung der Wahrscheinlichkeitsrechnung als Grundlage theoretischer Modelle und eine integrierte Darstellung empirischer und theoretischer Größen. Schließlich werden Methoden der Induktiven Statistik in heuristischer Form schon weit vor ihrer formalen Behandlung verwendet.

Dennoch läßt sich das Buch auch als Grundlage für einen eher traditionell aufgebauten Kurs – im Sinne erst deskriptive Statistik, dann Wahrscheinlichkeitsrechnung und schließlich schließende Statistik – verwenden. Die einzelnen Teile sind nämlich modular geschrieben. Somit läßt sich der Text auch in der Reihenfolge

Kapitel 1 & 2 & 3	Aufbereitung von Daten
Kapitel 6.1	empirische Lageparameter
Kapitel 7.1	empirische Streuungsparameter
Kapitel 9.1	empirische Zusammenhangsmaße
Kapitel 20.1 (& 20.5)	empirische Regression
Kapitel 4 & 5	Wahrscheinlichkeitsrechnung und Zufallsvariable
Kapitel 6.2	Erwartungswert
Kapitel 7.2	theoretische Varianz
Kapitel 9.2	theoretische Korrelation
Kapitel 10 & folgende	diskrete Verteilungen und weiter im Text

durcharbeiten oder lehren. Die Zuordnung der Aufgaben zum empirischen bzw. theoretischen Teil ist dabei offensichtlich. Das Kapitel 8 ist bei diesem Vorschlag ausgelassen, da hier im Gegensatz zu den anderen Kapiteln die theoretische Situation vor der empirischen behandelt wird.

Es wurde Wert darauf gelegt (und viel Mühe darauf verwandt), die Verfahren ausführlich zu begründen und den Text so zu gestalten, daß er nicht nur als Grundlage für Lehrveranstaltungen, sondern auch zum Selbststudium geeignet ist. Die beispielhaften Auswertungen zahlreicher realer Datensätze aus den verschiedenen Wissensbereichen – von der Ökonomie über die Medizin bis zur Astrophysik – sollen dazu beitragen, den Leser zu befähigen, die statistischen Methoden selbständig anzuwenden. Auch die Aufgaben sind zum großen Teil unter diesem Gesichtspunkt ausgewählt.

Der hier dargestellte Zugang zur Statistik resultiert aus zahlreichen Diskussionen und Skriptentwürfen, an denen ich seit 1971 an mehreren Universitäten beteiligt war. Dabei war die Zeit an der Freien Universität Berlin prägend. Die endgültige Form wurde an der Universität – GHS – Essen erarbeitet.

Rainer Schlittgen

Inhaltsverzeichnis

1 Statistische Daten

Wir beschäftigen uns in diesem Buch mit verschiedenen Ansätzen zur Aufbereitung und Auswertung von statistischen Daten. Auf die vielfältigen praktischen Fragen der Datengewinnung gehen wir dabei nicht ein. In einem kurzen Abschnitt über die Erhebungsarten sollen lediglich einige für das Weitere relevante Begriffe bereitgestellt werden.

Daten sind auf geeignete Weise ermittelte Zahlen. Diesen ist an sich nicht anzusehen, was sie bedeuten. Mit dem Konzept der statistischen Variablen können Daten aber einfach mit ihrem Inhalt verbunden werden. Auch die Frage, welche Zahlenmanipulationen sinnvoll sind, können wir mittels der Variablen untersuchen.

1.1 Erhebungen

Problemstellung

Die Löhne und Gehälter der Arbeitnehmer in der Bundesrepublik Deutschland werden durch zahlreiche Einflußfaktoren bestimmt. Sie weisen dementsprechend mehr oder weniger starke Schwankungen auf, wenn sie nach verschiedenen Gesichtspunkten, z. B. nach Wirtschaftszweigen und dem Alter, untergliedert werden.

Die Kenntnis dieser Gehalts- und Lohnstruktur ist für verschiedene Gruppen der Gesellschaft von Interesse. Dabei führen die unterschiedlichen Interessen auch zu bestimmten Wertungen einer Lohn- und Gehaltsstruktur. Zum Beispiel werden bei der Interpretation durch Gewerkschaften in starkem Maße soziale Gesichtspunkte einfließen, während die Unternehmer den Lohn als Preis für die Ware Arbeitskraft, als Kostenfaktor, unter Optimalitätsgesichtspunkten, als Motor für die Mobilität der Arbeiter usw. ansehen und unter diesen Gesichtspunkten auch die Lohnstruktur diskutieren werden.

Zur Ermittlung der notwendigen Angaben wurde von den statistischen Landesämtern wiederholt eine Gehalts- und Lohnstruktur-(GLS-)erhebung durchgeführt. Bei dieser Erhebung sollen u. a. ausgewählte Betriebe für einen Teil der bei ihnen beschäftigten Arbeiter die abgedruckte Erhebungsliste ausfüllen. Zusammen mit Angaben über den Betrieb läßt sich daraus die Lohnstruktur ermitteln.

Begriffsbildungen

Wie bei der GLS-Erhebung richtet sich das Augenmerk der statistisch Arbeitenden darauf, Strukturen und Gesetzmäßigkeiten in Datensätzen zu finden und zu beschreiben, kurz, sie statistisch zu analysieren. **Datensätze** sind Ansammlungen gleichartiger **Daten**, den in Zahlenform festgehaltenen Ergebnissen von Befragungen, Beobachtungen oder Experimenten.

Die Gehalts- und Lohnstrukturerhebung ist ein Beispiel für eine **Befragung**. Um gleichartige Daten zu erhalten, die sinnvoll statistisch analysiert werden können, müssen die Randbedingungen sowie die einzelnen Schritte der Befragung bekannt sein und unter Kontrolle stehen.

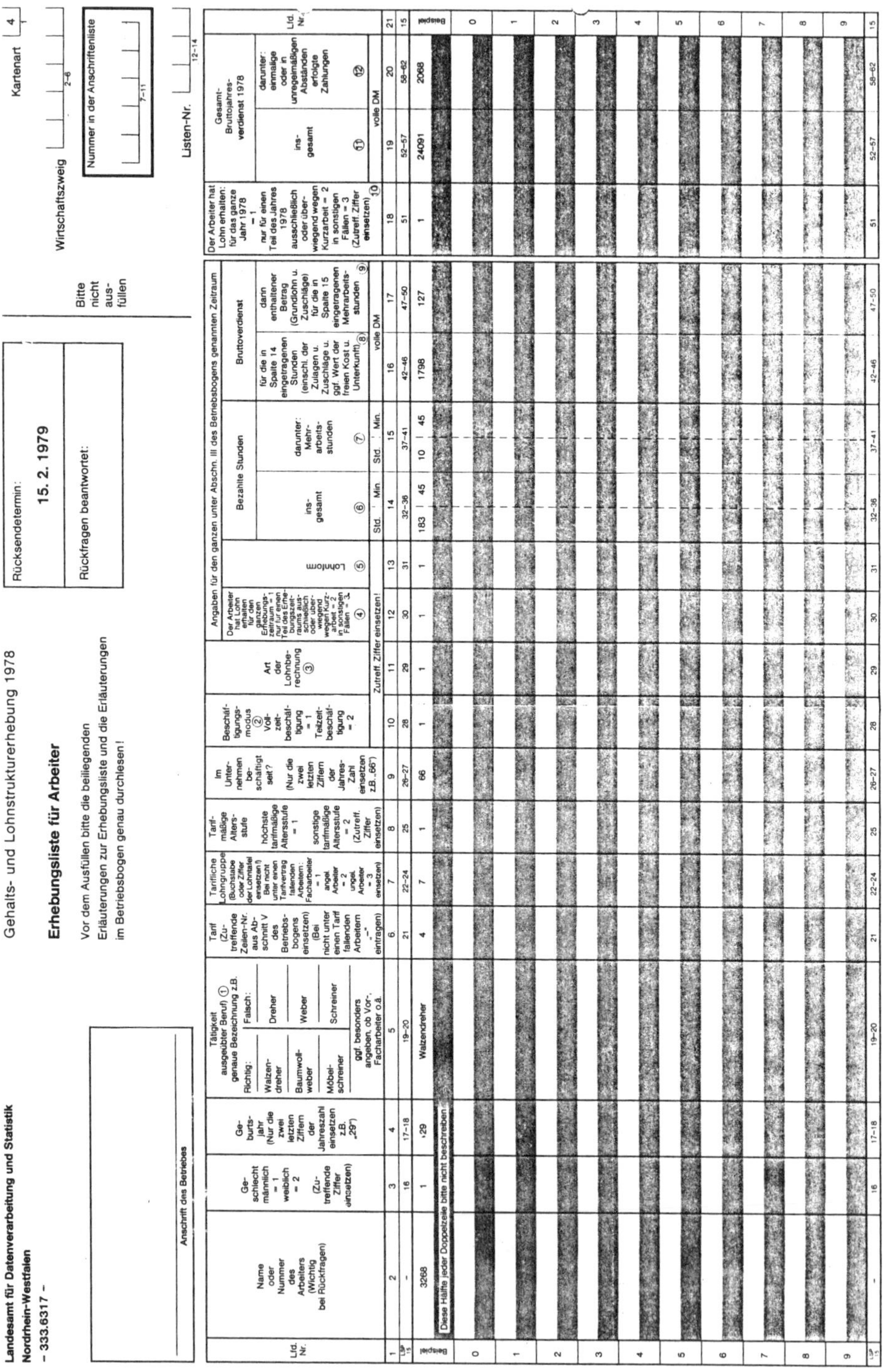

Landesamt für Datenverarbeitung und Statistik
Nordrhein-Westfalen
– 333.6317 –

Anschrift des Betriebes

Gehalts- und Lohnstrukturerhebung 1978

Erhebungsliste für Arbeiter

Vor dem Ausfüllen bitte die beiliegenden Erläuterungen zur Erhebungsliste und die Erläuterungen im Betriebsbogen genau durchlesen!

Rücksendetermin: 15. 2. 1979

Rückfragen beantwortet:

Bitte nicht ausfüllen

Kartenart 4 (1)

Wirtschaftszweig (2–6)

Nummer in der Anschriftenliste (7–11)

Listen-Nr. (12–14)

Lfd. Nr.	Name oder Nummer des Arbeiters (Wichtig bei Rückfragen)	Geschlecht männlich = 1 weiblich = 2 (Zutreffende Ziffer einsetzen)	Geburtsjahr (Nur die zwei letzten Ziffern der Jahreszahl einsetzen z.B. „29")	Tätigkeit (ausgeübter Beruf) ① genaue Bezeichnung z.B. Richtig: Walzendreher, Baumwollweber, Möbelschreiner – Falsch: Dreher, Weber, Schreiner – ggf. besonders angeben, ob Vor-, Facharbeiter o.ä.	Tarif (Zutreffende Zeilen-Nr. aus Abschnitt V des Betriebsbogens einsetzen) (Bei nicht unter einen Tarif fallenden Arbeitern „–" eintragen)	Tarifliche Lohngruppe (Buchstabe oder Ziffer der Lohntafel einsetzen!) Bei nicht unter einen Tarifvertrag fallenden Arbeitern: Facharbeiter = 1 angel. Arbeiter = 2 ungel. Arbeiter = 3 einsetzen)	Tarifmäßige Altersstufe: höchste tarifmäßige Altersstufe = 1, sonstige tarifmäßige Altersstufe = 2 (Zutreff. Ziffer einsetzen)	Im Unternehmen beschäftigt seit? (Nur die zwei letzten Ziffern der Jahres-Zahl einsetzen z.B. „66")	Beschäftigungsmodus ② Vollzeitbeschäftigung = 1 Teilzeitbeschäftigung = 2	Art der Lohnberechnung ③	Der Arbeiter hat Lohn erhalten für den ganzen Erhebungszeitraum = 1 nur für einen Teil des Erhebungszeitraums ausschließlich oder überwiegend wegen Kurzarbeit = 2 in sonstigen Fällen = 3 ④	Lohnform ⑤	Bezahlte Stunden: insgesamt ⑥ (Std. / Min.)	Bezahlte Stunden: darunter: Mehrarbeitsstunden ⑦ (Std. / Min.)	Bruttoverdienst: für die in Spalte 14 eingetragenen Stunden (einschl. der Zulagen u. Zuschläge u. ggf. Wert der freien Kost u. Unterkunft) ⑧ (volle DM)	Bruttoverdienst: darin enthaltener Betrag (Grundlohn u. Zuschläge) für die in Spalte 15 eingetragenen Mehrarbeitsstunden ⑨ (volle DM)	Der Arbeiter hat Lohn erhalten: für das ganze Jahr 1978 = 1 nur für einen Teil des Jahres 1978 ausschließlich oder überwiegend wegen Kurzarbeit = 2 in sonstigen Fällen = 3 (Zutreff. Ziffer einsetzen) ⑩	Gesamt-Bruttojahresverdienst 1978: insgesamt ⑪ (volle DM)	Gesamt-Bruttojahresverdienst 1978: darunter: einmalige oder in unregelmäßigen Abständen erfolgte Zahlungen ⑫ (volle DM)	Lfd. Nr.
										Zutreff. Ziffer einsetzen!										
1	2	3	4	5	6	7	8	9	10	11	12	13	14	15	16	17	18	19	20	21
LSP 15	–	16	17–18	19–20	21	22–24	25	26–27	28	29	30	31	32–36	37–41	42–46	47–50	51	52–57	58–62	15
Beispiel	3268	1	„29	Walzendreher	4	7	1	66	1	1	1	1	183 45	10 45	1798	127	1	24091	2068	Beispiel
	Diese Hälfte jeder Doppelzeile bitte nicht beschreiben																			
0																				0
1																				1
2																				2
3																				3
4																				4
5																				5
6																				6
7																				7
8																				8
9																				9
LSP 15	–	16	17–18	19–20	21	22–24	25	26–27	28	29	30	31	32–36	37–41	42–46	47–50	51	52–57	58–62	15

Laufende Nr. der Erhebungsliste für Arbeiter (vom Betrieb ausfüllen)

Abb: Erhebungsliste zur Gehalts- und Lohnstrukturerhebung

Das erste wichtige Moment der Befragung ist die Festlegung der **Grundgesamtheit** oder **Population**. Die Grundgesamtheit besteht aus allen **Untersuchungseinheiten**, die prinzipiell befragt werden könnten. Bei der GLS-Erhebung z.B. besteht die Grundgesamtheit aus allen Arbeitnehmern in der Industrie, im Groß- und Einzelhandel sowie im Bank- und Versicherungsgewerbe. Zur genaueren Bestimmung der Grundgesamtheit sind noch die Zeit festzulegen, an dem die Arbeitnehmer beschäftigt sein sollten, und eine geographische Abgrenzung vorzunehmen. Die GLS-Erhebung 1978 erfaßte alle Arbeitnehmer, die im Oktober 1978 eine Beschäftigung in einem der genannten Bereiche hatten, sofern die Betriebe in der Bundesrepublik und Berlin (West) lagen.

Werden von allen Untersuchungseinheiten dieser Grundgesamtheit die gewünschten Angaben festgestellt, so handelt es sich um eine **Totalerhebung**. Bei einer **Teilerhebung** oder **Stichprobe** beschränkt man sich dagegen auf die Erhebung der Angaben eines Teils der Grundgesamtheit. Die in die Stichprobe gelangenden Untersuchungseinheiten werden dann als **Erhebungseinheiten** bezeichnet.

Die GLS-Erhebung ist eine Stichprobenerhebung. Es wurde mit einem **Auswahlsatz** von ca. 13% gearbeitet:

$$\text{Auswahlsatz} = \frac{\text{Umfang der Stichprobe}}{\text{Umfang der Grundgesamtheit}} \cdot 100\,.$$

Ein nicht zu kleiner Auswahlsatz ist eine Maßnahme, um die **Repräsentativität** der Stichprobe zu sichern. Damit ist gemeint, daß die Stichprobe ein verkleinertes, aber sonst getreues Abbild der Grundgesamtheit darstellt. Das ist eine zentrale Forderung, die von weiteren wichtigen Faktoren abhängt. Wir gehen an späterer Stelle weiter darauf ein. (Ausführlich wird das Problem der Repräsentativität von W. Kruskal und F. Mosteller behandelt: Representative Sampling I, II, III; Int. Stat. Rev. 47, 1979).

Die **Beobachtung** dient zur Datengewinnung bei Festhalten von zeitlichen Vorgängen sowie bei Erfassen von Sachverhalten, die nicht gesteuert werden. Darunter wollen wir z.B. die Beobachtung des Wohnungsmarktes anhand der Zeitungsannoncen am Wochenende verstehen. Ein anderes Beispiel ist die Zählung der halbstündlich durch einen Straßenabschnitt fahrenden Kraftfahrzeuge. Auf Befragung und Beobachtung wird in Roth, E.: Sozialwissenschaftliche Methoden München/Wien 1984, unter sozialwissenschaftlichen Gesichtspunkten ausführlich eingegangen.

Die klassische, in den Naturwissenschaften entwickelte Methode zur Gewinnung von Erkenntnissen ist das **Experiment**.

Beispiel

Durch eine zufällige Beobachtung kam P.H. Brownell zu der Vermutung, daß der in der Mojave-Wüste beheimatete, nur nachts aktive Sandskorpion seine Beute mit den Beinen ortet. (Vgl.: Spektrum der Wissenschaft 2/85.) Um diese Vermutung zu untersuchen, führte er einige Experimente durch. Zuerst wurde die Wahrnehmung optischer und akustischer Signale ausgeschlossen. Dann wurde in eine Holzkiste Sand gefüllt. Die Holzkiste war so konstruiert, daß in der Mitte ein Spalt zwei Hälften voneinander trennte. Die Erschütterung des Sandes störte den Skorpion nicht, wenn er sich in der anderen Hälfte aufhielt. In derselben Hälfte reagierte er wohl. Zudem ermittelte Bornwell durch wiederholte Störungen des Skorpions, daß dieser recht genau die Richtung orten konnte, in der die Erschütterung stattfand.

Als Versuchsergebnisse wurden dabei jeweils die Richtungen des Ziels (in Grad) und der Reaktionswinkel (in Grad) festgehalten. Diese ergaben zusammen einen Datensatz, der dann statistisch ausgewertet wurde. Das Resultat der Auswertung bestätigte die Ausgangsvermutung.

Wir werden hier nur insoweit Experimente betrachten, als es um die Gewinnung von Datensätzen geht. Dazu werden die Experimente jeweils mehrmals unter gleichen Bedingungen durchgeführt. Ziel ist es dann wieder, aus den Daten geeignete Gesetzmäßigkeiten herauszufinden bzw. vorab formulierte Hypothesen zu untersuchen.

1.2 Statistische Variablen

Begriffsbildungen

Bei einer Befragung werden den Untersuchungseinheiten formal gesehen jeweils Zahlenwerte zugeordnet. Die beobachteten Werte bilden dann die Basis für die weitere statistische Tätigkeit.

Eine **statistische Variable** X ist eine Zuordnung, die jedem Element einer Grundgesamtheit E genau einen Zahlenwert zuordnet. Formal ist eine Variable X eine Abbildung von E in die Menge R der reellen Zahlen:

$$X : E \rightarrow R, \quad e \rightarrow X(e).$$

Die Menge $\{X(e) | e \in E\}$ heißt der **Wertebereich** von X.

Die Werte, die vor einer konkreten Beobachtung einer Variablen X sinnvoll als mögliche Ergebnisse infrage kommen, werden als **Realisationsmöglichkeiten** bezeichnet. Die Menge der Realisationsmöglichkeiten umfaßt also stets den Wertebereich.

Die Verbindung zwischen der inhaltlichen Bedeutung der Daten und ihrer nackten Zahlengestalt wird nun durch die Interpretation der Daten als **Realisationen** einer statistischen Variablen X, als beobachtete Werte von X, hergestellt.

Bisweilen werden in der statistischen Literatur nicht-numerische Zuordnungen betrachtet. Man spricht dann von **Merkmalen** – z. B. dem Merkmal ‚Geschlecht' – und von **Merkmalsausprägungen** – z. B. den Ausprägungen ‚männlich', ‚weiblich' des Merkmals Geschlecht. Merkmale können als allgemeinere Abbildungen aufgefaßt werden; der Bildraum muß nicht aus reellen Zahlen bestehen. Da nicht-numerische Ergebnisse aber stets durch Zahlen repräsentiert werden können, werden wir Merkmale nicht weiter betrachten.

Beispiel

Bei der GLS-Erhebung werden mittels des Fragebogens für Arbeiter u. a. die folgenden Variablen erfaßt:

Variable	Realisationsmöglichkeiten
X_1 = Geschlecht	1, 2
X_2 = Tarifliche Lohngruppe	1, 2, 3
X_3 = mtl. Bruttoverdienst	0, 1, 2, 3, ..., 1000, ...

Während bei den Variablen X_1 = ‚Geschlecht' und X_2 = ‚tarifliche Lohngruppe' die Wertebereiche mit $\{1, 2\}$ bzw. $\{1, 2, 3\}$ einfach angebbar sind, ist dies bei X_3 = ‚mtl. Bruttoverdienst' nicht so leicht. Sicher gibt es zwei Grenzen a und b, so daß für alle Untersuchungseinheiten e gilt:

$$a \leq X_3(e) \leq b.$$

Aber zum einen sind die Grenzen nicht bekannt. Zum zweiten braucht auch nicht jede ganze Zahl zwischen a und b tatsächlich ein möglicher Wert von X_3 zu sein. Daher ist es einfacher, Realisationsmöglichkeiten in einer Form anzugeben, die sicherstellt, daß der Wertebereich eingeschlossen wird.

Bei Beobachtungen und Experimenten können zwar i. d. R. interessierende statistische Variablen mit ihren Realisationsmöglichkeiten leicht angegeben werden, aber zugehörige Grundgesamtheiten sind oft nur schwer spezifizierbar. Ein Beispiel ist etwa das Experiment zur Orientierung eines Skorpions über seine Tastsinne: An einem Skorpion wurden hier mehrmals Messungen vorgenommen. Erschütterungen in derselben Richtung ergaben nicht exakt dieselben Reaktionswinkel. Als Ergebnisse des Experimentes können wir die möglichen physischen Stellungen des Skorpions ansehen. Dann liegt es nahe, die Menge der möglichen Ergebnisse mit der Grundgesamtheit zu identifizieren. Von Bedeutung ist aber nur der Wert der Variablen ‚Ausrichtung in Grad'. Daher reicht es, von den Werten dieser Variablen auszugehen.

Generell verzichten wir auf die explizite Festlegung einer Grundgesamtheit und betrachten diese eher als Modellvorstellung, wenn es wie bei dem Skorpion-Beispiel um die Struktur der Daten geht und Interpretationen ohne Rückgriff auf die Grundgesamtheit möglich sind.

Resümieren wir die bisherigen Ausführungen, so können wir insbesondere festhalten, daß die **Datengewinnung** sich für unsere Zwecke reduziert auf die wiederholte Beobachtung statistischer Variablen. Auf die umfangreichen praktischen Probleme der Datengewinnung wird in dem oben angegebenen Buch von Roth eingegangen sowie z. B. bei: W. Krug und M. Nourney: Wirtschafts- und Sozialstatistik: Gewinnung von Daten; München 1982, und unter anderen Gesichtspunkten etwa bei A. Linder: Planen und Auswerten von Versuchen, Basel/Stuttgart 1969.

Klassifikationen

Statistische Variablen werden nach unterschiedlichen Gesichtspunkten eingeteilt. Für verschiedenartige Variablen sind jeweils unterschiedliche Aufbereitungs- und Auswertungsmethoden sinnvoll.

Eine Klassifikationsmöglichkeit von statistischen Variablen ist die Unterteilung in diskrete und stetige (kontinuierliche) Variablen.

Als **diskret** bezeichnen wir **Variablen**, bei denen nur endlich viele oder höchstens abzählbar unendlich viele unterschiedliche Werte möglich sind. Die Realisationsmöglichkeiten diskreter Variablen sind also isolierte Zahlenwerte. In der GLS-Erhebung wurden nur diskrete Variablen betrachtet. Während das Geschlecht nur zwei Realisationsmöglichkeiten besitzt, haben wir im letzten Beispiel für den Bruttoverdienst alle ganzen Zahlen 0, 1, 2, ... als Realisationsmöglichkeiten zugelassen.

Stetige Variablen sind dadurch gekennzeichnet, daß alle Werte eines Intervalls als Realisationen denkbar sind. Dabei können die Intervallenden auch unendlich sein. Stetige Variable erhält man i. d. R. bei Messungen. Bei der Untersuchung der Orientierung des Sandskorpions ist eine interessierende Variable die Differenz von Reaktionswinkel und dem Winkel, in dem die Störung verursacht wird. Werden die Winkel in Grad gemessen, so kann die Differenz theoretisch jeden Wert zwischen $-180°$ und $180°$ annehmen. Als Menge der Realisationsmöglichkeiten ist das Intervall $[-180, +180]$ zu wählen.

In der Praxis ist die Unterscheidung von diskreten und stetigen Variablen vielfach willkürlich. So ist die Körpergröße einer Person sicherlich eine stetige Variable. Sie kann aber infolge der begrenzten Meßgenauigkeit nur in diskreten Sprüngen erfaßt werden. Andererseits ist das Einkommen diskret. Es kann sich nur in Pfennigsprüngen ändern. Derartige feinabgestufte diskrete Variable lassen sich aber bei der statistischen Auswertung genauso behandeln wie stetige.

Eine andere Unterscheidung von statistischen Variablen geht von den inhaltlich sinnvollen Relationen zwischen den Realisationsmöglichkeiten aus. Diese Unterteilung wird auch als Einteilung nach dem **Skalenniveau** der Variablen bezeichnet.

Die Berücksichtigung des Skalenniveaus einer statistischen Variablen zielt auf die Sinnhaftigkeit von Datenmanipulationen. Die Zahlengestalt der Daten mag dazu verleiten, die üblichen mathematischen Operationen wie Addition, Multiplikation u. a. m. auf sie anzusetzen. Dies ist aber nicht immer sinnvoll. Je höherwertig jedoch das Niveau, desto mehr „kann mit den Daten gerechnet werden“.

Wir gehen vom niedrigsten Skalenniveau aus und betrachten die weiteren Niveaus in aufsteigender Rangfolge.

Geschieht durch die Zuordnung von Werten lediglich eine Klassifikation der Untersuchungseinheiten, sprechen wir von einer **nomialskalierten Variablen.** Hier sind die Werte der Variablen X lediglich „Nummern“, die den Untersuchungseinheiten zugeordnet sind. Reihenfolge und Abstand haben keine inhaltliche Bedeutung. Nur die Alternative

$$X(e_u) = X(e_v) \quad \text{bzw.} \quad X(e_u) \neq X(e_v)$$

für $e_u, e_v \in E$ ist interpretierbar.

Von den in der GLS-Erhebung berücksichtigten Variablen sind z. B. das Geschlecht und der kodierte Beruf nomialskaliert. Weder läßt sich ein Abstand zwischen den Berufen, etwa 2 (≙ Bäcker) und 10 (≙ Maler), interpretieren, noch ist es möglich, für Berufe eine eindeutige Rangfolge anzugeben.

Läßt sich die Anordnung der Werte einer Variablen X sinnvoll interpretieren, so liegt eine **Ordinalskala** vor. Formal formuliert ist also für $e_u, e_v \in E$ jeweils einer der Ausdrücke

$$X(e_u) = X(e_v), \; X(e_u) < X(e_v) \quad \text{bzw.} \quad X(e_u) > X(e_v)$$

richtig und bedeutsam.

Die ‚tarifliche Lohngruppe' (mit 1 = Facharbeiter, 2 = angelernter Arbeiter und 3 = ungelernter Arbeiter) ist eine ordinalskalierte statistische Variable. Häufig angeführte ordinalskalierte Variablen sind Schulzensuren. Die Reihenfolge ist bekanntermaßen sinnvoll. Der Abstand von einer Zwei zu einer Vier kann aber nicht als doppelt so groß wie der von einer Zwei zu einer Drei angesehen werden.

Ist nicht nur die Reihenfolge der Werte einer Variablen X sinnvoll interpretierbar, sondern auch der Abstand, so ist die Variable **metrisch skaliert**. Formal formuliert haben also für je zwei e_u, $e_v \in E$ eine der Aussagen

$$X(e_u) = X(e_v), \quad X(e_u) < X(e_v) \quad \text{bzw.} \quad X(e_u) > X(e_v)$$

richtig und

$$|X(e_u) - X(e_v)| = a$$

hat einen inhaltlichen Sinn.

Bisweilen werden die metrischen Skalen noch weiter in **Intervall- und Ratioskalen** unterteilt. Ratioskalen zeichnen sich dabei gegenüber Intervallskalen dadurch aus, daß auch aus Realisationen gebildete Verhältnisse sinnvoll sind. Insbesondere besitzen Ratioskalen auch einen absoluten Nullpunkt.

Von den statistischen Variablen der GLS-Erhebung sind u. a. die bezahlten Stunden und der Bruttoverdienst metrisch skaliert. Sie sind sogar ratio-skaliert, da sie beide einen absoluten Nullpunkt haben: Null Stunden im Betrieb gearbeitet, nichts verdient. Auch die Anzahl der pro halbe Stunde durch einen Straßenabschnitt fahrenden Kraftfahrzeuge ist metrisch und sogar ratioskaliert. Die Temperatur in einem ausgewählten Raum (in °C) ist dagegen nur intervall-skaliert. Diese Temperaturskala hat zwar einen Nullpunkt, aber keinen absoluten: 40° Celsius ist nicht doppelt so warm wie 20° Celsius!

Transformationen

Für die Interpretation sowie für die Darstellung und die Analyse der Werte einer Variablen ist es bisweilen vorteilhaft, die Variable zu transformieren.

Betrachten wir ein Darstellungsproblem: Von der nordrhein-westfälischen Landesanstalt für Immissionsschutz wird im Ballungsgebiet Rhein-Ruhr die Luftqualität systematisch kontrolliert. Der Staubniederschlag (in g/m^2) ist eine der Komponenten, die für Einheitsflächen von 1 km^2 gemessen werden.

Um nun die regionale Verteilung der Staubbelastung kartographisch darstellen zu können, werden die Werte in eine der vier Belastungsstufen transformiert. So ist eine Darstellung mittels unterschiedlicher Einfärbung der Planquadrate möglich.

Auf die Notwendigkeit von Transformationen zur Analyse von Daten werden wir noch an verschiedenen Stellen zu sprechen kommen. Hier betrachten wir ein Beispiel, das den Transformationsvorgang verdeutlichen soll.

Beispiel

Eine einfache Transformation wird von vielen Urlaubern in jedem Sommer praktiziert. Es ist die Umrechnung der Preise von einer Währung in eine andere. Stellen wir uns einen bundesdeutschen Italienurlauber am 1. März des Jahres 1985 bei einem Gang in einem Supermarkt vor. Jede Ware ist in Lire ausgepreist. Der Urlauber muß aber die Preise in Deutsche Mark umrechnen. Dies geschieht, indem er den Lire-Preis x mit einem Faktor, hier mit 0.0017, multipliziert:

$$y = 0.0017 \cdot x$$

ist dann der Preis in DM.

Wir können uns vorstellen, daß der Preis den Waren unmittelbar in DM zugeordnet wird. Damit haben wir eine neue statistische Variable Y, die den Waren den Preis in DM zuordnet. Die Zusammenhänge sind in der folgenden Abbildung dargestellt. Dabei sind E die Menge der im Supermarkt vorhandenen Waren, X(e) der Preis der Ware e in Lire. Die Umrechnung in DM entspricht der Abbildung

$$T: R \to R, \quad x \to T(x) = 0.0017 \cdot x.$$

Damit erhalten wir die neue Variable

$$\begin{aligned} Y: E &\to R \\ e &\to Y(e) = T(X(e)). \end{aligned}$$

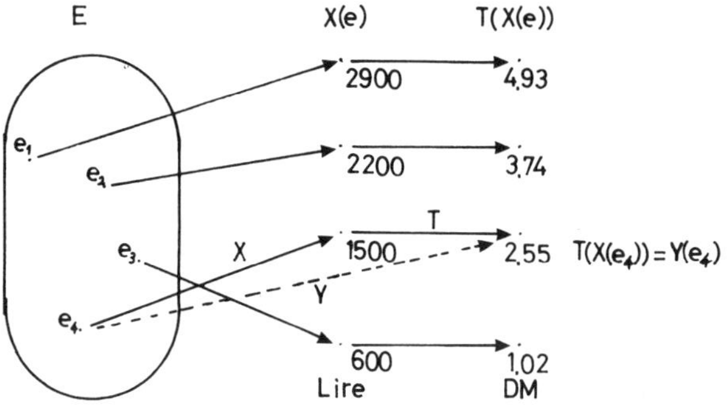

Abb.: Die Währungsumrechnung als Transformation einer statistischen Variablen

> Eine **Transformation** einer statistischen Variablen X in eine Variable Y wird durch eine Abbildung T: R → R erzeugt. Dabei wird jedem Wert X(e) der Variablen X der Wert Y(e) := T(X(e)) zugeordnet.

Bei Transformationen kann Information verloren gehen. Die Staubimmission in g/m^2 gibt eine genauere Aussage als die zugehörige Belastungsstufe. Formal ist dies Ausdruck der Tatsache, daß nicht bei allen Transformationen das Skalenniveau erhalten bleibt. Dabei kann eine transformierte Variable ein niedrigeres Skalenniveau haben, aber kein höheres. – Es kann über eine Transformation keine zusätzliche Information gewonnen werden.

Abhängig von der ursprünglichen Skala erhalten folgende Transformationen das Skalenniveau:

Tab.: Skalenerhaltende Transformationen

Skala	Skalenerhaltende Transformation	Beispiel
Nominal-Skala	eindeutige Transformation $x_1 \neq x_2 \Leftrightarrow T(x_1) \neq T(x_2)$	Änderung der Telefonnummer
Ordinal-Skala	monotone Transformation $x_1 < x_2 \Rightarrow T(x_1) \leq T(x_2)$	Reduzierung der Immissionsbelastung (Stufe 1–4) auf die Relation zum Grenzwert (überschritten/nicht überschritten)
Intervall-Skala	lineare Transformation $T(x) = a \cdot x + b$	Temperaturumrechnung von °C in °F: $y = 1.8x + 32$
Ratio-Skala	proportionale Transformation: $T(x) = a \cdot x$	Währungsumrechnung von Lire in DM: $y = 0.0017x$

Bei den in der Tabelle angegebenen Transformationen bleibt neben dem Skalenniveau auch die Bedeutungsebene bestehen. Bei anderen Transformationen kann das Skalenniveau erhalten bleiben, sich aber die Interpretation ändern. So ist die Variable X = ‚DM pro US-Dollar gemessen an Börsentagen' ratio-skaliert, ebenso wie Y = 1/X = ‚US-Dollar pro DM'. Der Bezugspunkt ist aber ein anderer.

1.3 Die Datenmatrix

Wurden die ausgefüllten Erhebungslisten für Arbeiter bei der Gehalts- und Lohnstrukturerhebung schließlich an die statistischen Landesämter zurückgesandt, und liegen sie dort gesammelt vor, so verfügt jedes StaLA über einen Datensatz von **Rohdaten**. Ein Rohdatensatz besteht aus den noch nicht geordneten, in der Reihenfolge ihrer Erhebung bzw. Beobachtung sortierten Daten.

Wir haben Datensätze als Ansammlungen gleichartiger Daten bezeichnet, ohne eine weitere Anforderung daran zu stellen. Um spätere Auswertungen zu ermöglichen, ist aber schon vor der Datengewinnung ein geeignetes Schema festzulegen, dem die zu erfassenden Daten entsprechen sollen.

Beispielsweise ist bei der GLS-Erhebung durch die Erhebungsliste für Arbeiter ein solches Schema bereits vorgegeben:

Für die einzelnen Arbeiter/innen $e_1, e_2, e_3, \ldots$ werden jeweils die Realisationen der Variablen Geschlecht, Geburtsjahr usw. in einer stets gleichen Reihenfolge angeführt.

Wenn mehrere Variablen gleichzeitig betrachtet werden, erhalten wir einen **multivariaten Datensatz**. Das geeignete Schema dafür ist eine **Datenmatrix**. Die Struktur einer solchen Datenmatrix ist in der folgenden Tabelle angeführt. Dabei steht x_{vj} symbolisch für den Wert, den die Variable X_j bei der Erhebungseinheit e_v angenommen hat.

Tab.: Struktur einer Datenmatrix

		Variablen						
		X_1	X_2	X_3	$\dots$	X_j	$\dots$	X_k
Untersuchungseinheiten	e_1	x_{11}	x_{12}	x_{13}	$\dots$	x_{1j}	$\dots$	x_{1k}
	e_2	x_{21}	x_{22}	x_{23}	$\dots$	x_{2j}	$\dots$	x_{2k}
	e_3	x_{31}	x_{32}	x_{33}	$\dots$	x_{3j}	$\dots$	x_{3k}
	$\vdots$	$\vdots$	$\vdots$	$\vdots$	$\dots$	$\vdots$	$\dots$	$\vdots$
	e_v	x_{v1}	x_{v2}	x_{v3}	$\dots$	x_{vj}	$\dots$	x_{vk}
	$\vdots$	$\vdots$	$\vdots$	$\vdots$	$\dots$	$\vdots$	$\dots$	$\vdots$
	e_n	x_{n1}	x_{n2}	x_{n3}	$\dots$	x_{nj}	$\dots$	x_{nk}

In der Erhebungsliste für Arbeiter der GLS-Erhebung sei ‚Eva Müller' die Person, deren Angaben unter der laufenden Nummer 5 der 21sten Liste stehen. Dann sind etwa

$x_{216,2} = 2$ ($\triangleq$ Realisation der Variablen X_2 = Geschlecht)
$x_{216,3} = 59$ ($\triangleq$ Realisation der Variablen X_3 = Geburtsjahr)
$x_{216,8} = 1$ ($\triangleq$ Realisation der Variablen X_8 = Beschäftigungsmodus)

Die Situation vereinfacht sich, wenn nur eine Variable betrachtet wird. Dann ist der **Datensatz univariat**. Hier kann der die Variable kennzeichnende Index weggelassen werden, und es reicht, die Daten hintereinander aufzuschreiben. Die Daten liegen dann in Form einer **Urliste** vor.

Die in der Urliste angegebenen Realisationen der Variablen X bezeichnen wir mit $x_1, \dots, x_v, \dots, x_n$. Dabei ist n die Anzahl der Beobachtungswerte; v ist der Laufindex. Beispiele werden wir im folgenden Kapitel betrachten.

1.4 Aufgaben

1. Füllen Sie die leeren Felder so aus, daß die entsprechende Zeile die angegebenen Charakteristika einer (sinnvollen) Untersuchung ergeben – entsprechend dem Beispiel in der ersten Zeile

Ziel der Untersuchung	Grundgesamtheit	Beobachtungseinheit	Variable	mögliche Ergebnisse
Feststellung der Publikumswirksamkeit von Katastrophenfilmen	Alle Besucher des Filmes „Erdbeben“	Ein Besucher des Filmes „Erdbeben“	X = Beurteilung des Filmes	−2 (sehr schlecht) −1 (schlecht) 0 (uninteressant) 1 (gut) 2 (sehr gut)
	Studenten der Freien Universität Berlin			
Aufschlüsse über die soziale Schicht der Bevölkerung				
				alle Zahlen von 0 bis 100
		Ein Klausurteilnehmer		
			Volkseinkommen	

2. Geben Sie an, ob die folgenden Variablen diskret oder stetig sind und welches Skalenniveau sie besitzen:
Familienstand (ledig etc.), Religion, Steuerklasse, Alter in Jahren, Stückzahl in der Produktion, Reaktionszeit, Härtegrad, Güteklasse von Restaurants, Fahrzeit, Länge, Lebensdauer, Gewichtsklasse von Eiern.

3. Im folgenden sind verschiedene Sachverhalte angegeben, die Variablen beschreiben. Dazu sind jeweils vereinfachende Beziehungen bzw. andere Variablen angeführt.
Geben Sie geeignete Transformationen der Ausgangsvariablen an, die die transformierten Variablen erzeugen. Welches Skalenniveau haben jeweils Ausgangsvariable und transformierte Variable?
(i) Niederschlagsmenge; trocken/naß
(ii) Anzahl gerauchter Zigaretten pro Tag; tägliche Kosten für Zigarettenkonsum
(iii) Staubniederschlag (in g/m^2); Belastungsstufe

4. Den Tasten eines Klaviers entsprechen Tonhöhen. Benachbarte Töne liegen jeweils einen Halbton auseinander. Dabei denken wir ganz natürlich, daß zwei Halbtöne einen ganzen Ton ergeben usw. Akustisch betrachtet läßt sich ein Ton aber besser durch seine Frequenz beschreiben. Eine Oktave (= 12 Halbtöne) ist dann so definiert, daß das Frequenzverhältnis Zwei beträgt.
   Geben Sie eine geeignete Transformation an, mit der die von einem (korrekt gestimmten) Klavier erzeugbaren Tonfrequenz auf dessen Tasten abgebildet werden.

5. Bei einer im Jahre 1800 weltweit durchgeführten Erhebung erhielt man u.a. folgende Angaben:
   Carl Friedrich Gauß, *1777, ledig, Stipendiat;
   Johann Wolfgang Goethe, *1749, ledig, Theaterdirektor
   Immanuel Kant, *1724, ledig, Professor
   Pierre Simon Laplace, *1749, verheiratet, Senator.
   Wie lautet der entsprechende Teil der Datenmatrix, der die geeignet kodierten Variablen Alter, Geschlecht, Familienstand, Stellung im Beruf (selbständig, abhängig beschäftigt, ohne Erwerbstätigkeit) umfaßt?

2 Darstellung univariater Datensätze

Die Aufbereitung von Daten geschieht üblicherweise in mehreren Schritten. Bei univariaten Datensätzen besteht der erste Schritt in einer Betrachtungsform, welche die in den Daten steckende Struktur möglichst als Gesamtbild erscheinen läßt.

Auch bei multivariaten Datensätzen sollten die Variablen zunächst univariat betrachtet werden. Dies ist schon für das Auffinden von Unstimmigkeiten in den Daten anzuraten.

Die Datensätze der folgenden Beispiele verdeutlichen einen wesentlichen Unterschied zwischen diskreten und kontinuierlichen Variablen: Bei diskreten Variablen (mit nicht zu vielen unterschiedlichen Realisationsmöglichkeiten) kommen die einzelnen Realisationsmöglichkeiten meist mehrmals vor, bei stetigen Variablen (bzw. feinabstufigen diskreten Variablen) ist das mehrmalige Auftreten eines Wertes eher die Ausnahme.

Aufgrund dieses Unterschiedes sind verschiedene Vorgehensweisen bei der weiteren Aufbereitung der Daten angebracht.

2.1 Häufigkeitsverteilungen diskreter Variablen

Problemstellung

Ein großes Industrieunternehmen hat ein Personalbeurteilungssystem eingeführt. Nach eingehender Schulung der Beurteiler wurden sämtliche Mitarbeiter des Unternehmens beurteilt.

Die erhaltenen Beurteilungen sollten im Nachhinein auch im Hinblick auf die Effizienz der vorbereitenden Unterweisung untersucht werden. Einer der dabei zu analysierenden Punkte war der sogenannte ‚Milde-Effekt', d.h. die Tendenz, zu gute Beurteilungen abzugeben.

Unter anderem wurde die Fähigkeit der Mitarbeiter zu produktivem Denken auf einer zehnstufigen Rating-Skala erfaßt. Sie reicht von ‚sehr gering' = 0 bis ‚sehr gut ausgeprägt' = 9.

Die resultierende Variable X = ‚Produktives Denken' hat also die Realisationsmöglichkeiten $0, 1, 2, \dots, 9$.

Die Auswertung von 120 Beurteilungsbögen führte nun zunächst zu der folgenden Urliste. (Nach O. Neuberger: Erfahrungen bei der Einführung eines neuen Personalbeurteilungssystems in einem Industriebetrieb; Z. Arb. Wiss. 33 (5NF) 1979/4, S. 209–215).

Tab.: Urliste der Beurteilungswerte ‚Produktives Denken'

5	6	8	7	5	5	8	6	7	6	5	5	4	4	5	7	5	6	5	4	5	6	7	5	8	7	5	3	6	6
3	5	5	7	6	5	7	7	5	4	5	6	5	5	6	5	7	3	6	6	7	5	6	7	7	5	7	3	9	7
5	5	3	5	5	6	5	4	4	4	5	5	4	6	4	5	5	6	6	6	5	7	6	4	3	8	7	7	8	7
6	7	7	7	7	6	5	4	6	6	6	7	7	6	3	6	7	8	6	6	7	5	5	7	5	5	6	5	5	4

Um Tendenzen, wie den angesprochenen ‚Milde-Effekt', erkennen zu können, sind die Daten in eine günstigere Form zu bringen.

Häufigkeiten

Bei verhältnismäßig kleinen Datensätzen können wir als ersten Schritt bei der Aufbereitung eine Strichliste anlegen. Dazu tragen wir neben die vorab aufgeschriebenen Realisationsmöglichkeiten jeweils einen Strich ein, wenn in der Urliste dieser Wert auftritt. Dabei werden die Striche in 5er-Blöcken der Form ~~||||~~ organisiert.

Im nächsten Schritt werden die Striche ausgezählt und in Häufigkeitsangaben umgesetzt.

> X sei eine diskrete statistische Variable mit den Realisationsmöglichkeiten x_i. Die Anzahl des Vorkommens von x_i in einem Datensatz heißt seine **absolute Häufigkeit**. Wir schreiben dafür
>
> $$n(X = x_i) \quad \text{oder kurz} \quad n_i.$$
>
> Die **relative Häufigkeit** von x_i ist
>
> $$h(X = x_i) := \frac{n(X = x_i)}{n} = \frac{n_i}{n}, \quad \text{oder kurz} \quad h_i.$$
>
> Dabei ist n die Anzahl der im Datensatz insgesamt vorhandenen Werte.

Offensichtlich gelten folgende Beziehungen, wenn die Variable X die Realisationsmöglichkeiten $x_1, \ldots, x_k$ besitzt:

$$\sum_{i=1}^{k} n_i = n,$$

$$\sum_{i=1}^{k} h_i = 1.$$

Die Häufigkeiten werden in Tabellenform zusammengefaßt. Eine schematische Angabe ist wie folgt:

Tab.: Schema einer Häufigkeitstabelle

laufende Nr.	Realisations-möglichkeit x_i	Häufigkeit $n_i = n(X = x_i)$	relative Häufigkeit $h_i = h(X = x_i)$
1	x_1	n_1	h_1
2	x_2	n_2	h_2
3	x_3	n_3	h_3
$\vdots$	$\vdots$	$\vdots$	$\vdots$
k	x_k	n_k	h_k

Beispiel

Die in der Problemstellung angegebene Urliste führt zunächst zu einer Strichliste, die dann in eine Häufigkeitstabelle umgesetzt wird.

0
1
2
3 𝍸 ||
4 𝍸 𝍸 ||
5 𝍸 𝍸 𝍸 𝍸 𝍸 𝍸 𝍸 |||
6 𝍸 𝍸 𝍸 𝍸 𝍸 ||||
7 𝍸 𝍸 𝍸 𝍸 𝍸 ||
8 𝍸 |
9 |

Abb.: Strichliste Beurteilungen ‚Produktives Denken'

Tab.: Häufigkeitsverteilung der Variablen ‚Produktives Denken'

i	Skalenwert x_i	$n_i = n(X = x_i)$	$h_i = h(X = x_i)$
1	0	0	0
2	1	0	0
3	2	0	0
4	3	7	0.058
5	4	12	0.100
6	5	38	0.317
7	6	29	0.242
8	7	27	0.225
9	8	6	0.050
10	9	1	0.008
		120	1.000

Die Häufigkeitsverteilung läßt erkennen, daß eine Tendenz zu positiven Beurteilungen vorliegt.

Relative Häufigkeiten werden oft auch in **Prozentsätzen** angegeben. Dies sind dann die Werte

$$100 \cdot h(X = x_i) = 100 h_i .$$

Im obigen Beispiel beträgt z. B. der Anteil der Mitarbeiter mit der schlechtesten Beurteilung, dem Skalenwert 3:

$$100 \cdot 0.058 = 5{,}8\,\% .$$

Grafische Darstellungen

Einen schnellen Zugang zu der Struktur einer Häufigkeitstabelle erhalten wir aus einer grafischen Darstellung der Häufigkeiten. Die wesentliche Darstellungsform für diskrete Variable ist dabei das **Stabdiagramm**. Andere Formen können suggestiver sein, bilden aber nur Varianten.

Beim Stabdiagramm werden die (absoluten oder relativen) Häufigkeiten in Abhängigkeit von den Realisationsmöglichkeiten aufgetragen. Zur Verdeutlichung werden die Höhen mit eingezeichnet. Die Länge der Stäbe ist proportional zur Häufigkeit.

Beispiel

Für die Beurteilungen des ‚Produktiven Denken' erhalten wir aus der obigen Häufigkeitstabelle das folgende Stabdiagramm:

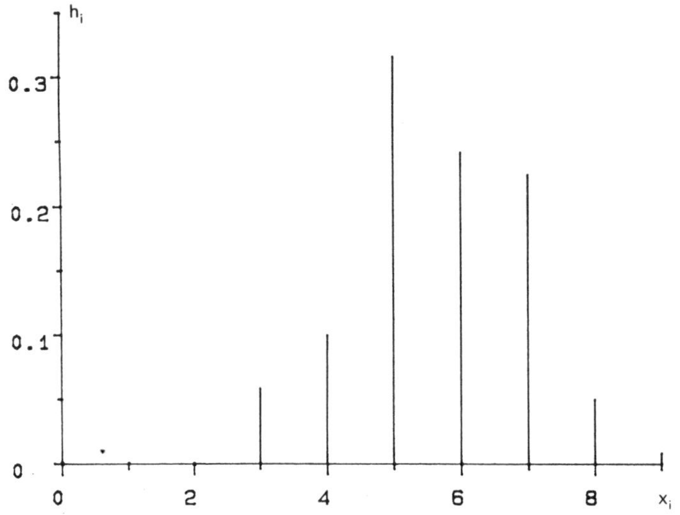

Abb.: Stabdiagramm der Skalenwerte ‚Produktives Denken'

Vor allem bei nomial skalierten Variablen wird anstelle des Stabdiagrammes gerne ein **Säulendiagramm** gezeichnet. Hier werden die Häufigkeiten zur Verdeutlichung durch flächige Säulen dargestellt. Ihr Abstand und ihre Breite sind dann nicht von inhaltlicher Bedeutung. Sie sollten daher zur Vermeidung von Fehlinterpretationen jeweils gleich groß sein.

Eine weitere Variante des Stabdiagramms ist das **Kreisdiagramm**, bei dem die Häufigkeiten den Flächenanteilen von Kreissektoren entsprechen. Auch das Kreisdiagramm wird vornehmlich bei nomial skalierten Variablen verwendet.

Beispiel

Die zunehmenden und untereinander konkurrierenden Nutzungsansprüche an die Landschaft haben dazu geführt, daß die Bundesländer Biotop-Kartierungen der natürlichen und naturnahen Teile der unbesiedelten und besiedelten Landschaft vornehmen. Sie sollen die durch die „Roten Listen" erstellten Informationen ergänzen und die Grundlage für die Ausweisung von Naturschutzgebieten bilden, aber auch zur Bewertung von Nutzungsansprüchen im Rahmen von Planungsprozessen herangezogen werden.

Als erstes Bundesland hat Bayern die Biotop-Kartierung abgeschlossen. Bis 1976 wurden im Rahmen der Flachland-Kartierung 16.000 außeralpine Biotope kartiert. Diese Großkartierung, die als erste Momentaufnahme anzusehen ist, ordnet die Biotope in sieben Bestandsgruppen. (Aus: Daten zur Umwelt 1984, Umweltbundesamt Berlin, S. 70/1)

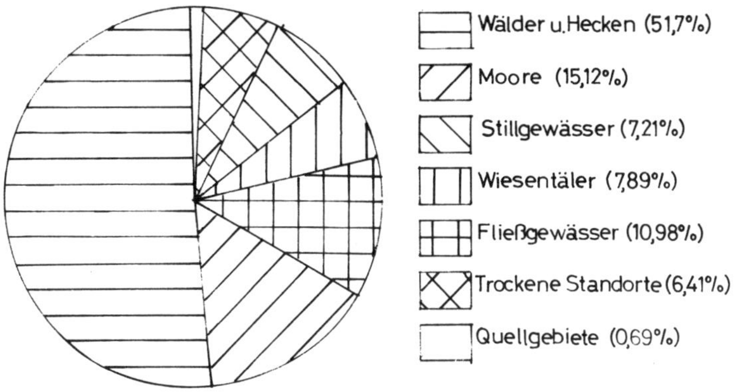

Abb.: Biotop Kartierung (Bayern ohne Alpen)

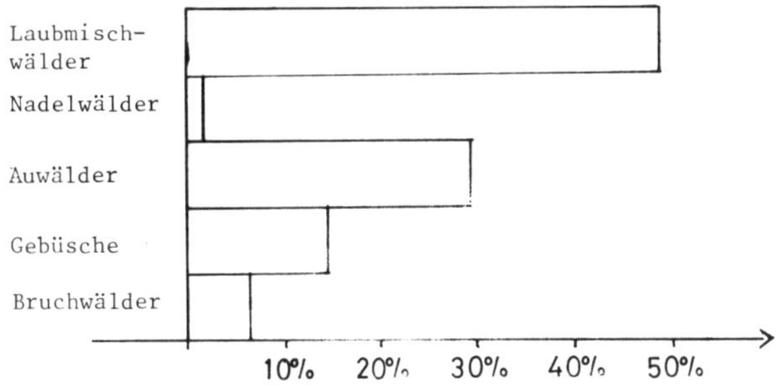

Abb.: Flächen der Biotop Wald-Untergruppen

2.2 Häufigkeitsverteilungen stetiger Variablen

Problemstellung

Eine Person, die in die Stadt Essen ziehen und dort eine Wohnung mieten will, ist an der Struktur des Wohnungsmarktes interessiert. Um sich einen Einblick zu verschaffen, liegt es nahe, sich am Wochenende eine lokale Zeitung zu kaufen und die Mietangebote zu studieren.

Eine wesentliche Variable ist die Kaltmiete der angebotenen Wohnungen. Unterstellen wir, daß der Wohnung-suchenden Person eine Zwei-Raum-Wohnung vorschwebt, so erhält sie aus einer am 27. September 1986 erschienenen lokalen Zeitung die folgende Urliste.

Tab.: Urliste Kaltmiete der 2-Raum Wohnungen (in DM)

385	350	400	749	460	390	540	540	422
480	560	400	750	705	720	790	358	780
695	795	495	280	293	180	400	840	740
570	350	350	475	700	740	490	395	300
170	390	550	345	400	470	350	259	

Um z. B. erkennen zu können, welche Mieten als hoch bzw. niedrig einzustufen sind, ist der vorliegende Datensatz geeignet aufzubereiten.

Geordneter Datensatz

Bei diskreten Variablen mit einer sehr großen Anzahl unterschiedlicher Werte und bei stetigen Variablen ist es i. d. R. ratsam, im ersten Schritt die Beobachtungen aufsteigend der Größe nach zu ordnen. Die geordneten Werte werden auch als **geordneter Datensatz** bezeichnet. Wir schreiben für geordnete Werte $x_{(1)}$, $x_{(2)}, \ldots, x_{(n)}$. $x_{(1)}$ ist dabei der kleinste, $x_{(2)}$ der zweitkleinste Wert usw. $x_{(n)}$ ist schließlich der größte Wert des Datensatzes.

Aus der Urliste der Kaltmiete der 2-Raum Wohnungen erhalten wir den folgenden geordneten Datensatz.

Tab.: Geordneter Datensatz Kaltmiete der 2-Raum Wohnungen

170	180	259	280	293	300	345
350	350	350	350	358	385	390
390	395	400	400	400	400	422
460	470	475	480	490	495	540
540	550	560	570	695	700	705
720	740	740	749	750	780	790
795	840					

Besonders für Vergleiche mehrerer univariater Datensätze kann auch bei stetigen Variablen die Darstellung in Form eines **Stabdiagrammes** sinnvoll sein. Hier ergibt sich der Eindruck über die Struktur der Häufigkeitsverteilung nicht aus der ‚Länge der Stäbe‘ über den Realisationsmöglichkeiten; die meisten Beobachtungen kommen ja nur einmal vor. Einen Überblick über die wichtigsten Eigenschaften des Datensatzes erhält man vielmehr daraus, wie dicht die Stäbe jeweils stehen.

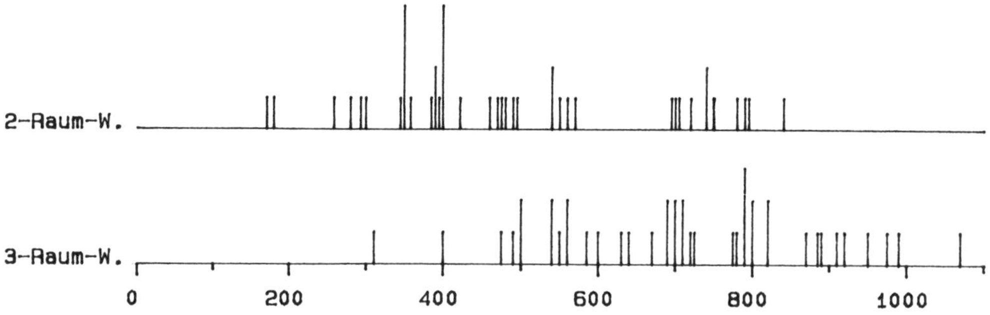

Abb.: Stabdiagramme der Kaltmieten für Wohnungen mit zwei und drei Räumen

Die Gegenüberstellung der Kaltmiete für 2- und 3-Raum-Wohnungen mittels eindimensionaler Stabdiagramme zeigt eine Verschiebung der Mieten. Allerdings gibt es einen großen Überlappungsbereich. Dieser resultiert aus der sich hier überschneidenden Quadratmeterzahl, der unterschiedlichen Ausstattungen der Wohnungen, der Lage usw.

Stemleaf-Diagramm

Bei großen Datensätzen ist die Auswertung per Hand nicht möglich. Man wird dann die EDV einsetzen. Aber auch schon bei Datensätzen von einem Umfang wie bei den Mieten ist der Aufwand für das Ordnen der Werte reduzierbar. So sieht man leicht, daß das Ordnen vereinfacht wird, wenn die erste oder ggf. die ersten beiden Ziffern vorab geordnet werden und nur die letzte ähnlich wie bei der Strichliste noch extra notiert wird. Dies führt zu einer halbgraphischen Darstellung, die als **Stemleaf-Diagramm** bezeichnet wird. (Genauer heißt es stem and leaf plot = Stamm- und Blatt-Diagramm.) Am einfachsten läßt sich die Konstruktion anhand eines konkreten Beispiels darstellen. Wir führen es für die Daten aus der Problemstellung vor.

Bei diesem Diagramm werden meist nur die beiden führenden Ziffern berücksichtigt. Die erste Ziffer wird links von einer senkrecht gezogenen Linie eingetragen. Damit haben wir den **Stamm**.

Die zweiten Ziffern – **die Blätter** – werden rechts davon notiert, und zwar zeilenweise aufsteigend geordnet. Dabei muß jeder Wert des Datensatzes durch eine zweite Ziffer (ggf. Null!) repräsentiert sein.

Der Konstruktionsprozeß ist in der folgenden Abbildung veranschaulicht:

(a) Stamm ohne Blätter		(b) Stamm mit der ersten Beobachtung (385)		(c) Komplettes Stemleaf-Diagramm	
1		1		1	78
2		2		2	589
3		3	8	3	04555558999
4		4		4	00002677899
5		5		5	44567
6		6		6	9
7		7		7	0024445899
8		8		8	4

Abb.: Konstruktion eines Stemleaf-Diagramms für Mietpreise

Mit Hilfe eines Stemleaf-Diagramms können wir leicht sehen, in welchem Bereich sich die Daten konzentrieren und welche bemerkenswerten Strukturen die Daten aufweisen. Im obigen Beispiel sehen wir z. B. eine „Lücke“ bei der 6. Es gibt einen preiswerten Bereich bis ca. 600,– DM und einen teuren ab ca. 700,– DM.

Allerdings ist das obige Stemleaf-Diagramm noch mit zwei Mängeln behaftet. Einmal sollte stets die Einheit der Blätter angegeben werden, damit eine Rückübersetzung leicht möglich ist. Zum anderen erscheint die Darstellung etwas gedrängt.

Eine weniger gedrängte Form des Stemleaf-Diagramms erhalten wir durch Aufteilung der Zeilen. Jede führende Ziffer erscheint dabei zweimal. Auf der jeweils oberen Zeile werden dann die Blätter 0 bis 4 und auf der unteren die Blätter 5 bis 9 eingetragen.

(Einheit = 10 DM)

1	
1	78
2	
2	589
3	04
3	555558999
4	00002
4	677899
5	44
5	567
6	
6	9
7	002444
7	5899
8	4
8	

Abb.: Feines Stemleaf-Diagramm für die Mietpreise

Einen Anhaltspunkt für die Anzahl der Zeilen in einem Stemleaf-Diagramm bietet die folgende, empirisch gewonnene Faustregel.

Eine **Faustregel für die Zahl der Zeilen** in einem Stemleaf-Diagramm lautet:

$$\text{Anzahl der Zeilen} \approx 10 \cdot \log_{10}(n).$$

Dabei ist n die Anzahl der Daten im Datensatz.

Tab.: Ungefähre Zeilenzahl in einem Stemleaf-Diagramm in Abhängigkeit vom Datenumfang

n	$10 \cdot \log_{10}(n)$
10	10.0
20	13.0
30	14.8
40	16.0
50	17.0
75	18.8
100	20.0
200	23.0
300	24.7
500	27.0

Bei den Kaltmieten liegen 44 Werte vor. Nach der Faustregel sollte die Zahl der Zeilen im Stemleaf-Diagramm ungefähr $10 \cdot \log_{10} 44 \approx 16$ betragen. Dies sind etwa soviele, wie im feinen Stemleaf enthalten sind.

Das angeführte Konzept des Stemleaf-Diagramms läßt sich in vielerlei Hinsicht erweitern und modifizieren. So kann etwa die Anzahl der Blätter pro Stamm, die **Tiefe**, mit angegeben werden. Bei langen Stemleaf-Diagrammen, bei denen die Daten große Zahlenbereiche umfassen, ist u. U. ein **Wechsel der Einheit** innerhalb des Diagramms angeraten. Dies ist aber deutlich zu machen; etwa durch die Einführung eines weiteren senkrechten Striches o. ä. Siehe dazu F. Mosteller and J. W. Tukey: Data Analysis and Regression; Reading, Massachusetts 1977.

Eine andere Möglichkeit, vernünftige Darstellungen von Häufigkeitsverteilungen bei großen Zahlenbereichen zu erhalten, besteht in der **Transformation der Daten**. Eine in diesem Fall übliche Transformation ist der Übergang zu logarithmierten Werten. In der Regel wird dann der **natürliche Logarithmus** genommen; als Basis dient also die Eulersche Zahl e = 2.71828 ....

Beispiel

Die Abbildung zeigt drei Stemleaf-Diagramme zu der Anzahl der Handwerksbetriebe pro Stadtteil in Essen.

Das Diagramm a) ist sehr lang und wird dadurch unübersichtlich. In b) wurde daher ein Wechsel der Einheiten vorgenommen. Im Diagramm b) repräsentiert

5|2 die Anzahl 52,
1||4 die Anzahl 145.

Unschön bei b) ist die Konzentration von Werten bei 100. Diese taucht nicht auf, wenn anstelle der Originalwerte die logarithmierten Werte genommen werden (siehe Diagramm c). Allerdings ist nun bei der Interpretation der Einheiten eine größere Vorsicht geboten.

a) Einheit = 1

0	44
1	016
2	22468
3	024467
4	066789
5	26789
6	3499
7	378
8	01
9	59
10	55
11	0
12	07
13	58
14	5
15	
16	
17	
18	
19	0
20	
21	1
22	
23	
24	
25	
26	
27	
28	
29	
30	3

b) Einheit = 1 bzw. ab 10. Zeile = 10

0	44
1	016
2	22468
3	024467
4	066789
5	26789
6	3499
7	378
8	01
9	59
1 ‖	001223349
2 ‖	1
3 ‖	0

c) Einheit = 0.1

1	33
1	
2	34
2	7
3	0012344
3	55566888889
4	00000112223333
4	5666778999
5	23
5	7

Abb.: Stemleaf-Diagramm für die Handwerksbetriebe pro Stadtteil Essens

Häufigkeitstabelle

Bei großen Datenmengen und im Bereich der schließenden Statistik notieren wir nur die Häufigkeiten, mit denen Werte in den festgelegten Bereichen vorgekommen sind. Wir können uns dies auch so vorstellen, daß wir beim Stemleaf-Diagramm auf die Angabe der zweiten Ziffer verzichten.

Zugrunde liegt dann eine **Klassierung**, d.h. eine Einteilung der Realisationsmöglichkeiten in nichtüberlappende, angrenzende Klassen. Die Endpunkte der Klassen sollen im folgenden mit $x_0^*, x_1^*, \ldots, x_k^*$ bezeichnet werden.

Die Anzahl der Realisationen der Variablen X in der i-ten Klasse, d.h. im Intervall $(x_{i-1}^*, x_i^*]$, ist die **absolute Häufigkeit der Klasse** (genauer: mit der die Variable X einen Wert aus dieser Klasse angenommen hat). Wir schreiben sie in der Form

$$n(x_{i-1}^* < X \leq x_i^*) = n_i.$$

Die entsprechende **relative Häufigkeit der Klasse** ist

$$h(x_{i-1}^* < X \leq x_i^*) = n_i/n = h_i.$$

Bei der Angabe von $\leq$ ist die jeweilige Grenze mit eingeschlossen, bei $<$ ist sie es nicht.

Beispiel

Aus dem geordneten Datensatz der Mietpreise für Wohnungen mit zwei Räumen (= X) erhalten wir die folgende Häufigkeitstabelle.

Tab.: Häufigkeitsverteilung der Mietpreise (in DM)

Klassen-Nr. i	Mietpreis $x_{i-1}^* < X \leq x_i^*$	Anzahl der Wohnungen $n(x_{i-1}^* < X \leq x_i^*)$	rel. Anteil der Wohnungen $h(x_{i-1}^* < X \leq x_i^*)$
1	150 – 200	2	0.0455
2	200 – 250	0	0.0000
3	250 – 300	4	0.0909
4	300 – 350	5	0.1136
5	350 – 400	9	0.2045
6	400 – 450	1	0.0227
7	450 – 500	6	0.1364
8	500 – 550	3	0.0682
9	550 – 600	2	0.0455
10	600 – 650	0	0.0000
11	650 – 700	2	0.0455
12	700 – 750	6	0.1364
13	750 – 800	3	0.0682
14	800 – 850	1	0.0227
		44	1.0001*)

*) Die Abweichung von 1 ist durch Rundungsfehler bewirkt.

Beispiel

Für die Darstellung und Analyse der Raumstruktur der BRD wird häufig die Gebietsaufteilung nach ‚Kreisen' vorgenommen. Kreise sind sowohl ‚Landkreise', die aus mehreren Gemeinden bestehen als auch ‚Kreisfreie Städte'. Bei diesen sind Gemeinde und Kreis identisch. Ihre Flächenaufteilung stellt sich wie folgt dar. (Nach Wirtschaft und Statistik 7/1985, S. 527)

Tab.: Landkreise und Kreisfreie Städte nach Flächengrößenklassen im Jahre 1981

Fläche von ... bis unter ... ha	Anzahl	%
0 – 5000	8	2.4
5000 – 10000	33	10.1
10000 – 15000	23	7.0
15000 – 25000	21	6.4
25000 – 50000	24	7.3
50000 – 75000	60	18.3
75000 – 100000	53	16.2
100000 – 125000	44	13.4
125000 – 150000	37	11.3
150000 – 175000	10	3.0
175000 – 200000	7	2.1
200000 – 225000	7	2.1
225000 und mehr	1	0.3
Insgesamt	328	100

Die Tabelle des letzten Beispiels zeigt zwei bemerkenswerte Unterschiede zur Tabelle des vorletzten:

- In der Tabelle sind die Klassen unterschiedlich breit. Der Grund für die Wahl unterschiedlich breiter Klassen ist offensichtlich: Die Struktur in den unteren Klassen würde bei gröberer Aufteilung verdeckt, eine generell feinere Klasseneinteilung ist andererseits unsinnig wegen der dann zu geringen Besetzung in den oberen Klassen.
- In der Tabelle ist nicht die obere Klassengrenze mit einbezogen, sondern die untere. Diese Darstellungsform ist typisch für die amtliche Statistik. Wir werden im folgenden weitestgehend die andere Form – Angabe von $n(x_{i-1}^* < X \leq x_i^*)$ bzw. $h(x_{i-1}^* < X \leq x_i^*)$ – verwenden.

Das Histogramm

Die übliche graphische Darstellungsweise der Häufigkeiten von klassierten Daten ist das **Histogramm**. Beim Histogramm werden Blöcke über den Klassen eingezeichnet. Diese repräsentieren die relativen Häufigkeiten der Klassen.

Beispiel

Für die Mieten der Zwei-Raum-Wohnungen erhalten wir das folgende Histogramm:

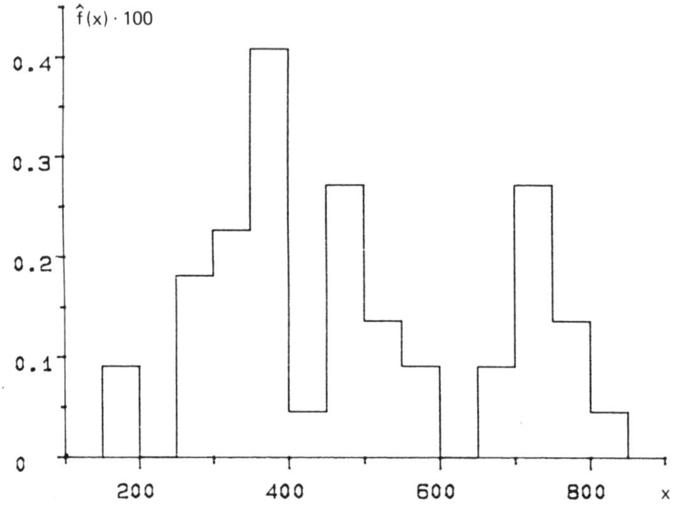

Abb.: Histogramm der Mieten für Zwei-Raum-Wohnungen in E (27. Sept. 1986)

Anders als beim Stabdiagramm ist es beim Histogramm nicht sinnvoll, die Höhe über einer Klasse als Maß für die Häufigkeit zu wählen. Durch unterschiedliche Klasseneinteilung könnten sonst gänzlich verschiedene Eindrücke über die Struktur der Daten vermittelt werden. Der Flächeninhalt **der Blöcke** wird hier proportional zur relativen Häufigkeit gewählt. Dies wird als **Prinzip der Flächentreue** bezeichnet. Auf der Ordinate wird also h_i/Δ_i mit $\Delta_i = x_i^* - x_{i-1}^*$ über der i-ten Klasse abgetragen. Die Höhe eines Histogramms hat damit eine Dimension, nämlich (Dimension der Variablen X)$^{-1}$. Als Funktion von x erhält die Histogrammhöhe einen eigenen Namen.

Die Funktion

$$\hat{f}(x) = \begin{cases} h(x_{i-1}^* < X \leq x_i^*)/\Delta_i & \text{für} \quad x_{i-1}^* < x \leq x_i^* \quad i = 1, \ldots, k \\ 0 & \text{sonst} \end{cases}$$

mit $\Delta_i = x_i^* - x_{i-1}^*$ heißt **Häufigkeitsdichte**.

Histogramme werden genauso wie Stemleaf-Diagramme erstellt, um die Struktur der Daten hervortreten zu lassen, bzw. um sie herauszuarbeiten.

Sofern die Daten in der Form der Urliste oder als geordneter Datensatz vorliegen, kann man die Zahl der Klassen und damit die Anzahl der Blöcke wählen. Sofern gleiche Klassenbreiten sinnvoll sind, ist die für das Stemleaf angegebene Faustregel ebenfalls anwendbar. Allerdings kann es wie im folgenden Beispiel geeigneter sein, unterschiedliche Klassenbreiten zu wählen.

Beispiel

Wir erstellen ein Histogramm für die Verteilung der Kreise der BRD nach der

Fläche (in 1000 ha). Zunächst sind dazu entsprechend der folgenden Arbeitstabelle die Werte der Häufigkeitsdichte für die einzelnen Klassen zu berechnen.

Die letzte Klasse kann bei der graphischen Darstellung nicht mehr berücksichtigt werden. Ihre relative Häufigkeit ist aber so klein, daß $\hat{f}(x)$ hier auch kaum von der x-Achse zu unterscheiden wäre.

Tab.: Arbeitstabelle zur Berechnung der Häufigkeitsdichte

i	$x_{i-1}^* \leq X < x_i^*$	h_i	Δ_i	h_i/Δ_i
1	0 – 5	0.024	5	0.00480
2	5 – 10	0.101	5	0.02020
3	10 – 15	0.070	5	0.01400
4	15 – 25	0.064	10	0.00640
5	25 – 50	0.073	25	0.00292
6	50 – 75	0.184	25	0.00736
7	75 – 100	0.162	25	0.00648
8	100 – 125	0.134	25	0.00536
9	125 – 150	0.113	25	0.00452
10	150 – 175	0.030	25	0.00120
11	175 – 200	0.021	25	0.00084
12	200 – 225	0.021	25	0.00084
13	225 u. mehr	0.003	–	–

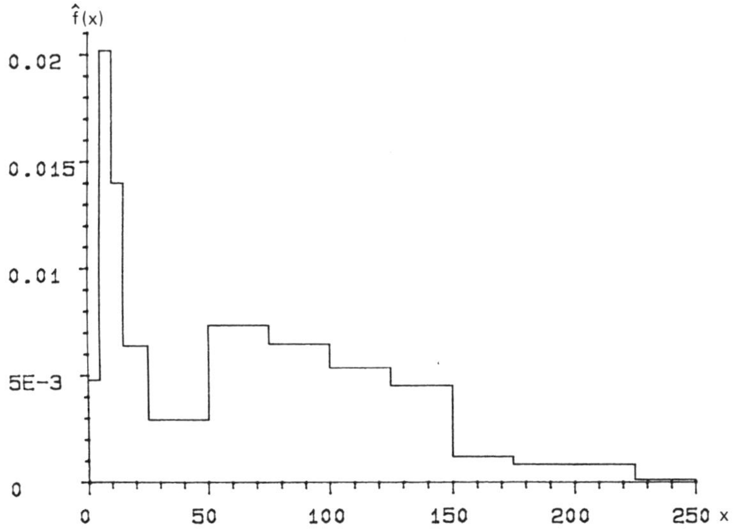

Abb.: Histogramm der Verteilung der Kreise der BRD nach ihrer Fläche (in 1000 ha)

2.3 Die empirische Verteilungsfunktion

Einführendes Beispiel

Für die wohnungssuchende Person bieten die bisher behandelten Darstellungen Ansatzpunkte, um die Struktur des Wohnungsmarktes kennenzulernen. Bei beschränktem Einkommen wird sie nun für sich eine Obergrenze für die Miete festgesetzt haben. Sei dies z. B. 500.– DM. Dann ist von Bedeutung, wieviele Zwei-Raum-Wohnungen angeboten wurden, die diese Miete nicht übersteigen. Den Wert erhalten wir hier einfach durch Auszählen, z. B. aus dem geordneten Datensatz. Es sind hier 27 Wohnungen. Das sind 61.36%, also der größere Teil.

Empirische Verteilungsfunktion

Wie in dem einführenden Beispiel ist verschiedentlich die Anzahl oder der Anteil der Beobachtungen von Interesse, die einen bestimmten Wert nicht überschreiten.

Damit diese Fragestellung sinnvoll ist, muß die zugrundeliegende Variable **mindestens ordinal skaliert** sein.

Bei diskreten Variablen erhalten wir die relevanten Angaben aus der Häufigkeitstabelle durch Kumulation – d. h. sukzessives Aufaddieren – der absoluten bzw. relativen Häufigkeiten.

Die **absoluten kumulierten Häufigkeiten** geben an, wieviele Beobachtungen jeweils einen vorgegebenen Wert x nicht übertreffen. Wir bezeichnen sie mit

$$n(X \leq x).$$

Die entsprechenden **relativen kumulierten Häufigkeiten** bezeichnen wir mit

$$h(X \leq x).$$

Um die kumulierten Häufigkeiten graphisch darzustellen, ist $n(X \leq x)$ bzw. $h(X \leq x)$ für jeden Wert x einzuzeichnen. Die Zuordnung der kumulierten relativen Häufigkeiten zu den Realisationsmöglichkeiten führt gerade auf die empirische Verteilungsfunktion.

Die **empirische Verteilungsfunktion** $\hat{F}(x)$ ist definiert durch

$$\hat{F}(x) = h(X \leq x).$$

Empirische Verteilungsfunktionen sind für alle nichtklassierten Datensätze sinnvoll definiert, sofern die zugrundeliegende Variable mindestens ordinalskaliert ist. Es handelt sich dabei jeweils um Treppenfunktionen.

Unmittelbar aus der Definition erhalten wir:

Einfache Eigenschaften der empirischen Verteilungsfunktion $\hat{F}(x)$:

(i) $x < x' \Rightarrow \hat{F}(x) \leq \hat{F}(x')$,

(ii) $\hat{F}(x) = 0$ für $x < x_{(1)}$,

$\hat{F}(x) = 1$ für $x \geq x_{(n)}$,

(iii) $0 \leq \hat{F}(x) \leq 1$ für alle x.

Beispiel

Für die Mietdaten können wir aus dem geordneten Datensatz leicht die kumulierten Häufigkeiten ermitteln. Wie wir gesehen haben, ist

$$h(X \leq 500) = 0.6136.$$

Es gilt offensichtlich auch

$$h(X \leq 495) = 0.6136, \quad \text{und}$$
$$h(X \leq 539) = 0.6136,$$

da zwischen den beiden Werten $x_{(27)} = 495$ und $x_{(28)} = 540$ des geordneten Datensatzes keine weitere Realisation liegt. Die empirische Verteilungsfunktion ist folglich in diesem Bereich konstant. Bei $x_{(28)}$ steigt sie dann aber sprunghaft auf $h(X \leq 540) = 0.6391$ an.

Es resultiert die Treppengestalt der empirischen Verteilungsfunktion.

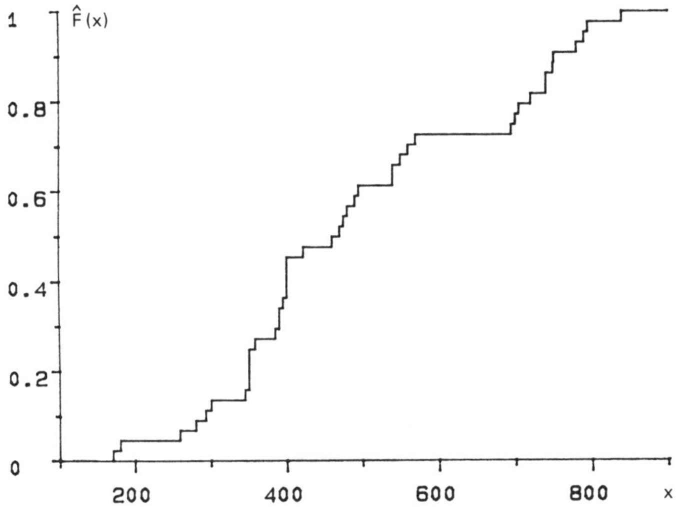

Abb.: Empirische Verteilungsfunktion der Kaltmiete für 2-Raum-Wohnungen

Aus der Darstellung der empirischen Verteilungsfunktion läßt sich für jedes interessierende x auf graphische Weise die zugehörige kumulierte relative Häufigkeit ermitteln.

Bei diskreten Variablen konstruieren wir die empirische Verteilungsfunktion sinnvollerweise auf der Basis der Tabelle der (kumulierten) relativen Häufigkeiten. Dabei ist zu beachten, daß der Sprung, den die empirische Verteilungsfunktion an der Stelle x_i macht, gerade der relativen Häufigkeit $h_i = h(X = x_i)$ entspricht.

Beispiel

Für die in der Problemstellung des Abschnittes 2.1 betrachtete Variable X = ‚produktives Denken' erhielten wir bei 120 bewerteten Mitarbeitern eine Häufigkeitsverteilung, die hier um die Angabe der kumulierten relativen Häufigkeiten ergänzt ist.

Tab.: Häufigkeitsverteilung der Variablen ‚Produktives Denken'

i	x_i	h_i	$h(X \leq x_i) = \sum_{j=1}^{i} h_j$
1	0	0	0
2	1	0	0
3	2	0	0
4	3	0.058	0.058
5	4	0.100	0.158
6	5	0.317	0.475
7	6	0.242	0.717
8	7	0.225	0.942
9	8	0.050	0.992
10	9	0.008	1.000

Die graphische Umsetzung ergibt dann das folgende Bild.

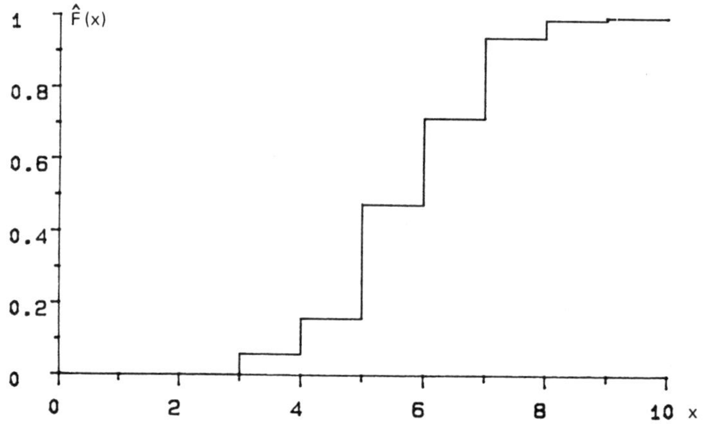

Abb.: Empirische Verteilungsfunktion der Bewertungen des ‚Produktiven Denken'

Klassierte Daten

Bei klassierten Daten können wir nur die Klassenhäufigkeiten kumulieren. Damit ist die empirische Verteilungsfunktion aber lediglich an den Klassenobergrenzen x_i^* bekannt. Um für die fehlenden Zwischenwerte Näherungen zu erhalten, greifen wir auf das Prinzip der Flächentreue beim Histogramm zurück. Das sagt, daß der durch zwei Punkte auf der x-Achse begrenzte Flächeninhalt unter der Häufigkeitsdichte der relativen Häufigkeit der Beobachtungen aus diesem Intervall entspricht. Damit können auch für nicht durch die Klassierung vorgegebene Intervalle näherungsweise relative Häufigkeiten bestimmt werden.

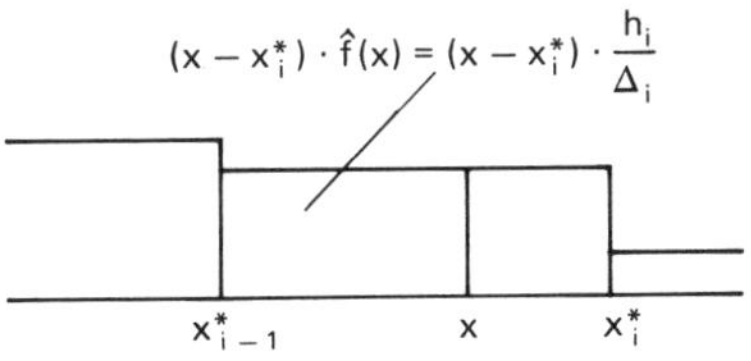

Abb: Zur Bestimmung der emp. Verteilungsfunktion bei klassierten Daten

Ist also $\hat{F}(x_{i-1}^*)$ die aus den Daten ermittelbare Häufigkeit $h(X \leq x_{i-1}^*)$, so erhalten wir $\hat{F}(x)$, indem wir einfach den Flächeninhalt hinzuaddieren, der zwischen x_{i-1}^* und x liegt.

Die **empirische Verteilungsfunktion** $\hat{F}(x)$ **bei klassierten Daten** mit den Klassengrenzen $x_0^*, x_1^*, \ldots, x_k^*$ ist definiert durch

$$\hat{F}(x) = \begin{cases} 0 & \text{für } x \leq x_0^* \\ \hat{F}(x_{i-1}^*) + \dfrac{x - x_{i-1}^*}{\Delta_i} h_i & \text{für } x_{i-1}^* < x \leq x_i^* \\ 1 & \text{für } x > x_k^* \end{cases}$$

Dabei sind h_i die Klassenhäufigkeit, $\Delta_i = x_i^* - x_{i-1}^*$ die Klassenbreite der i-ten Klasse, und es ist für $i = 1, \ldots, k$:

$$\hat{F}(x_i^*) = \sum_{j=1}^{i} h_j.$$

Die so bestimmte empirische Verteilungsfunktion wird auch als **Summenfunktion** bezeichnet.

Beispiel

Schubert (nach K.H. Mönch: Steuerkriminalität und Sanktionswahrscheinlichkeit, Frankfurt/M. 1978) berichtet über die Beute bei verschiedenen Bankberaubungen in der BRD. Die Fälle, in denen die Täter etwas erbeuteten, lassen sich wie folgt nach der Höhe der Beute (= X) aufschlüsseln:

Tab.: Beute bei Bankberaubungen

i	$x_{i-1}^* < X \leq x_i^*$	n_i	h_i	$h(X \leq x_i^*) = \sum_{j=1}^{i} h_j$
1	0– 1000	12	0.053	0.053
2	1000– 5000	71	0.313	0.366
3	5000– 10000	63	0.278	0.644
4	10000– 20000	49	0.216	0.860
5	20000– 50000	26	0.114	0.974
6	50000–120000	6	0.026	1.000
		227	1.000	

Daraus erhalten wir die abschnittweise definierte empirische Verteilungsfunktion:

$$\hat{F}(x) = \begin{cases} 0 & x \leq 0 \\ 0 + \dfrac{x}{1000} \cdot 0.053, & 0 < x \leq 1000 \\ 0.053 + \dfrac{x - 1000}{4000} \cdot 0.313, & 1000 < x \leq 5000 \\ 0.366 + \dfrac{x - 5000}{5000} \cdot 0.278, & 5000 < x \leq 10000 \\ 0.644 + \dfrac{x - 10000}{10000} \cdot 0.216, & 10000 < x \leq 20000 \\ 0.860 + \dfrac{x - 20000}{30000} \cdot 0.115, & 20000 < x \leq 50000 \\ 0.975 + \dfrac{x - 50000}{70000} \cdot 0.026, & 50000 < x \leq 120000 \\ 1 & 120000 < x \end{cases}$$

Einsetzen spezieller Werte für x ergibt jeweils die zugehörigen Werte von $\hat{F}(x)$. Zum Beispiel ist

$$\hat{F}(4000) = 0.053 + \frac{4000 - 1000}{4000} \cdot 0.313 = 0.28775.$$

Das Vorgehen zur graphischen Ermittlung von $\hat{F}(x)$ für vorgegebenes x ist offensichtlich. Die graphische Darstellung von $\hat{F}(x)$ bei klassierten Daten heißt auch **Summenkurve**.

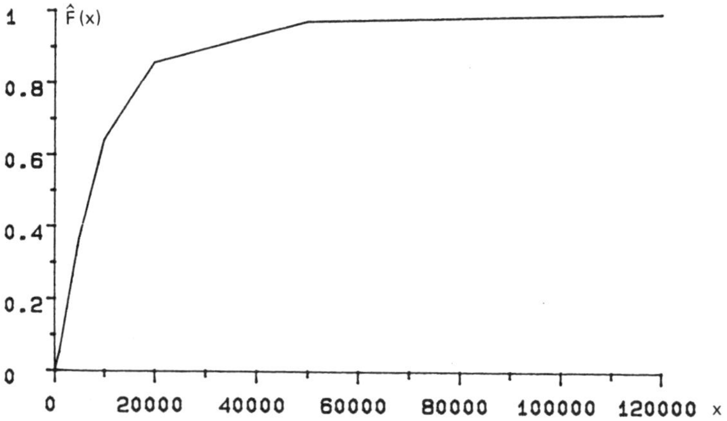

Abb.: Summenkurve der ‚Beute bei Bankberaubungen'

2.4 Quantile

Problemstellung

Die Festlegung von Grenzwerten für die von Industriebetrieben in Flüsse einzuleitenden Abwässer ist eine komplexe Aufgabenstellung. Seitens der Einleiter wird oft davon ausgegangen, daß die bisherigen Standards bei regulärem Betrieb beibehalten werden sollten.

Nun unterliegt z. B. die Ablaufqualität von Kläranlagen stets Schwankungen, die unterschiedliche Ursachen haben können. Daher ist eine (für die Praxis allerdings zu stark vereinfachte) Vorgehensweise, aus einem Satz zurückliegender Werte für einen Schadstoff denjenigen Wert zu bestimmen, der von einem vorgegebenen, großen Prozentsatz der Werte nicht überschritten wird. Die Überschreitung dieses Grenzwertes sollte zumindest weitere Schritte zur Sicherung der Umwelt nach sich ziehen.

Bestimmung der Quantile

Zur empirischen Verteilungsfunktion gelangen wir bei der Bestimmung der kumulierten relativen Häufigkeiten $h(X \leq x)$ bei vorgegebenem x. Wie in der Problemstellung können wir umgekehrt einen Anteil p vorgeben und fragen, bei welchem x die kumulierte Häufigkeit diesen Anteil erreicht. Da die empirische Verteilungsfunktion Sprünge aufweist, kann es vorkommen, daß der vorgegebene Anteil gerade übertroffen wird. Die folgende Abbildung verdeutlicht die Situation.

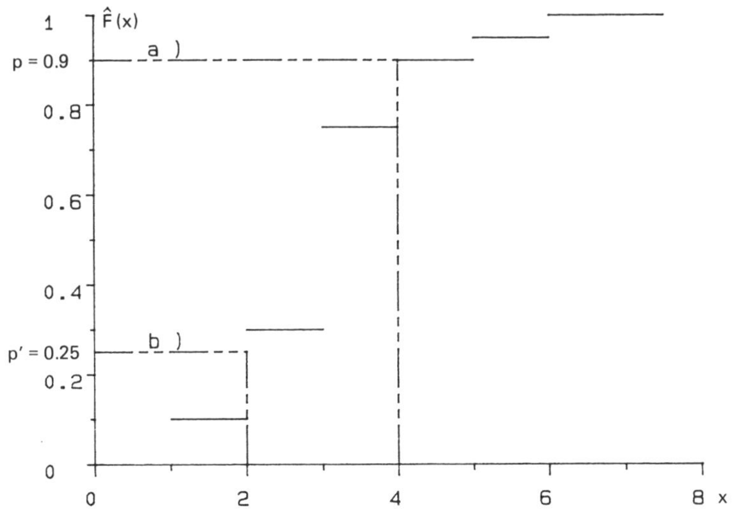

Abb.: Zur Bestimmung empirischer Quantile

Geben wir einen Anteil p vor, so kann es entsprechend der Abbildung vorkommen, daß

- es mehr als einen Wert x gibt, für den $\hat{F}(x) = p$ gilt (vgl. (a));
- es keinen Wert x gibt, bei dem $\hat{F}(x) = p$ gilt (vgl. (b)). Vielmehr wird p an einer Stelle gerade übertroffen.

Um hier zu einer sinnvollen Regelung zu gelangen, nehmen wir im Fall (a) den kleinsten der infrage kommenden Werte an, im Fall (b) den, bei dem der Anteil gerade überschritten wird.

> Für jeden Anteil p mit $0 < p \leq 1$ ist das **empirische** p-**Quantil** x_p des Datensatzes $x_1, \ldots, x_n$ der kleinste x-Wert, für den $\hat{F}(x) \geq p$ gilt, formal:
>
> $$\hat{F}(x) < p \quad \text{falls} \quad x < x_p \quad \text{und} \quad \hat{F}(x_p) \geq p\,.$$
>
> Wir sprechen auch von dem p-Quantil der empirischen Verteilungsfunktion $\hat{F}(x)$.

Es ist leicht zu sehen, daß das p-Quantil eines Datensatzes $x_1, \ldots, x_n$ der Wert $x_{(k)}$ des geordneten Datensatzes ist, wenn k bestimmt wird aus

$$\frac{k-1}{n} < p \leq \frac{k}{n}\,.$$

Beispiel

Für die Kläranlage eines chemischen Betriebes wurde an 915 Tagen in 24 Stunden-Mischproben der CSB-Gehalt (in mg/l) ermittelt. Die 15 größten Werte des geordneten Datensatzes sind (G. Haltrich u.a.: Korrespondenz Abwasser, 28 1981/9, 609–616):

462 462 469 471 473 488 500 504 511 515 538 539 554 566 604.

Daraus erhalten wir:

$$\left.\begin{aligned} p = 0.99\colon\ \hat{F}(473) &= \frac{905}{915} = 0.98907 \\ \hat{F}(488) &= \frac{906}{915} = 0.99016 \end{aligned}\right\} \Rightarrow x_{0.99} = 488\,.$$

Für $p = 2/3$ erhalten wir nach der oben angegebenen Bestimmungsweise den 610ten Wert des geordneten Datensatzes:

$$\frac{609}{915} < \frac{2}{3} = \frac{610}{915}\,.$$

Bei **klassierten Daten** kann das empirische p-Quantil nur näherungsweise bestimmt werden. Da die empirischeVerteilungsfunktion in diesem Fall keine Sprünge aufweist, gibt es zu jedem p einen Wert x_p mit

$$\hat{F}(x_p) = p\,.$$

Die graphische Bestimmung eines Quantils aus der Summenkurve wird in der Skizze des folgenden Beispiels verdeutlicht. Formelmäßig erhalten wir das p-Quantil aus $\hat{F}(x)$ durch Auflösen der Definitionsgleichung von $\hat{F}(x)$ nach x.

Bei klassierten Daten ergibt sich das p-**Quantil**, $0 < p \leq 1$, falls $\hat{F}(x_{i-1}^*) < p \leq \hat{F}(x_i^*)$ für ein geeignetes i, gemäß der Formel

$$x_p = x_{i-1}^* + \frac{p - \hat{F}(x_{i-1}^*)}{h_i} \Delta_i ,$$

wobei Δ_i die Breite und h_i die relative Häufigkeit der entsprechenden Klasse sind.

Beispiel

Wir haben im letzten Abschnitt die Verteilung der Höhe der Beuten bei Bankberaubungen betrachtet. Hier wenden wir uns der Frage zu, mit welcher Beute sich die Räuber bei 75% der ‚erfolgreichen' Überfälle ‚zufrieden geben' mußten.

Das 0.75-Quantil fällt in die 4-te Klasse, die von 10000 bis 20000 reicht:

$$\hat{F}(x_3^*) = 0.644 < 0.75 < \hat{F}(x_4^*) = 0.860 .$$

Damit erhalten wir

$$x_{0.75} = 10000 + \frac{0.75 - 0.644}{0.216} \cdot 10000 = 14907.41 .$$

75% der Überfälle brachten also näherungsweise nicht mehr als 14907.41 DM.

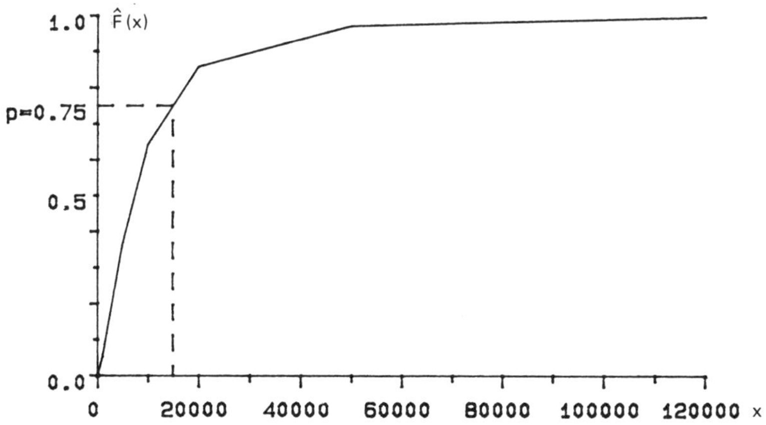

Abb.: Zur näherungsweisen Bestimmung eines Quantils aus der emprischen Verteilungsfunktion

Spezielle Quantile

Einige empirische Quantile tragen besondere Namen:

$x_{0.1}, x_{0.2}, \ldots, x_{0.9}$ heißen **Dezile** und

$x_{0.25}, x_{0.5}, x_{0.75}$ heißen **Quartile**.

Durch die empirischen Quartile werden die Daten (in etwa) in vier gleichgroße Teile unterteilt.

Anstelle des mittleren Quartils betrachtet man oft den Median, der der Forderung besser gerecht wird, die Daten in zwei gleichgroße Hälften aufzuteilen.

Der **empirische Median** $\tilde{x}$ eines Datensatzes vom Umfang n ist

$$\tilde{x} = \begin{cases} x_{(\frac{n+1}{2})} & \text{bei ungeradem } n \\ \frac{1}{2}\left(x_{(\frac{n}{2})} + x_{(\frac{n}{2}+1)}\right) & \text{bei geradem } n. \end{cases}$$

Bei klassierten Daten fallen das 0.5-Quantil und der empirische Median zusammen.

Beispiel

Bei den Mieten für Wohnungen mit zwei Räumen erhalten wir bei den 44 annoncierten Wohnungen:

$$\tilde{x} = \frac{1}{2}(x_{(22)} + x_{(23)})$$

$$= \frac{1}{2}(460 + 470) = 465.$$

Bei 465 DM liegt also die Scheidelinie zwischen der billigen und der teuren Hälfte der angebotenen Wohnungen.

Quantildiagramme

Zum Vergleich zweier Datensätze können wir ihre Häufigkeitsverteilungen in Form von Häufigkeitstabellen, Stemleafdiagrammen oder empirischen Verteilungsfunktionen gegenüberstellen.

Bei der Verwendung der empirischen Verteilungsfunktionen besteht ein Problem darin, daß der Vergleich durch die Krümmung im Verlauf von $\hat{F}(x)$ wesentlich erschwert wird. Für das Auge ist es nicht leicht, unterschiedliche Krümmungen zu erkennen. Einfach ist lediglich das Erkennen der Abweichungen von einer Geraden.

Von den verschiedenen Graphiken, die so konstruiert sind, daß bei Übereinstimmung der Verteilung der Datensätze eine Gerade resultiert und Unterschiede in Form von Abweichungen von der Geraden ihren Niederschlag finden, ist das **Quantil-Quantil-Diagramm, kurz QQ- oder Quantildiagramm**, das verbreitetste.

In einem **empirischen Quantildiagramm** werden für ausgewählte Anteile p die Quantile y_p gegen die Quantile x_p aufgetragen.

Für die Auswahl der Anteile p gibt es keine verbindliche Regel. Es ist aber geschickt, die p so zu wählen, daß die Quantile möglichst mit den geordneten Werten der Datensätze übereinstimmen.

Sind die beiden Datensätze gleich groß, (n = m), so sind bei

$$p_i = \frac{i}{n} \qquad i = 1, \ldots, n$$

die Quantile gleich den jeweiligen geordneten Werten der Datensätze. Also brauchen nur die $y_{(v)}$ gegen die $x_{(v)}$ aufgetragen zu werden. Sind n und m nicht gleich groß, so wählen wir die Anteile p_i so, daß die geordneten Werte des kleineren Datensatzes mit den Quantilen übereinstimmen. Dann brauchen nur noch die entsprechenden Quantile des größeren Datensatzes bestimmt zu werden.

QQ-Diagramme können auch für klassierte Datensätze angefertigt werden. An den Klassenobergrenzen ist die empirische Verteilungsfunktion $\hat{F}(x)$ ja bekannt.

Für andere Werte x stellt $\hat{F}(x)$ jeweils nur eine Näherung von $h(X \leq x)$ dar. Deshalb werden die Anteile p so gewählt, daß die Quantile mit den Klassenobergrenzen übereinstimmen.

Da systematische Unterschiede erst bei einer größeren Anzahl von Punkten im QQ-Diagramm hervortreten, ist ein solches Diagramm nur bei einer feineren Klasseneinteilung sinnvoll.

Beispiel

In ‚Untersuchungen an Jugendlichen über die Wirkung von Koffein auf Einprägen und Verhalten' hat Springmeier (nach J. Krauth/G. A. Lienert, Biom. Zeitschr. 16 (1974), 83–90) je vierzehn Schülern vor und nach dem Lernen eines sinnvollen Lernstoffes Kaffee zu trinken gegeben.

Für die Erstellung des QQ-Diagramms sind hier lediglich die beiden Datensätze zu ordnen und die $y_{(v)}$ gegen die $x_{(v)}$ aufzutragen.

Tab.: Urlisten der Reproduktionsleistungen von Lernstoff (in geeigneten Punktwerten)

vorher ($\hat{=} x_v$):	37	17	29	33	25	15	24	13	24	13	10	15	9	17
nachher ($\hat{=} y_v$):	15	23	22	12	25	14	17	21	11	11	12	17	11	5

Das Diagramm zeigt, daß die Quantile des y-Datensatzes systematisch kleiner sind als die des x-Datensatzes. Die Reproduktionsleistungen waren also besser, wenn vor dem Lernen Kaffee getrunken wurde.

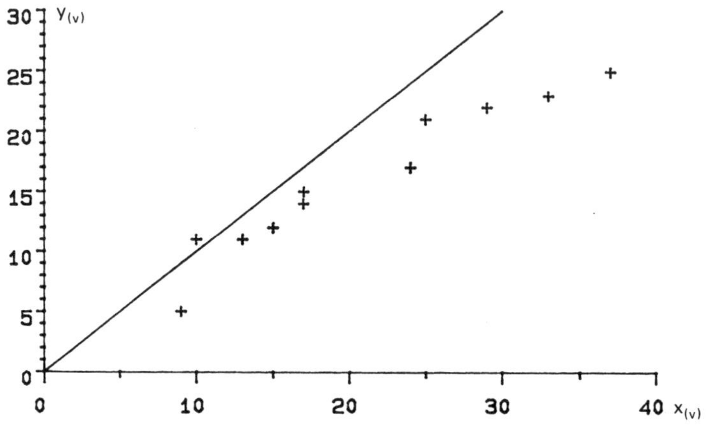

Abb.: QQ-Diagramm Reproduktion von Lernstoff unter Koffein-Wirkung

Weisen die Punkte in einem QQ-Diagramm eine systematische Abweichung von der Winkelhalbierenden auf, so lassen sich entsprechende systematische Unterschiede der Datensätze diagnostizieren.

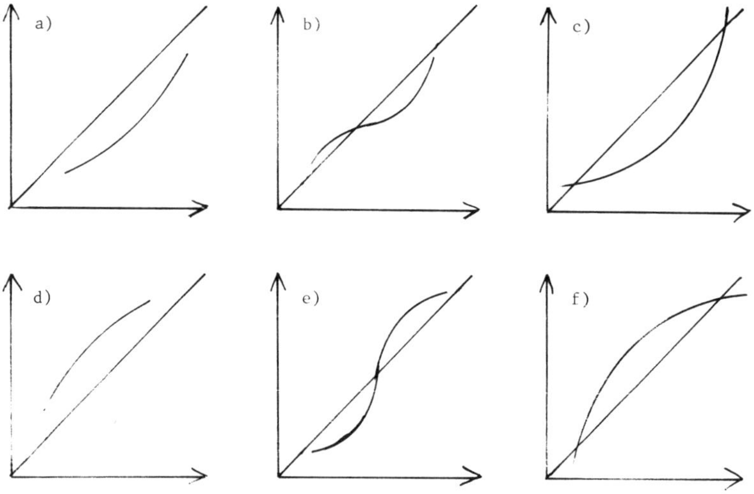

Abb.: Schematische Quantildiagramme

In der Abbildung ist z. B. zu erkennen:

(a) Die Quantile y_p sind kleiner als die Quantile x_p: der y-Datensatz ist gegenüber dem x-Datensatz nach links verschoben.

(b) Für kleine p sind die Quantile y_p größer als die x_p: für größere p kehrt sich die Situation um; die y-Daten sind stärker konzentriert als die x-Daten.

5-Zahlen-Zusammenfassung

Der Vergleich zweier Datensätze mittels univariater Stabdiagramme oder QQ-Diagramme basiert jeweils auf allen Werten der Datensätze. Zu einem schnelleren Vergleich ist die Beschränkung auf wesentliche Teile dieser gesamten Information angebracht. Dabei hat sich gezeigt, daß eine vernünftige Zusammenfassung der Daten in der Angabe von relativ wenigen Quantilen besteht.

Die Extrema eines Datensatzes $x_1, \ldots, x_n$ zeigen, in welchem Bereich sich die Daten überhaupt bewegen. Zwischen den Extrema und den benachbarten Quartilen liegen jeweils ca. 25% der mehr am Rande liegenden Daten. Zwischen $x_{0.25}$ und $x_{0.75}$ befinden sich die 50% der Daten, die eher den zentralen Bereich ausmachen. Der Median $\tilde{x}$ lokalisiert dieses Zentrum noch weiter. Damit ergeben diese fünf Werte einen knappen, aber informativen Überblick über den Datensatz.

Das Gerippe der als **5-Zahlen-Zusammenfassung** eines Datensatzes $x_1, \ldots, x_n$ bezeichneten Angabe sieht folgendermaßen aus:

Umfang des Datensatzes: n		
Median	$\tilde{x}$	
Quartile	$x_{0.25}$	$x_{0.75}$
Extrema	$x_{(1)}$	$x_{(n)}$

In dieser Form wurden 5-Zahlen-Zusammenfassungen von Tukey in seinem 1977 erschienenen Buch (Exploratory Data Analysis; Reading, Massachusetts, 1977) zur Exploration von Datensätzen propagiert. Die Form ist natürlich nicht als streng verbindlich zu sehen. Andere Anordnungen dieser Größen geben dieselbe Information.

Tab.: 5-Zahlen-Zusammenfassungen der Preise (1983) für Tafeläpfel, Handelsklasse I – DM pro kg

Bundesland:	SCHH	HMB	NDSA	BRM	NW	HESS
Zahl der Preise	46	13	88	12	126	91
Höchster Preis	4.40	4.80	4.40	3.90	6.98	5.60
III. Quartil	3.79	4.00	3.49	2.60	3.98	4.20
II. Quartil	2.99	3.99	2.95	2.20	3.38	3.80
I. Quartil	2.49	2.99	2.40	1.98	2.69	2.99
Niedrigster Preis	1.20	1.95	1.80	1.80	1.14	1.48
(III–I): II × 100	43.5	25.3	36.9	28.2	38.2	31.8

Bundesland:	RHPF	BAWUE	BAY	SAAR	BLN(W)	BUND
Zahl der Preise	65	106	112	43	29	731
Höchster Preis	6.00	4.20	5.80	4.98	4.95	6.98
III. Quartil	3.98	2.98	3.40	3.98	3.98	3.90
II. Quartil	3.20	2.00	2.38	3.58	3.50	2.99
I. Quartil	2.49	1.95	1.80	2.28	2.60	2.20
Niedrigster Preis	1.53	1.38	1.25	1.48	1.40	1.14
(III–I): II × 100	46.6	51.5	67.2	47.5	39.4	56.9

Beispiel

Das Statistische Bundesamt gibt regelmäßig Übersichten über Preise für ausgewählte Konsumgüter heraus (Statistisches Bundesamt, Fachserie 17: Preise; Reihe 7: Preise und Preisindizes für die Lebenshaltung). Um einen regionalen Vergleich der Verteilungen der Preise zu ermöglichen, werden die Angaben in Form von 5-Zahlen-Zusammenfassungen getrennt für die Bundesländer gemacht.

Die jeweils letzten Zeilen in der oben wiedergegebenen Tabelle sind im Augenblick noch unwichtig. Die 5-Zahlen-Zusammenfassungen zeigen z. B., daß die Preisbereiche umso größer werden, je höher das Gesamtniveau der Preise ist.

Box-Plots

Illustrativer wird ein Vergleich von Datensätzen, wenn 5-Zahlen-Zusammenfassungen in graphische Darstellungen umgesetzt werden. Die von Tukey wiederentdeckte Darstellungsform ist der sogenannte **Box-Plot** (Schachtelzeichnung).

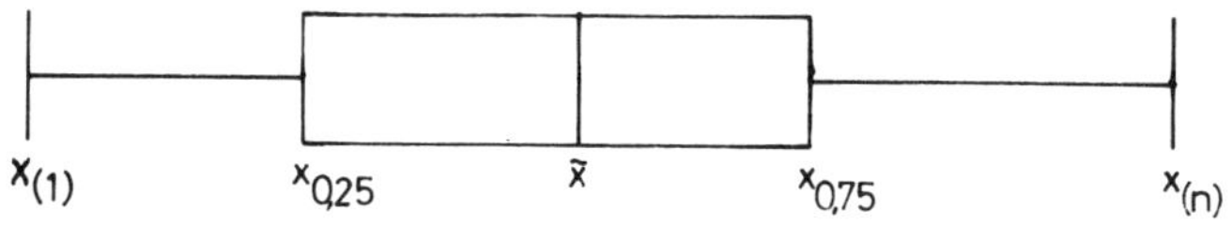

Abb.: Grundschema eines Box-Plot

Das Schema dieser Graphik ist in der Abbildung wiedergegeben. Der vom unteren bis zum oberen Quartil reichende Kasten symbolisiert die zentralen 50 % der Daten. Die aus optischen Gründen durch Querstriche begrenzten Linien links und rechts repräsentieren nochmals jeweils 25 % der Daten.

Beispiel

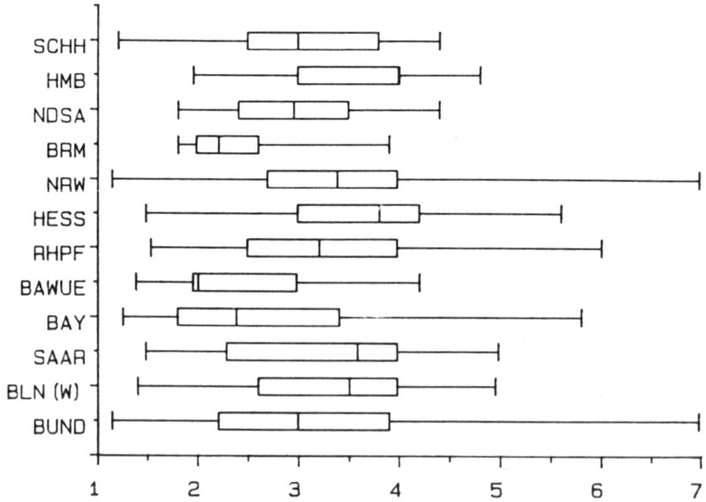

Abb.: Box-Plots der Preise für 1 kg Tafeläpfel in den Bundesländern

Die im letzten Beispiel angegebenen 5-Zahlen-Zusammenfassungen der Preise für Tafeläpfel in den Bundesländern einschließlich Berlin (West) führen zu obigen Box-Plots.

Der Vergleich ist hier schneller möglich als über die Betrachtung der Zahlen.

Häufig ist das Augenmerk nicht auf den mittleren Datenkörper gerichtet, sondern auf die extremen Werte im unteren und oberen Bereich. Werte, die relativ weit weg vom übrigen Datenkörper liegen, können durch Meßfehler, falsches Ablesen, Zahlendreher etc. zustande gekommen sein. (Schätzungen besagen, daß häufig bis zu 10% der Werte eines Datensatzes zu dieser Kategorie gehören!) Sie sind dann – soweit möglich – zu berichtigen oder zu eliminieren. Andere können besondere inhaltliche Gegebenheiten widerspiegeln und aus diesem Grund die gesteigerte Aufmerksamkeit verdienen.

Insgesamt kann die Beschäftigung mit den extremen Werten zu aufschlußreicheren Erkenntnissen führen als die Betrachtung des zentralen Datenkörpers.

Beispiel

In dem Buch ‚Die Gesundheit der Nation' (Köln 1986), versuchen die Autoren Koch/Klopfleisch und Maywald eine Bestandsaufnahme über Krankheiten, Krankheitsursachen und medizinische Versorgung in der BRD zu geben. Um aus der Fülle des Datenmaterials das Wichtigste hervortreten zu lassen, führen sie in vielen Fällen jeweils nur die besten und die schlechtesten der 328 Kreise an. Die Säuglingssterblichkeit in den Kreisen reicht von 5.4 bis 21.5 Todesfällen im ersten Lebensjahr pro 1000 Lebendgeborenen.

Die Werte der zehn besten sind:

5.4 6.4 6.6 6.7 6.8 7.0 7.0 7.1 7.2 7.3,

und die der zehn schlechtesten:

15.5 15.6 15.6 15.7 16.0 16.2 16.4 17.0 18.8 21.5

Während den zehn besten Kreise eine Art Vorbildcharakter zukommt, liegt die Frage nahe, welche Komponenten für das schlechte Abschneiden der ‚letzten Zehn' ausschlaggebend waren und was gerade da getan werden könnte, um die Säuglingssterblichkeit zu senken.

Auch bei der explorativen Analyse von Datensätzen empfiehlt es sich mit den oben angegebenen Begründungen extreme Werte gesondert zu betrachten. Diese Empfehlung führt zu einer **Modifikation des Box-Plot**, bei der die extremen Werte gesondert hervorgehoben werden.

Zunächst zeichnen wir wieder den Kasten von $x_{0.25}$ bis $x_{0.75}$ und markieren die Lage von $\tilde{x}$. Die angrenzenden Linien werden nun nicht mehr bis zu den Extremwerten durchgezogen. Vielmehr ziehen wir sie bis zu den Werten $x_{(c+1)}$ bzw. $x_{(n-c)}$, wenn jeweils c Werte an beiden Enden hervorgehoben werden sollen. Diese werden nun extra durch Kreuze oder ähnliches markiert.

Der Anteil c/n der an einem Ende hervorzuhebenden Werte sollte je nach Größe des Datensatzes bis zu 10% betragen. Bei einem großen Datensatz wird allerdings ein zu großer Anteil schnell unhandlich.

Beispiel

Für die am Beginn dieses Abschnittes erwähnten 915 Werte des CSB-Gehaltes (in mg/l) im Abwasser einer Kläranlage erhalten wir das folgende modifizierte Box-Plot mit $c/n = 0.01$. Der kleine Anteil führt immerhin zur Heraushebung von je 9 Werten an den beiden Rändern.

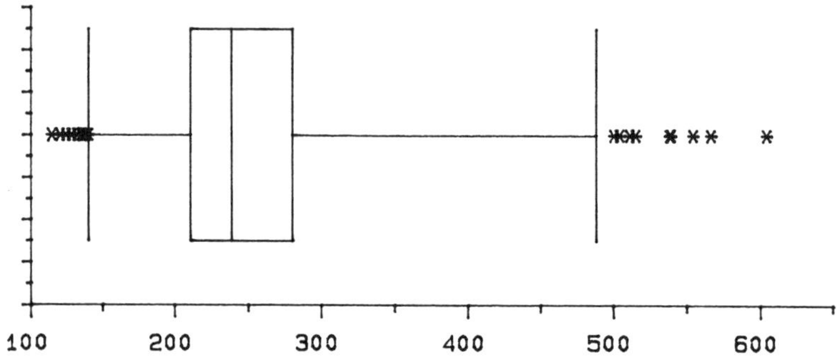

Abb.: Modifiziertes Box-Plot für den CSB-Gehalt im Abwasser

Die Betrachtung der zehn kleinsten Werte zeigt lediglich, daß sie eng beim eigentlichen Datenkörper liegen. Im oberen Bereich ist eventuell der größte Wert (604 mg/l) von besonderer ‚Qualität'. Dies läßt sich aber nur durch eine weitergehende Analyse klären.

2.5 Aufgaben

1. Am 27. September 1986 wurden in Essen Mietwohnungen mit folgenden Raumzahlen angeboten:

1	1.5	1	1	1.5	1	2.5	2	2.5	3	3	1	2.5	3.5	2
2.5	2	2	3	2	2	3.5	3.5	4.5	2	4	3	3.5	2	3
2	3.5	2	4.5	3.5	3	2.5	3.5	2.5	2.5	2	6	4.5	4.5	4.5
2.5	2.5	1.5	2.5	3.5	2.5	3.5	2.5	2.5	2	3	1	1	2	3
2	3	2	2	3	2	2	2	3	2	3	3	2	3	3
3	4	3	1	3.5	2.5	2.5	2.5	2	2.5	2.5	2	2	2	2
2	2	2	3.5	3.5	3.5	3	3	3	3	4	1.5	1.5	3.5	3
2.5	2	1.5	3	2	1	2	3	2	2.5	3.5	3.5	2.5	3	2
1	2	3.5	3	3	4.5	4.5	3.5	3.5	2	1	3	3	3	2
3	2.5	3	3	3.5	3.5	3	3	3	1.5	2.5	4.5	2	2.5	3
2	2	2	3.5	2.5	3	1	2	2	2.5	4.5	1	2.5	3	2
1	1	2	2.5	1	2	3.5	3	3	1.5	2	2	2	1	2.5
2	2	3	2	3.5	3	2	2	2	3.5	2	2.5	2.5	2.5	1.5
4	3.5													

Bereiten Sie die Daten tabellarisch und graphisch auf.

2. Die meisten deutschen Kraftfahrzeug-Haftpflicht-Versicherer geben nach „guten Geschäftsjahren" eine nach Schadensfreiheitsklasse gestaffelte Rückvergütung. Für die Schadensfreiheitsklasse 10 ergaben die Rückvergütungen (in %

des Beitrages) für 1985 der einzelnen überregionalen Versicherungen die folgende Liste (ADAC motorwelt 8/86):

5	10	7.5	12.5	7.5	10	5	10	0	12.5	5	10	15	7	12.5
10	5	10	25	5	10	12.5	10	5	5	10	5	5	7.5	5
10	5	5	5	12	9	10	3	5	5.5	5	10	7.5	10	5
8	6	7	5	6	15	4	5	10	4	12.5	5	10	8	6
6	5	12												

a) Ordnen Sie die Daten geeignet.
b) Geben Sie die empirische Verteilungsfunktion an und zeichnen Sie sie.
c) Wie groß ist der Anteil der Versicherungen, die
   - höchstens 8% Beitrag rückvergüteten?
   - mehr als 7% und weniger als 11% Beitrag rückvergüteten?

3. Der Besitzer eines kleinen Kinos macht sich Gedanken über die Wirtschaftlichkeit seines Hauses. An 100 Tagen zählt er die Anzahl der Zuschauer; folgende Zahlen liegen ihm vor:

x_i	41	42	43	44	45	46	47	48	49	50	51
n_i	1	9	13	13	20	15	10	7	5	4	3

a) Berechnen Sie die relativen und die kumulierten relativen Häufigkeiten.
b) Stellen Sie die relativen und kumulierten relativen Häufigkeiten geeignet graphisch dar. (Achsenbeschriftung!)
c) Zur Existenzerhaltung reicht es aus, wenn an 90% der Tage mindestens 48 Besucher kommen. Hat das Kino eine Überlebenschance?
d) Wie groß ist der Anteil der Tage, an denen der Kinobesitzer weniger als DM 270.– einnimmt? Dabei wird ein Einheitspreis von DM 6.– erhoben.
e) An wieviel Prozent der Tage kommen maximal 50, mindestens aber 45 Besucher?

4. Eine im SS 1983 durchgeführte Befragung ergab folgende Urliste der Körpergröße von Studentinnen:

170	177	168	161	170	174	168	162	175	170
170	172	158	170	170	165	166	158	164	173
172	174	169	165	175	178	167	168	160	165
168	174	165	162	168	168	172	162	158	170
170	165	166	168	158	167	170	172	156	166

a) Stellen Sie die Daten in einem Stemleaf-Diagramm dar.
b) Berechnen Sie die Werte der empirischen Verteilungsfunktion, und stellen Sie $\hat{F}(x)$ graphisch dar.
c) i) Wie hoch ist der Anteil der Studentinnen, die
   - kleiner als 164 cm sind?
   - mindestens 172 cm groß sind?
   - höchstens 170 cm groß sind?
   - größer als 155 cm sind?

   ii) Welche Größe wird von
   - 75% der Studentinnen nicht überschritten?
   - 88% der Studentinnen übertroffen?
   - 36% der Studentinnen nicht erreicht?

d) Klassieren Sie die Daten geeignet und zeichnen Sie das Histogramm und die empirische Verteilungsfunktion.
e) Welche Näherungswerte für die in c) gefragten Anteile und Quantile erhalten Sie mit $\hat{F}(x)$?

5. Eine Erhebung bei den Bibliotheken von 55 Universitäten in der BRD ergab folgende wöchentliche Öffnungszeiten (in Stunden) (DUZ 20/87, S. 7):

111, 87, 82, 79, 78, 76, 74, 72, 70, 69, 69,
68, 67, 67, 65, 64, 63, 63, 63, 63, 61, 61,
60, 60, 60, 60, 59, 59, 59, 59, 59, 59, 58,
58, 57, 57, 55, 55, 55, 54, 54, 54, 54, 53,
52, 50, 50, 50, 50, 49, 48, 45, 45, 43, 43

a) Erstellen Sie dazu Steamleaf-Diagramme mit unterschiedlichen Aufteilungen der Zeilen. Welche Aufteilung erscheint Ihnen am geeignetesten?
b) Bestimmen Sie folgende Quantile:

$x_{0.3}$, $x_{0,5}$, $x_{0.75}$, $x_{0.95}$.

6. In einer medizinischen Untersuchung wurde an einer Gruppe von 100 Personen eine Schlankheits-Diät getestet. Das Ergebnis wurde in folgender Tabelle festgehalten:

Gewichtsverlust Pfund pro Monat	n_i
$0 < X \leq 2$	24
$2 < X \leq 4$	32
$4 < X \leq 8$	20
$8 < X \leq 12$	16
$12 < X \leq 20$	8

a) Bestimmen Sie die relativen Häufigkeiten und kumulierten relativen Häufigkeiten.
b) Zeichnen Sie das Histogramm und die Summenkurve.
c) – Wieviel Prozent der Personen nahmen höchstens 15 aber mehr als 11 Pfund pro Monat ab?
   – Über welchem Wert liegen die 10% der höchsten Gewichtsverluste?

7. In einer 1986 bekannt gewordenen Untersuchung wurde der Gehalt des als krebsverdächtig geltenden Stoffes Dioxan bei zwanzig Shampoos angegeben. (In ppm = parts per million; der Wert Null steht für nicht nachweisbar. Die Nachweisgrenze liegt bei 5 ppm.)
Die geordneten Werte lauten (nach Neue Essener Presse, Sondernr. Okt. 86)
0, 0, 10, 10, 15, 15, 25, 50, 50, 50, 55, 65, 100, 120, 125, 140, 150, 280, 290, 390
Erstellen Sie die 5-Zahlen-Zusammenfassung und das modifizierte Box-Plot mit $c/n = 10\%$.

8. Ein mißtrauischer Kunde wog jeweils das von ihm gekaufte 1000 Gramm-Brot der Sorte „Krustenstark“ nach. Er erhielt folgende Werte x_ν:
990, 1020, 970, 1000, 980, 1010, 1010, 980, 1000, 990.

Er beschwerte sich beim Bäcker über zu viele leichtgewichtige Brote. Anschließend erhielt er bei seinen fortgesetzten Wägungen folgende Werte y_v:

1010, 1000, 1020, 1000, 1010, 1030, 990, 990, 1010, 1000.

a) Geben Sie die 5-Zahlen-Zusammenfassungen an und zeichnen Sie die zugehörigen Box-Plots.
b) Vergleichen Sie die beiden Datensätze in einem QQ-Diagramm.
c) Wie ändert sich das QQ-Diagramm, wenn die y-Werte alle um 10 verringert werden?

9. Zwei der häufigsten Todesursachen unter jungen Amerikanern sind Trauma und Krebs. Trauma bezeichnet dabei eine Verletzung des Körpers durch Gewalteinwirkung von außen.
Vergleichen Sie die beiden Altersverteilungen (in Jahren) von 20 bzw. 25 an diesen beiden Ursachen Gestorbenen anhand eines Quantil-Diagrammes. (Nach D.D. Trunkey: Trauma; Spektrum der Wissenschaft 10/1983.)
Todesfälle durch Krebs:

2, 3, 5, 9, 13, 16, 17, 19, 20, 22, 23, 26, 27, 27, 28, 29, 30, 31, 32, 34

Todesfälle durch Trauma:

3, 6, 9, 14, 15, 16, 17, 17, 18, 19, 20, 20, 21, 22, 22, 23, 24, 26, 27, 28, 30, 30, 31, 32, 33

10. Vergleichen Sie die beiden folgenden Schadensummenverteilungen (nach Mönch: Steuerkriminalität ...) anhand
a) der Histogramme
b) der empirischen Verteilungsfunktionen
c) eines geeigneten Quantildiagrammes.
Wie beurteilen Sie die beiden Schadensarten im Vergleich?

Schadenshöhe in DM

	Steuerkriminalität				Bankraub			
i	x^*_{i-1}	$< X \leq$	x^*_i	n_i	y^*_{i-1}	$< Y \leq$	y^*_j	n_i
1	0	–	2000	30	0	–	1000	10
2	2000	–	6000	21	1000	–	2000	36
3	6000	–	10000	15	2000	–	5000	30
4	10000	–	20000	6	5000	–	8000	36
5	20000	–	30000	6	8000	–	15000	24
6	30000	–	40000	3	15000	–	25000	40
7	40000	–	50000	6	25000	–	35000	10
8	50000	–	75000	12	35000	–	50000	8
9	75000	–	100000	12	50000	–	200000	6
10	100000	–	200000	39				
				150				200

3 Darstellung multivariater Datensätze

Auch bei der Darstellung multivariater Datensätze ist es angebracht, eine Unterteilung in der Form vorzunehmen, daß einmal diskrete Variablen mit nur wenigen unterschiedlichen Realisationen betrachtet werden, und zum anderen Variablen mit einer großen Anzahl unterschiedlicher Realisationen. Wir beschränken unsere Ausführungen auf solche Fälle, bei denen die zugrundeliegenden Variablen alle der einen oder der anderen Kategorie angehören.

In einer nicht ganz zutreffenden Sprechweise titulieren wir die beiden Situationen mit ‚Diskrete Variablen' und ‚Stetige Variablen'.

3.1 Diskrete Variablen

Einführendes Beispiel

Der volkswirtschaftliche Schaden, der durch Steuerhinterziehungen verursacht wird, ist nach Einschätzung von Fachleuten beträchtlich. Über die Höhe der durch Steuerkriminalität verursachten Schäden existieren aber nur subjektive Einschätzungen. Um überhaupt einen Einblick in diesen Bereich zu erhalten, betrachtete Mönch (Steuerkriminalität und Sanktionswahrscheinlichkeit, Frankfurt/M. 1978) daher die registrierte Steuerkriminalität anhand der Akten der Staatsanwaltschaft einer süddeutschen Großstadt. Die untersuchten Fälle ereigneten sich Anfang der 70er Jahre.

Einer der untersuchten Fragen war die nach dem Zusammenhang zwischen der Betriebsart (= X) und der hinterzogenen Steuerart (= Y). Die Realisationsmöglichkeiten der beiden Variablen sind

für X = ‚Betriebsart':

1 = Handelsbetrieb
2 = Freie Berufe und ähnl. Leistungsbetriebe
3 = Fertigungs- und sonstige Betriebe;

für Y = ‚hinterzogene Steuerart':

1 = Lohnsteuer durch Arbeitgeber
2 = Einkommensteuer
3 = Umsatzsteuer
4 = Sonstiges.

Die 115 Akten führten zunächst zu einer Datenmatrix:

Tab.: Datenmatrix Betrieb und hinterzogene Steuer

laufende Nummer	Variable X	Y
1	2	3
2	1	1
3	2	4
⋮	⋮	⋮
115	3	2

Die Auszählung der konkreten Daten ergab z. B., daß

- 2 Handelsbetriebe Lohnsteuer hinterzogen hatten;
- 15 Betriebe der Kategorie 2 (Freie Berufe und ähnl. Leistungsbetriebe) Umsatzsteuer hinterzogen hatten.

Diese Auszählungen lassen sich in einer Tabelle zusammenfassen.

Tab.: Häufigkeitstabelle Betriebsart und hinterzogene Steuerart

X \ Y	1	2	3	4	Summe
1	2	13	9	9	33
2	26	11	15	9	61
3	7	6	5	3	21
Summe	35	30	29	21	115

Aus der Tabelle ist nicht nur ersichtlich, daß die überwiegende Zahl der ertappten Steuerhinterzieher Freie Berufe u. ä. Leistungsbetriebe waren, sondern auch, daß diese überwiegend Lohnsteuer ihrer Angestellten hinterzogen.

Bivariate Kontingenztabellen

Den Häufigkeiten, mit denen zwei Variablen X und Y die Wertekombinationen x_i, y_j angenommen haben, gilt das Interesse der gemeinsamen Betrachtung zweier Variablen. Um diese Häufigkeiten geeignet darzustellen, gehen wir von einer beschränkten Anzahl von Realisationsmöglichkeiten aus. Die von X seien $x_1, \ldots, x_k$ und die von Y seien $y_1, \ldots, y_m$.

Wir bezeichnen die **gemeinsame absolute** bzw. **relative Häufigkeit**, mit der X den Wert x_i, und gleichzeitig Y den Wert y_j angenommen hat, mit

$$n(X = x_i, Y = y_j) = n_{ij}$$

bzw.

$$h(X = x_i, Y = y_j) = h_{ij} = n_{ij}/n$$

Die allgemeine Struktur einer **bivariaten Häufigkeits-, Kontingenz- oder Kreuztabelle** (auch k × m-Felder-Tafel genannt) sieht folgendermaßen aus.

Tab.: Allgemeine Kreuztabelle für absolute Häufigkeiten

X \ Y	y_1	y_2		y_j		y_m	Summe
x_1	n_{11}	n_{12}	…	n_{1j}	…	n_{1m}	$n_{1.}$
x_2	n_{21}	n_{22}	…	n_{2j}	…	n_{2m}	$n_{2.}$
⋮	⋮	⋮	…	⋮	…	⋮	⋮
x_i	n_{i1}	n_{i2}	…	n_{ij}	…	n_{im}	$n_{i.}$
⋮	⋮	⋮	…	⋮	…	⋮	⋮
x_k	n_{k1}	n_{k2}	…	n_{kj}	…	n_{km}	$n_{k.}$
Summe	$n_{.1}$	$n_{.2}$	…	$n_{.j}$	…	$n_{.m}$	n

An den Rändern stehen jeweils die Summen, die **Randhäufigkeiten** der einzelnen Variablen:

$$n_{i.} = n_{i1} + \ldots + n_{im} = n(X = x_i) \qquad i = 1, \ldots, k$$
$$n_{.j} = n_{1j} + \ldots + n_{kj} = n(Y = y_j) \qquad j = 1, \ldots, m.$$

Die verschiedenen Häufigkeiten erfüllen folgende Beziehungsgleichungen:

$$\sum_{i=1}^{k} \sum_{j=1}^{m} n_{ij} = \sum_{i=1}^{k} n_{i.} = \sum_{j=1}^{m} n_{.j} = n.$$

Analoge Beziehungen gelten natürlich, wenn in der Häufigkeitstabelle die relativen Häufigkeiten $h_{ij} = n_{ij}/n$ angegeben sind.

Bedingte relative Häufigkeiten

Speziell für Vergleiche betrachten wir gerne die Verteilungen einer diskreten Variablen für jeweils festgehaltene Realisationen einer zweiten diskreten Variablen. So können wir z. B. im Rahmen der Problemstellung nach den Verteilungen der hinterzogenen Steuerart in Abhängigkeit von der jeweiligen Betriebsart fragen.

Da die durch das Festhalten der Realisationen der zweiten Variablen charakterisierten Teilgesamtheiten unterschiedlich groß sind, wird der Vergleich am sinnvollsten über relative Häufigkeiten vorgenommen. Dabei sind die gemeinsamen absoluten Häufigkeiten durch die jeweiligen Randhäufigkeiten zu dividieren.

Die **bedingte relative Häufigkeit**, mit der die Variable Y den Wert y_j angenommen hat unter der Bedingung, daß X den Wert x_i angenommen hat, ist

$$h(Y = y_j \mid X = x_i) = \frac{n(X = x_i, Y = y_j)}{n(X = x_i)} = \frac{n_{ij}}{n_{i.}}$$

(Dabei ist $n(X = x_i) > 0$ vorausgesetzt).
Entsprechend ist die bedingte relative Häufigkeit $h(X = x_i \mid Y = y_j)$ definiert.

Die bedingte relative Häufigkeit $h(Y = y_j \mid X = x_i)$ gibt also die relative Häufigkeit der Beobachtung y_j in dem durch das Vorkommen des Wertes x_i eingeschränkten Datensatzes an.

Wegen

$$\frac{n_{ij}}{n_{i.}} = \frac{n_{ij}/n}{n_{i.}/n} = \frac{h_{ij}}{h_{i.}}$$

erhalten wir:

Die bedingten relativen Häufigkeiten lassen sich auch aus der Beziehung

$$h(Y = y_j \mid X = x_i) = \frac{h_{ij}}{h_{i.}}$$

bzw.

$$h(X = x_i \mid Y = y_j) = \frac{h_{ij}}{h_{.j}}$$

bestimmen.

Beispiel

Die in der Problemstellung angegebenen Häufigkeitstabelle führt zu den bedingten Verteilungen der Variablen Y = , hinterzogene Steuerart' in Abhängigkeit von dem jeweils festgehaltenen Wert der Variablen X = ,Betriebsart'.

Tab.: Bedingte Verteilungen von Y in Abhängigkeit von X

X \ Y	1	2	3	4	Summe
1	$h(Y=1\|X=1) = 0.061$	$h(Y=2\|X=1) = 0.394$	$h(Y=3\|X=1) = 0.273$	$h(Y=4\|X=1) = 0.273$	1.001*)
2	$h(Y=1\|X=2) = 0.426$	$h(Y=2\|X=2) = 0.180$	$h(Y=3\|X=2) = 0.246$	$h(Y=4\|X=2) = 0.148$	1.000
3	$h(Y=1\|X=3) = 0.333$	$h(Y=2\|X=3) = 0.286$	$h(Y=3\|X=3) = 0.238$	$h(Y=4\|X=3) = 0.143$	1.000

*) Abweichungen von 1.000 aufgrund von Rundungen

Hier ist deutlicher als in der Ausgangstabelle zu sehen, daß

- Umsatzsteuer in allen Betriebsarten mit etwa gleichem Anteil hinterzogen wird
- Einkommensteuer in Handelsbetrieben ca. doppelt so häufig hinterzogen wird wie bei den Freien Berufen und ähnlichen Leistungsbetrieben.

Mehrdimensionale Kontingenztabellen

Werden mehr als zwei diskrete Variablen gleichzeitig betrachtet, so kann die Datenmatrix auf eine mehrdimensionale Kontingenztabelle reduziert werden. Dazu werden die gemeinsamen Häufigkeiten, mit denen die Variablen die Kombinationen der jeweiligen Realisationsmöglichkeiten angenommen haben, ausgewählt und in einer geeigneten Form tabellarisch dargestellt.

Übersichtlich bleibt eine solche Tabelle allerdings nur bis zu einer beschränkten Anzahl von Variablen

Beispiel

Eine Reisegewerblerin für das Feilbieten von Blumen und kunstgewerblichen Gegenständen will anhand ihrer bisherigen Erfahrungen ihre weitere Tätigkeit planen.

Verkauft hatte sie bisher ausschließlich Baccara-Rosen in vier Speiserestaurants an drei Wochentagen. Sie besuchte die Lokale jeweils zweimal. Festgehalten wurde außerdem, wie die Wetterbedingungen gewesen waren und ob der Verkauf in den einzelnen Restaurants zufriedenstellend verlaufen war, d. h. ob mehr als zwei Rosen pro Besuch verkauft worden waren.

Die 192 Abende umfassende Datenmatrix führte dann zu der folgenden Kontingenztabelle. (Chr. Recke: Zum Einsatz Log-linearer Modelle in der Marktforschung; unveröff. Diplomarbeit an der FU Berlin, 1979).

Aus der Tabelle ist insbesondere zu erkennen:

- Nur im Restaurant R 4 wurde überwiegend gut verkauft.

- In der ersten Runde erfolgte häufig ein guter Verkauf, in der zweiten hingegen vielfach ein schlechter.
- Bei nassem Wetter wurden überproportional viele gute Ergebnisse erzielt.

Diese und weitere Aspekte können zu einer Verbesserung der Reisegewerbstätigkeit genutzt werden.

Tab.: Fünfdimensionales Kontingenztabelle ‚Verkauf von Rosen'

Verkauf	Restaurant	Wetter: trocken, Tag: Do, Runde 1	trocken, Do, Runde 2	trocken, Fr, Runde 1	trocken, Fr, Runde 2	trocken, Sa, Runde 1	trocken, Sa, Runde 2	trocken, Σ	naß, Do, Runde 1	naß, Do, Runde 2	naß, Fr, Runde 1	naß, Fr, Runde 2	naß, Sa, Runde 1	naß, Sa, Runde 2	naß, Σ
gut	1	11	10	13	16	12	19	81	14	16	14	15	12	22	93
gut	2	18	5	16	15	14	13	81	11	9	21	13	18	6	78
gut	3	15	6	21	9	23	5	79	14	6	19	7	21	7	74
gut	4	18	12	26	22	28	20	126	15	11	18	10	14	8	76
gut	Σ	62	33	76	62	77	57		54	42	72	45	65	43	
schlecht	1	20	21	29	26	27	20	143	7	5	18	17	15	5	67
schlecht	2	13	26	26	27	25	26	143	10	12	11	19	9	21	82
schlecht	3	16	25	21	33	16	34	145	7	15	13	25	6	20	86
schlecht	4	13	19	16	20	11	19	98	6	10	14	22	13	19	84
schlecht	Σ	62	91	92	106	79	99		30	42	56	83	43	65	

3.2 Stetige Variablen

Streudiagramm

Bei zwei stetigen Variablen X und Y ist ein möglicher Zusammenhang am besten aus dem **Streudiagramm** zu ersehen. Dabei werden die Werte der einen Variablen gegen die Werte der anderen in einem Koordinatensystem eingezeichnet.

Sofern eine Variable als inhaltlich abhängig von der anderen angesehen wird, werden ihre Werte i.d.R. auf der Ordinate, d.h. der senkrechten Achse, eingetragen.

Beispiel

Die Auktionen, bei denen die US-Regierung Konzessionen für Ölbohrungen auf dem äußeren Kontinentalschelf versteigert, gleichen nach Ansicht von H.W. Menard (Spektrum der Wissenschaft, März 1981) dem Kauf der Katze im Sack. Die Gesellschaften bieten nämlich für numerierte Blöcke, die sie vorher nicht untersuchen dürfen.

Er gibt dazu auch ein Streudiagramm für solche Konzessionen an, die wegen Unergiebigkeit zurückgegeben wurden. Dargestellt sind die Schätzungen der Ergiebigkeit der jeweiligen Blöcke vor und nach der Bohrung. Wegen der großen Bandbreite wurde für die Darstellung ein logarithmischer Maßstab gewählt.

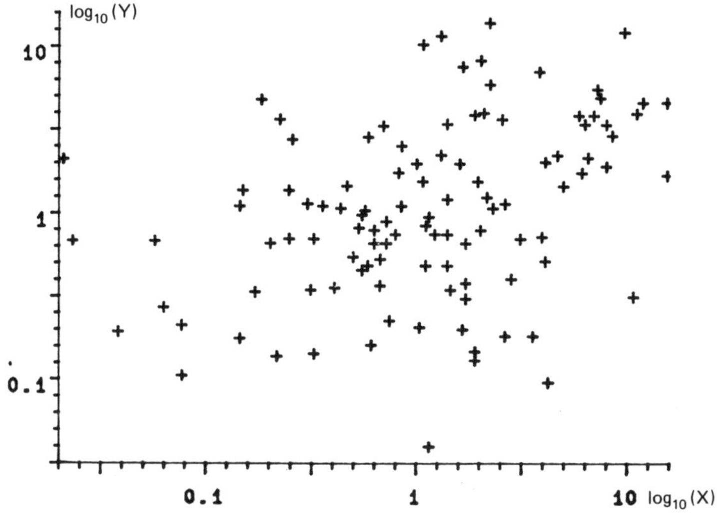

Abb.: Streudiagramm Schätzung der gewinnbaren Reserven in Millionen Tonnen pro Konzessionsgebiet nach Anbohrung (= X) und vor der ersten Anbohrung (= Y)

Obwohl das Streudiagramm eine leichte Tendenz des Wachsens der Y-Werte mit den X-Werten erkennen läßt, ist diese nicht sehr stark ausgeprägt. Die Katze steckt also zumindest teilweise noch im Sack.

Konvexe Hüllen

Im univariaten Fall spielt der geordnete Datensatz eine große Rolle. Darauf basieren die meisten graphischen Darstellungen, insbesondere auch das Box-Plot. In mehr als einer Dimension gibt es keine eindeutige und vollständige Ordnung der Daten. Die dem univariaten Fall entsprechenden Darstellungen bleiben stets zweidimensional.

Dem Box-Plot entspricht das Konzept der **konvexen Hüllen**. Damit läßt sich die Struktur einer Punktewolke herausarbeiten. Auch die Reduzierung der Punkte auf wenige Kurvenzüge ist damit möglich.

Die Konstruktion läßt sich am einfachsten erläutern, wenn wir uns mit einem durchsichtigen Lineal an ein fertiges Streudiagramm setzen. Das Lineal wird an einen extremen Punkt der Punktewolke gelegt. Es wird um diesen Punkt gedreht, bis eine Verbindung zu einem zweiten Punkt entsteht, so daß alle anderen Punkte auf einer Seite der Verbindungslinie liegen. Der so gefundene und mit dem ersten verbundene Punkt dient als neuer Ausgangspunkt. Die Fortsetzung des Vorgehens liefert einen geschlossenen Streckenzug, der alle nichtverbundenen Punkte im Innern enthält. Dies ist die äußere konvexe Hülle. Die nächste Hülle erhalten wir auf dieselbe Weise, wenn wir uns die Punkte auf der äußeren Hülle weggenommen denken.

Gezeichnet werden oft nur die äußeren konvexen Hüllen sowie diejenige, in derem Innern (Rand eingeschlossen!) gerade 50% oder etwas mehr der Datenpunkte liegen. Das Zentrum wird ebenfalls hervorgehoben. Es ist entweder ein einzelner Punkt oder der Schwerpunkt des Gebietes in der innersten konvexen Hülle.

Beispiel

Für die Schätzungen der gewinnbaren Ölreserven vor und nach der ersten Anbohrung verdeutlichen die konvexen Hüllen, daß die Vorabschätzungen in der Tendenz durchaus mit der gefundenen Ergiebigkeit übereinstimmen.

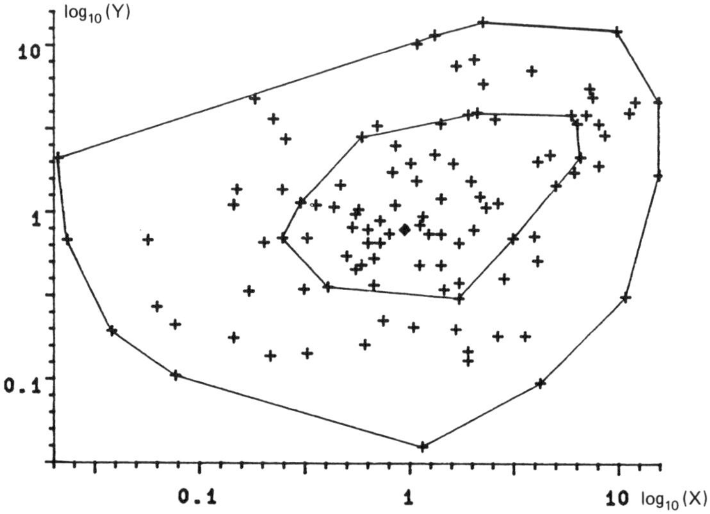

Abb.: Konvexe Hüllen für die Schätzungen der gewinnbaren Ölreserven nach (= X) und vor (= Y) der ersten Anbohrung (mit dem Zentrum ▲)

Histogramm

Zum einen wegen des Aufwandes, zum anderen wegen der Schwierigkeit, alle Einzelheiten darzustellen, werden im bivariaten Fall sehr selten Histogramme konstruiert.

Bei Histogrammen für zweidimensionale Daten sind die Volumina der Blöcke über Rechtecken der Form

(x_{i-1}^*, y_j^*) $\qquad\qquad$ (x_i^*, y_j^*)

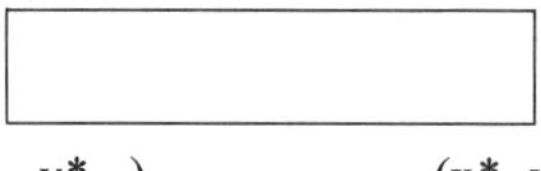

(x_{i-1}^*, y_{j-1}^*) $\qquad\qquad$ (x_i^*, y_{j-1}^*)

proportional zur Häufigkeit zu wählen.

Die **zweidimensionale Häufigkeitsdichte** $\hat{f}(x, y)$ erhalten wir also, indem die relativen Häufigkeiten durch den Inhalt der Grundfläche dividiert wird:

$$\hat{f}(x, y) = \frac{h(x_{i-1}^* < X \leq x_i^*, y_{j-1}^* < Y \leq y_j^*)}{(x_i^* - x_{i-1}^*)(y_j^* - y_{j-1}^*)}$$

$$\text{für} \qquad x_{i-1}^* < x \leq x_i^*, y_{j-1}^* < y \leq y_j^*.$$

Beispiel

Als Grundlage für die Verkehrsplanung wurden in Bottrop die pro 1/2-Stunde durch einen Abschnitt der Hauptverkehrsstraße fahrenden Kraftfahrzeuge ermittelt. Es wurden gleichzeitig die nach Norden fahrenden ($\triangleq X$) und die nach Süden fahrenden Fahrzeuge ($\triangleq Y$) gezählt.

Tab.: Datenmatrix der Verkehrs-Zählung vom Freitag, den 30.04.1983

v	x_v	y_v	v	x_v	y_v	v	x_v	y_v	v	x_v	y_v
1	56	30	13	331	617	25	462	395	37	586	399
2	26	22	14	358	828	26	562	444	38	384	348
3	21	21	15	414	737	27	555	465	39	296	324
4	15	16	16	395	560	28	540	463	40	315	315
5	15	10	17	346	445	29	665	528	41	239	208
6	15	6	18	369	349	30	641	483	42	224	232
7	19	20	19	380	386	31	788	523	43	247	198
8	27	26	20	396	338	32	847	557	44	186	174
9	54	50	21	404	360	33	908	527	45	189	152
10	135	121	22	429	362	34	752	468	46	171	145
11	215	226	23	440	369	35	570	399	47	133	120
12	228	337	24	403	390	36	505	388	48	95	116

Diese Daten ergeben das in der folgenden Abbildung widergegebene Histogramm. Hier ist diese Darstellung insofern sinnvoll, als bei der gewählten Perspektive keine Blöcke verdeckt werden.

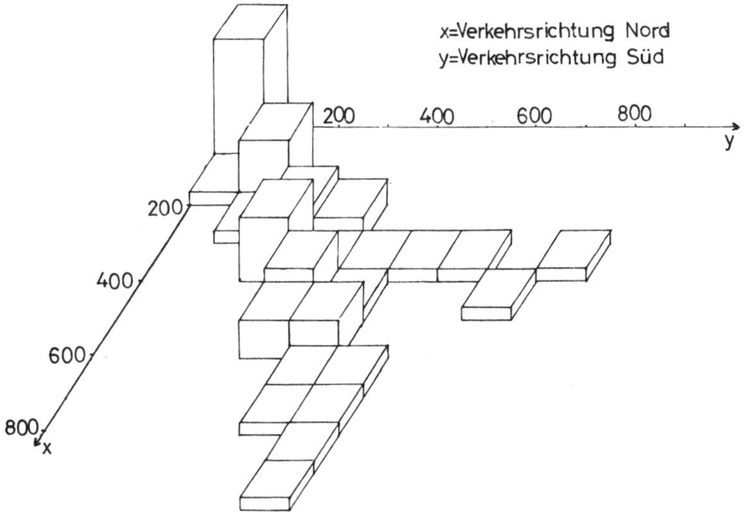

Abb.: Histogramm des Verkehrsaufkommens in Bottrop

Mehrdimensionale Daten

Unsere Wahrnehmungsfähigkeit ist prinzipiell auf drei räumliche Dimensionen beschränkt, eine Buchseite hat nur zwei. Auch wenn mittels perspektivischer Darstellungen dreidimensionale Punktwolken dargestellt werden können, und mit dynamischer, farbiger Computergraphik Darstellungen von vier Dimensionen möglich sind, bleiben die Darstellungsmöglichkeiten auf wenige Dimensionen beschränkt. Daher wird bei der Darstellung multivariater Daten stets versucht, sie auf wenige, möglichst eine oder zwei Dimensionen zu reduzieren.

Eine erste Möglichkeit, mit zwei Dimensionen auszukommen, besteht in der paarweisen Betrachtung. Sofern die Anzahl der Variablen überschaubar ist, können dann für je zwei Variablen die **paarweisen Streudiagramme** gezeichnet werden. Dies ist u. U. auch für weitergehende Erkenntnisse hilfreich.

Beispiel

In einer Untersuchung wurden bei 20 Personen die Werte eines psychologischen Instrumentes ermittelt. Die jeweils vier Werte geben die Stärke von Wesenszügen wieder, die den beiden Gehirnhälften zugeordnet sind. Dabei ist jede Gehirnhälfte noch einmal bzgl. Intellekt (cerebral) und Verhalten (limbisch) unterteilt. Je höher die Werte sind, desto stärker ist der Wesenszug ausgeprägt.

Genauer sind

X_1 = logisches, analytisches Wesen (links, C)
X_2 = administratives, kontrolliertes Wesen (links, L)
X_3 = konzeptionelles, ganzheitliches Wesen (rechts, C)
X_4 = emotionelles, empatisches Wesen (rechts, L).

Die Erhebung ergab die folgende Datenmatrix (für die Überlassung der Daten danke ich Herrn Prof. Bisani):

Tab.: Werte des Dominanz-Instrumentes bei 20 Personen

v	X_1	X_2	X_3	X_4	v	X_1	X_2	X_3	X_4
1	90	100	40	50	11	80	60	70	70
2	90	80	60	50	12	50	70	120	40
3	100	80	60	60	13	80	40	100	60
4	40	80	60	100	14	40	60	100	80
5	90	70	60	60	15	60	80	120	20
6	60	40	100	80	16	50	50	100	80
7	80	100	30	70	17	100	120	40	20
8	60	40	80	80	18	40	100	90	50
9	90	80	50	60	19	20	20	140	100
10	50	70	80	80	20	60	70	80	70

In der folgenden Abbildung der paarweisen Streudiagramme der vier Variablen reichte es zur Interpretation auch aus, die Diagramme unterhalb der Diagonalen zu betrachten. Diese reduzierte Darstellung ist besonders bei der manuellen Erstellung von solchen Diagrammen zu empfehlen.

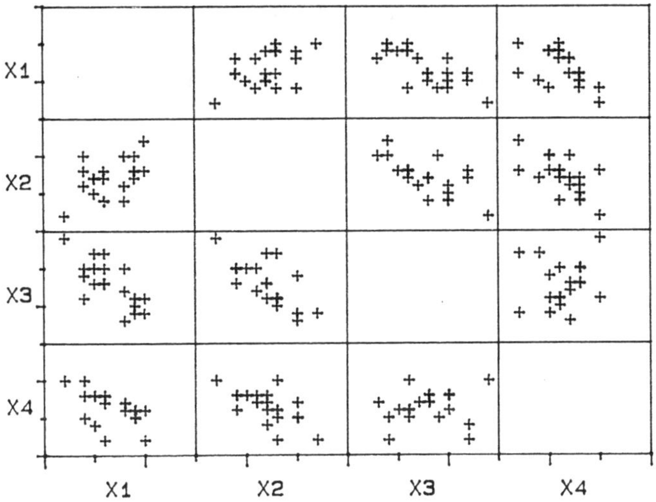

Abb.: Paarweise Streudiagramme von vier psychologischen Variablen

Es ist deutlich zu erkennen, daß X_1 und X_2 eine gleichgerichtete Tendenz aufweisen. X_1 und X_2 weisen jeweils mit X_3 und X_4 eine entgegengesetzte Tendenz auf. Bei X_3 und X_4 ist ein Zusammenhang nicht zu erkennen.

Insgesamt ist aber eher eine Dominanz der linken bzw. rechten Gehirnhälfte zu erkennen als eine gemeinsame Ausrichtung von Intellekt bzw. Verhalten.

Es gibt bei dem Ansatz der paarweisen Betrachtung zwei Probleme. Zum ersten sind bei k Variablen $k(k-1)/2$ Streudiagramme nötig. Dies bewirkt einen rasch mit k wachsenden Aufwand. Zum zweiten liegt eine Beschränkung offensichtlich darin, daß solche Strukturen nicht erfaßt werden können, die sich in mehr als zwei Dimensionen auswirken.

Andere zweidimensionale Darstellungen basieren auf Transformationen mehrdimensionaler Datensätze in solche mit einer geringeren Anzahl von Dimensionen. Häufig hängen die ursprünglichen Variablen so zusammen, daß die Daten ohne bedeutsamen Informationsverlust durch nur wenige, im günstigsten Fall eben nur eine oder zwei Variablen beschrieben werden können. Die verbreitetste Methode zu dieser Variablenreduktion ist die **Hauptkomponentenanalyse**, vgl. J. Hartung und B. Elpelt: Multivariate Statistik, München (1984) (Nach der Lektüre des vorliegenden Buches!). Aus den so gewonnenen Darstellungen können dann Clusterbildungen und einzelne Extremwerte erkannt werden. Cluster sind dabei einzelne zusammenhängende Gruppen von Objekten.

Die Darstellung höherdimensionaler Daten in niedrigeren Dimensionen ist auch das Ziel der **Multidimensionalen Skalierung**. Hier werden die Werte der Variablen dazu benutzt, Abstände zwischen den Erhebungseinheiten zu bestimmen. Dann wird versucht, eine möglichst ein- oder zweidimensionale Punktewolke zu finden, deren Punkte die gleichen Abstände aufweisen. Die Methode ist ebenfalls bei Hartung und Elpelt beschrieben.

3.3 Aufgaben

1. Anläßlich der Umstellung des staatlichen Stipendiums (nach BAFÖG) auf Darlehen wurden 280 Passanten in einer Fußgängerzone befragt, welcher Anteil der Studenten (= Y) ihrer Meinung nach BAFÖG-Empfänger sei. Die Passanten wurden danach eingeteilt, ob zu ihrem Bekanntenkreis Studenten gehörten (X = 1) oder nicht (X = 2).

Y / X	unter 30%	30 bis unter 50	50 bis unter 70	über 70	Σ
1	38			32	200
2			40	16	
Σ	46		96		280

a) Vervollständigen Sie die Tabelle
b) Der richtige Anteil lag bei etwa 33%. Vergleichen Sie daraufhin die Verteilungen der Einschätzungen in den beiden Gruppen.

2. In einer Repräsentativ-Befragung wurden Aspekte der Lebensqualität in der Bundesrepublik erhoben. Bezüglich der Einkommenszufriedenheit ergaben sich die folgenden Verteilungen. (W. Glatzer, W. Zapf (Hrsg.): Die Lebensqualität in der Bundesrepublik; Frankfurt 1984)
a) Erstellen Sie daraus die Kontingenztabelle der absoluten Häufigkeiten.
b) Vergleichen Sie die Verteilungen des Einkommensniveaus für jeweils festgehaltene Vergleichswerte.

Tab.: Die Einstufung des eigenen Haushaltseinkommens im Vergleich zum durchschnittlichen Haushaltseinkommen von Freunden und Bekannten

Eigenes Einkommen im Vergleich zu Freunden und Bekannten	Einkommensniveau nach Quintilen					
	1. (unten) %	2. %	3. %	4. %	5. (oben) %	Alle Haushalte
weit höher	1.6	2.5	2.1	3.1	5.1	2.9
etwas höher	5.7	15.8	22.8	22.0	34.7	20.2
gleich	33.9	41.6	42.0	47.6	37.4	40.5
etwas niedriger	36.9	28.4	27.0	21.6	19.4	26.7
weit niedriger	21.9	11.8	6.2	5.7	3.4	9.8
	100	100	100	100	100	100
Anzahl N	356	355	363	343	353	1770

3. Bei 150 Akten zu Steuerhinterziehungen fand Mönch die folgende gemeinsame Häufigkeitsverteilung der Variablen X = ‚Schulabschluß' und Y = ‚Entdeckungszeitraum'.

Schulabschluß	Y = Entdeckungszeitraum 1 ≙ bereits bei Versuch entdeckt	2 ≙ innerhalb eines Jahres entdeckt	3 ≙ nach einem Jahr entdeckt	
1 ≙ Volksschule	36	30		120
2 ≙ höhere Schule			16	
	40			150

a) Vervollständigen Sie die Tabelle.
b) Ist der Anteil der erst nach einem Jahr entdeckten Steuerhinterziehungen bei den Tätern mit höherem Schulabschluß größer als bei den Volksschülern?
c) Wie groß ist der Anteil der spätestens bis Ende eines Jahres ertappten Steuersünder?
d) Haben die Volksschüler unter denen, die bereits beim Versuch ertappt wurden, einen größeren Anteil als unter allen Steuersündern?

4. Im Auftrag des Stern wurden 1986 in einer Repräsentativ-Befragung zur sportlichen Betätigung 1000 erwachsene Bundesbürger befragt. Unter anderem ergab die Befragung das folgende Resultat (alle Angaben in Prozent).
Daraus soll eine Kontingenztabelle erstellt werden.
Wieviele Dimensionen werden benötigt?
Welche Zusatzinformationen werden gegebenenfalls benötigt?

		Beiträge insgesamt	Männer	Frauen	18–29	30–44	45–59	60 Jahre und älter
Treiben Sie irgendeine Sportart, oder tun Sie sonst etwas, um sich körperlich fit zu halten?	Ja	67	72	64	80	71	63	52
	Nein	33	28	36	20	29	37	48
Sie treiben Sport. Gehört zu den von Ihnen betriebenen Sportarten Tennis?	Ja	13	16	9	13	20	9	3
	Nein	87	84	91	87	80	91	97

5. Im Abschlußbericht über die Gehalts- und Lohnstrukturerhebung 1966 (WiSta 69, 144) wird folgende Tabelle der Verteilung der männlichen Arbeiter auf Alters- und Leistungsgruppen angegeben (absolute Häufigkeiten in 1.000)

Leistungsgruppe	Altersgruppe unter 30	30–55	55 u. älter	insgesamt
Leistungsgruppe 1 (Facharbeiter)	745	1490	365	2600
Leistungsgruppe 2, 3 (angelernte u. ungelernte Arbeiter)	490	1130	405	2025
insgesamt	1235	2620	770	4625

a) Stellen Sie die Daten in einer Form dar, die Ihnen den Vergleich der verschiedenen Altersgruppen ermöglicht.
b) Was ist über die Altersstruktur in den Leistungsgruppen zu sagen?
c) Wie würden Sie diese Ergebnisse erklären?

6. Erstellen Sie zu den Bottroper Verkehrsdaten aus Abschnitt 3.2 das Streudiagramm. Formulieren Sie die wesentlichen, daraus erkennbaren Sachverhalte!

7. 200 Kunden einer Bank wurden nach ihrem monatlichen Einkommen sowie nach ihrer Einstellung zum Sponsoring von sportlichen und kulturellen Veranstaltungen durch die Bank befragt. Aus den Daten wurde folgende Häufigkeitstabelle der der beiden Variablen X = „Einkommen" und Y = „Einstellung zum Sponsoring" mit den Werten 0 (= starke Ablehnung) bis 4 (= starke Befürwortung) ermittelt.

Einkommen	Einstellung 0	1	2	3	4
bis 1500	0	2	5	8	18
über 1500 bis 2000	1	5	8	16	20
über 2000 bis 2500	2	5	14	22	20
über 2500 bis 3000	2	5	10	10	10
über 3000	2	3	5	5	2

a) Interpretieren Sie die Werte $n_{51} = 2$ und $n_{15} = 18$ und geben Sie die dazugehörigen prozentualen Anteilswerte an.
b) Geben Sie in einer Tabelle die Randhäufigkeits- und Randverteilungsfunktion der Variablen Y an.
c) Geben Sie in einer Tabelle die bedingte Häufigkeits- und Verteilungsfunktion von Y unter der Bedingung an, daß das Einkommen nicht mehr als 2500 DM beträgt.
d) Geben Sie in einer Tabelle die bedingte Häufigskeitsdichte und Verteilungsfunktion von X unter der Bedingung an, daß die Einstellung negativ ist, d.h. Y einen Wert kleiner als 2 angenommen hat.

4 Grundlagen der Wahrscheinlichkeitsrechnung

Wir haben bis jetzt die Aufbereitung von Datensätzen unter der Zielvorstellung betrachtet, die Daten zu beschreiben und damit ggfs. vorhandene Strukturen sichtbar zu machen. Diese Zielvorstellung erweist sich für weitere Auswertungsschritte, die von der Art der Datengewinnung abhängen, als zu eng.

Stammen die Daten aus einer Totalerhebung, so geht es um nichts anderes als um die Herausarbeitung und Darstellung der in den Daten steckenden Details. Die ‚Analyse' hört i.d.R. mit der Beschreibung der Ergebnisse auf.

Teilerhebungen dienen i.d.R. ebenfalls dazu, Informationen über die Grundgesamtheit zu gewinnen. Wegen der im Vergleich zur Totalerhebung verringerten Information wird eine Stichprobe aber nur ein unscharfes Abbild der Grundgesamtheit liefern. Details können dann nicht von zentraler Bedeutung, und die einfache Darstellung wird nicht das Ziel der Analyse sein.

Damit Rückschlüsse von einer Stichprobe auf die Grundgesamtheit möglich sind, muß die Stichprobe ein unverzerrtes Abbild von ihr darstellen. Dies ist nur bei Zufallsstichproben gewährleistet. Die ‚Erfassung' des Zufalls ist aber Gegenstand der Wahrscheinlichkeitsrechnung.

4.1 Zufallsexperimente und Ereignisse

Zufallsexperimente

Wie wir in den Beispielen der vorangegangenen Kapitel gesehen haben, ergeben die wiederholten Beobachtungen eines Sachverhaltes oder Vorganges keineswegs immer dieselben Werte. Tatsächlich ist es vor jeder einzelnen Beobachtung ungewiß, welchen Wert die Beobachtung erbringen wird. Dies ist ein Grund für die Erhebung von Daten überhaupt. Ohne diese Ungewißheit wäre das Ergebnis ja schon vorher bekannt und die reale Durchführung wäre überflüssig.

Nicht nur bei der Datengewinnung ist das Ergebnis der bevorstehenden Beobachtung unsicher. Jeder Mensch wird an zahlreichen Stellen des täglichen Lebens mit Vorgängen konfrontiert, deren Ausgänge ungewiß sind und die auch bei Kenntnis aller erfaßbaren Randbedingungen nicht sicher vorhersehbar sind. So ist es z.B. jeweils nicht gewiß, ob die favorisierte Fußballmannschaft das nächste Spiel gewinnen wird; ob die anstehende Prüfung bestanden wird; ob der Besuch im Spielkasino erfolgreich sein wird; ob das Kino noch rechtzeitig vor Beginn des Spielfilmes erreicht wird.

Bei diesen Beispielen ist zwar stets bekannt, welche Möglichkeiten überhaupt eintreten können. Es ist aber nicht mit Gewißheit vorhersagbar, welche der Möglichkeiten am Ende eingetroffen sein wird. Wir bezeichnen einen Vorgang mit ungewissem Ausgang als **Zufallsvorgang**.

Von den angesprochenen Alltagsgegebenheiten unterscheidet die Datengewinnung, daß sie planvoll mit dem Ziel durchgeführt wird, das Ergebnis jeweils festzuhalten.

Zudem soll das Ergebnis der Datengewinnung und -auswertung bei Stichproben verallgemeinerbar sein. Dazu muß die Gewinnung der Daten unter den gleichen Randbedingungen wiederholt durchgeführt werden können. Damit können wir sie als eine spezielle Form eines Experimentes ansehen. Um den Unterschied zum naturwissenschaftlichen Experiment mit der dort zum Teil vorliegenden eindeutigen Ursache-Wirkung-Beziehung herzustellen, sprechen wir von einem Zufallsexperiment.

Ein **Zufallsexperiment** ist durch folgende Eigenschaften gekennzeichnet:
- Es gibt mehrere mögliche Ergebnisse des Vorganges.
- Bei einer Durchführung ist das Ergebnis nicht mit Sicherheit vorhersagbar.
- Der Vorgang ist unter den gleichen Randbedingungen wiederholbar.

In einigen Fällen kann die Menge der möglichen Ergebnisse eines Zufallsvorganges genau angegeben werden. Dies gilt z. B. für das Roulette-Spiel, bei dem nach dem Stillstand des Roulette-Rades die Kugel in einem der Fächer mit der Nummer $0, 1, \ldots, 36$ liegt. Ebenso gilt es für die Wettervorhersage. Es ist sicher, daß es regnen wird oder nicht.

In anderen Fällen können wir nur eine, die tatsächlich möglichen Ergebnisse umfassende Menge angeben. So wäre es z. B. nicht sinnvoll, eine obere Grenze für die Zahl der Versuche einer Person zum Bestehen der Fahrprüfung vorab anzugeben. Es soll Personen geben, die es 25 mal probiert haben. Vielleicht gibt es auch Kandidaten mit noch mehr Versuchen?

Die Menge der Zahlen $0, 1, 2, 3, \ldots$ umfaßt aber alle möglichen Ergebnisse. Für die Erfassung des Zufallsvorganges ‚Erwerb eines Führerscheins' unter dem Gesichtspunkt der Anzahl der benötigten Prüfungen ist diese Kenntnis auch ausreichend.

Als **Ergebnismenge** oder **Stichprobenraum** eines Zufallsexperimentes wird eine Menge E bezeichnet, die alle tatsächlich möglichen Ergebnisse des Zufallsexperimentes enthält.

Wir sagen im folgenden kurz, daß die Ergebnismenge aus den möglichen Ergebnissen des Zufallsexperimentes besteht:

$$E = \{e \mid e \text{ ist mögliches Ergebnis des Zufallsexperimentes}\}$$

Die unter Umständen zu E gehörenden Elemente, welche nicht tatsächliche Ergebnisse des Zufallsexperimentes sein können, werden uns im folgenden nicht weiter stören.

Beispiel

In einer medizinischen Studie soll die Wirksamkeit eines in Tablettenform zu verabreichenden Medikamentes analysiert werden. Dazu wird jeder der infrage kommenden Patienten – soweit einverstanden – durch Losentscheid einer von zwei Gruppen zugeordnet. Die Patienten der einen Gruppe erhalten das Medikament, die der anderen erhalten ein Placebo, d. i. eine Tablette aus einer harmlosen Substanz, die genauso aussieht und schmeckt wie die richtige Tablette. Die Frage ist natürlich, ob das Medikament eine echte Wirkung aufweist, oder ob schon der Glaube daran den Therapieerfolg bewirkt.

Die möglichen Ergebnisse bei diesem ‚Behandlungsplan' sind durch die beiden Komponenten Gruppenzuordnung und Therapieerfolg gekennzeichnet. Wir schreiben

m falls die Zuordnung zu der Gruppe mit dem echten Medikament erfolgt,
p für die Zuordnung zur Placebo-Gruppe,
+ falls die Therapie erfolgreich ist, und
– falls sie es nicht ist.

Die möglichen Ergebnisse lauten nun

$$(m, +), (m, -), (p, +), (p, -),$$

und der Stichprobenraum ist die Menge:

$$E = \{(m, +), (m, -), (p, +), (p, -)\}.$$

Die Behandlung jedes Patienten stellt eine Wiederholung des Vorganges ‚Behandlung im Rahmen der Studie' dar. Das Ergebnis kann bei den einzelnen Patienten nicht vorhergesagt werden. Weder ist vorab bekannt, wer in welcher Gruppe zugeteilt wird, noch ist vorab sicher, ob die Therapie erfolgreich sein wird.

Die festgelegte Behandlungsweise erfüllt insgesamt die Charakteristika eines Zufallsexperimentes.

Beispiel

Die Telefonzentrale eines Betriebes erfaßt für jeden Nebenanschluß die Gebühreneinheiten pro Gespräch. Dies können wir als Zufallsexperiment betrachten:

- Jedes von dem Betrieb ausgehende Gespräch stellt eine Durchführung des Zufallsexperimentes dar.
- Es kann nicht mit Sicherheit vorhergesagt werden, wie teuer das nächste, vom Betrieb aus geführte Gespräch sein wird.
- Die möglichen Ergebnisse sind die Gebühreneinheiten pro Gespräch.

Als Stichprobenraum dieses Zufallsexperimentes erhalten wir die Menge $E = \{1, 2, \dots\}$.

Ereignisse

Oft oder sogar in der Mehrzahl der Fälle ist man nicht so sehr an dem Eintreffen eines speziellen Ergebnisses interessiert, sondern daran, ob das Zufallsexperiment eines aus einer geeigneten Teilmenge von E hervorbringt.

So wartet ein Roulette-Spieler, der auf die vier Zahlen 20, 21, 23, 24 im Viereck (Carré) gesetzt hat, ob eine dieser vier Zahlen kommt. Zum Gewinn braucht er nur eine der vier – egal welche es genau ist.

Für die Telefonzentrale im letzten Beispiel ist von besonderer Bedeutung, ob ein Gespräch teurer als zehn Gebühreneinheiten ist. Denn dann muß das Gespräch nachträglich als dienstlich notwendig begründet werden. Dabei ist es egal, ob es gerade 11 oder etwa 84 Einheiten gekostet hat.

> Eine Teilmenge A der Ergebnismenge E, $A \subset E$, heißt **Ereignis**. Das **Ereignis** A **tritt ein**, wenn ein Ergebnis a beobachtet wird, das zu A gehört, für das mit anderen Worten $a \in A$ gilt.

Beispiel

Bei der im vorletzten Beispiel betrachteten Therapiestudie besteht das Ereignis A = ‚Therapieerfolg' aus den beiden Ergebnissen (m, +) und (p, +):

$$A = \{(m, +), (p, +)\}.$$

A tritt ein, wenn ein Patient die Therapie erfolgreich abschließt, egal ob aufgrund der medikamentösen Behandlung oder wegen des Placebo-Effektes.

Das Ereignis B = ‚Therapieerfolg bei Medikation' besteht nur aus einem Ergebnis:

$$B = \{(m, +)\}.$$

Wir unterscheiden zwischen dem Ergebnis (m, +) und dem Ereignis {(m, +)}. Ergebnisse werden beobachtet, Ereignisse treten ein.

Im Rahmen der Wahrscheinlichkeitsrechnung werden also Teilmengen von E als Ereignisse bezeichnet. Die üblichen mengentheoretischen Operationen und Sprechweisen erhalten ebenfalls eine Umdeutung und Umformulierung.

Wir geben die wichtigsten Begriffsbildungen zusammen mit ihrer Darstellung im **Venn-Diagramm** an. Beim Venn-Diagramm wird die Ergebnismenge E durch die Punkte eines Rechteckes charakterisiert. Ereignisse werden durch geeignet angegebene Teilflächen repräsentiert.

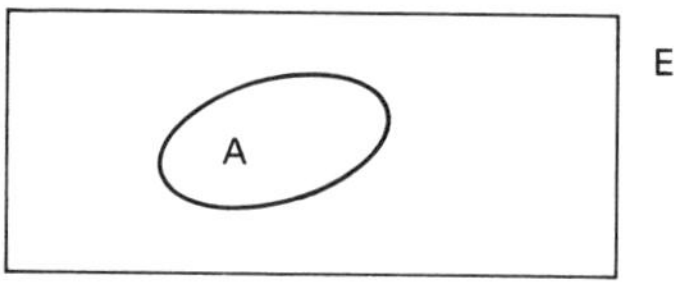

Abb.: Ereignis A als Teilmenge der Ergebnismenge E

Gleichheit zweier Ereignisse A und B liegt vor, i. Z. A = B, wenn jedes Ergebnis, das zu A gehört auch zu B gehört und umgekehrt. Formal heißt dies:

$$e \in A \Leftrightarrow e \in B.$$

B ist ein **Teilereignis** von A, wenn nur die eine Richtung gilt: Jedes Ergebnis aus B gehört auch zu A:

$$e \in B \Rightarrow e \in A$$

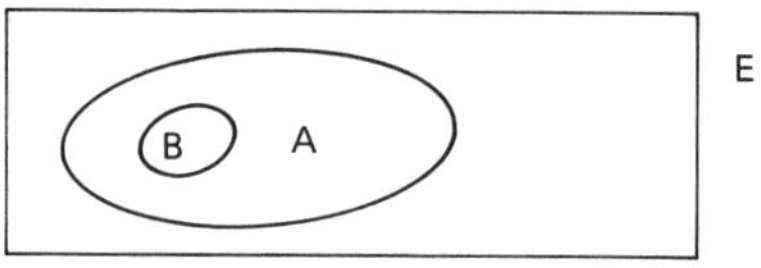

Abb.: B als Teilereignis von A

Wir sagen auch, daß das Ereignis B das Ereignis A nach sich zieht. Tritt nämlich B ein, so tritt auch A ein.

Das **Komplementärereignis** $\bar{A}$ des Ereignisses A besteht aus allen Ergebnissen von E, die nicht zu A gehören. $\bar{A}$ tritt genau dann ein, wenn A nicht eintritt.

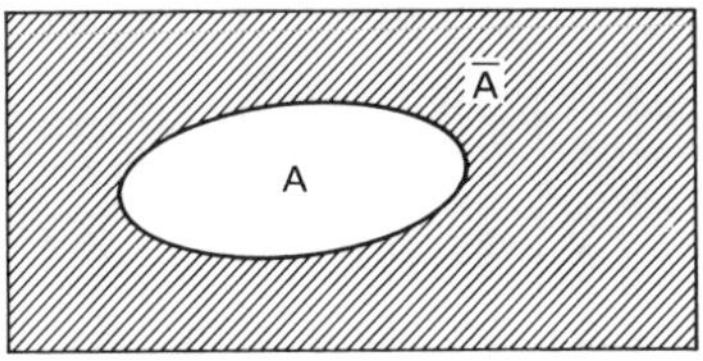

Abb.: Komplementärereignis (schraffierte Fläche)

Sind A und B zwei Ereignisse, so ist $A \cap B$ als Teilmenge von E wieder ein Ereignis, der sogenannte **Durchschnitt** von A und B. Das Ereignis $A \cap B$ besteht aus den Ergebnissen, die in A **und** B vorkommen:

$$A \cap B = \{e \mid e \in A \text{ und } e \in B\}.$$

Das Eintreten von $A \cap B$ bezeichnen wir auch mit „A und B treten zugleich ein".

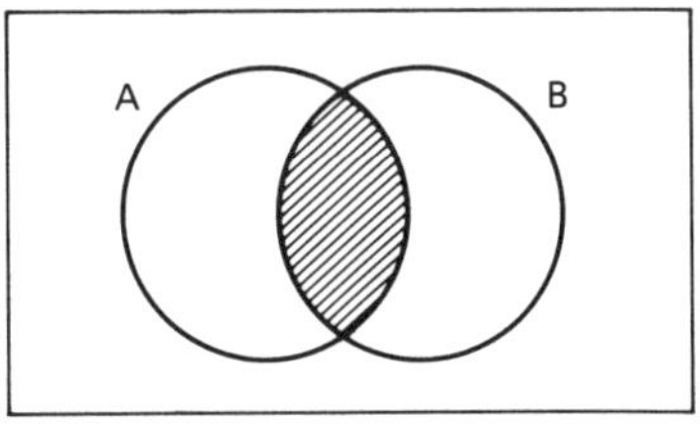

Abb.: Durchschnitt $A \cap B$ von A und B (schraffierte Fläche)

Die **Vereinigung** $A \cup B$ zweier Ereignisse A und B besteht aus allen Ergebnissen die zu A oder zu B gehören. Wir sagen auch A **oder** B tritt ein, wenn $A \cup B$ eintritt.

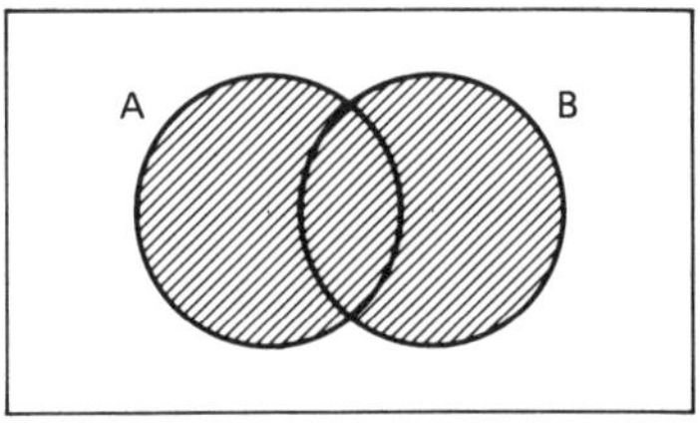

Abb.: Vereinigung $A \cup B$ von A, B (schraffierte Fläche)

Als **Differenz** $A \setminus B$ zweier Ereignisse wird das Ereignis $A \cap \bar{B}$ bezeichnet. $A \setminus B$ tritt ein, wenn A, **aber nicht** B eintritt.

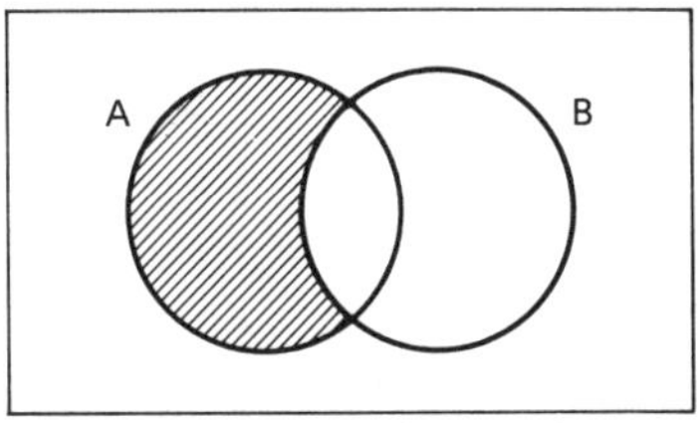

Abb.: Differenz $A \setminus B$ von A, B (schraffierte Fläche)

Die relevanten Begriffsbildungen sind noch einmal in der folgenden Übersicht zusammengestellt.

Tab.: Übersetzung mengentheoretischer Sprechweisen und Operationen in Sprechweisen und Operationen mit Ereignissen

Mengentheoretische Schreibweise	Mengentheoretische Sprechweise	Bezeichnung im Rahmen von Ereignissen	Beschreibung im Rahmen der Ereignisse
E	Grundmenge	sicheres Ereignis	E tritt immer ein
$\{\ \}, \emptyset$	leere Menge	unmögliches Ereignis	$\emptyset$ tritt nie ein
$A \subset B$	A ist Teilmenge von B	A ist Teilereignis von B	wenn A eintritt, tritt auch B ein
$A = B$	identische Mengen	äquivalente Ereignisse	A tritt genau dann ein, wenn B eintritt
$A \cap B$	Durchschnittsmenge	Durchschnitt der Ereignisse A und B	A und B treten gleichzeitig ein
$A \cap B = \emptyset$	disjunkte Teilmengen	disjunkte Ereignisse	A und B schließen sich aus
$A \cup B$	Vereinigungsmenge	Vereinigung der Ereignisse A und B	(mindestens) eines der Ereignisse A oder B tritt ein
$\bar{A}$	Komplementmenge	das zu A komplementäre Ereignis	A tritt nicht ein
$A \setminus B$	A minus B, Differenzmenge	Differenz der Ereignisse A und B	A aber nicht B tritt ein
$e \in A$	e ist Element von A	das Ergebnis e gehört zu A	wenn e beobachtet wird, tritt A ein
$e \notin A$	e ist kein Element von A	das Ergebnis e gehört nicht zu A	wenn e beobachtet wird, tritt A nicht ein

Zur Verdeutlichung der aufgeführten Beziehungen betrachten wir als Zufallsexperiment das Roulette-Spiel. Der Vorteil der Betrachtung von Glücksspielen wie Roulette, Würfeln, Münzwerfen und Kartenziehen ist die formale Einfachheit dieser Zufallsexperimente. Sie erlaubt, die wichtigen Gedankenvorgänge herauszuarbeiten, ohne auf sonst notwendige substanzwissenschaftliche Überlegungen Rücksicht nehmen zu müssen.

Auch in der Entwicklung der Wahrscheinlichkeitsrechnung stand zu Beginn die Behandlung von Glücksspielberechnungen. Ohne weitere gesellschaftlich relevantere Fragestellungen – z. B. aus dem Bereich der Lebens- und Rentenversicherungen – wäre aus der Glücksspielrechnung aber kaum die Wahrscheinlichkeitsrechnung erwachsen.

Von den Darstellungen zur Geschichte der Wahrscheinlichkeitsrechnung seien besonders empfohlen: L. E. Maistrov: Probability Theory, A Historical Sketch, New York 1974; I. Hacking: The Emergence of Probability, Cambridge 1975.

Beispiel

Die Einsatz-Möglichkeiten beim Roulette-Spiel sind vielfältig. Der Setz-Plan verdeutlicht dies. Die in den Feldern höher geschriebenen Zahlen tragen die Farbe rot, die anderen tragen die Farbe schwarz:

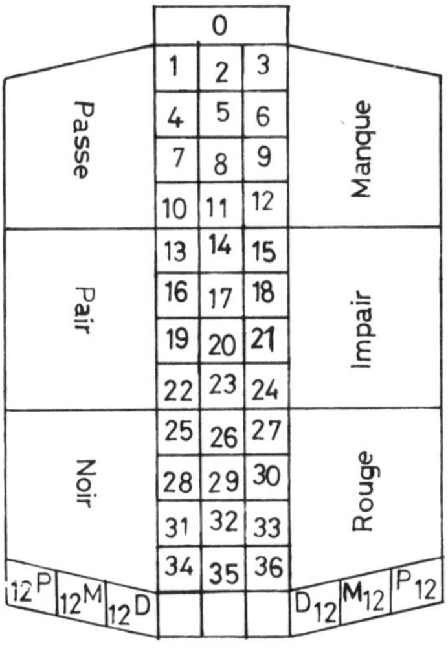

Abb.: Setz-Plan des Roulette-Spiels

Die physikalischen Ergebnisse des Spieles bestehen darin, daß die Kugel in einem der 37 Fächer des Roulette liegen bleibt. Diese Ergebnisse identifizieren wir mit den Zahlen, welche die Fächer tragen.

Das sichere Ereignis lautet dann:

$$E = \{e \mid e \text{ ist eine ganze Zahl mit } 0 \leq e \leq 36\}$$
$$= \{0, 1, 2, 3, \ldots, 35, 36\}.$$

Die folgenden Ereignisse hängen mit verschiedenen Setzungsmöglichkeiten zusammen:

$$A_1 = \{3\}$$
$$A_2 = \{2, 3, 5, 6\}$$
$$A_3 = \text{erstes Dutzend}$$
$$A_4 = \{1, 2, 3, 4, 5, 6, 7, 8, 9, 10, 11, 12\}$$
$$A_5 = \text{die ersten vier Zahlen}$$
$$A_6 = \{e \mid e \text{ ist eine ganze Zahl und } 0 \leq e \leq 3\}$$
$$A_7 = \text{die dritte Längsreihe (Colonne)}$$
$$A_8 = \{e \mid e \text{ ist eine Zahl mit } 1 \leq e \leq 36 \text{ und e ist durch 3 teilbar}\}.$$

Es gilt offensichtlich

$$A_1 \subset A_2$$

und

$$A_2 \subset A_3.$$

Die Ereignisse A_3 und A_4 sind äquivalent: A_3 tritt ein, wenn eine der Zahlen 1 bis 12 kommt. Genau dann tritt aber auch A_4 ein.

Ebenfalls sind A_5 und A_6 äquivalent. A_6 ist auf etwas formalere Art angegeben als A_5, besteht aber aus genau denselben Ergebnissen.

Das gleiche gilt für A_7 und A_8.

Weiter erhalten wir:

$$A_3 \cap A_8 = \{e \mid e \text{ gehört zum ersten Dutzend und e ist durch 3 teilbar}\}$$
$$= \{3, 6, 9, 12\}.$$
$$A_2 \cup A_6 = \{2, 3, 5, 6\} \cup \{0, 1, 2, 3\} = \{0, 1, 2, 3, 5, 6\}.$$
$$\bar{A}_5 = \{e \mid e \in E \text{ und } e \notin A_5\} = \{e \mid e \in E \text{ und } e > 3\}$$
$$= \{4, 5, 6, \ldots, 36\}.$$

Schließlich tritt etwa A_3 ein, wenn die Kugel in dem Fach mit der 2 zur Ruhe kommt, kurz die 2 kommt.

Wenn die 31 kommt, tritt A_3 dagegen nicht ein. Vielmehr tritt $\bar{A}_3$ ein.

4.2 Wahrscheinlichkeiten

Chancen von Ereignissen

Bei einem Zufallsexperiment kann nicht vorhergesagt werden, ob ein Ereignis eintreten wird oder nicht. Oft ist es jedoch möglich, die **Chance für das Eintreffen des Ereignisses vorab anzugeben**.

Bei Glücksspielen ist die Angaben der Chancen von Ereignissen i. d. R. besonders leicht, weil kein Ergebnis bevorzugt wird. So wird bei einem Roulette darauf geachtet, daß es vollständig symmetrisch gebaut ist und beim Drehen einen geeignet ruhigen Verlauf zeigt, um die Gleichwertigkeit aller Fächer zu gewährleisten.

Die Chance für das Eintreten eines Ereignisses dient hier zur Einschätzung des Risikos für das einmalige Setzen.

In anderen Fällen ist es gerade das Ziel, die Wahrscheinlichkeiten von Ereignissen bei bestimmten Zufallsexperimenten zu ermitteln. Wenn diese nämlich festgestellt sind, können sie bei weiteren Durchführungen der Zufallsexperimente für die Einschätzung des Eintreffens von Ereignissen genutzt werden.

Ein Beispiel stellen die Sterbetafeln dar, die Lebensversicherungen als Grundlage ihrer Beitragsberechnungen dienen. Die Tafeln enthalten u.a. Angaben über die Chancen, daß Personen in ihrem kommenden Lebensjahr sterben. Diese Angaben basieren auf umfangreichen Beobachtungen.

Benötigt werden die Chancen nicht für jeweils eine einzelne vertragsschließende Person. Vielmehr wird damit die zu erwartende Verteilung der weiteren Lebensjahre vieler Vertragsabschließender bestimmt.

Entscheidend ist also, daß aufgrund von Modellüberlegungen auf der Basis von durchgeführten Zufallsexperimenten Aussagen über noch nicht durchgeführte Zufallsexperimente gewonnen werden. Dies berührt das eigentliche Anliegen der sogenannten ‚Schließenden Statistik'.

Wir wollen diesen Aspekt hier nur soweit verfolgen, wie es für die Definition der Wahrscheinlichkeit als Chance für das Eintreten eines Ereignisses nötig ist.

Häufigkeiten von Ereignissen

Führen wir ein Zufallsexperiment mehrmals durch, so können wir feststellen, wie oft ein bestimmtes Ereignis A eintritt. Nach Beendigung der Versuchsserie wissen wir die Häufigkeit, mit der das Ereignis A eingetreten ist.

Das Ereignis A sei bei $n(A)$ von insgesamt n Durchführungen eines Zufallsexperimentes eingetreten. Dann heißen

$n(A)$ die **absolute Häufigkeit** von A,

$h(A) := \frac{n(A)}{n}$ **die relative Häufigkeit** von A.

Beispiel

Bei einem Roulette-Spiel wurde jeweils beobachtet, ob das Ereignis A = „erstes Dutzend" eintrat. 30 Wiederholungen ergaben folgende Zahlen:

19, 3, 36, 36, 18, 12, 32, 26, 18, 13, 9, 34, 8, 18, 27,
25, 9, 34, 4, 0, 30, 17, 31, 18, 29, 35, 28, 35, 12, 33

Hier sind also

$$n(A) = 7, \quad \text{und} \quad h(A) = \frac{n(A)}{n} = \frac{7}{30} = 0.233\,.$$

Aus den relativen Häufigkeiten von Ereignissen können die relativen Häufigkeiten daraus abgeleiteter Ereignisse wie Durchschnitt, Komplement usw. ermittelt werden.

A, B seien Ereignisse, E sei der zugrundeliegende Stichprobenraum eines Zufallsexperimentes. Es werde n mal durchgeführt. Dann gelten die **Rechenregeln für relative Häufigkeiten**:

1) $0 \leq h(A) \leq 1$
2) $h(E) = 1$
3) $h(\emptyset) = 0$
4) $h(\bar{A}) = 1 - h(A)$,
5) $h(A \cup B) = h(A) + h(B)$ falls $A \cap B = \emptyset$;
6) $h(A \cup B) = h(A) + h(B) - h(A \cap B)$.

Die Eigenschaften lassen sich leicht ableiten. So gilt z. B. 4), da in jeder Durchführung entweder A oder $\bar{A}$ eintritt. Folglich ist

$$n(A) + n(\bar{A}) = n$$

und der Übergang zu den relativen Häufigkeiten ergibt schon 4).

6) erhalten wir so: $A \cup B$ wird beobachtet, wenn A oder B beobachtet werden. Bei der Summe $n(A) + n(B)$ werden die Durchführungen doppelt gezählt, bei denen A und B gleichzeitig eingetreten sind. Diese Zahl $n(A \cap B)$ muß subtrahiert werden, um $n(A \cup B)$ zu erhalten.

Beispiel

Wir setzen das letzte Roulette-Beispiel fort. Aus der angegebenen Beobachtungsserie erhalten wir für das Ereignis B = ,rote Zahl':

$$h(B) = \tfrac{18}{30} = 0.6$$

Also hat das Ereignis $\bar{B}$ = ,nicht-rote Zahl', d. h. schwarze Zahl oder Zero, die relative Häufigkeit

$$h(\bar{B}) = 1 - \tfrac{18}{30} = 0.4.$$

Da unter den ersten Dutzend Zahlen auch rote sind, kann $h(A \cup B)$ nur bei Kenntnis von $h(A \cap B)$ angegeben werden.Mit

$$h(A \cap B) = \tfrac{5}{30} = 0.167$$

erhalten wir:

$$\begin{aligned} h(A \cup B) &= h(A) + h(B) - h(A \cap B) \\ &= 0.233 + 0.6 - 0.167 \\ &= 0.667. \end{aligned}$$

Statistische Wahrscheinlichkeit

Es ist eine Erfahrungstatsache, daß sich bei wachsender Zahl von Wiederholungen eines Zufallsexperimentes die relativen Häufigkeiten von Ereignissen jeweils um einen festen Wert stabilisieren. Dieses **„Prinzip der großen Zahlen"** wurde erstmalig von Cardano (1501–1576) in seiner Schrift ,De ludo aleae' (Über das Würfelspiel) formuliert. Darin gibt er u. a. auch Ratschläge, worauf zu achten ist, wenn man beim Spiel nicht betrogen werden möchte. Diese Ratschläge basieren auf der (eigenen) Beobachtung, daß sich bei nicht-regulären Würfeln die Chancen verschlechtern können.

Beispiel

Speziell für Münzwurfexperimente ist das Prinzip der großen Zahlen mehrfach nachvollzogen worden. Wir zitieren eine Versuchsreihe aus G. Noether (1971), Introduction to Statistics.

Das Ereignis ‚Kopf' beim Münzwurf tritt ein, wenn die Münze mit der Kopfseite nach oben zu liegen kommt.

Tab.: Häufigkeiten des Ereignisses Kopf

n	n(Kopf)	h(Kopf)
10	7	0.700
20	11	0.550
40	17	0.425
60	24	0.400
80	34	0.425
100	47	0.470
200	92	0.460
400	204	0.510
600	348	0.580
800	404	0.505
1000	492	0.492
2000	1010	0.505
3000	1530	0.510
4000	2032	0.508
5000	2515	0.503

Die Tabelle zeigt, daß bei wachsender Zahl von Würfen die relativen Häufigkeiten sich beim Wert 0.5 stabilisieren.

Gleichmäßig gearbeitete Münzen werden gerne verwendet, wenn es um eine faire – d.h. unvoreingenommene Entscheidung zwischen zwei Alternativen geht. Aufgrund des im Beispiel anhand einer Münze aufgezeigten Verhaltens billigt jeder beiden Alternativen die gleiche Chance zu.

Beispiel

Auch der Anteil der Mädchengeburten in einem Land stabilisiert sich bei einem festen Wert, wenn die Zahl der lebendgeborenen Kinder vergrößert wird. Jede Geburt können wir als Durchführung eines Zufallsexperimentes ansehen. Das interessierende Ereignis tritt ein, wenn das neugeborene Kind ein Mädchen ist.

Für die Bundesrepublik stabilisiert sich der Anteil bei dem Wert 0.486. (In allen Ländern sind die Anteile der Mädchengeburten geringer als die der Jungengeburten.) Dieser Wert spielt dann eine Rolle bei Bevölkerungsprognosen. Dort wird unterstellt, daß auch in Zukunft die Chance für eine Mädchengeburt 0.486 beträgt, d.h. daß von 1000 lebendgeborenen Kindern in etwa 486 Mädchen sein werden.

Die vielfache Erfahrung der „Stabilisierung der relativen Häufigkeiten" führt nun allgemein zur Festlegung der Chancen für das Eintreten von Ereignissen.

> Die **statistische Wahrscheinlichkeit** für das Eintreten eines Ereignisses A ist der Wert P(A), bei dem sich die relative Häufigkeit h(A) bei wachsender Zahl von Versuchswiederholungen stabilisiert.

Das Stabilisierungsverhalten der relativen Häufigkeiten bildet die Grundlage für die statistischen Rückschlüsse. Dabei interessieren wir uns i.d.R. für die Wahrscheinlichkeiten verschiedener Ereignisse bei einem Zufallsexperiment.

Wir brauchen natürlich nicht für alle Ereignisse bei einem Zufallsexperiment die jeweiligen relativen Häufigkeiten festzuhalten, wenn wir an statistischen Wahrscheinlichkeiten interessiert sind. Die Rechenregeln für relative Häufigkeiten gelten nämlich auch für die statistischen Wahrscheinlichkeiten. Das ist einsichtig, da die relativen Häufigkeiten bei genügend großer Zahl von Versuchswiederholungen als Näherungswerte für die zugrundeliegenden Wahrscheinlichkeiten dienen können.

Axiome von Kolmogorov

In der Praxis können nur in einzelnen Fällen die Chancen für das Eintreffen von Ereignissen tatsächlich über den Weg der Durchführung einer genügend großen Zahl von entsprechenden Zufallsexperimenten bestimmt werden. Daher sucht man nach Modellen, d.h. nach einfachen Vorschriften, wie Wahrscheinlichkeiten zu berechnen sind.

Damit dies überhaupt erfüllbar ist, müssen die modellmäßig festgelegten Wahrscheinlichkeiten einige zentrale Eigenschaften aufweisen. Die Eigenschaften entsprechen weitgehend denen, die wir für die relativen Häufigkeiten festgehalten haben.

> Ein **Wahrscheinlichkeitsmaß** P ist eine Abbildung, die allen Ereignissen $A \subset E$ eines Zufallsexperimentes eine Zahl P(A) zuordnet, und die folgende Bedingungen erfüllt:
>
> 1) $0 \leq P(A) \leq 1$
> 2) $P(E) = 1$
> 3) $P(A_1 \cup A_2) = P(A_1) + P(A_2)$ falls $A_1 \cap A_2 = \emptyset$
>
> P(A) heißt die **Wahrscheinlichkeit des Ereignisses** A.

Die in der Definition geforderten Eigenschaften werden als **Axiomensystem von Kolmogorov** bezeichnet. Kolmogorov hat es 1933 in dieser Form als Grundlage der elementaren Wahrscheinlichkeitsrechnung vorgeschlagen.

Aus formalen Gründen werden wir später eine Erweiterung des dritten Axioms benötigen. Die Erweiterung sagt, daß 3) richtig bleibt, wenn wir Folgen von Ereignissen haben:

3') $P(A_1 \cup A_2 \cup A_3 \cup \ldots) = P(A_1) + P(A_2) + P(A_3) + \ldots$
falls die Ereignisse paarweise disjunkt sind, d.h. falls $A_i \cap A_j = \emptyset$ für $i \neq j$.

Beispiel

Mädchen oder Junge? Diese Frage stellen sich wohl alle werdenden Eltern. Betrachten wir dies als Zufallsexperiment. Hier ist die Ergebnismenge

$$E = \{w, m\},$$

wobei w für weiblich und m für männlich steht.

Die entsprechenden Ereignisse bezeichnen wir mit

$$W = \{w\} \quad \text{und} \quad M = \{m\}.$$

Unvorbelastete Eltern legen i.d.R. die folgenden Wahrscheinlichkeiten fest:

$$P(W) = P(M) = 0.5.$$

Zusätzlich sind noch die Wahrscheinlichkeiten für E und $\emptyset$ festzulegen:

$$P(E) = 1,$$
$$P(\emptyset) = 0.$$

Das Zufallsexperiment hat nur diese vier Ereignisse. Da die Rechenregeln erfüllt sind, ist damit ein Wahrscheinlichkeitsmaß definiert.

Das betrachtete Wahrscheinlichkeitsmaß kennzeichnet die subjektive Erwartung der Eltern. Als Modell für den Zufallsvorgang „Geburt" z. B. in der BRD ist es aber nicht geeignet.

Wie erwähnt gilt nämlich

„h(W) stabilisiert sich um den Wert 0.486."

Ein objektives Wahrscheinlichkeitsmaß, das mit der statistischen Wahrscheinlichkeit übereinstimmt, ist dann gegeben durch die Festlegungen

$$P(E) = 1, \quad P(\emptyset) = 0, \qquad P(W) = 0.486, \quad P(M) = 0.514.$$

Beispiel

Aus Symmetriegründen werden beim Werfen einer Münze den beiden Ereignissen

K = ‚Die Kopfseite liegt oben'
Z = ‚Die Zahlseite liegt oben'

die gleiche Wahrscheinlichkeit zugeordnet.

Das Ereignis

A = ‚Die Münze bleibt auf der Kante stehen'

wird äußerst selten beobachtet. Es ist aber nicht unmöglich. Bei der Auslosung der Seiten bei Fußballspielen ist es schon eingetreten.

Obwohl es nicht unmöglich ist, treffen wir die Zuordnung

$$P(A) = 0.$$

Damit erfassen wir die äußerst geringe Chance dieses Ereignisses. Im Sinn der statistischen Wahrscheinlichkeit ist die Zuordnung mit dem Hinweis gerechtfertigt, daß der Anteil der ‚Kante'-Würfe bei wachsendem n praktisch Null wird.

Den Ereignissen Kopf und Zahl wird die Wahrscheinlichkeit 0.5 zugeordnet:

$$P(K) = P(Z) = 0.5.$$

Damit P ein Wahrscheinlichkeitsmaß wird, müssen den Ereignissen

$$K \cup A, \quad K \cup Z, \quad Z \cup A, \qquad E = K \cup Z \cup A \quad \text{und} \quad \emptyset$$

noch Wahrscheinlichkeiten zugeordnet werden. Diese Zuordnung erfolgt so, daß die Axiome erfüllt sind:

$$P(E) = 1, \quad P(\emptyset) = 0,$$
$$P(K \cup A) = 0.5,$$
$$P(K \cup Z) = 1,$$
$$P(Z \cup A) = 0.5.$$

Aus den Axiomen erhalten wir folgende **Rechenregeln für Wahrscheinlichkeiten**:

1) $P(\bar{A}) = 1 - P(A)$
2) $P(\emptyset) = 0$
3) $P(A \backslash B) = P(A) - P(A \cap B)$
4) $B \subset A \Rightarrow P(B) \leq P(A)$
5) $P(A \cup B) = P(A) + P(B) - P(A \cap B)$
6) $P(A \cup B \cup C) = P(A) + P(B) + P(C) - P(A \cap B) - P(A \cap C) - P(B \cap C) + P(A \cap B \cap C)$
7) $P(A_1 \cup A_2 \cup \ldots \cup A_k) = P(A_1) + P(A_2) + \ldots + P(A_k)$
falls die Ereignisse $A_1, A_2, \ldots, A_k$ paarweise diskunkt sind, d. h. $A_i \cap A_j = \emptyset$ für $i \neq j$
8) $P(A \cap B) \geq 1 - (P(\bar{A}) + P(\bar{B}))$ **(Bonferroni-Ungleichung)**

Die Ableitungen dieser Rechenregeln seien hier in knapper Form angegeben. Damit soll das Arbeiten mit den Axiomen verdeutlicht werden. Ohne konkret zu wissen, welche Werte im Einzelnen hinter den Symbolen P(A) etc. stehen, lassen sich die Regeln schon aus den festgelegten Eigenschaften folgern.

zu 1) Wegen $A \cup \bar{A} = E$ und $A \cap \bar{A} = \emptyset$ gilt
$$1 = P(E) = P(A \cup \bar{A}) = P(A) + P(\bar{A}).$$

zu 2) Regel 1) auf $A = E$ anwenden

zu 3) Es ist $A \backslash B = A \cap \bar{B}$. Wegen $A = (A \cap B) \cup (A \cap \bar{B})$ folgt mit Axiom 3:
$$P(A) = P(A \cap B) + P(A \cap \bar{B}) = P(A \cap B) + P(A \backslash B).$$

zu 4) Anwenden von 3) führt hier wegen $A \cap B = B$ auf $P(A \backslash B) = P(A) - P(B)$. Die Differenz ist wegen Axiom 1 größer oder gleich Null.

zu 5) Es ist $A \cup B = A \cup (B \cap \bar{A})$. Somit ist die Vereinigung als Vereinigung zweier disjunkter Ereignisse dargestellt. Mit Axiom 3 und Rechenregel 3) erhalten wir wegen $B \cap \bar{A} = B \backslash A$:
$$P(A \cup B) = P(A \cup (B \cap \bar{A})) = P(A) + P(B \cap \bar{A}) = P(A) + P(B) - P(A \cap B).$$

zu 6) Hier führt mehrfaches Anwenden von 5) zum Ziel.

zu 7) Für drei Ereignisse folgt dies unmittelbar aus 6).
Das Resultat folgt insgesamt mit der Beobachtung, daß wegen der paarweisen Disjunktheit auch $A_i \cap (A_{i+1} \cup \ldots \cup A_k) = \emptyset$ gilt.

zu 8) Die Bonferroni-Ungleichung erhalten wir unter Ausnutzung von 1), 5) und Axiom 1):
$$P(A \cap B) = 1 - P(\overline{A \cap B}) = 1 - P(\bar{A} \cup \bar{B}) = 1 - (P(\bar{A}) + P(\bar{B}) - P(\bar{A} \cap \bar{B}))$$
$$\geq 1 - (P(\bar{A}) + P(\bar{B})).$$

Die statistische Definition der Wahrscheinlichkeit zeigt, wie durch lange Versuchsserien Wahrscheinlichkeiten numerisch bestimmt werden können. Das Axiomensystem von Kolmogorov gibt dann allgemein einen Rahmen an, der erfüllt sein muß, wenn auf irgendeine Weise ein Wahrscheinlichkeitsmaß festgelegt wird. Die konkrete, zahlenmäßige Bestimmung von Wahrscheinlichkeiten ist dabei unter Berücksichtigung des jeweiligen sachlogischen Zusammenhanges vorzunehmen.

Das Gleichmöglichkeitsmodell

Besonders einfach lassen sich modellmäßig Wahrscheinlichkeiten festlegen, wenn die Zufallsexperimente so angelegt sind, daß die Anzahl der zu einem Ereignis gehörenden Ergebnisse proportional zu seiner Chance ist. In dieser Weise sind zahlreiche Glücksspiele aufgebaut: Roulette, Münzwurf, Würfeln. Darüber hinaus stellt die zufällige Auswahl einer Anzahl von Einheiten aus einer endlichen Grundgesamtheit ein wichtiges Anwendungsfeld solcher Zufallsexperimente dar.

Wir gehen zur Formulierung des Modells von einer speziellen Form des **Urnenmodells** aus. Dieses ist (in seiner einfachsten Variante) durch folgende Situation gegeben:

In einer Urne befinden sich N gleichartige Kugeln, die verschiedene Nummern tragen. Die Kugeln werden gut gemischt und eine der Kugeln wird blind herausgegriffen. Gegebenenfalls wird dies Herausgreifen wiederholt. Falls die gezogene Kugel jeweils wieder zurückgelegt wird, soll durch erneutes Mischen die Ausgangssituation wieder hergestellt werden.

Das Wesentliche beim Urnenmodell besteht darin, daß bei diesem Zufallsexperiment bei jedem Zug die Chance jeder noch in der Urne befindlichen Kugel gleich groß ist.

Wird aus einer Urne mit N Kugeln, die von 1 bis N durchnumeriert sind, eine Kugel gezogen, so gilt, wenn wir die Kugel mit ihrer Nummer identifizieren:

$$P(\{i\}) = \frac{1}{N} \quad \text{für} \quad i = 1, \ldots, N.$$

Damit daraus ein Wahrscheinlichkeitsmaß wird, ist allen Teilmengen eine Wahrscheinlichkeit zuzuordnen. Wegen

$$\{i_1, i_2, \ldots, i_k\} = \{i_1\} \cup \{i_2\} \cup \ldots \cup \{i_k\}$$

wird dafür einfach die Anzahl der zu dem Ereignis gehörenden Ergebnisse durch die Anzahl aller Ergebnisse dividiert.

Das **Gleichmöglichkeitsmodell** ist ein Modell für ein Zufallsexperiment mit N möglichen Ergebnissen und dem Wahrscheinlichkeitsmaß

$$P(A) = \frac{N(A)}{N},$$

wobei N(A) die Anzahl der Ergebnisse ist, die zu A gehören.

Häufig wird für die so festgelegten Wahrscheinlichkeiten auch geschrieben

$$P(A) = \frac{\text{Anzahl der für A günstigen Ergebnisse}}{\text{Anzahl der gleich möglichen Ergebnisse}}.$$

Dies ist die sogenannte Laplace'sche „Definition" der Wahrscheinlichkeit (nach Pierre Simon Laplace, 1749 bis 1827).

Wenn also das Gleichmöglichkeitsmodell vorliegt, so reduziert sich die Bestimmung der Wahrscheinlichkeiten auf das Auszählen der möglichen und der günstigen Ergebnisse.

Beispiel

Die Übersetzungen einiger klassischer Glücksspiele in Urnenmodelle sind:

(1) Würfeln: In der Urne sind 6 Kugeln. Die Zahl auf der gezogenen Kugel wird als Augenzahl des Würfels interpretiert. Bei mehrmaligem Würfeln wird die gezogene Kugel vor jedem neuen Zug wieder zurückgelegt.
(2) Münzwurf: Die Urne enthält 2 Kugeln. Die Zahl 1 entspricht der Kopfseite, die Zahl 2 der Zahlseite.
(3) Roulette: Die 37 Kugeln in der Urne werden mit den Zahlen von 0 bis 36 des Roulette-Spiels gleichgesetzt.

Wir geben die Wahrscheinlichkeiten für die im Roulette-Beispiel des Abschnittes 4.1 angegebenen Ereignisse an. Diese erhalten wir unmittelbar mit dem Gleichmöglichkeitsmodell durch Auszählen:

$$\begin{array}{ll} P(A_1) = 1/37 & P(A_5) = 4/37 \\ P(A_2) = 4/37 & P(A_6) = 4/37 \\ P(A_3) = 12/37 & P(A_7) = 12/37 \\ P(A_4) = 12/37 & P(A_8) = 12/37 \end{array}$$

Zufallsauswahlen aus endlichen Grundgesamtheiten

Das Urnenmodell aus dem vorigen Abschnitt hat als sehr wichtiges Anwendungsgebiet die zufällige Ziehung von Stichproben aus vorgegebenen Gesamtheiten. Dies kann die Auswahl von 2000 Personen aus der Bevölkerung der Bundesrepublik im Rahmen einer Meinungsumfrage sein oder auch die zufällige Auswahl von 50 Produkten aus der laufenden Produktion eines Massenartikels zur Kontrolle der Qualität der Produkte. Bei diesen Anwendungen wird von (einfachen) Zufallsstichproben gesprochen, wenn alle Stichproben die gleiche Chance haben, gezogen zu werden. Bezeichnen wir also die Anzahl der möglichen Stichproben mit N^*, so hat eine einzelne Stichprobe nach dem Gleichmöglichkeitsmodell die Ziehungs-Wahrscheinlichkeit $1/N^*$. Das Problem besteht folglich darin, N^* zu bestimmen. Dabei ist zu berücksichtigen, daß es verschiedene Vorgehensweisen bei der Zufallsauswahl gibt.

Beispiel

Oben sind schon zwei Beispiele angesprochen worden.

Das erste läßt sich beschreiben durch eine Urne mit N Kugeln, welche von 1 bis

N durchnumeriert sind. Hier werden n Kugeln aus der Urne gezogen. Die Zufallsauswahl ergibt dann die Stichprobe $(x_1, \ldots, x_n)$. Allerdings ist die Reihenfolge nicht von Bedeutung. Die gezogene Stichprobe ist als gleichwertig mit $(x_{(1)}, \ldots, x_{(n)})$ anzusehen, wenn $x_{(v)}$ den v-ten geordneten Wert darstellt.

Das zweite Beispiel ist eine Ziehung einer sehr großen Gesamtheit von Massenprodukten, wobei nur die Eigenschaft der Qualitätseinhaltung (ja/nein) von Interesse ist. Dies kann in die Form eines Urnenmodells gebracht werden, indem in einer Urne mit N Kugeln M die Kugeln mit einer Eins markiert werden und die anderen $N - M$ mit einer Null. Ist n im Verhältnis zu N und M sehr klein, so läßt sich das Vorgehen durch das Ziehen von n Kugeln mit Zurücklegen annähern. Dabei stellt man sich vor, daß vor jedem neuen Zug die Ausgangssituation wieder hergestellt wird. Insbesondere ist dann auch hier die Anordnung ohne Bedeutung. Die Stichproben (1, 0, 0, 0, 1, 0, 0) und (0, 0, 0, 0, 0, 1, 1) sind gleichwertig. Wie wir sehen werden, ist diese Annäherung mit gewissen Vereinfachungen verbunden.

Es gibt auch Varianten, bei denen die Reihenfolge der Ziehung bedeutsam ist. Im Rahmen von Intelligenzuntersuchungen von Affen stellte sich die Frage, mit welcher Wahrscheinlichkeit gewisse Worte, die das Versuchstier auf einer Schreibmaschine schrieb, rein zufällig zusammengesetzt wurden. Betrachtet man alle Wörter aus neun Buchstaben, so ist etwa die Chance, das Wort ‚Statistik' zufällig zu erhalten, von Interesse. Das läßt sich darstellen als eine einfache Zufallsauswahl im Sinne des Ziehens mit Zurücklegen von neun Kugeln aus einer Urne mit 26 unterschiedlich gekennzeichneten Kugeln.

Insgesamt gibt es vier mögliche Situationen für das Ziehen aus einer endlichen Grundgesamtheit:

Berücksichtigung der Anordnung	Zurücklegen mit	ohne
ja	I	II
nein	III	IV

Für diese ergeben sich jeweils unterschiedliche Anzahlen von möglichen Stichproben.

Die Situation I ist dabei einfach. Man zieht eine Kugel zufällig, notiert ihre Nummer und legt sie wieder zurück. An der ersten Stelle kann also jede der N Kugeln stehen. Für die zweite Stelle wiederholt sich dieser Vorgang. Zu jeder der N Möglichkeiten an der ersten Stelle gibt es wieder N Möglichkeiten für die zweite. Insgesamt gibt es $N \cdot N$ Möglichkeiten von Zweier-Stichproben. Die Weiterführung dieser Überlegung ergibt dann N^n verschiedene Stichproben.

Die Anzahl der verschiedenen Stichproben mit Berücksichtigung der Anordnung ohne Zurücklegen läßt sich ebenfalls über die sukzessive Besetzung der einzelnen Plätze ermitteln. Für eine Urne mit 4 Kugeln, aus der 2 zufällig gezogen werden, ist die Situation in der folgenden Skizze dargestellt.

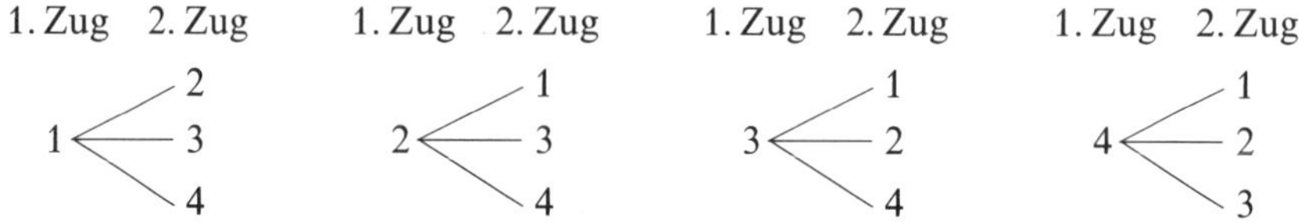

Jede mögliche Stichprobe ist durch zwei miteinander verbundene Zahlen dargestellt. Es sind $4 \cdot 3 = 12$ verschiedene Stichproben. Wie man sich in Verallgemeinerung dieses Falles leicht überlegt, gibt es i.A. $N \cdot (N-1) \cdot \ldots \cdot (N-n+1)$ unterschiedliche Stichproben dieser Art.

Das Ziehen von allen N Kugeln läuft gerade auf die Anzahl der unterschiedlichen Anordnungen von N unterscheidbaren Objekten, den **Permutationen von N Objekten**, hinaus. Diese Anzahl ist $N \cdot (N-1) \cdot \ldots \cdot 2 \cdot 1$.

Für die Situtation IV gehen wir von dem Resultat für die Situation II aus. Da nun die Anordnung keine Rolle mehr spielt, sind alle Stichproben zusammenzufassen, welche sich nur durch die Anordnung der gezogenen Nummern unterscheiden. Da sich jeweils n! Stichproben vom Umfang n nur durch die Anordnung unterscheiden, ist die in Situation II erhaltene Zahl lediglich dadurch zu dividieren:

$$N^* = \frac{N \cdot (N-1) \cdot \ldots \cdot (N-n+1)}{n \cdot (n-1) \cdot \ldots \cdot 2 \cdot 1}$$

Die Anzahl von Anordnungen von N unterscheidbaren Objekten (**Permutationen**) beträgt

$$N! = N \cdot (N-1) \cdot \ldots \cdot 2 \cdot 1 .$$

wobei N! als N-**Fakultät** bezeichnet wird. Speziell wird $0! = 1$ gesetzt.

Weiter wird die Schreibweise

$$\frac{N \cdot (N-1) \cdot \ldots \cdot (N-n+1)}{n \cdot (n-1) \cdot \ldots \cdot 2 \cdot 1} = \frac{N!}{n!(N-n)!} = \binom{N}{n}.$$

vereinbart. Der rechts stehende Ausdruck ist ein **Binomialkoeffizient** und wird als N über n gelesen. Insbesondere ist $\binom{N}{0} = 1$.

Schwierig ist die Bestimmung der Anzahl N* für die Situation III. Wir bestimmen sie nur für die Stichprobenumfänge $n = 1, 2, 3$ und geben noch das allgemeine Resultat an. Für $n = 1$ ist sicher $N^* = N$.

Bei $n = 2$ gibt es $N \cdot (N-1)$ Stichproben, deren Elemente verschieden sind und N Stichproben mit gleichen Elementen. Je zwei Stichproben mit unterschiedlichen Elementen sind als gleichwertig aufzufassen, so daß

$$N^* = \frac{N(N-1)}{2} + N = \frac{N(N+1)}{2}.$$

Für den Fall $n = 3$ halten wir das erste Stichprobenelement, das ja eine der Zahlen

1 bis N sein kann, fest. Es trage die Nummer i. Nun betrachten wir das typische Schema, in dem nur noch die zweiten und dritten Plätze variieren.

i, 1, 1	i, 1, 2		i, 1, i		i, 1, N
i, i, 1	i, i, 2		i, i, i		i, i, N
i, N, 1	i, N, 2		i, N, i		i, N, N

In diesem Block gibt es eine Zelle, in der alle Elemente gleich sind, das mit der Besetzung (i, i, i). Genau zwei gleiche Elemente gibt es in der i-ten Spalte, der i-ten Zeile und der Hauptdiagonalen. Das sind $3 \cdot (N-1)$ Zellen – die eine Zelle mit der Besetzung (i, i, i) muß ja herausgenommen werden. Es bleiben $(N-1)(N-2)$ Zellen, bei denen alle drei Elemente verschieden sind. Da es N solcher Blöcke gibt und die Anordnung nicht berücksichtigt werden soll, erhalten wir

$$N^* = N \cdot \left\{\frac{(N-1)(N-2)}{3!} + \frac{3 \cdot (N-1)}{3} + 1\right\} = \frac{(N+2)(N+1)N}{3!}$$

$$= \binom{N+2}{3}$$

Die allgemeine Formel läßt sich daraufhin erahnen.

Gegeben sei eine Urne mit N Kugeln, welche von 1 bis N durchnumeriert seien. Es werden n Kugeln entnommen. Dann sind die Anzahlen N^* der unterschiedlichen Stichproben gegeben durch:

Ziehen mit Zurücklegen, mit Berücksichtigung der Anordnung (Situation I):

$$N^* = N^n;$$

Ziehen ohne Zurücklegen, mit Berücksichtigung der Anordnung (Situation II):

$$N^* = N \cdot (N-1) \cdot (N-2) \cdot \ldots \cdot (N-n+1);$$

Ziehen mit Zurücklegen, ohne Berücksichtigung der Anordnung (Situation III):

$$N^* = \frac{(N+n-1) \cdot (N+n-2) \cdot \ldots \cdot (N+1) \cdot N}{n \cdot (n-1) \cdot \ldots \cdot 3 \cdot 2 \cdot 1} = \binom{N+n-1}{n};$$

Ziehen ohne Zurücklegen, ohne Berücksichtigung der Anordnung (Situation IV):

$$N^* = \frac{N \cdot (N-1) \cdot (N-2) \cdot \ldots \cdot (N-n+1)}{n \cdot (n-1) \cdot \ldots \cdot 3 \cdot 2 \cdot 1} = \binom{N}{n}.$$

Beispiel

Unter einem Computerprogramm versteht man mit dem Mathematiker Turing nichts anderes als eine Folge von Nullen und Einsen. Wieviele Programme der Länge 10 gibt es?

Die Frage läuft auf die Anzahl der Stichproben vom Umfang $n = 10$ aus einer Urne mit den beiden Elementen ‚1' und ‚0' hinaus. Dabei findet die Ziehung mit Zurücklegen statt; die Reihenfolge ist von Bedeutung. Also gibt es

$$2^{10} = 1024$$

mögliche Programme.

In verschiedenen Anwendungen fragt man sich nach der Anzahl von Stichproben, die eine feste Anzahl von Objekten mit einer vorgegebenen Eigenschaft aufweisen. Dies ist etwa beim Lotto (6 aus 49) gegeben, wo nur die Übereinstimmung der gezogenen Zahl mit einer der auf dem Tipp-Schein angekreuzten interessiert. Diese Fragestellung soll im allgemeinen Rahmen behandelt werden.

In einer Urne befinden sich N Kugeln. M davon seien mit einer ‚1' markiert und die anderen $N - M$ mit einer ‚0'. Aus der Urne werden n Kugeln mit Zurücklegen gezogen. Wieviele Stichproben gibt es, die genau x Einsen haben?

Wir gehen von der Stichprobe vom Umfang n aus und stellen uns die Plätze mit Nummern versehen vor. Dann gibt es n! unterschiedliche Anordnungen der Plätze. Nun sind die Vertauschungen mit gleichartig besetzten Plätzen (Ersetzung von ‚1' durch ‚1' sowie ‚0' durch ‚0') nicht relevant. Die Anzahlen davon sind x! bzw. $(n - x)!$. Folglich gibt es

$$\frac{n!}{x!\,(n-x)!} = \binom{n}{x}$$

verschiedene Stichproben vom Umfang n mit genau x Einsen und $n - x$ Nullen.

Man beachte, daß hier die Anzahlen N und M nicht eingehen. Das kommt durch das Zurücklegen.

Wie ist die Frage zu beantworten, wenn das Ziehen ohne Zurücklegen erfolgt? Zunächst einmal ist nun $x \leq M$ und $n - x \leq N - M$ zu fordern, damit das Ergebnis sinnvoll ist. Dann denken wir uns die Kugeln in der Urne durchnumeriert. Die Nummern 1 bis M tragen die zusätzlich mit einer ‚1' versehenen Kugeln, die ‚0'-Kugeln haben die Nummern $M + 1$ bis N. Von den ‚1'-Kugeln sind nun x zu ziehen und aus den ‚0' Kugeln $n - x$. Das geht auf $\binom{M}{x}$ bzw. $\binom{N-M}{n-x}$ Arten, insgesamt also auf $\binom{M}{x} \cdot \binom{N-M}{n-x}$ Weisen.

Beispiel

Die Bestimmung der Chance für drei Richtige beim Lotto „6 aus 49" ist nach dem eben Gesagten leicht.

Die Anzahl aller Stichproben ist hier, da die Reihenfolge irrelevant ist:

$$\binom{49}{6} = \frac{49 \cdot 48 \cdot 47 \cdot 46 \cdot 45 \cdot 44}{1 \cdot 2 \cdot 3 \cdot 4 \cdot 5 \cdot 6} = 13\,983\,816\,.$$

Die Zahl der Stichproben mit genau drei Richtigen beträgt

$$\binom{6}{3} \cdot \binom{43}{3} \frac{6 \cdot 5 \cdot 4}{1 \cdot 2 \cdot 3} \cdot \frac{43 \cdot 42 \cdot 41}{1 \cdot 2 \cdot 3} = 246820 .$$

Die gesuchte Chance ist folglich

$$\binom{6}{3} \cdot \binom{43}{3} \Big/ \binom{49}{6} = \frac{246820}{13983816} = 0.0176504 . .$$

Die Ausführungen in diesem Abschnitt stellen einen Ausflug in die **Kombinatorik** dar. Bzgl. weiterer Aspekte sei auf das Buch A. Engel: Wahrscheinlichkeitsrechnung und Statistik, Stuttgart 1973, verwiesen.

4.3 Bedingte Wahrscheinlichkeit und Unabhängigkeit

Bedingte Wahrscheinlichkeit

Im Abschnitt 4.1 haben wir eine Studie zur Untersuchung der Wirksamkeit eines Medikamentes betrachtet. Die möglichen Ergebnisse bei diesem Zufallsexperiment haben wir mit (m, +), (m, −), (p, +) und (p, −) bezeichnet. Dabei bedeutet „m", daß der Patient das echte Medikament und „p", daß er ein Placebo erhält. „+" heißt, daß die Therapie erfolgreich verläuft, „−", daß sie es nicht tut.

In der Studie sollte untersucht werden, ob die Chance für eine erfolgreiche Therapie bei Verabreichung des Medikamentes größer ist als wenn der Patient nur ein Placebo erhält. Diese Fragestellung legt nahe, die beiden Patientengruppen getrennt zu betrachten und die Erfolgschancen der beiden Gruppen gegenüberzustellen.

Die Situation entspricht der, die wir bei den bedingten relativen Häufigkeiten vorfanden. Die bedingte relative Häufigkeit gibt die relative Häufigkeit einer Realisationsmöglichkeit in einem eingeschränkten Datensatz an. Hier fragen wir nach der Wahrscheinlichkeit eines Ereignisses A in dem durch ein anderes Ereignis B eingeschränkten Stichprobenraum.

Bei dem betrachteten Beispiel kann die Wahrscheinlichkeit höchstens im Sinne der statistischen Wahrscheinlichkeit ermittelt werden. Allgemein formuliert: In einer Versuchsserie vom Umfang n wird bei jeder Durchführung notiert, ob die Ereignisse A und B eingetreten sind. Dann ist

$$h(A | B) := \frac{n(A \cap B)}{n(B)}$$

der relative Anteil der Versuche, bei denen A eingetreten ist, mit Bezug auf die Teilfolge von Versuchen, bei denen B beobachtet wurde.

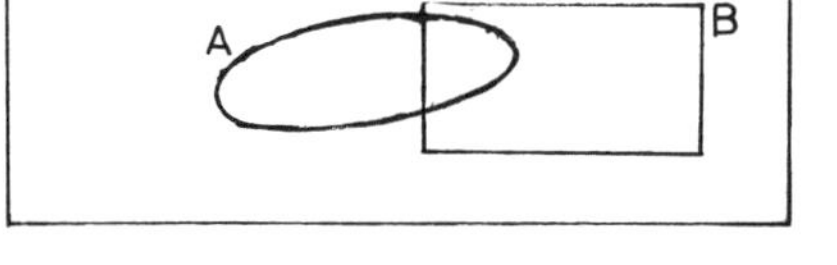

Abb.: Skizze zur bedingten relativen Häufigkeit

Wegen

$$h(A|B) = \frac{n(A \cap B)}{n(B)} = \frac{n(A \cap B)/n}{n(B)/n} = \frac{h(A \cap B)}{h(B)}$$

ist unter Berufung auf das Prinzip der großen Zahlen die folgende Definition sinnvoll.

Die **bedingte Wahrscheinlichkeit** eines Ereignisses A unter der Bedingung des Eintretens des Ereignisses B (mit $P(B) > 0$) ist

$$P(A|B) = \frac{P(A \cap B)}{P(B)}.$$

Aus der Festlegung der bedingten Wahrscheinlichkeit folgt unmittelbar

$$P(A \cap B) = P(A|B) \cdot P(B).$$

Diese als **Multiplikationssatz für zwei Ereignisse** bezeichnete Beziehung ist bisweilen nützlich zur Bestimmung der Wahrscheinlichkeit des Durchschnitts.

Beispiel

Eine Frau bewahrt Batterien in einer Schachtel auf. Umweltbewußt werden verbrauchte Batterien nicht weggeworfen, sondern ebenfalls in die Schachtel gelegt. Nun werden von ihr zwei Batterien für eine Taschenlampe benötigt. Sie weiß, daß von den sechs Batterien in der Schachtel zwei leer sind.

Wie groß ist die Wahrscheinlichkeit, daß gleich die ersten beiden Batterien, die sie herausnimmt, noch unverbraucht sind?

Seien A und B die Ereignisse

A = „Die erste Batterie ist gut“,
B = „Die zweite Batterie ist gut“.

Die Wahrscheinlichkeit, daß die erste Batterie unverbraucht ist, beträgt

$$P(A) = \tfrac{4}{6}.$$

Die Wahrscheinlichkeit, daß die zweite Batterie gut ist, wenn beim ersten Zug eine unverbrauchte herausgenommen wurde, beträgt

$$P(B|A) = \tfrac{3}{5}.$$

Die gesuchte Wahrscheinlichkeit, daß beide geladen sind, ist die Wahrscheinlichkeit des Ereignisses $A \cap B$:

$$P(A \cap B) = P(B|A)P(A) = \tfrac{3}{5} \cdot \tfrac{4}{6} = 0.4.$$

Eine weitere Anwendung des Multiplikationssatzes ergibt sich aus der Beziehung $A = (A \cap B) \cup (A \cap \bar{B})$. Sie führt nämlich zu

$$P(A) = P(A \cap B) + P(A \cap \bar{B}) = P(A|B) \cdot P(B) + P(A|\bar{B}) \cdot P(\bar{B}).$$

Dabei ist natürlich $0 < P(B) < 1$ vorausgesetzt. Weiteres Ausnutzen dieser Beziehung führt uns auf die **Bayes'sche Formel**:

$$P(B|A) = \frac{P(A \cap B)}{P(A)} = \frac{P(A|B) \cdot (P(B)}{P(A|B) \cdot P(B) + P(A|\bar{B}) \cdot P(\bar{B})}.$$

Diese Identitäten gelten nicht nur für den Fall, daß das sichere Ereignis E in zwei disjunkte Mengen (B und $\bar{B}$) zerlegt wird, sondern entsprechend für allgemeinere Zerlegungen von E.

$B_1, \ldots, B_k$ sei eine **Zerlegung** von E, d.h. es gelte $B_1 \cup \ldots \cup B_k = E$ und $B_i \cap B_j = \emptyset$ für $i \neq j$. Zudem sei $P(B_i) > 0$ für alle i. Dann gilt der **Satz von der totalen Wahrscheinlichkeit**:

$$P(A) = P(A|B_1) \cdot P(B_1) + \ldots + P(A|B_k) \cdot P(B_k).$$

Ist zudem $P(A) > 0$, so gilt auch die **Formel von Bayes**:

$$P(B_i|A) = \frac{P(A|B_i) \cdot P(B_i)}{P(A|B_1) \cdot P(B_1) + \ldots + P(A|B_k) \cdot P(B_k)}.$$

Die Bayes'sche Formel stellt einen interessanten Zusammenhang zwischen den bedingten Wahrscheinlichkeiten $P(A|B_i)$ und $P(B_i|A)$ her. Interpretieren wir wie üblich $P(A|B_i)$ als **Apriori-Wahrscheinlichkeit** für das Eintreten von A unter der Voraussetzung des Eintretens von B_i, so ist $P(B_i|A)$ die **Aposteriori-Wahrscheinlichkeit**, daß B_i galt, sofern A tatsächlich eingetroffen ist.

Beispiel

Medizinische Diagnosen sind nicht absolut zuverlässig, sondern mit gewissen Fehlern gestellt. So werden Kranke nicht immer als krank erkannt (falsch negativ) und Gesunde fälschlich als krank eingestuft (falsch positiv). Die zugehörigen Wahrscheinlichkeiten sind i.d.R. bekannt. Für die Diagnose einer speziellen Krankheit mögen sie gegeben sein durch

$$P(-|\bar{G}) = 0.10,$$
$$P(+|G) = 0.01;$$

dabei sind G und $\bar{G}$ die Ereignisse, daß eine zufällig ausgewählte Person gesund bzw. nicht gesund ist, und + (−) steht für das positive (negative) Diagnoseergebnis bei einer zufällig ausgewählten Person. Von der betrachteten Krankheit seien 1% der Bevölkerung betroffen. Dann gilt:

$$P(\bar{G}|+) = \frac{P(+|\bar{G}) \cdot P(\bar{G})}{P(+|G) \cdot P(G) + P(+|\bar{G}) \cdot P(\bar{G})} = \frac{0.90 \cdot 0.01}{0.01 \cdot 0.99 + 0.90 \cdot 0.01}$$
$$= 0.475.$$

Nur knapp 50% der nach dem Test als krank eingestuften Personen wäre es tatsächlich! – Hier macht sich die geringe Prävalenz, d.h. die geringe Zahl der Erkrankten in der Bevölkerung bemerkbar.

Unabhängigkeit

In der zu Beginn des Abschnittes erwähnten Studie zur Wirksamkeit eines Medikamentes zielte die Frage auf eine Gegenüberstellung der beiden bedingten Wahrscheinlichkeiten

$$P(A|B) \quad \text{und} \quad P(A|\bar{B}),$$

wobei die Ereignisse definiert waren durch

A = „Therapieerfolg"
B = „Das echte Medikament wird verabreicht".

Das Medikament hat nun keine spezifische Wirkung, wenn die Chancen für einen Therapieerfolg in beiden Gruppen gleich groß sind:

$$P(A|B) = P(A|\bar{B})$$

Wir sagen dann, A ist von B (stochastisch) unabhängig.

Für eine formale Fassung der Unabhängigkeit formen wir diese Gleichung um:

$$P(A|B) = \frac{P(A \cap B)}{P(B)} = \frac{P(A \cap \bar{B})}{P(\bar{B})} = P(A|\bar{B})$$

$$\Leftrightarrow P(A \cap B) \cdot P(\bar{B}) = P(A \cap \bar{B}) P(B)$$

$$\Leftrightarrow P(A \cap B)(1 - P(B)) = P(A \cap \bar{B}) P(B)$$

$$\Leftrightarrow P(A \cap B) = P(B)(P(A \cap B) + P(A \cap \bar{B}))$$

$$= P(A) \cdot P(B).$$

Diese in A und B symmetrische Beziehung verwenden wir zur Definition.

> Zwei Ereignisse A und B heißen **(stochastisch) unabhängig**, wenn gilt:
> $$P(A \cap B) = P(A) \cdot P(B).$$

Somit sind zwei Ereignisse unabhängig, wenn

$$P(A|B) = P(A) \quad \text{und}$$
$$P(B|A) = P(B),$$

d.h. wenn die bedingten Wahrscheinlichkeiten gleich den nicht-bedingten Wahrscheinlichkeiten sind.

Die (stochastische) Unabhängigkeit ist aus zwei Gründen bedeutsam. Zum einen führt der Nachweis, daß zwei Ereignisse stochastisch abhängig sind, oft dazu, auch nach einem kausalen Zusammenhang zu suchen.

Eine wichtige Frage ist daher, ob die (modellmäßige) Unabhängigkeit von Ereignissen mit konkret vorliegenden Beobachtungen verträglich ist. Diese Frage werden wir im Kapitel 18 weiter verfolgen.

Der andere Grund ist formaler Natur: Bei unabhängigen Ereignissen sind die Wahrscheinlichkeiten für Durchschnitte auf einfache Weise aus den Wahrscheinlichkeiten der einzelnen Ereignisse zu bestimmen.

Beispiel

Immer wieder behaupten Leute, sie hätten ein Gewinnsystem für das Roulette-Spiel gefunden. Warum können sie nicht Recht haben?

Betrachten wir den Fall, daß jemand zweimal hintereinander auf einzelne Zahlen setzt. Dieses Spiel läßt sich als zweimaliges Ziehen einer Kugel aus einer Urne ansehen, wobei die erste Kugel wieder zurückgelegt wird. Wir definieren zwei Ereignisse durch

$$A_i = \text{Beim i-ten Zug wird die Kugel mit der Zahl } x_i \text{ gezogen, } i = 1, 2\,.$$

Der Stichprobenraum mit den beiden Ereignissen läßt sich folgendermaßen veranschaulichen:

$$\begin{array}{c|ccccc|c|cc|}
\multicolumn{1}{c}{} & & & & & \multicolumn{1}{c}{} & A_2 & & \multicolumn{1}{c}{} \\
\multicolumn{1}{c}{} & (0,0) & (0,1) & \dots & & \multicolumn{1}{c|}{} & (0,x_2) & \dots & \multicolumn{1}{c}{(0,36)} \\
\multicolumn{1}{c}{} & (1,0) & (1,1) & \dots & & \multicolumn{1}{c|}{} & (1,x_2) & \dots & \multicolumn{1}{c}{(1,36)} \\
\multicolumn{1}{c}{} & \vdots & \vdots & & & \multicolumn{1}{c|}{} & \vdots & & \multicolumn{1}{c}{\vdots} \\
\hline
A_1 & (x_1,0) & (x_1,1) & \dots & & & (x_1,x_2) & \dots & (x_1,36) \\
\hline
\multicolumn{1}{c}{} & \vdots & \vdots & & & \multicolumn{1}{c|}{} & \vdots & & \multicolumn{1}{c}{\vdots} \\
\multicolumn{1}{c}{} & (36,0) & (36,1) & \dots & & \multicolumn{1}{c|}{} & (36,x_2) & \dots & \multicolumn{1}{c}{(36,36)}
\end{array}$$

Bei Unterstellung des Gleichmöglichkeitsmodells erhalten wir durch Abzählen:

$$P(A_1) = \frac{37}{37^2} = \frac{1}{37}$$

$$P(A_2) = \frac{37}{37^2} = \frac{1}{37}$$

$$P(A_1 \cap A_2) = \frac{1}{37^2}$$

Somit sind A_1 und A_2 unabhängig: $P(A_1 \cap A_2) = P(A_1) \cdot P(A_2)$. Dies stimmt mit der Anschauung überein, daß durch das Zurücklegen der Ausgangszustand wieder hergestellt wird und somit das Resultat des ersten Zuges das des zweiten nicht beeinflußt.

Damit ist auch eine Prognose des zukünftigen Ergebnisses auf der Basis des beobachteten nicht besser als das einfache Raten.

Bei mehr als zwei Ereignissen liegt es nahe von Unabhängigkeit zu sprechen, wenn jeweils das Eintreten eines Teils der Ereignisse die Chance für die restlichen Ereignisse nicht verändert. Auch diese Forderung läßt sich in die Form bringen, daß die Wahrscheinlichkeiten von Durchschnitten gleich den Produkten der Einzelwahrscheinlichkeiten sind.

Die Ereignisse $A_1, A_2, \dots, A_k$ heißen **stochastisch unabhängig**, wenn für **jede** Auswahl $A_{i_1}, A_{i_2}, \dots, A_{i_m}$ mit $m \le k$ gilt:

$$P(A_{i_1} \cap A_{i_2} \cap \dots \cap A_{i_m}) = P(A_{i_1}) \cdot P(A_{i_2}) \cdot \ldots \cdot P(A_{i_m})\,.$$

Das folgende Beispiel zeigt, daß für die Unabhängigkeit tatsächlich jede Teilauswahl von Ereignissen bedeutsam ist. Sofern nur bei einer Kombination von Ereignissen die Wahrscheinlichkeit des Durchschnittes von dem Produkt der Einzelwahrscheinlichkeiten verschieden ist, lassen sich „Informationen" aus dem Eintreten von Ereignissen ziehen.

Beispiel

Vier Spielkarten mögen folgendermaßen markiert sein:

0	0	1	1
0	1	0	1
1	0	0	1

Das Zufallsexperiment bestehe aus dem Ziehen einer der Karten. Es interessieren die Ereignisse:

A = An oberster Stelle steht eine 0,
B = An mittlerer Stelle steht eine 0,
C = An unterster Stelle steht eine 0.

Die Ereignisse A, B und C sind **paarweise unabhängig**, d. h. je zwei sind voneinander unabhängig:

$$P(A \cap B) = \tfrac{1}{4} = \tfrac{1}{2} \cdot \tfrac{1}{2} = P(A) \cdot P(B),$$
$$P(A \cap C) = \tfrac{1}{4} = \tfrac{1}{2} \cdot \tfrac{1}{2} = P(A) \cdot P(C),$$
$$P(B \cap C) = \tfrac{1}{4} = \tfrac{1}{2} \cdot \tfrac{1}{2} = P(B) \cdot P(C).$$

Insgesamt sind A, B und C jedoch abhängig, da

$$P(A \cap B \cap C) = 0 \neq P(A) \cdot P(B) \cdot P(C).$$

C kann z. B. nicht eintreten, wenn A und B eintreten:

$$P(C|A \cap B) = 0$$

4.4 Aufgaben

1. Als Ergebnismenge E betrachten wir die Beteiligten einer Statistik-Veranstaltung.
   Es seien

   S = Menge der Lernenden aus E;
   T = Menge der Lehrenden aus E;
   B = Menge der Trunkenbolde aus E;
   F = Menge der freundlichen Personen aus E.

   Versuchen Sie, die folgenden Aussagen (die nicht unbedingt mit der Wirklichkeit übereinstimmen müssen) mit umgangssprachlichen Formulierungen wiederzugeben!

a) Aus einer Boulevard-Zeitung: $S \cap \bar{B} = \emptyset$;
b) Etwas Nettes über die Statistiker: $T \subset (F \cap \bar{B})$;
c) Die Aussage eines Antialkoholikers: $((S \cup T) \cap \bar{B}) \subset F$;
d) Ein ehrliches Bekenntnis: $\overline{T \cup (S \cap \bar{T})} = \bar{S}$.

2. Stellen Sie die folgenden Aussagen über Ereignisse in Venn-Diagrammen und in symbolischer Schreibweise dar:
a) Die Ereignisse A und B schließen sich aus;
b) Immer wenn sich A ereignet, ereignet sich auch B;
c) B ereignet sich nur, wenn sich auch A ereignet;
d) C ereignet sich nur dann, wenn sich sowohl A als auch B ereignen;
e) C ereignet sich genau dann, wenn sich zwar A, aber nicht B ereignet.

3. In der WAZ vom 14.02.1986 stand folgende Notiz unter der Überschrift: Tödlicher Irrtum eines Hellsehers:
„Sein unbeirrbarer Glaube an die eigenen hellseherischen Fähigkeiten ist einem Parapsychologen im mittelfranzösischen Kurort Vichy zum Verhängnis geworden: Der 37 Jahre alte P. D., der sich „Sahne“ nannte, hatte russisches Roulett gespielt und sich dabei eine Kugel in den Kopf geschossen. „Sahne“ war auf Voraussagen der Zukunft, Entzauberungen und Gespräche mit dem Jenseits spezialisiert.“
Geben Sie die wesentlichen Komponenten des zugrundeliegenden Zufallsexperimentes an. Welche Wahrscheinlichkeiten würden Sie den relevanten Ereignissen zuordnen?

4. Vier Spielkarten seien mit den Buchstaben a, b, c, d bezeichnet. Diese vier Spielkarten werden gemischt und nacheinander aufgedeckt. Welches sind die Ergebnisse des Zufallsexperimentes? Wir betrachten noch folgende Ereignisse:

A = Karte a steht an erster Stelle,

B = Karte b steht an zweiter Stelle,

C = Karte c steht an dritter Stelle,

D = Karte d steht an vierter Stelle.

Beschreiben Sie die folgenden Ereignisse und berechnen Sie die zugehörigen Wahrscheinlichkeiten: A, $A \cup B$, $A \cup B \cup C$, $A \cup B \cup C \cup D$, $A \cap B$, $A \cap B \cap C$, $A \cap B \cap C \cap D$.

5. Ein Zufallsexperiment hat 10 verschiedene Ergebnisse: 1, 2, ..., 10. Aus inhaltlichen Überlegungen weiß man, daß Ereignis $\{2\}$ gerade doppelt so wahrscheinlich ist wie $\{1\}$, das Ereignis $\{3\}$ dreimal so wahrscheinlich wie $\{1\}$, usw. Wie groß ist die Wahrscheinlichkeit des Ereignisses $\{1\}$?
Wie groß ist sie, wenn es N Ergebnisse gibt bei Fortsetzung dieser Regel?

6. Da die Realisierung von reinen Zufallsstichproben oft sehr aufwendig ist, behilft man sich bei vielen Anwendungen mit anderen Lösungen, von denen man sich „in etwa gleich gute“ Ergebnisse erhofft. Die Positionsstichprobe wird häufig eingesetzt, wenn die Daten über die Personen schon EDV-mäßig auf Magnetbändern abgespeichert vorliegen (z. B. Einwohnermelderegister).
Es mögen die Daten von 10000 Personen sequentiell angeordnet sein. Die Personen seien entsprechend durchnumeriert. Von diesen sollen um 500 ausgewählt werden. Dazu wird eine der Zahlen 1, ..., 20 zufällig gezogen. Die Person mit der gezogenen Nummer, die 20 Nummern darauf folgende Person etc. bilden

die Stichprobe. Formal sind die Nummern, die die Stichprobe bilden $x, x+20, x+40, \ldots, x+9980$ mit $1 \leq x \leq 20$.
Zeigen Sie:
a) Alle Personen haben dieselbe Chance in die Stichprobe zu gelangen.
b) Bei diesem Verfahren haben nicht alle möglichen Stichproben (= Teilmengen) vom Umfang $n = 500$ dieselbe Wahrscheinlichkeit. (Es bildet also keine reine Zufallsauswahl.)

7. Bei einem Spiel darf ein Spieler 20 grüne und 20 schwarze Chips auf zwei Hüte verteilen. Anschließend werden ihm die Augen zugebunden. Die Chips jedes Hutes werden vermischt und die Hüte werden umgestellt. Dann darf er aus einem Hut einen Chips ziehen. Bei einem grünen Chips erhält er einen Pluspunkt, bei einem schwarzen erhält er nichts. Wie muß der Spieler die Chips auf die Hüte verteilen, um eine möglichst große Chance für einen Pluspunkt zu erhalten?
Wie groß ist diese Wahrscheinlichkeit?

8. Eine Angestellte fährt mit öffentlichen Verkehrsmitteln zur Arbeit. Sie muß einmal von einem Bus in einen anderen umsteigen. Aufgrund langjähriger Erfahrung weiß sie:
– mit der Wahrscheinlichkeit 0.9 muß sie beim ersten Bus nicht warten·
– die Chance, beim zweiten Bus nicht warten zu müssen, ist 0.75;
– in nur sieben von 100 Fahrten muß sie bei beiden Bussen warten.
Wie groß ist die Chance, daß sie
a) beim zweiten nicht warten muß, wenn sie den ersten Bus erwischt hat?
b) genau an einer Haltestelle warten muß?
c) an mindestens einer Haltestelle warten muß?

9. Ein Koch-Lehrling versalzt seine Suppe mit einer Wahrscheinlichkeit von 0.5. Wenn er verliebt ist – ein Zustand, in dem er sich mit Wahrscheinlichkeit 0.4 befindet – ist es ganz schlimm: Dann versalzt er nämlich 80% seiner Suppen.
a) Wie groß ist die Wahrscheinlichkeit, daß der Lehrling nicht verliebt ist und die Suppe versalzt?
b) Wie groß ist die Wahrscheinlichkeit, daß er verliebt ist, wenn die Suppe nicht versalzen schmeckt?
c) Wie groß ist die Wahrscheinlichkeit, daß er weder verliebt ist noch die Suppe versalzt?

10. Die Wahrscheinlichkeit, daß ein zufällig herausgegriffener Bürger von Sparstadt ein Sparkonto (Aktiendepot) hat, betrage 0.8 (0.4). Zudem sei bekannt, daß 90% der Sparstädter Bankvermögen besitzen, d. h. ein Sparkonto und/oder ein Aktiendepot besitzen.
a) Wie groß ist die Wahrscheinlichkeit, daß ein Bürger sowohl ein Aktiendepot als auch ein Sparkonto besitzt?
b) Sind die Ereignisse A = „Aktiendepot besitzen" und S = „Sparkonto besitzen" stochastisch unabhängig?
c) Wie groß ist die Wahrscheinlichkeit, daß ein Aktiendepot-Besitzer (Nicht-Aktiendepot-Besitzer) ein Sparkonto hat?
d) Die Wahrscheinlichkeit für G = „Girokonto besitzen" sei 15/16.
Alle Aktiendepotbesitzer müssen ein Girokonto zur Geschäftsabwicklung besitzen.
i) Berechnen Sie $P(A|G)$ und $P(G|A)$. Sind A und G unabhängig?

ii) Berechnen Sie $P(A \cap S \cap G)$ und $P(A) \cdot P(S) \cdot P(G)$. Sind A, S und G unabhängig?

11. Sie sprechen zufällig drei Leute auf der Straße an. Wie groß ist die Wahrscheinlichkeit
 a) daß alle drei am Sonntag geboren sind?
 b) daß alle drei an verschiedenen Wochentagen geboren sind?
 c) daß genau zwei am gleichen Wochentag geboren sind?
 d) daß alle drei am gleichen Wochentag geboren sind?
 Nehmen Sie an, daß alle Wochentage gleich wahrscheinlich sind!

12. Ein berühmter Ausspruch Abraham Lincolns lautet (in operationalisierter Übersetzung): Man kann zu mindestens einem Zeitpunkt alle Leute täuschen, einige Personen kann man zu allen Zeitpunkten täuschen; es ist aber kaum möglich, zu allen Zeitpunkten alle Personen zu täuschen.
 Überprüfen Sie diese Behauptungen anhand geeigneter Wahrscheinlichkeiten. Gehen Sie dazu von N Personen und K Zeitpunkten aus. Die Wahrscheinlichkeit, daß eine Person getäuscht werde, sei p. Die Täuschungen seien unabhängig von Personen und Zeitpunkten. Welche Werte ergeben sich im Fall $p = 0.1$, $K = 5$, $N = 100$?

13. Welche der folgenden Aussagen über die Wahrscheinlichkeiten zweier beliebiger Ereignisse bei einem Zufallsexperiment sind stets richtig? (Die Quotienten seien dabei stets sinnvoll definiert.)
 (i) $P(A \cup B) = 1 - P(\bar{A} \cap \bar{B})$
 (ii) $1 - P(\bar{A} \cup \bar{B}) = -1 + P(A) + P(B) + P(\bar{A} \cap \bar{B})$
 (iii) $1 - P(\bar{A}) - P(\bar{B}) = P(A) + P(B) + 1$
 (iv) $P(A|B) = P(A)$
 (v) $P(A|B) = P(A)/P(B)$
 (vi) $P(A) \neq 0 \Rightarrow A \neq \emptyset$
 (vii) $P(A|\bar{B}) = 1 - P(\bar{A}|\bar{B})$
 (viii) $P(A|B \cap C) = P(A \cap B|C)/P(B|C)$

14. Der Multiplikationssatz $P(A \cap B) = P(B|A)P(A)$ läßt sich auf mehr als zwei Ereignisse verallgemeinern. Bei k Ereignissen $A_1, \ldots, A_k$ ist die Wahrscheinlichkeit des Schnittes $A_1 \cap \ldots \cap A_k$ dann das Produkt von $P(A_1)$ und $k - 1$ bedingten Wahrscheinlichkeiten. Wie lautet die Formel? Benutzen Sie die Verallgemeinerung zur Berechnung der Chance für sechs Richtige im Lotto.

15. a) Ein Würfel werde viermal hintereinander geworfen. Wie groß ist die Wahrscheinlichkeit, daß man genau dreimal eine Zahl erhält, welche kleiner als 3 ist?
 b) Sechs Briefe werden zufällig in sechs vorbereitete Briefumschläge gesteckt. Wie groß ist die Wahrscheinlichkeit, daß alle Briefe an den richtigen Adressaten geschickt werden?
 c) Aufgrund des Ausfalles eines Fluges wird unter den 20 interessierten Passagieren eine Lotterie veranstaltet, bei der die drei freien Plätze der nächsten Maschine verlost werden.
 (i) Wie groß ist die Wahrscheinlichkeit, daß drei bestimmte Personen mitkommen?
 (ii) Wenn je ein Platz in der ersten, einer in der zweiten und einer in der dritten Klasse frei ist, wie groß ist dann die Wahrscheinlichkeit, daß

Frau X den Platz der ersten, Frau Y den der zweiten und Frau Z den der dritten Klasse erhält?

16. Eine Folge von 10 Zufallszahlen sollen das Ergebnis von unabhängigen Ziehungen mit Zurücklegen aus der Menge $\{1, 2, 3, \ldots, 1000\}$ sein. Ihnen steht zur Ermittlung dieser Zahlen aber nur eine Urne mit zehn Kugeln zur Verfügung. Wie ist die Zufallszahlenfolge zu generieren?

17. a) Aus elf zur Verfügung stehenden Kandidaten soll der Posten eines Präsidenten und eines Vizepräsidenten besetzt werden. Auf wieviele Arten ist das möglich?

    b) In einer Woche finden 10 Verkehrsunfälle statt, die nach den 7 Wochentagen klassifiziert werden sollen. Das Resultat ist eine Häufigkeitstabelle, in der für jeden der 7 Wochentage angegeben wird, wieviele Unfälle an diesem Tag stattgefunden haben. Wieviele Häufigkeitstabellen gibt es?

5 Zufallsvariablen

Die Ergebnisse von Befragungen, Beobachtungen und Experimenten werden i.d.R. durch Zahlen repräsentiert. Die Zuordnung der Zahlen zu den möglichen Ergebnissen geschieht mittels geeigneter Variablen. Zufallsexperimente zeichnen sich im Vergleich zu den genannten Erhebungsverfahren dadurch aus, daß der Mechanismus hervorgehoben wird, der das jeweilige Ergebnis liefert. Es bleibt weiterhin sinnvoll, Ergebnisse durch Zahlen zu repräsentieren. Die Variablen bekommen aber mit Rücksicht auf den Generierungsprozeß der Ergebnisse den Namen Zufallsvariablen.

Mittels der Werte, welche eine Zufallsvariable annehmen kann, lassen sich auf einfache Weise Ereignisse beschreiben. Den im zweiten und dritten Kapitel betrachteten Häufigkeitsverteilungen können wir somit Wahrscheinlichkeitsverteilungen gegenüberstellen. Dies ist aus mehreren Gründen von Bedeutung.

Theoretische Verteilungen liefern oft einfache Beschreibungen empirischer Datensätze. Die üblichen Verteilungsmodelle sind u. a. dadurch gekennzeichnet, daß sie in geeigneter Weise „glatt" sind. Somit werden unwichtige Details in empirischen Datensätzen eliminiert. Eine Beschreibung mittels theoretischer Verteilungsmodelle ist also insbesondere nur bei Stichproben relevant, vgl. die Einführung zu Kapitel 4.

Läßt sich eine empirische Häufigkeitsverteilung gut durch eine theoretische Verteilung beschreiben, so lassen sich unter Umständen Rückschlüsse auf den Entstehungsmechanismus der Daten ziehen. Umgekehrt werden auch theoretische Modelle mittels empirischer Verteilungen überprüft.

Wir behandeln hier zunächst die Grundlagen der theoretischen Verteilungen und betrachten die skizzierten Problembereiche anhand einiger einfacher Beispiele.

5.1 Zufallsvariablen

Einführendes Beispiel

Die von der amtlichen Statistik durchgeführte Mikrozensus-Erhebung ist eine Zufallsstichprobe. Hier ist die Variable X = ‚Größe der privaten Haushalte', gemessen durch die Anzahl der im Haushalt lebenden Personen, von Bedeutung, u.a. um Aufschlüsse über veränderte Lebensgewohnheiten zu erhalten.

Jedem Haushalt weist die Variable X einen bestimmten Wert zu. Dabei gibt es in jedem Einzelfall sachliche Gründe, warum gerade soundso viele Personen zum Haushalt gehören. Wird aber ein Haushalt aus der Grundgesamtheit aller privaten Haushalte zufällig ausgewählt, so ist der beobachtete Wert von X Resultat eines Zufallsexperimentes. Der Zufall kommt über den Auswahlmechanismus ins Spiel.

Stellen wir uns der Einfachheit halber vor, daß das Auswahlverfahren dem einmaligen Ziehen einer Kugel aus einer Urne entspricht. Dann können wir mit dem Gleichmöglichkeitsmodell die Chance dafür angeben, daß der zu ziehende Haushalt ein 1-Personen-, 2-Personen-Haushalt usw. ist: Dazu brauchen wir nur die Anzahl der k-Personen-Haushalte durch die Anzahl aller Haushalte zu dividieren.

Die Betrachtung der Variablen X führt also zur Auszeichnung spezieller Ereignisse. Es sind gerade solche, die sich in naheliegender Weise durch die Wertezuordnungen charakterisieren lassen. Zudem können wir diesen Ereignissen bei Unterstellung eines geeigneten Zufallsvorganges auch Wahrscheinlichkeiten zuordnen.

Definition

Wir bezeichnen eine Variable X, die jedem möglichen Ergebnis eines Zufallsexperimentes eine (reelle) Zahl zuordnet, als **Zufallsvariable**. Zufallsvariablen scheinen damit nur spezielle statistische Variablen zu sein. Mit ihnen ist aber eine neue Betrachtungsweise verbunden: Bei Zufallsexperimenten interessieren vor allem die Chancen für das Eintreten von Ereignissen. Durch die Zufallsvariablen werden nun spezielle Ereignisse festgelegt; dazu gehören z. B. solche, die wir mit „X nimmt einen Wert aus einem bestimmten Bereich an" beschreiben können. Da die Situation **vor der Durchführung des Zufallsexperimentes** betrachtet wird, liegt der Wert der Zufallsvariablen noch nicht konkret vor. Zufallsvariablen stehen also für potentielle Beobachtungen. Das Ereignis, „X nimmt den Wert x an", besteht aus allen Ergebnissen, denen die Variable X den Wert x zuordnet. Wir schreiben dafür:

$$\{X = x\} = \{e \mid e \in E \text{ und } X(e) = x\}.$$

Weitere Ereignisse lassen sich entsprechend angeben.

Eine Variable X, die jedem möglichen Ergebnis $e \in E$ eines Zufallsexperimentes eine Zahl X(e) zuordnet, wird als **Zufallsvariable** bezeichnet.
Durch die Zufallsvariable X werden u. a. folgende **Ereignisse festgelegt**:

$$\{X = x\} = \{e \mid e \in E \text{ und } X(e) = x\}$$
$$\{X \leq x\} = \{e \mid e \in E \text{ und } X(e) \leq x\}$$
$$\{x_1 < X \leq x_2\} = \{e \mid e \in E \text{ und } x_1 < X(e) \leq x_2\}$$
$$\{X \neq x\} = \{e \mid e \in E \text{ und } X(e) \neq x\}.$$

Analog werden weitere Ereignisse gebildet.

Wir betrachten zur Illustration die zufällige Auswahl eines Haushaltes aus der Grundgesamtheit E aller privaten Haushalte der BRD. Die interessierende Variable sei X = ‚Haushaltsgröße' mit den Realisationsmöglichkeiten x = 1, 2, 3, 4, 5. Dabei ist x für $x \leq 4$ die Anzahl der im Haushalt lebenden Personen. x = 5 heißt, daß zum Haushalt mindestens 5 Personen gehören.

Das Ereignis

$$\{X = 2\} = \{e \mid e \in E \text{ und } X(e) = 2\}$$

tritt ein, wenn zu dem gezogenen Haushalt zwei Personen gehören. Andernfalls tritt das zu $\{X = 2\}$ komplementäre Ereignis ein, das sich in der Form

$$\{X \neq 2\} = \{e \mid e \in E \text{ und } X(e) \neq 2\}$$

angeben läßt.

Weiterhin sind etwa

$$\{X < 3\} = \{e \mid e \in E, X(e) < 3\},$$
$$\{X \geq 3\} = \{e \mid e \in E, X(e) \geq 3\}.$$

Beispiel

Herr Jedermann gehe ohne auf den Fahrplan zu schauen und ohne sonstige Vorkenntnisse zur S-Bahn. Von Interesse ist dann die Variable X = „Wartezeit (in Minuten) auf die nächste S-Bahn“. Aufgrund des unkoordinierten Vorgehens kann X als Zufallsvariable aufgefaßt werden. Hier ist es zwar nicht so leicht, den zugrundeliegenden Stichprobenraum genauer anzugeben. Die interessierenden Ereignisse lassen sich aber unmittelbar mit Hilfe von X beschreiben:

$$\{X \leq 5\} = \text{die Wartezeit beträgt höchstens 5 Minuten}$$
$$\{X \geq 15\} = \text{die Wartezeit beträgt mindestens 15 Minuten.}$$

Bei der Betrachtung von Zufallsvariablen sind die Wahrscheinlichkeiten der durch sie festgelegten Ereignisse von zentraler Bedeutung.

> Die **Wahrscheinlichkeitsverteilung** einer Zufallsvariablen X ist die Zuordnung der Wahrscheinlichkeiten zu allen durch X festgelegten Ereignissen.

Da wir im Einführungsbeispiel das Gleichmöglichkeitsmodell unterstellt haben, können wir für die angegebenen Ereignisse leicht die Wahrscheinlichkeiten bestimmen. So gilt etwa

$$P(X = 2) = \frac{\text{Anzahl der 2-Personenhaushalte}}{\text{Anzahl aller Haushalte}}$$

$$P(X \geq 3) = \frac{\text{Anzahl der Haushalte mit mindestens 3 Personen}}{\text{Anzahl aller Haushalte}}.$$

Verteilungsfunktion

Wegen der Rechenregeln brauchen nur für ausgewählte Ereignisse die Wahrscheinlichkeiten bekannt zu sein, um auch die Wahrscheinlichkeiten anderer, durch die Zufallsvariablen festgelegter Ereignisse ermitteln zu können. Für alle Zufallsvariablen sind Ereignisse der Form $\{X \leq x\}$ wichtig.

Daraus lassen sich alle bedeutsamen Ereignisse gewinnen:

$$\{X > x\} = \overline{\{X \leq x\}}$$

$$\{x_1 < X \leq x_2\} = \{X \leq x_2\} \setminus \{X \leq x_1\} = \{X \leq x_2\} \cap \overline{\{X \leq x_1\}}$$

$$\begin{aligned}\{X < x\} = \{X \leq x-1\} &\cup \{x-1 < X \leq x-1/2\} \\ &\cup \{x-1/2 < X \leq x-1/3\} \\ &\cup \ldots \{x-1/n < X \leq x-1/(n+1)\} \cup \ldots\end{aligned}$$

$$\{X = x\} = \{X \leq x\} \setminus \{X < x\} = \{X \leq x\} \cap \overline{\{X < x\}}.$$

Sind also für alle x die Wahrscheinlichkeiten $P(X \leq x)$ bekannt, so sind sie es auch für die anderen Ereignisse.

> X sei eine Zufallsvariable. Dann heißt die Funktion F(x), die jedem x die Wahrscheinlichkeit $P(X \leq x)$ zuordnet,
>
> $$F(x) = P(X \leq x),$$
>
> die **Verteilungsfunktion** von X.

Die Verteilungsfunktion F(x) ist das theoretische Gegenstück zur empirischen Verteilungsfunktion $\hat{F}(x)$. Sie besitzt daher vergleichbare Eigenschaften. (Siehe Abschnitt 2.3).

> Die Verteilungsfunktion F(x) einer Zufallsvariablen X hat die **wesentlichen Eigenschaften**:
>
> (1) F(x) nimmt nur Werte zwischen 0 und 1 an, d.h. es ist
>
> $$0 \leq F(x) \leq 1 \quad \text{für alle} \quad x \in R.$$
>
> (2) F(x) steigt für wachsendes x monoton an (oder bleibt zumindest auf gleicher Höhe):
>
> $$x_1 < x_2 \Rightarrow F(x_1) \leq F(x_2)$$
>
> (3) $F(x) \to 1 \quad \text{für} \quad x \to \infty$
>
> (4) $F(x) \to 0 \quad \text{für} \quad x \to -\infty$

Beispiel

Wir setzen das Einführungsbeispiel fort. Für 1980 hat die ordinal skalierte Zufallsvariable X = „Haushaltsgröße" mit den Realisationsmöglichkeiten x = 1, 2, 3, 4, 5 (5 ≙ 5 oder mehr Personen im Haushalt) die folgende Verteilungsfunktion:

$$F(x) = \begin{cases} 0.000 & x < 1 \\ 0.302 & 1 \leq x < 2 \\ 0.589 & 2 \leq x < 3 \\ 0.766 & 3 \leq x < 4 \\ 0.912 & 4 \leq x < 5 \\ 1.000 & 5 \leq x \end{cases}$$

Daraus erhalten wir z.B.:

$$\begin{aligned} P(X > 3.5) &= P(\overline{\{X \leq 3.5\}}) = 1 - P(X \leq 3.5) = 1 - F(3.5) \\ &= 1 - 0.766 \\ &= 0.234; \\ P(2 < X \leq 4) &= P(\{X \leq 4\} \setminus \{X \leq 2\}) = P(X \leq 4) - P(X \leq 2) \\ &= F(4) - F(2) = 0.323; \\ P(X < 3) &= P(X \leq 2) + P(2 < X \leq 2.5) + P(2.5 < X \leq 2.\overline{666}) + \ldots \\ &= 0.589 + 0 + 0 + 0 + \ldots = 0.589; \\ P(X = 3) &= P(X \leq 3) - P(X < 3) = 0.766 - 0.589 = 0.177. \end{aligned}$$

Wir geben noch an, wie allgemein aus einer Verteilungsfunktion Wahrscheinlichkeiten von Ereignissen, die nicht die Form $\{X \leq x\}$ haben, bestimmt werden können.

> X sei eine Zufallsvariable mit der Verteilungsfunktion $F(x)$. Dann gelten die **Rechenregeln**
>
> (1) $P(X = a)$ = Höhe des Sprunges von $F(x)$ im Punkt a
> (2) $P(X \leq a) = F(a)$
> (3) $P(X < a) = F(a) - P(X = a)$
> (4) $P(X > a) = 1 - F(a)$
> (5) $P(X \geq a) = 1 - F(a) + P(X = a)$
> (6) $P(a < X \leq b) = F(b) - F(a)$
> (7) $P(a \leq X \leq b) = F(b) - F(a) + P(X = a)$
> (8) $P(a < X < b) = F(b) - F(a) - P(X = b)$
> (9) $P(a \leq X < b) = F(b) - F(a) + P(X = a) - P(X = b)$.

5.2 Diskrete Zufallsvariablen

Wahrscheinlichkeitsfunktion

Diskrete Variablen sind dadurch gekennzeichnet, daß die Realisationsmöglichkeit eine diskrete Menge bildet. Die einzelnen Werte kommen bei wiederholter Beobachtung i.d.R. mehrmals vor.

Eine entsprechende Charakterisierung haben diskrete Zufallsvariablen. Die Menge der Realisationsmöglichkeiten ist diskret, d.h. endlich oder höchstens abzählbar unendlich. Die einzelnen Werte werden mit einer positiven Wahrscheinlichkeit angenommen.

> Die Funktion $f(x)$, die jeder reellen Zahl x die Wahrscheinlichkeit $P(X = x)$ zuordnet, heißt **Wahrscheinlichkeitsfunktion** der Zufallsvariablen X:
>
> $$f(x) = P(X = x).$$
>
> Sind $x_1, x_2, \ldots, x_i, \ldots$ die Realisationsmöglichkeiten der diskreten Zufallsvariablen X, so wird die Wahrscheinlichkeitsfunktion i.d.R. in der Form
>
> $$f(x_i) = P(X = x_i) = p_i \qquad i = 1, 2, \ldots$$
>
> angegeben.

Die Wahrscheinlichkeitsfunktion ist für alle reellen Zahlen definiert. Ist aber x keine Realisationsmöglichkeit von X, so ist $\{X = x\} = \emptyset$ und es gilt

$$f(x) = P(X = x) = 0.$$

Die Angabe aller einzelnen Wahrscheinlichkeiten $P(X = x)$ reicht bei diskreten Zufallsvariablen aus, um deren Wahrscheinlichkeitsverteilung festzulegen. Für Ereignisse anderer Gestalt brauchen ja nur geeignete Summen gebildet zu werden. Zum Beispiel gilt, wenn $x_1, \ldots, x_k$ gerade die Realisationsmöglichkeiten mit $x_i \leq x$ sind:

$$\{X \leq x\} = \{X = x_1\} \cup \{X = x_2\} \cup \ldots \cup \{X = x_k\}.$$

Damit folgt aus den Eigenschaften eines Wahrscheinlichkeitsmaßes:

$$P(X \leq x) = P(X = x_1) + P(X = x_2) + \ldots + P(X = x_k).$$

Hat die Zufallsvariable X die Realisationsmöglichkeit x_i, $i = 1, 2, 3, \ldots$, so gilt

$$\begin{aligned}\sum_i p_i &= \sum_i P(X = x_i) = P(\{X = x_1\} \cup \{X = x_2\} \cup \ldots) \\ &= P(E) = 1.\end{aligned}$$

Die Summe aller p_i ergibt also stets Eins.

Beispiel

Wir setzen das Einführungsbeispiel fort. Unterstellen wir wieder die Verhältnisse von 1980, so erhalten wir die in der folgenden Abbildung angegebene Wahrscheinlichkeitsfunktion für die diskrete Zufallsvariable X = ‚Haushaltsgröße'.

Mit der Wahrscheinlichkeitsfunktion lassen sich auch die Wahrscheinlichkeiten der anderen Ereignisse bestimmen:

$$\begin{aligned}&P(X \neq 2) = 1 - P(X = 2) = 1 - 0.287 = 0.713, \\ &P(X < 3) = P(X = 1) + P(X = 2) = 0.302 + 0.287 = 0.589, \\ &P(X \geq 3) = 1 - P(X < 3) = 1 - 0.589 = 0.411.\end{aligned}$$

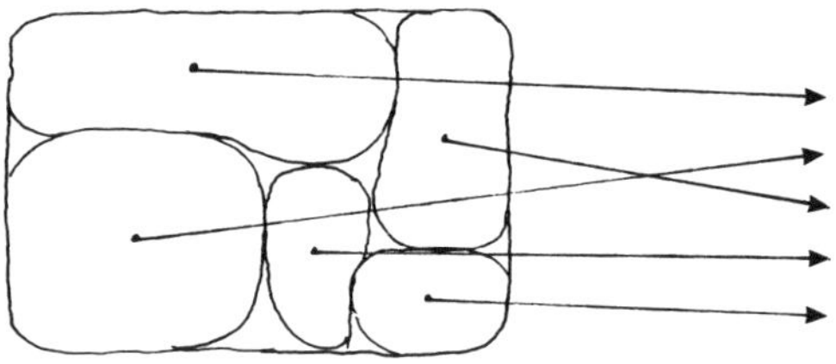

x_i	$P(X = x_i) = \frac{N_i}{N}$
1	0.302
2	0.287
3	0.177
4	0.146
5	0.088

Abb.: Zur Wahrscheinlichkeitsverteilung der Zufallsvariablen X = ‚Haushaltsgröße'

Bestimmung eines Verteilungsmodells

So wie in dem vorstehenden Beispiel ergibt sich die modellmäßige Wahrscheinlichkeitsverteilung einer diskreten Zufallsvariablen bisweilen direkt aus dem unterstellten Mechanismus, der dem Zufallsexperiment zugrundeliegt. In anderen Fällen erhalten wir sie mittels komplizierterer Modellannahmen.

Eine weitere Möglichkeit, die Wahrscheinlichkeitsfunktion einer Zufallsvariablen zu erhalten, basiert auf dem Prinzip der Großen Zahlen. Bei genügend großem Stichprobenumfang können danach die relativen Häufigkeiten $h(X = x_i)$ der Ereignisse $\{X = x_i\}$ als Näherungswerte für die Wahrscheinlichkeiten $p_i = P(X = x_i)$ genommen werden. In der Regel wird anstelle der relativen Häufigkeiten eine einfach angebbare Funktion, die an den Stellen x_i hinreichend gut mit den relativen Häufigkeiten übereinstimmt, verwendet.

Diese Möglichkeit, ein Verteilungsmodell zu bestimmen, entspricht auch der Beschreibung einer empirischen Verteilung durch eine theoretische.

Wir betrachten je ein Beispiel für die beiden Methoden, eine Wahrscheinlichkeitsverteilung festzulegen.

Beispiel

Ein Angestellter, der seinen Arbeitsplatz in der 9ten Etage eines zehnstöckigen Bürohauses hat, überlegt sich beim Betreten des Fahrstuhles, wieviele von den vier mitfahrenden Personen wohl in derselben Etage aussteigen werden wie er:

Jeder hat dieselbe Chance von $p = 1/10$, in seiner Etage auszusteigen. Auch gehören sie offenbar nicht zusammen, so daß Unabhängigkeit unterstellt werden kann.

Sei also A_i das Ereignis, daß die Person Nr. i in der 9ten Etage aussteigt. Dann gilt für die relevante Zufallsvariable X = „Anzahl der mit ihm aussteigenden Personen":

$$\begin{aligned}
P(X = 4) &= P(A_1 \cap A_2 \cap A_3 \cap A_4) \\
&= P(A_1)P(A_2)P(A_3)P(A_4) \\
&= p \cdot p \cdot p \cdot p = p^4 . \\
P(X = 0) &= P(\bar{A}_1 \cap \bar{A}_2 \cap \bar{A}_3 \cap \bar{A}_4) \\
&= (1-p) \cdot (1-p) \cdot (1-p) \cdot (1-p) = (1-p)^4 . \\
P(X = 1) &= P(A_1 \cap \bar{A}_2 \cap \bar{A}_3 \cap \bar{A}_4) + P(\bar{A}_1 \cap A_2 \cap \bar{A}_3 \cap \bar{A}_4) \\
&= P(\bar{A}_1 \cap \bar{A}_2 \cap A_3 \cap \bar{A}_4) + P(\bar{A}_1 \cap \bar{A}_2 \cap \bar{A}_3 \cap A_4) \\
&= 4 \cdot p \cdot (1-p)^3 .
\end{aligned}$$

Analog erhält er:

$$P(X = 3) = 4 \cdot p^3 (1-p) .$$

Da die Summe der Wahrscheinlichkeiten $P(X = x)$ für $x = 0, 1, \ldots, 4$ den Wert 1 ergibt, folgt weiter:

$$P(X = 2) = 6p^2 (1-p)^2 .$$

Dies ist die theoretische Wahrscheinlichkeitsverteilung der Zufallsvariablen X:

i	x_i	p_i	p_i
1	0	$(1-p)^4$	0.6561
2	1	$4p(1-p)^3$	0.2916
3	2	$6p^2(1-p)^2$	0.0486
4	3	$4p^3(1-p)$	0.0036
5	4	p^4	0.0001

Die letzte Spalte ergibt sich dabei durch Einsetzen des konkreten Wertes $p = 0.1$.

Beispiel

Ein Fischschwarm – das sind bis zu eine Million Fische, die Seite an Seite durchs Wasser ziehen. Der Aufbau eines Fischschwarmes ist dabei nicht streng regelmäßig, sondern lose und Zufallseinflüssen unterworfen. Die folgende Häufigkeitsverteilung gibt an, wie oft der nächste Nachbar eines Köhlers (einer mit dem Dorsch verwandter Fischart) unter einem bestimmten Winkel zu dessen Längsachse angetroffen wurde. Null Grad bedeutet direkt vor dem Fisch, 180 Grad direkt dahinter. (Bol. Partridge: Wie Fische zusammenhalten; Spektrum der Wissenschaft 8/82.) Die Messungen konnten nur grob durchgeführt werden. Somit resultierte eine diskrete Variable X = ‚Winkel in Grad' mit dem Realisationsmöglichkeiten 10, 30, 50, 70, 90, 110, 130, 150, 170.

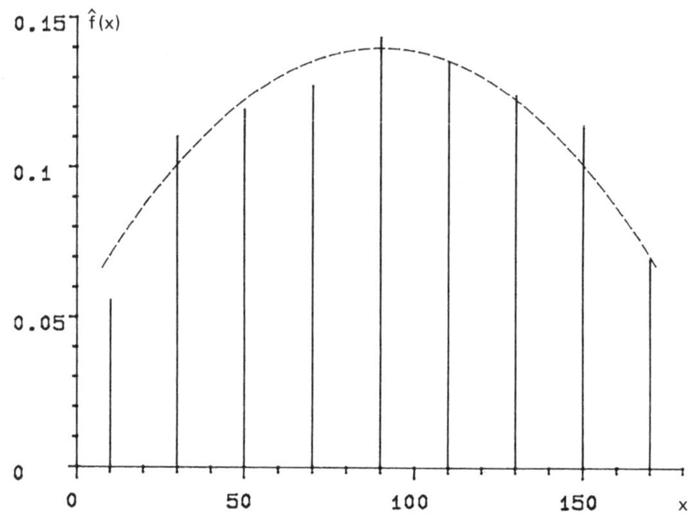

Abb.: Häufigkeitsverteilung ‚Winkel des nächsten Nachbarn eines Köhlers in Grad'

Da die Spitzen der Stäbe in etwa auf einer parabelförmigen Kurve liegen, wählen wir als Modell eine entsprechende Wahrscheinlichkeitsfunktion:

$$f(x) = a + bx + cx^2.$$

Mit den Forderungen

$$f(90) = 0.14,$$
$$f(10) + f(30) + \ldots + f(170) = 1,$$
$$f(90 - x) = f(90 + x),$$

die eine Übereinstimmung mit der Häufigkeitsverteilung erzwingen sollen, erhalten wir die konkrete Wahrscheinlichkeitsfunktion:

$$f(x) = \begin{cases} 0.14 - \frac{1.3}{3}\left(\frac{x-90}{200}\right)^2 & x = 10, 30, \ldots, 170 \\ 0 & \text{sonst} \end{cases}$$

Die Übereinstimmung ist als erste Annäherung akzeptabel:

Tab.: Empirische und theoretische Verteilung der Winkel zum nächsten Nachbarn

i	x_i	$h_i(x_i)$	$f(x_i)$
1	10	0.055	0.070
2	30	0.109	0.101
3	50	0.118	0.123
4	70	0.126	0.136
5	90	0.142	0.140
6	110	0.134	0.136
7	130	0.123	0.123
8	150	0.113	0.101
9	170	0.069	0.070

Verteilungsfunktion

Die Verteilungsfunktion $F(x)$ einer diskreten Zufallsvariablen X ist eine Treppenfunktion: Sie weist bei den Realisationsmöglichkeiten x_i Sprünge der Höhe $P(X = x_i)$ auf.

> Formal lauten die **Zusammenhänge von Verteilungsfunktion F(x) und Wahrscheinlichkeitsfunktion** f(x) der diskreten Zufallsvariablen X mit dem Realisationsmöglichkeiten $x_1, x_2, \ldots, x_i, \ldots$:
>
> (1) $F(x) = \sum_{x_i \leq x} f(x_i)$.
>
> (2) $F(x_i) - F(x_{i-1}) = f(x_i)$.
>
> (3) $F(x_i) = P(X \leq x_i) = P(X < x_i) + P(X = x_i)$
> $\quad = F(x_{i-1}) + P(X = x_i)$.

An der Sprungstelle gehört also nach (3) der Punkt der oberen Treppenstufe zur Funktion.

Beispiel

Wir führen das letzte Beispiel fort. Aus der ersten Beziehung zwischen der Verteilungsfunktion $F(x)$ und der Wahrscheinlichkeitsfunktion $f(x)$ erhalten wir aus den angegebenen Werten von $f(x)$:

Tab.: Verteilungsfunktion von X = ‚Winkel zum nächsten Nachbarn eines Köhlers"

$x < 10$:	$F(x) = 0.000$
$10 \leq x < 30$:	$F(x) = f(10) = 0.070$
$30 \leq x < 50$:	$F(x) = f(10) + f(30) = 0.171$
$50 \leq x < 70$:	$F(x) = f(10) + f(30) + f(50) = 0.294$
$70 \leq x < 90$:	$F(x) = f(10) + f(30) + f(50) + f(70) = 0.430$
$90 \leq x < 110$:	$F(x) = f(10) + f(30) + f(50) + f(70) + f(90) = 0.570$
$110 \leq x < 130$:	$F(x) = f(10) + f(30) + f(50) + f(70) + f(90) + f(110) = 0.706$
$130 \leq x < 150$:	$F(x) = f(10) + f(30) + f(50) + f(70) + f(90) + f(110) + f(130) = 0.829$
$150 \leq x < 170$:	$F(x) = f(10) + f(30) + f(50) + f(70) + f(90) + f(110) + f(130) + f(150) = 0.930$
$170 \leq x$:	$F(x) = f(10) + f(30) + f(50) + f(70) + f(90) + f(110) + f(130) + f(150) + f(170) = 1$

Daraus lassen sich die Wahrscheinlichkeiten $P(X \leq x)$ direkt ersehen. Zum Beispiel sind

$$P(X \leq 55) = 0.294, \quad P(X \leq 129) = 0.706.$$

Aber auch andere Wahrscheinlichkeiten erhalten wir leicht mittels $F(x)$:

$$P(X = 70) = F(70) - F(50) = 0.430 - 0.294 = 0.136$$
$$P(33 < X \leq 160) = F(60) - F(33) = 0.930 - 0.171 = 0.759$$
$$P(X > 90) = 1 - P(X \leq 90) = 1 - F(90) = 1 - 0.570 = 0.430.$$

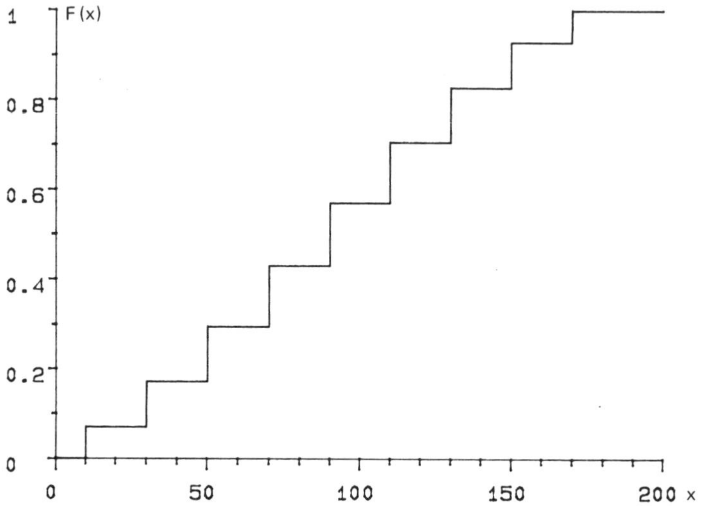

Abb.: Verteilungsfunktion der Variablen X = ,Winkel zum nächsten Nachbarn'

5.3 Stetige Zufallsvariablen

Dichtefunktionen

Bei stetigen Variablen ist jede Zahl aus einem Intervall eine Realisationsmöglichkeit. Dies führt bei wiederholter Beobachtung dazu, daß i.d.R. die beobachteten Werte alle unterschiedlich sind. Dementsprechend stellen wir meistens empirische Datensätze stetiger Variablen mit Hilfe eines Histogramms dar. Der Flächeninhalt der Blöcke ist dabei proportional zur relativen Häufigkeit der jeweiligen Klassen.

Das Prinzip der großen Zahlen weist dann den Weg zu einer sinnvollen Funktion zur Beschreibung der Verteilung stetiger Zufallsvariablen.

Die folgende Abbildung zeigt Histogramme für die Siedepunkte der Bremsflüssigkeit von Fahrzeugen. Dabei wurde die Anzahl der Messungen von 50 über 327 auf 1000 vergrößert. (Nach H. Auer, Verkehrsunfall und Fahrzeugtechnik, 2/1986.)

Die Vergrößerung des Stichprobenumfanges bewirkt, daß auch bei einer sehr feinen Klasseneinteilung sich die Zufallsschwankungen nicht mehr stark auswirken. Zudem wird die Häufigkeitsdichte $\hat{f}(x)$ fast glatt.

Wir können also die Häufigkeitsdichte durch eine glatte Kurve approximieren. Nach dem Prinzip der großen Zahlen entspricht die von a und b begrenzte Fläche unter der Kurve der Wahrscheinlichkeit, einen Wert aus diesem Intervall zu erhalten.

Die Wahrscheinlichkeit des Intervalls (a, b] wird demnach formal durch ein Integral beschrieben: $P(a < X \leq b) = \int_a^b f(x)\,dx$. Der Übergang zum Integral wird plausibel, wenn wir ein Integral anschaulich als „unendliche Summe" von vielen kleinen Rechteck-Flächen auffassen.

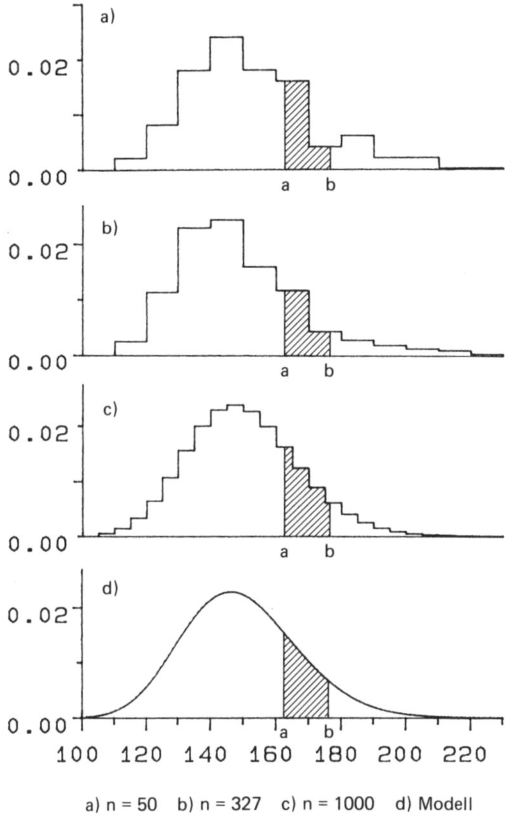

Abb.: Siedepunkte der Bremsflüssigkeit von Fahrzeugen

> X sei eine stetige Zufallsvariable. Es gebe eine Funktion f(x), so daß
>
> $$P(a < X \leq b) = \int_a^b f(x)\,dx \quad \text{für alle } a, b \text{ mit } a \leq b.$$
>
> Dann heißt die Funktion f(x) **(Wahrscheinlichkeits-) Dichte** der Verteilung von X.

Für die Dichte wurde das gleiche Symbol gewählt wie für die Wahrscheinlichkeitsfunktion. Dies führt an verschiedenen Stellen zu schreibtechnischen Vereinfachungen. Es ist aber zu beachten, daß die Interpretationen der beiden Funktionen sich grundlegend unterscheiden. Der Wert der Wahrscheinlichkeitsfunktion f(x) an der Stelle x gibt direkt die Wahrscheinlichkeit dafür an, daß die diskrete Zufallsvariable X diesen Wert annimmt. Der Wert der Dichte an der Stelle x ist nicht direkt als Wahrscheinlichkeit interpretierbar. Nur die durch die Dichte begrenzten Flächen über Intervallen (a, b] entsprechen den Wahrscheinlichkeiten $P(a < X \leq b)$.

Damit eine Funktion f(x) Dichte einer Wahrscheinlichkeitsverteilung sein kann, muß sichergestellt sein, daß der Flächeninhalt unter dem Graphen von f(x) stets nicht negativ ist. Das ist erfüllt, wenn f(x) selbst stets größer oder gleich Null ist. Außerdem muß die Gesamtfläche den Inhalt 1 haben, denn durch $\{-\infty < X < \infty\}$ wird das sichere Ereignis beschrieben.

Eine Wahrscheinlichkeitsdichte f(x) hat die beiden **Eigenschaften**:

(1) $f(x) \geq 0$

(2) $\int_{-\infty}^{+\infty} f(x)\,dx = 1.$

Beispiel

Bei dem im Abschnitt 5.1 betrachteten Beispiel der Wartezeit auf die nächste S-Bahn haben wir vorausgesetzt, daß Herr Jedermann ohne auf die Uhr zu sehen zur S-Bahn gehen möge. Die S-Bahn fahre im 20-Minuten-Takt. Die Zufallsvariable „X = Wartezeit in Minuten" kann dann jeden Wert aus dem Intervall [0; 20] annehmen.

Zunächst gilt

$$P(0 \leq X \leq 20) = 1,$$

da die S-Bahn im 20-Minuten-Takt fährt (Verspätungen und zu frühes Kommen wird ausgeschlossen.)

Aufgrund des unkoordinierten Vorgehens erscheint es außerdem plausibel, gleichlangen Teilintervallen gleiche Wahrscheinlichkeiten zuzuordnen. Also ist die Wahrscheinlichkeit, eine Wartezeit zwischen a und b, $0 < a < b < 20$, zu erhalten, proportional zu der Länge des Intervalls [a; b]:

$$P(a < X \leq b) = k \cdot (b - a).$$

Nun gilt

$$k \cdot (b - a) = \int_a^b k\,dx.$$

Somit ist die Dichtefunktion von X über dem Intervall [0; 20] konstant, $f(x) = k$.

Aus

$$P(0 \leq X \leq 20) = k \cdot 20 = 1$$

folgt

$$k = 1/20.$$

Die Dichtefunktion von X lautet vollständig:

$$f(x) = \begin{cases} 1/20 & 0 < x \leq 20 \\ 0 & \text{sonst.} \end{cases}$$

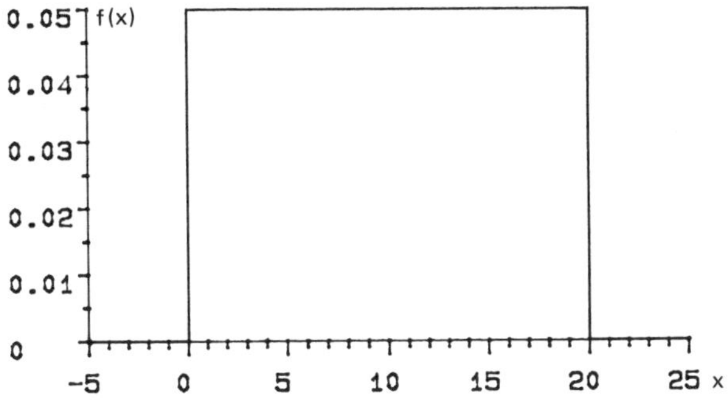

Abb.: Dichtefunktion von X = ‚Wartezeit'

Verteilungsfunktion

Bei einer stetigen Zufallsvariablen X, welche eine Dichte f(x) besitzt, werden Wahrscheinlichkeiten für Ereignisse der Form $\{a < X \leq b\}$ durch Flächeninhalte repräsentiert. Daher ist

$$F(b) = P(X \leq b) = P(-\infty < X \leq b)$$

der Inhalt der links von b durch f(x) begrenzten Fläche. Formal ist dies das Integral der Funktion f(x) von $-\infty$ bis b.

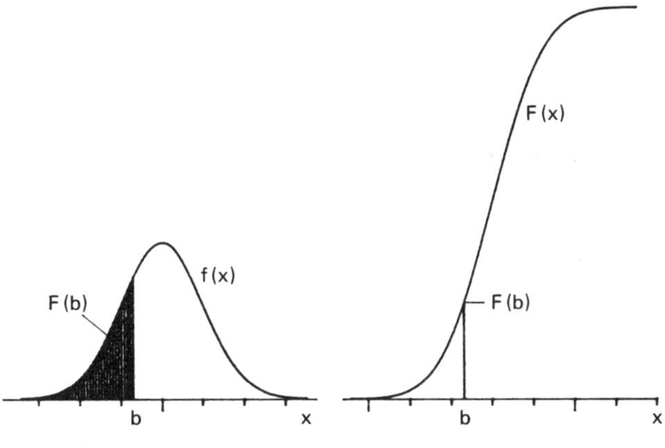

Abb.: Zum Zusammenhang von Dichte und Verteilungsfunktion

Zwischen der **Dichte** f(x) und der **Verteilungsfunktion** F(x) einer stetigen Zufallsvariablen X bestehen die **Beziehungen**

(1) $$F(b) = \int_{-\infty}^{b} f(x)\,dx$$

(2) $$\frac{dF(x)}{dx} = f(x).$$

Beispiel

Als Dichte für die Wartezeit X erhielten wir im letzten Beispiel

$$f(x) = \begin{cases} 1/20 & 0 \leq x \leq 20 \\ 0 & \text{sonst.} \end{cases}$$

Die Integration liefert die Verteilungsfunktion:

$$F(x) = \begin{cases} 0 & x < 0 \\ \frac{1}{20}x & 0 \leq x \leq 20 \\ 1 & \text{sonst.} \end{cases}$$

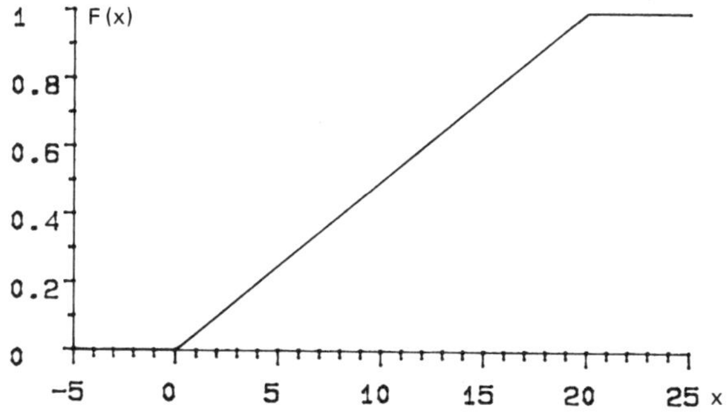

Abb.: Verteilungsfunktion der Zufallsvariablen X = ‚Wartezeit'

Die im vorletzten Abschnitt angegebenen Eigenschaften und Rechenregeln gelten auch für Verteilungsfunktionen stetiger Zufallsvariablen. Dabei ist zu beachten, daß hier gilt:

$$P(X = x) = 0.$$

Dies ergibt sich formal aus

$$\int_x^x f(t)\,dt = F(x) - F(x) = 0.$$

Für stetige Zufallsvariablen ist dementsprechend die Betrachtung der Wahrscheinlichkeitsfunktion $P(X = x)$ nutzlos. Die Chance, einen Wert exakt zu treffen, ist Null. Exakt heißt dabei, daß alle Nachkommastellen berücksichtigt werden. Zur Illustration überlegen wir uns die im Beispiel angegebene Wartezeit des Herrn Jedermann auf die nächste S-Bahn. Wohl niemand wird darauf wetten, daß Herr Jedermann genau 2.718281828459 ... (= Eulersche Zahl e) oder genau 15.00000000000000 ... Minuten warten wird. Daß die Wartezeit zwischen 5 und 10 Minuten beträgt, liegt aber im Bereich des Möglichen.

Bestimmung eines Verteilungsmodells

Wie bei diskreten gibt es auch bei stetigen Zufallsvariablen verschiedene Ansätze zur Bestimmung einer Verteilung. Das Beispiel der Wartezeit auf die nächste S-Bahn veranschaulicht, wie wir über Annahmen zu einem Modell gelangen. Häufig anzutreffen ist das Vorgehen, zu einem vorgegebenen Datensatz eine geeignete Dichte zu suchen, welche die empirische Verteilung hinreichend gut beschreibt.

Beispiel

Vilfredo Pareto formulierte in seiner 1897 erschienenen Schrift ‚Cours d'Economie Politique' ein von ihm gefundenes empirisches Gesetz über die Verteilung des Einkommens in einer Nation. Er glaubte gleichwohl an die universelle Gültigkeit der Beziehung

$$N_x = Ax^{-\alpha},$$

bei der N_x die Anzahl der Personen mit einem Einkommen von mindestens x Einheiten ist. A und α sind geeignete positive Zahlen, sogenannte Parameter.

Gehen wir von einer unteren Einkommensgrenze k aus, und betrachten wir den Anteil N_x/N_k, so erhalten wir die Verteilungsfunktion der Pareto-Verteilung:

$$P(X \geq x) = \frac{N_x}{N_k} = \frac{x^{-\alpha}}{k^{-\alpha}} \Rightarrow$$

$$F(x) = \begin{cases} 1 - \left(\frac{k}{x}\right)^{\alpha} & \text{für } x \geq k \\ 0 & \text{für } x < k. \end{cases}$$

F(x) ist also ein Modell für die Verteilung des Einkommens X in einer Population mit dem Mindesteinkommen k.

Die zugehörige Dichte ergibt sich durch Differentation von F(x):

$$f(x) = F'(x) = \begin{cases} \alpha \frac{k^{\alpha}}{x^{\alpha+1}} & \text{für } x \geq k \\ 0 & \text{für } x < k. \end{cases}$$

Für die BRD ergab die Lohn- und Gehaltsstrukturerhebung 1978 eine relativ fein gegliederte Verteilung des Bruttomonatsverdienstes vollbeschäftigter Angestellter. Der empirischen Einkommensverteilung der männlichen Beschäftigten mit einem Verdienst von mehr als 6 TDM stellen wir die Pareto-Verteilung gegenüber. Den Parameter α bestimmen wir dabei so, daß die Dichte bei $k = 6$ mit der Häufigkeitsdichte übereinstimmt. Wegen

$$f(k) = \alpha/k$$

ergibt dies eine einfache Näherung. Bessere Bestimmungsmöglichkeiten werden wir im Kapitel 12 kennenlernen.

Tab.: Bruttomonatsverdienst vollbeschäftigter Angestellter (in 1000 DM) (nach Wirtschaft und Statistik 2/83 S. 140)

i	$x_{i-1} \leq X < x_i$	n_i	h_i	$\hat{f}(x)$	$f(m_i) = 4.8 \cdot 6^{4.8}/m_i^{5.8}$
1	6.0 – 6.2	12730	0.158	0.79	0.73
2	6.2 – 6.4	8922	0.111	0.56	0.60
3	6.4 – 6.6	6866	0.085	0.43	0.50
4	6.6 – 6.8	5505	0.068	0.34	0.42
5	6.8 – 7.0	5241	0.065	0.33	0.36
6	7.0 – 7.2	4682	0.058	0.29	0.30
7	7.2 – 7.4	3705	0.046	0.23	0.26
8	7.4 – 7.5	1293	0.016	0.16	0.23
9	7.5 –	31584	0.392	–	
		80528	0.999		

Zum Vergleich sind in den beiden letzten Spalten die Häufigkeitsdichte und die Dichte der Pareto-Verteilung gegenübergestellt. Die Übereinstimmung ist nicht überzeugend. Dazu ist anzumerken, daß einmal das Vorgehen zur Bestimmung von α recht grob ist. Zum zweiten ist aber auch die in der letzten Zeile angegebene absolute Häufigkeit nicht sehr zuverlässig, vgl. die zitierte Quelle.

5.4 Theoretische Quantile

Definition

Eine theoretische Verteilungsfunktion erlaubt wie eine empirische, auf zwei Weisen Informationen abzulesen. Einmal kann zu einem vorgegebenen x die Wahrscheinlichkeit bestimmt werden, daß die Zufallsvariable X einen Wert annimmt, der kleiner oder gleich x ist:

$$F(x) = P(X \leq x).$$

Zum anderen kann aber auch zu einer vorgegebenen Wahrscheinlichkeit p der Wert x_p bestimmt werden, so daß X mit der Wahrscheinlichkeit p diesen Wert nicht überschreitet. Formal handelt es sich hierbei um die **Inversion der Verteilungsfunktion**.

Für eine stetige und streng monotone Verteilungsfunktion F(x) (streng monoton heißt: $x_1 < x_2 \Rightarrow F(x_1) < F(x_2)$) ist für jedes p, $0 < p < 1$, das zugehörige p-Quantil x_p durch

$$F(x_p) = p$$

eindeutig definiert.

Bei diskreten Verteilungen ist die Situation etwas komplizierter. Da F(x) hier eine Treppenfunktion ist, braucht es zu einem vorgegebenen Wert p kein x_p zu geben, für das $F(x_p) = p$ gilt. Dies ist gerade bei den Sprungstellen der Fall. Oder man trifft genau auf eine Stufe. Das Quantil ist dann das kleinste x, für das F diesen Wert hat.

Die Probleme entsprechen genau denen, die bei den empirischen Quantilen vorlagen. Die Definition erfolgt daher ganz analog.

> Für jedes p mit $0 < p < 1$ ist das **p-Quantil** der Verteilungsfunktion F(x) (oder kurz der entsprechenden Verteilung) der Wert x_p, für den gilt:
>
> $$F(x_p) \geq p$$
> $$F(x) < p \quad \text{für} \quad x < x_p .$$

In dieser Definition ist die obige Festlegung für stetige Verteilungsfunktionen mit enthalten.

Beispiel

Die amtliche Statistik veröffentlicht keine Angaben zur Verteilung der Spitzenverdienste. Mittels eines theoretischen Modells kann dann aber etwa bestimmt werden, oberhalb welchen Wertes die 25% der Spitzenverdienste liegen.

Wir gehen von den männlichen Angestellten mit einem monatlichen Mindesteinkommen von 6 TDM (brutto) aus, und unterstellen die im letzten Abschnitt angepaßte Pareto-Verteilung als gültiges Modell. Das gesuchte 0.75-Quantil erhalten wir nun aus dem Ansatz

$$0.75 = F(x_{0.75}) = 1 - \left(\frac{6}{x_{0.75}}\right)^{4.8}.$$

Umstellen und Logarithmieren ergibt:

$$\begin{aligned} 4.8(\ln 6 - \ln x_{0.75}) &= \ln(1 - 0.75) \\ \ln(x_{0.75}) &= 2.0806 \\ x_{0.75} &= e^{2.0806} = 8.009 \end{aligned}$$

75% derjenigen männlichen Angestellten, die mehr als DM 6000 monatlich brutto verdienen, erreichen höchstens DM 8009. Die restlichen 25% haben mehr als DM 8009 im Monat.

Quantildiagramme

Beispiel

Im Hinblick auf die Ermittlung zulässiger Betätigungskräfte an Zentralverschlüssen von Schutzhütten wurde von H. Rühmann u.a. eine Untersuchung über die maximalen isometrischen Stellungskräfte an Hebeln durchgeführt. Die Studie diente der Datengewinnung für ausgewählte Betätigungsfälle eines Hebels. (Siehe Z. Arb. wiss. 37 (SNF) 1983/4, S. 238ff.) Bei 404 männlichen Personen erhielten die Autoren die in der Abbildung wiedergegebene empirische Verteilungsfunktion für die Druckkräfte bei linkshändiger Frontalbedienung. Zudem ist in der Abbildung die theoretische Verteilungsfunktion des von ihnen ausgewählten theoretischen (Normal-)Verteilungsmodells eingezeichnet.

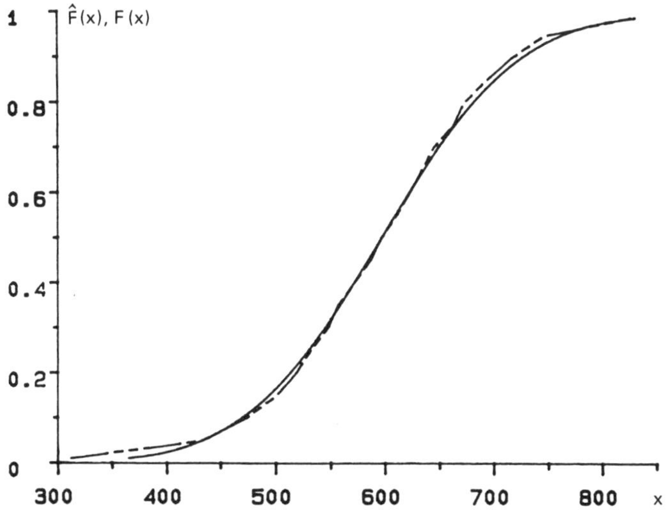

Abb.: Empirische (...) und theoretische (–) Verteilung von Druckkräften

Die Autoren beurteilten die Übereinstimmung der theoretischen mit der empirischen Verteilung als gut.

Die Gegenüberstellung einer empirischen und einer theoretischen Verteilungsfunktion läßt wegen der Krümmung der beiden Kurven eventuell vorhandene, leichte Unterschiede nicht gut erkennen.

Die gleiche Problematik führte bei dem Vergleich zweier Datensätze zu empirischen Quantildiagrammen. Auch für die vorliegende Situation gelten die dort angestellten Überlegungen. Wir wollen sie übertragen. Dabei beziehen wir uns nur auf stetige Zufallsvariablen.

Beschreibt das Modell mit der theoretischen Verteilungsfunktion F(x) den Datensatz mit der empirischen Verteilungsfunktion $\hat{F}(x)$ hinreichend gut, so gilt

$$\hat{F}(x) \approx F(x) \quad \text{für alle } x.$$

Das ist aber gleichbedeutend damit, daß für die empirischen Quantile x_p und die theoretischen Quantile t_p gilt:

$$x_p \approx t_p \quad \text{für alle } p \text{ mit } 0 < p < 1.$$

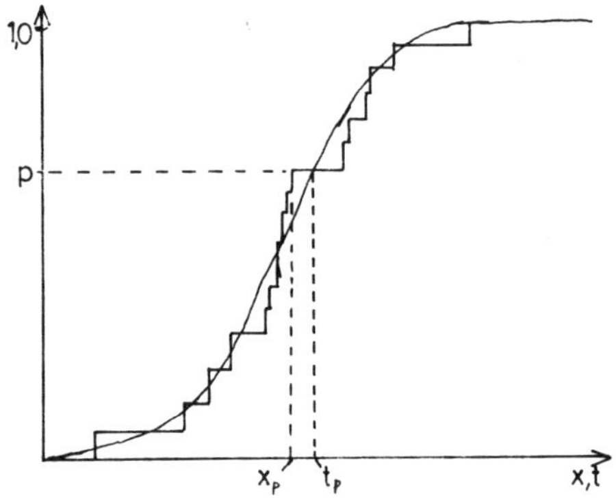

Abb.: Zur Übereinstimmung von empirischen und theoretischen Quantilen

Werden also die empirischen Quantile x_p für verschiedene p, $0 < p < 1$, in Abhängigkeit von den theoretischen t_p in ein Diagramm eingetragen, so sollten die resultierenden Punkte unsystematisch um die Winkelhalbierende streuen, wenn das Modell die Daten gut beschreibt.

Werden die v/n-Quantile, $v = 1, 2, \ldots, n$ für die Erstellung eines Quantildiagrammes verwendet, so brauchen die empirischen Quantile nicht mehr berechnet zu werden. Da wir hier nur stetige Zufallsvariablen betrachten, treten theoretisch keine gleichen Beobachtungen auf. Die geordneten Werte $x_{(1)}, x_{(2)}, \ldots, x_{(n)}$ fallen dann mit den 1/n-, 2/n-, ..., n/n-Quantilen zusammen:

$$\hat{F}_n(x_{(v)}) = \frac{v}{n} \qquad v = 1, 2, \ldots, n.$$

Bei der Bestimmung der theoretischen Quantile wird allerdings gerne eine **Stetigkeitskorrektur** vorgenommen. Anstatt von der Gleichung

$$F(x_{v/n}) = \frac{v}{n}$$

auszugehen, werden die $t_{v/n}$ aus

$$F(t_{v/n}) = \frac{v - 0.5}{n} \qquad v = 1, 2, \ldots, n$$

bestimmt. Dies hat zwei Vorteile:

Einmal stimmen in vielen Anwendungen die empirischen und die theoretischen Quantile dann besser überein.

Wir können uns die Situation anhand der obigen Abbildung verdeutlichen. Im unteren Bereich stimmten empirische und theoretische Verteilungsfunktion augenscheinlich recht gut überein. Da aber dieser Eindruck auch deswegen entsteht, weil die stetige Kurve die empirische in der Mitte der Sprünge schneidet, muß jeweils etwa die Hälfte der Sprunghöhe abgezogen werden, um zum gleichen Wert auf der x-Achse zu gelangen.

Zum anderen kann dann auch der größte Wert des Datensatzes bei der Erstellung des Quantildiagrammes verwendet werden. Da bei vielen Modellen gilt:

$$F(x) < 1 \quad \text{für} \quad x < \infty,$$

gibt es keine für die Erstellung eines Quantildiagrammes verwendbare Lösung von

$$\frac{n}{n} = F(x_{n/n}).$$

In einem **(theoretischen) QQ-Diagramm mit Stetigkeitskorrektur** werden die geordneten Daten $x_{(v)}$ gegen die $(v - 0.5)/n$-Quantile $t_{v/n}$ der theoretischen Verteilung aufgetragen.
Statt $t_{v/n}$ schreiben wir auch kurz t_v.

Aufgrund von Meßungenauigkeiten, Rundungen u. ä. treten in der Praxis auch bei stetigen Verteilungen **gleiche Beobachtungswerte** auf. Diese Situation ist offensichtlich durch die Konstruktionsangabe für theoretische QQ-Diagramme mit erfaßt.

Systematische Unterschiede treten i. a. erst bei einem genügend großen **Umfang des Datensatzes** hervor. Es sollten mindestens 20 Beobachtungen für die Konstruktion eines QQ-Diagrammes vorliegen.

QQ-Diagramme können auch für **klassierte Datensätze** angefertigt werden. Die empirische Verteilungsfunktion $\hat{F}(x)$ ist an den Klassenobergrenzen x_i^*, $i = 1, \ldots, k$, bekannt.

Werden die zugehörigen p-Werte genommen,

$$p_i = \hat{F}(x_i^*)$$

so können für diese p_i die modellmäßigen theoretischen Quantile t_i^* aus

$$p_i = F(t_i^*)$$

bestimmt werden. Die Stetigkeitskorrektur wird hier natürlich nicht vorgenommen.

Systematische Unterschiede, d. h. systematische Abweichungen von der Winkelhalbierenden sind i. d. R. erst bei einer feineren Klasseneinteilung zu erkennen.

Beispiel

Wir setzen das Beispiel der Wartezeit auf die S-Bahn fort. Bei 25-maligem „Blind-zur-S-Bahn-Gehen" notierte Herr Jedermann die folgenden Wartezeiten:

8.9, 0.0, 10.9, 10.6, 6.3, 11.8, 4.2, 11.0, 12.7, 2.0, 9.3, 2.1, 0.0,
2.9, 5.6, 16.1, 0.0, 19.0, 7.1, 11.1, 4.7, 2.3, 9.1, 11.2, 16.1.

Als Modell steht die Verteilungsfunktion

$$F(x) = \begin{cases} 0 & \text{für } x < 0 \\ \frac{1}{20}x & \text{für } 0 \leq x < 20 \\ 1 & \text{für } 20 \leq x \end{cases}$$

zur Diskussion. Die theoretischen Quantile erhalten wir somit zu:

$$\frac{v - 0.5}{25} = \frac{1}{20} t_v \Rightarrow t_v = 0.8v - 0.4, \quad v = 1, \ldots, 25$$

Tab.: Empirische und theoretische Quantile der Wartezeiten

v	$x_{(v)}$	t_v	v	$x_{(v)}$	t_v	v	$x_{(v)}$	t_v
1	0	0.4	11	6.3	8.4	21	11.8	16.4
2	0	1.2	12	7.1	9.2	22	12.7	17.2
3	0	2.0	13	8.9	10.0	23	16.1	18.0
4	2.0	2.8	14	9.1	10.8	24	16.1	18.8
5	2.1	3.6	15	9.3	11.6	25	19.0	19.6
6	2.3	4.4	16	10.6	12.4			
7	2.9	5.2	17	10.9	13.2			
8	4.2	6.0	18	11.0	14.0			
9	4.7	6.8	19	11.1	14.8			
10	5.6	7.6	20	11.2	15.6			

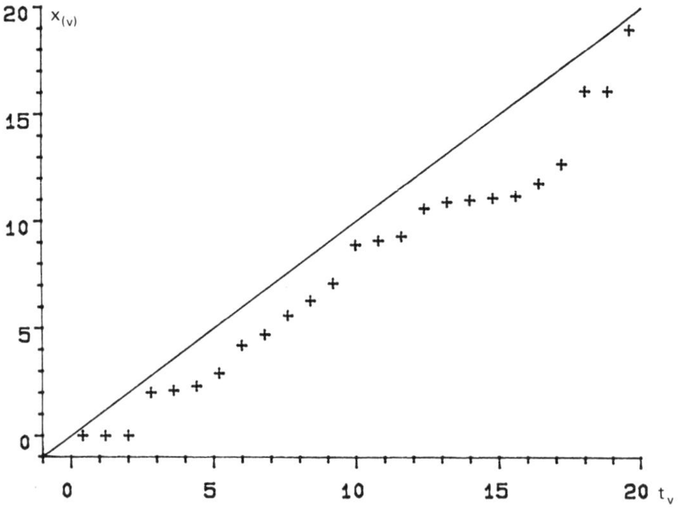

Abb.: QQ-Diagramm Wartezeiten auf S-Bahn

Die Punkte streuen nicht um die Winkelhalbierende. Dies deutet auf einen systematischen Unterschied zwischen der Verteilung der empirischen Daten und dem theoretischen Modell hin. Da die empirischen Quantile durchweg kleiner als die theoretischen sind, ist die tatsächliche Wartezeit tendenziell geringer als man bei dem Modell erwarten würde. (Insgesamt hat also das „unkoordinierte Losgehen" nicht ganz funktioniert. Die drei „Null-Zeiten" sind zudem „Spurts" bei nahender S-Bahn zu verdanken.)

Beispiel

In der eingangs zitierten Studie über die Betätigungskräfte an einem Türhebel sind auch ausgewählte Quantile angegeben. (Ohne Stetigkeitskorrektur. Bei n = 404 würde sich diese auch nur sehr wenig bemerkbar machen.)

Tab.: Empirische und theoretische Quantile der linkshändigen Druckkraft [N]

p_i	.01	.05	.10	.15	.20	.25	.30	.35	.40	.45	.50
x_i^*	312	434	474	501	519	532	548	557	572	587	597
t_i^*	365	433	469	493	513	529	544	558	571	584	597
p_i	.55	.60	.65	.70	.75	.80	.85	.90	.95	.99	
x_i^*	611	623	634	645	663	673	693	716	746	825	
t_i^*	609	622	635	649	664	681	700	724	761	829	

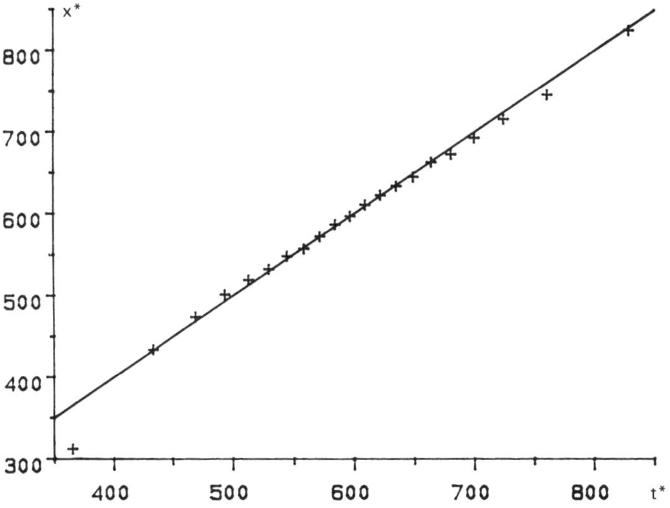

Abb.: Quantildiagramm Druckkraft

Das QQ-Diagramm zeigt deutlich, daß (bis auf den ganz extremen Bereich) im unteren Teil die empirischen Quantile größer als die theoretischen sind. Diese Tendenz kehrt sich im oberen Teil um. Somit ist eine leichte systematische Abweichung von der Winkelhalbierenden zu erkennen. Diese resultiert womöglich aus den 4 bis 5 sehr kleinen Werten, welche die Modellanpassung verfälscht haben.

5.5 Mehrdimensionale Zufallsvariablen

Grundlagen

Die gleichzeitige Betrachtung mehrerer Variablen führt bei einem Zufallsexperiment zu ganz entsprechenden Übertragungen der empirischen Konzepte, wie wir sie bei nur einer Zufallsvariablen vorgenommen haben.

Bei zwei diskreten Variablen X und Y wird die gemeinsame Verteilung in Analogie zu den Häufigkeiten in der Kontingenztabelle in Abschnitt 3.2 durch die Wahrscheinlichkeiten

$$p_{ij} = P(X = x_i, Y = y_i)$$

erfaßt, wobei die Ereignisse in ausgeschriebener Form lauten:

$$\{X = x_i, Y = y_i\} = \{e \mid e \in E, X(e) = x_i \text{ und } Y(e) = y_j\}.$$

Beispiel

Wir betrachten das Zufallsexperiment des Werfens zweier unterscheidbarer Würfel. Der Stichprobenraum ist hier

$$E = \{(i, j) \mid i, j = 1, 2, 3, 4, 5, 6\}.$$

Die erste Komponente des Ergebnisses $e = (i, j)$ ist dabei die Augenzahl des einen, die zweite Komponente die Augenzahl des anderen Würfels.

Damit sind

$$\begin{aligned} X: E &\to R \\ e = (i, j) &\to X(e) = i \end{aligned}$$

und

$$\begin{aligned} Y: E &\to R \\ e = (i, j) &\to Y(e) = j \end{aligned}$$

zwei Zufallsvariablen, die auf E definiert sind.

Bei Gültigkeit des Gleichmöglichkeitsmodells erhalten wir, da E aus 36 Ergebnissen besteht:

$$P(X = i, Y = j) = P(\{(i, j)\}) = \tfrac{1}{36}.$$

Die Funktion, die bei zwei Zufallsvariablen X und Y jedem Paar von Realisationsmöglichkeiten (x_i, y_j) die Wahrscheinlichkeit $P(X = x_i, Y = y_j) = p_{ij}$ zuordnet, wird als **gemeinsame Wahrscheinlichkeitsfunktion** bezeichnet.

Beispiel

Bei einem Zufallsexperiment interessieren drei Ereignisse A_1, A_2 und A_3, die eine Zerlegung des sicheren Ereignisses E bilden. Seien p_1, p_2 und p_3 die zugehörigen Wahrscheinlichkeiten mit $p_i > 0$. Dann gilt für die Zufallsvariablen

$$X = \begin{cases} 1 & \text{falls } A_1 \text{ eintritt} \\ 0 & \text{falls } A_1 \text{ nicht eintritt} \end{cases},$$

$$Y = \begin{cases} 1 & \text{falls } A_2 \text{ eintritt} \\ 0 & \text{falls } A_2 \text{ nicht eintritt} \end{cases}:$$

$$P(X=0, Y=0) = p_3 = 1 - p_1 - p_2$$
$$P(X=0, Y=1) = p_2$$
$$P(X=1, Y=0) = p_1 \,.$$

Dadurch ist die gemeinsame Wahrscheinlichkeitsfunktion gegeben. Diese kann analog zu den Häufigkeitstabellen als Tafel dargestellt werden.

X \ Y	0	1
0	$1 - p_1 - p_2$	p_2
1	p_1	0

Wie bei den relativen Häufigkeiten können wir aus der tabellarisch angegebenen gemeinsamen Wahrscheinlichkeitsfunktion zweier Zufallsvariablen die Randverteilungen durch zeilenweise bzw. spaltenweise Summation der gemeinsamen Wahrscheinlichkeiten gewinnen. Auch das Konzept der bedingten Verteilungen findet seine Entsprechung.

X und Y seien zwei diskrete Zufallsvariablen mit der gemeinsamen Wahrscheinlichkeitsfunktion $f(x, y) = P(X = x, Y = y)$. Dann ist die Wahrscheinlichkeitsfunktion der **Randverteilung** von X gegeben durch

$$P(X = x) = f(x) = \sum_y f(x, y) \,.$$

Die Summe wird dabei über die Realisationsmöglichkeiten von Y gebildet.

Die Wahrscheinlichkeitsfunktion der **bedingten Verteilung** von X bei gegebenem $\{Y = y\}$, wobei $f(y) = P(Y = y) > 0$, ist

$$f(x|y) = P(X = x \mid Y = y) = \frac{f(x, y)}{f(y)} \,.$$

Analog werden die Randverteilung von Y und die bedingten Verteilungen von Y bei gegebenem $\{X = x\}$ definiert.

Beispiel

Für die Randverteilung von X vom letzten Beispiel erhalten wir:

$$P(X=0) = 1 - p_1 - p_2 + p_2 = 1 - p_1 \,,$$
$$P(X=1) = p_1 + 0 = p_1 \,;$$

und für die von Y:

$$P(Y=0) = 1 - p_1 - p_2 + p_1 = 1 - p_2 \,,$$
$$P(Y=1) = p_2 + 0 = p_2 \,.$$

Für die bedingte Verteilung von X bei gegebenem $\{Y = 0\}$ folgt:

$$P(X = 0 \mid Y = 0) = \frac{1 - p_1 - p_2}{1 - p_2} = 1 - \frac{p_1}{1 - p_2},$$

$$P(X = 1 \mid Y = 0) = \frac{p_1}{1 - p_2}.$$

Ganz entsprechend ergeben sich die anderen bedingten Verteilungen.

Ebenfalls auf den bivariaten Fall ist das Konzept der Dichte verallgemeinerbar. Dem bivariaten Histogramm entsprechend ist die **gemeinsame Dichte** $f(x, y)$ zweier stetiger Zufallsvariablen X und Y definiert:

Das durch die Funktion $f(x, y)$ begrenzte Volumen über einem Rechteck ist gleich der Wahrscheinlichkeit, daß X und Y Werte x und y annehmen, so daß (x, y) in diesem Rechteck liegt.

Beispiel

Ein ungeübter Schütze schießt auf eine kreisrunde Zielscheibe mit dem Radius $r = 1$. Die Zielscheibe werde bei jedem Versuch getroffen. (Vorbeischießen wird also nicht als Durchführung des Zufallsexperimentes angesehen.)

Wir betrachten die beiden Zufallsvariablen X und Y, die die Koordinaten des Einschlagpunktes (x, y) auf der Scheibe markieren. Der Ursprung ist dabei in den Mittelpunkt der Scheibe gelegt.

Bei einem ungeübten Schützen ist es sinnvoll, gleichgroßen Flächen die gleiche Wahrscheinlichkeit zuzuordnen. Da die Gesamtfläche der Scheibe

$$\pi \cdot r^2 = \pi$$

beträgt, erhalten wir für die gemeinsame Dichte von X und Y:

$$f(x, y) = \begin{cases} \frac{1}{\pi} & x^2 + y^2 \leq 1 \\ 0 & \text{sonst.} \end{cases}$$

Randdichten und bedingte Dichten lassen sich analog zum diskreten Fall definieren. An die Stelle der Summen treten hier jedoch Integrale.

X und Y seien zwei Zufallsvariablen mit der gemeinsamen Dichtefunktion $f(x, y)$. Die **Randdichten** von X und Y sind dann

$$f(x) = \int_{-\infty}^{+\infty} f(x, y)\,dy \quad \text{bzw.} \quad f(y) = \int_{-\infty}^{+\infty} f(x, y)\,dx.$$

Die **bedingte Dichte** von X bei gegebenem $\{Y = y\}$ ist für den Fall $f(y) > 0$ gegeben durch

$$f(x \mid y) = \frac{f(x, y)}{f(y)}.$$

Entsprechend ist $f(y \mid x)$ definiert.

Beispiel

Wir setzen das obige Beispiel fort. Für die Randverteilung von X setzen wir der Definition gemäß an:

$$f(x) = \int_{-\infty}^{+\infty} f(x, y)\, dy\,.$$

Daß f(x, y) nur für den Bereich $x^2 + y^2 \leq 1$ von Null verschieden ist, zeigt zum ersten, daß auch f(x) nur für $x^2 \leq 1$ ungleich Null ist. Also braucht das Integral auch nur für solche x betrachtet zu werden. Wegen

$$x^2 + y^2 \leq 1 \Leftrightarrow -\sqrt{1-x^2} \leq y \leq \sqrt{1-x^2}$$

gilt weiter

$$f(x) = \int_{-\sqrt{1-x^2}}^{\sqrt{1-x^2}} \frac{1}{\pi}\, dy = 2 \cdot \frac{1}{\pi} \cdot \sqrt{1-x^2} \quad \text{für } -1 \leq x \leq 1\,.$$

Die Randdichte von X hat also eine parabelförmige Gestalt. Aus Symmetriegründen erhalten wir die gleiche Dichte für Y.

Die bedingte Dichte von X bei gegebenem $\{Y = y\}$ ist nun einfach

$$f(x|y) = \frac{f(x, y)}{f(x)} = \frac{1}{2 \cdot \sqrt{1-x^2}} \quad \text{für } -\sqrt{1-y^2} \leq x \leq \sqrt{1-y^2}.$$

f(x|y) weist eine U-Form auf.

Unabhängigkeit

Das Konzept der Unabhängigkeit von Zufallsvariablen entsteht aus der Übertragung der Unabhängigkeit von Ereignissen. Durch Zufallsvariablen werden jeweils eine Vielzahl von Ereignissen festgelegt. Damit zwei Variablen X und Y unabhängig sind, ist zu fordern, daß alle durch X festgelegten Ereignisse unabhängig sind von denen, die durch Y beschrieben werden.

> Zwei Zufallsvariablen X und Y mit der gemeinsamen Dichte oder Wahrscheinlichkeitsfunktion f(x, y) heißen **unabhängig**, wenn für alle x und y gilt:
>
> $$f(x, y) = f_X(x) \cdot f_Y(y)\,.$$
>
> Dabei sind $f_X(x)$ und $f_Y(y)$ die Dichten bzw. Wahrscheinlichkeitsfunktionen von X bzw. Y.

Beispiel

Beim Werfen zweier Würfel erhalten wir für die beiden Zufallsvariablen

X = Augenzahl des Würfels 1

Y = Augenzahl des Würfels 2,

wenn alle Ereignisse der Form $\{(i, j)\}$ die gleiche Wahrscheinlichkeit haben:

$$P(X = i, Y = j) = \tfrac{1}{36} = \tfrac{6}{36} \cdot \tfrac{6}{36} = P(X = i) \cdot P(Y = j).$$

Die Einzelwahrscheinlichkeiten ergeben sich durch einfaches Auszählen. So gehören z.B. zu dem Ereignis $\{X = i\}$ sechs Ergebnisse:

$$\{X = i\} = \{(i, 1), \dots, (i, 6)\}.$$

Die beiden Zufallsvariablen sind also unabhängig.

Beispiel

Die im Beispiel des Schießens auf eine kreisförmige Zielscheibe betrachteten Koordinaten X und Y des Einschlagpunktes sind nicht unabhängig. Dies ergibt sich aus der Randbedingung $x^2 + y^2 \leq 1$. Die Bedingung führt dazu, daß die Variable Y nur große Werte annehmen kann, wenn X Werte in der Nähe von Null annimmt, und umgekehrt.

Daher läßt sich die gemeinsame Dichte $f(x, y)$ nicht einfach als Produkt zweier Randdichten schreiben, egal wie diese definiert sind.

5.6 Aufgaben

1. Welche der folgenden Funktionen können Verteilungsfunktionen sein?

(i) $$F(x) = \begin{cases} 0 & x < 1 \\ \frac{1}{100}x + 9.0 & 1 \leq x \leq 10 \\ 1 & x > 10 \end{cases}$$

(ii) $$F(x) = \begin{cases} 0.125 & x < 0.5 \\ \frac{1}{1000}x^3 & 0.5 \leq x \leq 10 \\ 1 & x > 10 \end{cases}$$

(iii) $$F(x) = \begin{cases} 0 & x < -1 \\ -x & -1 \leq x \leq 0 \\ 1 & x > 0 \end{cases}$$

(iv) $$F(x) = \begin{cases} 0 & x < 0 \\ 1 & x \geq 0 \end{cases}$$

2. Welche der folgenden Aussagen sind stets richtig?
Geben Sie für die falschen Aussagen jeweils ein Gegenbeispiel an! $F(x)$ ist dabei eine beliebige Verteilungsfunktion, $f(x)$ eine Dichte oder eine Wahrscheinlichkeitsfunktion.

a) $F(x) = 0$ für $x < 0$;
b) $F(x) > F(x')$ für $x > x'$;
c) $f(x) \geq 0$ für alle x;
d) $f(x) \leq 1$ für alle x;
e) $\Sigma f(x_i) = 1$ wenn $x_1, x_2, \dots$ die Realisationsmöglichkeiten sind;
f) $f(x) > 0$ für alle x.

3. Beim „Mensch-ärgere-Dich-nicht"-Spiel darf man, wenn eine Figur im Spiel ist, soviele Felder vorrücken, wie der Würfel jeweils angibt. Nach jeder „Sechs" darf man noch einmal würfeln. Man betrachte die Zahl der Felder, die ein Spieler, der noch 18 Felder von dem Ziel entfernt ist, bei einem Würfel-Durchgang vorrücken kann.
   a) Geben Sie die interessierende Zufallsvariable X mit den Realisationsmöglichkeiten an.
   b) Bestimmen Sie die Wahrscheinlichkeits- und die Verteilungsfunktion von X.

4. Ein roter und ein weißer Würfel werden gleichzeitig geworfen.
   a) Geben Sie den Stichprobenraum E an.
   b) Geben Sie an, welche Werte der Zufallsvariablen
      $X =$ Augensumme der beiden Würfel
      den einzelnen Ergebnissen des Stichprobenraumes zugeordnet sind.
   c) Berechnen Sie die Wahrscheinlichkeitsfunktion von X unter der Annahme der Gleichmöglichkeit der Augenzahlen bei jedem Würfel und der Unabhängigkeit der Augenzahlen der beiden Würfel.
   d) Geben Sie die Verteilungsfunktion von X an.
   e) Wie groß ist die Wahrscheinlichkeit, daß
      - die Augensumme beider Würfel 4 ist?
      - mindestens die Augensumme 10 erreicht wird?
      - die Augensumme größer als 10 ist?
      - die Augensumme 5 nicht übersteigt?
      - die Augensumme höchstens 12 ist?
      - die Augensumme größer als 1 ist?
      - die Augensumme größer als 3 und höchstens 7 ist?

5. In der Situation der Aufgabe 4 wird zusätzlich die Zufallsvariable Y = „kleinere Augenzahl der beiden Würfel" betrachtet.
   a) Bestimmen Sie die gemeinsame Wahrscheinlichkeitsfunktion von X und Y.
   b) Bestimmen Sie die Randverteilungen. Sind X und Y unabhängig?
   c) Bestimmen Sie die bedingte Verteilung von Y unter der Bedingung $\{X = 6\}$.

6. Die folgende Tabelle gibt die empirische Verteilung der durch Pferdehufschlag gestorbenen Soldaten in 10 Regimentern der preußischen Armee in 20 Jahren (1875–1894) an.

Todesfälle pro Jahr und Regiment x_i	Anzahl der Beobachtungen n_i
0	109
1	65
2	22
3	3
≥ 4	1

Als mögliche Modelle werden folgende Wahrscheinlichkeitsfunktionen in Betracht gezogen

i) $$f_2(x) = \begin{cases} -\frac{1}{10}x + \frac{4}{10} & \text{für } x = 0, 1, 2, 3, 4 \\ 0 & \text{sonst.} \end{cases}$$

ii) $$f_3(x) = \begin{cases} 0.04\,x^2 - 0.29\,x + 0.54 & \text{für } x = 0, 1, 2, 3, 4 \\ 0 & \text{sonst.} \end{cases}$$

Stellen Sie die empirischen und die erwarteten Häufigkeiten in einer Tabelle gegenüber. Würden Sie eine der vorgeschlagenen Wahrscheinlichkeitsfunktionen als sinnvolles Modell akzeptieren?

7. Beim Auszählen des Inhaltes von 96 Streichholzschachteln erhielt man folgende Häufigkeitsverteilung für die Variable X = Anzahl der Streichhölzer pro Schachtel:

x_i	36	37	38	39	40	41	42	43	44
n_i	1	7	10	16	25	17	11	7	2

Das Stabdiagramm legt nahe, als theoretisches Modell eine diskrete, um 40 symmetrische Dreiecksverteilung zu wählen. Deren funktionale Form lautet

$$f(x) = a - b|x - 40| \qquad x = 36, 37, \ldots, 44.$$

a) Für welche a und b ist f(x) eine Wahrscheinlichkeitsfunktion?
b) Wählen Sie a und b so, daß die zugehörige Wahrscheinlichkeitsfunktion eine akzeptable Übereinstimmung zwischen den Wahrscheinlichkeiten $f(x_i)$ und den relativen Häufigkeiten h_i ergibt.

8. Die Zufallsvariable X besitze eine Dichtefunktion der Gestalt

$$f(x) = \begin{cases} a \cdot x & \text{für } 0 \leq x \leq 1 \\ 0 & \text{sonst.} \end{cases}$$

a) Bestimmen Sie die Konstante a.
b) Berechnen Sie die Verteilungsfunktion von X.
c) Zeichnen Sie die Dichtefunktion und die Verteilungsfunktion von X.
d) Mit welcher Wahrscheinlichkeit nimmt X Werte größer als 0.5 an?
e) Für welche Zahl c nimmt X mit der Wahrscheinlichkeit 0.5 Werte an, die größer als c sind?

9. Für den Preis X (in DM) einer bestimmten Ware entwickelte ein Statistiker ein Verteilungsmodell, das durch die folgende Dichtefunktion erfaßt wird:

$$f(x) = \begin{cases} 0 & \text{für } x < 1 \\ -2h + 2h \cdot x & \text{für } 1 \leq x \leq 1.5 \\ h & \text{für } 1.5 < x \leq 3.0 \\ 7h - 2h \cdot x & \text{für } 3 < x \leq 3.5 \\ 0 & \text{für } x > 3.5 \end{cases}$$

a) Wie groß muß h gewählt werden, damit f(x) eine Dichte ist?
b) Berechnen Sie die Verteilungsfunktion von X.
c) Wie groß ist die Wahrscheinlichkeit, daß
   - der Preis DM 2 beträgt?
   - der Preis von DM 2 überschritten wird?
   - der Preis höchstens DM 1 beträgt?
   - der Preis zwischen DM 2 und 3 liegt?
d) Überprüfen Sie die Eignung des Modells für den folgenden Datensatz anhand des Vergleichs mit der empirischen Verteilungsfunktion sowie anhand eines QQ-Diagramms:

3.30	1.95	1.10	1.40	2.55	1.50	2.25	1.95
1.80	3.10	2.85	2.10	1.65	1.95	1.80	2.40
2.70	2.25	2.55	1.25	2.40	3.05	2.10	2.70

10. Der Bahnhof einer Stadt ist zur Spitzenzeit vollständig ausgelastet, so daß es häufig zu Verspätungen kommt.
Bevor eine komplizierte Fahrplanänderung vorgenommen wird, sollen Aufschlüsse über die Verspätungen X (in Min.) gewonnen werden.
a) Der hinzugezogene Statistiker schlägt als Modell für die Verteilung von X folgende Verteilungsfunktion vor:

$$F(x) = \begin{cases} 0 & \text{für } x < 0 \\ a \cdot x - 0.0025x^2 & \text{für } 0 \leq x \leq 20 \\ 1 & \text{für } x > 20 \end{cases}$$

Wie groß muß a gewählt werden, damit F(x) eine Verteilungsfunktion ist?
b) Eine Erhebung von n = 20 Beobachtungen ergab folgende Werte:
0.20, 0.61, 2.45, 2.56, 2.68, 3.39, 3.51, 3.75, 4.25, 4.90, 5.86, 6.50, 8.00, 9.80, 10.20, 10.41, 12.05, 14.54, 16.00, 18.54
Stellen Sie das Modell den Daten in einem QQ-Diagramm gegenüber!
c) Eine umfangreichere Erhebung von n = 200 Beobachtungen ergab die folgende Verteilung:

$x_{i-1}^* < X \leq x_i^*$	n_i
0 – 2	44
2 – 4	32
4 – 6	28
6 – 8	36
8 – 10	21
10 – 12	11
12 – 14	15
14 – 16	9
16 – 18	2
18 – 20	2

Stellen Sie das Histogramm der theoretischen Dichtefunktion gegenüber!

11. X und Y seien zwei stetige Zufallsvariablen, deren gemeinsame Dichtefunktion folgende Form hat:

$$f(x, y) = \begin{cases} c \cdot (x + y + x \cdot y) & \text{für } 0 < x, y < 1 \\ 0 & \text{sonst} \end{cases}.$$

a) Wie groß muß c sein, damit f(x, y) eine Dichte ist?
b) Wie lauten die Randverteilungen von X und Y?
c) Wie lauten die bedingten Verteilungen?

6 Lageparameter

Bei der Beschreibung empirischer und theoretischer Verteilungen haben wir bisher stets die gesamte Verteilung im Auge gehabt. Bei einer größeren Zahl von zu vergleichenden Datensätzen ist es zweckmäßig, die Datensätze weiter zu verdichten. Dann bleibt der Überblick gewahrt. Die Zurückführung auf wenige Maßzahlen erlaubt auch bei theoretischen Verteilungen die Erfassung und Darstellung wichtiger Charakteristika.

Der erste Aspekt, dem wir uns hier zuwenden, ist der der Lage einer Verteilung.

6.1 Empirische Lageparameter

Problemstellung

Chemische Analyseautomaten werden in Krankenhäusern eingesetzt, um die verschiedenen Blutparameter in den anfallenden Proben zu bestimmen. Mit einem solchen Automaten wurde eine Probe mehrmals hintereinander analysiert. Für die Harnsäure ergaben die Messungen folgende Werte (Mitteilung von Prof. Dr. M. Hengst, Berlin).

Tab.: Urliste der Messungen der Harnsäure [mg/dl]

7.60	8.15	7.80	7.70	7.40	7.35	7.70	7.60	7.40	7.10
7.60	7.30	7.20	7.70	7.20	7.70	7.80	7.80	7.40	7.90
8.00	8.05	8.05	7.90	8.00	7.50	7.30	8.10	8.05	7.80

Das Ziel einer jeden Messung ist es, den zugrundeliegenden Wert zu messen, hier den Harnsäuregehalt der Probe. Da die Wiederholungen der Messung unterschiedliche Meßwerte ergeben haben, stellt sich die Frage, welcher Wert nun als Harnsäuregehalt angegeben werden soll.

Erfassung des Niveaus

Liegt wie in der Problemstellung eine Serie von Meßwerten einer Größe vor, so ist es plausibel, als Resultat der Messungen einen Wert zu nehmen, um den sie sich gruppieren. Ein solcher Wert beschreibt das Niveau oder die **Lage des Datensatzes** als einzelne Maßzahl.

Die selbstverständliche Forderung, daß eine Maßzahl der Lage möglichst zentral, möglichst dicht bei den beobachteten Werten liegen sollte, weist auf einen wichtigen Weg, Lageparameter zu definieren: Wir messen die Entfernungen eines Punktes a zu den beobachteten Werten. Der Punkt, bei dem die Entfernungen insgesamt möglichst klein sind, ist dann ein geeigneter Lageparameter. Diese allgemein formulierte Forderung wollen wir im folgenden auf verschiedene Weise konkretisieren.

Wir erhalten dann die meist als Mittelwerte, Durchschnitte o. ä. bezeichneten Lageparameter.

Der Median

Die erste Möglichkeit, die Entfernung zweier Zahlen zu messen, ist der einfache Abstand:

$$|x_v - a|.$$

Sollen die Entfernungen insgesamt erfaßt werden, so bietet sich an, die Summe der einzelnen Abstände zu betrachten:

$$\sum_{v=1}^{n} |x_v - a|.$$

Nun ist diejenige Zahl a als Lageparameter zu nehmen, für die diese Summe, die die Gesamtentfernung angibt, am kleinsten ist. Wir erhalten hier den Median.

> Der **Median** $\tilde{x}$ **eines Datensatzes** $x_1, \ldots, x_n$ ist gegeben durch
>
> $$\tilde{x} = \begin{cases} x_{\left(\frac{n+1}{2}\right)} & \text{falls n ungerade} \\ \frac{1}{2}\left(x_{\left(\frac{n}{2}\right)} + x_{\left(\frac{n}{2}+1\right)}\right) & \text{falls n gerade.} \end{cases}$$
>
> Bei **klassierten Daten** ist der Median gleich dem 0.5-Quantil:
>
> $$\tilde{x} = x_{0.5}.$$

Daß für den Median tatsächlich die Gesamtentfernung am kleinsten ist, erhalten wir folgendermaßen:

Sei der Umfang des Datensatzes ungerade, $n = 2m + 1$, und sei $x_{(1)}, \ldots, x_{(n)}$ der geordnete Datensatz. Dann gilt wegen $\tilde{x} = x_{(m+1)}$:

$$\begin{aligned} \sum_{v=1}^{n} |x_v - \tilde{x}| &= \sum_{v=1}^{n} |x_{(v)} - \tilde{x}| \\ &= \tilde{x} - x_{(1)} + \ldots + \tilde{x} - x_{(m)} + \tilde{x} - x_{(m+1)} + x_{(m+2)} - \tilde{x} + \ldots + x_{(n)} - \tilde{x} \\ &= -x_{(1)} \ldots - x_{(m)} + x_{(m+2)} + \ldots + x_{(n)} \\ &= a - x_{(1)} \ldots + a - x_{(m)} + x_{(m+2)} - a + \ldots + x_{(n)} - a \\ &\leq |a - x_{(1)}| + \ldots + |a - x_{(m)}| + |x_{(m+2)} - a| + \ldots + |x_{(n)} - a| \\ &\leq |x_{(1)} - a| + \ldots + |x_{(m)} - a| + |x_{(m+1)} - a| + |x_{(m+2)} - a| + \ldots \\ &\quad + |x_{(n)} - a| \\ &= \sum_{v=1}^{n} |x_v - a|. \end{aligned}$$

Für gerade $n = 2m$ erhalten wir auf die gleiche Weise, daß jeder Wert zwischen $x_{(m)}$ und $x_{(m+1)}$ diese Minimum-Eigenschaft erfüllt. Die Wahl von $\tilde{x} = \frac{1}{2}(x_{(m)} + x_{(m+1)})$ ist dann Konvention.

Bei klassierten Daten erfüllt das 0.5-Quantil eine entsprechende Minimumeigenschaft. Dementsprechend wird dann $\tilde{x} = x_{0.5}$ gesetzt.

Als Lageparameter wird der Median bisweilen auch als **Zentralwert** bezeichnet. Er ist offensichtlich erst ab ordinalem Niveau der betrachteten Variablen sinnvoll.

Der Median ist eine mögliche Antwort für den in der Problemstellung gesuchten Wert des Harnsäuregehaltes in der Blutprobe. Der angegebene Datensatz besteht aus n = 30 Werten. Somit ist

$$\tilde{x} = \tfrac{1}{2}(x_{(15)} + x_{(16)}) = \tfrac{1}{2}(7.70 + 7.70) = 7.70 .$$

Die numerische Bestimmung des Medians wurde für nicht-klassierte Daten bereits im Zusammenhang mit den Box-Plots vorgeführt, für klassierte ist $\tilde{x}$ als 0.5-Quantil aus der Summenkurve zu ermitteln. Dies wurde in Abschnitt 2.4 besprochen.

Der Median hat speziell zwei positive Eigenschaften, die ihn besonders für die Zwecke der explorativen Datenanalyse geeignet machen. Einmal werden bei der Exploration von Datensätzen die Daten häufig einer nichtlinearen monotonen Transformation unterworfen. Beispiele dafür sind die Transformationen $\ln x$, x^2 (für positive Werte). Bei monotonen Transformationen geht der Median $\tilde{x}$ in den **Median der transformierten Daten** über.

Zum zweiten ist der Median unempfindlich gegenüber einzelnen extremen Werten: Er ist ein **robuster Lageparameter**. Dies ist von Bedeutung, da bei empirischen Daten „Ausreißer" recht häufig vorkommen. Dann möchte man nicht, daß dadurch die Beschreibung der zentralen Lage des Datensatzes beeinflußt wird.

Beispiel

In einer Firma wurden von einer Nebenstelle während eines Monats verschiedene Ferngespräche geführt. Deren Kosten wurden in Gebühreneinheiten aufgezeichnet (1 Gebühreneinheit = 0.23 DM):

Der Median dieser n = 21 Werte ist $\tilde{x} = x_{(11)} = 9$. Dieses Niveau wird durch den extremen Wert $x_{(21)} = 79$ nicht beeinflußt.

0	11122223459
1	02448
2	79
3	0
4	8
5	
6	
7	9

Abb.: Stemleaf Gebühreneinheiten von Ferngesprächen

Die Umrechnung der Einheiten in DM entspricht einer monotonen Transformation

$$T(x_\nu) = 0.23 \cdot x_\nu .$$

Das Niveau der Kosten der Gespräche in DM wird also durch

$$\widetilde{T(x)} = T(\tilde{x}) = 0.23 \cdot \tilde{x} = 0.23 \cdot 9 = 2.07$$

beschrieben.

Das arithmetische Mittel

Die Abstände der Daten $x_1, \ldots, x_n$ von einem Punkt a können auch quadriert zusammengefaßt werden:

$$\sum_{\nu=1}^{n} (x_\nu - a)^2 .$$

Das Quadrieren der Differenzen bewirkt wie das Bilden der Beträge, daß sich Abweichungen in verschiedenen Richtungen nicht gegenseitig aufheben.

Die Zahl a, für die die Summe der quadrierten Abstände minimal wird, ist das arithmetische Mittel, physikalisch gesprochen der Schwerpunkt des Datensatzes.

> Das **arithmetische Mittel** (oder der **Durchschnitt**) $\bar{x}$ der Zahlen $x_1, \ldots, x_n$ ist
>
> $$\bar{x} = \frac{1}{n}(x_1 + \ldots + x_n) = \frac{1}{n} \sum_{\nu=1}^{n} x_\nu .$$

Daß $\bar{x}$ die Summe der quadrierten Abweichungen minimiert, erhalten wir folgendermaßen: In dem Ausdruck $\sum(x_\nu - a)^2$ sind die x_ν feste Werte. Wir können ihn also als Funktion von a auffassen:

$$Q(a) = \sum_{\nu=1}^{n} (x_\nu - a)^2 .$$

Q(a) nimmt sein Minimum in dem Punkt an, in dem die Ableitung verschwindet. Die Ableitung ist

$$Q'(a) = -2 \sum_{\nu=1}^{n} (x_\nu - a) .$$

Nullsetzen von Q'(a) ergibt:

$$-2\sum(x_\nu - a) = 0 \Leftrightarrow \sum x_\nu - n \cdot a = 0$$

$$\Leftrightarrow a = \frac{1}{n}\sum x_\nu .$$

Wird das arithmetische Mittel als Lageparameter für die Meßserie der Harnsäure in der Blutprobe gewählt, so resultiert

$$\bar{x} = \tfrac{1}{30}(7.60 + 8.15 + 7.80 + \ldots + 8.10 + 8.05 + 7.80) = \tfrac{1}{30} \cdot 230.15$$
$$= 7.672 .$$

Dieser Wert unterscheidet sich nur geringfügig von dem Median des Datensatzes.

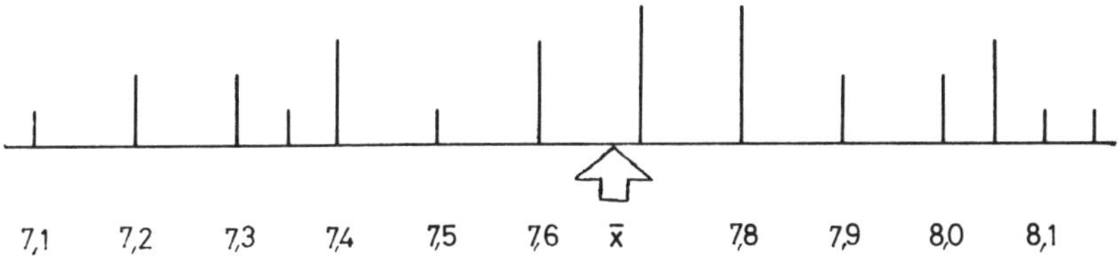

Abb.: Zur Schwerpunkteigenschaft des arithmetischen Mittels

Berechnung des arithmetischen Mittels

Bei der Bestimmung des arithmetischen Mittels aus bereits tabellierten Daten ergeben sich leichte Änderungen gegenüber dem Vorgehen, das durch die Definition nahegelegt wird.

Liegt eine Häufigkeitstabelle ohne Klassierung vor, so brauchen wir uns die Daten nur in geordneter Form aufgeschrieben zu denken. Sind $x_1, \ldots, x_k$ die Realisationsmöglichkeiten und $n_1, \ldots, n_k$ die entsprechenden absoluten Häufigkeiten, so gilt:

$$\begin{aligned}\bar{x} &= \frac{1}{n}(\underbrace{x_1 + \ldots + x_1}_{n_1\text{-mal}} + \underbrace{x_2 + \ldots + x_2}_{n_2\text{-mal}} + \ldots + \underbrace{x_k + \ldots + x_k}_{n_k\text{-mal}}) \\ &= \frac{1}{n}(x_1 n_1 + x_2 n_2 + \ldots + x_k n_k) \\ &= \frac{1}{n}\sum_{i=1}^{k} x_i n_i .\end{aligned}$$

Im Fall klassierter Daten kann das arithmetische Mittel nur näherungsweise bestimmt werden. Die genaue Lage der Werte in den jeweiligen Klassen ist ja nicht bekannt. Wir unterstellen daher wie bei der Definition der empirischen Verteilungsfunktion $\hat{F}(x)$, daß die Werte sich jeweils gleichmäßig über die Klasse verteilen. Mit dieser Annahme ist für die Klasse i das Produkt aus Klassenmitte m_i und Klassenhäufigkeit n_i gleich der Summe der Realisationen in dieser Klasse.

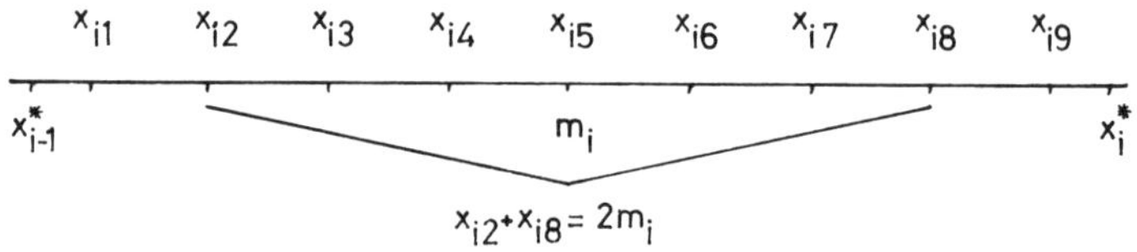

Abb.: Zur Bestimmung von $\bar{x}$ aus klassierten Daten

Die Berechnung geschieht dann wie bei nicht-klassierten Daten, nur daß an die Stelle der Realisationsmöglichkeiten x_i die Klassenmitten m_i treten.

> Die **Berechnung des arithmetischen Mittels** geschieht über die Formeln
>
> $\bar{x} = \frac{1}{n}\sum_{v=1}^{n} x_v$ bei Vorliegen der ursprünglichen Daten
>
> $\bar{x} = \frac{1}{n}\sum_{i=1}^{k} n_i x_i = \sum_{i=1}^{k} h_i x_i$ bei tabellierten Daten
>
> $\bar{x} = \frac{1}{n}\sum_{i=1}^{k} n_i m_i = \sum_{i=1}^{k} h_i m_i$ bei klassierten Daten. Dabei sind die m_i die Klassenmitten

Die Darstellung $\bar{x} = \sum h_i x_i$ zeigt, daß das arithmetische Mittel ein spezielles **gewogenes Mittel** $\sum g_i x_i$ mit Gewichten $g_i > 0$, $\sum g_i = 1$ ist.

Beispiel

Weist ein Kombinationspräparat, d. h. ein Medikament mit mehreren Wirkstoffen, vier oder mehr Inhaltsstoffe auf, so ist eine planvolle Überprüfung der Gesamtwirkung mit den Nebenwirkungen kaum mehr möglich. Von Interesse ist daher auch der Durchschnittswert der Wirkstoffe pro Präparat. Für 336 Präparate eines speziellen Anwendungsbereiches erhielten Greiser und Müller (in: Medizinische Informatik und Statistik, Band 33, Berlin 1981):

Tab.: Anzahl X von Wirkstoffen bei Kombinationspräparaten

i	x_i	n_i	$n_i x_i$
1	2	99	198
2	3	47	141
3	4	45	180
4	5	41	205
5	6	33	198
6	7	21	147
7	8	9	72
8	9	12	108
9	10	7	70
10	11	6	66
11	12	3	36
12	13	3	39
13	14	3	42
14	15	1	15
15	17	3	51
16	25	1	25
17	27	1	27
		335	1620

Hier ist

$$\bar{x} = \frac{1}{n} \sum_{i=1}^{17} x_i n_i = \frac{1}{335} \cdot 1620 = 4.836.$$

Eigenschaften des arithmetischen Mittels

Die Eigenschaften des arithmetischen Mittels lassen sich am besten anhand der Definitionsgleichung zeigen und diskutieren.

Bei dem Nachweis der **Minimumeigenschaft**, d. h. von $\sum(x_v - \bar{x})^2 \leq \sum(x_v - a)^2$ für alle a, haben wir indirekt schon gezeigt, daß die **Summe der Abweichungen von $\bar{x}$ Null** ist:

$$\sum_{v=1}^{n} (x_v - \bar{x}) = 0.$$

Explizit erhalten wir dies so:

$$\sum(x_v - \bar{x}) = \sum x_v - \sum \bar{x} = \sum x_v - n\bar{x} = \sum x_v - \sum x_v = 0.$$

Zwei wichtige Eigenschaften des arithmetischen Mittels lauten wie folgt:

(1) Werden die Daten $x_1, \ldots, x_n$ linear transformiert,

$$y_v = a + bx_v,$$

so ist das **arithmetische Mittel der transformierten Daten gleich dem transformierten arithmetischen Mittel**:

$$\bar{y} = a + b\bar{x}.$$

(2) Sind $x_1, \ldots, x_n$ und $y_1, \ldots, y_n$ zwei Datensätze vom Umfang n, so gilt für den Datensatz $z_1, \ldots, z_n$ mit $z_v = x_v + y_v$:

$$\bar{z} = \bar{x} + \bar{y};$$

das **arithmetische Mittel einer Summe ist gleich der Summe der arithmetischen Mittel**.

Die Eigenschaft 1) ergibt sich sofort aus der Definition:

$$\bar{y} = \frac{1}{n}\sum y_v = \frac{1}{n}\sum (a + bx_v) = \frac{1}{n}\, n \cdot a + b\,\frac{1}{n}\sum x_v = a + b\bar{x}.$$

Die Eigenschaft 2) folgt ebenso einfach:

$$\bar{z} = \frac{1}{n}\sum z_v = \frac{1}{n}\sum (x_v + y_v) = \frac{1}{n}\sum x_v + \frac{1}{n}\sum y_v = \bar{x} + \bar{y}.$$

Das Verhalten von $\bar{x}$ bei Lineartransformation können wir ausnutzen, um das arithmetische Mittel auf einfachere Art zu berechnen: Wir ziehen von den Originaldaten eine Konstante ab, $y = x - a$, berechnen dann $\bar{y}$ und erhalten das gesuchte Mittel durch Addition dieser Konstanten:

$$\bar{y} + a = \bar{x}.$$

Für a wählen wir dabei einen Wert, in dessen Nähe wir bereits das arithmetische Mittel vermuten. Dies vereinfacht die Berechnung.

Sofern von den x_v das arithmetische Mittel $\bar{x}$ selbst abgezogen wird, haben die transformierten Werte $y_v = x_v - \bar{x}$ das arithmetische Mittel Null: $\bar{y} = 0$. Diese Transformation wird auch als **Zentrierung** bezeichnet.

Beispiel

Bei 20 Arbeiterhaushalten wurden die monatlichen Bruttolöhne des Haushaltsvorstandes (= X) sowie die weiteren monatlichen Einnahmen des Haushaltes (= Y) festgestellt. (Vgl. Einkommens- und Verbrauchsstichprobe, 1978, Heft 6).

Tab.: Monatliches Einkommen von Arbeiterhaushalten (DM)

v	x_v	y_v	$z_v = x_v + y_v$	v	x_v	y_v	$z_v = x_v + y_v$
1	2400	800	3200	11	3900	900	4800
2	3300	600	3900	12	2100	1400	3500
3	2400	200	2600	13	2900	0	2900
4	2300	400	2700	14	1500	500	2000
5	2500	400	2900	15	2700	100	2800
6	1700	800	2500	16	2200	400	2600
7	2100	300	2400	17	2000	100	2100
8	3100	200	3300	18	2500	1200	3700
9	2900	200	3100	19	2600	600	3200
10	1800	700	2500	20	2200	1200	3400
	24500	4600	29100		24600	6400	31000

Der monatliche Durchschnittsbruttoverdienst der 20 Arbeiter betrug:

$$\bar{x} = \frac{1}{20} \sum_{v=1}^{20} x_v = \frac{1}{20}(24\,500 + 24\,600) = 2455 \text{ DM}.$$

Die Haushalte hatten im Durchschnitt ein Zusatzeinkommen von

$$\bar{y} = \frac{1}{20} \sum_{v=1}^{20} y_v = \frac{1}{20}(4600 + 6400) = 550 \text{ DM},$$

so daß sich als durchschnittliches Gesamteinkommen der 20 Haushalte ergab:

$$\begin{aligned} \bar{x} + \bar{y} &= 2455 + 550 = 3005 \\ &= \frac{1}{20} 60\,100 = \frac{1}{20}(29\,100 + 31\,000) = \frac{1}{20} \sum_{v=1}^{20} z_v = \bar{z}. \end{aligned}$$

Anhand der monatlichen Bruttolöhne soll noch die vereinfachte Berechnung des arithmetischen Mittels durch Ausnutzung der Eigenschaft 1) vorgeführt werden. Wir streichen von den x-Werten die Nullen und ziehen dann jeweils den Wert 25 ab. Dies entspricht der Lineartransformation

$$u_v = \tfrac{1}{100} x_v - 25.$$

Wir erhalten die Werte:

−1, ~~+8~~, ~~−1~~, ~~−2~~, 0, ~~−8~~, ~~−4~~, +6, ~~+4~~, −7, +14, ~~−4~~, ~~+4~~, −10,
~~+2~~, −3, −5, 0, ~~+1~~, −3.

Dabei sind diejenigen Zahlen durchgestrichen, die sich gegen andere wegen des Vorzeichenwechsels aufheben.

Die weitere Berechnung ergibt:

$$\bar{u} = \tfrac{1}{20}(-29 + 20) = -0.45.$$

Daraus bestimmen wir $\bar{x}$ mittels der Rücktransformation:

$$\bar{x} = 100 \cdot (\bar{u} + 25) = 2455.$$

Im Gegensatz zum Median wird das arithmetische Mittel durch einzelne extreme Werte stark beeinflußt; es ist **nicht robust**. Daher werden bei der Exploration von Datensätzen und bisweilen auch bei Stichproben gerne extreme Werte weggelassen und das arithmetische Mittel nur aus dem Rest der Daten berechnet. Dieses Vorgehen führt auf das **getrimmte arithmetische Mittel**.

Beispiel

Für die oben betrachteten Telefongespräche erhalten wir die Durchschnittskosten (in Gebühreneinheiten):

$$\bar{x} = 14.9.$$

Der eine extreme Wert $x_{(21)} = 79$ bewirkt eine starke Verschiebung gegenüber dem Median $\tilde{x} = 9$.

Schneiden wir an beiden Enden je zwei Werte, d.h. je 10% der Daten, ab, so erhalten wir das 10%-getrimmte Mittel

$$\bar{x}_{0.1} = 10.82.$$

Dieses liegt weitaus näher beim Median.

Wenn verschiedene Datensätze zu einem übergeordneten Datensatz zusammengefaßt werden, kann das arithmetische Mittel des „gepoolten“ Datensatzes aus den einzelnen arithmetischen Mitteln berechnet werden.

Sind von k Datensätzen die Umfänge n_i und arithmetischen Mittel $\bar{x}_i$ $(i = 1, \ldots, k)$ gegeben, so ist das **arithmetische Mittel des gepoolten Datensatzes**, d.h. aller $n = n_1 + \ldots + n_k$ Daten:

$$\bar{x} = \frac{n_1\bar{x}_1 + n_2\bar{x}_2 + \ldots + n_k\bar{x}_k}{n_1 + n_2 + \ldots + n_k} = \frac{1}{n}\sum_{i=1}^{k} n_i\bar{x}_i.$$

Dies folgt sofort mit

$$n_i\bar{x}_i = \sum_{j=1}^{n_i} x_{ij},$$

wobei $x_{i1}, \ldots, x_{in_j}$ die Werte des i-ten Datensatzes bezeichnen.

Beispiel

Wir setzen das Ferngesprächsbeispiel fort. Die von einer Nebenstelle geführten Ferngespräche kosteten in drei Monaten jeweils im Durchschnitt (DM):

$$\bar{x}_1 = 3.439, \quad \bar{x}_2 = 4.799, \quad \bar{x}_3 = 4.715.$$

Die Anzahlen der geführten Ferngespräche betrugen dabei

$$n_1 = 21, \quad n_2 = 15, \quad n_3 = 22.$$

Somit ergibt sich der Gesamtdurchschnitt zu:

$$\bar{x} = \frac{1}{21 + 15 + 22}(21 \cdot 3.439 + 15 \cdot 4.799 + 22 \cdot 4.715) = 4.275.$$

Weitere Lageparameter

Eine andere Möglichkeit der Abstandsmessung besteht darin, die Übereinstimmung bzw. Nicht-Übereinstimmung der Daten mit einem festen Wert a zu notieren. Setzen wir

$$\delta(x - a) = \begin{cases} 0 & \text{falls } x = a \\ 1 & \text{falls } x \neq a, \end{cases}$$

so erhalten wir einen Lageparameter, wenn wir a so wählen, daß die Summe aller

$\delta(x_v - a)$ minimiert wird:

$$\sum_{v=1}^{n} \delta(x_v - a) \stackrel{!}{=} \min_{a}.$$

Hier ist das gesuchte a offensichtlich gleich derjenigen Realisation, die die größte Häufigkeit hat. Dieser Wert wird als **Modus** bezeichnet. Wir verwenden für ihn das Symbol $\mathring{x}$.

Der Modus wird i. d. R. als Lageparameter nominal-skalierter Variablen empfohlen. Er kann aber auch bei ordinal und metrisch skalierten Variablen sinnvoll sein.

Im Abschnitt 5.2 haben wir in einem Beispiel den Aufbau eines Fischschwarms betrachtet. Die Verteilung der Variablen X = „Winkel zum nächsten Nachbarn" hat den Modus $\mathring{x} = 90$ [Grad]. Die Fische dieser Art bevorzugen also, direkt nebeneinander zu schwimmen.

Der Modus braucht nicht eindeutig zu sein. Falls mehrere Realisationsmöglichkeiten die gleiche, größte Häufigkeit aufweisen, ist jeder dieser Werte ein Modus. Bei klassierten Daten ist der Modus nicht nach obigem Zielkriterium bestimmbar. Man kennzeichnet dann die **modale Klasse**, d. h. die Klasse mit der größten Häufigkeitsdichte und nimmt als Modus die Mitte der modalen Klasse.

Anstatt von der Summe der Abstände der x_v von einem Punkt a auszugehen, kann auch die Minimierung des größten Abstandes der Beobachtungen x_v von a Zielkriterium sein. Man sieht leicht, daß bei Zugrundelegung des absoluten Abstandes $|x_v - a|$ gilt:

$$\max_{v} \left| x_v - \frac{x_{(1)} + x_{(n)}}{2} \right| \leq \max_{v} |x_v - a|.$$

Dieses Zielkriterium führt also zu dem als **Midrange** bezeichneten Lageparameter

$$\tfrac{1}{2}(x_{(1)} + x_{(n)}).$$

Dieser wird nur als Stichprobenparameter verwendet, in der Regel um einen ersten, groben Eindruck der Lage eines Datensatzes zu bekommen.

Der Midrange ist als Lageparameter nicht unproblematisch. Ein Grund liegt in der starken Anfälligkeit dieses Lageparameters gegen extreme Werte. Ein einzelner extremer Wert kann eine so starke Auswirkung haben, daß ein völlig falsches Bild von der Lage der Verteilung resultiert. Beim Ferngesprächsbeispiel würde etwa $(1 + 79)/2 = 40$ resultieren. Dagegen ist $\tilde{x} = 9$.

Um dem zu begegnen, verwendet man bisweilen die Quartile, um zu einer schnell zu berechnenden Maßzahl der Lage zu gelangen. Dies führt zu dem analog definierten **Quartilsmittel**:

$$\tfrac{1}{2}(x_{0.25} + x_{0.75}).$$

Für wenige Sonderfälle sind noch andere Lageparameter bedeutsam.

Das **geometrische Mittel** der positiven Werte $x_1, \ldots, x_n$ ist definiert durch

$$\bar{x}_g = \sqrt[n]{x_1 \cdot \ldots \cdot x_n}.$$

Es spielt eine Rolle, wenn relative Änderungen betrachtet werden, etwa bei Wachstumsraten wie Steigung der Lebenshaltungskosten, Lohnerhöhungen und Kapitalverzinsungen. In diesen Fällen würde man durch eine Logarithmus-Transformation zu absoluten Änderungen gelangen. Das transformierte geometrische Mittel ist entsprechend gleich dem arithmetischen Mittel der transformierten Werte:

$$\ln(\bar{x}_g) = \ln\left(\sqrt[n]{x_1 \cdot \ldots \cdot x_n}\right) = \frac{1}{\pi}\ln(x \cdot \ldots \cdot x_n) = \frac{1}{n}\sum_{v=1}^{n}\ln(x_v)\,.$$

Beispiel

Die Verschuldung der öffentlichen Haushalte in der BRD betrug

Jahr	1982	1983	1984	1985	1986	1987	1988
Versch. in Mio DM	614820	671708	717522	760182	800967	848816	903015

Die **Wachstumsraten** sind die Veränderungen $w_t = (v_t - v_{t-1})/v_{v-1}$. Die durchschnittliche Wachstumsrate für den Zeitraum 1982 bis 1988 ist dann die Rate, die jedes Jahr gleichermaßen gegolten hätte um den gleichen Endbetrag von v_t zu ergeben. Dies ist offensichtlich die Lösung von

$$\begin{aligned} v_{1988} &= (1+w_6)(1+w_5)(1+w_4)(1+w_3)(1+w_2)(1+w_1)\,v_{1982} \\ &= (1+\hat{w})(1+\hat{w})(1+\hat{w})(1+\hat{w})(1+\hat{w})(1+\hat{w})\,v_{1982}\,. \end{aligned}$$

Mithin ist

$$\begin{aligned} 1+\hat{w} &= \sqrt[6]{(1+w_6)(1+w_5)(1+w_4)(1+w_3)(1+w_2)(1+w_1)} \\ &= 1.066\,; \end{aligned}$$

d.h. $\hat{w} = 0.066$ oder 6,6%.

Das **harmonische** Mittel

$$\bar{x}_h = \frac{1}{\frac{1}{n}\sum_{v=1}^{n}\frac{1}{x_v}}$$

ist in einigen wirtschaftsstatistischen Zusammenhängen relevant. Die Fragestellungen ähneln dann der folgenden nach der Durchschnittsgeschwindigkeit, die man für eine gegebene Wegstrecke s [km] bei wiederholtem Befahren benötigt.

Sind $x_1, \ldots, x_n$ die erhobenen Geschwindigkeiten [km/h], so ist die Gesamtzeit für die n-fache Strecke

$$\frac{s}{x_1} + \ldots + \frac{s}{x_n}\,,$$

und die Durchschnittsgeschwindigkeit ergibt sich zu

$$\frac{s + \ldots + s}{\frac{s}{x_1} + \ldots + \frac{s}{x_n}} = \bar{x}_h\,.$$

6.2 Theoretische Lageparameter

Die empirischen Lageparameter repräsentieren das Niveau der Daten oder, anders gesprochen, die Lage der empirischen Verteilung. Zu entsprechenden Maßzahlen der Lage für theoretische Wahrscheinlichkeitsverteilungen gelangen wir durch Ausnutzen der Entsprechung von Häufigkeiten und Wahrscheinlichkeiten. Dieses Vorgehen haben wir schon bei der Einführung anderer theoretischer Konzepte bereits mehrmals praktiziert.

Der Erwartungswert

Das arithmetische Mittel der Werte einer wiederholt beobachteten diskreten Variablen X ist gegeben durch

$$\bar{x} = \sum_{i=1}^{k} x_i \cdot h_i .$$

Es gibt insbesondere den Schwerpunkt der Häufigkeitsverteilung $h_i = h(X = x_i)$, $i = 1, \ldots, k$ an.

Bei einer diskreten Zufallsvariablen X mit der Wahrscheinlichkeitsfunktion $p_i = P(X = x_i)$ $i = 1, 2, \ldots$ wird der Schwerpunkt der Wahrscheinlichkeitsverteilung durch die analog gebildete Größe

$$\mu = \sum_i x_i p_i$$

erfaßt.

X sei eine diskrete Zufallsvariable mit den Realisationsmöglichkeiten x_i und der zugehörigen Wahrscheinlichkeitsfunktion $p_i = P(X = x_i)$, $i = 1, 2, \ldots$. Dann heißt

$$E(X) = \mu = \sum_i x_i p_i$$

der **Erwartungswert** von X oder von der Verteilung von X.

Beispiel

Welche weitere Lebenserwartung hat ein Mann, der seinen zwanzigsten Geburtstag feiert, in der BRD? Aus der Sterbetafel erhalten wir die Wahrscheinlichkeitsverteilung der Zufallsvariable X = ‚Lebensdauer in Dekaden'. X = 1 bedeutet z. B., daß der Mann eine Dekade überlebt, also das 30ste Lebensjahr erreicht, aber vor Erreichen des 40sten stirbt.

i	1	2	3	4	5	6	7	8	9
x_i	0	1	2	3	4	5	6	7	8
p_i	0.017	0.021	0.029	0.090	0.217	0.328	0.239	0.058	0.001

Der gesuchte Erwartungswert ist somit:

$$E(X) = \sum_{i=1}^{9} x_i p_i = 0 \cdot 0.017 + 1 \cdot 0.021 + 2 \cdot 0.029 + 3 \cdot 0.090 + 4 \cdot 0.217$$
$$+ 5 \cdot 0.328 + 6 \cdot 0.239 + 7 \cdot 0.058 + 8 \cdot 0.001$$
$$= 4.705.$$

Ein gerade 20 Jahre alt gewordener Mann kann danach erwarten, weitere 4.705 Dekaden zu leben, also 67 Jahre alt zu werden.

Wie in dem Beispiel, wird der Erwartungswert allgemein als derjenige Wert interpretiert, mit dessen Eintreffen vor der Durchführung des Zufallsexperimentes zu rechnen ist. Mehrmalige Versuchswiederholung führt i.d.R. zu einem Datensatz mit diesem Niveau.

Diese Interpretation macht nochmals die Eignung von μ als Lageparameter der Zufallsvariablen X, die wir als „potentielle Beobachtung“ interpretieren können, deutlich.

Zur Definition des **Erwartungswertes einer stetigen Zufallsvariablen** gelangen wir am leichtesten, wenn wir von der Berechnung von $\bar{x}$ bei klassierten Daten ausgehen.

Bei klassierten Daten ist

$$\bar{x} = \sum_i m_i h_i,$$

wobei m_i die Klassenmitten und h_i die zugehörigen relativen Häufigkeiten bezeichnen. Nun gilt

$$h_i = \hat{f}(m_i) \cdot \Delta x_i,$$

wenn $\hat{f}(m_i)$ die Häufigkeitsdichte an der Stelle m_i und $\Delta x_i = x_i^* - x_{i-1}^*$ die Klassenbreite sind.

Einsetzen ergibt:

$$\bar{x} = \sum_i m_i \hat{f}(m_i) \Delta x_i.$$

Wir sind von der Häufigkeitsdichte $\hat{f}$ zur (Wahrscheinlichkeits-)Dichtefunktion f gelangt, indem wir den Stichprobenumfang n vergrößert und die Klassenbreite Δx_i gleichzeitig verkleinert haben. Dieser Übergang führt hier zu einem Integral:

$$\sum_i m_i \hat{f}(m_i) \Delta x_i \rightarrow \int_{-\infty}^{+\infty} x \cdot f(x) \cdot dx.$$

Eine stetige Zufallsvariable X habe die Dichtefunktion f(x). Der **Erwartungswert** E(X) von X oder der Verteilung von X ist gegeben durch

$$E(X) = \mu = \int_{-\infty}^{+\infty} x f(x) dx.$$

Beispiel

Für die bereits häufiger betrachtete Zufallsvariable X = „Wartezeit auf den nächsten S-Bahn-Zug" ist eine Gleichverteilung über dem Intervall [0; 20] ein plausibles Modell.

X hat also die Dichte

$$f(x) = \begin{cases} \frac{1}{20} & 0 \leq x \leq 20 \\ 0 & \text{sonst}. \end{cases}$$

Der Erwartungswert von X ist dann

$$E(X) = \int_{-\infty}^{+\infty} x f(x) dx = \int_0^{20} x \frac{1}{20} dx = \frac{1}{20}\left[\frac{1}{2}x^2\right]_0^{20} = \frac{1}{20}\left[\frac{1}{2}20^2 - \frac{1}{2}0^2\right] = \frac{20}{2}$$
$$= 10.$$

Wenn er sich nicht besser orientiert, muß Herr Jedermann mit einer Wartezeit von 10 Minuten rechnen.

Eigenschaften des Erwartungswertes

Die Eigenschaften des arithmetischen Mittels übertragen sich naheliegenderweise auf den Erwartungswert.

X und Y seien zwei Zufallsvariablen mit den Erwartungswerten E(X) und E(Y). Dann gilt:

1) $E(a + bX) = a + bE(X)$ für beliebige Zahlen a, b
2) $E(X + Y) = E(X) + E(Y)$.

Wir führen den einfacheren Beweis von 1) für diskrete Zufallsvariablen vor:

Sei $Y = a + bX$ mit $b \neq 0$. Dann gilt

$$\{Y = a + bx\} = \{X = x\}$$

und es folgt:

$$E(Y) = \sum_i y_i P(Y = y_i) = \sum_i (a + bx_i) P(Y = a + bx_i)$$
$$= \sum_i a + bx_i) P(X = x_i)$$
$$= a \cdot \sum_i P(X = x_i) + b \cdot \sum_i x_i P(X = 1)$$
$$= a \cdot 1 + bE(X)$$

Für $b = 0$ ist $P(Y = a) = 1$ und damit $E(Y) = \sum_i y_i P(Y = y_i) = a \cdot 1 = a$.

Beispiel

Die Wahrscheinlichkeit für eine Mädchengeburt ist ca. 0.48. Die mittlere Anzahl der Mädchen in einer Familie mit 3 Kindern wird dann wie folgt berechnet.

Jede Geburt stellt einen Zufallsvorgang (in Bezug auf das Geschlecht) dar. Daher haben wir 3 Zufallsvariablen X, Y, Z:

$$X = \begin{cases} 0 & \text{wenn das 1te Kind ein Junge ist} \\ 1 & \text{wenn das 1te Kind ein Mädchen ist} \end{cases}.$$

Analog sind Y und Z für das 2te und das 3te Kind definiert.

Die Summe $X + Y + Z$ gibt dann die Anzahl der Mädchen in der Familie an.

Nun ist

$$E(X) = 0 \cdot 0.52 + 1 \cdot 0.48.$$

Ebenso gilt

$$E(Y) = E(Z) = 0.48.$$

Folglich erhalten wir

$$E(X + Y + Z) = 0.48 + 0.48 + 0.48 = 1.44.$$

(Man beachte, daß es **nicht richtig** ist, einfach $E(3X)$ zu berechnen. X bezieht sich nur auf das erste Kind!)

Bei einer nichtlinearen Transformation erhalten wir i. d. R. den Erwartungswert der transformierten Variablen nicht aus dem der ursprünglichen. Jedoch läßt sich die Berechnung unter Verwendung der Verteilung der Ausgangsvariablen durchführen.

Sei X eine Zufallsvariable und $g(x)$ eine Funktion. Dann gilt für den **Erwartungswert der transformierten Zufallsvariablen** $Y = g(X)$,

a) falls X diskret ist und die Realisationsmöglichkeiten $x_1, x_2, \ldots$ mit den Wahrscheinlichkeiten $p_1, p_2, \ldots$ annimmt:

$$E(Y) = E(g(X)) = \sum_i g(x_i)p_i;$$

b) falls X stetig ist und die Dichte $f(x)$ hat:

$$E(Y) = E(g(X)) = \int_{-\infty}^{+\infty} g(x)f(x)dx.$$

Beispiel

Wir setzen das S-Bahn-Beispiel fort. Herr Jedermann interessiert sich bei seiner Ankunft auf dem S-Bahnhof für die mittlere Zeit zum näherliegenden Zug. Trifft er also in der ersten Hälfte des Intervalls [0; 20] ein, so nimmt er die seit Abfahrt des letzten Zuges verflossene Zeit. In der zweiten Hälfte ist dies die Wartezeit bis zum nächsten S-Bahn-Zug. Formal ist der Erwartungswert von $Y = g(X)$ gefragt, wobei

$$g(x) = \begin{cases} x & \text{für} \quad 0 \le x \le 10 \\ 20 - x & \text{für} \quad 10 < x \le 20. \end{cases}$$

Mit der Gleichverteilung der Zufallsvariablen X erhalten wir:

$$\begin{aligned}
E(Y) = E(g(X)) &= \int_0^{20} g(x) \cdot \frac{1}{20}\,dx \\
&= \int_0^{10} x \cdot \frac{1}{20}\,dx + \int_{10}^{20} (20-x) \cdot \frac{1}{20}\,dx \\
&= \frac{1}{20}\left(\frac{10^2}{2} - \frac{0^2}{2}\right) + \frac{20}{20}(20-10) - \frac{1}{20}\left(\frac{20^2}{2} - \frac{10^2}{2}\right) \\
&= 5 .
\end{aligned}$$

Der Erwartungswert des Abstandes zum näherliegenden Zug beträgt also 5 Minuten.

Der Median

Das theoretische Gegenstück zum empirischen Median ist der **theoretische Median**.

> Der **theoretische Median** ist das 0.5-Quantil der theoretischen Verteilung. Er wird mit $\tilde{\mu}$ bezeichnet.

Bei stetigen Zufallsvariablen gilt

$$P(X \leq \tilde{\mu}) = \tfrac{1}{2} = P(X \geq \tilde{\mu}).$$

Die Wahrscheinlichkeit, daß X einen Wert annimmt, der kleiner ist als $\tilde{\mu}$, ist also genauso groß wie die Wahrscheinlichkeit, daß X einen größeren Wert als $\tilde{\mu}$ annimmt.

Bei diskreten Zufallsvariablen X gilt diese einfache Aufteilung i. a. nicht. Vielmehr haben wir dann

$$P(X \leq \tilde{\mu}) \geq 1/2 \quad \text{und} \quad P(X \geq \tilde{\mu}) \geq 1/2 .$$

Als Verteilungsparameter wird der Median vor allem bei stetigen Variablen und bei feinabgestuften diskreten Variablen betrachtet. So gibt das US Bureau of Census als das mittlere Einkommen den Medianwert an. Er teilt die Bevölkerung in eine ärmere und eine wohlhabendere Hälfte.

Beispiel

Im Kapitel 5 haben wir die Pareto-Verteilung als Modell für die Einkommensverteilung der Bezieher höherer Einkommen kennengelernt. Die Verteilungsfunktion der Pareto-Verteilung lautet:

$$F(x) = \begin{cases} 0 & \text{für } x < k \\ 1 - (k/x)^{\alpha} & \text{für } x \geq k . \end{cases}$$

Den Median dieser Verteilung erhalten wir über den Ansatz

$$0.5 = F(\tilde{\mu}) = 1 - \left(\frac{k}{\tilde{\mu}}\right)^{\alpha} \Rightarrow$$

$$\frac{k^{\alpha}}{\tilde{\mu}^{\alpha}} = \frac{1}{2} \Rightarrow \tilde{\mu}^{\alpha} = k^{\alpha} \cdot 2 \Rightarrow$$

$$\tilde{\mu} = k \cdot 2^{1/\alpha} .$$

Der Median hängt noch von den beiden Parametern k und α ab. Für die in Kapitel 5 betrachteten Parameter $k = 6$, $\alpha = 4.8$ beträgt er:

$$\tilde{\mu} = 6.932\,.$$

Der Modus

Bei Zufallsvariablen bezeichnet man jede Stelle, an der die zugehörige Dichte oder Wahrscheinlichkeitsfunktion f(x) ein lokales Maximum hat, als Modus. (Im diskreten Fall sei darunter $f(x_i) > f(x_{i-1})$ und $f(x_i) > f(x_{i+1})$ verstanden.) Besitzt f(x) nur ein lokales Maximum, so heißt f(x) **unimodal** und der **Modus** wird mit $\mathring{\mu}$ bezeichnet. Ist f(x) zwei- oder mehrgipflig, so spricht man von einer **bimodalen** oder **multimodalen** Dichte. Diese treten häufig bei Mischungen von verschiedenen Grundgesamtheiten auf.

Als Lageparameter wird der Modus aber nur selten verwendet.

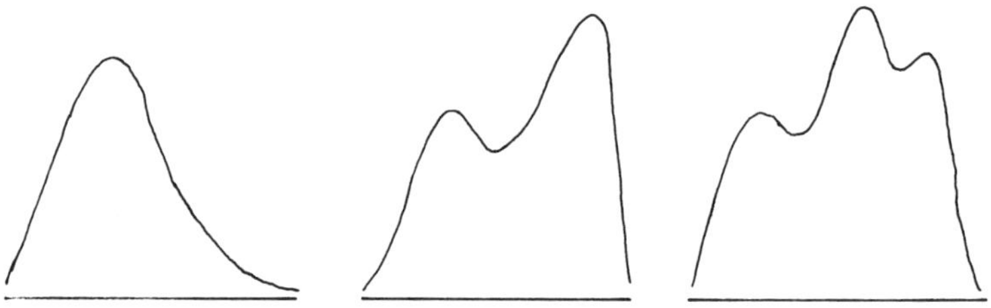

unimodale Dichte mit Modus $\mathring{\mu}$ | bimodale Dichte | trimodale Dichte

Abb.: Verschiedene Dichtefunktionen

6.3 Aufgaben

1. Berechnen Sie soweit möglich die Lageparameter $\bar{x}$, $\tilde{x}$ und $\mathring{x}$ für die Daten aus folgenden Aufgaben von Kapitel 2: 2, 3, 6, 10.
2. Um zu sehen, welche Fahrtstrecke zur Arbeit die schnellere ist, stoppte Herr Statist mehrmals die benötigten Zeiten:
   Route A: 29.5, 32.1, 31.1, 32.5, 28.8, 28.0, 25.0, 30.2, 29.1, 28.0, 30.5
   Route B: 29.6, 31.4, 32.1, 31.0, 28.9, 31.4, 30.7, 31.6, 37.0, 31.5, 30.5, 32.3
   a) Welche Route ist im Durchschnitt die schnellere?
   b) Wie lange hat Herr Statist im Gesamtdurchschnitt für seinen Arbeitsweg gebraucht?
   c) Ist noch eine der beiden Routen zu präferieren, wenn man die Durchschnittszeiten nach Elimination von jeweils einem extremen Wert betrachtet?
   d) Die beiden originalen Datensätze sollen mittels anderer Lageparameter verglichen werden, bei denen der Einfluß einzelner extremer Werte von vornherein nicht so groß ist. Geben Sie einen geeigneten Lageparameter an und bestimmen Sie die Werte für die beiden Datensätze!

3. Ein Aspekt des kulturellen Geschehens in einer Großstadt in den letzten Jahren ist in der folgenden, etwas vereinfachten Tabelle zusammengefaßt:

Y = Anzahl zahlender Besucher pro Jahr (in 1000)	Jahre mit je 30 bzw. 40 Konzerten p.a.	
24–30	5	2
30–40	4	4
40–46	1	9
46–60	0	5
	10	20

a) Bestimmen Sie jeweils die durchschnittliche Anzahl der Konzertbesucher pro Jahr für die Jahre, in denen 30 bzw. 40 Konzerte gegeben wurden.
b) Es sollen nun die beiden Gruppen von Jahren (die mit 30 und die mit 40 Konzerten) hinsichtlich der durchschnittlichen Anzahlen der Besucher pro Konzert miteinander verglichen werden.

4. Entscheiden Sie, welche Lageparameter jeweils für die angegebenen Variablen mit den skizzierten, auf realen Daten basierenden Verteilungen sinnvoll sind.

a) Windrichtung in Grad

$x_{i-1}^* < X \leq x_i^*$	n_i
0 – 20	32
20 – 40	64
40 – 60	145
60 – 80	59
80 – 100	19
100 – 140	14
140 – 220	11
220 – 260	12
260 – 300	21
300 – 320	20
320 – 340	14
340 – 360	18

b) Bewölkungsgrad (0 ≙ klarer Himmel, 10 ≙ geschlossene Wolkendecke)

x_i	n_i
0	3616
1	565
2	579
3	509
4	381
5	297
6	381
7	494
8	749
9	480
10	6074

c) Pausenlänge beim Sprechen in Millisekunden

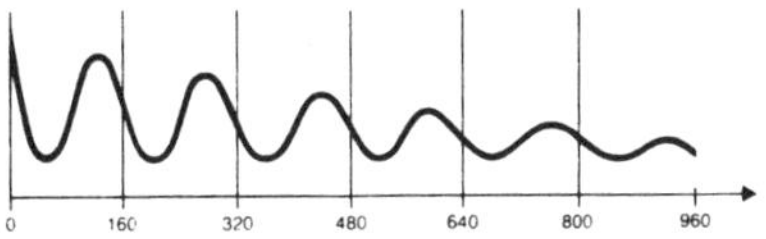

d) Anzahl von Fahrzeugen, die pro 1/2 Stunden durch eine Straße fahren
e) Schulnoten in einem Fach
f) Anfallender effektiver Jahreszins für Baudarlehen bei verschiedenen Banken:
6.42, 6.60, 6.60, 6.64, 6.70, 6.71, 6.71, 6.72, 6.72, 6.73, 6.75

5. Wie groß ist der Erwartungswert der Zufallsvariablen X aus Aufgabe 3 von Kapitel 5 („Mensch-ärgere-dich-nicht"-Spiel)?

Wie groß ist im Vergleich dazu die zu erwartende Zahl der Felder, die sich ergibt, wenn man bei einer Sechs nicht noch einmal würfeln darf?

6. Ein Hersteller von Großrechnern verkauft seine Anlage in zwei Ländern (Land A und Land B). Für die Anzahl monatlich verkaufter Anlagen im Land A (Anzahl = X) bzw. Land B (Anzahl = Y) gelten folgende Wahrscheinlichkeitsverteilungen:

Land A

i	x_i	$P(X = x_i)$
1	0	0.30
2	1	0.30
3	2	0.20
4	3	0.10
5	4	0.05
6	5	0.05
7	6	0.00

Land B

i	y_i	$P(Y = y_i)$
1	0	0.40
2	1	0.10
3	2	0.10
4	3	0.10
5	4	0.10
6	5	0.10
7	6	0.10

a) In welchem der beiden Länder kann der Hersteller erwarten, mehr Anlagen zu verkaufen?
b) Mit welchem Gesamtverkauf kann der Hersteller pro Monat rechnen?
c) Wieviele Anlagen wird das Land B im monatlichen Durchschnitt mehr kaufen als das Land A?
d) Machen Sie die Annahme, daß die Verkäufe in den beiden Ländern unabhängig voneinander sind (Diskussion!) und berechnen Sie die Wahrscheinlichkeit, daß in einem Monat überhaupt keine Anlagen verkauft werden (daß insgesamt 10 oder mehr Anlagen verkauft werden)!

7. Ein Hellseher verspricht, werdenden Eltern das Geschlecht des Babys vorauszusagen. Bei einem Irrtum erstattet er das Geld zurück.
a) Berechnen Sie das zu erwartende monatliche Einkommen des Hellsehers, wenn er das Hellsehen auf einem Münzwurf basiert und für eine Vorhersage 5 DM verlangt. Die Wahrscheinlichkeit für eine Jungengeburt sei 0.514. Er bekommt pro Monat 200 Anfragen.
b) Kann der Hellseher sein Einkommen verbessern, ohne besser hellsehen zu können?

8. Der Ausschußanteil an der Produktion eines bestimmten Gerätes ist gleich p. Es werden n Geräte unabhängig ausgewählt und die Zufallsvariablen $X_1, \ldots, X_n$ betrachtet:

$$X_i = \begin{cases} 1, & \text{falls das i'te Gerät Ausschuß ist} \\ 0 & \text{sonst.} \end{cases}$$

Die Zufallsvariable

$$X = X_1 + X_2 + \ldots + X_i + \ldots + X_n$$

gibt dann offenbar die Anzahl der Ausschußstücke unter den n betrachteten an. Berechnen Sie E(X).

9. Eine Zufallsvariable X nehme genau 3 ganzzahlige Werte an, davon den Wert $x_1 = 10$ mit Wahrscheinlichkeit $p_1 = 0.5$ und den Wert $x_3 = 50$ mit der Wahrscheinlichkeit p_3, $0 < p_3 < 0.5$.

Wo muß der Wert x_2 liegen, damit der Erwartungswert von X näher bei 50 als beim Modus $\mathring{\mu}$ der Verteilung liegt?
Wie groß ist der Median $\tilde{\mu}$?

10. Die Verteilung des Einkommens (in 1000 DM) in einer Gemeinde läßt sich vereinfacht durch die folgende Dichte beschreiben:

$$f(x) = \begin{cases} x/6 & \text{für } 0 \leq x < 2 \\ (6-x)/12 & \text{für } 2 \leq x \leq 6 \\ 0 & \text{sonst.} \end{cases}$$

Bestimmen Sie Modus, Median und Erwartungswert dieser Verteilung.

11. Bestimmen Sie den Erwartungswert der in Aufgabe 10 von Kapitel 5 angegebenen theoretischen Verteilung.

Weiteres Aufgabenmaterial befindet sich unter den Aufgaben zu Kapitel 7.

7 Streuungsparameter

Neben der Lage ist die Streuung das wichtigste Charakteristikum einer Verteilung. **Streuung** ist ein komparativer Begriff. Die Werte eines Datensatzes streuen mehr als die eines anderen, wenn sie weiter auseinander liegen. Von einer großen Streuung kann nur mit Bezug auf einen Vergleichswert gesprochen werden.

Die Erfassung der Streuung ist an das metrische Skalenniveau der Variablen gebunden. Zur Erfassung der Ausbreitung eines empirischen Datensatzes wird speziell ein Abstandsmaß benötigt.

Die Erörterung der empirischen Streuungsparameter wird leicht zu einer geeigneten Maßzahl der Streuung von Wahrscheinlichkeitsverteilungen führen.

Oft steigt mit dem Niveau der Daten auch die Streuung. So haben Entfernungsmessungen von mehreren Kilometern eine größere Streuung als Messungen im Zentimeterbereich. Hier ist es nicht sinnvoll, einfach Maßzahlen der Streuung miteinander zu vergleichen. Vielmehr werden die Streuungsmaßzahlen dann auf geeignete Lageparameter bezogen. Die resultierenden Parameter werden als **Dispersionskoeffizienten** bezeichnet. Wir geben die Dispersionskoeffizienten jeweils im Zusammenhang mit den zugrundeliegenden Streuungsparametern an.

7.1 Empirische Streuungsparameter

Problemstellung

Zeitstudien dienen der Erstellung von Arbeitsnormen. Dazu wird die für den betreffenden Vorgang benötigte Zeit wiederholt gemessen. Als Norm wird ein geeigneter Lageparameter der gemessenen Zeiten genommen.

Ein Problem ist dabei die Genauigkeit solcher Zeitstudien.

In einer Studie wurde zehnmal gemessen, wieviel Zeit (in Minuten) für das Verschweißen von vier Bolzen mit einem Träger benötigt wurde. (R. M. Wygant: How Accurate is Stop Watch Time Study; The Journal of Methods-Time Measurement 12 (1986) S. 36–39):

$$0.30 \quad 0.21 \quad 0.19 \quad 0.27 \quad 0.32 \quad 0.30 \quad 0.26 \quad 0.22 \quad 0.31 \quad 0.20 .$$

Die Frage ist nun, wie gut der verwendete Lageparameter die Messungen repräsentiert. (Üblicherweise wird bei Zeitstudien das arithmetische Mittel genommen.)

Durchschnittliche Abweichung und Standardabweichung

Wir haben den Median und das arithmetische Mittel über die Minimierung von Abständen eingeführt. Es ist naheliegend, die Abstandssummen als Basis von Maßzahlen der Streuung zu nehmen.

Für einen Datensatz $x_1, \ldots, x_n$ mit dem Median $\tilde{x}$ und dem arithmetischen Mittel $\bar{x}$ sind

die **durchschnittliche Abweichung**: $d = \frac{1}{n} \sum_{v=1}^{n} |x_v - \tilde{x}|$,

die **Varianz**: $s^2 = \frac{1}{n} \sum_{v=1}^{n} (x_v - \bar{x})^2$,

die **Standardabweichung**: $s = \sqrt{\frac{1}{n} \sum_{v=1}^{n} (x_v - \bar{x})^2}$.

Die Mittelbildung beseitigt bei den Streuungsparametern den Effekt, daß sie allein durch eine große Anzahl von Werten aufgebläht würden.

Die Varianz kann inhaltlich als Streuungsparameter nicht voll befriedigen. Sie hat eine andere Dimension als die Daten selbst. Dieses Problem wird mit dem Übergang zur Standardabweichung behoben. Da andererseits die Standardabweichung durch die Wurzel aus einer Summe zu einem formal eher unhandlichen Gebilde wird, betrachten wir bei allgemeinen Überlegungen meist die Varianz selbst.

Häufig wird die Varianz auch in der Form

$$\frac{1}{n-1} \sum_{v=1}^{n} (x_v - \bar{x})^2$$

definiert. Der Faktor $1/(n-1)$ erweist sich für die Schätzung der entsprechenden theoretischen Größe geeigneter als $1/n$. Die Bedeutung dieser Fragestellung wird später offenbar. Jedoch läßt sie sich auch daran ermessen, daß die **modifizierte Varianz** auf vielen Taschenrechnern einprogrammiert ist.

Beispiel

Für die Daten der Problemstellung erhalten wir d und s entsprechend folgender Arbeitstabelle, wobei $\bar{x} = 0.258$ und $\tilde{x} = 0.265$ sind:

Tab.: Arbeitstabelle zur Berechnung von d und s

v	x_v	$\lvert x_v - \tilde{x}\rvert$	$x_v - \bar{x}$	$(x_v - \bar{x})^2$
1	0.30	0.035	0.042	0.001764
2	0.21	0.055	−0.048	0.002304
3	0.19	0.075	−0.068	0.004624
4	0.27	0.005	0.012	0.000144
5	0.32	0.055	0.062	0.003844
6	0.30	0.035	0.042	0.001764
7	0.26	0.005	0.002	0.000004
8	0.22	0.045	−0.038	0.001444
9	0.31	0.045	0.052	0.002704
10	0.20	0.065	−0.058	0.003364
Σ		0.420		0.021960

Damit sind

$$d = \tfrac{1}{10} \cdot 0.420 = 0.042,$$
$$s = \sqrt{\tfrac{1}{10} 0.02196} = 0.0469.$$

Die Meßwerte unterscheiden sich hier höchstens um das 1.8-fache der Streuungsmaße von den Lageparametern. Die qualitative Einschätzung dieses Ergebnisses sowie der Zahlenwerte der Streuungsparameter bleibt jedoch dem Standardzeitanalytiker überlassen.

Die sich im Beispiel ergebende Relation $d < s$ gilt in abgeschwächter Form allgemein. Stets ist nämlich $d \leq s$, wenn beide Parameter aus einem Datensatz berechnet werden.

Auf die Berechnung von d und s aus bereits aufbereiteten Daten gehen wir hier nicht ein. Für s behandeln wir diese Frage sowie weitere Eigenschaften von s anhand der Varianz. Für die durchschnittliche Abweichung gelten die dortigen Überlegungen zur Berechnung analog.

Die **Streuungsparameter** d_Y und s_Y **eines linear transformierten Datensatzes** $y_\nu = a + bx_\nu$ hängen von d_X bzw. s_X in folgender Weise ab:

$$d_Y = |b| \cdot d_X$$
$$s_Y = |b| \cdot s_X.$$

Der Nachweis dieser Eigenschaft, die beide Streuungsparameter besitzen, geschieht praktisch durch Hinschreiben, wobei $\tilde{y} = a + b\tilde{x}$ sowie $\bar{y} = a + b\bar{x}$ zu beachten sind. Für die durchschnittliche Abweichung geht dies so:

$$d_Y = \frac{1}{n} \sum |y_\nu - \tilde{y}| = \frac{1}{n} \sum |(a + bx_\nu) - (a + b\tilde{x})| = \frac{1}{n} \sum |b \cdot (x_\nu - \tilde{x})|$$
$$= |b| d_x.$$

Wird für den Faktor b speziell der Wert $1/s_X$ gewählt, so haben die transformierten Werte die Standardabweichung 1. Diese Transformation wird als **Normierung** bezeichnet. Die **Standardisierung** ist diejenige Transformation, die sowohl eine Zentrierung als auch eine Normierung bewirkt. Für den transformierten Datensatz $y_1, \ldots, y_n$ gilt dann:

$$\bar{y} = 0, \quad s_Y = 1.$$

Dies wird erreicht mit der Wahl

$$a = -\frac{\bar{x}}{s_X}, \quad b = \frac{1}{s_X}.$$

Die **Standardisierung** der Daten $x_1, \ldots, x_n$ ist die Transformation

$$y_\nu = \frac{x_\nu - \bar{x}}{s_X},$$

die $\bar{y} = 0$ und $s_Y = 1$ bewirkt.

Beispiel

Für die zehn Zeitmessungen erhielten wir: $\bar{x} = 0.258$, $s_X = 0.0469$. Damit ergeben sich die standardisierten Werte $y_\nu = (x_\nu - 0.258)/0.0469$:

ν	x_ν	$x_\nu - \bar{x}$	y_ν
1	0.30	0.042	0.8955
2	0.21	−0.048	−1.0235
3	0.19	−0.068	−1.4499
4	0.27	0.012	0.2559
5	0.32	0.062	1.3220
6	0.30	0.042	0.8955
7	0.26	0.002	0.0426
8	0.22	−0.038	0.8102
9	0.31	0.052	1.1087
10	0.20	−0.058	1.2367

Bei Streuungsvergleichen von Datensätzen mit unterschiedlichem Niveau wird die Standardabweichung oft auf das arithmetische Mittel bezogen. Der resultierende Parameter

$$v = \frac{s}{\bar{x}}$$

wird als **Variationskoeffizient** bezeichnet.

Beispiel

Im Rahmen einer Untersuchung über mathematisch-naturwissenschaftliche Hochbegabung (E. van der Meer, Z. Psychol. 193 (1985), S. 229–257) wurden die Erkennungszeiten von geometrischen Mustern bei zwei Gruppen von je 15 Jugendlichen gemessen. Die Messungen ergaben:

$$\begin{aligned} &\text{Extremgruppe:} && \bar{x} = 3695\,[\text{ms}] && s_X = 323\,[\text{ms}], \\ &\text{Kontrollgruppe:} && \bar{y} = 18812\,[\text{ms}] && s_Y = 1764\,[\text{ms}]. \end{aligned}$$

Die Mittelwerte sind sehr verschieden, ebenso die Standardabweichungen. Die Variationskoeffizienten

$$v_X = s_X/\bar{x} = 0.0874$$
$$v_Y = s_Y/\bar{y} = 0.0938$$

zeigen aber, daß die Variation in beiden Gruppen als gleich stark einzustufen ist.

Varianz

Da die Berücksichtigung der Wurzel eher zu unhandlichen Ausdrücken führt, wollen wir schon die Varianz s^2 als Streuungsparameter ansehen.

Der Berechnung von s^2 aus bereits aufbereiteten Daten liegen die gleichen Überlegungen wie beim arithmetischen Mittel zugrunde.

Seien also $x_1, \ldots, x_k$ die Realisationsmöglichkeiten und $n_1, \ldots, n_k$ die zugehörigen absoluten Häufigkeiten mit $n_1 + \ldots + n_k = n$. Dann gilt

$$s^2 = \frac{1}{n}[\underbrace{(x_1 - \bar{x})^2 + \ldots + (x_1 - \bar{x})^2}_{n_1\text{-mal}} + \ldots + \underbrace{(x_k - \bar{x})^2 + \ldots + (x_k - \bar{x})^2}_{n_k\text{-mal}}]$$

$$= \frac{1}{n} \sum_{i=1}^{k} (x_i - \bar{x})^2 \cdot n_i$$

$$= \sum_{i=1}^{k} (x_i - \bar{x})^2 \cdot h_i .$$

Dabei sind die h_i die relativen Häufigkeiten, $h_i = n_i/n$.

Bei klassierten Daten sind in den letzten Formeln die x_i durch die jeweiligen Klassenmitten m_i zu ersetzen. Dann ist

$$s^2 = \frac{1}{n} \sum_{i=1}^{k} (m_i - \bar{x})^2 \cdot n_i = \sum_{i=1}^{k} (m_i - \bar{x})^2 \cdot h_i .$$

In zahlreichen Fällen erlaubt die nachstehende Darstellung der Varianz eine vereinfachte Berechnung.

Für eine beliebige Konstante c gilt der als **Verschiebungssatz** bezeichnete Zusammenhang:

$$s^2 = \frac{1}{n} \sum_{v=1}^{n} (x_v - \bar{x})^2 = \frac{1}{n} \sum_{v=1}^{n} (x_v - c)^2 - (\bar{x} - c)^2 .$$

Speziell ist ($c = 0$):

$$s^2 = \frac{1}{n} \sum_{v=1}^{n} x_v^2 - \bar{x}^2$$

$$= \overline{x^2} - \bar{x}^2 .$$

Dabei ist $\overline{x^2}$ das arithmetische Mittel der quadrierten x-Werte.

Die angegebene Beziehung ergibt sich aus

$$\begin{aligned}\sum (x_v - c)^2 &= \sum [(x_v - \bar{x}) + (\bar{x} - c)]^2 \\ &= \sum [(x_v - \bar{x})^2 + 2(x_v - \bar{x})(\bar{x} - c) + (\bar{x} - c)^2] \\ &= \sum (x_v - \bar{x})^2 + 2(\bar{x} - c)\sum (x_v - \bar{x}) + n(\bar{x} - c)^2 \\ &= \sum (x_v - \bar{x})^2 + n(\bar{x} - c)^2 .\end{aligned}$$

Beispiel

Eine Befragung unter den Teilnehmern einer Lehrveranstaltung im Fachbereich Wirtschaftswissenschaften ergab folgende Verteilung der zum Gelderwerb aufgewendeten Zeit im Semester. (Eigene Erhebung.)

Damit sind

$$\bar{x} = \tfrac{1}{50}\, 583.5 = 11.67$$

$$s^2 = \tfrac{1}{50}\, 9381.75 - 11.67^2 = 51.446.$$

Tab.: Wöchentliche Arbeitszeit während des Semesters (in Std.)

i	$x_{i-1}^* \leq X < x_i^*$	n_i	m_i	$m_i n_i$	$m_i^2 \cdot n_i$
1	0– 5	10	2.5	25	62.5
2	5– 9	11	7	77	539
3	9–14	12	11.5	138	1587
4	14–19	8	16.5	132	2178
5	19–24	5	21.5	107.5	2311.25
6	24–28	4	26	104	2704
		50			9381.75

Die auf dem Verschiebungssatz basierende Berechnungsweise von s^2 ist hier der anderen Art vorzuziehen, da die Bestimmung von $\overline{x^2}$ und $\bar{x}$ sehr einfach ist, der Übergang zu den zentrierten Werten dagegen zu aufwendigen Ausdrücken $(x_\nu - \bar{x})^2$ führen würde.

Werden mehrere Datensätze zu einem vereinigt, so läßt sich die Varianz des **gepoolten Datensatzes** aus den einzelnen Varianzen und arithmetischen Mitteln berechnen.

$\bar{x}_1, \ldots, \bar{x}_k, s_1^2, \ldots, s_k^2$ seien die arithmetischen Mittel und Varianzen von k Datensätzen, die jeweils aus $n_1, \ldots, n_k$ Werten derselben Variablen X bestehen. Dann gilt für die **Varianz** s^2 **des zusammengefaßten Datensatzes** aus $n = n_1 + \ldots + n_k$ Werten, wenn $\bar{x}$ das arithmetische Mittel aller n Werte ist:

$$s^2 = \sum_{i=1}^{k} \frac{n_i}{n} s_i^2 + \sum_{i=1}^{k} \frac{n_i}{n} (\bar{x}_i - \bar{x})^2 .$$

Zum Nachweis bezeichnen wir die Werte des i-ten Datensatzes mit $x_{ij}, j = 1, \ldots, n_i$. Nach dem Verschiebungssatz (mit $c = \bar{x}$) gilt für den i-ten Datensatz:

$$\sum_j (x_{ij} - \bar{x})^2 = \sum_j (x_{ij} - \bar{x}_i)^2 + n_i(\bar{x}_i - \bar{x})^2 = n_i s_i^2 + n_i(\bar{x}_i - \bar{x})^2 .$$

Addition aller k Gleichungen führt auf

$$\sum_i \sum_j (x_{ij} - \bar{x})^2 = \sum_i n_i s_i^2 + \sum_i n_i(\bar{x}_i - \bar{x})^2 .$$

Division durch n ergibt die gewünschte Beziehung.

Die angegebene Beziehung wird auch als Formel der **Streuungszerlegung** bezeichnet. Der Name rührt daher, daß die Gesamtvarianz aller Werte in zwei Komponenten zerlegt ist:

$$\begin{array}{c} \text{Gesamte} \\ \text{Varianz} \end{array} = \begin{array}{c} \text{Varianz innerhalb} \\ \text{der Gruppen} \end{array} + \begin{array}{c} \text{Varianz zwischen} \\ \text{den Gruppen} \end{array} .$$

Dabei ist die Varianz zwischen den Gruppen, d.h. Einzeldatensätzen, die Summe der gewichteten quadratischen Abweichungen der Gruppenmittelwerte vom Gesamtmittel.

Beispiel

Zusätzlich zu den zehn Zeitabnahmen, die in der Problemstellung angegeben sind, wurde weitere siebzigmal die für den Schweißvorgang benötigte Zeit ermittelt.

Tab.: Häufigkeitsverteilung von Zeiten für einen Schweißvorgang

i	1	2	3	4	5	6	7	8
x_i	0.19	0.20	0.21	0.22	0.23	0.24	0.25	0.26
n_i	3	8	7	8	6	8	12	4
i	9	10	11	12	13	14	15	16
x_i	0.27	0.28	0.29	0.30	0.31	0.32	0.33	0.34
n_i	6	3	1	0	1	1	1	1

Für diesen Datensatz gilt:

$$\bar{x} = 0.240, \quad s^2 = 0.001071.$$

Die Vereinigung der beiden Datensätze umfaßt $n = 10 + 70 = 80$ Werte. Als Parameter des gesamten Datensatzes erhalten wir:

$$\begin{aligned} \bar{x} &= \tfrac{10}{80} \cdot 0.258 + \tfrac{70}{80} 0.240 = 0.242, \\ s^2 &= \tfrac{10}{80} \cdot 0.0021996 + \tfrac{70}{80} \cdot 0.001071 + \tfrac{10}{80}(0.258 - 0.242)^2 \\ &\quad + \tfrac{70}{80}(0.240 - 0.242)^2 \\ &= 0.00125. \end{aligned}$$

Weitere Streuungsparameter

Bei der Konstruktion von Streuungsparametern gibt es im wesentlichen zwei Ansätze. Einmal bilden die Abweichungen der Werte von einem Lageparameter den Ausgangspunkt. Dies führte uns zur durchschnittlichen Abweichung und zur Standardabweichung. Der andere Ansatz geht von Differenzen zwischen Beobachtungen selbst aus.

5-Zahlen-Zusammenfassungen und Box-Plots sind geeignet, um Datensätze in knapper Form zu beschreiben. Sie erlauben insbesondere, Niveau und Ausbreitung der Daten zu erfassen. Durch sie werden auch zwei einfache Streuungsparameter nahegelegt: den Gesamtausdehnungsbereich aller Daten vom Minimum bis zum Maximum und die Ausbreitung des zentralen Bereiches der Daten, d.h. den Abstand zwischen dem unteren und dem oberen Quartil.

Die **Spannweite** eines Datensatzes $x_1, \ldots, x_n$ ist der Abstand vom minimalen und maximalen Wert:

$$s_M = x_{(n)} - x_{(1)}.$$

Der **Quartilsabstand** des Datensatzes ist der Abstand zwischen unterem und oberem Quartil:

$$s_Q = x_{0.75} - x_{0.25}.$$

Die Spannweite ist sehr einfach zu ermitteln. Als Streuungsparameter hat sie aber wesentliche Nachteile:

- Sind die Realisationsmöglichkeiten einer Variablen theoretisch nicht begrenzt, so wird bei großem n auch mit ziemlicher Sicherheit die Spannweite groß.
- Die Spannweite reagiert sehr empfindlich auf einzelne extreme Werte.

Der Quartilsabstand wächst dagegen nicht automatisch mit dem Umfang des Datensatzes. Er wird auch nicht von einzelnen extremen Werten beeinflußt. Unter anderem macht dies den Quartilsabstand zu einer beliebten Streuungsmaßzahl im Rahmen der Exploration von Datensätzen.

Beispiel

Die Bewertung der Kaiserschnitt-Entbindungen führt zu unterschiedlichen Anteilen von Kaiserschnitten in verschiedenen Kliniken. Ein regionaler Vergleich wurde von E. Hochuli (Neue Zürcher Zeitung vom 5.2.1986) gegeben.

Während die Spannweiten auf eine relativ unterschiedliche Einschätzung innerhalb der Länder hindeuten, stimmen die Quartilsabstände fast überein. Dies deutet auf (eine) einzelne extreme Klinik(en) in der Schweiz hin.

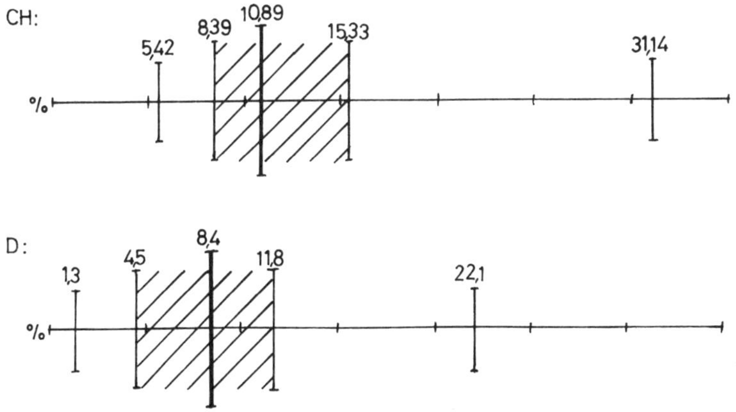

Abb.: Box-Plots für die Kaiserschnittanteile pro Klinik in der Schweiz und in Deutschland

	s_M	s_Q
Schweiz	25.72	6.94
Deutschland	20.71	6.83

Spannweite und Quartilsabstand verhalten sich bei Lineartransformationen genauso wie durchschnittliche Abweichung und Standardabweichung: Ist $y_v = a + bx_v$ der transformierte Datensatz, so gilt:

$$s_M(Y) = |b| s_M(X),$$
$$s_Q(Y) = |b| s_Q(X).$$

Auf dem Quartilsabstand basiert der **Quartilsdispersionskoeffizient**

$$\frac{x_{0.75} - x_{0.25}}{\tilde{x}}.$$

Dieser wird z. B. vom Statistischen Bundesamt bei Vergleichen von Streuungen von Preisen unterschiedlicher Gebrauchsgüter verwendet. Im Apfel-Beispiel in Abschnitt 2.4 sind die Quartilsdispersionskoeffizienten für die Äpfelpreise in der letzten Zeile der zugehörigen Tabelle angegeben.

7.2 Die theoretische Varianz

Definition der Varianz

Die theoretische Varianz ist die bei weitem wichtigste Maßzahl für die Streuung theoretischer Verteilungen. Wir beschränken uns daher auf ihre Behandlung.

So wie der Erwartungswert ausgehend vom arithmetischen Mittel als Lageparameter von Wahrscheinlichkeitsverteilungen eingeführt wurde, so können wir auch die theoretische Varianz in Analogie zur empirischen Varianz einführen.

Die empirische Varianz eines Datensatzes, der in tabellierter Form vorliegt, ist

$$s^2 = \sum_i (x_i - \bar{x})^2 \cdot h_i.$$

Für die theoretische Varianz einer diskreten Zufallsvariablen X mit der Wahrscheinlichkeitsfunktion $p_i = P(X = x_i)$ $i = 1, 2, \ldots$ erhalten wir dann den Ausdruck

$$\sum_i (x_i - \mu)^2 p_i.$$

Dieser charakterisiert die Ausbreitung der Wahrscheinlichkeitsverteilung von X.

Zur Ableitung der Varianz einer stetigen Zufallsvariablen X mit der Dichte f(x) starten wir mit der empirischen Varianz eines klassierten Datensatzes:

$$s^2 = \sum_i (m_i - \bar{x})^2 h_i.$$

Wie bei der Einführung des Erwartungswertes ersetzen wir die Klassenhäufigkeiten h_i durch das Produkt von Häufigkeitsdichte und Klassenbreite:

$$s^2 = \sum_i (m_i - \bar{x})^2 \hat{f}(m_i) \Delta_i.$$

Der (heuristische) Grenzübergang „Vergrößern des Stichprobenumfanges und Verkleinern der Klassenbreiten“ ergibt dann:

$$\sum_i (m_i - \bar{x})^2 \hat{f}(m_i) \Delta_i \rightarrow \int_{-\infty}^{+\infty} (x - E(X))^2 f(x) dx.$$

X sei eine Zufallsvariable mit der Wahrscheinlichkeitsfunktion $p_i = P(X = x_i)$ $i = 1, 2, \ldots$ bzw. der Dichte $f(x)$. Der Erwartungswert von X sei $E(X) = \mu$. Die **Varianz** von X (oder von der Verteilung von X) ist dann

$$V(X) = \sigma^2 = \sum_i (x_i - \mu)^2 p_i \qquad \text{falls X diskret ist;}$$

$$V(X) = \sigma^2 = \int_{-\infty}^{+\infty} (x - \mu)^2 f(x) dx \qquad \text{falls X stetig ist.}$$

Die **Standardabweichung** von X ist $\sigma = \sqrt{\sigma^2}$.

Beispiel

Im Abschnitt 5.2 haben wir als Modell für die Zufallsvariable X = „Winkel zum nächsten Nachbarn eines Köhlers“ die Wahrscheinlichkeitsfunktion

$$f(x) = \begin{cases} 0.14 - \dfrac{1.3}{3}\left(\dfrac{x - 90}{200}\right)^2 & x = 10, 30, 50, \ldots, 170 \\ 0 & \text{sonst} \end{cases}$$

betrachtet.

Wir erhalten leicht: $E(X) = 90$.

Die Varianz dieser Verteilung ist

$$\begin{aligned} V(X) &= \sum_{i=1}^{9} (x_i - 90)^2 f(x_i) \\ &= (10 - 90)^2 \cdot 0.070 + (30 - 90)^2 \cdot 0.101 + (50 - 90)^2 \cdot 0.123 \\ &\quad + (70 - 90)^2 \cdot 0.136 + (90 - 90)^2 \cdot 0.140 + (110 - 90)^2 \cdot 0.136 \\ &\quad + (130 - 90)^2 \cdot 0.123 + (150 - 90)^2 \cdot 0.101 + (170 - 90)^2 \cdot 0.070 \\ &= 2125.6. \end{aligned}$$

Die Standardabweichung beträgt

$$\sigma = 46.1.$$

Beispiel

Für die Wartezeit X auf die nächste S-Bahn ist eine Gleichverteilung über dem Intervall [0; 20] unter geeigneten Voraussetzungen ein plausibles Modell. Im Abschnitt 6.2 haben wir den Erwartungswert von X berechnet:

$$\mu = E(X) = 10.$$

Für die Varianz erhalten wir:

$$V(X) = \int_{-\infty}^{+\infty} (x-\mu)^2 f(x)\,dx = \int_0^{20} (x-10)^2 \cdot \frac{1}{20}\,dx$$
$$= \frac{1}{20}\int_0^{20} (x^2 - 20x + 100)\,dx$$
$$= \frac{1}{20}\left[\frac{1}{3}20^3 - \frac{1}{2}20^3 + 100 \cdot 20\right]$$
$$= \frac{1}{3}400 - \frac{1}{2} \cdot 400 + 100$$
$$= 33.33\,.$$

Auch hier ist die Standardabweichung $\sigma = \sqrt{V(X)}$ mit

$$\sigma = 5.77$$

die eigentliche Maßzahl für die Streuung.

Eigenschaften

Der Erwartungswert einer beliebig transformierten Variablen $Y = g(X)$ lautet nach Abschnitt 6.2:

$$E(Y) = \sum_i g(x_i)P(X = x_i) \quad \text{bzw.} \quad E(Y) = \int_{-\infty}^{+\infty} g(x)f(x)\,dx,$$

je nachdem, ob X diskret oder stetig ist. Wählen wir die spezielle Transformation $g(X) = (X - \mu)^2$, so sehen wir, daß gilt:

$$E((X-\mu)^2) = V(X)\,.$$

Die Varianz ist also die erwartete quadratische Abweichung der Variablen X von ihrem Erwartungswert $\mu = E(X)$.

Diese Formulierung weist noch einmal auf die inhaltliche Bedeutung der Varianz hin. Außerdem haben wir damit eine einfache Schreibweise für die Varianz, die den diskreten und den stetigen Fall zugleich erfaßt. Zudem erlaubt diese Schreibweise die Ausnutzung der Rechenregeln für den Erwartungswert bei dem Nachweis von Eigenschaften der Varianz.

Die **Varianz** besitzt folgende **Eigenschaften**:

(1) Für die Varianz V(X) einer Zufallsvariablen X gilt:

$$V(X) = E(X^2) - E(X)^2\,.$$

(2) Zwischen den Varianzen einer Zufallsvariablen X und der linear transformierten Variablen $Y = a + bX$ besteht der Zusammenhang:

$$V(Y) = V(a + bX) = b^2 V(X)\,.$$

(3) Die beiden Zufallsvariablen X und Y seien stochastisch unabhängig. Dann gilt für die Zufallsvariable $Z = X + Y$:

$$V(Z) = V(X+Y) = V(X) + V(Y),$$

und

$$\sigma_Z = \sigma_{X+Y} = \sqrt{\sigma_X^2 + \sigma_Y^2}\,.$$

Zu (1): Mit $\mu = E(X)$ ist $V(X) = E((X-\mu)^2)$. Ausmultiplizieren führt auf

$$V(X) = E(X^2 - 2\mu X + \mu^2).$$

Anwenden der Rechenregeln für den Erwartungswert ergibt:

$$V(X) = E(X^2) - 2\mu E(X) + \mu^2 = E(X^2) - 2\mu^2 + \mu^2 = E(X^2) - \mu^2.$$

Zu (2): Es ist $E(Y) = E(a + bX) = a + b\mu$, wenn μ der Erwartungswert von X ist. Somit folgt:

$$\begin{aligned} V(Y) &= V(a + bX) = E((a + bX - a - b\mu)^2) = E((bX - b\mu)^2) \\ &= b^2 E((X-\mu)^2) = b^2 V(X). \end{aligned}$$

Auf den Nachweis von (3) wird verzichtet.

Die Eigenschaften (1) und (2) entsprechen solchen der empirischen Varianz:

$$s^2 = \overline{x^2} - \bar{x}^2 \quad \text{und} \quad s^2_{a+bX} = b^2 s^2_X.$$

Die **Standardisierung** einer Zufallsvariablen X mit Erwartungswert μ und Varianz σ^2 ist analog zur Standardisierung eines Datensatzes die Transformation $T(X) = (X-\mu)/\sigma$. Für die **standardisierte Zufallsvariable** $Y = T(X)$ gilt:

$$E(Y) = 0, \quad V(Y) = 1.$$

Bei den theoretischen wie auch bei den empirischen Varianzen ist die Varianz einer Summe nicht stets gleich der Summe der Varianzen. Für die theoretischen Parameter gilt dies jedoch zumindest bei Unabhängigkeit der Zufallsvariablen.

Beispiel

Im Abschnitt 5.3 haben wir als Modell für die Einkommensverteilung von Angestellten mit einem Mindestgehalt von 6 TDM pro Monat eine Pareto-Verteilung betrachtet. Zur Vereinfachung wählen wir hier die Parameter $k = 6$ und $\alpha = 5$. Dann ist die Dichte dieser Verteilung

$$f(x) = \begin{cases} 5 \cdot \dfrac{6^5}{x^6} & \text{für } x \geq 6 \\ 0 & \text{sonst.} \end{cases}$$

Der Erwartungswert dieser Verteilung ist

$$\begin{aligned} E(X) &= \int_6^\infty x \cdot 5 \frac{6^5}{x^6}\,dx = 5 \cdot 6^5 \int_6^\infty \frac{1}{x^5}\,dx = 5 \cdot 6^5 \left[\frac{1}{4} \cdot (-1) \cdot \frac{1}{x^4}\right]_6^\infty \\ &= 5 \cdot 6^5 \cdot \left(\frac{1}{4} \cdot \frac{1}{6^4} - 0\right) = 7.5. \end{aligned}$$

Zur Bestimmung der Varianz berechnen wir

$$\begin{aligned} E(X^2) &= \int_6^\infty x^2 5 \frac{6^5}{x^6}\,dx = 5 \cdot 6^5 \int_6^\infty \frac{1}{x^4}\,dx = 5 \cdot 6^5 \left[\frac{1}{3}(-1)\frac{1}{x^3}\right]_6^\infty \\ &= 5 \cdot 6^5 \left(\frac{1}{3} \cdot \frac{1}{6^3} - 0\right) = 60. \end{aligned}$$

Somit ist

$$V(X) = E(X^2) - E(X)^2 = 60 - 7.5^2 = 3.75.$$

Die Summe Z zweier unabhängiger Zufallsvariablen X und Y mit dieser Verteilung besitzt die Varianz

$$V(Z) = V(X + Y) = 3.75 + 3.75 = 7.5.$$

Die Standardabweichung von $Z = X + Y$ beträgt

$$\sigma_Z = \sqrt{V(X + Y)} = \sqrt{V(X) + V(Y)} = 2.74.$$

Hier sind zwei Punkte bemerkenswert. X und Y haben dieselbe Verteilung. Sie beschreiben etwa die Einkommen zweier zufällig ausgewählter Personen aus der Gruppe mit einem Mindesteinkommen von DM 6000. Dennoch ist

$$V(Z) \neq V(2X).$$

Denn mit den angegebenen Rechenregeln gilt

$$V(2X) = 2^2 V(X) = 4 \cdot V(X).$$

2X würde inhaltlich das doppelte Einkommen einer zufällig ausgewählten Person aus dieser Gruppe bedeuten.

Der zweite bemerkenswerte Punkt betrifft die Bestimmung der Standardabweichung. Obwohl Z die Summe der Variablen X und Y ist, und die Standardabweichung die eigentliche Maßzahl für die Streuung darstellt, dürfen σ_X und σ_Y nicht einfach addiert werden. Die Addition ist bei unabhängigen Zufallsvariablen vielmehr für die Varianz gültig.

Die Tschebyschev-Ungleichung

Die Standardabweichung ist ein Streuungsparameter der Zufallsvariablen X, genauer ein Maß der Streuung um den Erwartungswert μ von X. Dies legt die Interpretation nahe, daß bei einer kleinen Standardabweichung extreme Abweichungen von μ seltener zu erwarten sind als bei einer großen. „Seltener zu erwarten" heißt aber eine geringere Wahrscheinlichkeit zu haben. In diesem Sinn gilt die Interpretation tatsächlich. Dies folgt aus der **Ungleichung von Bienaymé-Tschebyschev**, kurz Tschebyschev-Ungleichung genannt. Sie gibt eine Abschätzung für die Wahrscheinlichkeit an, daß die Variable X einen Wert innerhalb eines Bereiches um den Erwartungswert annimmt.

Um die Bedeutung der Standardabweichung als Streuungsparameter herauszustellen, gehen wir von den **zentralen Schwankungsintervallen**

$$[\mu - k \cdot \sigma, \mu + k \cdot \sigma]$$

aus. Hier werden zentrale Bereiche um den Erwartungswert μ in Abhängigkeit von der Standardabweichung σ angegeben. Bei $k = 1, 2, 3, \ldots$ sprechen wir vom einfachen, zweifachen, dreifachen, ... zentralen Schwankungsintervall.

Für eine Zufallsvariable X mit Erwartungswert μ und Varianz σ^2 gilt bei beliebigem $k > 0$ die **Tschebyschev-Ungleichung**

$$P(\mu - k \cdot \sigma \leq X \leq \mu + k \cdot \sigma) \geq 1 - \frac{1}{k^2}.$$

Zu der angegebenen Form gibt es verschiedene **Varianten der Tschebyschev-Ungleichung**. Einmal kann der Bereich um μ durch $\mu - a \leq X \leq \mu + a$ beschrieben werden. Dazu wird einfach $k = a/\sigma$ gesetzt. Es resultiert die Ungleichung

$$P(\mu - a \leq X \leq \mu + a) \geq 1 - \frac{\sigma^2}{a^2}.$$

Zum anderen erhalten wir mit dem Übergang zu komplementären Ereignissen sofort eine Abschätzung für die Wahrscheinlichkeit, daß die Zufallsvariable X einen Wert außerhalb des k-fachen zentralen Schwankungsintervalles annimmt. Dieses Ereignis ist

$$\overline{\{\mu - k \cdot \sigma \leq X \leq \mu + k \cdot \sigma\}} = \overline{\{|X - \mu| \leq k \cdot \sigma\}} = \{|X - \mu| > k \cdot \sigma\}.$$

Daher gilt

$$P(|X - \mu| > k \cdot \sigma) \leq \frac{1}{k^2},$$

bzw.

$$P(|X - \mu| > a) \leq \frac{\sigma^2}{a^2},$$

wenn wir wieder $k = a/\sigma$ setzen.

Wir skizzieren den Nachweis anhand der letzten Variante für eine diskrete Zufallsvariable X mit der Wahrscheinlichkeitsfunktion $p_i = P(X = x_i) \quad i = 1, 2, \ldots$.

Nach Definition ist

$$\sigma^2 = \sum_i (x_i - \mu)^2 p_i.$$

Wir wählen ein $a > 0$ fest und zerlegen die Summe in drei Teilsummen, je nachdem, ob für die Realisationsmöglichkeiten $x_i < \mu - a$, $\quad \mu - a \leq x_i \leq \mu + a$, oder $x_i > \mu + a$ gilt:

$$\begin{aligned}
\sigma^2 &= \ldots + (x_j - \mu)^2 \cdot p_j && |x_i < \mu - a \\
&\quad + (x_{j+1} - \mu)^2 \cdot p_{j+1} + \ldots + (x_{j+k} - \mu)^2 p_{j+k} && |\mu - a \leq x_i \leq \mu + a \\
&\quad + (x_{j+k+1} - \mu)^2 p_{j+k+1} + \ldots && |x_i > \mu + a \\
&\geq (x_1 - \mu)^2 p_1 + \ldots + (x_j - \mu)^2 p_j + (x_{j+k+1} - \mu)^2 p_{j+k+1} + \ldots \\
&\geq (\mu - a - \mu)^2 p_1 + \ldots + (\mu - a - \mu)^2 p_j + (\mu + a - \mu)^2 p_{j+k+1} + \ldots \\
&= a^2 \sum_{x_i < \mu - a} p_i + a^2 \sum_{x_i > \mu + a} p_i \\
&= a^2 (P(X < \mu - a) + P(X > \mu + a)) = a^2 P(|X - \mu| > a).
\end{aligned}$$

Der Übergang zur zweiten Zeile geschieht einfach durch Weglassen der mittleren Teilsumme. Da diese Summanden größer oder gleich Null sind, kann der Gesamtausdruck nur kleiner werden. Bei der dritten Zeile wurde ausgenutzt, daß mit $a > 0$ gilt:

aus $x_i < \mu - a$ folgt $a^2 < (x_i - \mu)^2$, und
aus $x_i > \mu + a$ folgt entsprechend $a^2 < (x_i - \mu)^2$.

Die resultierende Ungleichung $\sigma^2 \geq a^2 P(|X - \mu| > a)$ braucht abschließend zur noch durch a^2 dividiert zu werden.

Einen Eindruck von den durch die Tschebyschev-Ungleichung gegebenen Mindestwahrscheinlichkeiten für die zentralen Schwankungsintervalle vermittelt die folgende Tabelle.

Tab.: Abschätzungen für die Wahrscheinlichkeiten zentraler Schwankungsintervalle

k	untere Grenze für $P(\lvert X-\mu\rvert \le k\cdot\sigma)$
1	0
2	3/4 = 0.7500
3	8/9 = 0.8889
4	15/16 = 0.9375

Die wahren Wahrscheinlichkeiten der Ereignisse $\{\lvert X-\mu\rvert > k\sigma\}$ und $\{\lvert X-\mu\rvert \le k\sigma\}$ hängen von der Verteilung von X ab. Die Abschätzung kann ggf. recht grob sein. Für $k \le 1$ ist sie sogar ohne Wert, da Wahrscheinlichkeiten stets zwischen 0 und 1 liegen. Auf der anderen Seite gehen in die Tschebyschev-Ungleichung keine Voraussetzungen außer der Existenz des Erwartungswertes und der Varianz von X ein. Sie kann auch nur durch Einbeziehung weiterer Annahmen über die Verteilung von X verschärft werden.

Beispiel

Wir haben weiter oben die Pareto-Verteilung mit der Dichte

$$f(x) = 5 \cdot \frac{6^5}{x^6} \quad \text{für} \quad x \ge 6$$

als vereinfachtes Modell für das Einkommen (in DM 1000) von Personen mit einem Mindestgehalt von 6 TDM betrachtet. Wir erhielten:

$$E(X) = \mu = 7.5$$
$$V(X) = \sigma^2 = 3.75 = 1.936^2.$$

Nun gilt bei dieser speziellen Verteilung wegen $P(X \le 6) = 0$ für $k \ge 1$:

$$\begin{aligned} P(\lvert X-\mu\rvert \le k\cdot\sigma) &= P(7.5 - k\cdot 1.936 \le X \le 7.5 + k\cdot 1.936) \\ &= F(7.5 + k\cdot 1.936) - F(7.5 - k\cdot 1.936) \\ &= 1 - \left(\frac{6}{7.5 + k\cdot 1.936}\right)^5 - 0. \end{aligned}$$

Damit können wir die korrekten Wahrscheinlichkeiten den unteren Grenzen nach der Tschebyschev-Ungleichung gegenüberstellen.

k	korrekte Wahrscheinlichkeit für das k-fache Schwankungsintervall	untere Grenze nach Tschebyschev
1	0.8960	0
2	0.9591	0.7500
4	0.9905	0.9375
8	0.9988	0.9844

Für wachsendes k wird die Abschätzung offenbar immer besser.

Der Wert der Tschebyschev-Ungleichung erweist sich aber erst, wenn die Verteilung der Zufallsvariablen nicht bekannt ist. So ist die Summe Z zweier unabhängiger Pareto-verteilter Zufallsvariablen X und Y nicht selbst wieder Pareto-verteilt. Wir wissen jedoch

$$E(Z) = E(X+Y) = E(X) + E(Y)$$
$$V(Z) = V(X+Y) = V(X) + V(Y).$$

Somit haben wir die Abschätzung (bei den unterstellten Parameterwerten):

$$P(|Z - 15| \leq k \cdot 2.74) \geq 1 - \frac{1}{k^2}.$$

Die Summe zweier unabhängiger Einkommen wird also mit der Mindestwahrscheinlichkeit von 0.75 im Bereich 15 ± 5.48 liegen.

7.3 Aufgaben

1. Berechnen Sie soweit möglich die Streuungsparameter d, s, s_M und s_Q für die Daten aus folgenden Aufgaben von Kapitel 2: 2, 3, 6, 10.
2. In einem Test mit 30 Personen wurden folgende Punktewerte erzielt:

   2,4,6,7,5,7,4,3,5,5,8,6,3,5,2,9,4,5,6,8,3,10,5,4,3,7,4,6,4,4.

   Bestimmen Sie die Standardabweichung für die oben angegebenen Werte sowie für klassierte Werte bei folgender Klasseneinteilung:

   0.5–2.5; 2.5–4.5; 4.5–6.5; 6.5–8.5; 8.5–10.5.

   Wie erklären Sie den Unterschied?
3. An den $n_1 = 100$ Personen einer Stichprobe hat man die Zufallsvariable X beobachtet und das arithmetische Mittel $\bar{x}_1 = 20$ sowie die Standardabweichung $s_1 = 5$ erhalten.

   Man untersucht nun weitere $n_2 = 50$ Personen und erhält dort das arithmetische Mittel $\bar{x}_2 = 30$ und die Standardabweichung $s_2 = 6$. Wie groß sind das arithmetische Mittel $\bar{x}$ und die Standardabweichung der kombinierten Stichprobe mit $n = 150$ Personen?
4. Bei der Anwendung der Rohfassung eines psychologischen Tests erzielten die 100 Probanden die folgende Punkteverteilung:

i	$x_{i-1}^* < X \leq x_i^*$	n_i
1	0– 4	16
2	4– 6	31
3	6– 8	35
4	8–10	16
5	10–14	2

   Der Test soll nun so geeicht werden, daß die Punktewerte das Mittel 20 und die Standardabweichung 5 aufweisen. Wie müssen die Punktewerte hierzu transformiert werden?

5. Die Variable X habe den Wertebereich $\{1, 2, 3\}$. Es liegen 10 Beobachtungen vor.
   Geben Sie für die folgenden Konstellationen jeweils einen Beispieldatensatz an bzw. begründen Sie, warum die Konstellation nicht auftreten kann:
   i) $\bar{x} = 3$
   ii) $\bar{x} = 2, \tilde{x} = 1$
   iii) $\bar{x} < \mathring{x} = \tilde{x}$
   iv) $s_Q = 2$ und $\tilde{x} = 1$
   v) $s^2 = 0$

6. Die mittlere Alkoholkonzentration im Blut wurde bei je acht Frauen eine halbe Stunde nach Verabreichung einer Menge unterschiedlich starken alkoholischen Getränkes ermittelt. (Nach: Ergonomics, 26 (1983), S. 647–657).

Alkohol-Dosis	Alkoholkonzentration							
200 mg/kg	0.024	0.013	0.025	0.017	0.029	0.014	0.023	0.015
400 mg/kg	0.052	0.039	0.049	0.059	0.049	0.061	0.047	0.052

   Vergleichen Sie die Streuung der Alkoholkonzentration in den beiden Gruppen anhand geeigneter Maßzahlen.

7. Die Zufallsvariable X habe folgende Wahrscheinlichkeitsfunktion:

x	:	−0.5	0	0.5	1
$P(X = x)$	:	0.2	0.2	0.2	0.4

   a) Wie groß sind der Erwartungswert und die Varianz von X?
   b) X_1 und X_2 seien zwei unabhängige Zufallsvariablen mit derselben Vertdilung wie X. Wie groß sind $E(X_1 - 2X_2)$ und $V(X_1 - 2X_2)$?

8. Eine Süddeutsche Bank hat im Rahmen einer Werbekampagne eine Woche lang ein Glücksradspiel eingesetzt. Jeder Teilnehmer durfte eine Zahl von 50 bis 59 angeben und anschließend zweimal an einem Glücksrad drehen. Darauf waren in 16 gleichgroßen Segmenten Ziffern eingetragen, und zwar in folgender Verteilung:

Ziffer:	0	1	2	3	4	5	6	7	8	9
Anzahl der Segmente:	2	1	2	1	2	3	1	1	2	1

   Gewonnen hat die Person, bei der die angegebene und die anschließend erhaltene Zahl übereinstimmen!
   a) Welche Zahl sollte man angeben, um eine möglichst große Gewinnchance zu haben? (Begründung!)
   Für b)–d) wird nun vorausgesetzt, daß Teilnehmer jeweils die Zahl mit der größten Gewinnchance angeben, und daß jeder Gewinner einen Gegenstand im Wert von 2 DM erhält.
   b) Mit welchen Ausgaben muß die Bank bei 1000 Teilnehmern rechnen?
   c) Wie groß ist die Varianz der von der Bank zu betrachtenden Gesamtausgaben bei 1000 Teilnehmern?
   d) In welchem Bereich um den zu erwartenden Auszahlungsbetrag wird die tatsächliche Auszahlung bei 1000 Teilnehmern mit mindestens 90% Wahrscheinlichkeit liegen?

9. Die Armee eines Landes zieht nur solche Männer ein, die eine Körpergröße von mindestens 160 cm bis höchstens 200 cm besitzen. Aus statistischen Untersuchungen ist bekannt, daß die mittlere Körpergröße der Männer dieses Landes bei 180 cm liegt mit einer Varianz von 25 cm^2. Wenn tausend Männer gemustert werden, lassen sich dann Aussagen über den Anteil derjenigen Männer machen, die nicht eingezogen werden?

10. Die Wahrscheinlichkeitsfunktion der Zufallsvariablen X sei gegeben durch

x	:	−1	0	1
P(X = x)	:	1/8	6/8	1/8

a) Bestimmen Sie $\mu = E(X)$ und $\sigma^2 = Var(X)$.
b) Skizzieren Sie $P(|X - \mu| \leq k\sigma)$ als Funktion von $k > 0$, in einem Diagramm!
c) Skizzieren Sie die Mindestwahrscheinlichkeit für $P(|X - \mu| \leq k\sigma)$ nach der Tschebyschev-Ungleichung für $k > 0$ in das Diagramm von Teil b).
d) Was läßt sich aus dem Vergleich von b) und c) schließen?

11. X und Y seien unabhängige Zufallsvariablen mit $Var(X) = 2$, $Var(Y) = 3$. Bestimmen Sie $Var(X - Y)$.

12. Welche der folgenden Aussagen sind stets richtig?
Dabei sind $\mu = E(X)$, $\sigma^2 = V(X)$; zudem sind X und Y unabhängig.
(i) $E(aX + b) = aE(X) + b$,
(ii) $E((X - \mu)^2) \neq 0$,
(iii) $E((X - \mu)^2) = E(X^2) - \mu^2$,
(iv) $V(aX + b) = a^2\sigma^2 + b$,
(v) $V(X - Y) = V(X) - V(Y)$,
(vi) $E(X) \neq 0$

13. Bestimmen Sie die Varianz der Einkommensverteilung aus der Aufgabe 10 von Kapitel 6.

14. In einer soziologischen Studie wurde das Heiratsverhalten von jungen englischen Frauen u.a. im Hinblick auf das Heiratsalter ihrer Mütter untersucht. Von den Müttern von 433 Frauen, welche im Alter von 16–29 Jahren heirateten, wird im Abschlußbericht das mittlere Heiratsalter der Mütter mit $\bar{x} = 21.4$ angegeben. Die Standardabweichung beträgt $s = 3.6$.
(K. E. Kiernan: Teenage Mariage and Marital Breakdown: Population Studies, 40 (1986), S. 35–54)
Nutzen Sie die sinngemäße Übertragung der Tschebyschev-Ungleichung für relative Häufigkeiten zur Abschätzung
a) des Anteils der Mütter, die im Alter von 17.0 bis 25.8 Jahren geheiratet haben
b) der Anzahl der Mütter, die bei ihrer Heirat älter als 30 Jahre alt waren; dabei wird vorausgesetzt, daß das Mindestalter für eine Heirat 16 Jahre beträgt.
c) eines Altersbereiches, in dem mindestens 80 % der Mütter geheiratet haben.

8 Schiefeparameter und Datentransformation

Die Schiefe ist nach Lage und Streuung das dritte wichtige Einzelcharakteristikum empirischer und theoretischer Verteilungen. Im ersten Abschnitt dieses Kapitels besprechen wir das Phänomen der Schiefe sowie geeignete Parameter zu ihrer Erfassung.

Schiefe kann bei einem Datensatz allerdings eine eher unliebsame Erscheinung sein: Es ist z. B. nicht mehr offensichtlich, welches der geeignete Lageparameter ist. Auch die Entscheidung, ob ein einzelner Wert als extrem anzusehen ist, wird schwierig. Mittels einer Transformation kann aber oft die Schiefe beseitigt werden.

Daneben kommen Datentransformationen zum Einsatz, um die Streuungen verschiedener Datensätze anzugleichen. Damit wird ein Lagevergleich vereinfacht.

Den Transformationen und ihrer datenanalytischen Bedeutung wenden wir uns im zweiten Abschnitt dieses Kapitels zu.

8.1 Schiefeparameter

Einführendes Beispiel

Quasare, quasi stellar radio sources, sind kosmische Gebilde, die eine kaum vorstellbare Energie auf kleinem Raum repräsentieren. Zufällig mit einem Röntgendetektor entdeckte Quasare weisen hinsichtlich der optischen Leuchtkraft eine andere Verteilung auf, als Quasare, die mit optischen oder Radioteleskopen aufgefunden wurden.

Die beiden Verteilungen stimmen nicht nur in Lage und Streuung nicht überein, sie unterscheiden sich in ihrer Gestalt noch grundsätzlicher. Das Modell (II) für die „optisch ermittelten" Quasare weist vom Zentrum aus gesehen an beiden Seiten die gleiche Form auf, nur gespiegelt. Die Dichte (I) geht dagegen links vom Zentrum schneller gegen Null als rechts.

An der unterschiedlichen Gestalt der Verteilungen knüpft sich die astrophysikalische Frage nach einer Theorie zur Erklärung der Unterschiede. Die Antwort steht aber noch aus.

Schiefe theoretischer Verteilungen

Eine Möglichkeit, die unterschiedliche Form der beiden Dichten zu erfassen, bieten die Quantile. Bei der Dichte II liegen die Quantile x_p und x_{1-p} gleichweit vom Zentrum der Verteilung entfernt. Die Quantile y_p der Verteilung I liegen dagegen (für $0 < p < 0.5$) offensichtlich dichter beim Zentrum als die Quantile y_{1-p}; mit Zentrum ist bei dieser Aussage der Median gemeint. Er ist der geeignete Lageparameter für diese Betrachtungen.

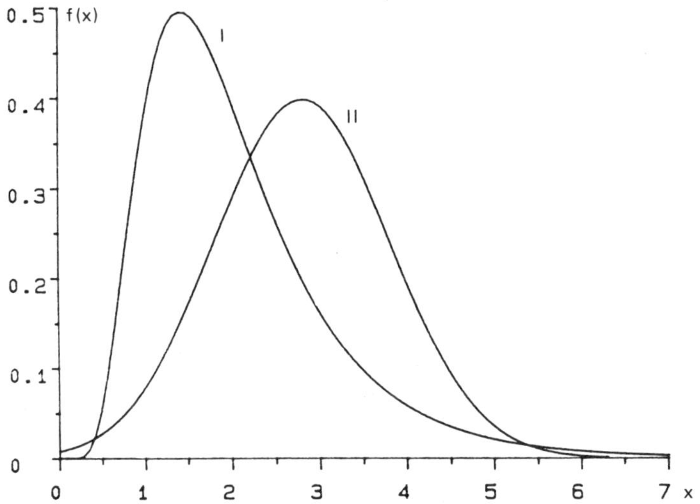

Abb.: Optische Leuchtkraft von Quasaren in Zehnerpotenzen des Vielfachen der Leuchtkraft unserer Milchstraße, Modell (I): zufällig entdeckte Quasare, Modell (II): Optisch gefundene Quasare; Nach: B. Margon: Quellen des kosmischen Röntgenhintergrunds; Spektrum der Wissenschaft 3/1983.)

Andersherum können wir die eben formulierte Aussage auch so ausdrücken: Tragen wir jeweils dieselbe Strecke links und rechts vom Median ab, so gilt für die Wahrscheinlichkeiten in den Flanken:

- Bei der Verteilung (II) sind sie gleich
- Bei der Verteilung (I) ist die Wahrscheinlichkeit in der unteren Flanke geringer als in der oberen.

Sei X eine Zufallsvariable mit dem Median $\tilde{\mu}$. Dann heißt die Verteilung von X

symmetrisch, wenn	$P(X \leq \tilde{\mu} - a) = P(X \geq \tilde{\mu} + a)$,
rechtsschief, wenn	$P(X \leq \tilde{\mu} - a) \leq P(X \geq \tilde{\mu} + a)$,
linksschief, wenn	$P(X \leq \tilde{\mu} - a) \geq P(X \geq \tilde{\mu} + a)$

jeweils **für alle** $a > 0$ gilt und bei der Rechts- bzw. Linksschiefe mindestens für ein a < bzw. > gültig ist.
Rechtsschiefe Verteilungen heißen auch **linkssteil**, linksschiefe auch **rechtssteil**.
Eine nicht-symmetrische Verteilung wird auch **asymmetrisch** genannt.

In der obigen Abbildung ist also die Dichte (I) rechtsschief, die Dichte (II) symmetrisch.

Bei stetigen Verteilungen läßt sich die Schiefe durch die Quantile ausdrücken. Denn dann gilt für $0 < p < 0.5$:

$\tilde{\mu} - x_p = x_{1-p} - \tilde{\mu}$	bei symmetrischen Verteilungen,
$\tilde{\mu} - x_p \leq x_{1-p} - \tilde{\mu}$	bei rechtsschiefen Verteilungen,
$\tilde{\mu} - x_p \geq x_{1-p} - \tilde{\mu}$	bei linksschiefen Verteilungen.

Für unimodale Dichten f ist der **Modus** $\mathring{\mu}$ der Wert, bei dem die Dichte am größten ist: $f(\mathring{\mu}) \geq f(x)$ für alle x.

> Bezüglich des Modus, des Median und des Erwartungswertes gilt die **Lageregel**:
>
> | | |
> |---|---|
> | symmetrische Verteilung: | $\mathring{\mu} = \tilde{\mu} = \mu$ |
> | rechtsschiefe Verteilung: | $\mathring{\mu} < \tilde{\mu} < \mu$ |
> | linksschiefe Verteilung: | $\mathring{\mu} > \tilde{\mu} > \mu.$ |

Beispiel

Die Zufallsvariable X habe die Dichte

$$f(x) = \begin{cases} 2x & 0 \leq x \leq 1 \\ 0 & \text{sonst.} \end{cases}$$

Die Verteilung ist linksschief.

Um dies nachzuweisen, berechnen wir zunächst die Verteilungsfunktion F(x):

$$F(x) = \begin{cases} 0 & x < 0 \\ x^2 & 0 \leq x \leq 1 \\ 1 & x > 1. \end{cases}$$

Damit erhalten wir für die Quantile x_p:

$$p = F(x_p) = x_p^2 \Rightarrow x_p = \sqrt{p}.$$

Speziell ist $\tilde{\mu} = \sqrt{0.5}$.

Dann folgt für $0 < a < 1 - \sqrt{0.5}$:

$$\begin{aligned} P(X \leq \tilde{\mu} - a) &= (\sqrt{0.5} - a)^2 = 0.5 - 2\sqrt{0.5}\,a + a^2 \\ &= 0.5 - \sqrt{2}a + a^2 \\ P(X \geq \tilde{\mu} + a) &= 1 - (\sqrt{0.5} + a)^2 = 1 - (0.5 + 2\sqrt{0.5}\,a + a^2) \\ &= 0.5 - \sqrt{2}a - a^2. \end{aligned}$$

Für a mit $0 < a < 1 - \sqrt{0.5}$ gilt also:

$$P(X \leq \tilde{\mu} - a) > P(X \geq \tilde{\mu} + a).$$

Für $a \geq 1 - \sqrt{0.5}$ ist $P(X \geq \tilde{\mu} + a) = 0$, so daß auch hier die Bedingung für die Linksschiefe erfüllt ist.

Für die weiteren Lageparameter gilt

$$\mathring{\mu} = 1,$$

und

$$\mu = E(X) = \int_0^1 x2x\,dx = \frac{2}{3}.$$

Somit ist hier die Lageregel nachvollzogen: $\mu < \tilde{\mu} < \mathring{\mu}$.

Theoretische Parameter

Die mittels der Quantile formulierte Charakterisierung legt nahe, Schiefeparameter auf den Abständen der Quantile x_p und x_{1-p} zum Median aufzubauen.

> Der **p-Quantilskoeffizient der Schiefe**, $0 < p < 0.5$, ist bei einer theoretischen Verteilung mit den Quantilen x_p, x_{1-p} definiert durch
>
> $$\gamma_p = \frac{(x_{1-p} - \tilde{\mu}) - (\tilde{\mu} - x_p)}{x_{1-p} - x_p}.$$
>
> $\gamma_{0.25}$ heißt **Quartilskoeffizient** der Schiefe.

Bei symmetrischen Verteilungen nehmen die Quantilskoeffizienten der Schiefe γ_p den Wert Null an. Bei rechtsschiefen Verteilungen sind sie größer, bei linksschiefen Verteilungen kleiner als Null. Offensichtlich gilt dabei stets

$$-1 \leq \gamma_p \leq 1.$$

Die extremen Werte +1 bzw. −1 werden im Fall $x_p = \tilde{\mu}$ bzw. $x_{1-p} = \tilde{\mu}$ angenommen.

Auch auf der Lageregel für μ, $\tilde{\mu}$ und $\mathring{\mu}$ basieren einige Schiefeparameter. Wir wollen nur noch den auf wiederum anderen Überlegungen aufbauenden **Momentenkoeffizienten der Schiefe** angeben.

Dieser ist

$$\gamma_M = \frac{E((X - \mu)^3)}{\sigma^3}$$

für eine Zufallsvariable X mit Erwartungswert μ und Standardabweichung σ. Weit weg von μ liegende Werte gehen in den Erwartungswert $E((X - \mu)^3)$ mit einem großen Gewicht ein, falls sie eine relativ große Wahrscheinlichkeit aufweisen. Da bei der dritten Potenz das Vorzeichen erhalten bleibt, wird γ_M positiv, wenn die „Werte überwiegen", die größer als μ sind. Bei symmetrischen Verteilungen heben sich die positiven gegen die negativen auf, bei linksschiefen Verteilungen kehren sich die skizzierten Verhältnisse um.

Die Normierung mit σ^3 sichert, daß dieser Parameter eine dimensionslose Vergleichsgröße darstellt. Er ist nicht beschränkt.

Da die Schiefeparameter γ_p und γ_M auf unterschiedlichen Konzepten beruhen, sind sie nicht miteinander vergleichbar. Nur ein Vergleich zwischen Verteilungen anhand gleichartiger Parameter ist sinnvoll.

Beispiel

Wir führen das obige Beispiel fort. Wegen $x_p = \sqrt{p}$ ist

$$\gamma_{0.25} = \frac{(x_{0.75} - \tilde{\mu}) - (\tilde{\mu} - x_{0.25})}{x_{0.75} - x_{0.25}} = \frac{(\sqrt{0.75} - \sqrt{0.5}) - (\sqrt{0.5} - \sqrt{0.25})}{\sqrt{0.75} - \sqrt{0.25}}$$

$$= \frac{\sqrt{3} + 1 - 2\sqrt{2}}{\sqrt{3} - 1} = -0.13.$$

Weiter gilt

$$\begin{aligned} V(X) &= E(X^2) - E(X)^2 = \int_0^1 x^2 2x dx - \left(\frac{2}{3}\right)^2 \\ &= \frac{2}{4} - \frac{4}{9} = \frac{1}{18}, \end{aligned}$$

d.h. $\sigma = 1/\sqrt{18} = 0.2357$.

Außerdem erhalten wir mit $E(X^3) = 2/5$:

$$\begin{aligned} E((X-\mu)^3) &= E(X^3 - 3\mu X^2 + 3\mu^2 X - \mu^3) \\ &= E(X^3) - 3\mu E(X^2) + 3\mu^2 E(X) - \mu^3 \\ &= \frac{2}{5} - 3 \cdot \frac{2}{3} \cdot \frac{2}{4} + 3\left(\frac{2}{3}\right)^2 \frac{2}{3} - \left(\frac{2}{3}\right)^3 \\ &= -0.0074. \end{aligned}$$

Dies ergibt:

$$\gamma_M = \frac{E((X-\mu)^3)}{\sigma^3} = \frac{-0.0074}{0.0131} = -0.565.$$

Beide Maßzahlen zeigen eine linksschiefe Verteilung an.

Schiefe empirischer Verteilungen

Empirischen Verteilungen sprechen wir die in der Definition festgelegten **Schiefe-Eigenschaften** zu, wenn sie für die Häufigkeiten jeweils **„in etwa" gelten**. Exakte Symmetrie werden wir z. B. in empirischen Datensätzen so gut wie nie finden.

Manchmal wird die Lageregel zur Definition für die Schiefe empirischer Verteilungen herangezogen. Sie liefert zumindest eine grobe Basis zur Einstufung der Verteilungen.

Beispiel

Das nachstehende Histogramm zeigt die Verteilung der mittleren stündlichen Windgeschwindigkeiten (Medianwerte in Meter pro Sekunde) für die Wintermonate zweier Jahre bei einer Gebirgsstation in Colorado (N. H. Berg, Arctic and Alpine Research 18, (1986), S. 147–161.)

Die Verteilung tendiert offensichtlich zur Rechtsschiefe. Die einfach auf relative Häufigkeiten übertragene Definition gilt jedoch nicht exakt. Der Median beträgt $\tilde{x} = 12.1$, und es gilt:

$$\begin{aligned} &h(X \leq \tilde{x} - 2.1) = h(X \leq 10) = \hat{F}(10) - 0.431 \\ &h(X \geq \tilde{x} + 2.1) = 1 - h(X \leq 14.2) = 1 - \hat{F}(14.2) = 1 - 0.689 = 0.311. \end{aligned}$$

Also gilt die geforderte Relation für $a = 2.1$ nicht. Für größere Werte von a ist sie aber wieder erfüllt.

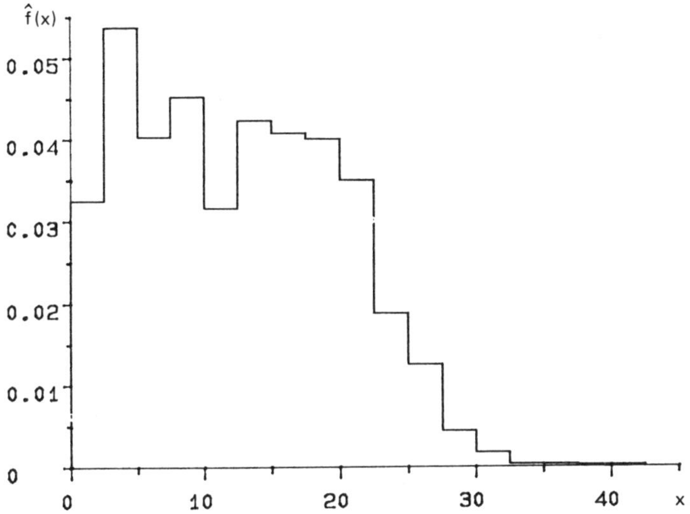

Abb.: Histogramm der stündlichen Windgeschwindigkeiten

Die Lageregel weist auf eine rechtsschiefe Verteilung hin:

$$\mathring{x} = 3.75 < \tilde{x} = 12.19 < \bar{x} = 12.41\,.$$

Analog zu den theoretischen Schiefeparametern werden die empirischen gebildet.

Der **empirische p-Quantilskoeffizient der Schiefe** ist

$$g_p = \frac{(x_{1-p} - \tilde{x}) - (\tilde{x} - x_p)}{x_{1-p} - x_p}\,.$$

$g_{0.25}$ wird wieder als **Quartilskoeffizient der Schiefe** bezeichnet.
Der **empirische Momentenkoeffizient der Schiefe** ist definiert durch

$$g_M = \frac{\frac{1}{n}\sum\limits_{\nu=1}^{n}(x_\nu - \bar{x})^3}{s^3}\,.$$

Beispiel

Wir führen das obige Beispiel fort. Die Häufigkeitsverteilung der Windgeschwindigkeiten ist in der folgenden Tabelle angegeben.

Wir bestimmen daraus mit der üblichen Näherung den 0.1-Quantilskoeffizienten und den Momentenkoeffizienten der Schiefe.

Das 0.1-Quantil liegt in der zweiten, das 0.9-Quantil in der neunten Klasse.

Tab.: Häufigkeitsverteilung stündlicher Windgeschwindigkeiten (Medianwerte in m/sek) für die Wintermonate zweier Jahre in Colorado

i	$x_{i-1}^* < X \leq x_i^*$	n_i	h_i	$m_i \cdot h_i$	$(m_i - \bar{x})^2 \cdot h_i$	$(m_i - \bar{x})^3 \cdot h_i$
1	0 – 2.5	674	0.0844	0.1055	10.5171	−117.4109
2	2.5 – 5	1069	0.1338	0.5019	10.0463	− 87.0391
3	5 – 7.5	801	0.1003	0.6268	3.8101	− 23.4848
4	7.5 – 10	900	0.1127	0.9860	1.5126	− 5.5417
5	10 – 12.5	628	0.0786	0.8846	0.1065	− 0.1239
6	12.5 – 15	842	0.1054	1.4495	0.1882	0.2515
7	15 – 17.5	811	0.1015	1.6500	1.4943	5.7326
8	17.5 – 20	797	0.0998	1.8710	4.0062	25.3845
9	20 – 22.5	697	0.0873	1.8544	6.8137	60.2075
10	22.5 – 25	375	0.0470	1.1151	6.0337	68.3997
11	25 – 27.5	249	0.0312	0.8184	5.9683	82.5789
12	27.5 – 30	88	0.0110	0.3168	2.9404	48.0347
13	30 – 32.5	35	0.0044	0.1369	1.5548	29.2864
14	32.5 – 35	7	0.0009	0.0296	0.3990	8.5127
15	35 – 37.5	6	0.0008	0.0272	0.4268	10.1737
16	37.5 – 40	4	0.0005	0.0194	0.3474	9.1482
17	40 – 42.5	4	0.0005	0.0207	0.4164	12.0086
Σ		7987	1.0000	12.4138	56.5820	126.1187

Damit folgt

$$x_{0.1} = 2.5 + \frac{0.1 - 0.0844}{0.1338} \cdot 2.5 = 2.79,$$

$$x_{0.9} = 20 + \frac{0.9 - 0.8165}{0.0873} \cdot 2.5 = 22.39.$$

Für den in der fünften Klasse liegenden Median $\tilde{x} = x_{0.5}$ erhalten wir ebenso:

$$\tilde{x} = 12.19.$$

Der gesuchte Quantilskoeffizient ist somit

$$g_{0.1} = \frac{(22.39 - 12.19) - (12.19 - 2.79)}{22.39 - 2.79} = 0.041.$$

Den Momentenkoeffizienten erhalten wir durch Einsetzen der in der Arbeitstabelle angegebenen Größen:

$$g_M = \frac{\sum(m_i - \bar{x})^3 \cdot h_i}{(\sum(m_i - \bar{x})^2 \cdot h_i)^{3/2}} = \frac{126.1187}{56.582^{1.5}} = 0.296.$$

Beide Koeffizienten zeigen eine rechtsschiefe Verteilung an. Unter Berücksichtigung der Eigenschaft $|\gamma_p| \leq 1$ deutet der 0.1-Quantilskoeffizient auf eine stärkere Ausprägung der Schiefe hin als der nicht beschränkte Momentenkoeffizient.

Einen weitergehenden Eindruck von der Asymmetrie einer empirischen Verteilung können wir uns mit Hilfe einer einfachen Graphik, dem **Symmetrie-Diagramm**, verschaffen. Den Ausgangspunkt dieses Diagramms bildet die Eigenschaft symmetrischer Verteilungen, daß die Quantile x_p und x_{1-p} etwa gleich weit vom Median entfernt sind.

Für $p = v/n$, $1 \leq v \leq n/2$ stimmen die empirischen Quantile mit Werten des Datensatzes überein: $x_p = x_{(v)}$. Wir können also in einem Diagramm die Werte $x_{(n+1-v)} - \tilde{x}$ gegen die Werte $\tilde{x} - x_{(v)}$ auftragen. Bei symmetrischen Verteilungen sollten die resultierenden Punkte um die Winkelhalbierende streuen. Bei rechtsschiefen Verteilungen liegen sie oberhalb, bei linksschiefen unterhalb der Winkelhalbierenden.

Ein Symmetrie-Diagramm liefert i.a. einen zufriedenstellenderen Einblick in das Schiefe-Verhalten einer empirischen Verteilung als ein einzelner Schiefeparameter g_p. Wegen der Unregelmäßigkeiten bei empirischen Daten kann nämlich für kleine p (≈ 0.1) etwa eine stärkere Schiefe angezeigt werden als für mittlere p (≈ 0.25).

Beispiel

Um herauszufinden, wie gut Personen Entfernungen im Stadtbereich schätzen können, wurden 50 Probanden gebeten, die Entfernung von einem Punkt zu einer 11 m weit weg stehenden Telefonzelle zu schätzen. Die bereits geordneten, geschätzten Entfernungen $x_{(v)}$ (in m) waren (nach: Frankfurter Allgemeine Zeitung vom 21.3.1987):

4	5	5	5	5.5	6	6	6.5	6.5	7	7.5	7.5	8
8	8.5	9	9	9	9	9.5	9.5	9.5	10	10	10	10
10	10.5	10.5	10.5	10.5	10.5	11	11	11.5	11.5	12	12	12.5
12.5	13	13.5	14	16	18	20	25	30	40	50		

Der Median ist $\tilde{x} = 10$. Die Darstellung der Punkte $(\tilde{x} - x_{(v)}, x_{(n+1-v)} - \tilde{x})$ für $v = 1, \ldots, 25$ läßt am Rande eine starke Tendenz zur Rechtsschiefe erkennen.

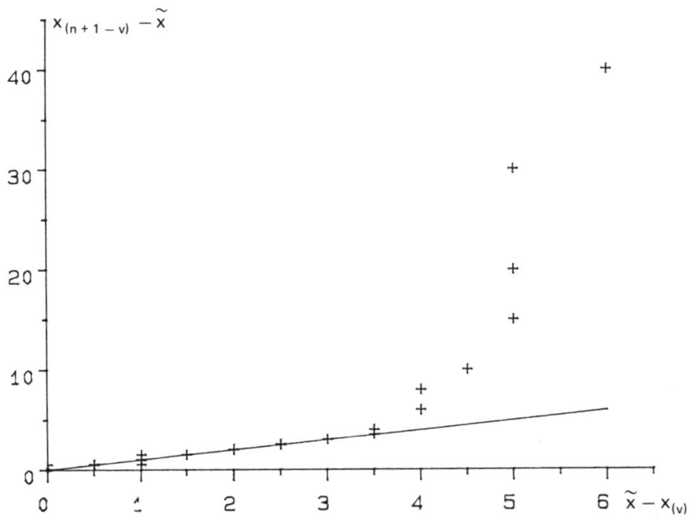

Abb.: Symmetrie-Diagramm der geschätzten Entfernungen

8.2 Datentransformation

Problemstellung

Die Auswertung der täglichen, von der Wetterstation Essen gemessenen Niederschlagsmengen ergab für die Jahre 1930–38 und 1948–79 die folgende Verteilung der höchsten Tagesmengen:

2	033444
2	556667778999
3	00112233
3	5556788
4	2
4	
5	14
5	
6	01
6	7
7	
7	
8	1
8	
9	
9	
10	
10	9

Abb.: Stemleafdiagramm der maximalen täglichen Niederschläge für 41 Jahre (in mm)

Es stellt sich die Frage, ob der Wert 109 als extrem und nicht mehr der allgemeinen Tendenz folgend angesehen werden muß. Diese Frage ist wegen der Rechtsschiefe der Verteilung nicht ohne weiteres zu beantworten. Bei rechtsschiefen Verteilungen können auch sehr große Werte „ins allgemeine Bild passen".

Nichtlineare Transformationen

Bei der Analyse empirischer Datensätze steht wie eingangs erwähnt oft nicht so sehr die Messung der Schiefe im Vordergrund als vielmehr ihre Beseitigung. Denn bei schiefen Verteilungen taucht eine Anzahl von Problemen auf.

Das erste betrifft **untypische Werte** des Datensatzes. In der Problemstellung wird die Schwierigkeit verdeutlicht, bei schiefen Verteilungen Werte als untypisch oder zu extrem zu erkennen.

Bei symmetrischen Datensätzen kann leichter entschieden werden, wann ein Wert soweit von den anderen entfernt ist, daß er als Ausreißer besondere Beachtung verdient.

Als zweites Problem stellt sich die **Beschreibung der Lage** eines Datensatzes oder einer Verteilung. Wegen der Unterschiedlichkeit von arithmetischem Mittel, Median und Modus ist dann nicht mehr klar, welcher Parameter die Lage geeignet beschreibt. Einkommensverteilungen sind i. d. R. rechtsschief. Die drei Parameter sind verschieden. In der amtlichen Statistik der BRD wird das Durchschnittseinkommen zur Beschreibung des Einkommensniveaus angegeben. $\bar{x}$ gibt an, wieviel alle hätten, wenn jeder das gleiche Einkommen hätte. In den USA verwendet das

Bureau of Census den Median als Lageparameter: Er teilt die Bevölkerung in eine reiche und eine arme Hälfte. Auch der Modus wäre sinnvoll: Er gibt an, bei welchem Wert sich die meisten Einkommen konzentrieren.

Ein drittes Argument zur Beseitigung der Schiefe liegt darin, daß viele statistische Verfahren **eine symmetrische Verteilung zur Voraussetzung** haben.

Um eine rechtsschiefe Verteilung wie die der Niederschlagsmenge in eine symmetrische Verteilung zu transformieren, muß der Abstand zwischen größeren Werten stärker reduziert werden als zwischen kleineren. Dies verdeutlicht die folgende Abbildung.

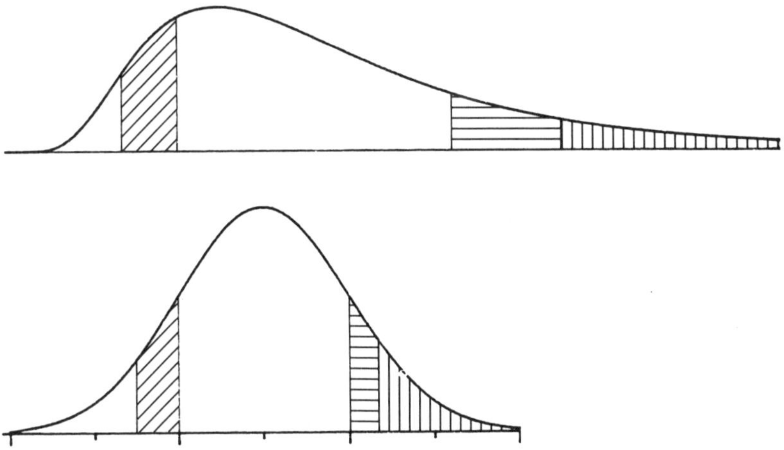

Abb.: Zur Symmetrisierung einer rechtsschiefen Verteilung (Gleich schraffierte Flächen repräsentieren gleiche Häufigkeiten)

Eine Transformation, die dies leistet, ist z. B. die Wurzeltransformation: $x \to \sqrt{x}$. Der Abstand zwischen 81 und 100 wird auf 1 ($= \sqrt{100} - \sqrt{81}$) reduziert. Ebenso groß ist der Abstand von $\sqrt{16}$ und $\sqrt{25}$. Die Quadratwurzeltransformation ist eine spezielle **Potenztransformation**. Diese sind die einfachsten nichtlinearen Transformationen.

Potenztransformationen haben die Form

$$T_m(x) = \begin{cases} (x+c)^m & m \neq 0 \\ \ln(x+c) & m = 0 . \end{cases}$$

Dabei hat die Konstante c die Aufgabe, alle Werte eines Datensatzes positiv zu machen: $x_v + c > 0$, $v = 1, \ldots, n$.

Der natürliche Logarithmus ist hier als Grenzfall mit aufgenommen. Für **negative Exponenten** m wird **die Ordnung der Daten umgekehrt**. Daher wird bei $m < 0$ bisweilen auch die Transformation $-(x+c)^m$ gewählt.

Die folgende graphische Darstellung einiger Potenzfunktionen läßt die Wirkung der Transformation für verschiedene m erkennen.

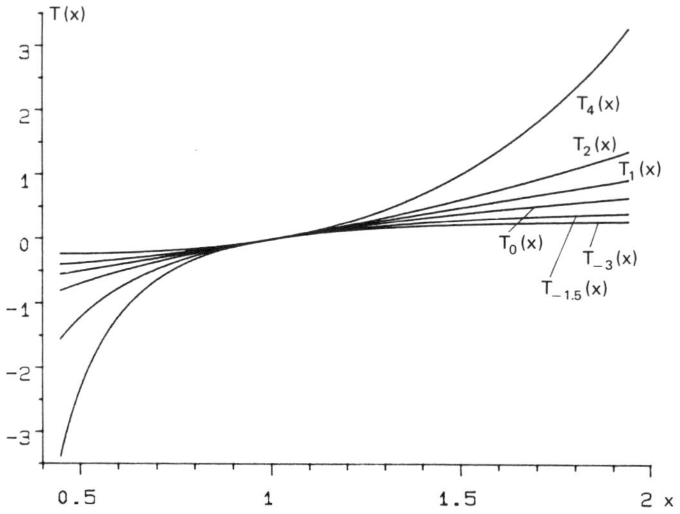

Abb.: Verschiedene Potenztransformationen (Die als $T_m(x)$ bezeichneten Transformationen sind hier gegeben durch $x^m/m - 1/m$.)

Für $m < 1$ bewirken die Potenztransformationen, daß große Werte stärker zusammengedrückt werden. Die logarithmische Transformation spielt insofern eine Sonderrolle, als Werte nahe bei Null zusätzlich entzerrt werden. Negative Exponenten haben qualitativ dieselbe Wirkung wie der Logarithmus. Rechtsschiefe Verteilungen werden also tendenziell durch Anwenden einer Potenztransformation mit $m < 1$ symmetrischer. Für $m > 1$ ergibt sich der umgekehrte Effekt. Werte, die im oberen Bereich liegen, werden stärker auseinandergezerrt als Werte, die näher bei Null liegen. Solche Transformationen sind geeigneter, um linksschiefe Verteilungen in symmetrische zu transformieren.

Die Transformationen $T_m(x)$ unterscheiden sich in der Stärke des besprochenen Effektes. Je nach Ausprägung der Schiefe muß dann ein größeres bzw. kleineres m gewählt werden, um die gewünschte Symmetrie zu erreichen.

Auswahl einer Transformation zur Symmetrisierung

Die bisherige Diskussion zeigte zwar in die Richtung, in der eine geeignete, Symmetrie-herstellende Transformation gesucht werden muß. Sie gibt aber noch keine Transformation $T_m(x)$ direkt an.

Die Auswahl ist tatsächlich ein „trial and error"-Verfahren. Um den Wert m der geeigneten Potenztransformation zu finden, durchsteigen wir die **Leiter der Transformationen**:

m	transf. Werte	Bemerkung
⋮	⋮	
3	x^3	für linksschiefe Verteilungen ↑
⋮	⋮	
2	x^2	
⋮	⋮	
1	x^1	ohne Effekt
⋮	⋮	
0.5	$\sqrt{x}$	
⋮	⋮	
ln	$\ln x$	
⋮	⋮	
-0.5	$1/\sqrt{x}$	
⋮	⋮	
-1	$1/x$	↓ für rechtsschiefe Verteilungen
⋮	⋮	
-2	$1/x^2$	
⋮	⋮	

Abb.: Leiter der Transformationen

In der Regel reicht es, für m einen „glatten" Wert zu wählen, d. h. $m = 0.5, 0, -0.5, -1, \ldots$ bzw. $m = 1.5, 2, 2.5, \ldots$.

Die Interpretierbarkeit auf der transformierten Skala ist keineswegs immer gegeben. Falls also für zwei benachbarte Potenzen die Schiefe vergleichbar gut beseitigt wird, ist natürlich die Transformation zu bevorzugen, die auch inhaltlich interpretierbar ist.

Beispiel

Wir greifen die Problemstellung auf. Die Verteilung ist rechtsschief. Um eine symmetrische Verteilung zu erhalten, wenden wir Potenztransformationen mit $m < 1$ an. Bei $m = -2$ zeigt das Stemleaf-Diagramm eine in etwa symmetrische Verteilung.

Die Transformationen mit $m < -2$ führen die Daten dann schon wieder in schiefe Verteilungen über. Diese sind linksschief, wenn die alte Anordnung der Werte erhalten bleibt. (Dies erreichen wir wie erwähnt durch Multiplikation mit -1.) Andernfalls werden sie wieder rechtsschief. Dies zeigt auch das folgende Stemleaf-Diagramm für $m = -3$. Insgesamt erhalten wir also bei der höchsten täglichen Niederschlagsmenge eine symmetrische Verteilung, wenn wir jeweils festhalten, auf welche Fläche eine gegebene Menge Regen zu verteilen ist.

Bei den symmetrisch transformierten Daten erscheint der Wert $24.0 \cdot 10^{-4}$ als extrem und von den restlichen Werten getrennt. Bei den Originalwerten entspricht ihm der Wert 2.0, der kleinste Wert des Datensatzes! Durch die Transformation wird er zum größten Wert, weil bei negativer Potenz m die Ordnung der Originalwerte x_v durch die Transformation $x \to x^m$ umgekehrt wird. Daß er erst jetzt als „ausreißerverdächtig" hervortritt, hängt mit der Asymmetrie der Ausgangsverteilung zusammen. Dort erscheint andererseits der Wert 109 nur wegen der Rechtsschiefe extrem!

a) $(10^{-1}\ln(\mathrm{mm}))$

30	1
31	3689
32	14556699
33	26678
34	0155789
35	26779
36	334
37	4
38	
39	39
40	9
41	2
42	1
43	
44	0
45	
46	9

b) $(10^{-2}\mathrm{mm}^{-1})$

0	9
1	
1	2
1	4
1	66
1	89
2	
2	3
2	
2	66677
2	889
3	00111
3	233
3	444
3	667
3	88889
4	011
4	23
4	
4	
4	9

c) $(10^{-4}\mathrm{mm}^{-2})$

0	8
1	4
2	167
3	37
4	
5	6
6	899
7	5889
8	7
9	145
10	008
11	14789
12	
13	067
14	567
15	02
16	19
17	28
18	7
19	
20	
21	
22	
23	
24	0

d) $(10^{-6}\mathrm{mm}^{-3})$

0	01344
0	67
1	3
1	788
2	0122
2	5799
3	11
3	578
4	011
4	7
5	00
5	56689
6	4
6	9
7	1
7	5
8	1
8	
9	
9	
10	
10	
11	
11	7

Abb.: Stemleafdiagramme für die verschiedenen transformierten Niederschlagsmengen a) $m = 0$, b) $m = -1$, c) $m = -2$, d) $m = -3$.

Um im konkreten Fall zu entscheiden, welches m jeweils zu nehmen ist, können wir wie im Beispiel für jedes m das Stemleafdiagramm oder ein Symmetriediagramm zeichnen. Diese Vorgehensweise ist ohne Computereinsatz allerdings kaum sinnvoll. Ein **Schnellverfahren**, das auch mit einem einfachen Taschenrechner durchführbar ist, benutzt einen p-Quantilskoeffizienten der Schiefe. Dieser wird für den verschieden transformierten Datensatz berechnet. Ein m, bei dem der Quantilskoeffizient nahe bei Null liegt, gibt die gewünschte Transformation an.

Der Rechenaufwand wird bei diesem Vorgehen gering. Da alle Potenztransformationen einschließlich des Logarithmus monoton sind, gilt nämlich:

> Der **p-Quantilskoeffizient der Schiefe** ($0 < p < 0.5$) ist für die **transformierten Datensätze** $T_m(x_v)$ im Fall $m \neq 0$:
>
> $$g_p^{(m)} = \frac{(x_{1-p}^m - \tilde{x}^m) - (\tilde{x}^m - x_p^m)}{x_{1-p}^m - x_p^m}$$
>
> und für die logarithmische Transformation ($m = 0$):
>
> $$g_p^{(0)} = \frac{(\ln x_{1-p} - \ln \tilde{x}) - (\ln \tilde{x} - \ln x_p)}{\ln x_{1-p} - \ln x_p}.$$

Beispiel

Die Messung des Reifenprofils der angetriebenen Räder bei 32 PKW ergab die folgende Verteilung (Verkchrsunf. u. Fahrzeugt. 1986, 1, S. 25):

Tab.: Profiltiefe bei PKW-Rädern (in mm)

i	$x_{i-1}^* < X \leq x_i^*$	n_i
1	0 – 1	0
2	1 – 2	1
3	2 – 3	5
4	3 – 4	5
5	4 – 5	9
6	5 – 6	23
7	6 – 7	13
8	7 – 8	8

Hier sind $\tilde{x} = 5.52$, $x_{0.1} = 3.08$, $x_{0.9} = 7.20$.

Der 0.1-Quantilskoeffizient der Schiefe zeigt mit $g_{0.1} = -0.238$ eine linksschiefe Verteilung an.

Das „Hinaufsteigen" der Leiter der Transformationen führt auf die folgenden Werte der 0.1-Quantilskoeffizienten der Schiefe:

m	1.0	1.5	2.0	2.5	3.0	3.5
$g_{0.1}^{(m)}$	-0.184	-0.087	0.009	0.103	0.192	0.276

Dies legt eine Transformation $T_m(x)$ mit $1.5 \leq m \leq 2.0$ nahe. Die Wahl der „einfacheren" Transformation $T_2(x) = x^2$ ergibt auch ein in etwa symmetrisches Histogramm.

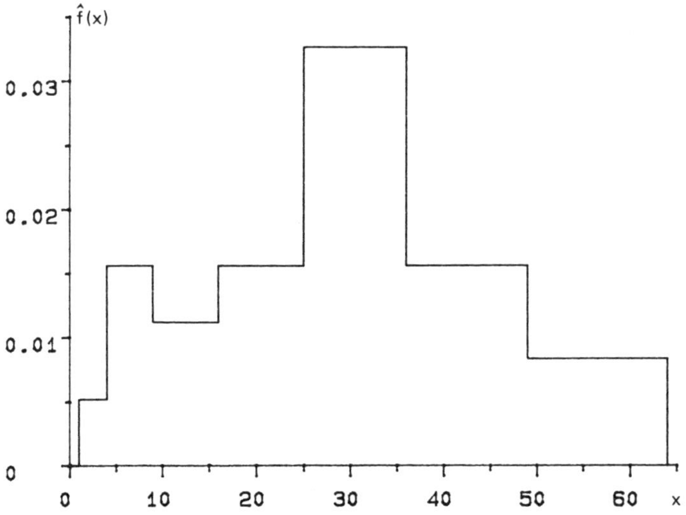

Abb.: Histogramm der quadrierten Profiltiefen

Der Vorzug der Quadrattransformation besteht vor allem in der Interpretierbarkeit des Ergebnisses: Wir gehen grob gesprochen vom „Durchmesser zur Fläche der Räder“ über. Letztere hat also eine symmetrische Verteilung.

Stabilisierung der Streuung

Der visuelle Vergleich von Datensätzen wird schwieriger, wenn mit dem Niveau der Datensätze auch ihr Streuungsverhalten variiert. Auch dieser störende Effekt kann wie die Schiefe oft durch eine geeignete Potenztransformation beseitigt werden.

Um die Abhängigkeit der Streuung von dem Niveau zu erfassen, gehen wir von geeigneten Parametern aus. Der Einfachheit halber wählen wir den Median und den Quartilsabstand. Die folgenden Überlegungen gelten aber entsprechend für das arithmetische Mittel und die Standardabweichung.

Die Relation zwischen Streuung und Lage möge sich nun darin ausdrücken, daß der Quartilsabstand s_Q proportional zu einer Potenz des Medians $\tilde{x}$ wächst, i. Z.:

$$s_Q = c \cdot \tilde{x}^b .$$

Einfacher zu erkennen ist die äquivalente, durch den Übergang zu Logarithmen gewonnene Beziehung:

$$\ln(s_Q) = \ln c + b \cdot \ln \tilde{x} .$$

Hier erscheint der wesentliche Parameter b als Steigungskoeffizient in einer Geradengleichung. Dies legt nahe, wie b zu bestimmen ist.

> In einem **Lage-Streuungsdiagramm** werden die logarithmierten Werte der Streuungsparameter in Abhängigkeit von den logarithmierten Lageparametern eingezeichnet. Liegen die Punkte in etwa auf einer Geraden mit der Steigung b, so ist die **streuungsstabilisierende Transformation** $T_m(x)$ durch $m = 1 - b$ bestimmt.

Daß die Wahl von $m = 1 - b$ die streuungsstabilisierende Transformation ergibt, erhalten wir aufgrund folgender heuristischer Überlegungen:

Eine nichtlineare Transformation g(x) der Daten können wir durch eine lineare approximieren:

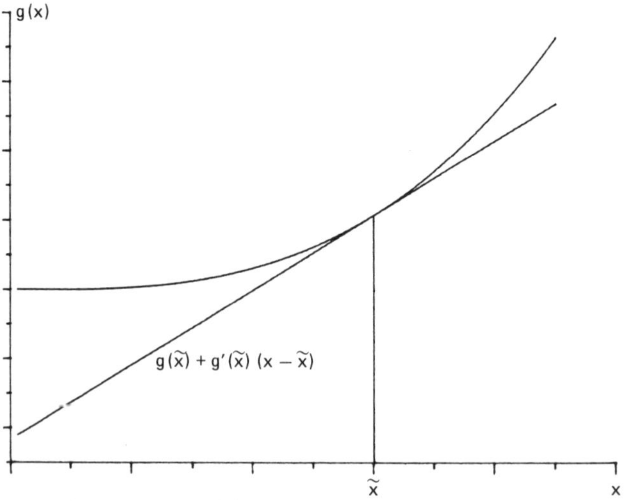

Abb.: Zur Approximation einer nichtlinearen Funktion

Daher gilt mit den Rechenregeln für den Quartilsabstand:

$$s_Q(g(x)) \approx |g'(\tilde{x})| \cdot s_Q(x).$$

Für $g(x) = x^m$ ist speziell:

$$s_Q(x^m) = m \cdot |\tilde{x}^{m-1}| \cdot s_Q(x).$$

Nun soll m so gewählt werden, daß $s_Q(x^m)$ für die verschiedenen Datensätze gleich groß ist, d.h. mit $s_Q(x) = c \cdot \tilde{x}^b$:

$$s_Q(x^m) = m|\tilde{x}|^{m-1} \cdot c\,\tilde{x}^b \overset{!}{=} \text{konstant}.$$

Dies ist nur erfüllt, wenn der Exponent von $\tilde{x}$ Null ist:

$$m - 1 + b = 0$$

bzw.

$$m = 1 - b.$$

Beispiel

Wir betrachten die in den Jahren 1981–84 bestandenen Promotionen an Hochschulen in Nordrhein-Westfalen. Getrennt nach Fächergruppen ergeben sich die als 5-Zahlen-Zusammenfassungen wiedergegebenen Verteilungen der Promotionen auf Universitäten. (Es werden in jedem Fach nur die Hochschulen mit mindestens einer Promotion berücksichtigt. Quelle: Forschung in Nordrhein-Westfalen, Faktenteil 1986, Hrsg. vom MEW des Landes NW.)

Die Streuung hängt hier offensichtlich stark vom Niveau des jeweiligen Datensatzes ab. Das Lage-Streuungsdiagramm weist eine lineare Tendenz mit der Steigung $b = 0.75$ auf. Als Transformation wird folglich $T_m(x)$ mit $m = 1 - 0.75 = 0.25$ nahegelegt. Die Darstellung der Box-Plots der transformierten Datensätze zeigt, daß mit dieser Transformation das Ziel, die Streuungsunterschiede zu nivellieren, erreicht wurde.

Tab.: 5-Zahlen-Zusammenfassungen der bestandenen Promotionen an Hochschulen in NW

	Geistes-wiss.	Sprach-wiss.	Wirtsch.-wiss.	Mathem. Natur-wiss.	Human-med.	Ingenieur-wiss.
Anzahl Hoch-schulen	11	7	12	11	6	8
$x_{(1)}$	3	30	3	1	310	2
$x_{0.25}$	13	38	5	31	506	5
$\tilde{x}$	72	137	19.5	192	958	25.5
$x_{0.75}$	140	230	74	424	1391	46
$x_{(n)}$	184	255	250	527	1446	944
s_Q	127	192	69	393	885	41

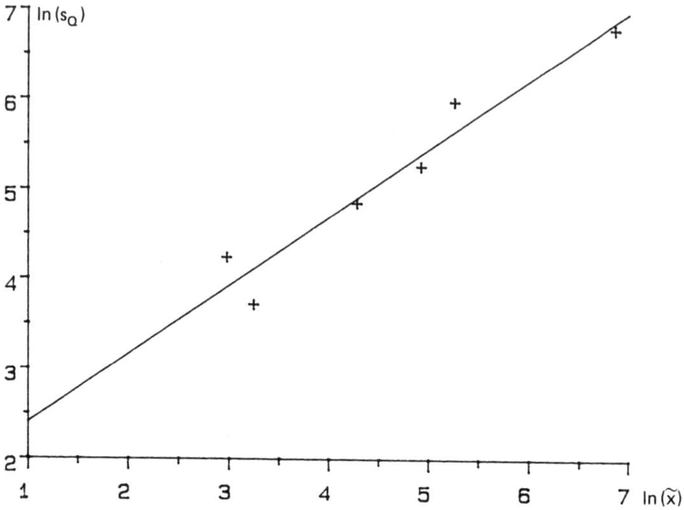

Abb.: Lage-Streuungsdiagramm für die Promotionen nach Fächern

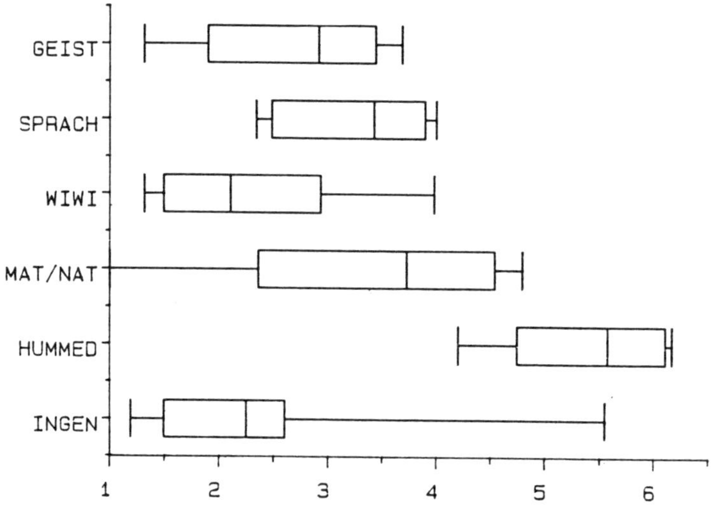

Abb.: Box-Plots der transformierten Promotionen an Hochschulen in NW

8.3 Aufgaben

1. Berechnen Sie die Schiefekoeffizienten $\gamma_{0.25}$ und γ_M;
   a) für die Verteilung, die in Aufgabe 10 von Kapitel 6 angegeben ist.
   b) für die in Kapitel 5 angegebene Pareto-Verteilung mit der Dichte $f(x) = \alpha \cdot k^\alpha / x^{\alpha+1}$ für $x \geq k$ mit $k = 6$ und $\alpha = 5$.
   Welche Wirkung hat die Veränderung des Parameters k, welche die Änderung des Parameters α?

2. Für die Bevölkerung der Regionen der Erde werden folgende Sexualproportionen – d. h. Männer je 100 Frauen – angegeben (Zeitschr. f. Bev. Wiss. 11, 1985, S. 498):
   94, 96, 95, 96, 98, 97, 102, 97, 98, 95, 100, 101, 100, 100, 99, 103, 99, 107, 106, 101, 108, 88.
   Berechnen Sie die Parameter $g_{0.25}$ und g_M. Erstellen Sie ein Symmetrie-Diagramm!

3. Im Jahr 1984 wurden an die Universitäten und Gesamthochschulen in Nordrhein-Westfalen die folgenden Drittmittel (in tausend DM) gezahlt:
   7.9, 23.4, 4.6, 5.8, 10.6, 2.7, 39.5, 44.4, 20.8, 26.5, 39.0, 24.3, 11.6, 1.8, 145.1.
   Entscheiden Sie (ggf. nach geeigneter Transformation der Daten), ob die Hochschule mit 145.100 DM für Drittmittelforschung als extrem oder als noch in der allgemeinen Tendenz liegend anzusehen ist.

4. Bei der XXVII. Internationalen Mathematik-Olympiade erreichten die Mannschaften der teilnehmenden Länder die folgenden Punkte-Zahlen:
   203 203 196 177 172 171 161 151 149 146 141 131 127 119 117 112 93 90 85 84 80 79 78 69 68 63 60 58 57 55 54 53 51 49 48 37 22.
   Untersuchen Sie die Daten hinsichtlich der Schiefeeigenschaften und möglicher Symmetrisierung.

5. Für verschiedene Länder Afrikas ergaben sich folgende Medianwerte und Quartilsabstände der Altersdifferenzen zwischen Ehepartnern (Population Studies 40 (1986), S. 353–347):

$\tilde{x}$:	9.7	7.6	7.1	6.9	5.6	9.8	8.4	6.5	6.2	6.1	5.4
s_Q:	9.1	8.0	7.8	8.4	5.5	9.7	7.3	7.0	6.4	7.0	7.0

Welche Transformation hat hier eine streuungsstabilisierende Wirkung?

9 Parameter bivariater Verteilungen

Wie bei univariaten Datensätzen und Variablen sind auch bei bivariaten Verteilungen zusammenfassende Parameter, die wesentliche Aspekte beschreiben, von Bedeutung. Es ist naheliegend, auf die Parameter der univariaten Randverteilungen zurückzugreifen. Die getrennte Betrachtung von Eigenschaften zweier Variablen X und Y bzw. ihrer Realisationen ist aber nicht geeignet, das zentrale gemeinsame Charakteristikum, den Zusammenhang, zu erfassen.

Von den verschiedenen Zusammenhangsparametern behandeln wir nur den für metrisch skalierte Variablen entwickelten **Korrelationskoeffizienten** von Bravais-Pearson und die damit zusammenhängende **Kovarianz** sowie eine für ordinal skalierte Variablen geeignete Variante und einen auf dem Korrelationskoeffizienten basierenden Parameter für nomial skalierte Variablen.

9.1 Empirische Verteilungen

Problemstellung

Anfang der 80er Jahre nahm das unbeherrschte Fahrverhalten zu. Dadurch wurde eine Analyse der im Februar 1984 in Duisburg festgestellten Ordnungswidrigkeiten veranlaßt. Hierbei stellte sich u. a. die Frage nach dem Zusammenhang von Alter der Fahrer und Höhe der Geschwindigkeitsüberschreitung. (Nur bei Geschwindigkeitsüberschreitungen um mehr als 20 km/h erfolgen Anzeigen und liegen die Altersangaben vor.) Eine Stichprobe von n = 40 der 429 männlichen Fahrer, gegen die Anzeige erfolgte, ergab folgende Verteilung.

Tab.: Alter X (in J) und Höhe der Geschwindigkeitsüberschreitung Y (in km/Std)

v	x_v	y_v	v	x_v	y_v	v	x_v	y_v	v	x_v	y_v
1	19	22	11	24	40	21	29	23	31	38	27
2	19	29	12	24	43	22	30	22	32	40	27
3	20	22	13	25	22	23	30	29	33	41	21
4	20	25	14	26	22	24	31	25	34	43	28
5	20	29	15	26	22	25	31	48	35	44	23
6	23	22	16	26	23	26	32	22	36	47	22
7	23	28	17	26	27	27	32	22	37	52	21
8	24	21	18	26	31	28	35	22	38	55	23
9	24	21	19	28	22	29	36	29	39	55	34
10	24	40	20	29	21	30	36	30	40	59	23

Die Lage- und Streuungsparameter der Randverteilungen von X und Y sind:

$$\bar{x} = 31.8, \qquad s_X^2 = 110.56,$$
$$\bar{y} = 26.325, \qquad s_Y^2 = 41.92.$$

Damit ist noch nichts über den Zusammenhang gesagt, dem hier das Augenmerk gilt.

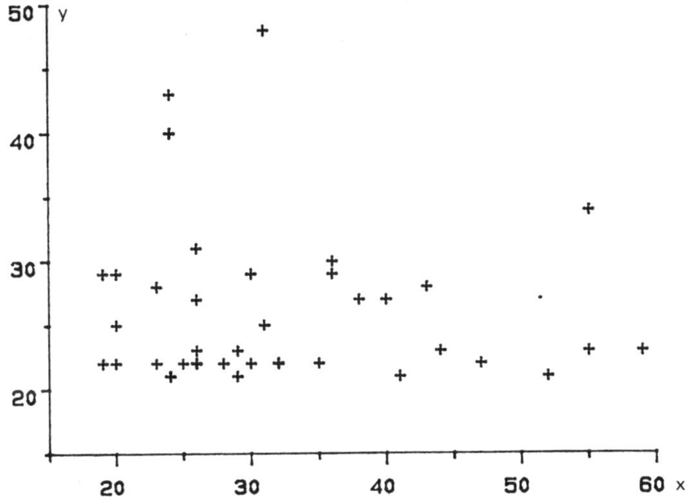

Abb.: Streudiagramm Alter und Geschwindigkeitsüberschreitung

Das Streudiagramm zeigt einige höhere Geschwindigkeiten bei jüngeren Fahrern. Ob dies aber ausreicht, um von einem Zusammenhang zu sprechen, ist zweifelhaft.

Die Kovarianz

Um ein Maß für den Zusammenhang der x- und der y-Werte in einem Datensatz $(x_1, y_1), \ldots, (x_n, y_n)$ zu motivieren, betrachten wir verschiedene Streudiagramme.

Die Diagramme b) und c) zeigen jeweils eine gemeinsame Tendenz der x- und der y-Werte. In b) gehen große y-Werte mit großen x-Werten einher und kleine y-Werte mit kleinen x-Werten. Dies wollen wir als **positiven Zusammenhang** bezeichnen. In c) ist die Tendenz umgekehrt. Es herrscht ein **negativer Zusammenhang**. In a) läßt sich dagegen kein Zusammenhang erkennen: Bei kleinen x-Werten sind genauso wie bei großen x-Werten sowohl kleine als auch große y-Werte zu beobachten.

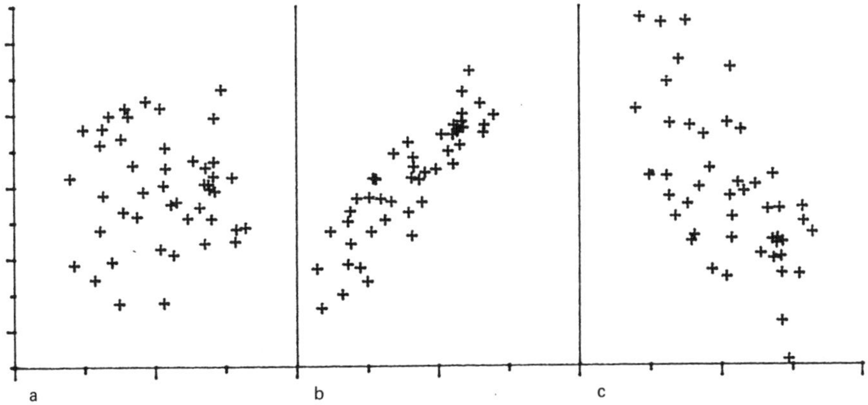

Abb.: Verschiedene Streudiagramme

Die Titulierungen „groß“ und „klein“ sind natürlich relativ bzgl. der Lage aller Punkte des Streudiagramms gemeint. Um den Zusammenhang zu erfassen, beschreiben wir die Lage eines Beobachtungspunktes mit Bezug zu dem Schwerpunkt $(\bar{x}, \bar{y})$ des Streudiagrammes.

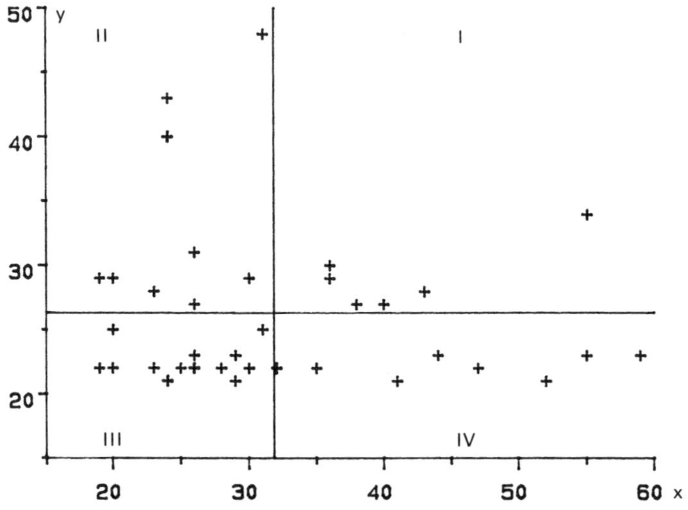

Abb.: Streudiagramm Alter u. Geschwindigkeitsüberschreitung mit Hilfsgrößen

Nach der oben eingeführten Sprechweise, deuten Punkte im ersten und im dritten Quadranten (I und III) auf einen positiven Zusammenhang hin; Punkte im zweiten und vierten Quadranten (II, IV) dagegen auf einen negativen.

Formal wird dies für jeden Punkt durch das Produkt $(x_v - \bar{x}) \cdot (y_v - \bar{y})$ erfaßt. Es gilt nämlich:

$$\begin{array}{lll}\text{Quadrant I:} & x_v > \bar{x}, y_v > \bar{y} \Rightarrow & (x_v - \bar{x})(y_v - \bar{y}) > 0 \\ \text{Quadrant II:} & x_v < \bar{x}, y_v > \bar{y} \Rightarrow & (x_v - \bar{x})(y_v - \bar{y}) < 0 \\ \text{Quadrant III:} & x_v < \bar{x}, y_v < \bar{y} \Rightarrow & (x_v - \bar{x})(y_v - \bar{y}) > 0 \\ \text{Quadrant IV:} & x_v > \bar{x}, y_v < \bar{y} \Rightarrow & (x_v - \bar{x})(y_v - \bar{y}) < 0.\end{array}$$

Das arithmetische Mittel dieser Produkte ist daher ein plausibles Zusammenhangsmaß:

- Liegen die Punkte hauptsächlich in den Quadranten I und III, so ist die Summe der Produkte stark positiv.
- Liegen die Punkte hauptsächlich in den Quadranten II und IV, so ist sie stark negativ.
- Sind die Punkte gleichmäßig verteilt, so heben sich positive und negative Summanden weitgehend auf. Die Summe der Produkte wird ungefähr Null.

Die **empirische Kovarianz** der Variablen X und Y ist der aus den Daten (x_v, y_v), $v = 1, \ldots, n$, berechnete Parameter

$$s_{XY} = \frac{1}{n} \sum_{v=1}^{n} (x_v - \bar{x})(y_v - \bar{y}).$$

Bei Vorliegen einer Häufigkeitstabelle wird s_{XY} gemäß

$$s_{XY} = \frac{1}{n} \sum_{i,j} (x_i - \bar{x})(y_j - \bar{y}) n_{ij} = \sum_{i,j} (x_i - \bar{x})(y_j - \bar{y}) h_{ij}$$

bestimmt.
Wir nennen s_{XY} auch die Kovarianz der x- und y-Werte.

Wie die Varianz wird auch die Kovarianz häufig mit dem Faktor $1/(n-1)$ anstelle von $1/n$ definiert.

Beispiel

Im Jahre 1984 galten für gebrauchte Pkw eines speziellen Typs folgende Händlerverkaufspreise:

v	Alter x_v (in J)	Preis y_v (in 1000 DM)	$x_v - \bar{x}$	$y_v - \bar{y}$	$(x_v - \bar{x})(y_v - \bar{y})$
1	2	11.70	−2	3.03	−6.06
2	3	10.30	−1	1.63	−1.63
3	4	8.35	0	−0.32	0.00
4	5	7.10	1	−1.57	−1.57
5	6	5.90	2	−2.77	−5.54
Σ	20	43.35	0	0	−14.80

Die Kovarianz beträgt

$$s_{XY} = \frac{1}{5} \sum_{v=1}^{5} (x_v - \bar{x})(y_v - \bar{y}) = \frac{1}{5} \cdot (-14.80) = -2.96.$$

Hier ist schon den Daten selbst ein starker negativer Zusammenhang anzusehen.

Die Empirische Kovarianz besitzt folgende **Eigenschaften**:

(1) Für die Kovarianz gilt die **Zerlegungsformel**

$$s_{XY} = \overline{xy} - \bar{x} \cdot \bar{y}.$$

Dabei ist $\overline{xy} = \frac{1}{n} \sum x_v \cdot y_v$.

(2) Werden die Daten (x_v, y_v) transformiert gemäß $x_v \to a + bx_v$, $y_v \to c + dy_v$, so ist die empirische **Kovarianz der linear transformierten** Daten gegeben durch

$$s_{a+bX, c+dY} = b \cdot d\, s_{XY}.$$

Die Zerlegungsformel erhalten wir aus

$$\begin{aligned}&\sum(x_\nu-\bar{x})(y_\nu-\bar{y})=\sum(x_\nu y_\nu-\bar{x}y_\nu-x_\nu\bar{y}+\bar{x}\bar{y})\\&=\sum x_\nu y_\nu-\bar{x}\sum y_\nu-\sum x_\nu\bar{y}+n\bar{x}\bar{y}=\sum x_\nu y_\nu-n\bar{x}\bar{y}-n\bar{x}\bar{y}+n\bar{x}\bar{y}\\&=\sum x_\nu y_\nu-n\bar{x}\bar{y}.\end{aligned}$$

Für die zweite Beziehung erinnern wir uns, daß $\overline{a+bx}=a+b\bar{x}$ sowie $\overline{c+dy}=c+d\bar{y}$. Damit folgt:

$$\begin{aligned}&\frac{1}{n}\sum(a+bx_\nu-\overline{a+bx})(c+dy_\nu-\overline{c+dy})\\&=\frac{1}{n}\sum(a+bx_\nu-a-b\bar{x})(c+dy_\nu-c-d\bar{y})\\&=\frac{1}{n}\sum(bx_\nu-b\bar{x})(dy_\nu-d\bar{y})=bd\frac{1}{n}\sum(x_\nu-\bar{x})(y_\nu-\bar{y}).\end{aligned}$$

Beispiel

Aus der in der Problemstellung angegebenen Tabelle erhalten wir

$$\overline{xy}=\frac{1}{40}\sum_{\nu=1}^{40}x_\nu y_\nu=829.675,$$

und für die empirische Kovarianz von Alter und Höhe der Geschwindigkeitsüberschreitung:

$$s_{XY}=\overline{xy}-\bar{x}\bar{y}=829.675-31.8\cdot 26.325=-7.46.$$

Die Kovarianz zeigt also einen negativen Zusammenhang an.

Der Korrelationskoeffizient von Bravais-Pearson

Das Verhalten der Kovarianz bei Lineartransformationen zeigt, daß sie als Maß für den Zusammenhang noch nicht ganz geeignet ist. Durch Veränderung der Einheit kann sie größer bzw. kleiner werden. Um die Skalenabhängigkeit zu beseitigen, beziehen wir die Kovarianz auf die Standardabweichungen.

Der **empirische Korrelationskoeffizient** (von Bravais-Pearson) r_{XY} der Variablen X und Y ist der aus den Werten (x_ν, y_ν), $\nu = 1, \ldots, n$, berechnete Parameter

$$\begin{aligned}r_{XY}&=\frac{s_{XY}}{s_X\cdot s_Y}\\&=\frac{\frac{1}{n}\sum(x_\nu-\bar{x})(y_\nu-\bar{y})}{\sqrt{\frac{1}{n}\sum(x_\nu-\bar{x})^2}\sqrt{\frac{1}{n}\sum(y_\nu-\bar{y})^2}}.\end{aligned}$$

r_{XY} nennen wir auch den Korrelationskoeffizienten der x- und der y-Werte.

Bevor wir auf die Eigenschaften und Interpretationsmöglichkeiten des Korrelationskoeffizienten eingehen, wollen wir verschiedene Berechnungsmöglichkeiten angeben.

Für den empirischen Korrelationskoeffizienten gelten die **Berechnungsformeln**

$$r_{XY} = \frac{\frac{1}{n}\sum(x_v - \bar{x})(y_v - \bar{y})}{\sqrt{\frac{1}{n}\sum(x_v - \bar{x})^2}\sqrt{\frac{1}{n}\sum(y_v - \bar{y})^2}}$$

$$= \frac{\overline{xy} - \bar{x}\bar{y}}{\sqrt{\overline{x^2} - \bar{x}^2}\sqrt{\overline{y^2} - \bar{y}^2}} = \frac{\sum x_v y_v - n\bar{x}\bar{y}}{\sqrt{\sum x_v^2 - n\bar{x}^2}\sqrt{\sum y_v^2 - n\bar{y}^2}}$$

$$= \frac{n\sum x_v y_v - \sum x_v \sum y_v}{\sqrt{n\sum x_v^2 - (\sum x_v)^2}\sqrt{n\sum y_v^2 - (\sum y_v)^2}}.$$

Die Umrechnungen ergeben sich nach Einsetzen der Formeln $s_{XY} = \overline{xy} - \bar{x}\bar{y}$ und $s_X^2 = \overline{x^2} - \bar{x}^2$ sowie $s_Y^2 = \overline{y^2} - \bar{y}^2$ jeweils durch Erweiterung von Zähler und Nenner mit dem Faktor n.

Beispiel

Für die Gebrauchtwagenpreise erhielten wir:

$$\bar{x} = 4, \quad \bar{y} = 8.67, \quad s_{XY} = -2.96.$$

Zur Ermittlung von r_{XY} benötigen wir noch die Werte von $\sum x_v^2$ und $\sum y_v^2$:

$$\sum_{v=1}^{5} x_v^2 = 90, \quad \sum_{v=1}^{5} y_v^2 = 397.923.$$

Damit ist

$$r_{XY} = \frac{5 \cdot (-2.96)}{\sqrt{90 - 5 \cdot 4^2}\sqrt{397.923 - 5 \cdot 8.67^2}} = \frac{-14.8}{\sqrt{10}\sqrt{22.078}} = -0.99605.$$

(x_v, y_v) $v = 1, \ldots, n$ sei ein bivariater Datensatz. Dann hat der empirische Korrelationskoeffizient r_{XY} folgende **Eigenschaften**:

(1) $-1 \leq r_{XY} \leq 1$

(2) $r_{XY} = \pm 1$ gilt genau dann, wenn alle Punkte (x_v, y_v) auf einer Geraden liegen, wenn es also zwei Zahlen a und b gibt, so daß für $v = 1, \ldots, n$: $y_v = a + bx_v$.

(3) $r_{a+bX,c+dY} = \frac{bd s_{XY}}{|b| \cdot s_X \cdot |d| \cdot s_Y}$, d.h.; der empirische Korrelationskoeffizient ist **invariant gegen lineare Transformationen**.

Die Eigenschaft (3) ergibt sich sofort aus denen von Varianz und Kovarianz. Speziell ist

$$r_{a+bX,c+dY} = \begin{cases} +r_{XY} & \text{falls} \quad bd > 0 \\ -r_{XY} & \text{falls} \quad bd < 0. \end{cases}$$

Bei $bd > 0$ bleibt die „Zusammenhangsrichtung“ bestehen, bei $bd < 0$ dreht sie sich unter Beibehaltung der absoluten Stärke um.

Die Eigenschaften (1) und (2) erhalten wir in Kapitel 20 über eine andere Fragestellung ganz zwanglos.

Die Beziehung $-1 \leq r_{XY} \leq 1$ läßt sich auch in der Form

$$s_{XY}^2 \leq s_X^2 \cdot s_Y^2$$

schreiben. Das ist die **Cauchy-Schwarz'sche** Ungleichung.

Die ersten beiden Eigenschaften des empirischen Korrelationskoeffizienten zeigen, daß er ein **Maß für den linearen Zusammenhang** darstellt. $r = \pm 1$ bedeutet „perfekter“ linearer Zusammenhang. $r = 0$ heißt, daß kein linearer Zusammenhang vorliegt. $r = 0$ ist aber nicht als Abwesenheit jedwelchen Zusammenhanges zu interpretieren!

Dies zeigt das folgende Beispiel.

Beispiel

Es sei folgender Datensatz gegeben:

x_v	-4	-3	-2	-1	0	1	2	3	4
y_v	16	9	4	1	0	1	4	9	16

Die Daten weisen einen perfekten Zusammenhang auf. Es ist $y_v = x_v^2$. Jedoch gilt hier:

$$s_{XY} = \tfrac{1}{9}\sum x_v y_v - \bar{x}\bar{y} = 0 - 0 = 0$$

und somit

$$r_{XY} = 0.$$

Bedeutet $r = 0$ nur, daß kein linearer Zusammenhang vorliegt, folgt andererseits aus $r \approx \pm 1$ **nicht zwangsläufig ein kausaler Zusammenhang**. Das beliebteste Beispiel, um dies zu verdeutlichen, basiert auf einer Untersuchung schwedischer Landkreise. Hier war X die Fruchtbarkeit (Kindergeburten pro 1000 gebärfähiger Frauen) und Y die Anzahl der jährlich beobachteten Störche. Die hohe Korrelation hatte natürlich keine sachliche Ursache. Vielmehr reduzierte die zunehmende Verstädterung sowohl die Fruchtbarkeit als auch die Zahl der Störche.

Die Sprechweise, ausgehend von einem Wert eines empirischen Korrelationskoeffizienten etwas über den Zusammenhang zweier Variablen zu sagen, deutet darauf hin, daß die Korrelation vornehmlich mit Blick auf den entsprechenden Populationsparameter berechnet wird. Daher begnügen wir uns mit folgender, grober **Einteilung des Bereiches**, in dem der empirische Korrelationskoeffizient liegt:

Tab.: Zur Interpretation des empirischen Korrelationskoeffizienten

emp. Korrelationskoeffizient $\|r\|$	Interpretation
0	„keine Korrelation"
0–0.5	„schwache Korrelation"
0.5–0.8	„mittlere Korrelation"
0.8–1	„starke Korrelation"
1	„perfekte korrelation"

In dem Gebrauchtwagen-Beispiel erhielten wir $r = 0.9961$. Es liegt bei diesen Daten eine starke, fast perfekte Korrelation vor.

Für den Datensatz der Problemstellung beträgt die Korrelation zwischen Alter und Höhe der Geschwindigkeitsüberschreitung $r = -0.11$. Sie ist also sehr schwach. Da das Streudiagramm auch keinen Anhaltspunkt auf eine andere Form des Zusammenhanges gibt, darf – zumindest auf Basis der vorliegenden Daten – an einem generellen Zusammenhang zwischen Alter und Höhe der Geschwindigkeitsüberschreitung gezweifelt werden.

Die **Abhängigkeitsstruktur mehrdimensionaler Datensätze** wird i. d. R. auf die paarweisen Abhängigkeitsstrukturen zurückgeführt. Die gebräuchlichste Form besteht dabei in der Berechnung der paarweisen Kovarianzen bzw. Korrelationskoeffizienten und ihrer Anordnung in einer sogenannten **Kovarianzmatrix** bzw. **Korrelationsmatrix**. Diese entsprechen den paarweisen Streudiagrammen aus Kapitel 3.

Wegen $s_{XY} = s_{YX}$ bzw. $r_{XY} = r_{YX}$ reicht es, jeweils nur einen Teil der Matrix auszufüllen. Zudem ist $r_{XX} = 1$. Bei der Korrelationsmatrix können wir also auch auf die Angabe der Diagonalelemente verzichten.

Der Rangkorrelationskoeffizient von Spearman

Der Korrelationskoeffizient r_{XY} von Bravais-Pearson mißt den linearen Zusammenhang zweier Variablen. Eine Konsequenz aus diesem Sachverhalt besteht darin, daß einzelne Ausreißer, d.h. einzelne extreme Datenpunkte, einen starken, unerwünschten Effekt auf den numerischen Wert von r_{XY} haben können. Hohe Korrelationen können als gering erscheinen und umgekehrt.

Als eine günstige, von Ausreißern wesentlich weniger beeinflußte Variante bietet sich der **Rangkorrelationskoeffizient r_s von Spearman** an. Wie aus der gleich zu beschreibenden Vorgehensweise zur Berechnung von r_s deutlich wird, mißt r_s den **monotonen Zusammenhang** zweier Variablen. Gehen mit steigenden x-Werten also auch steigende y-Werte einher, so nimmt r_s tendenziell einen großen Wert an.

Die Messung lediglich des monotonen Zusammenhanges bringt es auch mit sich, daß r_s auch für **ordinal skalierte Variablen sinnvoll** bestimmt werden kann.

r_s basiert auf den **Rängen** der Beobachtungen. Die beobachteten Werte werden dabei durch ihre Platznummern, eben den Rängen, ersetzt. Das Konzept der Ränge läßt sich am einfachsten anhand eines Beispieles verdeutlichen: Seien die Beobachtungen

$$x_1 = 7.1, \quad x_2 = 5.7, \quad x_3 = 8.4, \quad x_4 = 7.6$$

gegeben. Der kleinste Wert erhält den Rang 1, der zweitkleinste den Rang 2 usw. Dann werden die x_v durch ihre Ränge $R(x_v)$ ersetzt. Dies gibt die **Rangwertreihe** $R(x_1), \ldots, R(x_n)$. Für unsere vier Beobachtungen lautet sie:

2, 1, 4, 3.

Kommen gleiche Werte, auch **Bindungen** genannt, vor, so werden **mittlere Ränge** vergeben. Aus der Beobachtungsserie

7.1 5.7 8.4 7.6 7.1 8.9 7.1 5.7

wird dann z. B. die Rangwertreihe:

4 1.5 7 6 4 8 4 1.5.

Der **Rangkorrelationskoeffizient r_s von Spearman** ist der für die getrennt bestimmten Rangwerte $R(x_v)$, $R(y_v)$ ermittelte Korrelationskoeffizient:

$$r_s = \frac{\sum(R(x_v) - \bar{R}(x_v))(R(y_v) - \bar{R}(y_v))}{\sqrt{\sum(R(x_v) - \bar{R}(x_v))^2}\sqrt{\sum(R(y_v) - \bar{R}(y_v))^2}}.$$

Falls keine Bindungen in einem Datensatz vorliegen, sind die Ränge stets die ganzen Zahlen von 1 bis n. Daher vereinfacht sich in diesen Fällen die Berechnung.

Sofern alle x-Werte und alle y-Werte in sich unterschiedlich sind, gilt

$$r_s = \frac{\sum_{v=1}^{n} R(x_v)R(y_v) - \frac{n(n+1)^2}{4}}{n(n^2-1)/12}$$

$$= 1 - \frac{6 \cdot \sum_{v=1}^{n} (R(x_v) - R(y_v))^2}{n(n^2-1)}.$$

Beispiel

Ein starker Zusammenhang zeigt sich bei der Betrachtung der Daten für Nahrungsfettaufnahme und der Todesfälle durch Brustkrebs (nach Spektrum der Wissenschaft 1/1988).

Tab.: Fettverzehr und Todesfälle mit Rangwerten

Land	Fettverzehr in Gramm x	Todesfälle je 100.000 Einw. y	$R(x_v)$	$R(y_v)$
Kolumbien	48.00	5.97	1	2
Mexiko	59.20	4.78	2	1
Südafrika	66.67	22.96	3	8
Italien	86.40	15.93	4	5
Griechenland	95.47	8.63	5	3
Ungarn	100.27	13.81	6	4
BRD	134.40	17.79	7	6
USA	149.33	21.24	8	7
Neuseeland	154.67	23.36	9	9
Dänemark	157.87	24.03	10	10

Da die Daten bzgl. der Werte von X schon geordnet sind, erscheint die zugehörige Rangwertreihe $R(x_v)$ nur als Folge der Zahlen $1, \dots, 10$. Die extra zu bestimmenden Ränge der Variablen Y sind in der letzten Spalte eingetragen.

Da keine Bindungen auftreten, kann r_S nach den zuletzt angegebenen Formeln berechnet werden:

$$r_s = \frac{\sum_{v=1}^{10} R(x_v) R(y_v) - \frac{n(n+1)^2}{4}}{n(n^2-1)/12}$$

$$= \frac{366 - \frac{10 \cdot 11^2}{4}}{10(100-1)/12}$$

$$= 0.77\,.$$

Offensichtlich ist der dritte Wert als ‚Ausreißer' anzusehen. Weglassen dieses Wertes erhöht r_S auf 0.933.

Die entsprechenden Werte von r_{XY} sind extremer: Im vollen Datensatz erhalten wir $r_{XY} = 0.725$, im reduzierten $r_{XY} = 0.942$. Dies illustriert die stärkere Beeinflußbarkeit des Korrelationskoeffizienten von Bravais-Pearson durch einzelne extreme Punkte.

Der Phi-Koeffizient

Ein wichtiger Spezialfall nominal skalierter Variablen sind diejenigen, die nur zwei Realisationsmöglichkeiten aufweisen. Sie treten auch auf, wenn nur nach dem Vorliegen einer Eigenschaft oder eines Tatbestandes gefragt wird: Verheiratet? Zu schnell gefahren? Student?

Wie bezeichnen die Realisationsmöglichkeiten solcher Variablen im folgenden mit 0 und 1. Die gleichzeitige Betrachtung zweier derartiger Variablen führt dann zu einer 2×2-Felder-Tafel:

Tab.: Schema einer 2×2-Felder-Tafel

X \ Y	0	1	
0	n_{00}	n_{01}	$n_{0.}$
1	n_{10}	n_{11}	$n_{1.}$
	$n_{.0}$	$n_{.1}$	n

Die Eintragungen sind (vgl. Kapitel 3) für $i, j = 0, 1$:

$$n_{ij} = n(X = i, Y = j)\,, \quad n_{i.} = n(X = i)\,, \quad n_{.j} = n(Y = j)\,.$$

Rein **formal** können wir die Korrelation der beiden Variablen bestimmen:

$$r_{XY} = \frac{s_{XY}}{\sqrt{s_X^2}\sqrt{s_Y^2}} = \frac{\overline{xy} - \bar{x}\bar{y}}{\sqrt{\overline{x^2} - \bar{x}^2}\sqrt{\overline{y^2} - \bar{y}^2}}$$

$$= \frac{\frac{n_{11}}{n} - \frac{n_{1.}}{n} \cdot \frac{n_{.1}}{n}}{\sqrt{\frac{n_{1.}}{n} - \left(\frac{n_{1.}}{n}\right)^2}\sqrt{\frac{n_{.1}}{n} - \left(\frac{n_{.1}}{n}\right)^2}}$$

$$= \frac{\frac{n_{11}}{n} - \frac{n_{1.}}{n} \cdot \frac{n_{.1}}{n}}{\sqrt{\frac{n_{1.}}{n} \cdot \frac{n_{0.}}{n}}\sqrt{\frac{n_{.1}}{n} \cdot \frac{n_{.0}}{n}}}.$$

Das Vorzeichen von r hängt nun von der u. U. willkürlichen Zuordnung der Werte 0 und 1 der Variablen X zu den Beobachtungen ab. Eine Vertauschung der Zeilen der 2 × 2-Tafel entspricht einer bei nomial skalierten Variablen erlaubten eindeutigen Transformation. Diese ändert aber lediglich das Vorzeichen.

Das eigentliche **Zusammenhangsmaß** ist hier also der vorzeichenfreie quadrierte Korrelationskoeffizient. Er wird als **Phi-Koeffizient** bezeichnet,

$$\Phi^2 = r_{XY}^2 ,$$

bzw.

$$\Phi = \sqrt{r_{XY}^2} .$$

Darstellungsweisen des Phi-Koeffizienten in einer 2 × 2-Felder-Tafel:

$$\Phi^2 = \left(\frac{\frac{n_{11}}{n} - \frac{n_{1.}}{n}\frac{n_{.1}}{n}}{\sqrt{\frac{n_{1.}}{n}\frac{n_{0.}}{n}}\sqrt{\frac{n_{.1}}{n}\frac{n_{.0}}{n}}}\right)^2 = \sum_{i,j=0}^{1} \frac{\left(\frac{n_{ij}}{n} - \frac{n_{i.}}{n}\frac{n_{.j}}{n}\right)^2}{\frac{n_{i.}}{n}\frac{n_{.j}}{n}}$$

$$= \frac{(n_{00}n_{11} - n_{10}n_{01})^2}{n_{1.}n_{0.}n_{.1}n_{.0}} .$$

Die zum Teil umfänglichen Umformungen ersparen wir uns.

Beispiel

Die Auswirkung der Arbeitslosigkeit Jugendlicher auf ihre Einschätzung der Wahlen als wirkungsvoller Form politischer Betätigung ist Gegenstand der folgenden Tabelle. (Nach: SINUS-Institut (Hrsg.): Die verunsicherte Generation. Opladen 1983)

Tab.: Arbeitslosigkeit und Bedeutung von Wahlen

Einschätzung von Wahlen	Arbeitslosigkeit noch nie	länger als 1/2 Jahr	
wirkungsvoll	130	89	219
nicht wirkungsvoll	30	34	64
	160	123	

Einschätzbar wird die Auswirkung anhand des Phi-Koeffizienten:

$$\Phi^2 = \frac{(130 \cdot 34 - 30 \cdot 89)^2}{219 \cdot 64 \cdot 160 \cdot 123} = 0.105 .$$

Der Einteilung des Korrelationskoeffizienten entsprechend ist der Zusammenhang als gering einzuschätzen.

9.2 Theoretische Verteilungen

Wir nehmen die bei Einführung des Erwartungswertes und der Varianz geübte Praxis auf und leiten die Kovarianz zweier Zufallsvariablen in Analogie zum empirischen Parameter her.

Die empirische Kovarianz zweier Variablen X und Y ist definiert als

$$\begin{aligned} s_{XY} &= \frac{1}{n} \sum_{v=1}^{n} (x_v - \bar{x})(y_v - \bar{y}) \\ &= \sum_{i=1}^{I} \sum_{j=1}^{J} (x_i - \bar{x})(y_j - \bar{y}) \cdot \frac{n_{ij}}{n} . \end{aligned}$$

Dabei ergibt sich die zweite Form, wenn Beobachtungspaare (x_i, y_j) n_{ij}-mal vorkommen. Diese Darstellung legt nun die Definition der theoretischen Kovarianz für diskrete Zufallsvariablen nahe. Hat X die Realisationsmöglichkeiten $x_1, \ldots, x_I$, Y die Realisationsmöglichkeiten $y_1, \ldots, y_J$, so ist

$$\sum_{i=1}^{I} \sum_{j=1}^{J} (x_i - \mu_X)(y_j - \mu_Y) P(X = x_i, Y = y_j)$$

ein Parameter, der sich auf die bivariate Wahrscheinlichkeitsverteilung von X und Y bezieht.

Bei zwei stetigen Zufallsvariablen X und Y mit der gemeinsamen Dichte $f(x, y)$ ergibt sich analog zu der Ableitung des Erwartungswertes

$$\sum_i \sum_j (x_i - \bar{x})(y_j - \bar{y}) \frac{n_{ij}}{n}$$
$$= \sum_i \sum_j (x_i - \bar{x})(y_j - \bar{y}) \hat{f}(x_i, y_j) \cdot \Delta x \, \Delta y$$
$$\to \int_{-\infty}^{+\infty} \int_{-\infty}^{+\infty} (x - \mu_X)(y - \mu_Y) \hat{f}(x, y) \, dx \, dy \, .$$

Dieser Parameter ist beide Male gleich dem Erwartungswert des Produktes $(X - \mu_X) \cdot (Y - \mu_Y)$. Damit erhalten wir folgende Definition:

X und Y seien zwei Zufallsvariable mit Erwartungswerten μ_X und μ_Y sowie mit den Standardabweichungen σ_X und σ_Y. Dann ist

$$\text{Cov}(X, Y) = \sigma_{XY} = E((X - \mu_X)(Y - \mu_Y))$$

die **Kovarianz** von X und Y.
Der **Korrelationskoeffizient** der beiden Variablen ist

$$\varrho_{XY} = \frac{\sigma_{XY}}{\sigma_X \sigma_Y} \, .$$

Die Kovarianz läßt sich leicht umformen zu

$$\sigma_{XY} = E((X - \mu_X)(Y - \mu_Y)) = E(XY - \mu_X Y - \mu_Y X + \mu_X \mu_Y)$$
$$= E(XY) - \mu_X \mu_Y \, .$$

Dies ist das theoretische Analogon zu der für die empirische Kovarianz angegebenen Beziehung $s_{XY} = \overline{xy} - \bar{x}\bar{y}$.

Für den Korrelationskoeffizienten ϱ_{XY} zweier Zufallsvariablen X und Y gilt
(1) $-1 \leq \varrho_{XY} \leq 1$
(2) $\varrho_{XY} = \pm 1$ gilt genau dann, wenn X und Y linear abhängig sind:
$Y = a + bX$ bzw. $X = a' + b'Y$.
(3) Falls X und Y stochastisch unabhängige Zufallsvariablen sind, so ist $\varrho_{XY} = 0$.

Die Umkehrung der Eigenschaft (3) gilt nicht. Da auch die theoretische Korrelation ein Maß für den linearen Zusammenhang darstellt, kann bei einer nichtlinearen Form der Abhängigkeit durchaus $\varrho_{XY} = 0$ sein.

Beispiel

Ein Roulette-Spieler setzt zweimal hintereinander eine Einheit auf Rot. Die Zufallsvariablen

X = „Gewinn nach dem ersten Spiel“ und
Y = „Gewinn nach dem zweiten Spiel“

haben die folgende gemeinsame Wahrscheinlichkeitsverteilung (wobei „Zero“ vernachlässigt wird):

X \ Y	−2	0	2	
−1	1/4	1/4	0	1/2
1	0	1/4	1/4	1/2
	1/4	1/2	1/4	

X und Y können sich nur um eine Einheit unterscheiden. Falls der Spieler beim ersten Mal verloren hat, kann er bestenfalls seinen Verlust wieder wettmachen.

Hier gilt nun:

$$\begin{aligned}
&E(X) = 0, \quad V(X) = 1\\
&E(Y) = 0, \quad V(Y) = 2\\
&E((X-\mu_X)(Y-\mu_Y)) = \sum(x_i-\mu_X)(y_j-\mu_Y)P(X=x_i, Y=y_j)\\
&= (-1)(-2)\cdot\tfrac{1}{4} + (-1)\cdot 0\cdot\tfrac{1}{4} + (-1)\cdot 2\cdot 0\\
&\quad + 1\cdot(-2)\cdot 0 + 1\cdot 0\cdot\tfrac{1}{4} + 1\cdot 2\cdot\tfrac{1}{4}\\
&= \tfrac{2}{4} + \tfrac{2}{4} = 1\,.
\end{aligned}$$

Damit erhalten wir:

$$\varrho_{XY} = \frac{\mathrm{Cov}(X,Y)}{\sqrt{V(X)}\sqrt{V(Y)}} = \frac{1}{\sqrt{1}\sqrt{2}} = 0.707\,.$$

Die Kovarianz ist auch eine entscheidende Größe bei der Bestimmung der **Varianz einer Summe von Zufallsvariablen**:

$$\begin{aligned}
V(X+Y) &= E(X+Y-\mu_{X+Y})^2\\
&= E((X-\mu_X)+(Y-\mu_Y))^2\\
&= E(X-\mu_X)^2 + E(Y-\mu_Y)^2 + 2E(X-\mu_X)(Y-\mu_Y)\\
&= V(X) + V(Y) + 2\mathrm{Cov}(X,Y)\,.
\end{aligned}$$

Somit können wir festhalten:

> Die **Varianz** $V(X+Y)$ **der Summe** zweier Zufallsvariablen X und Y ist genau dann gleich der Summe $V(X) + V(Y)$ der einzelnen Varianzen, wenn X und Y unkorreliert sind.

9.3 Aufgaben

1. In Kanada wurde während einiger Sommertage die Verdunstung in einem Feuchtgebiet und an der Oberfläche eines nahegelegenen Sees gemessen. In einem in der Veröffentlichung wiedergegebenen Stabdiagramm wurden die folgenden Werte (in cm) ausgemessen. (Quelle: Arctic and Alpine Research 18 (1986) S. 195–220)

   Nach der Skala entsprechen 3.2 cm in der Abbildung 8 mm Verdunstung am Tag. Wie groß ist die Korrelation der Verdunstung im Feuchtgebiet und an der Seeoberfläche?

Tab.: Verdunstung im Feuchtgebiet (X) und an der Seeoberfläche (Y)

v	1	2	3	4	5	6	7	8	9	10
x_v	2.20	2.50	1.80	1.60	1.80	0.85	1.40	1.95	1.60	1.30
y_v	1.80	2.00	2.15	1.80	0.95	0.90	1.40	2.00	1.15	1.70

v	11	12	13	14	15	16	17
x_v	1.80	1.70	2.05	2.85	1.70	2.80	1.10
y_v	1.70	2.35	2.70	2.65	2.00	2.50	0.80

2. In einem Test von Audio-Cassetten wurden 23 Cassetten einbezogen. Unter anderem wurden als Testergebnisse die jeweils erreichten Punkte für die Höhen- und Tiefendynamik angegeben. Die Punkte stellen transformierte Dezibel-Werte dar. (Daten aus Audio 1/1986.)

Höhen-	Tiefendynamik						
dynamik	9	10	11	12	13	14	15
6				1			
7		1	1				
8	1		1	3		1	
9			1	3	1	1	1
10		1					
11			1			2	1
12							2

Wie stark sind die Punktewerte der Höhen- und der Tiefendynamik korreliert?

3. In der Tabelle sind die gemeinsamen Bewertungen der 328 Kreise und kreisfreien Städte bzgl. der Bedeutungen von Herzinfarkt bzw. Kreislauferkrankungen an den Todesursachen für Männer wiedergegeben. Dazu wurden die Kreise für jede der Krankheiten in eine Rangfolge gebracht. Anschließend wurden jeweils sechs etwa gleichgroße Gruppen gebildet. (Nach: Koch u. a.: Die Gesundheit der Nation; Köln 1986.)
Wie groß ist die Korrelation? Wie ist der Korrelationskoeffizient zu interpretieren?

Tab.: Todesfälle durch Kreislauf und Herzinfarkt in Landkreisen der BRD

Herz Kreislauf	1	2	3	4	5	6	
1	22	22	3	4	2	1	54
2	15	8	11	10	6	4	54
3	10	7	20	9	9	2	57
4	3	5	11	15	13	8	55
5	2	11	5	6	13	17	54
6	1	2	6	11	12	22	54

4. Die Dauer des Klinik-Aufenthaltes von 132 Schizophrenie-Patienten, aufgeschlüsselt nach der Häufigkeit, mit der sie Besuch erhielten, ist in der folgenden Tabelle angegeben. (Nach L. A. Goodman, Biometrics 39 (1983), S. 149–160.)

	Dauer des Klinik-Aufenthaltes	
	2–10 Jahre	mehr als 10 Jahre
regelmäßiger Besuch; oder Patient ging auch nach Hause	43	19
unregelmäßiger oder kein Besuch. Patient ging nicht nach Hause	13	55

Bestimmen Sie den Φ-Koeffizienten. Wie läßt er sich hier interpretieren?

5. Seien X = „Augenzahl der ersten Kugel“, Y = „Augenzahl der zweiten Kugel“ beim Lotto „6 aus 49“. Berechnen Sie die Korrelation zwischen X und Y!

   (Hinweise: (i) $P(X = x, Y = y) = P(Y = y \mid X = x) \cdot P(X = x)$,

   (ii) $\sum_{\substack{y=1 \\ y \neq x}}^{49} \sum_{x=1}^{49} x \cdot y = 49 \cdot 50 \cdot 596.$

6. Der Heimweg eines Betrunkenen läßt sich nur noch als „Irrfahrt“ beschreiben: Bei jedem Schritt setzt er mit gleicher Wahrscheinlichkeit das linke oder das rechte Bein nach vorn. Er landet dann eine Einheit weiter links bzw. weiter rechts.

   Ausgangspunkt

   nach dem Schritt

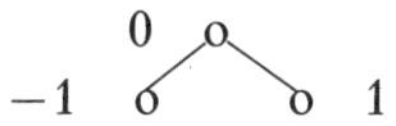

   Jeder Schritt passiert unabhängig von dem vorangegangenen.
   Sei X die Position nach dem ersten und Y die Position nach dem zweiten Schritt. Ermitteln Sie den Korrelationskoeffizienten von X und Y.

7. Berechnen Sie die Kovarianz der bivariaten Verteilung aus Aufgabe 11 von Kapitel 5.

10 Diskrete Verteilungsmodelle

Wir haben bereits an verschiedenen Stellen die Anpassung theoretischer Verteilungen an empirische Datensätze diskutiert. Dabei wurden recht einfache Modelle verwendet, um die jeweiligen Hauptpunkte der Diskussion nicht durch „technische“ Probleme zu verdunkeln.

Wir wollen nun einige häufig eingesetzte Verteilungsmodelle im Einzelnen besprechen. Diese haben sich in der Praxis aus einem der beiden folgenden Gründe bewährt:

- Das Verteilungsmodell resultiert aus Anforderungen an ein Zufallsexperiment, die zumindest näherungsweise von einer Vielzahl von Zufallsvorgängen erfüllt werden.
- Die theoretische Verteilung ist geeignet, eine große Anzahl empirischer Verteilungen hinreichend gut zu approximieren.

Natürlich müssen wir uns auf wenige ausgewählte Verteilungen beschränken. Eine umfassende Darstellung einer Vielzahl von Verteilungen gibt das vierbändige Werk von Johnson/Kotz: Distributions in Statistics, New York, 1969.

Die Anpassung eines Verteilungsmodells an verschiedene Datensätze ist dabei nur möglich, wenn das Verteilungsmodell flexibel ist. Die Flexibilität wird i. a. dadurch erreicht, daß die jeweilige Wahrscheinlichkeitsfunktion bzw. Dichte einer theoretischen Verteilung noch von einem oder mehreren **Parametern** $\theta_1, \ldots, \theta_k$ abhängt. Die Funktion $f(x; \theta_1, \ldots, \theta_k)$ wird erst dann zur eindeutig spezifizierten Wahrscheinlichkeitsfunktion oder Dichte, wenn für die Parameter numerische Werte eingesetzt werden. Diese numerische Festlegung wird jeweils so vorgenommen, daß die spezifizierte theoretische Verteilung möglichst gut mit der empirischen Verteilung übereinstimmt.

Um den Begriff des Parameters zu verdeutlichen, betrachten wir zwei einfache Zufallsexperimente und interpretieren die entsprechenden Verteilungen als Spezialfälle eines übergeordneten Verteilungsmodells.

Beim Würfeln interessiert die Augenzahl X. Bei einem fairen Würfel gilt $P(X = x) = 1/6$ für $x = 1, \ldots, 6$. Beim Roulette hat die erzielte Nummer Y eine Wahrscheinlichkeitsfunktion ähnlicher Bauart: $P(Y = y) = 1/37$ für $y = 0, 1, 2, \ldots, 36$. Beide Zufallsvariablen sind (diskret) gleichverteilt.

Die Wahrscheinlichkeitsfunktion der **diskreten Gleichverteilung** ist gegeben durch

$$f(x) = f(x; M, N) = 1/(N+1) \qquad x = M, M+1, \ldots, M+N.$$

M und N sind die Parameter der diskreten Gleichverteilung. Hat eine Zufallsvariable X die Wahrscheinlichkeitsfunktion $f(x; M, N)$ so heißt X (diskret) gleich- (oder Rechteck-) verteilt, i. Z. $X \sim DR(M, N)$.

Für die oben beschriebenen Zufallsvariablen gilt also:

$$X \sim DR(1,5), \quad Y \sim DR(0,36).$$

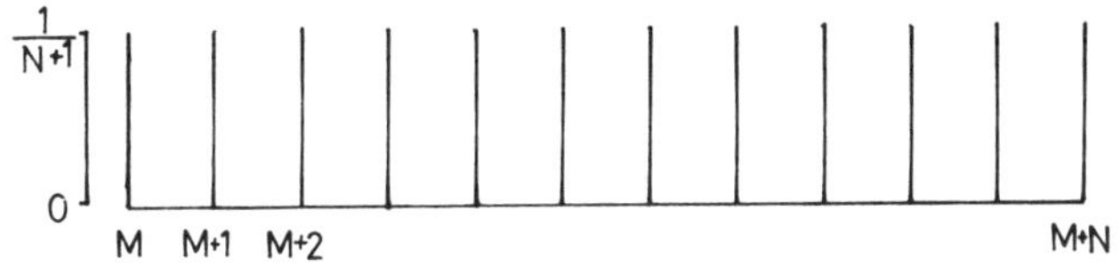

Abb.: Wahrscheinlichkeitsfunktion der diskreten Gleichverteilung

10.1 Die Binomialverteilung

Einführendes Beispiel

Bei der Erforschung der außersinnlichen Wahrnehmung (ASW) werden Experimente der folgenden Art durchgeführt: Ein ‚Sender' deckt in einem Raum Karten auf und betrachtet diese intensiv. Der ‚Empfänger', d.h. das in einem anderen Raum sitzende Medium, muß dann angeben, welche Karte jeweils aufgedeckt worden ist. Der Anteil der richtig angegebenen Karten wird als Maß für die telepathischen Fähigkeiten des Mediums gewertet.

Zur Einschätzung werden die Chancen für die verschiedenen Trefferzahlen bei zufälligem Raten herangezogen. Nur eine Trefferzahl, die zu erreichen oder zu übertreffen eine sehr geringe Chance hat, deutet auf erhöhte ASW-Fähigkeit hin.

Bei den ASW-Experimenten werden häufig spezielle Karten, sogenannte Zener-Karten, mit den fünf Zeichen Kreis, Quadrat, Kreuz, Stern und Wellenlinie benutzt. Die Chance beträgt bei zufälligem Raten pro Karte jeweils $p = 0.2$. Es mögen nun vier Karten nacheinander aufgedeckt werden.

Die Frage ist dann, wie die Wahrscheinlichkeiten für die verschiedenen Trefferzahlen bei diesen vier Karten sind, wenn zufällig geraten wird.

Es ist plausibel, die Ereignisse R_i = „Die i-te Karte wird richtig geraten", für $i = 1, 2, 3, 4$ als unabhängig zugrundezulegen. Dann erhalten wir die gesuchten Wahrscheinlichkeiten, indem wir alle Möglichkeiten, die bei den vier Ereignissen vorkommen können, systematisch aufschreiben. Eine der Möglichkeiten ist etwa $R_1 \cap \bar{R}_2 \cap \bar{R}_3 \cap R_4$. Dieses Ereignis bedeutet, daß die erste und die vierte Karte richtig geraten werden, die zweite und dritte jedoch falsch.

Wegen der Unabhängigkeit erhalten wir die Wahrscheinlichkeiten für diese Ereignisse als Produkte der Einzelwahrscheinlichkeiten:

$$P(R_1 \cap \bar{R}_2 \cap \bar{R}_3 \cap R_4) = P(R_1) \cdot P(\bar{R}_2) \cdot P(\bar{R}_3) \cdot P(R_4).$$

Zudem können wir aus diesen Ereignissen die uns interessierenden Ereignisse $\{X = x\}$ zusammensetzen.

Tab.: Zur Entwicklung der Wahrscheinlichkeitsverteilung der Anzahl richtig angegebener Karten

Wahrscheinlichkeit des Einzelereignisses	Einzelereignis	Vereinigung von Einzelereignissen $= \{X = x\}$	Wahrscheinlichkeit der Vereinigung $P(X = x)$
$(1-0.2)^4$	$\bar{R}_1 \cap \bar{R}_2 \cap \bar{R}_3 \cap \bar{R}_4$	$\{X = 0\}$	$(1-0.2)^4$
$0.2^1 \cdot (1-0.2)^3$	$\bar{R}_1 \cap \bar{R}_2 \cap \bar{R}_3 \cap R_4$		
$0.2^1 \cdot (1-0.2)^3$	$\bar{R}_1 \cap \bar{R}_2 \cap R_3 \cap \bar{R}_4$	$\{X = 1\}$	$4 \cdot 0.2^1 \cdot (1-0.2)^3$
$0.2^1 \cdot (1-0.2)^3$	$\bar{R}_1 \cap R_2 \cap \bar{R}_3 \cap \bar{R}_4$		
$0.2^1 \cdot (1-0.2)^3$	$R_1 \cap \bar{R}_2 \cap \bar{R}_3 \cap \bar{R}_4$		
$0.2^2 \cdot (1-0.2)^2$ $\vdots$ $0.2^2 \cdot (1-0.2)^2$	$\bar{R}_1 \cap \bar{R}_2 \cap R_3 \cap R_4$ $R_1 \cap R_2 \cap \bar{R}_3 \cap \bar{R}_4$	$\{X = 2\}$	$6 \cdot 0.2^2 \cdot (1-0.2)^2$
$0.2^3 \cdot (1-0.2)^1$	$\bar{R}_1 \cap R_2 \cap R_3 \cap R_4$		
$0.2^3 \cdot (1-0.2)^1$	$R_1 \cap \bar{R}_2 \cap R_3 \cap R_4$		
$0.2^3 \cdot (1-0.2)^1$	$R_1 \cap R_2 \cap \bar{R}_3 \cap R_4$	$\{X = 3\}$	$4 \cdot 0.2^3 \cdot (1-0.2)^1$
$0.2^3 \cdot (1-0.2)^1$	$R_1 \cap R_2 \cap R_3 \cap \bar{R}_4$		
0.2^4	$R_1 \cap R_2 \cap R_3 \cap R_4$	$\{X = 4\}$	0.2^4

Herleitung der Verteilung

Die letzte Spalte der obigen Tabelle gibt die Werte der Wahrscheinlichkeitsfunktion von X an. Ihr liegen wesentlich die Voraussetzungen, die an die Abfolge der Einzelversuche gestellt wurden, zugrunde: Konstante Trefferwahrscheinlichkeit und Unabhängigkeit. Sie werden durch folgende Begriffsbildung hervorgehoben.

Als **Bernoulli-Prozeß** wird eine wiederholte Durchführung eines Zufallsvorganges (Bernoulli-Experiment) bezeichnet, wobei gilt:

- Bei jeder Wiederholung interessiert nur, ob ein bestimmtes Ereignis A eintritt oder nicht.
- Die Wiederholungen sind unabhängig.
- Die Erfolgswahrscheinlichkeit $P(A) = p$ bleibt konstant.

Wir betrachten nun den allgemeinen Fall. Dazu setzen wir wie oben die Zahl n der Durchführungen bei einem Bernoulli-Prozeß als fest voraus. Die Wahrscheinlichkeitsfunktion der Zufallsvariablen X = „Anzahl der Durchführungen, bei denen das interessierende Ereignis A eintritt“, erhalten wir folgendermaßen:

Sei $\bar{A}A\bar{A}\ldots A\bar{A}$ eine Folge der Länge n, in der gerade x-mal das Ereignis A und $(n-x)$-mal das Ereignis $\bar{A}$ auftritt. Wegen der Unabhängigkeit der einzelnen Versuche gilt:

$$P(\bar{A}A\bar{A}\ldots A\bar{A}) = P(\bar{A})P(A)P(\bar{A})\ldots P(A)P(\bar{A}) = p^x(1-p)^{n-x}.$$

Bei der hier betrachteten Fragestellung interessieren wir uns nur für die Anzahl der Durchführungen, bei denen A eintritt, nicht aber für die konkrete Anordnung dieser erfolgreichen Durchführungen. Wie im einführenden Beispiel sind also die Wahrscheinlichkeiten $p^x(1-p)^{n-x}$ noch mit der Anzahl der möglichen Anordnungen, in denen sich die Versuchsserien unterscheiden, zu multiplizieren.

Nach den Überlegungen im Abschnitt ‚Zufallsauswahlen aus endlichen Grundgesamtheiten' des Kapitels 4 beträgt diese Anzahl $\binom{n}{x}$.

Die Wahrscheinlichkeit, bei einem aus n Wiederholungen bestehenden Bernoulli-Prozeß genau x mal das Ereignis A zu erhalten, beträgt also $\binom{n}{x}p^x(1-p)^{n-x}$. Dies ist die Verteilung der Zufallsvariablen, welche die Zahl der „Erfolge" bei n Durchführungen eines Bernoulli-Experimentes angibt.

Die Zufallsvariable X heißt **binomialverteilt** mit den Parametern n und p, i. Z.: $X \sim B(n, p)$, wenn die Wahrscheinlichkeitsfunktion von X gegeben ist durch

$$f(x) = \binom{n}{x} p^x(1-p)^{n-x} \qquad x = 0, 1, \ldots, n.$$

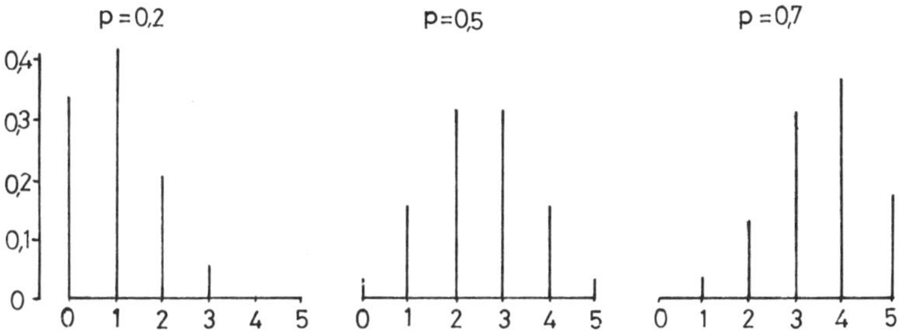

Abb.: Wahrscheinlichkeitsfunktion der Binomialverteilung für n = 5.

Für das praktische Arbeiten ist die Binomialverteilung tabelliert. Die im Anhang beigefügte Tabelle enthält für verschiedene p und n die Verteilungsfunktion $F(x; n, p)$ der zugehörigen $B(n, p)$-Verteilung. Bei der Tabellierung wurde die Beziehung zwischen den Zufallsvariablen X und $Y = n - X$ ausgenutzt. Mit $X \sim B(n, p)$ gilt nämlich $Y \sim B(n, q)$, wobei $q = 1 - p$ ist:

$$P(X = x) = \binom{n}{x} p^x (1-p)^{n-x} = \binom{n}{n-x} q^{n-x} (1-q)^{n-(n-x)}$$
$$= \binom{n}{y} q^y (1-q)^{n-y} = P(Y = y)\,.$$

Hier wurde $y = n - x$ gesetzt.

Also reicht es, die Tabelle für Wahrscheinlichkeiten anzulegen, welche kleiner oder gleich 0.5 sind. Für $p > 0.5$ ergibt sich dann

$$F(x; n, p) = P(X \leq x \,|\, n, p) = P(Y \geq n - x \,|\, n, 1-p)$$
$$= 1 - P(Y \leq n - x - 1 \,|\, n, 1-p) = 1 - F(n - x - 1 \,|\, n, 1-p)\,.$$

Beispiel

Die Wahrscheinlichkeit, daß bei einem ASW-Experiment mit Zener-Karten genau 6 von 10 Karten durch zufälliges Raten vom ‚Empfänger' richtig genannt werden, erhalten wir zu

$$P(X = 6) = F(6; 10, 0.2) - F(5; 10, 0.2)$$
$$= 0.9991 \qquad - 0.9936$$
$$= 0.0055\,.$$

Die Chance, von 10 Karten 6 oder mehr richtig zu erraten, beträgt

$$P(X \geq 6) = 1 - P(X \leq 5) = 1 - 0.9936$$
$$= 0.0064\,.$$

Die Chance ist also sehr gering. Dennoch wird dieses Ereignis bei ca. 64 von 10.000 Personen eintreten. (Ohne daß außersinnliche Kräfte am Werk sein müßten.)

Die folgende Tabelle gibt einige Situationen an, bei denen die interessierende Zufallsvariable X binomialverteilt ist.

Tab.: Beispiele für Binomialverteilungen

Versuch	Erfolg (= Ereignis A)	Mißerfolg (= Ereignis $\bar{A}$)	p = P(A)	n	X
Lotto	6 Richtige	keine 6 Richtigen	$\frac{1}{13983816}$	Zahl der Wochenenden, an denen ein Tip abgegeben wird	Zahl der Wochenenden, bei denen 6 Richtige erreicht werden
Ziehen eines Produktes aus einer laufenden Produktion	Produkt ist Ausschuß	Produkt ist normgerecht	unbekannt, hängt vom Produktionsprozeß ab	Zahl der gezogenen Produkte	Zahl der Ausschußstücke
Werfen einer fairen Münze	Kopf	Zahl	0.5	Zahl der Würfe	Zahl der „Köpfe“
Ziehen mit Zurücklegen aus einer Urne mit grünen und schwarzen Kugeln	Kugel ist grün	Kugel ist schwarz	M/N, wobei N = Zahl aller Kugeln M = Zahl der grünen Kugeln	Zahl der Ziehungen	Zahl der gezogenen grünen Kugeln

Eigenschaften

Erwartungswert und Varianz der Binomialverteilung erhalten wir am einfachsten über einen Umweg. Dieser benutzt die Darstellung der Zufallsvariablen X als Summe von sogenannten Indikatorvariablen. Das zugrundeliegende Ereignis sei A mit $P(A) = p$. Wir definieren für $i = 1, \ldots, n$ die Indikatorvariablen

$$X_i = \begin{cases} 0 & \text{falls im iten Versuch } \bar{A} \text{ eintritt} \\ 1 & \text{falls im iten Versuch A eintritt.} \end{cases}$$

Für diese gilt:

- $P(X_i = 1) = p$ und $P(X_i = 0) = 1 - p$.
- Die X_i sind unabhängig.
- $X = \sum_{i=1}^{n} X_i$, d.h. X ist gerade die Summe der einzelnen X_i.

Daraus erhalten wir mit $E(X_i) = p$, $V(X_i) = p(1-p)$:

$$E(X) = E(\sum_{i=1}^{n} X_i) = \sum_{i=1}^{n} E(X_i) = n \cdot p,$$

$$V(X) = V(\sum_{i=1}^{n} X_i) = \sum_{i=1}^{n} V(X_i) = np(1-p).$$

Schließlich läßt sich aus dieser Darstellung noch eine Additivitätseigenschaft der Binomialverteilung folgern. Zusammengefaßt:

Erwartungswert und **Varianz** einer Zufallsvariablen X, die binomialverteilt ist mit den Parametern n und p, sind:

$$E(X) = n \cdot p,$$
$$V(X) = n \cdot p \cdot (1-p).$$

Sind X und Y unabhängige, binomialverteilte Zufallsvariablen mit dem gleichen p, $X \sim B(n, p)$ und $Y \sim B(m, p)$, so ist die **Summe** ebenfalls binomialverteilt:

$$Z = X + Y \sim B(n+m, p).$$

Anpassung an empirische Verteilungen

Häufig tritt bei Anwendungen das Problem auf, daß aufgrund der Versuchsbedingungen (zumindest in guter Näherung), eine Binomialverteilung als Modell unterstellt werden kann, die Wahrscheinlichkeit p aber nicht bekannt ist. Sofern das Zufallsexperiment bereits vorab schon durchgeführt wurde, so kann für die Wahrscheinlichkeit aufgrund des Prinzips der großen Zahlen die entsprechende relative Häufigkeit genommen werden.

Beispiel

Das statistische Jahrbuch gibt an, daß in der BRD im Jahr 1984 der Anteil der Mädchen an den Lebendgeborenen 0.486 betrug. Dieser Anteil wird als Schätzwert für die Wahrscheinlichkeit des Ereignisses „Das Geschlecht eines Neugeborenen ist weiblich" verwendet. Die Zufallsvariable X = „Anzahl der Mädchen bei n Geburten" ist dann $B(n, 0.486)$-verteilt.

Die hypergeometrische Verteilung

Es sei darauf hingewiesen, daß die Binomialverteilung auch als Modell herangezogen wird, wenn die Voraussetzungen nicht exakt, sondern nur näherungsweise erfüllt sind.

So ist bei einer Stichprobe, die auf n Ziehungen ohne Zurücklegen aus einer endlichen Grundgesamtheit vom Umfang N basiert, weder die Voraussetzung der Unabhängigkeit der Züge noch die Konstanz der Erfolgswahrscheinlichkeit $P(A) = M/N$, M = Anzahl der Elemente von A, gegeben. Wenn aber n sehr klein im Verhältnis zu N ist, $n \ll N$, kann trotzdem mit dem Binomialverteilungsmodell gearbeitet werden. Denn dann sind die Änderungen der Wahrscheinlichkeiten von Zug zu Zug sowie deren Abhängigkeiten vernachlässigbar gering.

Dies soll genauer ausgeführt werden. Dazu gehen wir von einem Urnenmodell aus: In einer Urne befinden sich N Kugeln, von denen M grün und die restlichen N − M schwarz sind. Aus der Urne werden nacheinander zufällig n Kugeln **ohne Zurücklegen** gezogen. Von Interesse ist die Verteilung der Anzahl X der grünen Kugeln in der Stichprobe.

Wie wir am Ende des Abschnittes ‚Zufallsauswahlen aus endlichen Grundgesamtheiten' in Kapitel 4 gesehen haben, gibt es $\binom{N}{x}\binom{N-M}{n-x}$ Möglichkeiten, daß genau x grüne Kugeln in die Stichprobe vom Umfang n gelangen. Daraus ergibt sich die Verteilung von X.

> Die Zufallsvariable X heißt **hypergeometrisch verteilt** mit den Parametern N, M und n, i. Z. $X \sim H(N, M, n)$, wenn die Wahrscheinlichkeitsfunktion von X gegeben ist durch
>
> $$f(x) = \frac{\binom{M}{x}\binom{N-M}{n-x}}{\binom{N}{n}} \quad \text{für } \max\{0, n-(N-M)\} \leqq x \leqq \min\{n, M\}.$$

Daß die Binomialverteilung tatsächlich für große N und M eine gute Näherung der hypergeometrischen Verteilung ergibt, folgt mit $p = M/N$ aus

$$\begin{aligned} P(X = x) &= \binom{n}{x} \cdot \underbrace{\frac{M}{N}}_{p} \cdot \underbrace{\frac{(M-1)}{N-1}}_{\cong p} \cdot \ldots \cdot \underbrace{\frac{(M-x+1)}{N-x+1}}_{\cong p} \cdot \underbrace{\frac{N-M}{N-x}}_{\cong 1-p} \\ &\quad \cdot \ldots \cdot \underbrace{\frac{N-n+1-(M-x)}{N-n+1}}_{\cong 1-p} \\ &\cong \binom{n}{x} \cdot p^x \cdot (1-p)^{n-x}. \end{aligned}$$

Erwartungswert und Varianz der hypergeometrischen Verteilung erhalten wir mit einem Trick relativ leicht. Es ist, wenn wir die Summationsgrenzen großzügig unterschlagen:

$$\begin{aligned} E(X) &= \sum x \cdot \frac{\binom{M}{x}\binom{N-M}{n-x}}{\binom{N}{n}} = n \cdot \frac{M}{N} \cdot \sum \frac{\binom{M-1}{x-1}\binom{N-M}{n-x}}{\binom{N-1}{n-1}} \\ &= n \cdot \frac{M}{N}. \end{aligned}$$

Die letzte Summe ist dabei gleich Eins, weil über alle Einzelwahrscheinlichkeiten der $H(N-1, M-1, n-1)$-Verteilung aufsummiert wird. Unter Verwendung von

$$V(X) = E(X(X-1)) - E(X) \cdot (E(X) - 1)$$

folgt analog:

$$V(X) = n \cdot \frac{M}{N} \cdot \left(1 - \frac{M}{N}\right) \cdot \frac{N-n}{N-1}.$$

Damit hat die H(N, M, n)-Verteilung den gleichen Erwartungswert, aber eine um den Faktor $(N-n)/(N-1)$ kleinere Varianz als die entsprechende $B(n, M/N)$-Verteilung.

Die hypergeometrische Verteilung ist i.d.R. keine Verteilung zur Modellierung empirischer Daten. Ihre Bedeutung ist weitgehend auf den Bereich beschränkt, der auch durch die Ableitung gegeben ist: Dies sind die Stichproben aus endlichen, nicht zu großen Grundgesamtheiten. Solche kommen vielfach bei der Gut-Schlecht-Prüfung im Rahmen der statistischen Qualitätskontrolle bei Massenfertigungen vor. In der Biologie spielt sie eine Rolle bei **capture-recapture Modellen**. Ein einfaches Modell dieser Art betrachten wir im folgenden Beispiel.

Beispiel

Ein Förster möchte den Bestand an Rotwild in seinem Revier ermitteln. Dazu fängt er soviele Tiere wie möglich ein, markiert sie und läßt sie wieder laufen. Nach einer Zeitspanne, in der die M markierten Tiere sich wieder gut mit den nicht-markierten vermengt haben, fängt er erneut eine gewisse Anzahl, sagen wir n, von Tieren. Die relative Häufigkeit x/n der markierten unter den beim zweiten Mal gefangenen Tieren ist dann eine plausible Schätzung für den Anteil M/N der markierten Tiere am gesamten Bestand. Diese Näherung führt nun sofort auf die Schätzung

$$N \cong M \cdot \frac{n}{x}.$$

Die Multinomialverteilung

Einführendes Beispiel

Das Würfelspiel war schon lange vor unserer Zeitrechnung bekannt. Als Würfel verwendete man damals spezielle Tierknochen. Solche Würfel können auf vier Seiten zu liegen kommen. Aus Experimenten in Museen kennt man die (statistischen) Wahrscheinlichkeiten für die vier Seiten. Werden sie durchnumeriert, so sind diese $p_1 = p_2 = 0.4$, $p_3 = p_4 = 0.1$.

Die Frage ist nun, wie die Anzahlen der Würfe mit den verschiedenen Seiten verteilt ist, wenn ein derartiger Würfel insgesamt n mal geworfen wird.

Seien die Zufallsvariablen, die die Anzahlen für die vier Seiten angeben, mit X_1, X_2, X_3, X_4 bezeichnet. Wie bei der Binomialverteilung erhalten wir für eine spezielle Serie, in der x_1, x_2, x_3 und x_4 mal die entsprechenden Seiten nach oben zu liegen kommen, die Wahrscheinlichkeit

$$p_1^{x_1} p_2^{x_2} p_3^{x_3} p_4^{x_4}.$$

Nun ist diese Wahrscheinlichkeit noch mit der Anzahl der möglichen Anordnungen zu multiplizieren, um die gewünschte Wahrscheinlichkeit zu erhalten. In Fortsetzung der Überlegungen, die der Binomialverteilung zugrunde liegen, ergibt sich die Wahrscheinlichkeitsfunktion

$$P(X_1 = x_1, X_2 = x_2, X_3 = x_3, X_4 = x_4) = \frac{n!}{x_1!\,x_2!\,x_3!\,x_4!}\, p_1^{x_1} p_2^{x_2} p_3^{x_3} p_4^{x_4}.$$

Dabei gilt natürlich $x_1, x_2, x_3, x_4 \geq 0$ und $x_1 + x_2 + x_3 + x_4 = n$.

Speziell ist etwa die Wahrscheinlichkeit, daß bei 12 Würfen alle Seiten gleich häufig nach oben zu liegen kommen:

$$P(X_1 = 3, X_2 = 3, X_3 = 3, X_4 = 3) = \frac{12!}{3!3!3!3!}\, 0.4^3 0.4^3 0.1^3 0.1^3 = 0.0015.$$

Allgemein lautet die Situation, daß k disjunkte Ereignisse $A_1, A_2, \ldots, A_k$ betrachtet werden, die den gesamten Stichprobenraum aufspannen, $A_1 \cup A_2 \cup \ldots \cup A_k = E$. Hier wird nun die gemeinsame Verteilung der Anzahlen des Eintretens aller Ereignisse bei n Versuchswiederholungen betrachtet.

> Die Zufallsvariablen $X_1, X_2, \ldots, X_k$ heißen **multinomialverteilt** mit den Parametern $n, p_1, p_2, \ldots, p_k$, i. Z. $(X_1, X_2, \ldots, X_k) \sim M(n, p_1, p_2, \ldots, p_k)$, wenn die zugehörige Wahrscheinlichkeitsfunktion die folgende Gestalt hat:
>
> $$P(X_1 = x_1, X_2 = x_2, \ldots, X_k = x_k) = \frac{n!}{x_1!\,x_2! \ldots x_k!}\, p_1^{x_1} p_2^{x_2} \ldots p_k^{x_k},$$
>
> wobei $x_1, x_2, \ldots x_k \geq 0$ und $x_1 + x_2 + \ldots + x_k = n$.

Die einzelnen Variablen X_i haben als Randverteilungen Binomialverteilungen. Dies ergibt sich schon daraus, daß X_i für die Anzahl des Eintretens eines einzelnen Ereignisses A_i steht. Damit haben die X_i die Erwartungswerte und Varianzen:

$$E(X_i) = np_i, \quad Var(X_i) = np_i(1 - p_i).$$

Allerdings sind die einzelnen Zufallsvariablen korreliert. Das muß so sein, da die Summe aller Komponenten ja gerade n ist. Konkret gilt:

$$Cov(X_i, X_j) = -\, np_i p_j \quad \text{für} \quad i \neq j.$$

10.2 Die Poisson-Verteilung

Problemstellung

Wir betrachten die Zahl der Kunden einer Bäckerei zu einem festen Zeitpunkt, etwa um 7.00 Uhr. Für eine festgelegte Zahl von n Haushalten des Umkreises sei die Wahrscheinlichkeit jeweils gleich p, daß ein Haushaltsmitglied zu dieser Zeit in der Bäckerei einkauft. Zudem soll es keine Abhängigkeiten zwischen den Haushalten bzgl. des Einkaufens in diesem Laden geben.

Dann kann die Zufallsvariable X = „Anzahl der Personen, die zu dieser Zeit im Laden sind“ als binomialverteilt angesehen werden: $X \sim B(n, p)$.

Lassen wir realistischerweise einen größeren Kundenkreis zu, z. B. alle Haushalte des Stadtteils, so ist sinnvoll, auch die jeweiligen „Einkaufswahrscheinlichkeit“ p zu verringern. Ansonsten wäre das Geschäft wegen $E(X) = n \cdot p$ schnell überfüllt.

Wir ändern also n und p so, daß $E(X) = n \cdot p$ konstant bleibt. Dann wird aber die Berechnung von Wahrscheinlichkeiten mit der Formel für die Wahrscheinlichkeitsfunktion praktisch nicht mehr durchführbar. Dies zeigt schon folgendes Zahlenbeispiel mit $n \cdot p = 2$:

$$n = 10,\ p = 0.2: \quad P(X = 3) = \frac{10 \cdot 9 \cdot 8}{1 \cdot 2 \cdot 3} 0.2^3 \cdot 0.8^7$$

$$n = 100,\ p = 0.02: \quad P(X = 3) = \frac{100 \cdot 99 \cdot 98}{1 \cdot 2 \cdot 3} 0.02^3 \cdot 0.98^{97}.$$

Es stellt sich daher die Frage nach einem anderen Ansatz, in einer solchen Situation Wahrscheinlichkeiten zu bestimmen.

Ableitung und Eigenschaften

Die Problemstellung legt nahe zu untersuchen, was passiert, wenn bei der Binomialverteilung n sehr groß und p sehr klein wird, genauer, wenn

$$n \to \infty,\ p \to 0 \quad \text{und}$$
$$n \cdot p = \lambda \ (= \text{konstant}).$$

Zunächst erhalten wir, da X für jedes feste n binomialverteilt ist:

$$E(X) = n \cdot p = \lambda,$$
$$V(X) = n \cdot p(1-p) = \lambda \cdot \left(1 - \frac{\lambda}{n}\right) \to \lambda.$$

Weiter folgt:

$$P(X = 0) = (1-p)^n = \left(1 - \frac{\lambda}{n}\right)^n \to e^{-\lambda}.$$

Dabei ist e die Euler'sche Konstante, $e = 2.7182818284590\ldots$.

Allgemein gilt:

$$\begin{aligned} P(X = x) &= \binom{n}{x} p^x (1-p)^{n-x} \\ &= \frac{n!}{(n-x)!\,x!} \left(\frac{p}{1-p}\right)^x (1-p)^n \\ &= \frac{n!}{(n-x)!\,x!} \left(\frac{\lambda}{n-\lambda}\right)^x \left(1 - \frac{\lambda}{n}\right)^n \\ &= \underbrace{\frac{n}{n-\lambda}}_{\to 1} \cdot \underbrace{\frac{n-1}{n-\lambda}}_{\to 1} \cdot \ldots \cdot \underbrace{\frac{n-x+1}{n-\lambda}}_{\to 1} \cdot \frac{\lambda^x}{x!} \underbrace{\left(1 - \frac{\lambda}{n}\right)^n}_{\to e^{-\lambda}} \\ &\to e^{-\lambda} \frac{\lambda^x}{x!} \qquad \text{für } n \to \infty. \end{aligned}$$

Die Grenzwertbetrachtung führt wegen

$$\sum_{x=0}^{\infty} e^{-\lambda} \frac{\lambda^x}{x!} = 1$$

wieder zu einer Wahrscheinlichkeitsfunktion.

Eine Zufallsvariable X mit der Wahrscheinlichkeitsfunktion

$$f(x) = P(X = x) = e^{-\lambda} \frac{\lambda^x}{x!} \qquad x = 0, 1, 2, \ldots, \qquad \lambda > 0$$

heißt **Poisson-verteilt** mit dem Parameter λ, kurz $X \sim PO(\lambda)$.

Die Poissonverteilung wird wegen der oben dargestellten Approximation – großes n und kleines p bei der Binomialverteilung – auch als **Verteilung der seltenen Ereignisse** bezeichnet.

Sie wird häufig auch als Modell herangezogen, wenn die Zufallsvariable X die Anzahl von Vorkommnissen einer bestimmten Art in einem festen Zeitintervall angibt. Beispiele dafür sind etwa die Anzahlen

der pro Minute in einem Land geborenen Kinder;
der pro Zeiteinheit von einer Versicherung zu regulierenden Schadenfälle;
der werktags von 9.00 bis 9.15 Uhr in einer Telefonzentrale eintreffenden Gespräche.

Zur Erklärung stellt man sich jeweilige Zeitintervalle in so viele kleine Teilintervalle zerlegt vor, daß das Vorkommnis pro Zeitintervall nur einmal mit einer geringen Wahrscheinlichkeit eintreffen kann. Mit einigen Zusatzannahmen resultiert daraus dann die Poissonverteilung. Ein **Poissonprozeß** mit der Intensität λ liegt vor, wenn für alle Zeitintervalle der Länge Δt die Anzahl X der Ereignisse $PO(\lambda\Delta t)$ verteilt ist; vgl. S. 220.

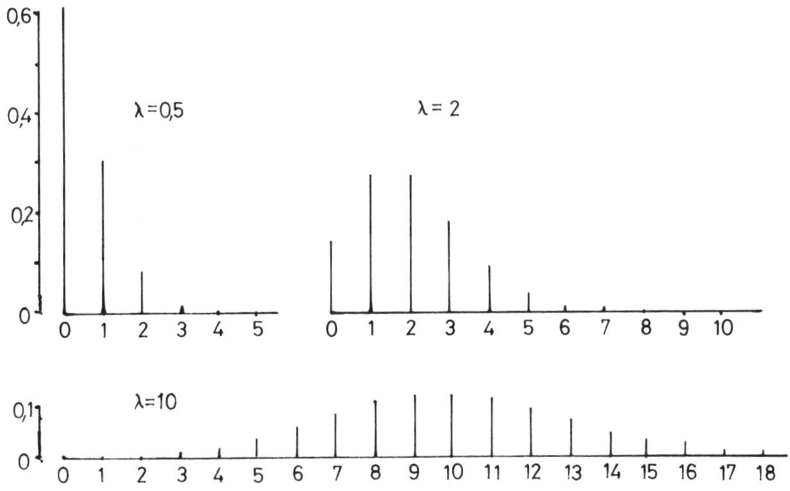

Abb.: Wahrscheinlichkeitsfunktion der Poisson-Verteilung

Aus der Ableitung der Poissonverteilung erhalten wir sofort aufgrund der entsprechenden Eigenschaften der Binomialverteilung:

Erwartungswert und **Varianz** einer Zufallsvariablen X, die Poisson-verteilt ist mit dem Parameter λ, sind:

$$E(X) = \lambda,$$
$$V(X) = \lambda.$$

Sind X und Y unabhängige, Poisson-verteilte Zufallsvariablen, $X \sim PO(\lambda_1)$ und $Y \sim PO(\lambda_2)$, so ist die **Summe** X + Y ebenfalls Poisson-verteilt:

$$Z = X + Y \sim PO(\lambda_1 + \lambda_2).$$

Anpassung an empirische Verteilungen

Wollen wir einem Datensatz eine Poisson-Verteilung als Modell anpassen, so müssen wir den i. d. R. unbekannten Parameter λ durch einen empirischen Näherungswert ersetzen. Wegen $\lambda = E(X)$ bietet sich hierfür das arithmetische Mittel als empirisches Gegenstück zum Erwartungswert an.

Beispiel

Ein klassisches Beispiel für eine Poisson-verteilte Zufallsvariable ist die Anzahl X der pro Zeitintervall emittierten α-Teilchen einer radioaktiven Substanz. Ein Klumpen entsprechenden Materials besteht aus sehr vielen Atomen. Jedes zerfällt aber nur mit einer geringen Wahrscheinlichkeit.

Messungen an einem Stück Americium-241 (Halbwertzeit 458 Jahre) ergaben für 1-Sekunden-Intervalle die folgende Verteilung (Quelle: J. Berkson: Examination of Randomness of α-Particle Emissions; in: Research papers in statistics; ed. by F. N. David, Wiley: New York (1966)).

Tab.: α-Partikel pro Sekunde

x	n(X = x)	n · P(X = x)
0	5267	5268.7
1	4436	4410.5
2	1800	1846.0
3	534	515.1
4	111	107.8
≥5	21	20.9
Σ	12169	12168.9

Aus den ersten beiden Spalten erhalten wir $\bar{x} = 0.8371$.

Diesen Wert für λ in $n \cdot e^{-\lambda} \cdot \lambda^x/x!$ eingesetzt ergibt die dritte Spalte. Wie die einfache Gegenüberstellung zeigt, ist die Übereinstimmung von empirischer und theoretischer Verteilung ausgezeichnet.

Bei der Poisson-Verteilung stimmen Erwartungswert und Varianz überein. Dies gibt Anlaß, die Poisson-Verteilung als Modell infrage zu stellen, wenn sich $\bar{x}$ und s^2 in einem Datensatz wesentlich unterscheiden.

Beispiel

In Großbritannien wurde im Zusammenhang mit der Einführung der Ein-Pfund-Münze eine Serie von Untersuchungen durchgeführt, um eine geeignete Form für die neue Münze zu ermitteln.

In einem Versuch sortierten $n = 24$ Personen mit verbundenen Augen jeweils zehn Münzen zweier Arten: Einmal eine in Erwägung gezogene Form der Ein-Pfund-Münze, zum anderen eine Form der 20-Pence-Münze. Dabei erhielt man eine Fehlerverteilung. (Nach v. Bruce u.a., Ergonomics 26 (1983), S. 215–227.)

Tab.: Häufigkeitsverteilung der fehlerhaften Zuordnungen X und Arbeitsschritte zur Bestimmung von s^2

i	x_i	n_i	$x_i n_i$	x_i^2	$x_i^2 n_i$
1	0	3	0	0	0
2	1	9	9	1	9
3	2	6	12	4	24
4	3	3	9	9	27
5	4	2	8	16	32
6	5	1	5	25	25
		24	43		117

Damit sind

$$\bar{x} = \tfrac{1}{24} 43 = 1.792$$
$$s^2 = \tfrac{1}{24} 117 - 1.792^2 = 1.665.$$

Der Vergleich von $\bar{x} = 1.79$ mit $s^2 = 1.67$ zeigt die mögliche Eignung der Poisson-Verteilung für diese Daten.

Später werden wir sehen, wie dieser Vergleich quantitativ zu erfassen ist.

10.3 Die geometrische Verteilung

Einführendes Beispiel

Früher stellte sich für Ehepaare bisweilen das Problem, mindestens einen Sohn haben zu wollen. Wie groß ist dann jeweils die Chance, daß das erste, das zweite, das dritte, ... Kind der erste Sohn in einer Familie ist?

Wir gehen von der Zufallsvariablen X = „Anzahl der Töchter vor dem ersten Sohn“ aus. Bei jedem neuen Kind betrage die Wahrscheinlichkeit 0.514, daß es ein Junge wird. Zudem sollen die Geburten bzgl. des Geschlechtes unabhängig sein. (Dies gilt i.d.R. nicht exakt, aber mit ausreichender Genauigkeit.)

Um nun die Verteilung von X zu bestimmen, betrachten wir die Folgen von Ereignissen

$$\underbrace{M\,M \ldots M}_{x\text{-mal}}\,J,$$

die kennzeichnen sollen, daß die ersten x Kinder Mädchen sind und das (x + 1)-te Kind ein Junge ist. Offensichtlich gilt:

$$\begin{aligned}
P(J) &= 0.514 &&= 0.514\\
P(MJ) &= 0.486 \cdot 0.514 &&= 0.250\\
P(MMJ) &= 0.486^2 \cdot 0.514 &&= 0.121\\
P(MMMJ) &= 0.486^3 \cdot 0.514 &&= 0.059\,.
\end{aligned}$$

Die Fortsetzung dieses Vorgehens ergibt die Wahrscheinlichkeitsfunktion der Zufallsvariablen X.

Ableitung und Eigenschaften

Der allgemeine Rahmen für die angerissene Problemstellung wird wieder durch einen Bernoulli-Prozeß gegeben, bei dem die Versuche so lange durchgeführt werden, bis zum ersten Mal das interessierende Ereignis eintritt.

Es ist also die Verteilung der Zufallsvariablen X = „Anzahl der Versuche, bevor das interessierende Ereignis A zum ersten Mal eintritt“ zu bestimmen. Dies ist eine einfache **Wartezeitverteilung**.

Unter Verzicht auf eine Indizierung schreiben wir wie oben dafür, daß erst x-mal das Ereignis $\bar{A}$ und dann das Ereignis A eintritt:

$$\underbrace{\bar{A}\,\bar{A} \ldots \bar{A}}_{x\text{-mal}}\,A\,.$$

Da das Eintreten dieses Ereignisses gleichwertig ist mit dem Eintreten von $\{X = x\}$, folgt:

$$\begin{aligned}
P(X = x) = P(\bar{A}\bar{A} \ldots \bar{A}A) &= P(\bar{A})P(\bar{A}) \cdot \ldots \cdot P(\bar{A}) \cdot P(A)\\
&= (1-p)^x \cdot p\,.
\end{aligned}$$

Eine Zufallsvariable X heißt **geometrisch verteilt** mit dem Parameter p, i.Z. $X \sim G(p)$, wenn ihre Wahrscheinlichkeitsfunktion gegeben ist durch

$$f(x) = P(X = x) = p \cdot (1-p)^x \quad \text{für} \quad x = 0, 1, 2, \ldots.$$

Der Erwartungswert und die Varianz einer G(p)-verteilten Zufallsvariablen sind

$$E(X) = \frac{1}{p} - 1 = \frac{1-p}{p},$$

$$V(X) = \frac{1-p}{p^2}.$$

Beispiel

Die Wahrscheinlichkeit für 6 Richtige im Lotto beträgt $p = 1/13983816$. Im Mittel muß man also

$$E(X) = \frac{1-p}{p} = 13983815$$

mal tippen, bevor man zum ersten Mal 6 Richtige hat.

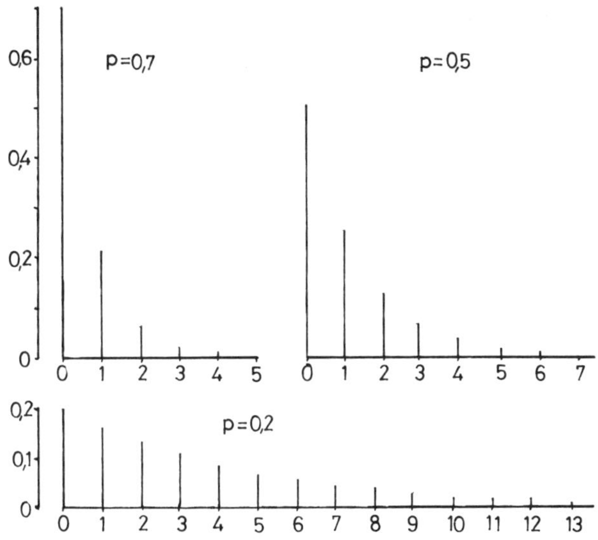

Abb.: Wahrscheinlichkeitsfunktion der Geometrischen Verteilung

Die Streuung um E(X) ist allerdings von derselben Größenordnung wie E(X) selbst:

$$V(X) = \frac{1-p}{p^2} \approx \frac{1}{p^2} = 1.955 \cdot 10^{14}$$

$$\sqrt{V(X)} \approx \frac{1}{p} = 13983816.$$

Die mittlere Wartezeit sagt also recht wenig darüber aus, mit welcher Zahl von Einsätzen ein einzelner Spieler rechnen muß.

Anders als bei der Binomial- und der Poisson-Verteilung hat die Verteilungsfunktion einer geometrischen Verteilung eine einfache Form.

Dazu betrachten wir zunächst das Ereignis $\{X > x\}$. Dies heißt nichts anderes, daß in den ersten $x + 1$ Versuchen jeweils das komplementäre Ereignis $\bar{A}$ eintritt. Was ab dem $(x + 2)$-ten Versuch passiert, ist egal. Also gilt:

$$P(X > x) = P(\underbrace{\bar{A}\bar{A}\ldots\bar{A}}_{x+1\text{-mal}}) = (1-p)^{x+1}.$$

Damit erhalten wir unmittelbar die **Verteilungsfunktion** der geometrischen Verteilung:

$$F(x) = P(X \leq x) = 1 - P(X > x) = 1 - (1-p)^{x+1}.$$

Wegen der einfachen Berechnungsmöglichkeit ist die geometrische Verteilung nicht vertafelt.

10.4 Die negative Binomialverteilung

Ableitung und Eigenschaften

Eine naheliegende Verallgemeinerung der Fragestellung, die zur geometrischen Verteilung führte, ist die Frage nach der benötigten Zahl von Versuchen bis zum k-ten Erfolg, d.h. bis zum k-ten Eintreten des Ereignisses A. Zugrunde liege wieder ein Bernoulli-Prozeß.

Die relevante Zufallsvariable ist hier

$$X = \text{Anzahl der Mißerfolge vor dem k-ten Erfolg.}$$

Die Wahrscheinlichkeitsfunktion von X erhalten wir dann durch Zerlegen der Versuchsserie bis zum $(x+k)$-ten Versuch. Daß genau $(x+k)$-Versuche durchgeführt werden, ist gleichwertig mit dem Eintreten von $\{X = x\}$.

Die ersten $(x+k-1)$-Versuche	Der $(x+k)$-te Versuch
Hier treten genau $(k-1)$ Erfolge und x Mißerfolge auf. Wahrscheinlichkeit dafür:	Hier tritt Erfolg ein. Wahrscheinlichkeit dafür:
$\binom{x+k-1}{x} p^{k-1}(1-p)^x$	p

Die Wahrscheinlichkeit, daß bei $(x+k-1)$-Versuchen genau $(k-1)$ Erfolge erzielt werden, ergibt sich dabei entsprechend der Ableitung der Binomialverteilung.

Eine Zufallsvariable X heißt **negativ binomialverteilt** mit den Parametern k und p, i.Z. $X \sim NB(k, p)$, wenn ihre Wahrscheinlichkeitsfunktion f(x) gegeben ist durch

$$f(x) = P(X = x) = \binom{x+k-1}{x} p^k (1-p)^x \qquad x = 0, 1, 2, 3 \ldots.$$

Dabei erfüllen die Parameter k und p die Bedingungen $k > 0$, $0 < p < 1$. Für eine negativ binomialverteilte Zufallsvariable X gilt:

$$E(X) = \frac{k(1-p)}{p}$$

$$V(X) = \frac{k(1-p)}{p^2}.$$

In der Definition wird nicht verlangt, daß k eine ganze Zahl ist. Damit die Definition sinnvoll bleibt, müssen wir den Binomialkoeffizienten entsprechend verallgemeinern.

Wir definieren für beliebige Zahlen k und ganze Zahlen $x > 0$ den **verallgemeinerten Binomialkoeffizienten** durch

$$\binom{x+k-1}{x} := \frac{(x+k-1)\cdot(x+k-2)+\ldots\cdot(k+1)\cdot k}{1\cdot 2\cdot\ldots\cdot x}.$$

Zusätzlich setzen wir fest

$$\binom{k-1}{0} := 1.$$

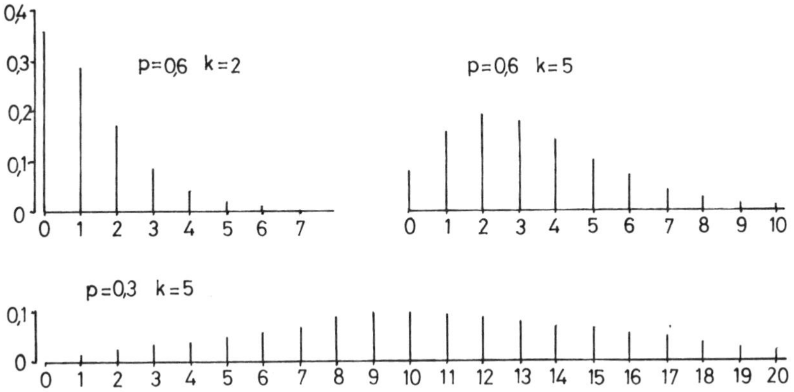

Abb.: Wahrscheinlichkeitsfunktion der negativen Binomialverteilung

Es läßt sich zeigen, daß damit die in der Definition angegebene Funktion tatsächlich eine Wahrscheinlichkeitsfunktion ist. Dies soll hier nicht vorgeführt werden. Von Interesse ist aber, warum eine Verallgemeinerung auf alle $k > 0$ vorgenommen wurde. Der Grund ist folgender:

Zu der allgemeinen Form der negativen Binomialverteilung gelangt man auch aufgrund gänzlich anderer Überlegungen. Dabei geht man von poissonverteilten Zufallsvariablen mit unterschiedlichen Parametern aus. Der eigentliche Zufallsvorgang bestehe nun in der zufälligen Auswahl einer dieser Zufallsvariablen und der Beobachtung ihrer Realisation. Als Verteilung der globalen Zufallsvariablen resultiert unter gewissen Annahmen die negative Binomialverteilung. Sie ist also auch eine „Mischverteilung". Diese Herleitung läßt vermuten, daß in der Praxis eine größere Zahl von empirischen Verteilungen besser durch eine negative Binomialverteilung beschrieben werden kann als durch die Binomial-Verteilung oder die Poisson-Verteilung. Dafür spricht auch, daß die Wahrscheinlichkeitsfunktion von zwei Parametern abhängt. Daher kann sie besser mit empirischen Verteilungen in Übereinstimmung gebracht werden.

Anpassung an empirische Verteilungen

Um die negative Binomialverteilung einer Häufigkeitsverteilung anzupassen, setzen wir für $E(X)$ und $V(X)$ die empirischen Größen $\bar{x}$ und s^2 ein:

$$\bar{x} = \frac{\hat{k}(1-\hat{p})}{\hat{p}}, \qquad s^2 = \frac{\hat{k}(1-\hat{p})}{\hat{p}^2}.$$

Division der Gleichungen ergibt:

$$\hat{p} = \frac{\bar{x}}{s^2}.$$

Auflösen der ersten Gleichung nach $\hat{k}$ liefert:

$$\hat{k} = \bar{x}\frac{\hat{p}}{1-\hat{p}}.$$

Um die Eignung des Modells abzuschätzen, ist es nötig, die erwarteten Wahrscheinlichkeiten $f(x; \hat{k}, \hat{p})$ jeweils zu berechnen. Dazu kann eine Rekursionsformel verwendet werden, die oftmals das Arbeiten mit der nicht vertafelten negativen Binomialverteilung wesentlich vereinfacht. Die Rekursionsformel erhalten wir durch Division der Wahrscheinlichkeitsfunktion für zwei aufeinanderfolgende Realisationsmöglichkeiten:

$$\begin{aligned}\frac{f(x+1)}{f(x)} &= \frac{\binom{x+1+k-1}{x+1} p^k (1-p)^{x+1}}{\binom{x+k-1}{x} p^k (1-p)^x} \\ &= (1-p)\frac{\dfrac{(x+k)\cdot(x+k-1)\cdot\ldots\cdot(k+1)\cdot k}{1\cdot 2\cdot 3\cdot\ldots\cdot x\cdot(x+1)}}{\dfrac{(x+k-1)\cdot\ldots\cdot(k+1)\cdot k}{1\cdot 2\cdot 3\cdot\ldots\cdot x}} \\ &= (1-p)\frac{x+k}{x+1}.\end{aligned}$$

Für die Wahrscheinlichkeitsfunktion der negativen Binomialverteilung gilt die folgende, zur Berechnung geeignete **Rekursionsformel**:
Mit

$$f(0) = p^k$$

gilt für $x \geq 0$:

$$f(x+1) = f(x)\cdot(1-p)\frac{x+k}{x+1}.$$

Beispiel

Für die Anzahl von Erkrankungen einer Person während eines bestimmten Zeitraumes ist die Poisson-Verteilung ein plausibles Modell. Werden mehrere Personen betrachtet, so kommt die unterschiedliche ‚Erkrankungsneigung' zum Tragen. Die negative Binomialverteilung sollte für solche Daten ein gutes Modell sein.

In der folgenden Tabelle ist die Verteilung der Anzahl X der Arbeitsunfähigkeitsmeldungen pro Versicherten der AOK München für die Jahre 1980/81 angegeben. (Erhoben von der BASIG Berlin; Persönliche Mitteilung.)

Tab.: Verteilung der AU-Meldungen pro Versicherten

i	x_i	n_i	$n \cdot p_i$
1	0	176122	172219
2	1	106702	113886
3	2	61069	59778
4	3	30899	28667
5	4	13631	13097
6	5	5605	5806
7	6	2337	2521
8	7	896	1078
9	8	364	456
10	9	168	191
11	10	73	79
12	11	37	33
13	12	17	14
14	13	5	6
15	14	3	2
16	15	3	1
17	≥ 16*)	3	0
Σ		397934	397934

*) Die Werte sind im einzelnen: 16, 19, 21

Hier erhalten wir:

$$\bar{x} = 1.0815 \quad \text{und} \quad s^2 = 1.7697.$$

Damit ergeben sich die Näherungswerte für die Parameter p und k zu

$$\hat{p} = \frac{\bar{x}}{s^2} = \frac{1.0815}{1.7697} = 0.611,$$

$$\hat{k} = \bar{x} \cdot \frac{\hat{p}}{1-\hat{p}} = 1.0815 \cdot \frac{0.611}{1-0.611} = 1.70.$$

Die unter Verwendung der Rekursionsformel berechneten erwarteten Häufigkeiten zeigen eine erstaunlich gute Übereinstimmung mit den empirischen. Besonders der große Umfang des Datensatzes ist dabei zu beachten. Wie wir noch sehen werden, treten bei wachsendem Umfang eines Datensatzes die Abweichungen der empirischen Verteilung von der theoretischen immer stärker hervor, falls diese kein adäquates Modell darstellt.

10.5 Zur Auswahl eines diskreten Verteilungsmodells

Einführendes Beispiel

Um die krankheitsbedingte Abwesenheitshäufigkeit von Betriebsangehörigen in einer gegebenen Zeitspanne prognostisch richtig einschätzen zu können, reicht die Angabe von Mittelwert und Streuung nicht aus. Vielmehr wird ein geeignetes Verteilungsmodell benötigt.

Dies soll auf der Basis der Verteilung der Abwesenheit in vergangenen Perioden ermittelt werden. (Arbous and Sichel, Applied Statistics (1954), 159–173.)

Tab.: Häufigkeiten von Betriebsangehörigen mit x Abwesenheitszeiten

i	x_i	n_i	i	x_i	n_i	i	x_i	n_i
1	0	28	9	8	11	17	16	4
2	1	39	10	9	10	18	17	2
3	2	47	11	10	10	19	18	0
4	3	40	12	11	6	20	19	0
5	4	35	13	12	8	21	20	0
6	5	26	14	13	8	22	21	2
7	6	20	15	14	7	23	22	1
8	7	11	16	15	3	24	≥ 23	0

Das Auswahldiagramm

Als Hauptinstrument zur Auswahl eines Verteilungsmodells diente bisher der Vergleich von empirischen Häufigkeiten mit den erwarteten. Zur Bestimmung der erwarteten Häufigkeiten wurden Näherungswerte für Parameter des jeweiligen Modells aus den Daten ermittelt und in die entsprechende Formel der Wahrscheinlichkeitsfunktion eingesetzt.

Eine gemeinsame Eigenschaft aller besprochenen diskreten Verteilungen erlaubt nun die Auswahl eines Verteilungsmodells mittels eines einfachen **Auswahldiagramms** ohne Schätzung irgendwelcher Parameter.

Die angesprochene Eigenschaft bezieht sich auf die Quotienten der Wahrscheinlichkeiten aufeinanderfolgender x-Werte. Die mit x multiplizierten Quotienten liegen jeweils auf einer Geraden mit einer für die Verteilung spezifischen Kombination von Achsenabschnitt und Steigung. Diese sind in der folgenden Tabelle zusammengestellt.

Tab.: Eigenschaften aufeinanderfolgender Wahrscheinlichkeiten bei diskreten Verteilungen

Nr.	Verteilung	$q_x = x \cdot \frac{f(x)}{f(x-1)}$	Achsen-abschnitt	Steigung
1	Gleichv.	x	0	1
2	Binomialv.	$(n+1)\frac{p}{1-p} - \frac{p}{1-p}x$	+	–
3	Poissonv.	λ	+	0
4	geometrische V.	$(1-p) \cdot x$	0	+
5	negative Binomialv.	$(1-p) \cdot (k-1) + (1-p) \cdot x$	+	+

Werden also die mit x multiplizierten Quotienten aufeinanderfolgender Häufigkeiten über x in einem Diagramm aufgetragen, so sollte sich bei nicht zu kleinem Stichprobenumfang für jede der Verteilungen in etwa eine Gerade ergeben. Die folgende Abbildung zeigt die typischen Verläufe für vier Verteilungen (ohne die Gleichverteilung).

Über die in der obigen Tabelle angegebene Kombination der Vorzeichen bzw. Werte von Achsenabschnitt und Steigung einer geeignet durch die Punkte (x, q_x) mit $q_x = x \cdot f(x)/f(x-1)$ gelegten Geraden kann also der Verteilungstyp bestimmt werden.

Zu Modifikationen des Diagramms und bzgl. der Einbeziehung weiterer diskreter Verteilungsmodelle sei auf J.K. Ord: Families of Frequency Distributions, London: Griffin (1972) verwiesen.

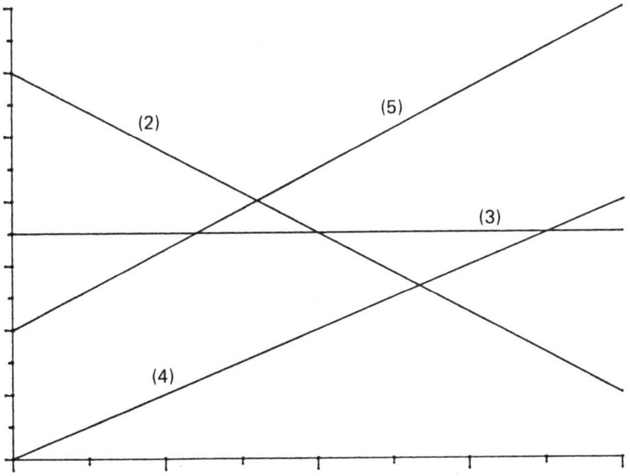

Abb.: Typische Verläufe im Auswahldiagramm.
Die Nummern entsprechen denen in der obigen Tabelle

Beispiel

Wir führen das Eingangsbeispiel fort.

Wegen der Quotientenbildung ist es gleich, ob bei der Bestimmung der benötigten Werte die relativen oder die absoluten Häufigkeiten verwendet werden:

$$x \cdot \frac{h(X = x)}{h(X = x-1)} = x \cdot \frac{n(X = x)}{n(X = x-1)}.$$

Dies ergibt die folgende Arbeitstabelle und die daraus resultierende Grafik. Sofern eine der beiden Häufigkeiten n_{i-1} bzw. n_i gleich Null ist, sollte der entsprechende Quotient außer acht gelassen werden. Auch die auf sehr kleinem n beruhenden Werte sind kritisch zu betrachten und ggfs. zu vernachlässigen.

Tab.: Arbeitstabelle zur Erstellung des Auswahldiagramms für die Abwesenheitshäufigkeiten

x_i	n_i	$q_i = \frac{x_i n_i}{n_{i-1}}$	x_i	n_i	$q_i = \frac{x_i n_i}{n_{i-1}}$	x_i	n_i	$q_i = \frac{x_i n_i}{n_{i-1}}$
0	28	–	8	11	8.000	16	4	21.333
1	39	1.393	9	10	8.182	17	2	8.500
2	47	2.410	10	10	10.000	18	0	–
3	40	2.553	11	6	6.600	19	0	–
4	35	3.500	12	8	16.000	20	0	–
5	26	3.714	13	8	13.000	21	2	–
6	20	4.615	14	7	12.250	22	1	11.000
7	11	3.850	15	3	6.429	23	0	–

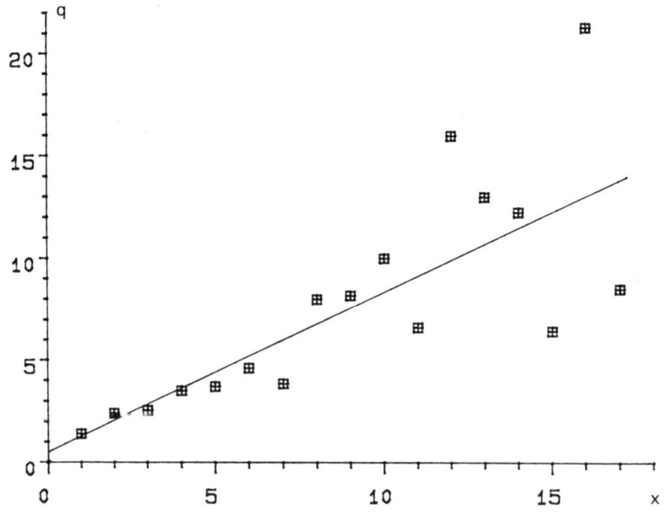

Abb.: Auswahldiagramm für die Abwesenheitshäufigkeiten

Die eingezeichnete Gerade, welche die Punkte in etwa beschreibt, hat einen positiven Achsenabschnitt und eine positive Steigung. Damit erscheint hier das Modell der negativen Binomialverteilung am geeignetesten.

Das Auswahldiagramm erlaubt nur, das günstigste der vier Modelle auszuwählen. Es ist dann noch nicht gesagt, wie gut die Daten durch das entsprechende Modell jeweils beschrieben werden.

Dieser Frage wenden wir uns in Kapitel 19 zu.

Beispiel

Im Rahmen einer Diskussion über die Zuverlässigkeit medizinischer Befunde wurde auch die Frage gestellt, ob bestimmte Ziffern bei der Ablesung von Skalen wie etwa des Fieberthermometers zur Feststellung der Körpertemperatur bevorzugt würden.

Für die 733 Zählungen eines Doktoranden von Leukozyten-Anzahlen wurde folgende Verteilung der Endziffern ermittelt. (G. Wagner, PMD, Vol. 6, Nr. 2/1986, S. 19.)

Endziffer x	0	1	2	3	4	5	6	7	8	9
Häufigkeit (in %)	14.5	8.2	12.5	9.9	9.9	8.0	8.5	8.8	9.5	10.2
q_x	–	0.57	3.05	2.38	4.00	4.04	6.38	7.25	8.64	9.66

In der letzten Zeile sind die zur Erstellung des Auswahldiagramms benötigten Werte $q_x = x \cdot h(X = x)/h(X = x - 1)$ angegeben.

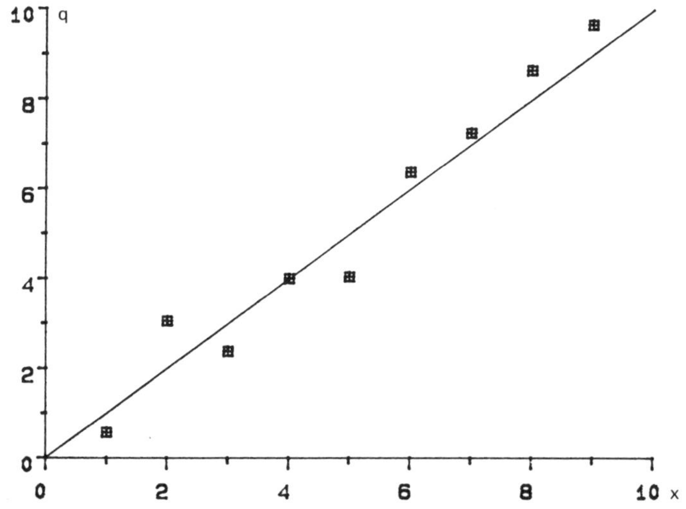

Abb.: Auswahldiagramm für die Endziffern bei der Leukozytenzählung

Die resultierenden Punkte liegen um die für die Gleichverteilung typische Gerade gestreut.

Von den besprochenen Modellen ist also die Gleichverteilung das geeigneteste. Ob es aber wirklich adäquat ist, und ob folglich die Abweichungen der Häufigkeiten von 10 % als zufällig anzusehen sind, bedarf einer weiteren Analyse. 733 Zählungen bilden nämlich eine stattliche Anzahl, so daß wir nach dem Prinzip der großen Zahlen mit einer recht guten Übereinstimmung von empirischen und erwarteten Häufigkeiten rechnen können. Diese Überlegung deutet darauf hin, daß z. B. die Endziffer ‚0‘ deutlich zu oft angegeben wurde.

10.6 Aufgaben

1. Bei der Datenübertragung taucht das Problem auf, daß die Kanäle, entlang derer die Nachrichten gesendet werden, gestört sind, also mit einer gewissen Wahrscheinlichkeit Übertragungsfehler begehen.
   Es sollen nun nur die Zeichen 0 und 1 übertragen werden. Die Wahrscheinlichkeit beträgt 0.2, daß anstelle einer gesendeten 1 eine 0 empfangen wird.
   a) Eine wichtige Nachricht besteht aus dem Zeichen 1. Um die Nachricht vor Störungen zu schützen, wird anstelle der 1 die Folge 11111 gesendet. Wie groß ist die Wahrscheinlichkeit,
      i) daß eine Folge von 5 Nullen empfangen wird?
      ii) daß mehr richtige als falsche Zeichen ankommen?
   b) Eine sehr wichtige Nachricht wird durch eine Folge von 20 Einsen dargestellt.
      i) Sie wird als 1 interpretiert, wenn mindestens 3/4 der Zeichen Einsen sind, und als 0, wenn höchstens 1/4 der Zeichen Einsen sind. Wie groß sind die Wahrscheinlichkeiten für die richtige bzw. falsche Interpretation der Nachricht?
      ii) Der Empfänger verlangt bei 8–12 Einsen eine Neusendung der Nachricht. Wie groß ist dann die Wahrscheinlichkeit, daß die Folge von 20 Einsen nur einmal gesendet werden muß?

2. Ein Testbogen setzt sich aus 10 Fragen zusammen. Zu jeder Frage sind jeweils 5 Antwortalternativen angegeben, unter denen nur genau eine richtig ist. Angenommen, ein Prüfling versucht die richtigen Fragen zu erraten: Wie groß ist dann die Wahrscheinlichkeit
   a) den Test zu bestehen, wenn dazu mehr als die Hälfte aller Fragen richtig beantwortet werden muß?
   b) genau 2 Antworten richtig zu erraten?
   c) mehr als 2 Antworten richtig zu erraten?
   d) mindestens 2 Antworten richtig zu erraten?
   e) höchstens 2 Antworten richtig zu erraten?
   f) weniger als 2 Antworten richtig zu erraten?

3. Die Wahrscheinlichkeit, beim Lotto etwas zu gewinnen, beträgt ca. $p = 0.05$.
   a) Wie lange müssen Sie im Mittel spielen, bis Sie zum ersten Mal etwas gewonnen haben werden?
   b) Wie groß ist die Wahrscheinlichkeit, daß Sie mindestens 50 mal spielen ohne etwas zu gewinnen?

4. Oskar geht gerne angeln. Bei seinem Stamm-Teich beträgt die Wahrscheinlichkeit $p = 0.2$, daß der Petri-Jünger bei einem Besuch erfolgreich ist. (Am Stamm-Tisch hört sich das wesentlich besser an. Aber das tut hier nichts zur Sache.)
   a) Mit welcher Wahrscheinlichkeit ist er an 5 Tagen
      i) genau 3 mal erfolgreich?
      ii) überhaupt nicht erfolgreich?
      iii) mehr als 1 mal erfolgreich?
   b) Wie groß ist seine Chance, höchstens 4 mal zum Teich marschieren zu müssen, bis er zum ersten Mal Erfolg hat? (Erfolgreicher Versuch eingeschlossen)
   c) Eines Tages sieht er staunend, daß sich eine sehr große Zahl von Anglern an „seinem“ alten Stamm-Teich versammelt hat. Aufgrund des Gedränges ist die Wahrscheinlichkeit für einen Erfolg pro Angler sehr klein geworden. Die mittlere Zahl der erfolgreichen Angler beträgt aber immerhin noch 8.
      Wie groß ist dann die Wahrscheinlichkeit, daß mindestens 10 Petri-Jünger erfolgreich nach Hause gehen?

5. In Aufgabe 5 von Kapitel 5 ist die empirische Verteilung der durch Pferdehufschlag gestorbenen Soldaten in 10 Regimentern der preußischen Armee in 20 Jahren (1875–1894) angegeben.
   a) Begründen Sie, warum die betrachtete Anzahl X der Todesfälle durch Hufschlag in der preußischen Armee als poissonverteilt angesehen werden kann.
   b) Schätzen Sie den Parameter λ aus den angegebenen Daten, berechnen Sie die erwartete Zahl der Todesfälle pro Jahr und Regiment unter Verwendung dieses Schätzwertes und vergleichen Sie die erwarteten mit den empirischen Häufigkeiten.

6. In einem Meldebüro finden sich (werk-) täglich im Mittel 5 Personen ein, die von außerhalb in die Stadt ziehen. Andererseits wollen sich im Mittel 7 Personen pro Tag wegen Fortzuges abmelden.
   a) Geben Sie sinnvolle Verteilungsmodelle für die Anzahl der sich pro Tag anmeldenden Personen und für die Anzahl der sich pro Tag abmeldenden Personen an. Begründung!
   b) Wie groß ist die Wahrscheinlichkeit, daß sich an einem Tag mehr als 12 Personen anmelden wollen?
   c) Wie groß ist die Wahrscheinlichkeit, daß sich an einem Tag höchstens 5 Personen abmelden wollen?
   d) Wie groß ist die Wahrscheinlichkeit, daß sich mindestens 1 Person ummelden will?

7. In einer Arbeit über die Verteilung von Lungenkrebsfällen bei 45 bis 54 Jahre alten Männern in Missouri sind folgende Häufigkeiten angegeben (Tsutakawa, Biometrics 41 (1985), S. 69–79.).
   Halten Sie hier die Poissonverteilung oder die negative Binomialverteilung für das bessere Modell?

Anzahl der 1972–81 an Lungenkrebs Gestorbenen	Anzahl der Orte mit 200 bis 500 Einwohnern
0	0
1	8
2	13
3	10
4	5
5	2
6	3
7	1

8. Ein Bestand von 23589 Fahrzeugen einer Sachversicherung wies nach einem Jahr folgende Unfallzahlen auf. (M. Derron: Mathematische Probleme der Automobilversicherung; Mitteilungen Ver. Schw. Vers.-Math. 1962, S. 103–123)

Anzahl Schäden	Anzahl Verträge
0	20592
1	2651
2	297
3	41
4	7
5	0
6	1
Σ	23589

Passen Sie den Daten ein geeignetes diskretes Verteilungsmodell an.

9. Geben Sie jeweils das geeignete Verteilungsmodell an:
   a) Anzahl der Runden, die geboxt werden müssen, bevor einer von zwei nicht ermüdenden Boxern gewinnt (ohne Festlegung einer maximalen Rundenzahl);
   b) Anzahl der Bäume, die auf einem zufällig ausgewählten Flächenstück von 100 m × 100 m im Sachsenwald stehen;
   c) Anzahl der bei einer Ausschreibung nicht zu berücksichtigenden Kandidaten, bevor man den letzten für eine Dreierliste hat;
   d) Anzahl der besetzten von 46 Sitzplätzen in einem Linienbus, wenn er jeweils zur gleichen Tageszeit (nicht zur Hauptverkehrszeit!) an einer bestimmten Haltestelle vorbeifährt. (Soweit möglich, setzen sich die Fahrgäste.)

10. In einer Pilotstudie zum Innovationsmarketing in Maschinenbau und Elektroindustrie wurden in entscheidungsorientierten Betrieben 110 Beschäftigte nach der Zahl der Stellenwechsel im bisherigen Berufsleben befragt:

Anzahl Stellenw.	0	1	2	3	4	5	≥ 6
Anzahl Besch.	23	17	27	20	17	3	3

Welches der behandelten Verteilungsmodelle ist zur Beschreibung dieses Datensatzes am geeignetesten?

11 Stetige Verteilungsmodelle

Die im Kapitel 10 eingangs gemachten Bemerkungen gelten natürlich auch für stetige Verteilungen. Allerdings ist es hier i. d. R. schwieriger als bei diskreten Variablen, aus modellmäßigen Überlegungen heraus auf einen Verteilungstyp zu schließen. Daher sind informelle Methoden, um die Anpassungsgüte eines theoretischen Modells an eine empirische Verteilung zu überprüfen, von großer Bedeutung.

Wir behandeln in diesem Kapitel einige stetige Verteilungen, die auch vielfach gute Beschreibungen empirischer Häufigkeitsverteilungen liefern. Die Normalverteilung wird in einem eigenen Kapitel behandelt.

11.1 Stetige Gleichverteilung

Im Kapitel 5 haben wir als Modell für die Verteilung der Wartezeiten auf die nächste S-Bahn die Dichte

$$f(x) = \begin{cases} 1/20 & 0 < x < 20 \\ 0 & \text{sonst} \end{cases}$$

gewählt. Ihre Gestalt ist durch ein Rechteck über dem Intervall (0; 20) charakterisiert:

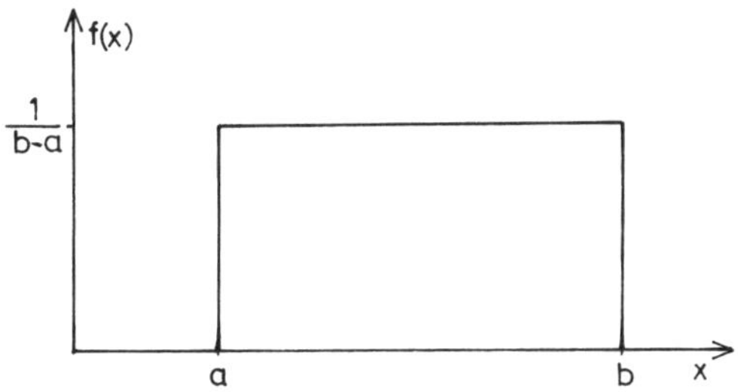

Abb.: Dichte einer Rechteck-Verteilung

Werden Anfangs- oder Endpunkt anders festgelegt – z. B. durch Änderung der Taktzeiten – so ist auch die Höhe der Dichte zu ändern. Die spezielle Gestalt eines Rechtecks bleibt aber erhalten.

Eine Zufallsvariable X heißt **gleichverteilt oder rechteckverteilt** über dem Intervall [a; b], i. Z. $X \sim R(a, b)$, wenn ihre Dichte die folgende Form hat:

$$f(x) = \begin{cases} \dfrac{1}{b-a} & \text{für} \quad a \le x \le b \\ 0 & \text{sonst.} \end{cases}$$

Für eine Zufallsvariable X mit $X \sim R(a, b)$ gilt:

$$E(X) = \frac{a+b}{2}$$

$$V(X) = \frac{(b-a)^2}{12}.$$

Die Gleichverteilung ist von so einfacher Bauart, daß sie nur in wenigen Fällen eine Rolle als Verteilungsmodell spielt. Sie ist vor allem für theoretische Zwecke relevant.

11.2 Die Pareto-Verteilung

Definition

Die Pareto-Verteilung wurde bereits im Kapitel 5 eingeführt und tauchte zwischendurch in verschiedenen Beispielen wieder auf.

Eine Zufallsvariable X heißt **Pareto-verteilt** mit den Parametern $k, \alpha > 0$, i.Z. $X \sim PA(k, \alpha)$, wenn ihre Dichte gegeben ist durch

$$f(x) = \begin{cases} 0 & x < k \\ \alpha \dfrac{k^\alpha}{x^{\alpha+1}} & x \geq k. \end{cases}$$

Erwartungswert und Varianz sind

$$E(X) = \frac{\alpha}{\alpha - 1} \cdot k \qquad \text{falls } \alpha > 1,$$

$$V(X) = \frac{\alpha}{(\alpha-1)^2(\alpha-2)} \cdot k^2 \qquad \text{falls } \alpha > 2.$$

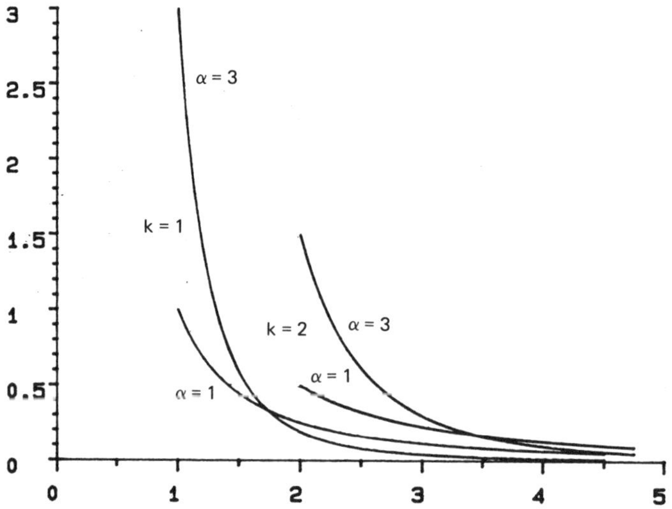

Abb.: Dichte der Pareto-Verteilung

Anpassung an empirische Verteilungen

Wollen wir einem Datensatz eine Pareto-Verteilung anpassen, so können wir zunächst E(X) durch $\bar{x}$ ersetzen. Dies führt auf

$$\hat{k} = \frac{\hat{\alpha} - 1}{\hat{\alpha}} \bar{x} .$$

Die Ersetzung von V(X) durch s^2 zur Gewinnung einer weiteren Gleichung führt dann zu

$$\hat{\alpha} = 1 + \sqrt{1 + \frac{\bar{x}^2}{s^2}} .$$

Insgesamt ist dieser Zugang hier unbefriedigend, da E(X) und V(X) nicht für alle Parameterwerte existieren. Befriedigende Schätzwerte erhalten wir mit der im Kapitel ‚Schätzen von Parametern' zu besprechenden Maximum Likelihood-Methode.

Hier wollen wir auf die **Anpassung** an und die **Überprüfung der Eignung** als Modell für empirische Daten **mittels eines geeigneten Quantil-Diagramms** eingehen. Aus der Definitionsgleichung erhalten wir durch Integration:

$$F(x) = 1 - (k/x)^{\alpha} .$$

Daraus erhalten wir durch Umordnen und Logarithmieren:

$$\ln(1 - F(x)) = \alpha \ln k - \alpha \ln x .$$

Tragen wir also die Werte $\ln(1 - F(x_{(v)}))$ in Abhängigkeit der logarithmierten Quantile $\ln x_{(v)}$ in einem Diagramm ein, so sollten die resultierenden Punkte um eine Gerade mit der Steigung $-\alpha$ und dem Achsenabschnitt $\alpha \cdot \ln(k)$ streuen.

Dieses Diagramm ist das übliche **QQ-Diagramm für die transformierte Variable** $Y = \ln X$. Falls nämlich X Pareto-verteilt ist, so besitzt Y eine (verschobene) Exponentialverteilung. Dieses Verteilungsmodell mit dem zugehörigen QQ-Diagramm besprechen wir im folgenden Abschnitt.

Beispiel

Bei zwei Versicherungsunternehmen waren im Kalenderjahr 1979 insgesamt 24726 Jahreseinheiten der Gruppe Krafträder und Kraftroller mit mehr als 50 ccm Hubraum (ohne Leichtkrafträder) versichert. Von Interesse ist hier eine Analyse und Modellierung der Schadensummenverteilung. Darauf basiert u. a. die Reservenbildung. Die Verteilung der Schadensumme X stellt sich wie folgt dar.

Tab.: Verteilung von Versicherungsschäden bei Motorrädern

$x_{i-1}^* < X \leq x_i^*$	n_i	$\ln x_i^*$	$\ln(1 - \hat{F}(x_i^*))$
0– 1000	827	6.91	−0.454
1000– 2000	544	7.60	−0.927
2000– 3000	401	8.00	−1.520
3000– 4000	132	8.29	−1.829
4000– 5000	100	8.52	−2.150
5000– 6000	54	8.70	−2.378
6000– 8000	49	8.99	−2.644
8000– 10000	31	9.21	−2.858
10000– 15000	45	9.62	−3.281
15000– 20000	17	9.90	−3.503
20000– 50000	35	10.82	−4.220
50000–100000	15	11.51	−4.816
100000–200000	10	12.21	−5.599
200000–300000	4	12.61	−6.266
300000–400000	1	12.90	−6.502
400000–600000	2	13.30	−7.916
600000–700000	1	13.46	–

(H. Diekmann: Kritische Anmerkungen zur Schadensummenverteilung in der Kraftfahrzeug-Haftpflichtversicherung, in: Statistik zwischen Theorie und Praxis Hrsg. G. Buttler u.a. 1985 Göttingen)

Die zur Erstellung des Diagramm benötigten Werte sind in der Tabelle ebenfalls angegeben. Wie beim QQ-Diagramm reicht bei nicht zu kleiner Klassenzahl die Verwendung der Klassenobergrenzen.

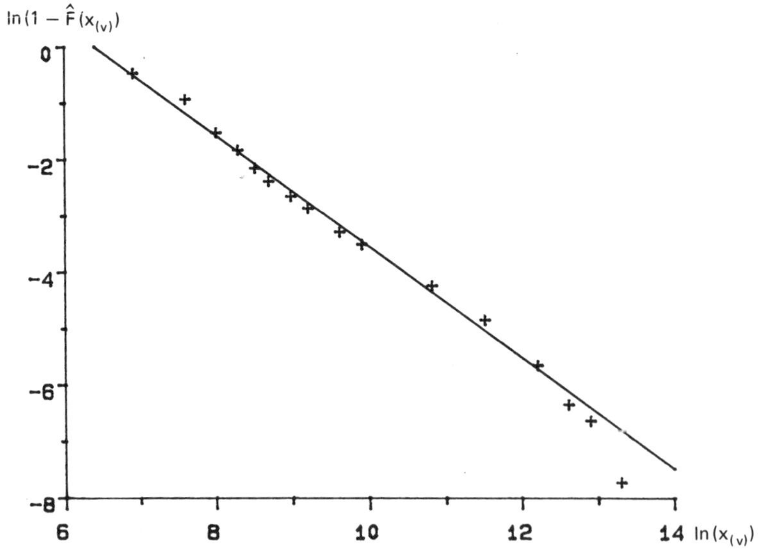

Abb.: Diagramm zur Anpassung einer Pareto-Verteilung

Die Punkte liegen in befriedigender Weise um eine Gerade konzentriert. Dies weist auf die gute Approximation der empirischen Verteilung durch die Pareto-Verteilung hin. Die Steigung ergibt

$$\hat{\alpha} = 0.985\,.$$

Da die Gerade durch den Punkt (6.4, 0) geht erhalten wir $\hat{k}$ aus

$$0 = \hat{\alpha} \cdot \ln(\hat{k}) - \hat{\alpha} \cdot 6.4$$

zu:

$$\hat{k} = 601.8\,.$$

$\hat{k}$ kann als Grenze interpretiert werden, von der ab Schäden überhaupt gemeldet werden.

11.3 Die Exponentialverteilung

Ableitung und Eigenschaften

Die Exponentialverteilung wird häufig eingesetzt, um die Dauer von kontinuierlichen Vorgängen (z. B. von Telefongesprächen) bzw. Wartezeiten (bis zur Bedienung in einem Geschäft, bis zum Ausfall einer Komponente eines technischen Systems) zu modellieren. Die Bevorzugung dieses Einsatzbereiches wird plausibel anhand der folgenden Ableitung über die geometrische Verteilung.

Ein kontinuierlich ablaufender Vorgang werde an diskreten Zeitpunkten so lange beobachtet, bis zum ersten Mal das interessierende Ereignis A eintritt. Die Eintrittswahrscheinlichkeit von A sei für jedes Zeitintervall gleich; zudem möge es keine Abhängigkeit zwischen den Zeitpunkten geben. Wir vernachlässigen dabei auch die Möglichkeit, daß das Ereignis A mehr als einmal eintreten kann. Dann ist die Zufallsvariable X = „Anzahl der Zeitpunkte vor der ersten Beobachtung von A" geometrisch verteilt:

$$P(X = x) = p(1-p)^x \qquad x = 0, 1, 2, \ldots.$$

Die Beobachtung an Zwischenpunkten legt gleichzeitig eine Verringerung der Eintrittswahrscheinlichkeit von A nahe. Sonst würde das Ereignis bis zu einem festen Zeitpunkt nur wegen der Zwischenpunkte mit größerer Wahrscheinlichkeit eingetreten sein.

Die Verringerung der Wahrscheinlichkeit wird proportional zur Zahl der Zwischenpunkte gewählt.

$P(A) = p$
(pro Intervall der Länge 1)

$P(A) = \frac{p}{2}$
(pro Intervall der Länge 1/2)

$P(A) = \frac{p}{4}$
(pro Intervall der Länge 1/4)

Der Grenzübergang immer feinerer Unterteilungen ist am leichtesten folgendermaßen zu sehen:

$P(X \geq 3) = (1-p)^3$ Intervall-Länge 1; Anzahl der Beobachtungspunkte: 3

$P(X \geq 3) = \left(1 - \frac{p}{2}\right)^{2\cdot 3}$ Intervall-Länge 1/2; Anzahl der Beobachtungspunkte: 6

$P(X \geq 3) = \left(1 - \frac{p}{4}\right)^{4\cdot 3}$ Intervall-Länge 1/4; Anzahl der Beobachtungspunkte: 12

$\vdots$

$P(X \geq 3) = \left(1 - \frac{p}{n}\right)^{n\cdot 3}$ Intervall-Länge 1/n; Anzahl der Beobachtungspunkte: $n \cdot 3$.

Bei kontinuierlicher Beobachtung gilt schließlich:

$$P(X \geq 3) = e^{-p\cdot 3}.$$

Allgemein ist für $x > 0$: $P(X \geq x) = e^{-p\cdot x}$ bzw., da X stetig ist:

$$P(X \leq x) = 1 - e^{-px}.$$

Da für jede Zahl $\lambda > 0$ durch

$$F(x) = \begin{cases} 1 - e^{-\lambda x} & x \geq 0 \\ 0 & x < 0 \end{cases}$$

eine Verteilungsfunktion definiert ist, ist eine weitere Beschränkung des Parameters nicht sinnvoll.

Die zugehörige Dichte erhalten wir durch Differentation:

$$\frac{d}{dx}(1 - e^{-\lambda x}) = \lambda e^{-\lambda x}.$$

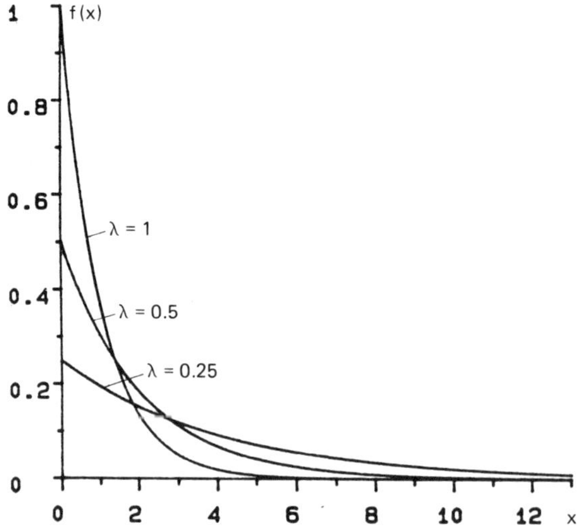

Abb.: Dichten der Exponentialverteilung

Eine stetige Zufallsvariable X heißt **exponentialverteilt** mit dem Parameter $\lambda > 0$, i. Z. $X \sim EX(\lambda)$, wenn ihre Dichte gegeben ist durch

$$f(x; \lambda) = \begin{cases} \lambda e^{-\lambda x} & x \geq 0 \\ 0 & x < 0 . \end{cases}$$

Die EX(1)-Verteilung wird auch als **Standardexponentialverteilung** bezeichnet. Erwartungswert und Varianz der $EX(\lambda)$-Verteilung sind

$$E(X) = \frac{1}{\lambda},$$

$$V(X) = \frac{1}{\lambda^2}.$$

Die Bezeichnung ‚Standardexponentialverteilung' für die EX(1)-Verteilung rührt von der folgenden Beziehung her:

Ist die Zufallsvariable X exponentialverteilt mit dem Parameter λ, dann erhalten wir durch die Transformation $Z = \lambda \cdot X$ eine neue Zufallsvariable, die standardexponentialverteilt ist, d.h. den Parameter $\lambda' = 1$ hat:

$$P(Z \leq z) = P(\lambda X \leq z) = P\left(X \leq \frac{z}{\lambda}\right)$$
$$= 1 - e^{-\lambda(z/\lambda)} = 1 - e^{-z}.$$

Zwischen den Quantilen z_p von $Z = \lambda X$ und x_p von X besteht also die Beziehung

$$z_p = \lambda \cdot x_p \quad \text{bzw.} \quad x_p = \frac{1}{\lambda} z_p .$$

Diese Beziehung werden wir bei der Konstruktion von Quantildiagrammen ausnutzen.

Die Bedeutung der Exponentialverteilung als ‚Wartezeitverteilung' läßt sich auch aus einem wichtigen **Zusammenhang mit der Poisson-Verteilung** motivieren.

Die Poisson-Verteilung mit der Wahrscheinlichkeitsfunktion

$$e^{-\lambda \Delta t} \frac{(\lambda \Delta t)^y}{y!}, \qquad y = 0, 1, 2, \ldots$$

beschreibt die Anzahl Y der Vorkommnisse eines bestimmten Phänomens (wie Telefonanrufe, Eintreffen von Besuchern) im Zeitintervall Δt mit der Intensität λ, wenn der stochastische Mechanismus folgende Eigenschaften aufweist:

- Die Anzahlen des Eintretens des ‚Phänomens' in nicht-überlappenden Zeitintervallen sind unabhängig.
- Die Wahrscheinlichkeit für das Auftreten des ‚Phänomens' in einem Intervall der (kleinen) Länge Δt ist etwa gleich $\lambda \Delta t$.
- Mit der Länge des Zeitintervalles geht auch die Wahrscheinlichkeit für das mehrmalige Auftreten des Phänomens gegen Null (und zwar schneller als die Intervallänge).

Genauer ist durch die obigen Forderungen der sogenannte **Poisson-Prozeß** spezifiziert.

Sei nun X die Zufallsvariable, die den zeitlichen Abstand zwischen zwei aufeinanderfolgenden Beobachtungen des interessierenden Phänomens angibt.

Dann gilt

$$\begin{aligned} P(X \leq x) &= 1 - P\ (\text{kein Vorkommnis im Intervall der Länge } x) \\ &= 1 - e^{-\lambda x}. \end{aligned}$$

X ist also exponentialverteilt.

Anpassung an empirische Verteilungen

Die Beziehung zwischen Erwartungswert und Parameter der Exponentialverteilung legt nahe, bei der Anpassung dieser Verteilung für den Parameter λ den Wert $\hat{\lambda} = 1/\bar{x}$ einzusetzen.

Beispiel

Im Rahmen einer Sondererfassung wurden in Nordrhein Westfalen in der Zeit vom 1.5. bis 31.7.1984 die Übertretungen der zulässigen Höchstgeschwindigkeiten registriert. Von ca. 100000 Krafträdern überschritten 9851 die zulässige Höchstgeschwindigkeit (gemäß § 3 StVo Abs. 3 Nr. 1). Die Meßwerte der Überschreitungsgeschwindigkeit X sind in der folgenden Tabelle wiedergegeben.

Unterstellen wir eine maximale Überschreitung von 100 km/h, so erhalten wir eine mittlere Überschreitungsgeschwindigkeit von

$$\bar{x} = 16.$$

Dies führt zu dem Näherungswert

$$\hat{\lambda} = 1/\bar{x} = 1/16 = 0.0625.$$

Dieser Wert wird für λ in die Verteilungsfunktion $F(x; \lambda)$ eingesetzt. Damit erhalten wir die letzte Spalte in der Tabelle. Der Vergleich mit der empirischen Summenfunktion zeigt, daß bei Gültigkeit der theoretischen Verteilung noch etwas größere Werte zu erwarten wären.

Tab.: Überschreitung der Höchstgeschwindigkeit (nur überschreitende Krafträder)

i	$x_{i-1}^* < X \leq x_i^*$	h_i	$H(x_i^*)$	$F(x_i^*; \hat{\lambda})$
1	0 – 20	0.709	0.709	0.713
2	20 – 30	0.187	0.896	0.847
3	30 – 40	0.071	0.967	0.918
4	40 – 50	0.021	0.988	0.956
5	50 – 60	0.010	0.998	0.976
6	60 –	0.002	1.000	0.996

Zur Überprüfung des Vorliegens einer Exponentialverteilung anhand eines **QQ-Diagramms** können wir uns die angegebene Beziehung zwischen den Quantilen x_p einer $EX(\lambda)$ und denen der $EX(1)$-Verteilung zunutze machen:

$$x_p = \lambda^{-1} z_p .$$

Falls auf der Abszisse die theoretischen Quantile der $EX(1)$-Verteilung abgetragen werden, ist also ein $EX(\hat{\lambda})$-Modell sinnvoll, sofern sich die entsprechend eingetragenen Punkte um eine Gerade mit dem Anstieg $1/\hat{\lambda}$ gruppieren.

Beispiel

Zwischen der Exponentialverteilung und der Poisson-Verteilung besteht wie erwähnt ein enger Zusammenhang.

Daher ist die Exponentialverteilung ein naheliegendes Modell für die Verteilung der Zeiten zwischen jeweils zwei Emissionen von α-Partikeln einer radioaktiven Substanz. Dies soll anhand der Daten, die schon dem Beispiel im Abschnitt 10.2 zugrunde lagen, überprüft werden. In derselben Veröffentlichung ist die folgende klassierte Verteilung der Zwischenzeiten angegeben.

Für das QQ-Diagramm verwenden wir die Klassenobergrenzen x_i^* als empirische Quantile. Die zugehörigen theoretischen Quantile z_i der $EX(1)$-Verteilung erhalten wir gemäß

$$p_i = H(x_i^*) = 1 - e^{-z_i} \Rightarrow z_i = -\ln(1 - p_i) .$$

Tab.: Verteilung der Zeit X zwischen der Emission von α-Partikeln in 1/500 Sekunden

$x_{i-1}^* < X \le x_i^*$	$H(x_i^*)$	z_i	$x_{i-1}^* < X \le x_i^*$	$H(x_i^*)$	z_i	$x_{i-1}^* < X \le x_i^*$	$H(x_i^*)$	z_i
0 – 25	.047	.048	450 – 475	.542	.781	925 – 975	.808	1.599
25 – 50	.084	.088	475 – 500	.552	.803	975 – 1025	.812	1.619
50 – 75	.129	.138	500 – 525	.575	.856	1025 – 1075	.822	1.726
75 – 100	.159	.173	525 – 550	.595	.904	1075 – 1125	.841	1.839
100 – 125	.190	.211	550 – 575	.601	.919	1125 – 1175	.857	1.945
125 – 150	.233	.265	575 – 600	.620	.968	1175 – 1225	.867	2.017
150 – 175	.262	.304	600 – 625	.636	1.011	1225 – 1275	.880	2.120
175 – 200	.313	.375	625 – 650	.642	1.027	1275 – 1350	.888	2.189
200 – 225	.341	.417	650 – 675	.648	1.044	1350 – 1425	.900	2.303
225 – 250	.364	.452	675 – 700	.671	1.112	1425 – 1500	.914	2.453
250 – 275	.391	.496	700 – 725	.677	1.130	1500 – 1600	.926	2.604
275 – 300	.413	.533	725 – 750	.691	1.174	1600 – 1700	.933	2.703
300 – 325	.427	.550	750 – 775	.708	1.231	1700 – 1825	.947	2.937
325 – 350	.460	.616	775 – 800	.720	1.273	1825 – 1975	.955	3.101
350 – 375	.483	.660	800 – 825	.740	1.347	1975 – 2175	.973	3.612
375 – 400	.499	.691	825 – 850	.744	1.363	2175 –	1.000	–
400 – 425	.515	.724	850 – 875	.751	1.390			
425 – 450	.528	.751	875 – 925	.775	1.424			

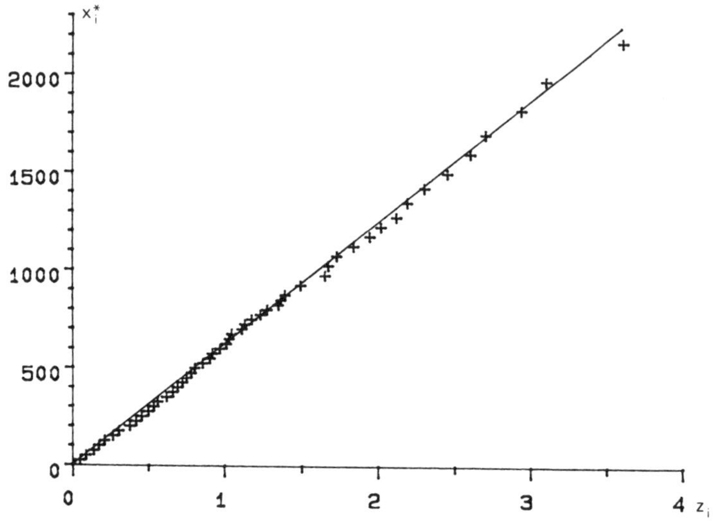

Abb.: QQ-Diagramm für die Zeiten zwischen der Emission von α-Partikeln

Das daraus konstruierte QQ-Diagramm zeigt, daß die Zeiten zwischen der Emission von α-Partikeln tatsächlich als exponentialverteilt angesehen werden können. Für die per Augenmaß angepaßte Gerade erhalten wir:

$$\text{Steigung} = \tfrac{1875}{3} = 625\,.$$

Dies ergibt als Schätzwert für den Parameter:

$$\hat{\lambda} = \tfrac{1}{625} = 0.0016\,.$$

Unter Umständen ergeben Beobachtungen einer Variablen X ein Histogramm, das eine Exponentialverteilung als Modell nahelegt, jedoch verschoben ist; d.h., es treten nur Werte auf, die größer sind als $k > 0$.

Hier hilft die einfache Modifikation weiter, daß für die Variable $Y = X - k$ eine Exponentialverteilung als Modell angesetzt wird. Aus $Y \sim EX(\lambda)$ folgt für die ursprüngliche Variable X:

$$P(X \leq x) = P(X - k \leq x - k) = P(Y \leq x - k) = 1 - e^{-\lambda(x-k)}.$$

X besitzt eine **verschobene Exponentialverteilung**.

Eine solche verschobene Exponentialverteilung hat z.B. auch die Zufallsvariable $Z = \ln X$, wenn X Pareto-verteilt ist, $X \sim PA(\alpha, k')$:

$$P(Z \leq z) = P(\ln X \leq z) = P(X \leq e^z)$$

$$= 1 - \left(\frac{k'}{e^z}\right)^{\alpha} = 1 - e^{-\alpha(z - \ln k')}.$$

11.4 Die Gamma-Verteilung

Ableitung und Eigenschaften

Wir haben gesehen, wie die Exponentialverteilung aus der geometrischen Verteilung gewonnen werden kann. Auf genau dieselbe Weise könnten wir den Grenzübergang von der negativen Binomialverteilung zur Gamma-Verteilung vollziehen. Diese Ableitung der Gamma-Verteilung zeigt ihre Bedeutung als ein stetiges Modell für Wartezeitverteilungen. Aber auch andere empirische Verteilungen lassen sich gut durch eine Gamma-Verteilung approximieren.

Die Entwicklung aus der negativen Binomialverteilung resultiert zunächst in einer Dichte der Form

$$f(x) = \frac{\lambda^k}{(k-1)!} x^{k-1} e^{-\lambda x} \quad \text{für} \quad x > 0 .$$

Für $k = 1$ ist dies die Dichte der $EX(\lambda)$-Verteilung.

Es ist noch möglich, auf einfache Weise eine Verallgemeinerung der Dichte einzuführen. Diese besteht darin, daß der Parameter k nicht mehr als ganzzahlig vorausgesetzt wird. Bei dem Term $x^{k-1} \cdot e^{-\lambda x}$, der die Gestalt der Dichte bestimmt, ändert sich dann offensichtlich nichts. Lediglich beim Normierungsfaktor ist $(k-1)!$ durch einen Ausdruck zu ersetzen, der garantiert, daß die Fläche unterhalb der Dichte auf Eins normiert ist.

Dies führt auf die Gamma-Funktion.

Für jede reelle Zahl $k > 0$ ist die **Gamma-Funktion** definiert durch

$$\Gamma(k) = \int_0^\infty x^{k-1} e^{-x} dx .$$

Für sie gilt:

$$\Gamma(1) = 1$$
$$\Gamma(k+1) = k \cdot \Gamma(k) \qquad \text{für alle reellen } k > 0$$
$$\Gamma(k+1) = k! \qquad \text{für } k = 1, 2, 3, \ldots .$$

Damit erhalten wir:

Eine Zufallsvariable X heißt **Gamma-verteilt** mit den Parametern k und λ, $k, \lambda > 0$, kurz $X \sim GA(k, \lambda)$, wenn ihre Dichtefunktion gegeben ist durch

$$f(x) = f(x; k, \lambda) = \frac{\lambda^k}{\Gamma(k)} x^{k-1} e^{-\lambda x} \quad \text{für } x > 0 .$$

Erwartungswert und Varianz sind gegeben durch

$$E(X) = \frac{k}{\lambda} \quad \text{und} \quad V(X) = \frac{k}{\lambda^2} .$$

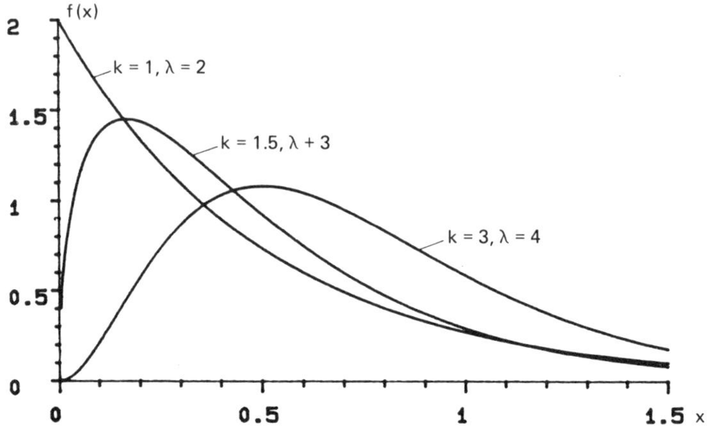

Abb.: Dichten der Gamma-Verteilung

Beispiel

Tropische Wirbelstürme kommen über vielen Gebieten tropischer Meere vor. Zuständig für die Aufzeichnung der Wege der beobachteten und die Vorhersage des jeweiligen zukünftigen Kurses solcher Stürme sind verschiedene metereologische Stationen. Diese benutzen für die Prognose dynamische Modelle, die u. a. die Häufigkeitsverteilungen der Entfernungen, die die Sturmzentren in 24 Stunden zurücklegten, einbeziehen. Dabei werden nicht die originalen empirischen Verteilungen verwendet, sondern geeignete theoretische Verteilungen. Hier ist die Gamma-Verteilung ein gutes Modell. (Nach C.J. Neumann: The Role of Statistical Models in the Prediction of Tropical Cyclone Motion, The American Statistician (1985), Vol. 39, 347–357).

Die Parameter der angepaßten Gamma-Verteilung erhalten wir aus den angegebenen Werten, indem E(X) und V(X) durch die entsprechenden empirischen Größen ersetzt werden:

$$\frac{\hat{k}}{\hat{\lambda}} = \bar{x} = 237\,, \qquad \frac{\hat{k}}{\hat{\lambda}^2} = s^2 = 94^2\,.$$

Dies ergibt:

$$\hat{\lambda} = \frac{\bar{x}}{s^2} = \frac{237}{94^2} = 0.027\,,$$

$$\hat{k} = \bar{x} \cdot \hat{\lambda} = 237 \cdot 0.027 = 6.357\,.$$

Die Konstruktion von **QQ-Diagrammen** für die Gamma-Verteilung ist nur unter Verwendung von Approximationen möglich. Der interessierte Leser sei diesbezüglich auf J.M. Chambers et. al.: Graphical Methods for Data Analysis, Belmont California 1983, verwiesen.

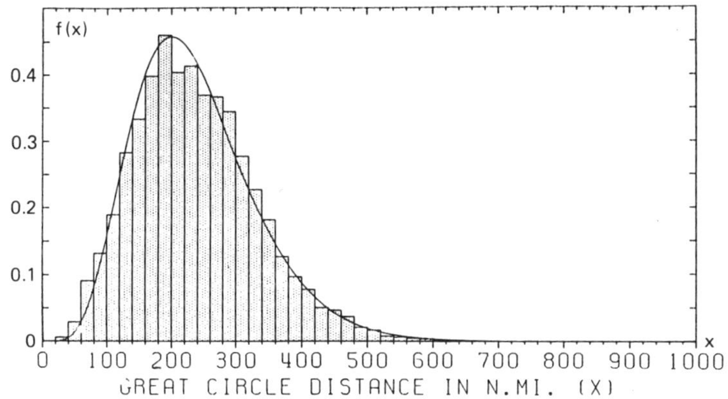

Abb.: Verteilung der 24-Stunden Bewegung (in nautischen Meilen) von 9564 tropischen Wirbelstürmen mit angepaßter Gamma-Verteilung

11.5 Aufgaben

1. Überprüfen Sie die Eignung eines Pareto-Verteilungsmodells für die empirische Verteilung der Schadenersatzzahlungen X amerikanischer Krankenhäuser aus dem Jahre 1975. (R.V. Hogg and S.A. Klugman, J. Econometrics 23 (1983), S. 91–102.)

i	$x_{i-1}^* \leq X < x_i^*$	n_i	i	$x_{i-1}^* \leq X < x_i^*$	n_i
1	1– 1000	465	13	30000– 40000	24
2	1000– 2000	281	14	40000– 50000	19
3	2000– 3000	202	15	50000– 60000	15
4	3000– 4000	102	16	60000– 70000	11
5	4000– 5000	64	17	70000– 80000	13
6	5000– 6000	78	18	80000– 90000	11
7	6000– 7000	65	19	90000– 100000	2
8	7000– 8000	59	20	100000– 200000	31
9	8000– 9000	26	21	200000– 300000	13
10	9000–10000	20	22	300000– 400000	5
11	10000–20000	164	23	400000–1000000	2
12	20000–30000	67			

2. Bestimmen Sie den Median der EX(λ)-Verteilung.

3. Bei einem neuen Personal-Computer soll die Garantiezeit festgesetzt werden. Der verantwortliche Leiter der Qualitätssicherung weiß, daß die Konkurrenz eine Garantie auf 100 Betriebsstunden gibt.
Versuche mit 5 neuen PC haben ergeben, daß die Geräte nach
120, 190, 320, 130, 240
Stunden ihren ersten Ausfall hatten.

a) Wie groß ist die mittlere Betriebszeit, d.h. die mittlere Zeit bis zum ersten Ausfall?
b) Wie groß ist die Wahrscheinlichkeit dafür, daß ein Gerät innerhalb der ersten 100 Stunden ausfällt, wenn die Zeit X bis zum ersten Ausfall als exponentialverteilt angesehen und der Parameter λ aus den Daten geschätzt wird?
c) Wie groß ist die Garantiezeit bei Verwendung des Exponentialverteilungsmodells aus b) zu wählen, damit während der Garantie ca. nur 10% der Geräte ausfallen?

4. Die Zeit, die ein Angler am Fluß verbringt, bis der nächste Fisch anbeißt, werde als exponentialverteilte Zufallsvariable aufgefaßt.
Zeigen Sie: Die Wahrscheinlichkeit, daß er noch mindestens x Zeiteinheiten bis zum nächsten Fang warten muß, ist gleich groß, egal ob man voraussetzt, daß er schon z Zeiteinheiten gewartet hat oder nicht. (Man sagt, daß die Exponentialverteilung eine Verteilung „ohne Gedächtnis" sei.)

5. Die Dauer von Telefongesprächen wird häufig als exponentialverteilte Zufallsvariable X aufgefaßt. Überprüfen Sie die Eignung des Exponentialverteilungsmodells für die folgenden 20 Telefongesprächsdauern mit einem QQ-Diagramm. (Daten nach Molina: Application of the theory of probability to telephone trunking problems; The Bell System Technical J. (1927) IV, S. 461–494.)

1.72	0.51	0.66	4.14	2.92	2.82	7.71	1.33	3.51	13.13
3.90	1.42	0.26	0.76	1.99	4.23	1.57	1.06	4.60	8.17

6. Bei einer Feuerwehrstation ergaben sich bei 50 aufeinanderfolgenden Einsätzen die folgenden Zeiten (in Min.) für die Einsatzdauer:

20	48	19	71	162	37	203	332	16	68
50	242	37	35	136	19	32	35	12	106
51	62	69	15	32	21	18	32	79	110
136	30	82	139	36	121	11	22	57	41
94	181	37	42	27	93	47	10	38	21

Bestimmen Sie ein für diesen Datensatz geeignetes Exponentialverteilungsmodell. Berücksichtigen Sie dabei, daß die kleinste Einsatzdauer 10 Min. betrug. (Die Einsätze haben eine von Null verschiedene Mindest-Dauer!) Überprüfen Sie die Eignung des von Ihnen ausgewählten Modells mittels eines QQ-Diagramms.

12 Die Normalverteilung

Wegen der großen Bedeutung der Normalverteilung wird sie im Vergleich zu den anderen Verteilungen ausführlicher behandelt.

Die Normalverteilung stellt ein nützliches Modell für empirische Verteilungen dar. Allerdings hat sich erwiesen, daß die lang gehegte Einschätzung, die Normalverteilung sei eine Art natürliches Verteilungsmodell für empirische Phänomene, heutzutage nicht mehr zu halten ist. Ihre Bedeutung resultiert vielmehr aus theoretischen Ergebnissen, vor allem aus dem zentralen Grenzwertsatz.

12.1 Grundlagen

Problemstellung

Ausstattungsdesigner müssen beim Entwerfen die Maße der jeweiligen Zielpopulation berücksichtigen. So sind z. B. die Maße der Sitze eines neuen Personenautos so festzulegen, daß möglichst wenige Käufer Probleme damit haben. Als Grundlage dienen den Designern dabei die Ergebnisse größerer anthropometrischer Surveys, bei denen die Maße vieler Personen festgehalten werden.

Das Ziel, möglichst wenige Personen aus dem festzulegenden Maßbereich herausfallen zu lassen, lenkt das Augenmerk auf die extremen Quantile, wie etwa das 0.95-Quantil der männlichen Autofahrer. Wie die in der Abbildung wiedergegebenen Verteilungen der Körpergrößen von 416 weiblichen und 1584 männlichen Autofahrern aus Großbritannien exemplarisch zeigt, sind gerade die extremen Quantile aus

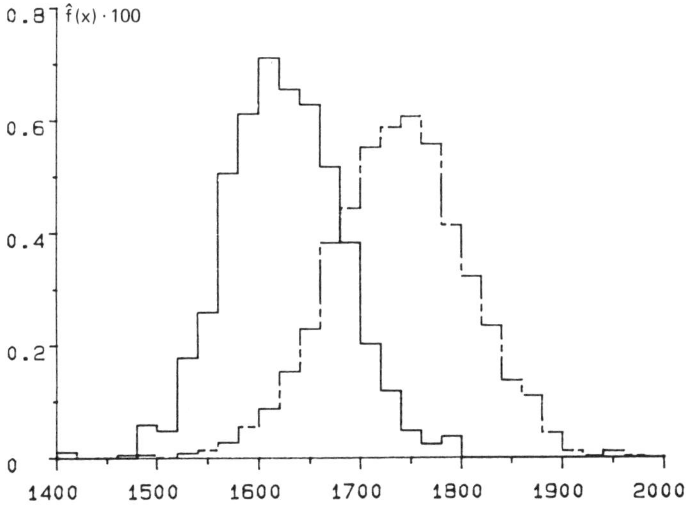

Abb.: Körpergrößen von Frauen und Männern (Aus Haslegrave: Characterizing the anthropometric extremes of the population; Ergonomics 29 (1986), S. 281–301.)

empirischen Verteilungen nur unzuverlässig zu entnehmen. Bessere Ergebnisse lassen sich erzielen, wenn ein geeignetes theoretisches Verteilungsmodell gefunden wird, das die empirische Verteilung gut beschreibt. Dann können die theoretischen Quantile des Modells verwendet werden.

Es stellt sich also die Frage nach einer Verteilung, die ein gutes Modell für die Körpergrößen darstellt.

Definition und Bedeutung der Parameter

So wie die Körpergrößen der britischen Autofahrer und -innen weisen viele Datensätze Häufigkeitsverteilungen auf, die (annähernd) symmetrisch um den Modus sind, und bei denen die Werte im mittleren Bereich konzentriert sind. Für derartige Häufigkeitsverteilungen ist die Normalverteilung ein gutes Modell.

Genauer erweisen sich Zufallsvariablen, bei denen einer der folgenden Sachverhalte zutrifft, oft als normalverteilt:

- Die Variable beschreibt eine natürliche Variation wie Körpergröße, Gewicht, Länge der Blätter eines Baumes.
- Die Variable beschreibt das Ergebnis einer Messung einer physikalischen Größe wie z. B. der Länge eines Raumes oder das Gewicht einer Person.
- Die Variable entsteht durch die Summe unterschiedlicher Zufallseinflüsse. Dies gilt etwa für den Intelligenzquotienten, der sich aus den Punkten vieler einzelner Fragen ergibt, sowie für den Benzinverbrauch pro 100 km im Stadtverkehr, auf den u. a. die Temperatur, die Zahl der roten Ampeln und die Verkehrsdichte einwirken.

Die Normalverteilung hat aus zwei weiteren Gründen ein besonderes Gewicht in der Statistik bekommen. Einmal kann die Normalverteilung bei einer Vielzahl von statistischen Maßzahlen als Verteilungsmodell unterstellt werden, wenn nur die Stichproben genügend groß sind. Darauf gehen wir im nächsten Kapitel ein. Zum zweiten weist die Normalverteilung einige formale Eigenschaften auf, die das Arbeiten mit ihr sehr angenehm machen. Dies werden wir im folgenden sehen.

Die Zufallsvariable X heißt **normalverteilt** mit den Parametern μ und σ^2, i. Z. $X \sim N(\mu, \sigma^2)$, wenn ihre Dichte gegeben ist durch

$$f(x) = \frac{1}{\sqrt{2\pi}\sigma} e^{-(x-\mu)^2/2\sigma^2}$$

Die folgende Abbildung macht deutlich, daß der Parameter μ die Lage der Verteilung beeinflußt. Dies läßt sich formal an der Dichte erkennen:

Für $x = \mu$ ist der Exponent Null. Sonst ist er wegen des negativen Vorzeichens kleiner als Null. Also hat die Dichte an der Stelle μ ihr Maximum. Die Höhe an dieser Stelle ist proportional zu $1/\sigma$. Je größer σ ist, desto flacher ist folglich die Kurve und desto größer ist auch die Streuung.

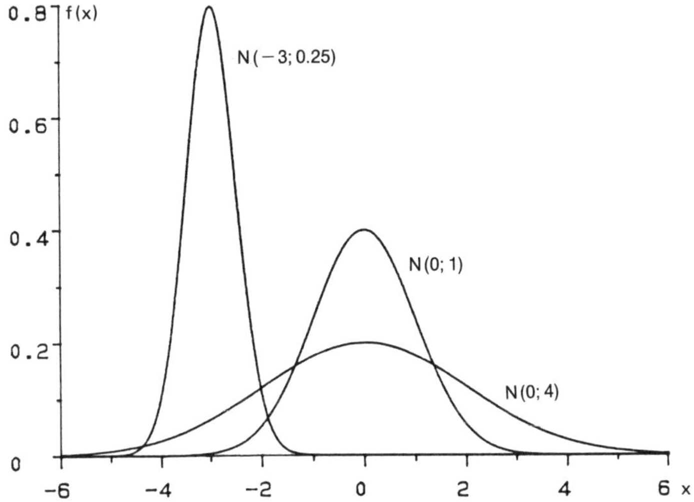

Abb.: Dichte der Normalverteilung für verschiedene Parameter

Der folgende Zusammenhang mit den Maßzahlen ist daher nicht verwunderlich:

> Die Parameter μ und σ^2 einer normalverteilten Zufallsvariablen X, $X \sim N(\mu, \sigma^2)$, sind gleich dem **Erwartungswert** und der **Varianz**:
>
> $$E(X) = \mu\,,$$
> $$V(X) = \sigma^2\,.$$

Eigenschaften

Eine wichtige Eigenschaft der Normalverteilung besteht in ihrem Verhalten bei Lineartransformationen $Y = a + b \cdot X$. Hier ändert sich nämlich der Verteilungstyp nicht. Die Werte der Parameter der transformierten Variablen ergeben sich dabei aus den Rechenregeln für den Erwartungswert und die Varianz:

$$E(a + bX) = a + b \cdot E(X), \quad V(a + bX) = b^2 \cdot V(X).$$

> Sei X normalverteilt, $X \sim N(\mu, \sigma^2)$ und Y die durch eine **Lineartransformation** erhaltene Zufallsvariable $Y = a + bX$ mit $b \neq 0$. Dann gilt
>
> $$Y \sim N(a + b\mu, b^2 \cdot \sigma^2)\,.$$

Neben der Stabilität bzgl. der Lineartransformationen ist auch die Stabilität bzgl. der Summe von Zufallsvariablen bedeutsam.

Die **Linearkombination** unabhängiger, normalverteilter Zufallsvariablen $X_1, \ldots, X_n, X_i \sim N(\mu_i, \sigma_i^2)$, ist wieder normalverteilt:

$$\sum_{i=1}^{n} a_i X_i \sim N\left(\sum_{i=1}^{n} a_i \mu_i, \sum_{i=1}^{n} a_i^2 \sigma_i^2\right).$$

Die Gewichte $a_1, \ldots, a_n$ dürfen dabei nicht alle gleich Null sein.

Die Erhaltung des Verteilungsgesetzes bei Lineartransformationen hat eine weitgehende Konsequenz. Um nämlich mit der Normalverteilung zu rechnen, d. h. Wahrscheinlichkeiten von Ereignissen zu bestimmen, reicht es, für eine Parameterkonstellation die Werte der Verteilungsfunktion zu tabellieren. Man wählt dazu $\mu = 0$, $\sigma^2 = 1$. Die zugehörige $N(0, 1)$-Verteilung wird als **Standardnormalverteilung** bezeichnet. Für die Verteilungsfunktion der Standardnormalverteilung wird $\Phi(z)$ (Sprich: Phi von z) geschrieben.

Beispiel

Es sei $X \sim N(2, 1/9)$. Die Wahrscheinlichkeit $P(1.5 < X \leq 2.2)$ erhalten wir folgendermaßen:

$$\begin{aligned} P(1.5 < X \leq 2.2) &= P(1.5 - 2 < X - 2 \leq 2.2 - 2) \\ &\qquad\qquad = Y \sim N(0, 1/9) \\ &= P\left(\frac{1.5-2}{1/3} < \frac{X-2}{1/3} \leq \frac{2.2-2}{1/3}\right) = P(-1.5 < Z \leq 0.6) \\ &\qquad\qquad = Z \sim N(0,1) \\ &= \Phi(0.6) - \Phi(-1.5) = 0.726 - 0.067 \quad \text{(Tabelle!)} \\ &= 0.659. \end{aligned}$$

Die im Beispiel vorgeführte Beziehung zwischen den Quantilen wollen wir allgemein hervorheben:

Zwischen dem p-**Quantil** x_p der $N(\mu, \sigma^2)$-Verteilung und dem **Quantil** z_p **der Standardnormalverteilung** besteht die **Beziehung**

$$z_p = \frac{x_p - \mu}{\sigma} \quad \text{bzw.} \quad x_p = \mu + \sigma \cdot z_p.$$

Damit gilt insbesondere:

$$F(x) = P(X \leq x) = \Phi\left(\frac{x - \mu}{\sigma}\right).$$

Eine weitere Erleichterung für das Arbeiten mit der Normalverteilung ergibt sich aus der **Symmetrie-Eigenschaft**. Wie die Dichte erkennen läßt, gilt:

$$P(X \leq \mu - c) = P(X \geq \mu + c),$$

oder in anderer Schreibweise:

$$F(\mu - c) = 1 - F(\mu + c).$$

Mit der Symmetrie der Standard-Normalverteilung um Null und mit $\Phi(z_p) = p$ folgt:

$$\Phi(z_p) = p = 1 - (1 - p) = 1 - \Phi(z_{1-p}) = \Phi(-z_{1-p}).$$

Die p- und die (1 – p)-**Quantile der Standardnormalverteilung** liegen **symmetrisch um Null**:

$$z_p = -z_{1-p}.$$

Wir haben in Kapitel 2 ausgeführt, daß es sich bei der explorativen Analyse von Datensätzen empfiehlt, extreme Werte gesondert zu betrachten. Dies gilt insbesondere für sogenannte **Ausreißer**, Werte, die relativ weit weg vom übrigen Datenkörper liegen.

Die Einschätzung, wann ein Wert als Ausreißer anzusehen ist, wird nun (unausgesprochen) i. d. R. anhand dessen getroffen, was bei der Normalverteilung als untypisch anzusehen ist. Hier wirkt die intensive Anwendung der Normalverteilung über einen beträchtlichen Zeitraum fort.

Tukey hat z. B. in seinem 1977 erschienenen Buch „Exploratory Data Analysis" eine Faustregel vorgeschlagen, welche Werte als Ausreißer zu betrachten sind.

Die **Ausreißerregel** geht aus von dem Quartilsabstand

$$s_Q := x_{0.75} - x_{0.25}$$

der empirischen Daten. Es werden dann alle Werte zu Ausreißern erklärt, die mehr als $1.5 \cdot s_Q$ vom unteren bzw. vom oberen Quartil entfernt sind. Diese Regel ist so formuliert, daß sie einfach zu handhaben ist. Sie basiert auf praktischen Erfahrungen über die zu erwartende Anzahl von Ausreißern in einem Datensatz, der der wiederholten Beobachtung einer normalverteilten Zufallsvariablen entspricht. Bei der Normalverteilung gilt nämlich, wenn x_α das theoretische α-Quantil ist:

$$P(X < x_{0.25} - 1.5 \cdot (x_{0.75} - x_{0.25})) =$$
$$P(X > x_{0.75} + 1.5 \cdot (x_{0.75} - x_{0.25})) = 0.0035.$$

Bei Gültigkeit des Normalverteilungsmodells werden mit dieser Regel nur 70 von 10000 Werten falsch klassifiziert.

Dies ergibt einen sehr geringen ungerechtfertigten Aufwand. Andererseits werden erfahrungsgemäß mit dieser Regel tatsächliche Ausreißer mit genügender Sicherheit auch als solche entdeckt.

Wie wir noch sehen werden, sind häufig Wahrscheinlichkeiten von Ereignissen der Form $\{\mu - c \le X \le \mu + c\}$ zu bestimmen. Daher werden die Intervalle $[\mu - c; \mu + c]$ begrifflich hervorgehoben. Sie werden als **zentrale Schwankungsintervalle** oder Streubereiche bezeichnet.

Wir bezeichnen die Summe der an beiden Enden außerhalb eines zentralen Schwankungsintervalles liegenden Wahrscheinlichkeiten üblicherweise mit α. Dann betragen die beiden Randwahrscheinlichkeiten jeweils $\alpha/2$. Die Wahrscheinlichkeit, daß eine Realisation der Zufallsvariablen innerhalb des zentralen Schwankungsintervalles liegt, ist somit $1 - \alpha$. Die folgende Abbildung zeigt ein zentrales Schwankungsintervall der normalverteilten Zufallsvariablen.

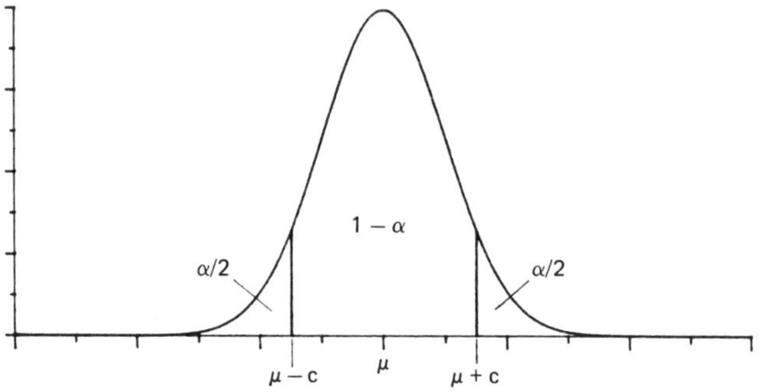

Abb.: Zentrales Schwankungsintervall einer normalverteilten Zufallsvariablen

Wir können die Grenzen des Intervalls für X auf Quantile der standardisierten Normalverteilung zurückführen.

Die **Wahrscheinlichkeit eines zentralen Schwankungsintervalles** bei einer Normalverteilung mit den Parametern μ und σ^2 ist gegeben durch

$$P(\mu - z_{1-\alpha/2}\sigma \leq X \leq \mu + z_{1-\alpha/2}\sigma) = 1 - \alpha .$$

Bei $z_{1-\alpha/2} = k$ sprechen wir auch vom k-fachen Schwankungsintervall.

Beispiel

Bei den Ausstattungsdesignern ist es üblich, Abmessungen so vorzunehmen, daß 90% der potentiell Betroffenen berücksichtigt werden. Daher werden am oberen und am unteren Ende der Verteilung jeweils 5% abgeschnitten.

Nehmen wir die Körpergröße der Männer der Problemstellung. Dafür ist die $N(1738.1, 68^2)$-Verteilung ein gutes Modell.

Wir erhalten für das 0.95-Quantil:

$$\begin{aligned} x_{0.95} &= \mu + z_{0.95} \cdot \sigma \\ &= 1738.1 + 1.645 \cdot 68 \\ &= 1849.96 . \end{aligned}$$

Das untere 0.05-Quantil erhalten wir dann wegen

$$z_{0.05} = -z_{1-0.05} = -z_{0.95}$$

zu

$$\begin{aligned} x_{0.05} &= \mu - z_{0.95} \cdot \sigma \\ &= 1738.1 - 1.645 \cdot 68 \\ &= 1626.24 . \end{aligned}$$

Das zentrale Schwankungsintervall ist daher:

$$[\mu - z_{0.95}\sigma; \mu + z_{0.95}\sigma] = [1626.25; 1849.95] .$$

Wegen seiner Bedeutung ist das zentrale Schwankungsintervall häufig gesondert tabelliert, indem den Wahrscheinlichkeiten α die Obergrenzen $z_{1-\alpha/2}$ für die standardisierte Normalverteilung zugeordnet werden. Eine derartige Tabelle wird hier auszugsweise wiedergegeben.

Tab.: Zentrale Schwankungsintervalle (Obergrenzen) der standardisierten Normalverteilung

α	$z_{1-\alpha/2}$	α	$z_{1-\alpha/2}$
0.0027	3.000	0.05	1.960
0.005	2.807	0.1	1.645
0.01	2.576	0.1336	1.500
0.0124	2.500	0.2	1.282
0.0455	2.000	0.3173	1.000

Anpassung an empirische Verteilungen

Wollen wir einer empirischen Häufigkeitsverteilung also eine Normalverteilung anpassen, so ist es naheliegend, für μ das arithmetische Mittel und für σ^2 die Varianz des Datensatzes zu wählen.

Beispiel

Bei der Abbildung der Verteilungen der Körpergrößen von Autofahrern/innen sind auch die Werte für $\bar{x}$ und s angegeben. Für die Körpergrößen der Männer erhalten wir damit als Modell eine N(1738.1, 68)-Verteilung. Die Übereinstimmung von Histogramm und theoretischer Dichte ist recht gut.

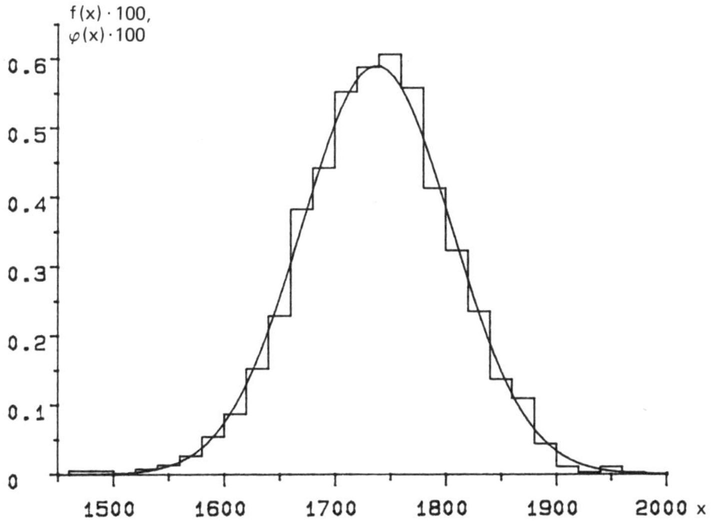

Abb.: Körpergrößen von Autofahrern und angepaßte Normalverteilung

Wenn wir eine normalverteilte Zufallsvariable wiederholt beobachten, so werden nach dem Prinzip der großen Zahlen die Häufigkeiten für die zentralen Schwankungsintervalle in etwa mit den Wahrscheinlichkeiten übereinstimmen. Falls umgekehrt ein Datensatz vorliegt mit der Eigenschaft:

ca. 68% der Daten liegen im einfachen,
ca. 95% der Daten liegen im zweifachen,
ca. 99,7% der Daten liegen im dreifachen

zentralen Schwankungsintervall $[\bar{x} - ks; \bar{x} + k \cdot s]$, so wird die Normalverteilung i.a. ein akzeptables Modell für diese Daten ergeben. Dabei ist das dreifache Schwankungsintervall nur bei sehr großen Datensätzen relevant. Damit haben wir eine erste **Abschätzungsmöglichkeit** für die Eignung der Normalverteilung als Modell.

Beispiel

In einer Triangulation Zentraleuropas ergaben sich Schließungsfehler bei den $n = 914$ Vermessungs-Dreiecken, mit denen das zu vermessende Gebiet überzogen wurde. Die Verteilung der Fehler ist in der folgenden Tabelle zusammengefaßt. (Nach Kreissl. M.: Deutsche Geodätische Kommission, Reihe A, Nr. 2, 1953.)

Tab.: Schließungsfehler X von Vermessungsdreiecken (in Bogensekunden)

i	$x_{i-1}^* < X \leq x_i^*$	n_i	i	$x_{i-1}^* < X \leq x_i^*$	n_i
1	– −3.1	0	18	0.1 – 0.3	105
2	−3.1 – −2.9	3	19	0.3 – 0.5	67
3	−2.9 – −2.7	2	20	0.5 – 0.7	73
4	−2.7 – −2.5	1	21	0.7 – 0.9	57
5	−2.5 – −2.3	5	22	0.9 – 1.1	35
6	−2.3 – −2.1	0	23	1.1 – 1.3	24
7	−2.1 – −1.9	5	24	1.3 – 1.5	20
8	−1.9 – −1.7	9	25	1.5 – 1.7	10
9	−1.7 – −1.5	14	26	1.7 – 1.9	11
10	−1.5 – −1.3	15	27	1.9 – 2.1	7
11	−1.3 – −1.1	26	28	2.1 – 2.3	1
12	−1.1 – −0.9	40	29	2.3 – 2.5	3
13	−0.9 – −0.7	48	30	2.5 – 2.7	0
14	−0.7 – −0.5	51	31	2.7 – 2.9	1
15	−0.5 – −0.3	86	32	2.9 – 3.1	2
16	−0.3 – −0.1	87	33	3.1 –	1
17	−0.1 – 0.1	105			

Setzen wir den größten Wert gleich 3.2, so sind $\bar{x} = 0.0102$ und $s^2 = 0.7341$; daraus erhalten wir:

k	empirisches Schwankungsintervall $[\bar{x} - ks; \bar{x} + ks]$	Anteil der Werte im Schwankungsintervall in %
1	[−0.847; 0.867]	71.87
2	[−1.703; 1.724]	94.55
3	[−2.560; 2.581]	98.87

Der Anteil der Werte im einfachen Schwankungsintervall ist größer als bei der Normalverteilung zu erwarten wäre. Bei dem zweifachen stimmt der empirische Anteil mit dem theoretischen recht gut überein. Bei dem dreifachen Schwankungsintervall ist dann der empirische Anteil geringer als der zu erwartende.
Solche empirischen Befunde weisen auf **leptokurdische** Verteilungen hin. Das sind Verteilungen, die stärker um den Mittelwert konzentriert sind als die Normalverteilung. Verteilungen, deren Dichten beim Modus abgeflachter sind als die Normalverteilung, heißen **platykurdisch**.

Zur genaueren Überprüfung der Eignung der Normalverteilung als Modell für einen Datensatz bietet sich wieder das **QQ-Diagramm** an. Aufgrund der Beziehung $x_p = \mu + \sigma z_p$, bei der x_p das p-Quantil der $N(\mu, \sigma^2)$-Verteilung und z_p das p-Quantil der Standardnormalverteilung ist, sind zwei **Varianten des QQ-Diagramms** möglich.

Einmal werden die empirischen Daten standardisiert. Wir gehen also zu den Werten $(x_v - \bar{x})/s$ über und tragen diese Werte gegen die theoretischen $(v - 0.5)/n$-Quantile der Standardnormalverteilung auf. Die Punkte sollten um die Winkelhalbierende streuen.
Andererseits können die Werte $x_{(v)}$ direkt gegen die theoretischen Quantile der Standardnormalverteilung aufgetragen werden. Dann sollten die Punkte um eine Gerade mit dem Achsenabschnitt μ und der Steigung σ streuen. Dieser zweite Ansatz kann offensichtlich auch zur Schätzung von μ und σ verwendet werden: Von der durch die Punkte $(z_v, x_{(v)})$ gelegten Geraden sind einfach Steigung und Achsenabschnitt abzulesen. (Hierbei bezeichnet z_v das $(v - 0.5)/n$-Quantil der Standard-Normalverteilung.)

Beispiel
Wir wollen die im letzten Beispiel vorgestellte empirische Fehlerverteilung hinsichtlich der Abweichung von der Normalverteilung etwas genauer untersuchen. Dazu erstellen wir ein QQ-Diagramm für die klassierten Daten. Die theoretischen Quantile z_i^* bestimmen wir dabei wegen der Klassierung ohne Stetigkeitskorrektur: $z_i^* = \Phi^{-1}(\hat{F}(x_i^*))$.

Tab.: Arbeitstabelle zur Erstellung eines QQ-Diagramms

i	x_i^*	$\hat{F}(x_i^*)$	z_i^*	i	x_i^*	$\hat{F}(x_i^*)$	z_i^*
2	−2.9	0.0033	−2.718	18	0.3	0.6586	0.408
3	−2.7	0.0055	−2.545	19	0.5	0.7319	0.618
4	−2.5	0.0066	−2.480	20	0.7	0.8118	0.884
5	−2.3	0.0120	−2.257	21	0.9	0.8742	1.146
6	−2.1	0.0120	−2.257	22	1.1	0.9125	1.356
7	−1.9	0.0175	−2.108	23	1.3	0.9387	1.544
8	−1.7	0.0274	−1.919	24	1.5	0.9606	1.757
9	−1.5	0.0427	−1.720	25	1.7	0.9716	1.905
10	−1.3	0.0591	−1.563	26	1.9	0.9836	2.135
11	−1.1	0.0875	−1.356	27	2.1	0.9912	2.374
12	−0.9	0.1313	−1.120	28	2.3	0.9923	2.425
13	−0.7	0.1838	−0.901	29	2.5	0.9956	2.621
14	−0.5	0.2396	−0.707	30	2.7	0.9956	2.621
15	−0.3	0.3337	−0.430	31	2.9	0.9967	2.728
16	−0.1	0.4289	−0.179	32	3.1	0.9989	3.090
17	+0.1	0.5438	0.110				

Das QQ-Diagramm zeigt deutlich, daß die empirische Verteilung ein systematisch anderes Verhalten als die Normalverteilung aufweist: Im mittleren Bereich sind die empirischen Quantile enger um das Zentrum der Verteilung gruppiert als die theoretischen; an den Rändern haben sie die umgekehrte Tendenz.

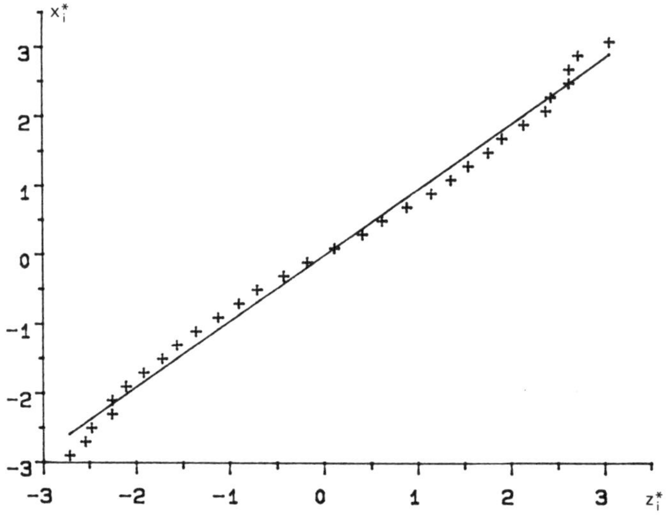

Abb.: QQ-Diagramm für die Schließungsfehler der Vermessungs-Dreiecke gegen die Standard-Normalverteilung

12.2 Approximation von Verteilungen

Problemstellung

C. F. Gauß, nach dem die Normalverteilung bisweilen auch benannt wird, (obwohl sie von De Moivre entdeckt wurde), verwandte zu Anfang des 19ten Jahrhunderts die Normalverteilung als Modell für die Verteilung von Meßfehlern. Wir wollen hier nicht seine Begründung nachvollziehen, sondern einer Variante der erstmals von Thomas Young 1819 aufgestellten Hypothese der Elementarfehler nachgehen.

Die einfachste Vorstellung der Verteilung eines Meßfehlers geht davon aus, daß positive und negative Abweichungen gleichwahrscheinlich sind. In einer stetigen Version unterstellen wir einfach eine Rechteck-Verteilung über einem Intervall $[-c, +c]$. Etwas plausibler ist es zu unterstellen, daß kleine Fehler häufiger auftreten als große. Dies kann durch eine (dreieckförmige) Simpson-Verteilung über dem Intervall $[-c', +c']$ erfaßt werden. Nun ist die Summe $X = X_1 + X_2$ zweier Rechteck-verteilter Zufallsvariablen aber Simpson-verteilt. Daher können wir die Fehlerverteilung von Simpson so auffassen, daß sie den Gesamtfehler beschreibt, der sich aus zwei elementaren Fehlern zusammensetzt.

Warum bei zwei elementaren Fehlern stehenbleiben? Warum nicht drei oder mehr Elementarfehler zulassen?

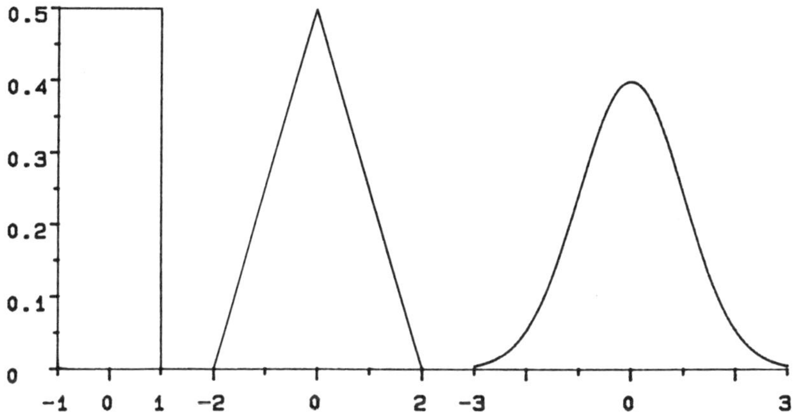

Abb.: a) Dichte von X_1 b) Dichte von $X_1 + X_2$ c) Dichte von $X_1 + X_2 + X_3$

Der zentrale Grenzwertsatz

Wie die obige Abbildung der Dichte von $X_1 + X_2 + X_3$ nahelegt, tendiert die Verteilung von $\sum X_i$ mit wachsender Zahl von Summanden gegen die Normalverteilung. Dies gilt nicht nur für Rechteck-verteilte Zufallsvariablen.

Zentraler Grenzwertsatz

$X_1, X_2, \ldots, X_n$ seien identisch verteilte, unabhängige Zufallsvariablen mit

$$E(X_i) = \mu \quad \text{und} \quad V(X_i) = \sigma^2 > 0.$$

Dann konvergiert die Verteilung der standardisierten Summe dieser Zufallsvariablen

$$Z_n = \frac{\sum X_i - n\mu}{\sqrt{n\sigma^2}} = \frac{1}{\sqrt{n}} \sum_{i=1}^{n} \frac{X_i - \mu}{\sigma}$$

mit steigender Summandenzahl gegen eine standardisierte Normalverteilung:

$$\lim_{n \to \infty} P(Z_n \leq z) = \Phi(z).$$

Dafür schreiben wir auch $Z_n \stackrel{.}{\sim} N(0,1)$.

Die Standardisierung der Summen ist nötig, weil sonst bei $\mu \neq 0$ die Dichte verschoben und wegen $\sigma^2 > 0$ immer flacher würde.

Die Konvergenz gegen die Normalverteilung ist dann besonders schnell, wenn die Ausgangsverteilung symmetrisch ist, und um so langsamer, je schiefer die Ausgangsverteilung ist.

Die **praktische Bedeutung** des zentralen Grenzwertsatzes liegt vor allem darin, daß eine (endliche!) Summe von identisch verteilten, unabhängigen Zufallsvariablen in guter Näherung als normalverteilt angesehen werden kann. Davon wird in den nachfolgenden Kapiteln noch häufig Gebrauch gemacht werden.

Beispiel

Um den beim Einkauf in einem Lebensmittelgeschäft zu zahlenden Endbetrag wenigstens überschlagsmäßig vorher zu bestimmen, summiert eine Kundin die jeweils auf zehn Pfennige gerundeten Einzelbeträge. Wie groß ist die Chance, daß die überschlagsmäßig ermittelte Gesamtsumme bei zwanzig Einzelposten nicht mehr als 25 Pfennig vom tatsächlichen Endbetrag abweicht?

Um diese Frage zu beantworten, benötigen wir zuerst die Verteilung der Einzelpreise bzw. der Rundungsfehler. Auf einer umfangreichen Erhebung (Auswertung von Kassenzetteln) basiert die folgende Verteilung für den Rundungsfehler, das ist der gerundete Preis minus wahrem Preis.

Tab.: Wahrscheinlichkeitsverteilung „Rundungsfehler"

wahrer Preis	4	3	2	1	0	9	8	7	6	5
Fehler	−4	−3	−2	−1	0	1	2	3	4	5
Wahrscheinlichkeit	0.02	0.01	0.01	0	0.16	0.60	0.05	0.02	0.01	0.12

Daraus folgt für die Rundungsfehler X_i bei den einzelnen Waren, die wir uns als zufällig herausgegriffen denken:

$$\mu = E(X_i) = 1.27$$
$$\sigma^2 = V(X_i) = 2.977.$$

Nun unterstellen wir noch, daß die einzelnen Waren unabhängig (bzgl. des Preises!) voneinander gekauft werden. Dann gilt mit dem zentralen Grenzwertsatz:

$$\begin{aligned}
&P\left(-25 \leq \sum_{i=1}^{20} X_i \leq 25\right) \\
&= P\left(\frac{-25 - 20 \cdot 1.27}{\sqrt{20 \cdot 2.977}} \leq \frac{\sum X_i - n \cdot \mu}{\sqrt{n \cdot \sigma^2}} \leq \frac{25 - 20 \cdot 1.27}{\sqrt{20 \cdot 2.977}}\right) \\
&= P\left(-6.532 \leq \frac{\sum X_i - n \cdot \mu}{\sqrt{n \cdot \sigma^2}} \leq -0.052\right) \\
&= \Phi(-0.052) - \Phi(-6.532) = 0.479 - 0.000 = 0.479.
\end{aligned}$$

Die Chance beträgt also 48%. Die starke Vertretung der Endziffern 5 und 9 macht sich hier bemerkbar.

Wenn wir aber etwas großzügiger sind und einen Bereich von ± 50 Pfennig akzeptieren, so beträgt dessen Chance:

$$P(-50 \leq \sum X_i \leq 50) \approx 0.999.$$

Approximation der Binomialverteilung

Als einen wichtigen Spezialfall des zentralen Grenzwertsatzes betrachten wir die Approximation der Binomialverteilung durch die Normalverteilung. Die Approximation der Binomialverteilung durch die Normalverteilung ist vor allem für mittlere und große n von Bedeutung. Dafür sind die Wahrscheinlichkeiten nicht mehr vertafelt und ihre direkte Bestimmung ist kaum mehr praktikabel. Wir haben gesehen, daß für X mit $X \sim B(n, p)$ gilt:

$$X = X_1 + \ldots + X_n,$$

wobei die X_i unabhängig und identisch verteilt sind mit den Parametern $E(X_i) = p$, $V(X_i) = p(1-p)$. Daher gilt:

Grenzwertsatz von Laplace und De Moivre:

Falls X binomialverteilt ist mit Parametern n und p, so ist $\frac{X - np}{\sqrt{n \cdot p \cdot (1-p)}}$ approximativ N(0,1)-verteilt, i.Z.:

$$\frac{X - np}{\sqrt{n \cdot p(1-p)}} \mathrel{\dot{\sim}} N(0,1).$$

Beispiel

Es sei $X \sim B(10, 0.4)$. Dann sind $E(X) = 4$ und $V(X) = 2.4$.

Falls die standardisierte Variable

$$\frac{X - 4}{\sqrt{2.4}}$$

approximativ N(0,1)-verteilt ist, so ist X selbst approximativ N(4,2.4)-verteilt.

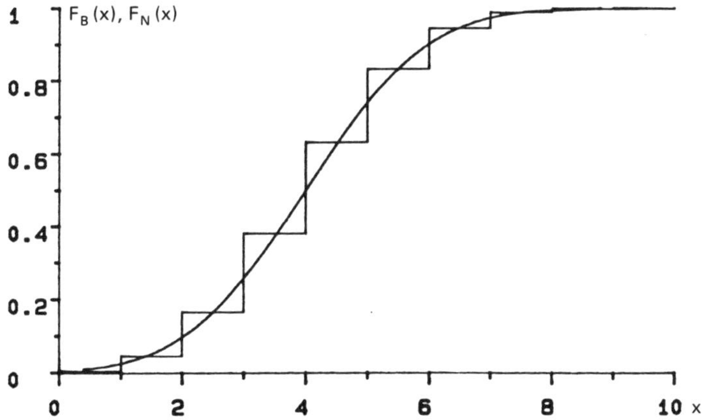

Abb.: B(10,0.4)-Verteilung und approximierende N(4,2.4)-Verteilung

Die Abbildung zeigt, daß $P(X \leq x) \approx F_N(x; 4, 2.4)$, wenn F_N die Verteilungsfunktion der entsprechenden Normalverteilung ist.

Schon bei diesem kleinen n ist die Approximation offensichtlich zufriedenstellend.

Wie in der obigen Abbildung zu erkennen ist, werden die Treppenstufen der diskreten Binomialverteilung von der stetigen Verteilungsfunktion ungefähr in der Mitte getroffen. Daher ist die Approximation offenbar besser, wenn $P(X \leq x)$ durch $F_N(x+0.5; np, np(1-p))$ angenähert wird.

Für die B(n, p)-Verteilung gilt folgende **Approximation** durch die Normalverteilung **(mit Korrektur)**:

$$P(X \leq x) \approx \Phi\left(\frac{x+0.5-n \cdot p}{\sqrt{n \cdot p(1-p)}}\right)$$

$$P(X = x) \approx \Phi\left(\frac{x+0.5-np}{\sqrt{np(1-p)}}\right) - \Phi\left(\frac{x-0.5-np}{\sqrt{np(1-p)}}\right).$$

Als Faustregel kann davon ausgegangen werden, daß die Approximation der Binomialverteilung hinreichend gut ist, wenn

$$np \geq 10 \quad \text{und} \quad n(1-p) \geq 10.$$

Die zweite Beziehung in der Approximationsaussage ergibt sich unmittelbar mit

$$P(X < x) \approx \Phi\left(\frac{x-0.5-n \cdot p}{\sqrt{n \cdot p(1-p)}}\right).$$

Die Qualität der Approximation hängt weitgehend von n und p ab. Sie ist um so besser, je größer n und je näher p an 1/2 liegt, da dann die Binomialverteilung symmetrischer ist. Dem versucht die Faustregel Rechnung zu tragen.

Beispiel

Ein Marktforschungsinstitut, das in Foto-Fachgeschäften eine Erhebung machen will, stützt sich bei der zufälligen Auswahl von $n = 80$ Geschäften auf eine erworbene Adressenliste. Von den über 1000 Adressen auf der Liste sind 15% nicht gültig.

Wir wollen Wahrscheinlichkeiten bestimmen, daß gewisse Anzahlen von Adressen in der Stichprobe nicht gültig sind. Wegen des Umfanges der Liste können wir die Anzahl X der gezogenen, ungültigen Adressen als binomialverteilt ansehen (vgl. Abschnitt 10.1). Da weiter die Voraussetzungen der Approximation der Binomial- durch die Normalverteilung erfüllt sind, $10 < n \cdot p = 80 \cdot 0.15 = 12$, $10 < n(1-p) = 80 \cdot 0.85 = 68$, können wir mit der Approximation arbeiten.

Damit erhalten wir z. B.:

$$\begin{aligned} P(X = 8) &= \Phi\left(\frac{8+0.5-12}{\sqrt{80 \cdot 0.15 \cdot 0.85}}\right) - \Phi\left(\frac{8-0.5-12}{\sqrt{80 \cdot 0.15 \cdot 0.85}}\right) \\ &= \Phi(-1.0959) - \Phi(-1.4090) \\ &= 0.1365 - 0.0794 \\ &= 0.0571\,. \end{aligned}$$

$$
\begin{aligned}
P(9 \leq X \leq 15) &= P(X \leq 15) - P(X < 9) = P(X \leq 15) - P(X \leq 8) \\
&= \Phi\left(\frac{15 + 0.5 - 12}{\sqrt{80 \cdot 0.15 \cdot 0.85}}\right) - \Phi\left(\frac{8 + 0.5 - 12}{\sqrt{80 \cdot 0.15 \cdot 0.85}}\right) \\
&= \Phi(1.0959) - \Phi(-1.0959) \\
&= 0.8635 - 0.1365 \\
&= 0.7270 .
\end{aligned}
$$

Approximation der Poisson-Verteilung

Die Herleitung der Poisson-Verteilung aus der Binomialverteilung legt nahe, daß sie für großes λ ebenfalls durch die Normalverteilung approximiert werden kann. Denn dann entspricht wegen $n \cdot p = \lambda$ die Poissonverteilung einer Binomialverteilung mit großem n und nicht so kleinem p.

> Für die PO(λ)-Verteilung gilt bei großem λ folgende **Approximation** durch die Normalverteilung (mit Korrektur)
>
> $$P(X \leq x) \approx \Phi\left(\frac{x + 0.5 - \lambda}{\sqrt{\lambda}}\right).$$

Aus der Faustregel für die Binomialverteilung folgern unterschiedliche Autoren, daß $\lambda\,(= n \cdot p)$ größer als 10 sein muß, um die Poissonverteilung geeignet durch die Normalverteilung zu approximieren. Dies scheint aber eher optimistisch.

Beispiel

Im Stadtplanungsamt einer Kleinstadt wird über die zeitlich beschränkte Aufhebung eines Parkverbotes in einem Straßenabschnitt beraten. Zur Entscheidungsfindung wird u. a. die Anzahl der Kraftfahrzeuge, die in der relevanten Zeit von 9.30 bis 12.30 Uhr durchfahren, herangezogen. An einem Werktag ergaben Zählungen folgende Werte für 1/2-Stunden-Intervalle:

763, 752, 825, 762, 769, 800.

Um die Wahrscheinlichkeit für mehr als 850 Kraftfahrzeuge pro 1/2-Stunde zu bestimmen, wird eine Poisson-Verteilung als Modell unterstellt. Der Parameter λ wird durch $\bar{x} = 778.5$ geschätzt. Dann gilt mit der Normalapproximation:

$$
\begin{aligned}
P(X > 850) &= 1 - P(X \leq 850) \\
&\approx 1 - \Phi\left(\frac{850 + 0.5 - 778.5}{\sqrt{778.5}}\right) = 1 - \Phi(2.58) \\
&= 1 - 0.995 = 0.005 .
\end{aligned}
$$

Die Chance ist also nicht sehr groß.

12.3 Die logarithmische Normalverteilung

Problemstellung

In Ländern mit freier Marktwirtschaft beobachtet man häufig rechtsschiefe Einkommensverteilungen.

Beispiel

Die Gehalts- und Lohnstrukturerhebung 1978 ergab folgende Verteilung des Bruttomonatsverdienstes weiblicher Angestellter (= X).

Tab.: Bruttomonatsverdienst X im Oktober 1978

i	$x_{i-1}^* < X \leq x_i^*$			n_i	$100 \cdot h_i$
1	unter		800	3442	0.3
2	800	–	1000	13539	1.1
3	1000	–	1200	68408	5.4
4	1200	–	1400	82604	6.5
5	1400	–	1600	127099	10.0
6	1600	–	1800	173575	13.6
7	1800	–	2000	193352	15.2
8	2000	–	2200	167237	13.1
9	2200	–	2400	136486	10.7
10	2400	–	2600	101738	8.0
11	2600	–	2800	65411	5.1
12	2800	–	3000	50441	4.0
13	3000	–	3200	33493	2.6
14	3200	–	3400	19529	1.5
15	3400	–	3600	11672	0.9
16	3600	–	3800	8098	0.6
17	3800	–	4000	5009	0.4
18	4000	–	4200	3775	0.3
19	4200	–	4400	2098	0.2
20	4400	–	4600	1409	0.1
21	4600	–	4800	987	0.1
22	4800	–	5000	483	0.0
23	5000	–	5200	685	0.1
24	5200	–	5400	665	0.1
25	5400	–	7500	1442	0.1
				1272677	

Die Rechtsschiefe der Verteilung ist offensichtlich.

Für dieses Erscheinungsbild der Einkommensverteilungen gibt es einen hübschen **theoretischen Erklärungsansatz**.

In den meisten Jahren wird über die Gewerkschaften eine prozentuale Lohnerhöhung durchgesetzt. Ein Ausgangseinkommen x_0 ändert sich dann bis zu dem Zeitpunkt n zu

$$x_n = x_0 \cdot (1 + u_1) \cdot \ldots \cdot (1 + u_n).$$

Dabei ist u_i der Anteil, um den das Einkommen in der Periode i steigt. Der Übergang zu logarithmierten Werten führt auf

$$y_n = \ln(x_n) = \ln(x_0) + \ln(1 + u_1) + \ldots + \ln(1 + u_n).$$

Fassen wir die u_i als Realisationen unabhängiger identisch verteilter Zufallsvariablen auf, so ist die Zufallsvariable $\ln(X_n)$ nach dem zentralen Grenzwertsatz approximativ normalverteilt. Wenn nun $Y_n = \ln(X_n)$ normalverteilt ist, dann hat die Zufallsvariable X_n selbst eine rechtsschiefe Verteilung. Denn wie wir in Kapitel 8 gesehen haben, werden rechtsschiefe Verteilungen gern mit der logarithmischen Transformation in symmetrische Verteilungen überführt.

Definition und Eigenschaften

Ist nun $Y = \ln(X)$ sogar normalverteilt, so heißt X selbst logarithmisch normalverteilt.

> Eine Zufallsvariable X, die nur Werte größer als Null annehmen kann, heißt **logarithmisch normalverteilt** mit den Parametern μ_L und σ_L^2, wenn die transformierte Zufallsvariable $Y = \ln(X)$ normalverteilt ist mit den Parametern μ_L und σ_L^2.
> Wir schreiben kurz
> $$X \sim LN(\mu_L, \sigma_L^2)$$
> und sagen, X ist log-normalverteilt.

Die Berechnung der Wahrscheinlichkeiten bei der logarithmischen Normalverteilung erfolgt über die Beziehung zur Normalverteilung. Für die Verteilungsfunktion erhalten wir etwa:

$$F(x) = P(X \le x) = P(\underbrace{\ln(X)}_{\substack{= Y \\ \sim N(\mu_L, \sigma_L^2)}} \le \ln(x)) = \Phi\left(\frac{\ln(x) - \mu_L}{\sigma_L}\right).$$

Daraus erhalten wir durch Differention die Dichte. Weitere Berechnungen ergeben den Erwartungswert und die Varianz.

> Eine logarithmisch normalverteilte Zufallsvariable X, $X \sim LN(\mu_L, \sigma_L^2)$ hat die Dichte
> $$f(x) = \begin{cases} 0 & \text{für } x \le 0 \\ \frac{1}{\sqrt{2\pi}\,\sigma_L} \cdot \frac{1}{x} \cdot e^{-(\ln x - \mu_L)^2/2\sigma_L^2} & \text{für } x > 0, \end{cases}$$
> und es sind
> $$E(X) = e^{\mu_L + \sigma_L^2/2}$$
> $$V(X) = e^{2\mu_L + \sigma_L^2} \cdot (e^{\sigma_L^2} - 1).$$

Anpassung an empirische Verteilungen

Die Parameter μ_L und σ_L^2 sind bei der log-Normalverteilung nicht gleich dem Erwartungswert bzw. der Standardabweichung. Um eine log-Normalverteilung einem Datensatz anzupassen, können aber E(X) durch $\bar{x}$ und V(X) durch s^2 approximiert und darüber μ_L und σ_L^2 angenähert werden.

Etwas einfacher ist es, die Beziehung

$$E(X^2) = e^{2\mu_L + 2\sigma_L^2}$$

auszunutzen und $\overline{x^2}$ zur Approximation von $E(X^2)$ zu verwenden.

Dies führt auf:

$$\bar{x} = e^{\hat{\mu}_L + \hat{\sigma}_L^2/2} \quad \Rightarrow \quad \ln \bar{x} = \hat{\mu}_L + \frac{\hat{\sigma}_L^2}{2}$$

$$\overline{x^2} = e^{2\hat{\mu}_L + 2\hat{\sigma}_L^2} \quad \Rightarrow \quad \ln(\overline{x^2}) = 2\hat{\mu}_L + 2\hat{\sigma}_L^2 .$$

Zusammen ergibt dies:

$$\hat{\mu}_L = 2\ln(\bar{x}) - \tfrac{1}{2}\ln(\overline{x^2})$$
$$\hat{\sigma}_L^2 = \ln(\overline{x^2}) - 2\ln(\bar{x}) .$$

Beispiel

Wir passen den oben angegebenen Einkommensdaten eine log-Normalverteilung an. Wir erhalten zunächst:

$$\bar{x} = 2046.25$$
$$\overline{x^2} = 4595162.50 .$$

Einsetzen ergibt:

$$\hat{\mu}_L = 7.58$$
$$\hat{\sigma}_L^2 = 0.093 .$$

Die Übereinstimmung von Histogramm und Dichtefunktion zeigt eine akzeptable Erfassung der Daten durch das Modell.

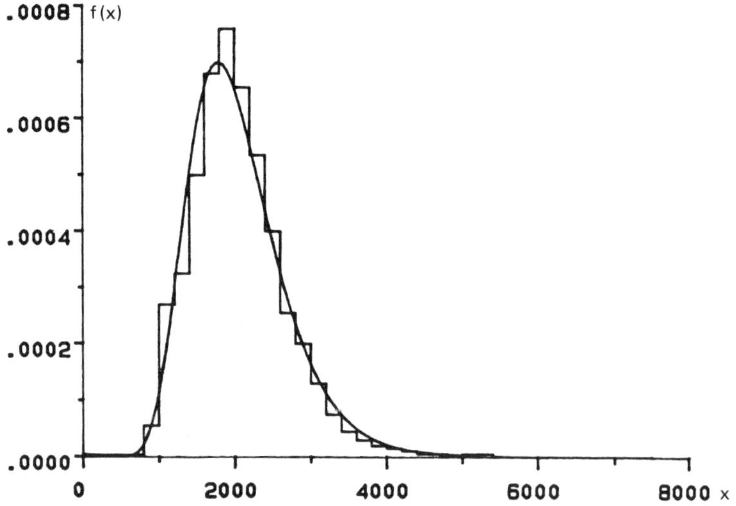

Abb.: Bruttomonatsverdienst und approximierende Dichte

Zur weiteren Überprüfung der Eignung dieses Verteilungsmodells erstellen wir ein QQ-Diagramm. Dazu benötigen wir die kumulierten relativen Häufigkeiten und die transformierten Werte der Klassenobergrenzen.

Bei der Beurteilung des QQ-Diagramms ist zu beachten, daß relativ wenige Klassen aus einer großen Zahl von Beobachtungen gebildet worden waren. Auch kleine Abweichungen sind daher eher als systematische anzusehen.

Aus der Graphik erhalten wir als Näherungswerte für die Parameter:

$$\hat{\mu}_L = 7.6 \quad \text{(Achsenabschnitt)}$$
$$\hat{\sigma}_L = 0.32 \quad \text{(Steigung)}.$$

Diese Werte stimmen in etwa mit denen überein, die wir zuvor erhielten.

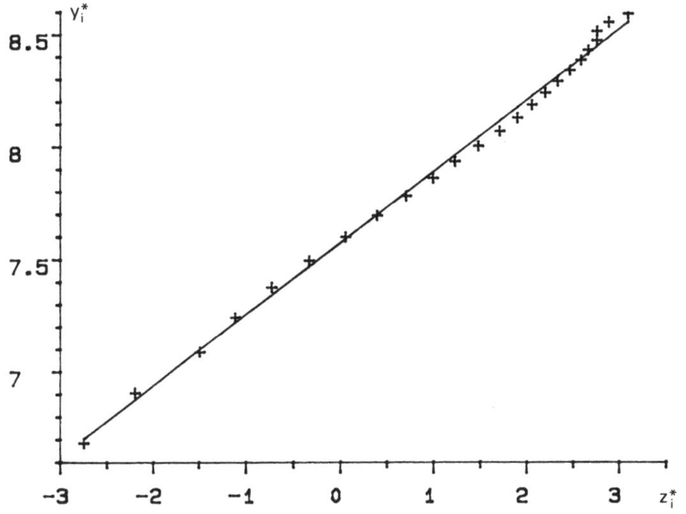

Abb.: QQ-Diagramm logarithmiertes monatliches Einkommen gegen Standardnormalverteilung

Tab.: Arbeitstabelle zur Erstellung eines QQ-Diagramms für Einkommensdaten

i	Klassen-obergrenze x_i^*	kumulierte relative Häufigkeit $\hat{F}(x_i^*) = p_i$	transformierte Klassenober-grenze $y_i^* = \ln(x_i^*)$	theoretische Quantile der N(0,1)-Vert. z_i^*
1	800	.003	6.685	−2.750
2	1000	.014	6.908	−2.198
3	1200	.068	7.090	−1.490
4	1400	.133	7.244	−1.100
5	1600	.233	7.378	−0.726
6	1800	.369	7.496	−0.332
7	2000	.521	7.601	0.052
8	2200	.652	7.696	0.388
9	2400	.759	7.783	0.700
10	2600	.839	7.863	0.988
11	2800	.890	7.937	1.225
12	3000	.930	8.006	1.475
13	3200	.956	8.071	1.706
14	3400	.971	8.132	1.896
15	3600	.980	8.189	2.054
16	3800	.986	8.243	2.198
17	4000	.990	8.294	2.328
18	4200	.993	8.343	2.459
19	4400	.995	8.389	2.578
20	4600	.996	8.434	2.654
21	4800	.997	8.476	2.750
22	5000	.997	8.517	2.750
23	5200	.998	8.556	2.880
24	5400	.999	8.594	3.093

12.4 Die bivariate Normalverteilung

Problemstellung

In der zu Beginn des Abschnittes 12.1 ausgeführten Problemstellung ist nicht nur die Körpergröße als einzelne Variable von Interesse. Vielmehr werden die relevanten Abmessungen durch etliche weitere anthropometrische Größen bestimmt. So wurden in der zitierten Studie noch das Gewicht, die Augenhöhe, Schulter-Breite und andere, die Körperproportionen charakterisierende Variablen erhoben.

Viele dieser Variablen können wieder als normalverteilt angesehen werden. Von Bedeutung sind dann nicht nur die univariaten Randverteilungen, sondern auch die gemeinsamen Verteilungen mehrerer Zufallsvariablen. Hier soll aus Vereinfachungsgründen nur der bivariate Fall behandelt werden. Dazu wird zusätzlich zur Körpergröße X das Gewicht Y der untersuchten Männer betrachtet.

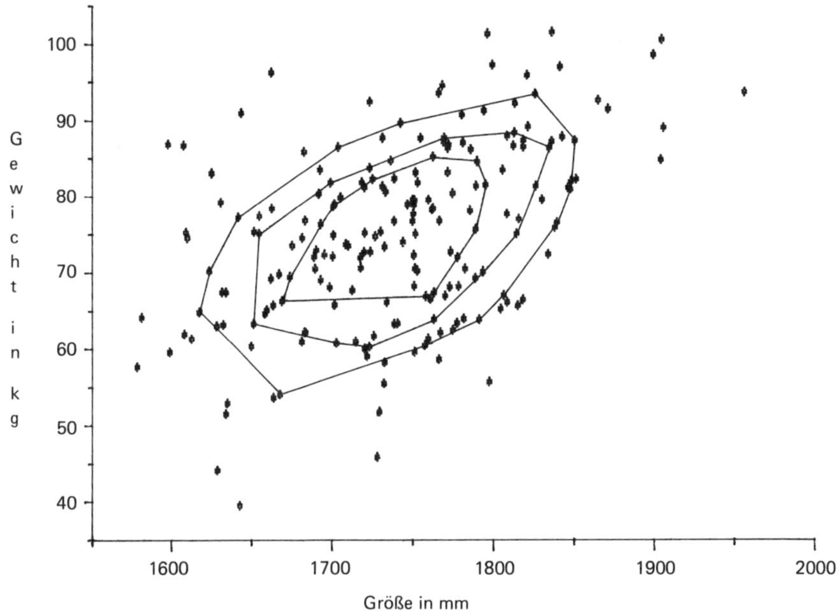

Abb.: Streudiagramm der Größe (X) und des Gewichts von 200 Männern mit konvexen Hüllen

Die Abbildung ist der Zusammenhang für 200 aus den über 1500 erhobenen Wertepaaren zufällig ausgewählte Paare (x_v, y_v) dargestellt. Um dieses beobachtete Streudiagramm modellmäßig zu beschreiben, ist nun ein sinnvoller Ansatz für die gemeinsame Dichte von X und Y gesucht.

Ableitung und Eigenschaften

Liegen zwei unabhängige, normalverteilte Zufallsvariablen X und Y vor, $X \sim N(\mu_1, \sigma_1^2)$, $Y \sim N(\mu_2, \sigma_2^2)$, so ist die gemeinsame Dichte sofort angebbar:

$$f(x, y) = \frac{1}{\sqrt{2\pi}\sigma_1} \cdot e^{-(x-\mu_1)^2/\sigma_1^2} \cdot \frac{1}{\sqrt{2\pi}\sigma_2} \cdot e^{-(y-\mu_2)^2/\sigma_2^2}$$

$$= \frac{1}{2\pi\sigma_1\sigma_2} \exp\left[-\frac{1}{2} \cdot \left\{\left(\frac{x-\mu_1}{\sigma_1}\right)^2 + \left(\frac{y-\mu_2}{\sigma_2}\right)^2\right\}\right].$$

Die Struktur der Dichte wird durch den Exponenten der e-Funktion bestimmt, wobei hier zur besseren Übersichtlichkeit exp(x) für e^x geschrieben wird. Die Kurven konstanter Dichte erfüllen jeweils die Bedingung

$$\left(\frac{x-\mu_1}{\sigma_1}\right)^2 + \left(\frac{y-\mu_2}{\sigma_2}\right)^2 = c^2 .$$

Durch diese Gleichung wird eine Ellipse, die den Mittelpunkt (μ_1, μ_2) hat und deren Achsen parallel zu den Koordinaten verlaufen, festgelegt. Diese Form der gemeinsamen Dichte impliziert, daß Streudiagramme zweier unabhängiger normalverteilter Zufallsvariablen ein entsprechendes, ellipsenförmiges Muster erkennen lassen.

Die in dem obigen Streudiagramm eingezeichneten konvexen Hüllen zeigen, daß die Vorstellung einer Ellipsenstruktur bei der den Daten zugrundeliegenden Dichte durchaus akzeptabel ist, diese jedoch noch gegen die Achsen zu drehen wäre. Eine solche genügt folgender Beziehung, die wir gleich in der für uns geeigneten Form formulieren:

$$\left(\frac{x-\mu_1}{\sigma_1}\right)^2 - 2\varrho\left(\frac{x-\mu_1}{\sigma_1}\right)\left(\frac{y-\mu_2}{\sigma_2}\right) + \left(\frac{y-\mu_2}{\sigma_2}\right)^2 = c^2 .$$

Mit den geeigneten Normierungen erhalten wir daraus die Definition der bivariaten Normalverteilung.

> Seien X und Y zwei Zufallsvariablen mit der gemeinsamen Dichte $f(x, y)$. X und Y heißen gemeinsam oder **bivariat normalverteilt** falls $f(x, y)$ die folgende Form hat, wobei für den Parameter ϱ gilt $|\varrho| < 1$:
>
> $$f(x, y) = \frac{1}{2\pi\sigma_1\sigma_2\sqrt{1-\varrho^2}} \cdot \exp\left[-\frac{1}{2}\left(\frac{1}{1-\varrho^2}\right) \cdot \left\{\left(\frac{x-\mu_1}{\sigma_1}\right)^2 - 2\varrho\frac{x-\mu_1}{\sigma_2}\cdot\frac{y-\mu_2}{\sigma_2} + \left(\frac{y-\mu_2}{\sigma_2}\right)^2\right\}\right].$$

Der neue Parameter ϱ hat nicht nur eine geometrische, sondern auch eine statistische Bedeutung: Er ist der Korrelationskoeffizient der beiden Zufallsvariablen mit der entsprechenden Dichte. Eine maximale Korrelation von ± 1 ist bei der angegebenen Form der Dichte nicht möglich. Dann wäre aber die Dichte auch auf eine Gerade in der x-y-Ebene konzentriert, vgl. Kapitel 9.2. Dort haben wir weiter festgehalten, daß aus der stochastischen Unabhängigkeit die Unkorreliertheit, sprich $\varrho = 0$, folgt. Bei der bivariaten Normalverteilung gilt auch die Umkehrung. Es ist sofort zu sehen, daß $\varrho = 0$ die Unabhängigkeit impliziert.

Der Exponent – ohne den Faktor $-1/2$ – kann als Abstand interpretiert werden. Die auf einer Ellipse liegenden Punkte haben dann den gleichen **Mahalanobis-Abstand** vom Zentrum (μ_1, μ_2).

> X und Y seien gemeinsam normalverteilt mit den Parametern μ_1, μ_2, σ_1^2, σ_2^2 und ϱ. Dann gilt:
>
> (1) X ist univariat normalverteilt mit den Parametern μ_1 und σ_1^2 und Y entsprechend mit den Parametern μ_2 und σ_2^2.
>
> (2) Die bedingten Dichten $f(x|y)$ sind Normalverteilungsdichten mit den Parametern $\mu = \mu_1 + \frac{\sigma_1}{\sigma_2}\varrho(y-\mu_2)$ und $\sigma^2 = \sigma_1^2(1-\varrho^2)$.
>
> (3) Jede Linearkombination Z von X und Y, $Z = aX + bY$, ist univariat normalverteilt.

(4) Die aus X und Y gewonnene Zufallsvariable

$$Z = \frac{1}{1-\varrho^2} \cdot \left\{ \left(\frac{X-\mu_1}{\sigma_1}\right)^2 - 2\varrho \frac{X-\mu_1}{\sigma_1} \cdot \frac{Y-\mu_2}{\sigma_2} + \left(\frac{Y-\mu_2}{\sigma_2}\right)^2 \right\}$$

ist exponentialverteilt mit dem Parameter $\lambda = 1/2$.

Die Eigenschaft (1) ist aufgrund der Einführung naheliegend. Der formale Nachweis ist nicht schwierig. Dazu betrachten wir zunächst den Exponenten:

$$-\frac{1}{2}\left(\frac{1}{1-\varrho^2}\right) \cdot \left\{ \left(\frac{x-\mu_1}{\sigma_1}\right)^2 - 2\varrho \frac{x-\mu_1}{\sigma_1} \cdot \frac{y-\mu_2}{\sigma_2} + \left(\frac{y-\mu_2}{\sigma_2}\right)^2 \right\}$$

$$= -\frac{1}{2}\left(\frac{x-\mu_1}{\sigma_1}\right)^2$$

$$-\frac{1}{2}\left(\frac{1}{1-\varrho^2}\right) \cdot \left\{ \varrho^2 \left(\frac{x-\mu_1}{\sigma_1}\right)^2 - 2\varrho \frac{x-\mu_1}{\sigma_1} \cdot \frac{y-\mu_2}{\sigma_2} + \left(\frac{y-\mu_2}{\sigma_2}\right)^2 \right\}$$

$$= -\frac{1}{2}\left(\frac{x-\mu_1}{\sigma_1}\right)^2 - \frac{1}{2}\left(\frac{1}{1-\varrho^2}\right)\frac{1}{\sigma_2^2} \cdot$$

$$\cdot \left\{ y^2 - 2y\left(\mu_2 + \sigma_2 \varrho \frac{x-\mu_1}{\sigma_1}\right) + \left(\mu_2 + \sigma_2 \varrho \frac{x-\mu_1}{\sigma_1}\right)^2 \right\}$$

$$= -\frac{1}{2}\left(\frac{x-\mu_1}{\sigma_1}\right)^2 - \frac{1}{2}\left(\frac{y-\tilde{\mu}}{\tilde{\sigma}}\right)^2 .$$

Dabei wurden $\tilde{\mu} = \mu_2 + \sigma_2 \varrho \frac{x-\mu_1}{\sigma_1}$ und $\tilde{\sigma}^2 = (1-\varrho^2)\sigma_2^2$ gesetzt. Für die Randdichte von X erhalten wir folglich:

$$f(x) = \int_{-\infty}^{+\infty} f(x,y)\,dy$$

$$= \int_{-\infty}^{+\infty} \frac{1}{2\pi\sigma_1\sigma_2\sqrt{1-\varrho^2}} \cdot \exp\left[-\frac{1}{2}\left(\frac{x-\mu_1}{\sigma_1}\right)^2 - \frac{1}{2}\left(\frac{y-\tilde{\mu}}{\tilde{\sigma}}\right)^2 \right] dy$$

$$= \frac{1}{\sqrt{2\pi}\sigma_1} \cdot \exp\left[-\frac{1}{2}\left(\frac{x-\mu_1}{\sigma_1}\right)^2 \right]$$

$$\cdot \int_{-\infty}^{+\infty} \frac{1}{\sqrt{2\pi}\tilde{\sigma}} \cdot \exp\left[-\frac{1}{2}\left(\frac{y-\tilde{\mu}}{\tilde{\sigma}}\right)^2 \right] dy .$$

Das Integral ist nun gleich Eins, da der Integrand eine Normalverteilungsdichte ist. Damit ist aber schon alles bzgl. der Randverteilung von X gezeigt. Die Aussagen für Y erhält man ebenso.

(2) ist ebenfalls nicht schwierig nachzuweisen; es ist lediglich der Quotient

$f(x,y)/f(x)$ geeignet umzuformen. Die Bedeutung dieser Eigenschaft wird im Kapitel 20 klar werden.

Die Eigenschaft (3) verallgemeinert die bereits bekannte Aussage, daß die Summe unabhängiger normalverteilter Zufallsvariablen wieder normalverteilt ist, auf den abhängigen Fall. Die Aussage (4) über die Verteilung der Abstände wird sich schließlich im folgenden als nützlich erweisen.

Es sei mit Nachdruck darauf hingewiesen, daß es nicht möglich ist, aus den Randverteilungen auf die gemeinsame Verteilung zu schließen. Speziell folgt aus den univariaten Normalverteilungen zweier Zufallsvariablen X und Y nicht die gemeinsame bivariate Normalverteilung von (X, Y).

Anpassung an empirische Verteilungen

Um bei einem bivariaten Datensatz zu überprüfen, ob die bivariate Normalverteilung ein geeignetes Modell darstellt, wird man die unbekannten Parameter durch die entsprechenden empirischen Größen ersetzen. Dann müssen sich zunächst die beiden Randverteilungen durch univariate Normalverteilungen modellieren lassen. Dies kann mit den oben ausgeführten Vorgehensweisen geschehen. Das gemeinsame Verhalten, das sich im Streudiagramm ausdrückt, ist durch die Kurven konstanter Dichte und die Eigenschaft (4) geprägt. Einmal muß das Streudiagramm den Eindruck einer ellipsenförmigen Anordnung machen. Zudem sollten ca. 50 % der Punkte innerhalb der Ellipse

$$\frac{1}{1-r^2}\cdot\left\{\left(\frac{x-\bar{x}}{s_X}\right)^2-2r\,\frac{x-\bar{x}}{s_X}\cdot\frac{y-\bar{y}}{s_Y}+\left(\frac{y-y}{s_Y}\right)^2\right\}=1.386$$

liegen. Der Wert 1.386 ergibt sich dabei als 50 %-Punkt der Exponentialverteilung mit dem Parameter 1/2.

Die Verteilungseigenschaft

$$Z=\frac{1}{1-\varrho^2}\cdot\left\{\left(\frac{X-\mu_1}{\sigma_1}\right)^2-2\varrho\,\frac{X-\mu_1}{\sigma_1}\cdot\frac{Y-\mu_2}{\sigma_2}+\left(\frac{Y-\mu_2}{\sigma_2}\right)^2\right\}$$
$$\sim EX(1/2)$$

kann noch weiter zum Abschätzen der Eignung der bivariaten Normalverteilung als Modell ausgenutzt werden. Denn daraufhin können die geordneten Werte $\frac{1}{2}z_{(1)},\ldots,\frac{1}{2}z_{(n)}$ mit

$$z_\nu=\frac{1}{1-r^2}\cdot\left\{\left(\frac{x_\nu-\bar{x}}{s_X}\right)^2-2r\,\frac{x_\nu-\bar{x}}{s_X}\cdot\frac{y_\nu-\bar{y}}{s_Y}+\left(\frac{y_\nu-\bar{y}}{s_Y}\right)^2,\right.$$

in einem QQ-Diagramm gegen die Quantile t_ν einer EX (1)-Verteilung aufgetragen werden.

Die Punkte sollten keine systematische Abweichung von der 45°-Achse zeigen. Andernfalls ist bzgl. der Eignung der bivariaten Normalverteilung zur Modellierung der Daten Skepsis angebracht.

Beispiel

In einer größer angelegten Untersuchung hat Galton im Jahre 1884 ca. 7000 Männer anthropometrisch erfaßt. Unter der wenig spezifischen Fragestellung nach Beziehungen zwischen Rechts- und Linkshändigkeit wurde ein Teil dieser Daten von T. Woo und Karl Pearson ausgewertet (Biometrika 1927, S. 165–199). Dabei interessierten sie sich unter anderem für die Kräfte der rechten und linken Hände (X und Y, in pounds). Eine Zufallsauswahl daraus ist in der folgenden Tabelle angegeben.

Tab.: Verteilung der Kräfte der rechten (X) und der linken (Y) Hand bei 30 Männern (in pounds) sowie die empirischen Abstände vom Schwerpunkt

v	x_v	y_v	$\frac{1}{2}z_v$	v	x_v	y_v	$\frac{1}{2}z_v$	v	x_v	y_v	$\frac{1}{2}z_v$
1	65	57	1.996	11	75	78	.481	21	87	84	.192
2	69	63	1.042	12	75	84	1.423	22	87	84	.192
3	69	69	.799	13	78	57	3.123	23	90	72	1.745
4	69	72	.933	14	78	75	.064	24	90	84	.357
5	69	81	2.356	15	78	78	.150	25	93	69	3.518
6	72	69	.478	16	81	78	.007	26	93	93	1.067
7	72	69	.478	17	81	84	.430	27	96	90	1.061
8	75	66	.641	18	84	81	.050	28	99	90	1.533
9	75	72	.221	19	87	75	.590	29	99	96	1.764
10	75	78	.481	20	87	81	.155	30	99	102	2.675

Da 30 Punkte nicht ausreichen, um im Streudiagramm eine etwaige Ellipsen-Struktur deutlich zu machen, wird gleich das QQ-Diagramm für die Abstände gezeichnet. Dieses zeigt im oberen Bereich eine leichte, aber eher systematische Abweichung von der 45°-Achse. Das legt eine genauere Überprüfung der bivariaten Normalverteilung nahe.

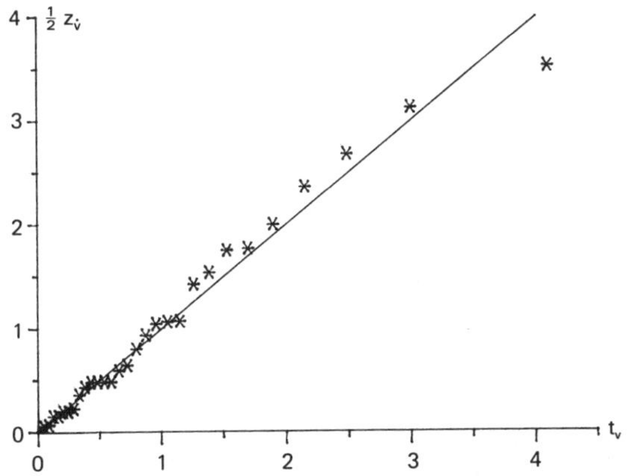

Abb.: QQ-Diagramm zur Überprüfung der bivariaten Normalverteilung der Kräfte der rechten und linken Hände

12.5 Aufgaben

1. Der Feingoldgehalt von Goldbarren einer Goldschmelzerei beträgt im Mittel 990 Gramm. Aus vielerlei Gründen gibt es immer Abweichungen des tatsächlichen Gewichtes an Feingold bei den Barren. Bei der Goldschmelzerei wird mit einer Standardabweichung von 1.5 Gramm gearbeitet. Erfahrungen zeigen, daß der Feingehalt als normalverteilt angesehen werden kann.
   a) Wie groß ist die Wahrscheinlichkeit dafür, daß ein Barren mindestens 987.5 Gramm Feingold enthält?
   b) Welche untere Grenze an Feingold wird von 33 % der Barren nicht eingehalten?
   c) Wie groß ist die Chance, daß ein Kunde, der 10 Barren kauft, damit mehr als 9.91 kg Feingold erwirbt?

2. Intelligenztests sind i. d. R. so konstruiert, daß die IQ-Punkte angenähert einer Normalverteilung folgen. Bei einem bestimmten Test sind die Parameter $\mu = 100$ und $\sigma^2 = 100$.
   a) i) Wie groß ist die Wahrscheinlichkeit dafür, daß eine zufällig ausgewählte Person einen IQ von 130 oder mehr hat?
      ii) Welcher IQ wird von 97.5 % der Personen nicht erreicht?
      iii) Welcher IQ wird von 80 % der Personen übertroffen?
      iv) Welches sind die Grenzen für das 3-fache zentrale Schwankungsintervall?
      v) Welcher Prozentsatz der Personen fällt in das 2.5-fache zentrale Schwankungsintervall?
      vi) Berechnen Sie das zentrale Schwankungsintervall, in das 98 % der Personen fallen!
      vii) Wie groß ist die Wahrscheinlichkeit, daß jemand einen IQ hat, der größer als 85 und kleiner als 120 ist?
   b) Rohfassungen von Intelligenztests weisen oft noch nicht die gewünschten Parameterwerte auf. Sie müssen dann noch geeicht werden, d. h. die Punktezahlen sind einer geeigneten Lineartransformation zu unterwerfen.
      i) Welche Normalverteilung hatten die IQ's bei einer Rohfassung eines solchen Tests, wenn 2 % der Personen damit einen IQ von höchstens 105 erreichten? Dabei sei die Forderung $\sigma^2 = 100$ schon erfüllt.
      ii) Bei einer anderen Rohfassung haben 5 % weniger als 104 und 50 % mehr als 120 IQ-Punkte erreicht. Welche Normalverteilung hatten die IQ's dann?

3. An einem Fluß wird täglich der Quecksilberanteil des Wassers gemessen. Zahlreiche Untersuchungen haben ergeben, daß der Quecksilberanteil des Wassers an Werktagen annähernd normalverteilt ist mit $\mu = 25$ ppm und $\sigma^2 = 25\text{ ppm}^2$; (ppm = parts per million; 1 ppm = 0.0001 %).
   a) Wie groß ist die Wahrscheinlichkeit, daß an einem Werktag
      i) mehr als 32.5 ppm, ii) höchstens 25 ppm, iii) zwischen 22.5 und 30 ppm gemessen werden?
   b) Wie groß ist die Wahrscheinlichkeit, daß der Quecksilberanteil in das dreifache zentrale Schwankungsintervall fällt?
   c) Geben Sie die Grenzen des zentralen Intervalls an, in das der Quecksilberanteil mit der Wahrscheinlichkeit 0.6827 fällt.

d) Um die Bevölkerung zu beruhigen, will die zuständige Behörde einen kritischen Wert x definieren, derart, daß dieser Wert nur an 2% der Werktage überschritten wird. Die Behörde erklärt, daß der Zustand des Wassers unbedenklich ist, solange dieser kritische Wert nicht überschritten wird. Wie groß muß x gewählt werden?

4. Frau Gauß und Frau Tschebyschev wollen die Einwaage der Rindfleischdosen prüfen. Sie wissen, daß die angegebene Fleischeinwaage von $\mu = 400$ g nicht exakt eingehalten werden kann, sondern zufällig mit einer Standardabweichung von $\sigma = 20$ schwankt. Frau Gauß ist der Meinung, daß die Fleischeinwaage normalverteilt ist, während Frau Tschebyschev keinen speziellen Verteilungstyp voraussetzen will. Sie unterstellt lediglich, daß die Einwaage symmetrisch um den Mittelwert verteilt ist.
   Es sollen n = 4 Dosen gekauft werden.
   a) Was können Frau Gauß und Frau Tschebyscheff jeweils über die Wahrscheinlichkeit aussagen, daß das Gesamtgewicht der 4 Dosen um nicht mehr als 60 g vom Mittelwert abweicht?
   b) Die Wägung ergab bei n = 4 Dosen ein Gesamtgewicht von 1550 g.
      Die beiden Damen möchten nun gern wissen, wie groß die Wahrscheinlichkeit ist, daß man überhaupt ein Gesamtgewicht kleiner als 1550 g findet. Welches Ergebnis erhält Frau Gauß? Welches Ergebnis erhält Frau Tschebyscheff?

5. Die Verteilung der Körpergröße von 85 männlichen Studenten stellt sich wie folgt dar:
   Stemleaf „Körpergröße" (Umfrage am 22.06.1983)

16	
16	
16	45
16	
16	8
17	
17	233
17	44445555
17	66677
17	888999
18	000000000111111
18	22222222333333
18	444455555
18	6677777
18	888889
19	00
19	2333
19	44
19	6
19	

Passen Sie den Daten eine Normalverteilung an. Überprüfen Sie die Approximation
- anhand der Gegenüberstellung eines Histogramms und der Dichtefunktion;
- mittels eines QQ-Diagramms.

6. Überprüfen Sie die Eignung der Normalverteilung als Modell für die erzielten Weiten (in Fuß) beim Werfen eines Baseballs. (Daten von L. W. Stewart and H. West, The Fruebel School, Gary, Indiana.)

i	$x_{i-1}^* < X \leq x_i^*$			n_i	i	$x_{i-1}^* < X \leq x_i^*$			n_i
1	15	–	25	1	8	85	–	95	44
2	25	–	35	2	9	95	–	105	31
3	35	–	45	7	10	105	–	115	27
4	45	–	55	25	11	115	–	125	11
5	55	–	65	33	12	125	–	135	4
6	65	–	75	53	13	135	–	145	1
7	75	–	85	64					

7. Der Automaten-süchtige Willi verbringt seine Abende oft an einem Spielautomaten, bei dem ein Spiel 50 Pfennig kostet.
Die Zufallsvariable X = Gewinn (in DM) hat folgende Wahrscheinlichkeitsfunktion:
$P(X = -0.5) = 0.6$, $P(X = 0) = 0.2$, $P(X = 1) = 0.2$.
Wie groß ist die Wahrscheinlichkeit, daß Willi bei 100 Spielen am Abend mehr als DM 1.50 gewinnt? Welchen Gewinn wird er mit einer Wahrscheinlichkeit von 0.9 nicht überschreiten?

8. Ein Mann, der jeden Morgen mit dem Bus zur Arbeit fährt, hat oftmals Pech, daß die ankommenden Busse überfüllt sind und weiterfahren. Er weiß aus Erfahrung, daß die Anzahl der an einem Morgen überfüllt vorbeifahrenden Busse folgende Verteilung besitzt:

Anzahl Busse	0	1	2	3
Wahrscheinlichkeit	0.4	0.3	0.2	0.1

a) Durch welche Verteilung läßt sich die Anzahl der pro Halbjahr (= 100 Arbeitstage) morgens vorbeifahrenden Busse approximieren?
b) Wie groß ist die Wahrscheinlichkeit, daß weniger als 80 Busse pro Halbjahr vorbeifahren?
c) Geben Sie die Grenzen des Zentralen Schwankungsintervalls an, in das die Anzahl der pro Halbjahr vorbeifahrenden Busse mit der Wahrscheinlichkeit 0.5 fällt!

9. Statistiken ergeben, daß es bei jedem fünften Unfall schwerverletzte Personen gibt. Wie groß ist die Wahrscheinlichkeit, daß bei 50 Unfällen der Anteil p der Unfälle mit Schwerverletzten
a) unter 0.30 liegt?
b) über 0.20 liegt?
c) größer als 0.20, aber kleiner als 0.40 ist?
Verwenden Sie zur Berechnung der obigen Wahrscheinlichkeiten für den Anteilswert sowohl die exakte Verteilung als auch eine Näherung.

10. Wenn Sie in eine Tasse Kaffee einen Schuß Milch geben, umrühren und der Tasse einen Teelöffel Flüssigkeit entnehmen, ist der Kaffee im Löffel genauso

braun wie in der Tasse. „Klar“, werden Sie sagen, „ist doch immer so!“ Damit es Ihnen auch wirklich klar wird, stellen Sie sich die Tasse als eine riesige Urne vor, in der sich unglaublich viele schwarze Kugeln befinden. Es werden nun weiße Kugeln hinzugegeben, so daß das Verhältnis 90 : 10 beträgt. Die Kugeln werden kräftig durchgemischt.

a) Es wird eine Zufallsstichprobe vom Umfang $n = 100$ entnommen.
   i) Welche Zahl weißer Kugeln ist zu erwarten?
   ii) Wie groß ist die Wahrscheinlichkeit, genau die erwartete Anzahl weißer Kugeln zu finden?
   iii) Mit welcher Wahrscheinlichkeit liegt die Zahl weißer Kugeln in der Stichprobe zwischen 8 und 12?
b) Es wird eine Zufallsstichprobe vom Umfang $n = 1000$ entnommen. Wie lauten dann die Ergebnisse der unter a) angegebenen Fragen. Dabei ist in iii) der Bereich von 88 bis 112 zu betrachten.
c) Setzen Sie $n = 10^{10}$ und berechnen Sie die Wahrscheinlichkeit, daß die Zahl weißer Kugeln nun mehr als 0.1 Promille vom Erwartungswert abweicht.

11. Die Dauer X (in Tagen) der im Jahre 1965 durchgeführten Streiks in sechs Industriezweigen des Vereinigten Königreiches weist folgende Verteilung auf. (Lawrence: J.R. Statist. Soc. A (1984), 147, S. 464–483.)

x_i	2	3	4	5	6	7	8	9	10	11	12	13	14	15	16
n_i	203	149	100	71	49	33	29	26	23	14	12	9	11	15	6

x_i	17	18	19	20	21–25	26–30	31–35	36–40	41–50	> 50
n_i	7	6	4	4	17	16	8	8	12	8

Überprüfen Sie die Eignung der Lognormal-Verteilung als approximatives Modell für diese Daten anhand eines QQ-Diagramms. Vergleichen Sie die daraus ermittelten Näherungswerte für die Parameter mit denen von Lawrence: $\mu_L = 0.6$, $\sigma_L = 1.396$.

13 Stichprobenfunktionen

Um aufgrund von empirischen Daten Aussagen über die Grundgesamtheit oder, spezifischer formuliert, über theoretische Verteilungen und ihre Parameter zu machen, benötigen wir Zufallsstichproben. Darauf wurde schon im Kapitel 4 hingewiesen. Zufallsstichproben stellen die Basis für formale Aussagen dieser Art dar. Die bisher vor allem in den Kapiteln 10 bis 12 vorgenommenen Modellanpassungen waren dagegen deskriptiver Natur. Wir haben uns mit dem Augenschein einer guten bzw. nicht akzeptablen Anpassung zufrieden gegeben. Die Frage, ob die Daten tatsächlich durch wiederholte Beobachtung einer Zufallsvariablen mit der entsprechenden Verteilung zustande gekommen sind, berührt schon die nun zu betrachtenden Zufallsstichproben.

13.1 Grundlagen

Einführendes Beispiel

Ein Berliner Taxifahrer notierte im Januar 1987 während fünf Schichten mit je 20 Fahrten, welchen Prozentsatz des Fahrpreises lt. Taxameter die Fahrgäste als Trinkgeld gaben. (Für die Daten danke ich Herrn D. Wilke.)

Tab.: Trinkgeld eines Taxifahrers (in % des Fahrpreises)

11.12	12.91	14.59	15.39	20.49
20.69	1.95	9.10	11.12	6.39
15.39	10.00	0.00	9.38	3.85
10.42	10.30	3.18	9.76	14.76
0.00	10.00	11.12	6.67	25.00
18.43	9.90	20.00	3.99	15.39
3.61	0.00	3.45	8.70	0.00
10.17	19.41	4.66	2.95	10.39
19.05	11.12	0.00	9.76	7.85
2.28	5.27	6.56	10.58	4.48
42.86	11.12	1.45	11.12	14.29
8.92	6.07	7.53	11.12	13.64
8.88	9.76	2.74	11.12	0.00
21.96	2.57	19.05	3.85	10.00
5.97	0.00	7.15	8.70	2.95
6.39	20.97	7.15	11.12	0.00
2.57	3.78	8.50	22.81	8.70
17.65	35.14	12.91	18.06	7.15
7.96	6.25	4.40	3.45	11.85
6.25	35.14	0.00	10.50	14.04

Wir fassen die fünf Datensätze als Stichproben auf und wenden uns der Frage zu, welche Eigenschaften die Beobachtungen auszeichnen, so daß wir von Zufallsstichproben sprechen können.

Da es sich um wiederholte Beobachtungen derselben Größe handelt, und diese in offensichtlich nicht vorhersagbarer Weise variieren, sind die Werte Ergebnisse einer wiederholten Beobachtung derselben Zufallsvariablen X. Bei den Werten kennzeichnen wir die Position der Stichprobe durch einen Index. Hier haben wir fünf Stichproben aus jeweils 20 Werten $x_1, \ldots, x_{20}$.

Nun sind die Werte an der jeweiligen v-ten Stelle von Stichprobe zu Stichprobe verschieden. Für $v = 3$ gilt z.B.

1. Stichprobe	2. Stichprobe	3. Stichprobe	4. Stichprobe	5. Stichprobe
15.39	10.00	0.00	9.38	3.85

Wir fassen sie daher als Realisation einer Zufallsvariablen X_v auf. X_v ist dasselbe wie X, nur daß der Index verdeutlicht, daß die Beobachtung von X an der v-ten Stelle steht.

Zusätzlich können wir davon ausgehen, daß die einzelnen Beobachtungen nicht von den vorangehenden beeinflußt wurden. Formal bedeutet dies, daß die Zufallsvariablen $X_1, \ldots, X_n$ unabhängig sind.

Definition

Das erhaltene Ergebnis können wir nun folgendermaßen verallgemeinern. Der Ausgangspunkt ist eine Zufallsvariable X. Die wiederholte Beobachtung von X wird durch Zufallsvariablen $X_1, X_2, \ldots, X_n$ gekennzeichnet. Diese sind unabhängig. Da X_v die Beobachtung von X unter jeweils gleichen Bedingungen bezeichnet, hat X_v auch die gleiche Verteilung wie X. Die Verteilungsfunktionen bzw. Wahrscheinlichkeits- oder Dichtefunktionen sind also alle identisch:

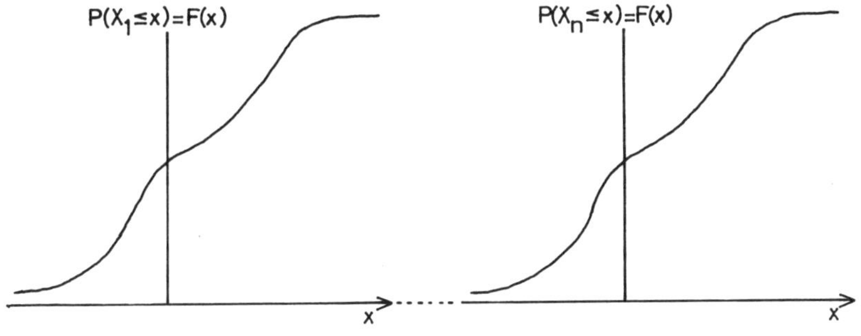

Abb.: Zur Verteilung von Stichprobenvariablen

Als Zufallsvariable steht X_v (großes X!) für die potentielle Beobachtung die bei der v-ten Wiederholung des Zufallsexperimentes gemacht werden wird. Der konkrete Stichprobenwert x_v (kleines x!) ist dann das Resultat der Beobachtung nach der Durchführung des Zufallsexperiments.

Als Stichprobe werden wir im folgenden meist die Stichprobenvariablen $X_1, \ldots, X_n$ bezeichnen.

Eine **Stichprobe** aus einer Grundgesamtheit, in der die Zufallsvariable X die Verteilungsfunktion F(x) hat (kurz: Stichprobe aus der Verteilung F(x)), besteht aus n Zufallsvariablen X_v, $v = 1, \ldots, n$, den **Stichprobenvariablen**. Für diese gilt:

- Die Stichprobenvariablen $X_1, \ldots, X_n$ haben dieselbe Wahrscheinlichkeitsverteilung wie X.
- Die Stichprobenvariablen $X_1, \ldots, X_n$ sind unabhängig.

Aus den realisierten Stichproben werden nun i. d. R. empirische Parameter berechnet, etwa um Näherungs- oder Schätzwerte für unbekannte theoretische Parameter zu erhalten. Dies können wir jeweils in der Weise formulieren, daß die konkrete Stichprobe $x_1, \ldots, x_n$ auf eine einzelne (Maß-)Zahl abgebildet wird. Formal betrachten wir den Wert einer geeigneten Funktion $g(x_1, \ldots, x_n)$.

Mit den Werten $x_1, \ldots, x_n$ der Stichprobenvariablen $X_1, \ldots, X_n$ variieren auch die Werte der jeweiligen empirischen Parameter $g(x_1, \ldots, x_n)$ von Stichprobe zu Stichprobe. Wir können die empirischen Parameter also als Funktionen der Stichprobenvariablen selbst ansehen. Auf diese Weise erhalten wir eine **Stichprobenfunktion** $g(X_1, \ldots, X_n)$.

$g(X_1, \ldots, X_n)$ ist als Funktion der Stichprobenvariablen selbst als Zufallsvariable aufzufassen. $g(X_1, \ldots, X_n)$ ist gewissermaßen der potentielle Wert, den wir nach der Durchführung des Zufallsexperimentes „n-maliges Beobachten der Zufallsvariablen X" erhalten werden.

Beispiel

Bei den fünf realisierten Stichproben der Trinkgelder erhalten wir für die Stichprobenfunktionen

$$g_1(X_1, \ldots, X_n) = \bar{X},$$
$$g_2(X_1, \ldots, X_n) = \tilde{X},$$
$$g_2(X_1, \ldots, X_n) = S^2,$$
$$g_4(X_1, \ldots, X_n) = S_Q$$

die folgenden Werte:

Nummer der Stichprobe i	Realisation der Stichprobenfunktion $\bar{X}$	$\tilde{X}$	S^2	S_Q
1	12.029	9.545	90.118	11.68
2	11.083	9.950	93.559	7.34
3	7.177	6.855	33.282	6.36
4	10.008	10.130	22.324	4.45
5	9.561	9.350	43.995	10.19

Als Zufallsvariablen besitzen die Stichprobenfunktionen selbst wieder Wahrscheinlichkeitsverteilungen

Die Wahrscheinlichkeitsverteilung einer Stichprobenfunktion heißt auch die **Stichprobenverteilung** dieser Funktion.

Die Verteilungen verschiedener Stichprobenfunktionen können aus den Verteilungen der Stichprobenvariablen abgeleitet werden. Zum Teil ist dies nur approximativ möglich. Approximativ bedeutet dabei wieder, daß die angebbare Verteilung für genügend große Stichprobenumfänge hinreichend genau mit der tatsächlichen Verteilung übereinstimmt.

13.2 Spezielle Stichprobenfunktionen

Das arithmetische Mittel

Eine spezielle Stichprobenfunktion ist das arithmetische Mittel $\bar{X} = \frac{1}{n} \sum_{v=1}^{n} X_v$. Wichtige Eigenschaften der Verteilung von $\bar{X}$ werden an den fünf realisierten Stichprobenmittelwerten der Trinkgelderhebung deutlich.

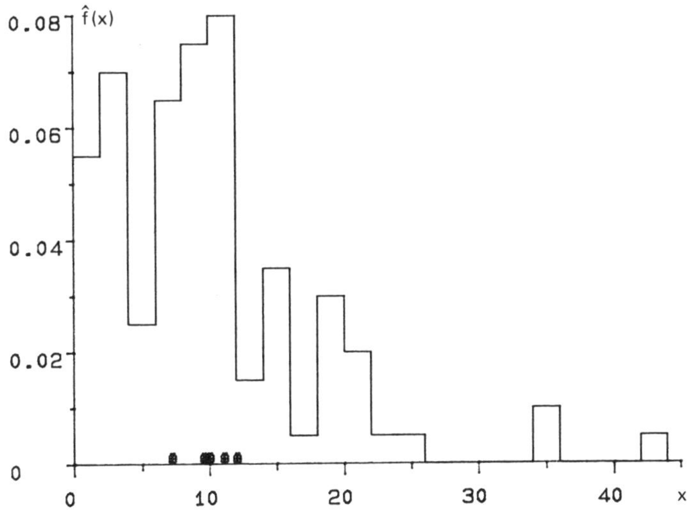

Abb.: Histogramm Trinkgelder (n = 100) und arithmetische Mittel der Teil-Stichproben

Die graphische Darstellung zeigt:

- Die arithmetischen Mittel $\bar{x}_1, \ldots, \bar{x}_5$ sind um denselben Wert konzentriert wie die einzelnen Stichprobenwerte $x_1, \ldots, x_{100}$.
- Die arithmetischen Mittel streuen weniger um diesen Wert als die Einzelwerte.

Diese auf empirische Daten bezogenen Aussagen gelten auch für die Verteilung der Stichprobenfunktion selbst.

Mit den Eigenschaften von Erwartungswert und Varianz erhalten wir aufgrund der Unabhängigkeit der Stichprobenvariablen $X_1, \ldots, X_n$ für die Zufallsvariable $\bar{X}$, wenn $E(X_v) = \mu$ und $V(X_v) = \sigma^2$ gilt:

$$\begin{aligned}
E(\bar{X}) &= E\left(\frac{1}{n}\sum_{v=1}^{n} X_v\right) = \frac{1}{n}\sum_{v=1}^{n} E(X_v) \\
&= \frac{1}{n}\underbrace{(\mu + \ldots + \mu)}_{\text{n-mal}} = \frac{1}{n} n\mu. \\
&= \mu \\
V(\bar{X}) &= V\left(\frac{1}{n}\sum_{v=1}^{n} X_v\right) = \frac{1}{n^2}\sum_{v=1}^{n} V(X_v) \\
&= \frac{1}{n^2}\underbrace{(\sigma^2 + \ldots + \sigma^2)}_{\text{n-mal}} = \frac{1}{n^2} n\sigma^2 \\
&= \frac{\sigma^2}{n}.
\end{aligned}$$

Der Sachverhalt

$$\sigma_{\bar{X}} = \sigma/\sqrt{n}$$

wird bisweilen als **$\sqrt{n}$-Gesetz** bezeichnet. Er macht deutlich, daß die Stichprobenstreuung von $\bar{X}$ immer geringer wird, je größer n ist. Jedoch reduziert sich die Streuung nicht linear, sondern nur mit dem Faktor $1/\sqrt{n}$. So ist z. B. der 4-fache Stichprobenumfang nötig, um die Streuung von $\bar{X}$ zu halbieren, der 100-fache Umfang führt zu einer Verringerung um den Faktor 10.

Die Verringerung der Standardabweichung von $\bar{X}$ mit wachsendem n führt zu einer immer stärkeren Konzentration der Realisationen um den theoretischen Erwartungswert.

Schwaches Gesetz der großen Zahlen

$X_1, X_2, \ldots, X_n, \ldots$ sei eine Folge von Stichprobenvariablen mit dem Erwartungswert μ und der Varianz σ^2. Dann gilt für alle $\varepsilon > 0$:

$$\lim_{n\to\infty} P(|\bar{X} - \mu| \leq \varepsilon) = 1.$$

Der Beweis ist einfach. Das arithmetische Mittel $\bar{X}$ ist eine Zufallsvariable, die den Erwartungswert μ und die Varianz σ^2/n besitzt. Damit erhalten wir durch Einsetzen in die Tschebyschev'sche Ungleichung:

$$P(|\bar{X} - \mu| \leq \varepsilon) \geq 1 - \frac{\sigma^2}{n \cdot \varepsilon^2}.$$

Für $n \to \infty$ geht der Subtrahend auf der rechten Seite gegen Null. Dies ergibt die Behauptung.

Auch weitergehende Aussagen zur Verteilung von $\bar{X}$ sind möglich. Bis auf den Faktor n^{-1} ist $\bar{X}$ eine Summe von unabhängigen, identisch verteilten Zufallsvariablen. Daher kommt der Zentrale Grenzwertsatz ins Spiel.

Für große n ist die Stichprobenfunktion $\bar{X}_n = \frac{1}{n}\sum_{v=1}^{n} X_v$ **approximativ normalverteilt**:

$$\bar{X}_n \mathrel{\dot{\sim}} N\left(\mu, \frac{\sigma^2}{n}\right).$$

Sind bereits die Stichprobenvariablen X_v normalverteilt, $X_v \sim N(\mu, \sigma^2)$, so ist $\bar{X}$ natürlich exakt normalverteilt:

$$\bar{X}_n \sim N\left(\mu, \frac{\sigma^2}{n}\right).$$

Die relative Häufigkeit

Die relative Häufigkeit eines Ereignisses A ist ebenfalls eine Stichprobenfunktion: Von Stichprobe zu Stichprobe variiert der Anteil h(A) des Eintretens von A.

Jede der voneinander unabhängigen Versuchsdurchführungen beschreiben wir durch eine Stichprobenvariable X_v

$$X_v = \begin{cases} 0 & \text{falls A nicht eintritt} \\ 1 & \text{falls A eintritt.} \end{cases}$$

Dann ist $Y = \sum_{v=1}^{n} X_v$ die Anzahl derjenigen Versuche, bei denen das Ereignis A eintritt,

$$Y = n(A).$$

Dies führt auf

$$\bar{X} = \frac{1}{n}\sum_{v=1}^{n} X_v = \frac{Y}{n}.$$

Damit sind alle Überlegungen, die wir zum arithmetischen Mittel durchgeführt haben, auch hier gültig. Zusätzlich wissen wir aus Abschnitt 10.1, daß $Y = n\bar{X}$ binomialverteilt ist. Daraus erhalten wir die Verteilung der relativen Häufigkeit genau. Zusammenfassend gilt:

Die **relative Häufigkeit** $h(A) = Y/n$ eines Ereignisses A, das die Wahrscheinlichkeit $P(A) = p$ hat, besitzt folgende **Eigenschaften**:

- die Wahrscheinlichkeitsfunktion von Y/n ist

$$f\left(\frac{y}{n}\right) = P\left(\frac{Y}{n} = \frac{y}{n}\right) = \binom{n}{y} p^y (1-p)^{n-y} \quad \text{für } y = 0, 1, \ldots, n$$

- $E\left(\frac{Y}{n}\right) = p$
- $V\left(\frac{Y}{n}\right) = \frac{p(1-p)}{n}$

- Für Y/n gilt das schwache Gesetz der großen Zahlen:

$$\lim_{n\to\infty} P\left(\left|\frac{Y}{n} - p\right| \leq \varepsilon\right) = 1 \qquad \text{für alle } \varepsilon > 0.$$

- Y/n ist asymptotisch normalverteilt:

$$\sqrt{n}\,\frac{\frac{Y}{n} - p}{\sqrt{p(1-p)}} \mathrel{\dot\sim} N(0,1).$$

Bei der Einführung der Wahrscheinlichkeit hatten wir heuristische Belege angeführt, daß zumindest bei einer großen Anzahl von Durchführungen eines Zufallsvorganges die relative Häufigkeit h(A) dicht bei der Wahrscheinlichkeit P(A) zu erwarten ist. Dieses **Prinzip der großen Zahlen** hat nun seine formale Entsprechung im schwachen **Gesetz der großen Zahlen** gefunden.

Beispiel

Wir betrachten das Werfen einer fairen Münze und hier das Ereignis Kopf. Mit n(Kopf) = Y ist also bei n Würfen:

$$E\left(\frac{Y}{n}\right) = \frac{1}{2},$$

$$V\left(\frac{Y}{n}\right) = \frac{\frac{1}{2}\cdot\frac{1}{2}}{n} = \frac{1}{4n}.$$

Unter Verwendung der Tschebyschev-Ungleichung können wir z. B. abschätzen, wie viele Versuche mindestens notwendig sind, damit die relative Häufigkeit Y/n mit einer Mindestwahrscheinlichkeit von 0.9 höchstens 0.01 von der Wahrscheinlichkeit p = 0.5 abweicht. Es ist

$$P\left(\left|\frac{Y}{n} - 0.5\right| \leq 0.01\right) \geq 1 - \frac{\frac{1}{4n}}{0.01^2}.$$

Der rechte Ausdruck wird gleich 0.9 gesetzt und die Gleichung nach n aufgelöst. Das ergibt:

$$n = 25000.$$

K. Pearson erhielt bei 24000 Würfen einen Wert von h(Kopf) = 0.5005, also eine Abweichung von nur 0.005. Bei der Betrachtung dieses empirischen Wertes im Zusammenhang mit der Tschebyschev-Ungleichung sind zwei Punkte zu beachten:

Die Tschebyschev-Ungleichung gibt eine untere Schranke für die Wahrscheinlichkeit an, daß Y/n höchstens um 0.01 von p = 0.5 abweicht. Werden also solche Versuchsserien von 25000 Würfen vielfach wiederholt (z. B. 1000 mal 25000 Würfe!), dann kann man damit rechnen, daß bei mindestens 90 % der Versuchsserien die relativen Häufigkeiten im Bereich [0.49; 0.51] liegen.

Die Tschebyschev-Ungleichung ist aber bei weitem nicht die beste mögliche Abschätzung. Bei n = 25 000 können wir davon ausgehen, daß der Zentrale Grenzwertsatz hinreichend gut gilt. Mit der Normalapproximation erhalten wir dann:

$$\begin{aligned} P\left(\left|\frac{Y}{n}-0.5\right| \le 0.01\right) &= P\left(-0.01 \le \frac{Y}{n}-0.5 \le 0.01\right) \\ &= P\left(\frac{-0.01}{\sqrt{1/4n}} \le \frac{Y/n-0.5}{\sqrt{1/4n}} \le \frac{0.01}{\sqrt{1/4n}}\right) \\ &= P\left(-3.16 \le \frac{Y/n-0.5}{\sqrt{1/100000}} \le 3.16\right) \\ &\approx \Phi(3.16)-\Phi(-3.16)=1\,. \end{aligned}$$

Mit dieser verbesserten Abschätzung erweist es sich also als praktisch sicher, daß die relative Häufigkeit bei einer neuen Serie von 25 000 Würfen um nicht mehr als 0.01 von der Wahrscheinlichkeit 0.5 abweichen wird.

Die empirische Verteilungsfunktion

Eine wichtige Stichprobenfunktion ist die empirische Verteilungsfunktion $\hat{F}(x)$. Für jeweils festes x ist $\hat{F}(x)$ die relative Häufigkeit des Ereignisses $\{X \le x\}$:

$$\hat{F}(x) = h(X \le x)\,.$$

Beispiel

Wir betrachten wieder die 5 Stichproben der Trinkgelderhebung. Als feste Werte wählen wir x = 4, x = 10 und x = 21.

Stichprobe Nr.	$\hat{F}(4)$	$\hat{F}(10)$	$\hat{F}(21)$
1	0.20	0.50	0.90
2	0.25	0.60	0.90
3	0.35	0.75	1.00
4	0.20	0.50	0.95
5	0.25	0.55	0.95

Da $\hat{F}(x)$ für jeweils festes x die relative Häufigkeit eines bestimmten Ereignisses ist, können wir die für relative Häufigkeiten erhaltenen Ergebnisse übertragen. Speziell gilt nach dem schwachen Gesetz der großen Zahlen, daß an jeder festen Stelle x die empirische Verteilungsfunktion $\hat{F}(x)$ bei genügend großem n so gut wie sicher kaum von dem Wert F(x) der theoretischen Verteilungsfunktion abweicht. Diese Aussage gilt nicht nur für jeweils feste Stellen x, sondern auch global.

Satz von Glivenko-Cantelli (schwache Form)

Sei X eine Zufallsvariable mit der Verteilungsfunktion F(x).
$\hat{F}_n(x)$ sei die empirische Verteilungsfunktion bei einer Stichprobe vom Umfang n. Dann gilt für jedes $\varepsilon > 0$:

$$\lim_{n\to\infty} P\left(\sup_{-\infty<x<\infty} |\hat{F}_n(x) - F(x)| \le \varepsilon\right) = 1\,.$$

Dieser Satz wird auch als **Hauptsatz der Statistik** bezeichnet. Er gibt die Rechtfertigung dafür, bei genügend guter Übereinstimmung von theoretischem Modell und empirischer Verteilung zu unterstellen, daß die Daten aus einer Grundgesamtheit entstammen, die gerade diese Verteilung hat.

Monte Carlo-Simulation

Kennen wir den Ablauf eines Zufallsmechanismus, aber nicht die Verteilung der interessierenden Zufallsvariablen, so können wir den Zufallsvorgang sehr oft ablaufen lassen. Bei jeder Durchführung wird der Wert der Zufallsvariablen notiert. Am Ende der Versuche liegen viele unabhängige Beobachtungen der Zufallsvariablen vor. Die empirische Verteilungsfunktion liefert dann bei genügend großer Zahl von Wiederholungen eine Vorstellung von der theoretischen Verteilung. Oft wird sogar für die theoretische Verteilungsfunktion einfach die empirische genommen.

Die Durchführung von Zufallsexperimenten wird heute i. a. mit dem Computer erledigt. Spezielle Programme liefern sogenannte „Pseudo-Zufallszahlen". Diese sind zwar nicht in der originären Weise zufällig, jedoch verhält sich eine Folge von Pseudo-Zufallszahlen weitgehend wie eine Folge von Realisationen unabhängiger, identisch verteilter Zufallsvariablen.

Beispiel

Üblicherweise stehen über dem Intervall (0; 1) gleichverteilte Zufallszahlen zur Verfügung. Um zu sehen ob der Zentrale Grenzwertsatz in diesem Fall schon bei $n = 6$ anwendbar ist, gehen wir wie folgt vor:

- Wir erzeugen uns 6 gleichverteilte Zufallszahlen $x_1, \ldots, x_6$ und bilden die Summe $\sum_{v=1}^{6} x_v$.
- Den ersten Schritt wiederholten wir 1000 mal. Die resultierenden 1000 Werte bilden unsere Zufallsstichprobe.
- Falls der Zentrale Grenzwertsatz schon anwendbar ist, sollte die empirische Verteilung mit der theoretischen Normalverteilung hinreichend übereinstimmen. Wir vergleichen also die Verteilungsfunktion der entsprechenden Normalverteilung mit der empirischen Verteilungsfunktion:

Die adäquate theoretische Normal-Verteilung hat hier die Parameter $\mu = 3$ und $\sigma^2 = 1/2$, da wegen $X_v \sim R(0, 1)$ gilt:

$$E\left(\sum_{v=1}^{6} X_v\right) = \sum_{v=1}^{6} E(X_v) = 6 \cdot \frac{1}{2} = 3,$$

$$V\left(\sum_{v=1}^{6} X_v\right) = \sum_{v=1}^{6} V(X_v) = 6 \cdot \frac{1}{12} = \frac{1}{2}.$$

Die folgende Tabelle stellt eine empirisch erhaltene Verteilung der standardisierten Werte $z = \dfrac{\sum_{v=1}^{6} x_v - 3}{1/\sqrt{2}}$ der theoretischen $N(0, 1)$-Verteilung gegenüber.

Tab.: Empirische Verteilungsfunktion einer Summe und $\Phi(z)$

z	$\hat{F}(z)$	$\Phi(z)$
−3	0.000	0.0013
−2.75	0.002	0.0030
−2.5	0.006	0.0062
−2.25	0.010	0.0122
−2.0	0.022	0.0228
−1.75	0.042	0.0401
−1.5	0.073	0.0668
−1.25	0.117	0.1056
−1	0.175	0.1587
−0.75	0.256	0.2266
−0.5	0.344	0.3085
−0.25	0.426	0.4013
0	0.515	0.5000
0.25	0.613	0.5987
0.5	0.692	0.6915
0.75	0.780	0.7734
1	0.845	0.8413
1.25	0.901	0.8944
1.5	0.941	0.9394
1.75	0.967	0.9599
2	0.985	0.9772
2.25	0.990	0.9878
2.5	0.995	0.9938
2.75	0.999	0.9970
3	1.000	0.9987

Die Übereinstimmung erscheint für viele praktische Zwecke als ausreichend.

13.3 Aufgaben

1. Wir betrachten eine Zufallsvariable X mit der Wahrscheinlichkeitsfunktion

$$P(X = -1) = P(X = 0) = P(X = 1) = 1/3$$

Es werden drei unabhängige Beobachtungen dieser Zufallsvariablen betrachtet. Die Stichprobenvariablen seien wie üblich mit X_1, X_2, X_3 bezeichnet.

a) Bestimmen Sie durch Auszählen die Verteilungen der folgenden Stichprobenfunktionen: $\bar{X}$, $X_{(2)}$ (= Median) und S^2.

b) Bestimmen Sie Erwartungswerte und Varianzen dieser Stichprobenfunktionen.

2. Die Zufallsvariable X = „Anzahl der Autos pro Haushalt“ hat in einem Landkreis die folgende Verteilung:

x	0	1	2
P(X = x)	0.5	0.4	0.1

Bestimmen Sie alle möglichen Stichproben (mit Zurücklegen) vom Umfang n = 2 und ihre Wahrscheinlichkeiten $P(X_1 = x_1, X_2 = x_2)$. Ermitteln Sie daraus die Verteilungen der folgenden Stichprobenfunktionen:

X_1 (= Ergebnis des 1ten Zuges)
X_2 (= Ergebnis des 2ten Zuges)

$$\bar{X} = \frac{1}{2}(X_1 + X_2)$$

$$S^2 = \frac{1}{2}\sum_{i=1}^{2}(X_i - \bar{X})^2 = \frac{(X_1 - X_2)^2}{4}.$$

$X_{(1)}$ (= Minimum der Stichprobe)
$X_{(2)}$ (= Maximum der Stichprobe).

3. Der Entfernungsmehraufwand X (in km) für nachgeordnete Aktivitäten auf dem Rückweg von der Arbeitsstätte zur Wohnung kann als exponentialverteilt angesehen werden mit dem Parameter $\lambda = 1/2$. (R. Küchler: Zeitschr. f. Verkehrsw. 3/86, S. 180).
Fünf Zufallsstichproben vom Umfang n = 10 ergaben folgende Werte des Entfernungsmehraufwandes:

1:	0.28	2.82	1.23	1.52	0.49	0.10	2.27	2.27	5.46	0.97
2:	1.47	3.56	0.07	0.11	1.51	2.22	0.02	0.97	0.14	1.08
3:	2.32	1.78	5.33	3.74	1.50	0.19	2.12	1.08	2.42	4.82
4:	2.87	0.61	0.10	2.66	0.80	2.00	2.82	9.43	0.91	0.57
5:	8.10	2.57	2.80	2.11	0.15	2.00	4.32	0.64	1.15	2.91

a) Bestimmen Sie für diese Stichproben jeweils $\hat{F}(0.5)$, $\hat{F}(1.5)$, $\hat{F}(4)$, sowie die arithmetischen Mittel und empirischen Varianzen über die 5 Stichproben. Vergleichen Sie diese Werte mit den theoretischen Erwartungswerten und Varianzen dieser drei Stichprobenfunktionen.
b) Bestimmen Sie für die Stichproben jeweils die arithmetischen Mittel. Vergleichen Sie diese mit dem Erwartungswert der Ausgangsverteilung!

4. Die Wahrscheinlichkeit p, daß eine Reißzwecke beim Herunterfallen auf die falsche Seite fällt, (die Spitze also nach oben zeigt! Gefährlich!!), kann nur empirisch festgestellt werden.
Man möchte nun p mittels einer Versuchsserie so abschätzen, daß sich die relative Häufigkeit und p um höchstens 0.01 unterscheiden. Wie groß muß die Zahl der Versuche mindestens sein, damit dieser Abstand mit einer Wahrscheinlichkeit von 0.9 eingehalten wird?

14 Schätzen von Parametern

Die Anpassung eines theoretischen Verteilungsmodells an eine empirische Häufigkeitsverteilung geschieht i. d. R. in zwei Schritten. Im ersten Schritt entscheidet man sich für einen Verteilungstyp, z. B. für eine Poissonverteilung oder eine negative Binomialverteilung. Erst nach Festlegung der entsprechenden Parameter ist aber tatsächlich eine einzelne Verteilung ausgewählt. Die Schätzung der Parameterwerte aus den empirischen Daten ist also der zweite Schritt bei der Auswahl des theoretischen Modells. (In der Praxis werden bisweilen die Schätzungen für mehrere Verteilungstypen durchgeführt und dann die Anpassungsgüte der verschiedenen Konkurrenten verglichen. Diesem Vorgehen sind aber die folgenden Überlegungen voranzustellen.)

Wir haben bei den verschiedenen Verteilungen bereits unbekannte Parameter aus Datensätzen geschätzt. So wählten wir etwa $\bar{x}$ als Schätzwert für λ bei der Poissonverteilung und s^2 als Schätzwert für σ^2 bei der Normalverteilung. Begründet haben wir diese Ersetzung eines theoretischen Parameterwertes durch einen aus einem Datensatz ermittelten mit der jeweiligen formalen Analogie.

Oft gibt es verschiedene Analogien, die ausgenutzt werden könnten. Zum Beispiel ist der Parameter λ bei der Poissonverteilung gleich dem Erwartungswert und gleich der Varianz. Folglich bieten sich $\bar{x}$ und s^2 als Schätzungen an. Bei der Normalverteilung gilt etwa wegen der Symmetrie $\mu = E(X)$ und $\mu = \tilde{\mu}$. Also ist neben $\bar{x}$ auch $\tilde{x}$ ein möglicher Schätzwert für μ.

Es stellt sich daher die Frage, welche Analogie wir in welchem Fall wählen sollen, um gute Schätzungen zu erhalten.

Im Kontext der Modellanpassung bedeutet gute Schätzung eine gute Übereinstimmung von theoretischer und empirischer Verteilung. Bei einer anderen Betrachtungsweise wird das theoretische Modell als das richtige unterstellt. Gute Schätzung bedeutet dann, daß der aus der Stichprobe ermittelte Schätzwert möglichst dicht bei dem wahren, unbekannten Parameterwert liegt.

Die zweite Form des Herangehens führt in den meisten Fällen zu Schätzwerten, die auch im Kontext der Modellanpassung sehr gute Ergebnisse liefern. Wir werden uns daher auf diesen Ansatz beschränken.

14.1 Schätzfunktionen und ihre Eigenschaften

Problemstellung

Der Leiter einer Feuerwache möchte den Bereitschaftsplan am Wochenende neu strukturieren. Dazu benötigt er u. a. die Verteilung der Anzahl X der Einsätze an den Sonntagen. Aus seinen Unterlagen erhält er für 1981 die in der Tabelle angegebene empirische Häufigkeitsverteilung. Um Zufallseinflüsse auszuschalten, ist den Daten ein theoretisches Verteilungsmodell anzupassen. Da es sich um die Anzahlen von Vorkommnissen pro festem Zeitintervall handelt, scheint die Poissonverteilung $PO(\lambda)$ ein plausibles Modell zu sein. Für die Anpassung der theoretischen Verteilung ist noch der Parameter λ zu schätzen.

Tab.: Verteilung der sonntäglichen Einsätze einer Feuerwache

Anzahl der Einsätze pro Sonntag x_i	Anzahl Sonntage n_i
0	8
1	13
2	11
3	14
4	2
5	2
6	1
7	0
8	1

Wegen $E(X) = \lambda$ und $V(X) = \lambda$ stehen die beiden empirischen Parameter

$$\bar{x} = 2.096$$
$$s^2 = 2.625$$

als Schätzwerte zur Auswahl. Die Frage ist nun, welcher Schätzwert der bessere ist.

Da λ nicht bekannt ist, kann diese Frage auf der Ebene der realisierten Werte der Stichprobenfunktionen $\bar{X}$ und S^2 offensichtlich nicht beantwortet werden. Betrachten wir ein Beispiel, in dem λ bekannt ist. Dies zeigt die Problematik noch deutlicher auf, weist aber auch einen Ausweg.

Beispiel

Die Zufallsvariable X sei Poisson-verteilt mit dem Parameterwert $\lambda = 5$.

Wir ziehen mittels Monte-Carlo-Simulation 10 Stichproben vom Umfang $n = 20$. Die Stichprobenmittelwerte und die empirischen Varianzen sind in der folgenden Tabelle angegeben:

Tab.: Realisationen von $\bar{X}$ und S^2 bei 10 Stichproben

i	1	2	3	4	5	6	7	8	9	10
$\bar{x}_i$	5.20	4.90	5.00	4.75	5.60	4.45	4.60	4.85	6.10	4.80
s_i^2	7.66	4.39	4.20	2.69	6.11	4.65	3.94	4.23	9.69	5.06

Bei zwei Stichproben – Nr. 6 und 10 – liegt die empirische Varianz s^2 näher beim wahren $\lambda = 5$ als das arithmetische Mittel $\bar{x}$. Bei den anderen acht Stichproben ist die Situation umgekehrt.

Das Beispiel macht deutlich, daß bestenfalls eine Tendenz nachgewiesen werden kann: Die Werte von $\bar{X}$ liegen tendenziell näher bei λ als die Realisationen von S^2. Die Grundlage für diese „Tendenzaussage" bilden die Verteilungen der Stichprobenfunktionen. Die Werte von $\bar{X}$ liegen tendenziell näher bei λ als die von S^2, wenn die Stichprobenverteilung von $\bar{X}$ stärker bei λ konzentriert ist als die von S^2.

Um die Güte von Schätzungen zu diskutieren, wird damit die Ebene der konkreten Werte wie $\bar{x}$ und s^2 verlassen. Stattdessen werden die verwendeten Stichprobenfunktionen und ihre Verteilungen ins Visier genommen. Diese legen ja das durchschnittliche Verhalten der Realisationen bei vielen Wiederholungen fest.

Die Eigenschaften der Stichprobenverteilungen bilden daher den Kern der Ausführungen in diesem Kapitel. Das letzte Kapitel ist hierfür quasi die Vorbereitung. Dem neuen Rahmen entsprechend werden zahlreiche neue Begriffe eingeführt; diese beinhalten jedoch zum Teil bereits bekannte Konzepte, die nur dem veränderten Blickwinkel angepaßt sind.

Für den Anwender bleibt die Situation in dem Sinne unbefriedigend, daß er im Einzelfall keine Aussage über die Qualität seines Schätzwertes in die Hand bekommt. Es wird nur gesagt, wie er bei häufiger Wiederholung des Schätzvorganges „im Mittel" mit seinen Schätzungen liegen wird.

Schätzfunktionen

In der Problemstellung stehen zwei aus einer Stichprobe (als solche fassen wir den Datensatz auf) berechnete Werte zur Auswahl. Die Werte sind Realisationen von Stichprobenfunktionen.

Wenn die Realisation einer Stichprobenfunktion als Näherungs- oder Schätzwert für den unbekannten Wert eines Parameters dienen soll, wird die Stichprobenfunktion als Schätzfunktion bezeichnet. Um dies auch von der Notation her deutlich zu machen, wird die Stichprobenfunktion mit dem gleichen Symbol wie der Parameter, allerdings versehen mit einem Dach, verwendet. Als allgemeines Symbol für einen Verteilungsparameter benutzen wir im weiteren θ. Dafür ist bei den speziellen Verteilungen dann p, μ, σ^2 oder λ einzusetzen.

> Eine Stichprobenfunktion $\hat{\theta}(X_1, \ldots, X_n)$, deren Wert $\hat{\theta}(x_1, \ldots, x_n)$ als Schätzwert für einen theoretischen Parameter θ dienen soll, heißt **Schätzfunktion** oder kurz **Schätzer** (für θ). Häufig schreiben wir auch $\hat{\theta}$ für $\hat{\theta}(X_1, \ldots, X_n)$ bzw. für $\hat{\theta}(x_1, \ldots, x_n)$. Der Unterschied zwischen Schätzfunktion und -wert ist dann aus dem Kontext zu ersehen.

Die in der Problemstellung betrachteten Schätzer für den Parameter λ der Poissonverteilung sind $\hat{\lambda}_1 = \bar{X}$ und $\hat{\lambda}_2 = S^2$. Die Schätzwerte sind die Realisationen $\bar{x}$ und s^2 bei der angegebenen Stichprobe.

Mittlerer quadratischer Fehler

Die Varianz ist die wichtigste Maßzahl zur Beschreibung der Ausbreitung einer Verteilung. Eine kleine Varianz bedeutet, daß die Realisationen sich i.d.R. eng um den Erwartungswert gruppieren, eine große, daß sie relativ stark streuen. Bei Schätzfunktionen interessiert man sich nun natürlich dafür, wie eng sich die Realisationen um den zu schätzenden Parameter konzentrieren. In Anlehnung an die Varianz mißt man dies mit dem quadratischen Abstand, mit dem im Mittel zwischen zu schätzendem Parameter und Schätzwert zu rechnen ist. Das liegt als zentrales Konzept der Beurteilung von Schätzfunktionen zugrunde.

> Der **durchschnittliche quadratische Abstand** zwischen der Schätzfunktion $\hat{\theta}$ und dem Parameter θ oder der **mittlere quadratische Fehler** von $\hat{\theta}$ bezüglich θ ist
>
> $$\mathrm{MQF}(\hat{\theta}, \theta) = \mathrm{E}((\hat{\theta}(X_1, \ldots, X_n) - \theta)^2).$$

Beispiel

In der Problemstellung haben wir für die Zufallsvariable X = „Anzahl der Feuerwehr-Einsätze am Sonntag" eine Poisson-Verteilung unterstellt. Deren Parameter λ ist zu schätzen.

Wir betrachten nun die Schätzfunktion $\hat{\lambda}_1 = \bar{X}$.

Wie wir in Abschnitt 13.2 gesehen haben, gilt

$$E(\bar{X}) = E(X) \quad \text{und} \quad V(\bar{X}) = \frac{1}{n} V(X).$$

Wegen $X \sim PO(\lambda)$ sind $E(X) = \lambda$ und $V(X) = \lambda$.

Damit erhalten wir

$$MQF(\bar{X}, \lambda) = E(\bar{X} - \lambda)^2 = V(\bar{X}) = \frac{1}{n} V(X) = \frac{1}{n} \lambda.$$

Der mittlere quadratische Fehler von $\bar{X}$ bzgl. λ ist gleich seiner Varianz.

Die andere betrachtete Schätzfunktion lautet $\hat{\lambda}_2 = S^2$.

Die Bestimmung von $MQF(S^2, \lambda)$ ist nicht so einfach. Es läßt sich aber zeigen:

$$MQF(\bar{X}, \lambda) < MQF(S^2, \lambda).$$

Damit schneidet $\bar{X}$ als Schätzer für λ besser ab. Bei wiederholten Schätzungen gruppieren sich die Werte von $\bar{X}$ enger um den unbekannten Parameterwert λ als die von S^2.

Dem Leiter der Feuerwache ist also die Verwendung von $\bar{x} = 2.096$ als Schätzwert für den unbekannten Parameter zu empfehlen. Die Empfehlung beruht auf der Hoffnung, daß sich auch der einzelne Anwendungsfall an die „Regel" hält.

Wie die folgende Gegenüberstellung zeigt, ergibt diese Empfehlung hier tatsächlich die bessere Anpassung.

Tab.: Feuerwehreinsätze und angepaßte Poisson-Verteilungen

x	n(X = x)	$n \cdot e^{-\hat{\lambda}} \hat{\lambda}^x / x!$	
		$\hat{\lambda} = \bar{x}$	$\hat{\lambda} = s^2$
0	8	6.39	3.77
1	13	13.40	9.89
2	11	14.04	12.98
3	14	9.81	11.36
4	2	5.14	7.45
5	2	2.16	3.91
6	1	0.75	1.71
7	0	0.23	0.64
8	1	0.06	0.21

Für den Vergleich zweier Schätzfunktionen legen wir fest:

> Sind $\hat{\theta}_1$ und $\hat{\theta}_2$ zwei Schätzfunktionen für denselben Parameter θ, so heißt $\hat{\theta}_1$ **effizienter** als $\hat{\theta}_2$, wenn für alle Werte von θ
>
> $$\mathrm{MQF}(\hat{\theta}_1, \theta) \leq \mathrm{MQF}(\hat{\theta}_2, \theta),$$
>
> und für mindestens ein θ_0 das echte ‚<'-Zeichen gilt.

Bei der Poissonverteilung ist also $\bar{X}$ ein effizienterer Schätzer für λ als S^2.

Die relative Effizienz eines Schätzers in Bezug auf einen anderen hängt von dem zugrundeliegenden Verteilungsmodell ab. Bei der Diskussion der Eigenschaften von Schätzfunktionen ist also stets das Verteilungsmodell als Rahmen mit zu berücksichtigen.

Beispiel

Das arithmetische Mittel $\bar{X}$ ist aufgrund des zentralen Grenzwertsatzes für die meisten Ausgangsverteilungen asymptotisch normalverteilt: $\bar{X} \overset{a}{\sim} N(\mu, \sigma^2/n)$. Dabei sind μ der Erwartungswert und σ^2 die Varianz der Ausgangsvariablen X.

Der Median $\tilde{X}$ ist bei stetigen Verteilungen ebenfalls asymptotisch normalverteilt, falls die Dichte f(x) der Ausgangsvariablen einige Bedingungen erfüllt:

$$\tilde{X} \overset{a}{\sim} N(\tilde{\mu}, (\sqrt{n} \cdot 2 \cdot f(\tilde{\mu}))^{-2}).$$

Bei symmetrischen Verteilungen gilt nun $\mu = \tilde{\mu}$. Für solche Verteilungen können wir also die beiden Schätzfunktionen miteinander vergleichen.

Sei X zunächst normalverteilt. Wegen $f(\mu) = 1/\sqrt{2\pi\sigma^2}$ erhalten wir

$$V(\tilde{X}) = \left(\frac{1}{\sqrt{n} \cdot 2 \cdot \frac{1}{\sqrt{2\pi\sigma^2}}} \right)^2 = \frac{2\pi\sigma^2}{n \cdot 4} = 1.57 \frac{\sigma^2}{n}.$$

Andererseits ist

$$V(\bar{X}) = \frac{\sigma^2}{n}.$$

Da $\bar{X}$ und $\tilde{X}$ beide den Erwartungswert μ haben, ist also $\mathrm{MQF}(\tilde{X}, \mu)$ bei der Normalverteilung etwa 1.5 mal so groß wie $\mathrm{MQF}(\bar{X}, \mu)$.

Nun unterstellen wir für X eine **Laplace-Verteilung**: X habe also die Dichte

$$f(x) = \frac{1}{2\lambda} e^{-|x-\mu|/\lambda}.$$

Wegen der Symmetrie ist wieder $E(X) = \mu = \tilde{\mu}$. Mit $E(\bar{X}) = E(\tilde{X}) = \mu$ und mit $V(X) = 2\lambda^2$ folgt nun:

$$\mathrm{MQF}(\bar{X}, \mu) = E(\bar{X} - \tilde{\mu})^2 = V(\bar{X}) = 2\lambda^2/n,$$

$$\mathrm{MQF}(\tilde{X}, \mu) = E(\tilde{X} - \tilde{\mu})^2 = V(\tilde{X}) = \left(\frac{1}{\sqrt{n} \cdot 2 \cdot \left(\frac{1}{2\lambda}\right)}\right)^2 = \frac{\lambda^2}{n}.$$

Bei dieser Verteilung ist der Median als Schätzer für μ doppelt so effizient wie das arithmetische Mittel.

Daß der Median bei der Laplace-Verteilung effizienter ist als das arithmetische Mittel, rührt daher, daß bei dieser Verteilung extreme Werte mit großer Wahrscheinlichkeit vorkommen. Extreme Werte beeinflussen das arithmetische Mittel sehr stark, den Median nur wenig. Folglich streut hier $\bar{X}$ mehr als $\tilde{X}$.

Der mittlere quadratische Fehler erfaßt zwei Aspekte der Verteilung einer Schätzfunktion: Ihre Verschiebung und ihre Ausbreitung.

Der mittlere quadratische Fehler eines Schätzers $\hat{\theta}$ für den Parameter θ setzt sich zusammen aus dem Quadrat der Verschiebung gegen θ und der Varianz:

$$\mathrm{MQF}(\hat{\theta}, \theta) = (E(\hat{\theta}) - \theta)^2 + V(\hat{\theta}).$$

Die angegebene Beziehung erhalten wir aus

$$\mathrm{MQF}(\hat{\theta}, \theta) = E(\hat{\theta} - \theta)^2 = E([\hat{\theta} - E(\hat{\theta})] + [E(\hat{\theta}) - \theta])^2$$

durch Ausmultiplizieren des Binoms auf der rechten Seite unter Berücksichtigung von $E(\hat{\theta} - E(\hat{\theta})) = 0$.

Die Abbildung illustriert die Situation: Der Schätzer $\hat{\theta}_1$ ist nicht verschoben, hat aber eine recht große Streuung. $\hat{\theta}_2$ weist eine kleine Verschiebung auf, ist dafür

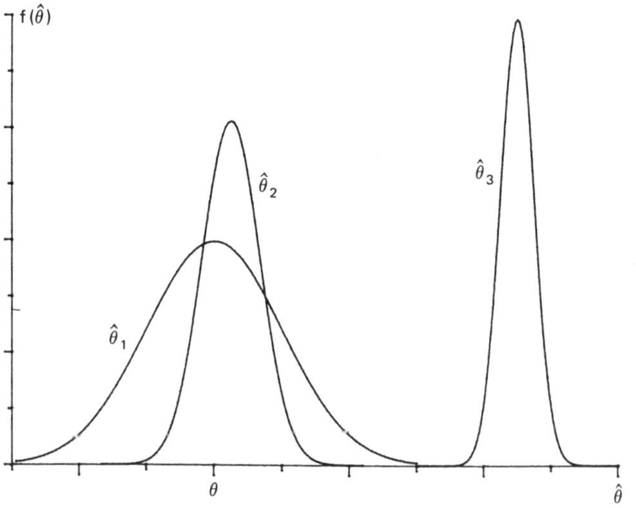

Abb.: Dichten verschiedener Schätzer für den Parameter θ.

stärker konzentriert. Untauglich ist $\hat{\theta}_3$ aufgrund der großen Differenz $E(\hat{\theta}_3) - \theta$ und der Konzentrierung um den „falschen" Wert.

Erwartungstreue

Wir haben gesehen, daß der mittlere quadratische Fehler aus zwei Komponenten zusammengesetzt ist: Die Verschiebung und der Varianz. Die Verschiebung wird auch als **Bias** bezeichnet.

Eine Schätzfunktion $\hat{\theta} = \hat{\theta}(X_1, \ldots, X_n)$ für den Parameter θ heißt **unverzerrt** oder auch **erwartungstreu**, wenn ihr **Bias** $b(\hat{\theta}, \theta) = E(\hat{\theta}) - \theta$ verschwindet:

$$b(\hat{\theta}, \theta) = 0$$

bzw.

$$E(\hat{\theta}) = E(\hat{\theta}(X_1, \ldots, X_n)) = \theta.$$

Andernfalls heißt $\hat{\theta}$ **verzerrt**.

Den Unterschied zwischen unverzerrter und verzerrter Schätzfunktion illustriert die obige Abbildung: $\hat{\theta}_1$ ist unverzerrt, während $\hat{\theta}_2$ und $\hat{\theta}_3$ verzerrt sind.

Das arithmetische Mittel $\bar{X}$ ist stets eine unverzerrte Schätzfunktion für den Erwartungswert μ einer Verteilung. Stimmt wie bei der Poisson-Verteilung der zu schätzende Parameter θ mit μ überein, so ist $\bar{X}$ natürlich auch unverzerrt für θ. In anderen Fällen sind die Verhältnisse nicht so einfach.

Beispiel

Ein Verbraucher geht über längere Zeit freitags nach Dienstschluß in denselben Supermarkt. Er interessiert sich dafür, als wievielter er an der Kasse bedient wird, also für die Zufallsvariable X = „Anzahl der vor ihm an der Kasse wartenden Kunden".

Als Modell für die Verteilung von X wählen wir eine geometrische Verteilung: Jeder Kunde vor ihm entspricht einem Mißerfolg beim Versuch, an der Kasse bedient zu werden.

Daher setzen wir an

$$P(X = x) = p(1-p)^x \qquad x = 0, 1, 2, \ldots.$$

Es ist noch der Parameter p zu schätzen. Eine Schätzung basiert auf einem Besuch des Supermarktes, bei dem der Wert von X festgehalten wird.

Wegen $E(X) = \dfrac{1-p}{p}$ bzw. $p = \dfrac{1}{E(X)+1}$ liegt es nahe, die Stichprobenfunktion $\dfrac{1}{X+1}$ als Schätzfunktion zu wählen:

$$\hat{p} = \frac{1}{X+1}.$$

Diese Schätzfunktion ist nicht erwartungstreu:

$$E(\hat{p}) = E\left(\frac{1}{X+1}\right) \neq p.$$

Denn es ist:

$$E\left(\frac{1}{X+1}\right) = \sum_{x=0}^{\infty} \frac{1}{x+1} p(1-p)^x$$
$$= p + \frac{1}{2} p(1-p) + \frac{1}{3} p(1-p)^2 + \ldots .$$

Damit gilt offensichtlich

$$E\left(\frac{1}{X+1}\right) > p.$$

Bei mehreren Besuchen bietet sich die – immer noch verzerrte – Schätzfunktion

$$\hat{p} = 1/(\bar{X}+1)$$

an. Es läßt sich zeigen, daß der Bias mit wachsendem n immer geringer wird:

$$\lim_{n \to \infty} b(\hat{p}, p) = 0.$$

Für genügend große Stichprobenumfänge ist $\hat{p}$ also ein praktisch unverzerrter Schätzer für p.

Zwanzig Einkäufe ergaben die Werte:

5, 2, 5, 5, 2, 3, 8, 6, 0, 5, 4, 3, 7, 1, 5, 5, 3, 16, 4, 3.

Hier ist $\bar{x} = 4.5$. Der konkrete Schätzwert ist damit

$$\hat{p} = \frac{1}{\bar{x}+1} = 0.18.$$

Schätzfunktionen, bei denen wie im Beispiel der Bias mit wachsendem Stichprobenumfang gegen Null geht, heißen **asymptotisch unverzerrt**.

Insbesondere sei darauf hingewiesen, daß die **Stichprobenvarianz** $S^2 = \frac{1}{n} \sum_{v=1}^{n} (X_v - \bar{X})^2$ nicht erwartungstreu ist. Vielmehr gilt, wie man mit dem Verschiebungssatz leicht sieht:

$$E(S^2) = \frac{n-1}{n} \sigma^2.$$

Dabei ist σ^2 die Varianz der zugrundeliegenden Zufallsvariablen X. S^2 ist aber offensichtlich asymptotisch unverzerrt.

Aus S^2 läßt sich auf einfache Weise ein erwartungstreuer Schätzer für σ^2 gewinnen.

Multiplikation beider Seiten von

$$E(S^2) = \frac{n-1}{n}\sigma^2$$

mit n/(n − 1) und Ausnutzen der Rechenregeln für den Erwartungswert führt auf

$$\sigma^2 = \frac{n}{n-1} E(S^2) = E\left(\frac{n}{n-1} S^2\right)$$

$$= E\left(\frac{1}{n-1} \sum_{v=1}^{n} (X_v - \bar{X})^2\right).$$

Als **erwartungstreuen Schätzer** für die theoretische Varianz σ^2 erhalten wir die Stichprobenfunktion

$$\hat{\sigma}^2 = \frac{1}{n-1} \sum_{v=1}^{n} (X_v - \bar{X})^2.$$

Wie hier $\hat{\sigma}^2$ als erwartungstreuer Schätzer aus S^2 gewonnen wurde, können bisweilen auch in anderen Situationen aus verzerrten Schätzern unverzerrte abgeleitet werden.

Konsistenz

Viele in der statistischen Praxis auftretende Schätzfunktionen haben die Eigenschaft, daß mit zunehmendem Stichprobenumfang sowohl der Bias verschwindet als auch die Varianz gegen Null strebt. Die Werte einer solchen Schätzfunktion $\hat{\theta}$ konzentrieren sich also mit größer werdendem Stichprobenumfang immer enger um den wahren Wert des zu schätzenden Parameters θ. Man kann mit immer größerer Sicherheit davon ausgehen, daß der Schätzwert tatsächlich in der unmittelbaren Nähe des wahren Parameterwertes liegt.

$\hat{\theta} = \hat{\theta}(X_1, \ldots, X_n)$ heißt eine **konsistente Schätzfunktion** für den Parameter θ, falls

$$\lim_{n\to\infty} MQF(\hat{\theta}, \theta) = 0,$$

oder, äquivalent dazu:

$$\lim_{n\to\infty} b(\hat{\theta}, \theta) = 0 \quad \text{und} \quad \lim_{n\to\infty} V(\hat{\theta}) = 0.$$

Die Konsistenz kann als Versicherung angesehen werden, daß ein größerer Aufwand bessere Resultate liefert. Sie ist eine minimale Anforderung an Schätzfunktionen. Wenn ein Schätzer nicht einmal konsistent ist, ist er i. d. R. nicht zur Anwendung zu empfehlen. Andererseits ist diese Eigenschaft von zweifelhaftem Nutzen. Denn die Forderung nach großen Stichprobenumfängen ist oft nicht zu realisieren.

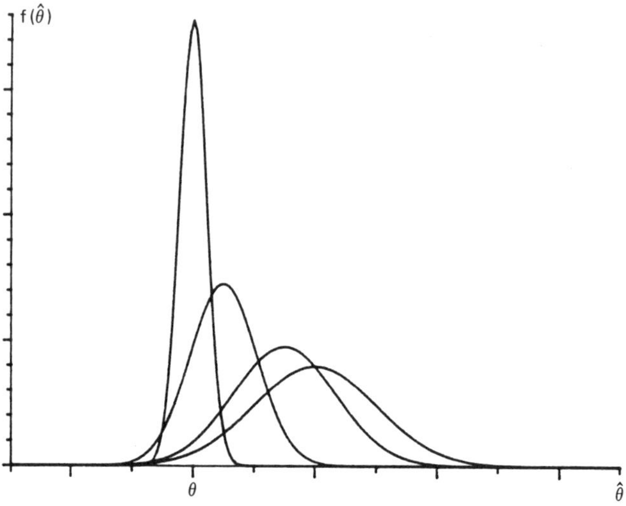

Abb.: Einfluß des Stichprobenumfanges auf die Verteilung von $\hat{\theta}$

14.2 Anwendungsorientierte Aspekte

Problemstellung

Bei Wechselkursen sind die (Kassa-)täglichen Änderungen von Interesse. Sind sie vorhersehbar eine Zeitlang im Mittel von Null verschieden, können Spekulanten versuchen, dies in ihre Spekulationsentscheidungen einzubauen.

Wir wollen den Erwartungswert der täglichen Wechselkursänderungen DM pro 1000 italienische Lire schätzen. Für die Zeit vom 1. November 1982 bis 10. März 1983 erhalten wir die folgende Verteilung (aus: Monatsberichte der Deutschen Bundesbank, Reihe 5: Die Währungen der Welt):

Tab.: Wechselkursdifferenzen DM pro 1000 Lire (in 0.001)

i	x_i	n_i	i	x_i	n_i
1	−18	2	9	−1	14
2	−12	2	10	0	15
3	− 7	1	11	1	11
4	− 6	1	12	2	8
5	− 5	2	13	3	8
6	− 4	4	14	4	1
7	− 3	2	15	5	1
8	− 2	17	16	6	1

Es stellt sich nun die Frage, mit welcher Schätzfunktion die erwartete Wechselkursänderung geschätzt werden soll.

Wie wir gesehen haben, ist das arithmetische Mittel bei der Normalverteilung effizienter als der Median. Bei der Laplace-Verteilung, die mehr extreme Werte produziert, kehren sich die Verhältnisse um.

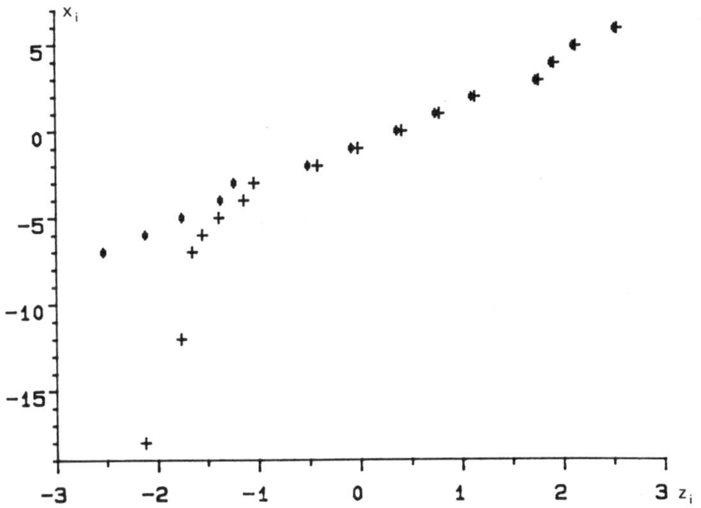

Abb.: QQ-Diagramm für Wechselkurse gegen die Normalverteilung.
„+" ≙ Voller Datensatz „•" ≙ ohne die vier kleinsten Werte

Wie das QQ-Diagramm lehrt, sind die vorliegenden Daten im wesentlichen normalverteilt. Die Einschränkung ist wegen der vier extremen Werte im unteren Bereich nötig. Somit sind beide betrachteten Schätzfunktionen dubios; die Frage nach einer geeigneten Schätzfunktion bleibt bestehen.

Robustheit

Schätzer, die nicht empfindlich sind gegen Ausreißer oder leichte Modellabweichungen, werden als **robust** bezeichnet. Dieser Eigenschaft wird neuerdings große Aufmerksamkeit entgegengebracht. Ein Grund dafür ist die Erfahrung, daß häufig bis zu 10% der Daten „verschmutzt" sind. Dies bedeutet, daß sich ca. 90% der Daten gut durch ein Verteilungsmodell beschreiben lassen, die restlichen aber vom übrigen Datenkörper zu weit weg liegen und die Anpassung stören.

Wir haben gesehen, daß im Fall der Laplace-Verteilung $\tilde{X}$ doppelt so effizient ist wie $\bar{X}$. Dies resultiert gerade aus der größeren Robustheit des Medians gegenüber extremen Werten. Da der Stichprobenmedian jedoch nur einen einzigen Wert der Stichprobe ausnutzt, ist er bei Gültigkeit des ggf. unterstellten Normalverteilungsmodells, oder bei nur geringen Abweichungen von der Normalverteilung, verhältnismäßig ineffizient. Daher sucht man nach Kompromissen: Einerseits will man mehr Information der Stichprobe bei der Lageschätzung nutzen als es der Median tut; andererseits sollen Ausreißer sich nicht so auswirken wie beim arithmetischen Mittel.

Bei symmetrischen Verteilungen besteht ein Ansatz darin, an beiden Enden des geordneten Datensatzes jeweils einen geeigneten Anteil α von Beobachtungen abzuschneiden und das arithmetische Mittel der restlichen Werte zu bilden. Den resultierenden Schätzer bezeichnet man als **α-getrimmtes Mittel**

$$\bar{X}_\alpha = \frac{1}{n-2r} \sum_{v=r+1}^{n-r} X_{(v)}.$$

Dabei ist r die größte ganze Zahl mit $r \leq n \cdot \alpha$ und $X_{(v)}$ stellt die Stichprobenfunktion dar, die jeweils den v-kleinsten Wert der Stichprobe angibt. Mit der unterstellten Symmetrie der Verteilung ist $\bar{X}_\alpha$ ein unverzerrter Schätzer für das Zentrum $\mu = \tilde{\mu}$ der Verteilung. Zudem ist $\bar{X}_\alpha$ unempfindlich gegen eine gewisse Anzahl von extremen Werten.

Meist reicht ein relativ kleines α, z. B. $\alpha = 0.1$, um den gewünschten Effekt zu erzielen.

Beispiel

Für die in der Problemstellung dieses Abschnittes angegebenen Daten erhalten wir die Werte

$$\tilde{x} = -0.5$$
$$\bar{x}_{0.05} = -0.549.$$

Diese geben im wesentlichen dieselbe Antwort. Ein Blick auf die empirische Verteilung lehrt, daß diese befriedigender ist als der Wert -0.967 des arithmetischen Mittels $\bar{x}$.

Sensitivitätskurve und Bruchpunkt

Einen Eindruck von der Robustheit eines Schätzers können wir uns verschaffen, wenn wir den Einfluß einer einzelnen extremen Beobachtung auf den Wert des Schätzers betrachten.

Nehmen wir z. B. das arithmetische Mittel. Für $n-1$ Beobachtungen $x_1, \ldots, x_{n-1}$ ist es

$$\bar{x}_{n-1} = \frac{1}{n-1} \sum_{v=1}^{n-1} x_v.$$

Die Hinzunahme eines weiteren Wertex x führt auf

$$\bar{x}_n = \frac{n-1}{n} \bar{x}_{n-1} + \frac{1}{n} x.$$

Die Änderung von $\bar{x}_{n-1}$ zu $\bar{x}_n$ beziehen wir auf den Anteil der hinzugekommenen Werte. Damit berücksichtigen wir, daß bei kleinerem Stichprobenumfang die einzelnen Werte ein größeres Gewicht haben als bei großem n.

Die Änderung ist dann

$$\frac{\bar{x}_n - \bar{x}_{n-1}}{1/n} = x - \bar{x}_{n-1}.$$

Wird diese Änderung in Abhängigkeit von x als Kurve dargestellt, so erhalten wir:

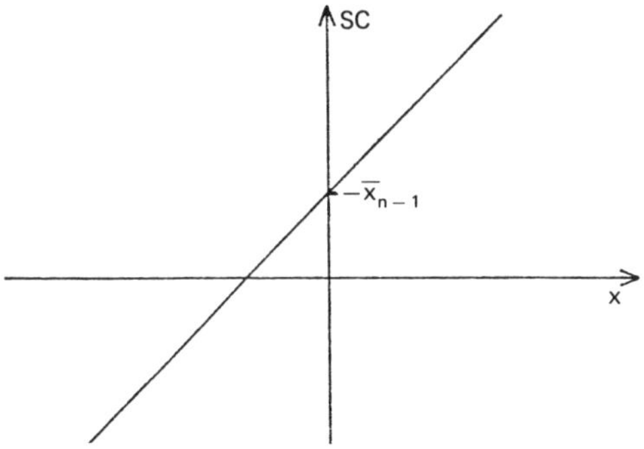

Abb.: Sensitivitätskurve des arithmetischen Mittels

Die Abbildung zeigt, daß ein einzelner Wert x das arithmetische Mittel beliebig verändern kann, wenn er nur weit genug vom restlichen Datenkörper entfernt ist.

> Die **Sensitivitätskurve** oder **Stichproben-Einflußkurve** des Schätzers $\hat{\theta}_n$ bei der Stichprobe $x_1, \ldots, x_{n-1}$ ist
>
> $SC(x; x_1, \ldots, x_{n-1}, \hat{\theta}_n) = n[\hat{\theta}_n(x_1, \ldots, x_{n-1}, x) - \hat{\theta}_{n-1}(x_1, \ldots, x_{n-1})]$.

Wir wollen zur Abrundung des Bildes noch die **Sensitivitätskurve des Medians** bei einer stetigen Verteilung bestimmen. Dazu wählen wir n ungerade, $n = 2m + 1$.

Seien $x_{(1)} < \ldots < x_{(n-1)}$ die geordneten Stichprobenwerte. Dann ist

$$\tilde{x}_{n-1} = \frac{1}{2}(x_{(m)} + x_{(m+1)}).$$

In Abhängigkeit von der Lage des weiteren Wertes x erhalten wir:

$$\tilde{x}_n = \begin{cases} x_{(m)} & \text{falls } x < x_{(m)} \\ x & \text{falls } x_{(m)} \leq x \leq x_{(m+1)} \\ x_{(m+1)} & \text{falls } x > x_{(m+1)}. \end{cases}$$

Dies führt zu folgendem Bild für $SC(x; x_1, \ldots, x_{n-1}, \tilde{X}_n) = n(\tilde{x}_n - \tilde{x}_{n-1})$:

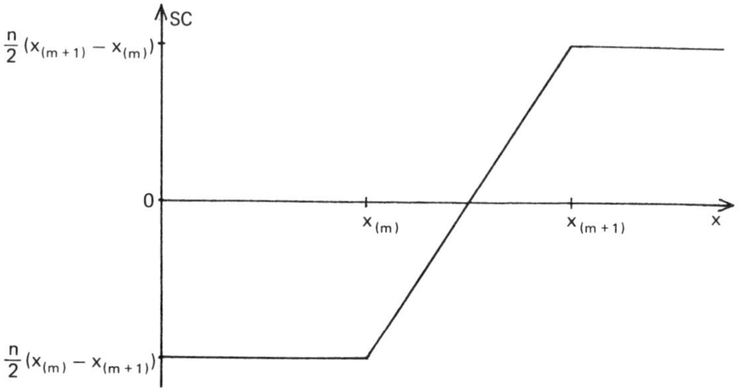

Abb.: Sensitivitätskurve des Medians

Ein einzelner Ausreißer „verschiebt" den Median nur bis zur nächsten Beobachtung. Die Sensitivitätskurve bleibt beschränkt.

Ein weiterer Aspekt der Robustheit wird mit dem Konzept des **Bruchpunktes** erfaßt. Der Bruchpunkt gibt an, welchen Anteil an „verschmutzten" Werten oder Ausreißern eine Schätzfunktion verkraftet. Genauer, bei welchem Anteil einer sehr großen Stichprobe der Wert der Schätzfunktion beliebig groß oder klein werden kann.

Wie wir gesehen haben, kann das arithmetische Mittel schon bei einem Ausreißer über alle Grenzen wachsen. Für jeden Ausreißer-Anteil größer als Null kann dies auftreten. Daher ist der Bruchpunkt gleich Null.

Beim Median beträgt der Bruchpunkt 0.5: Sofern weniger als 50% der Daten verschmutzt sind, verbleibt der Median im Bereich des „eigentlichen" Datensatzes. Das α-getrimmte Mittel hat schließlich den Bruchpunkt α. Dieser Anteil der Werte wird gerade an beiden Enden des Datensatzes gekappt.

Datenvalidierung mit der Sensitivitätskurve

Die Entdeckung von einzelnen, untypisch großen oder kleinen Werten in einem Datensatz ist nicht zu schwierig. Wie wir in Kapitel 2 gesehen haben, kann das modifizierte Box-Plot hierzu eingesetzt werden. Auch die in Kapitel 12.1 erwähnte Ausreißerregel ist – ggfs. nach Symmetriesierung der Daten – ein nützliches Instrument. Bei bivariaten oder gar noch höher-dimensionalen Daten ist es schwieriger, Werte als untypisch einzustufen. Dies liegt daran, daß dann die Daten nicht mehr in natürlicher Weise angeordnet werden können.

Für bivariate Daten kann die Stichproben-Einflußkurve des Korrelationskoeffizienten zum Erkennen untypischer Werte herangezogen werden können.

Dazu wird bei gegebener Stichprobe $(x_1, y_1), \ldots, (x_n, y_n)$ nacheinander jedes Wertepaar (x_v, y_v) aus der Stichprobe entfernt und die **Sensitivitätskurve des Korrelationskoeffizienten** für den verringerten Datensatz an der Stelle (x_v, y_v) bestimmt:

$$SC((x_v, y_v); (x_1, y_1), \ldots, (x_{v-1}, y_{v-1}), (x_{v+1}, y_{v+1}), \ldots, (x_n, y_n), r) = n(r - r_{-v}).$$

r bezeichnet den Korrelationskoeffizienten des vollen Datensatzes, r_{-v} den, der aus dem um (x_v, y_v) verringerten Datensatz berechnet wurde.

Die Beobachtungen mit den am stärksten von Null abweichenden Werten $n(r - r_{-v})$ sind dann am ehesten **Ausreißer-verdächtig**. Diese Beobachtungen beeinflussen ja das Maß für den (linearen) Zusammenhang am meisten.

Eine wesentliche **Vereinfachung bei der Berechnung**, bei der die Bestimmung der einzelnen $r_{-v}\ v = 1, \ldots, n$ vermieden wird, erhalten wir folgendermaßen. Wir gehen aus von den standardisierten Daten

$$u_v = (x_v - \bar{x})/s_X, \quad w_v = (y_v - \bar{y})/s_Y \qquad v = 1, \ldots, n.$$

Wegen $r_{UW} = r_{XY}$ macht dies für das Messen des Einflusses einzelner Wertepaare auf die Korrelation keinen Unterschied. Dann erhalten wir durch geeignete Umformungen und Näherungen:

$$\begin{aligned} n(r - r_{-v}) &= n\left[r - \frac{r - \frac{1}{n-1}u_v w_v}{\sqrt{1 - \frac{u_v^2}{n-1}}\sqrt{1 - \frac{w_v^2}{n-1}}}\right] \\ &\approx n\left[r - \left(r - \frac{u_v w_v}{n-1}\right)\left(1 + \frac{u_v^2}{2(n-1)}\right)\left(1 + \frac{w_v^2}{2(n-1)}\right)\right] \\ &\approx u_v w_v - r\frac{u_v^2 + w_v^2}{2}. \end{aligned}$$

Um zu verdeutlichen, in welchen Bereichen Punkte liegen können, auf die der Korrelationskoeffizient (tendenziell) sensitiv reagiert, kann man in das Streudiagramm Konturlinien zeichnen. Das sind solche Funktionsverläufe, für die die Sensitivitätskurve konstant ist.

Wir gehen dazu von

$$u \cdot w - r\frac{u^2 + w^2}{2} = \pm c$$

aus und lösen diese Gleichung nach w auf:

$$w = \frac{1}{r}\left[u \pm \sqrt{(1 - r^2)u^2 \pm 2rc}\right].$$

Damit erhalten wir vier Teilstücke von Funktionsverläufen; außerhalb liegen die Punkte mit sehr großem Einfluß.

Beispiel

Die Energiekommission der USA erhält monatlich Angaben über die Stromproduktion und den Ölverbrauch öffentlicher Versorgungsbetriebe. Um die Datenqualität dieser Angaben zu sichern, wurden die Meldungen verschiedener Betriebe auf Ausreißer hin untersucht.

Die folgende Tabelle enthält die Angaben über den monatlich erzeugten Strom und das verbrauchte Öl eines Betriebes über drei Jahre.

Tab.: Stromproduktion (X) und Ölverbrauch (Y) eines Betriebes sowie standardisierte Werte (u bzw. w) und Werte der Sensitivitätskurven (Quelle: Chernick, Amer. J. Mathe. Manag. Sci. 2, (1982), 263–288).

v	x_v	y_v	u_v	w_v	$n(r - r_{-v})$
1	0	0	−.5810	−.5143	.1571
2	25628	49	−.1936	−.3137	.0287
3	0	0	−.5810	−.5143	.1571
4	0	0	−.5810	−.5143	.1571
5	1259	5	−.5619	−.4939	.1458
6	65857	166	.4145	.1654	.0217
7	211298	385	2.6130	1.0621	.9029
8	73909	142	.5363	.0671	−.0328
9	24543	46	−.2100	−.3260	.0331
10	0	0	−.5810	−.5143	.1571
11	0	0	−.5810	−.5143	.1571
12	47162	77	.1319	−.1990	−.0397
13	25133	1231	−.2010	4.5261	−5.7407
14	25499	658	−.1955	2.1799	−1.5536
15	0	0	−.5810	−.5143	.1571
16	0	0	−.5810	−.5143	.1571
17	4973	2	−.5058	−.5061	.1355
18	12660	28	−.3896	−.3997	.0824
19	25692	62	−.1926	−.2605	.0255
20	0	0	−.5810	−.5143	.1571
21	6049	12	−.4895	−.4652	.1204
22	0	0	−.5810	−.5143	.1571
23	80701	162	.6389	.1490	−.0061
24	165811	320	1.9255	.7959	.5109
25	275609	530	3.5852	1.6558	2.2661
26	8022	20	−.4597	−.4324	.1050
27	0	0	−.5810	−.5143	.1571
28	0	0	−.5810	−.5143	.1571
29	25701	57	−.1925	−.2809	.0268
30	53944	106	.2345	−.0803	−.0333
31	190320	356	2.2959	.9433	.7158
32	0	29	−.5810	−.3956	.1136
33	6000	22	−.4903	−.4242	.1091
34	0	0	−.5810	−.5143	.1571
35	0	0	−.5810	−.5143	.1571
36	27822	57	−.1604	−.2809	.0204

In der letzten Spalte wurden die oben angegebenen Näherungen angegeben. Offensichtlich sind hier insbesondere die drei Wertepaare mit den Indizes $v = 13, 14, 25$ auf ihre Richtigkeit zu überprüfen. Das Streudiagramm (der standardisierten Werte) mit den Konturlinien für $c = 1$ ist in der folgenden Abbildung wiedergegeben. Es zeigt insbesondere, daß der Datenpunkt $v = 25$ zwar in der ‚allgemeinen Tendenz' liegt, aber dennoch zu den Punkten mit großem Einfluß auf die Korrelation gehört.

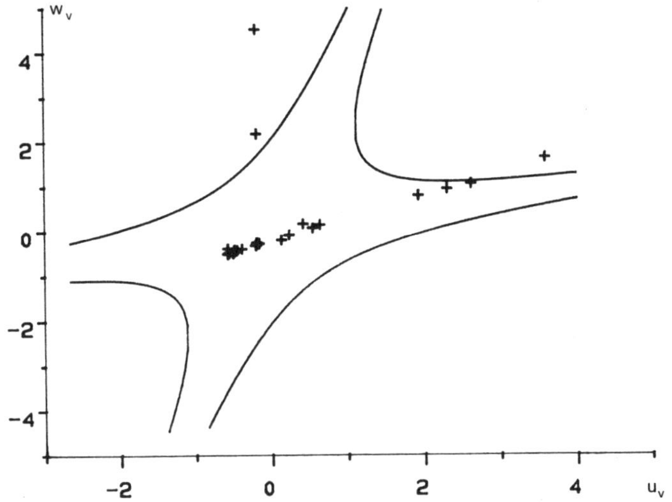

Abb.: Streudiagramm der standardisierten Größen Energieerzeugung und Ölverbrauch eines Betriebes mit Konturlinien der Sensitivitätskurve

Standardfehler

Bei einer erwartungstreuen Schätzfunktion reduziert sich der mittlere quadratische Fehler auf die Varianz der Schätzfunktion. Die Varianz oder die Standardabweichung des Schätzers bildet dann die Grundlage zur Einschätzung seiner Güte oder Effizienz.

In Anwendungen wird daher in vielen Fällen zusammen mit dem Schätzwert auch gern der **Standardfehler**, d. h. die Standardabweichung der Schätzfunktion, angegeben.

Dieser Standardfehler ist in der Regel selbst nicht bekannt, sondern muß aus der Stichprobe geschätzt werden.

Der einfachste Fall ist dabei die Schätzung des Erwartungswertes μ durch das arithmetische Mittel $\bar{X}$. Wie wir gesehen haben, gilt $V(\bar{X}) = \sigma^2/n$, wobei σ^2 die Varianz der Ausgangsvariablen X ist. Für große Stichprobenumfänge läßt sich auch die Varianz einer (geeignet differenzierbaren) Funktion von $\bar{X}$ angeben:

$$V(g(\bar{X})) \approx (g'(\mu))^2 \cdot \frac{\sigma^2}{n}.$$

Eine **Schätzung des Standardfehlers** von $\bar{X}$ ist

$$\hat{\sigma}_{\bar{X}} = \frac{\hat{\sigma}}{\sqrt{n}},$$

wobei $\hat{\sigma}$ eine Schätzfunktion der Standardabweichung der Ausgangsvariablen X ist. Für große n erhält man als **Schätzung des Standardfehlers einer Funktion** von $\bar{X}$:

$$\hat{\sigma}_{g(\bar{X})} = |g'(\bar{X})| \cdot \frac{\hat{\sigma}}{\sqrt{n}}.$$

Beispiel

Die Dauer von Streiks ist von großer volkswirtschaftlicher und innenpolitischer Bedeutung. Daher ist eine Analyse von Streikdauern von Interesse.

Für die 960 in den Jahren 1966 bis 1973 in Großbritannien durchgeführten offiziellen Arbeitsniederlegungen ergab sich als sehr gutes Modell eine EX(0.0356)-Verteilung. (Newby/Winterton: The duration of industrial stoppages, J. R. Statist. Soc. A., 146 (1983), S. 62–70.)

Wir unterstellen die Exponential-Verteilung als korrektes Modell für die Variable X = „Dauer eines Streiks".

Dann erhalten wir für den Standardfehler der Schätzung der mittleren Streikdauer wegen

$$V(X) = \frac{1}{\lambda^2} = E(X)^2:$$

$$\hat{\sigma}_{\bar{X}} = \frac{\bar{x}}{\sqrt{n}} = \frac{28.09}{\sqrt{960}} = 0.907.$$

Für $\hat{\lambda} = 1/\bar{X}$ ergibt sich weiter mit $g(x) = \frac{1}{x}$:

$$\hat{\sigma}_{\hat{\lambda}} = \left| -\frac{1}{\bar{x}^2} \right| \cdot \frac{\bar{x}}{\sqrt{n}} = \frac{1}{28.09} \cdot \frac{1}{\sqrt{960}} = 0.00115.$$

Bei dem großen Stichprobenumfang n = 960 sind die Standardfehler natürlich sehr klein.

In vielen Fällen ist die Situation jedoch nicht so einfach wie die eben behandelte. Dann besteht die Möglichkeit, Schätzwerte für Standardfehler durch Simulationen zu gewinnen. Sei zunächst das Verteilungsmodell unter Verwendung des aus der konkreten Stichprobe bestimmten Schätzwertes $\hat{\theta}$ vollständig spezifiziert. Dann simulieren wir eine große Zahl N von Stichproben des Umfanges n. Für jede Stichprobe wird $\hat{\theta}_n$ berechnet. Sei $\hat{\theta}_{n,j}$ der aus der j-ten simulierten Stichprobe berechnete Schätzwert. Als Näherung für den Standardfehler nehmen wir dann die empirische Standardabweichung

$$\hat{\sigma}_{\hat{\theta}} = \sqrt{\frac{1}{N-1} \sum_{j=1}^{N} (\hat{\theta}_{n,j} - \bar{\theta}_n)^2}, \quad \text{mit} \quad \bar{\theta}_n = \frac{1}{N} \sum_{j=1}^{N} \hat{\theta}_{n,j}.$$

Ist das Verteilungsmodell nicht bekannt, so gibt es einen Trick, sich wie Münchhausen an den Haaren selbst aus dem Sumpf zu ziehen. Die **Bootstrap-Methode** von Efron ersetzt die theoretische Verteilungsfunktion durch die empirische $\hat{F}_n(x)$. Nach dem Satz von Glivenko-Cantelli sollte $\hat{F}_n(x)$ ja (für großes n) von der theoretischen Verteilungsfunktion nicht zu verschieden sein. Viele übliche, aus der empirischen Verteilung abgeleitete Größen sind dann auch nicht sehr verschieden von den entsprechenden theoretischen Größen.

Aus den n Werten $x_1, \ldots, x_n$ ziehen wir also N einfache Zufalls-Stichproben mit Zurücklegen vom Umfang n. Die Bestimmung von $\hat{\sigma}_{\hat{\theta}}$ erfolgt dann wie oben angegeben.

Beispiel

Wir bestimmen die Standardfehler von $\tilde{X}$ und $\bar{X}_{0.05}$ für den in der Problemstellung angegebenen Datensatz.

Zunächst wählen wir N = 10. Damit sind die einzelnen Rechnungen nachvollziehbar.

Tab.: Häufigkeitsverteilung bei zehn Bootstrap-Stichproben

		Bootstrap – Stichprobe Nr.									
x_i	n_i	1	2	3	4	5	6	7	8	9	10
−18	2	3	1	4	1	3	1	5	1	0	1
−12	2	3	5	1	1	0	4	0	3	0	2
− 7	1	1	0	0	2	1	0	0	1	1	0
− 6	1	2	1	0	1	0	1	3	0	3	2
− 5	2	1	4	4	2	5	4	4	1	2	2
− 4	4	2	5	2	2	4	0	5	5	9	5
− 3	2	4	3	3	2	3	1	3	1	3	2
− 2	17	22	18	20	19	19	15	15	14	14	10
− 1	14	13	15	13	16	14	21	15	16	17	19
0	15	12	12	17	17	14	15	15	13	17	24
1	11	11	13	9	7	11	6	11	16	10	11
2	8	8	7	5	11	6	8	5	8	6	5
3	8	6	5	9	6	9	10	8	9	8	6
4	1	0	0	3	1	0	1	0	2	0	0
5	1	0	0	0	1	0	1	1	0	0	1
6	1	2	1	0	1	1	2	0	0	0	0
	$\tilde{x}$	−1	−1	−1	−1	−1	−1	−1	0	−1	0
	$\bar{x}_{0.05}$	−1.05	−1.18	−0.72	−0.49	−0.74	−0.49	−1.15	−0.32	−0.80	−0.62

Auf der Basis dieser zehn Stichproben erhalten wir als Bootstrap-Schätzer für die Standardfehler von $\tilde{X}$ und $\bar{X}_{0.05}$:

$$\hat{\sigma}_{\tilde{X}} = \sqrt{\frac{1}{9} \sum_{j=1}^{10} \left(\tilde{x}_j - \frac{1}{10} \sum_{e=1}^{10} \tilde{x}_e \right)^2} = 0.42$$

$$\hat{\sigma}_{\tilde{X}_{0.05}} = \sqrt{\frac{1}{9} \sum_{j=1}^{10} \left(\tilde{x}_{0.05} - \frac{1}{10} \sum_{e=1}^{10} \tilde{x}_{0.05,e} \right)^2} = 0.29 \,.$$

Eine zuverlässigere Bootstrap-Schätzung erhalten wir durch Ziehen von 100 Zufallsstichproben vom Umfang 90 aus der empirischen Verteilung. Die beiden resultierenden Schätzwerte

$$\hat{\sigma}_{\tilde{X}} = 0.468\,, \quad \hat{\sigma}_{\bar{X}_{0.05}} = 0.359$$

bestätigen noch einmal: Das getrimmte Mittel hat bei den hier vorliegenden Daten einen kleineren Standardfehler als der Median.

14.3 Schätzmethoden

Problemstellung

Bei dem Auto-Rennen-Problem geht es um folgendes: Der Besucher eines Automobilrennens, das auf einer Sandbahn stattfindet, kommt zu spät. Die Rennwagen donnern so laut an der Tribüne vorbei, daß es unmöglich ist, sich mit Nachbarn zu unterhalten.

Er möchte nun wissen, wieviele Autos gestartet sind. Wegen der Verständigungsschwierigkeiten kann er nur Rückschlüsse aus den nur kurz im Staub erkennbaren Startnummern ziehen.

Dazu unterstellt er folgendes Modell: Die startenden Rennwagen sind von 1 bis N durchnummeriert. Jedes Rennauto ist mit der gleichen Wahrscheinlichkeit zu sehen. Die Beobachtung einer Nummer entspricht also einer Beobachtung einer Zufallsvariablen X, die eine diskrete Gleichverteilung besitzt, $X \sim DR(1, N-1)$. Wegen $E(X) = (N+1)/2$ führt die Verwendung des arithmetischen Mittels $\bar{X}$ als Schätzer für $E(X)$ auf

$$\bar{X} = \hat{\mu} = \frac{\hat{N}+1}{2}$$

bzw.

$$\hat{N} = 2\bar{X} - 1\,.$$

Diese intuitiv naheliegende Schätzfunktion ist erwartungstreu und konsistent. Sie kann aber zu unplausiblen Resultaten führen:

Bei den Werten $x_1 = 8$, $x_2 = 23$, $x_3 = 2$ erhalten wir $\bar{x} = 11$ und

$$\hat{N} = 2 \cdot 11 - 1 = 21\,.$$

Der Schätzwert ist unplausibel, da er kleiner ist als die größte beobachtete Start-Nummer.

Die erhaltene „Unplausibilität" legt die Frage nach alternativen Konzepten zur Bestimmung von Schätzfunktionen nahe.

Momentenmethode

Bevor das zentrale Konzept der Maximum-Likelihood-Methode vorgestellt wird, soll das bisher praktizierte Vorgehen in einen Rahmen gegossen werden. Denn auch dieses Vorgehen führt in vielen Fällen zu zufriedenstellenden Ergebnissen.

Nicht verwundern sollte, daß in den einfacheren Fällen die beiden Konzepte zu denselben Schätzfunktionen führen. In der Regel sind es dann auch die intuitiv naheliegenden Schätzer.

Wir haben bei der Normalverteilung μ durch $\bar{x}$, σ^2 durch s^2 bzw. $\hat{\sigma}^2 = (n/n-1) \cdot s^2$ geschätzt. Bei der Exponentialverteilung haben wir die Beziehung $\lambda = 1/E(X)$ ausgenutzt, um λ durch $1/\bar{x}$ zu schätzen. Dies sind Beispiele der Momentenmethode. Allgemein formuliert lautet sie folgendermaßen:

> Die **Momente** einer theoretischen Verteilung sind die Erwartungswerte $\mu = \mu_1 = E(X)$, $\mu_2 = E(X^2), \ldots$.
> Hängen die unbekannten Parameter von diesen Momenten ab, z. B.
>
> $$\theta_1 = h_1(\mu_1, \mu_2), \quad \theta_2 = h_2(\mu_1, \mu_2),$$
>
> so erhalten wir die **Momentenschätzer** für die unbekannten Parameter, indem in den Beziehungsgleichungen die empirischen Momente $\bar{X}$, $\overline{X^2}, \ldots$ für die theoretischen eingesetzt werden.

Bei der Normalverteilung gilt z. B.

$$E(X) = \mu$$
$$E(X^2) = \sigma^2 + \mu^2 .$$

Also sind die Momentenschätzer für μ und σ^2:

$$\hat{\mu} = \bar{X}$$
$$S^2 = \overline{X^2} - \bar{X}^2 .$$

Bei der negativen Binomialverteilung erhielten wir entsprechend aus

$$E(X) = \frac{k(1-p)}{p}$$

$$E(X^2) - E(X)^2 = \frac{k(1-p)}{p^2}$$

die Schätzer

$$\hat{p} = \frac{\bar{X}}{\overline{X^2} - \bar{X}^2}$$

$$\hat{k} = \bar{X}\frac{\hat{p}}{1-\hat{p}} .$$

Maximum-Likelihood-Methode

Um das Prinzip der **Maximum Likelihood Methode**, kurz **ML-Methode**, zu erklären, greifen wir die eingangs formulierte Problemstellung auf.

Der Besucher des Automobilrennens möge bei zwei Rennwagen die Startnummern erkannt haben. Die Wahrscheinlichkeiten für alle möglichen Stichproben vom Umfang $n = 2$ bei den unterschiedlichen Werten von N sind in der folgenden Tabelle zusammengefaßt.

Tab.: Wahrscheinlichkeiten von 2-er Stichproben beim Autorennen-Problem

Stichprobe	N						
	1	2	3	4	5	6	...
1,1	1	1/4	1/9	1/16	1/25	1/36	
1,2	0	1/4	1/9	1/16	1/25	1/36	
2,1	0	1/4	1/9	1/16	1/25	1/36	
2,2	0	1/4	1/9	1/16	1/25	1/36	
1,3	0	0	1/9	1/16	1/25	1/36	
3,1	0	0	1/9	1/16	1/25	1/36	
2,3	0	0	1/9	1/16	1/25	1/36	
3,2	0	0	1/9	1/16	1/25	1/36	
3,3	0	0	1/9	1/16	1/25	1/36	
1,4	0	0	0	1/16	1/25	1/36	
4,1	0	0	0	1/16	1/25	1/36	
2,4	0	0	0	1/16	1/25	1/36	
4,2	0	0	0	1/16	1/25	1/36	
3,4	0	0	0	1/16	1/25	1/36	
4,3	0	0	0	1/16	1/25	1/36	
4,4	0	0	0	1/16	1/25	1/36	
1,5	0	0	0	0	1/25	1/36	
⋮	⋮	⋮	⋮	⋮	⋮	⋮	

Angenommen, wir erhalten nun die konkrete Stichprobe 4,1. Dann enthält die zugehörige Zeile der Tabelle für die verschiedenen N die Wahrscheinlichkeit für diese Stichprobe.

Im Likelihood-Ansatz benutzt man nun nur die Eintragungen in dieser Zeile zur Bestimmung des Schätzwertes.

Bei $N = 1$, $N = 2$ und $N = 3$ hat die Stichprobe 4,1 „Null-Chance". Diese Werte scheiden daher als Schätzwert aus. Im Fall $N = 4$ ist die Chance für die Stichprobe doppelt so groß wie im Fall $N = 6$. Es ist zumindest plausibel, daraufhin den Wert $N = 4$ als Schätzwert dem Wert $N = 6$ vorzuziehen.

Normalerweise gehen wir ja auch davon aus, daß eher das Ereignis mit der größten Wahrscheinlichkeit eintrifft, als das mit einer geringeren. Daher ist der angedeutete Rückwärtsschluß naheliegend: Daß wir gerade die Stichprobe 4,1 beobachtet haben, muß – so der Likelihood-Ansatz – daran liegen, daß für ihr Zustandekommen schon vorher eine große Wahrscheinlichkeit bestand. Konsequenterweise nehmen wir dann den Wert M als Schätzwert, bei dem die Stichprobe die größte Wahrscheinlichkeit hat. Hier erhalten wir damit den Schätzwert $\hat{N} = 4$.

Allgemein basiert die **Maximum-Likelihood-Methode** darauf, für jeden Parameterwert θ die Wahrscheinlichkeit der konkret erhaltenen Stichprobe zu berechnen. Bei Unabhängigkeit der Stichprobenvariablen $X_1, \ldots, X_n$ ist dies im diskreten Fall

$$P(X_1 = x_1 | \theta) \cdot \ldots \cdot P(X_n = x_n | \theta) = f(x_1; \theta) \cdot \ldots \cdot f(x_n; \theta),$$

wobei $f(x; \theta)$ die Wahrscheinlichkeitsfunktion der zugrundeliegenden Verteilung ist.

Im Fall einer stetigen Zufallsvariablen mit der Dichte $f(x; \theta)$ ist die Wahrscheinlichkeit für einen speziellen Wert gleich Null. Wir betrachten daher kleine Intervalle $[x - \varepsilon/2; x + \varepsilon/2]$:

Hier gilt

$$P\left(x - \frac{\varepsilon}{2} \leq X \leq x + \frac{\varepsilon}{2}\right) \approx \varepsilon \cdot f(x; \theta).$$

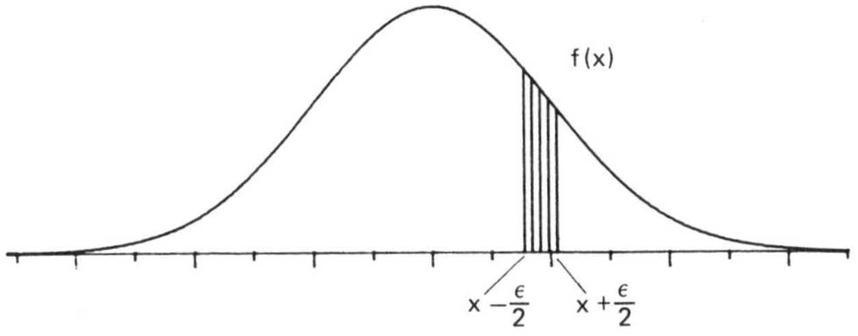

Abb.: Zur Herleitung der Likelihood Funktion

Dann ist es sinnvoll, im stetigen Fall bei einer konkreten Stichprobe von

$$P\left(x_1 - \frac{\varepsilon}{2} \leq X \leq x_1 + \frac{\varepsilon}{2} | \theta\right) \cdot \ldots \cdot P\left(x_n - \frac{\varepsilon}{2} \leq X \leq x_n + \frac{\varepsilon}{2} | \theta\right)$$
$$\approx \varepsilon^n f(x_1; \theta) \cdot \ldots \cdot f(x_n; \theta)$$

auszugehen. Den konstanten Faktor ε^n können wir bei der weiteren Betrachtung außer acht lassen.

Das Produkt von Wahrscheinlichkeiten bzw. Werten der Dichtefunktion wird jetzt bei **festen** $x_1, \ldots, x_n$ als Funktion des unbekannten Parameters θ aufgefaßt:

$$L(\theta) = f(x_1; \theta) \cdot f(x_2; \theta) \cdot \ldots \cdot f(x_n; \theta).$$

Auf dieser Funktion basiert nun die ML-Methode.

X sei eine diskrete bzw. stetige Zufallsvariable mit der Wahrscheinlichkeits- bzw. Dichtefunktion $f(x; \theta)$. Der Parameter θ sei unbekannt. Der Grundgesamtheit werde eine einfache Zufallsstichprobe $x_1, \ldots, x_n$ entnommen. Dann heißt

$$L(\theta) = f(x_1; \theta) \cdot f(x_2; \theta) \cdot \ldots \cdot f(x_n; \theta)$$

die **Likelihoodfunktion** (zur Stichprobe $x_1, \ldots, x_n$).
Der Parameterwert $\hat{\theta}$, bei dem $L(\theta)$ maximal ist,

$$L(\hat{\theta}) = \max_{\theta} L(\theta),$$

heißt **Maximum-Likelihood-Schätzwert** (kurz ML-Schätzwert) für den unbekannten Parameter θ.
Läßt sich $\hat{\theta}$ als Funktion von $x_1, \ldots, x_n$ darstellen, so heißt die resultierende Stichprobenfunktion $\hat{\theta} = \theta(X_1, \ldots, X_n)$ die **Maximum-Likelihood-Schätzfunktion** oder kurz der **ML-Schätzer** für θ.

Beispiel

In der Problemstellung betrachteten wir die Verteilung

$$P(X = x) = \frac{1}{N} \qquad x = 1, 2, \ldots, N.$$

Bei der Stichprobe 4,1 erhalten wir in Fortführung der in der Tabelle angegebenen Werte die Likelihoodfunktion

$$L(N; 4{,}1) = \begin{cases} 0 & N < 4 \\ \left(\frac{1}{N}\right)^2 & N \geq 4. \end{cases}$$

Es ist zu erkennen, daß bei der DR(1, N − 1)-Verteilung stets gilt:

$$L(N; x_1, \ldots, x_n) = \begin{cases} 0 & x_i > N \quad \text{für ein } i \\ \left(\frac{1}{N}\right)^n & 1 \leq x_1, \ldots, x_n \leq N. \end{cases}$$

Daher folgt

$$L(N; x_1, \ldots, x_n) \text{ hat sein Maximum bei } \max\{x_1, \ldots, x_n\}.$$

Also ist $X_{(n)} = \max\{X_1, \ldots, X_n\}$ die ML-Schätzfunktion für N.

Beispiel

Wir wollen den ML-Schätzer für den Parameter λ der Exponentialverteilung bestimmen. X habe also die Dichte:

$$f(x; \lambda) = \begin{cases} \lambda e^{-\lambda x} & \text{falls } x > 0 \\ 0 & \text{sonst.} \end{cases}$$

Die Likelihoodfunktion einer Stichprobe $x_1, \ldots, x_n$ ist

$$\begin{aligned} L(\lambda) &= f(x_1; \lambda) \cdot f(x_2; \lambda) \cdot \ldots \cdot f(x_n; \lambda) \\ &= \begin{cases} \lambda^n e^{-\lambda x_1} \cdot e^{-\lambda x_2} \cdot \ldots \cdot e^{-\lambda x_n} & \text{falls } x_1, \ldots, x_n > 0 \\ 0 & \text{sonst.} \end{cases} \\ &= \begin{cases} \lambda^n e^{-\lambda \sum_{v=1}^{n} x_v} & \text{falls } x_1, \ldots, x_n > 0 \\ 0 & \text{sonst.} \end{cases} \end{aligned}$$

Um das Maximum von $L(\lambda)$ zu ermitteln, nutzen wir die notwendige Bedingung aus, daß die Ableitung von $L(\lambda)$ an dieser Stelle gleich Null ist.

Die Produktregel der Differentation ergibt

$$\frac{dL(\lambda)}{d\lambda} = \lambda^n \left(-\sum_{v-1}^{n} x_v e^{-\lambda \sum_{i=1}^{n} x_i}\right) + n\lambda^{n-1} e^{-\lambda \sum_{i=1}^{n} x_i}.$$

Null-Setzen der Ableitung und Kürzen des Faktors $e^{-\lambda \Sigma x_i}$ führt auf die Gleichung

$$\hat{\lambda}^n \left(-\sum_{v=1}^{n} x_v\right) + n\hat{\lambda}^{n-1} = 0.$$

Sie hat die Lösung

$$\hat{\lambda} = \frac{n}{\sum_{v=1}^{n} x_v} = \frac{1}{\bar{x}}.$$

Die ML-Methode liefert in diesem Fall die gleiche Schätzfunktion wie die Momentenmethode.

Bestimmung des Maximums von $L(\theta)$

Bei der Bestimmung des Maximums der Likelihood-Funktion erleichtert häufig ein formaler Trick das Leben: Wir logarithmieren die Likelihood-Funktion. Dies hat den Effekt, daß Produkte in Summen übergehen.

Da der Logarithmus eine monotone Transformation ist, ist $\ln L(\theta)$ genau an der Stelle maximal, an der $L(\theta)$ sein Maximum annimmt.

Somit können wir in vielen Fällen die **Log-Likelihood** $\ln L(\theta)$ nach θ ableiten und die Ableitung Null setzen. Die Lösung dieser Gleichung ist dann der ML-Schätzwert.

Beispiel

Für die Exponentialverteilung erhalten wir die Log-Likelihood für $x_1, \ldots, x_n > 0$

$$\ln L(\lambda) = \ln(\lambda^n e^{-\lambda \sum_{v=1}^{n} x_v}) = n \ln \lambda - \lambda \sum_{v=1}^{n} x_v.$$

Die Ableitung ist

$$\frac{d \ln L(\lambda)}{d\lambda} = \frac{n}{\lambda} - \sum_{v=1}^{n} x_v.$$

Nullsetzen ergibt den ML-Schätzwert:

$$\hat{\lambda} = \frac{1}{\frac{1}{n} \sum_{v=1}^{n} x_v} = \frac{1}{\bar{x}}.$$

Dieser Weg ergibt also das gleiche Resultat wie die direkte Betrachtung von $L(\lambda)$.

Mehrere Parameter

Die Maximum Likelihood-Methode ist auch im Fall mehrerer Parameter anwendbar. So ist etwa bei zwei Parametern θ_1, θ_2 die Likelihood-Funktion eine Funktion in zwei Variablen:

$$L(\theta_1, \theta_2) = \prod_{v=1}^{n} f(x_v; \theta_1, \theta_2).$$

Die beiden Werte $\hat{\theta}_1, \hat{\theta}_2$, bei denen diese Likelihood-Funktion maximal ist, sind dann die ML-Schätzwerte. Diese ziehen in vielen Fällen wieder explizit angebbare ML-Schätzfunktionen $\hat{\theta}_1(X_1, \ldots, X_n)$ und $\hat{\theta}_2(X_1, \ldots, X_n)$ nach sich.

Beispiel

X sei eine normalverteilte Zufallsvariable, $X \sim N(\mu, \sigma)$. Die beiden Parameter μ und σ seien unbekannt. Wir wollen die ML-Schätzfunktion für μ und σ herleiten.

Dazu gehen wir von einer festen, aber beliebigen Stichprobe $x_1, \ldots, x_n$ aus. Die Likelihood-Funktion ist dann:

$$\begin{aligned} L(\mu, \sigma) &= \prod_{v=1}^{n} f(x_v; \mu, \sigma) \\ &= \prod_{v=1}^{n} \left(\frac{1}{\sqrt{2\pi}\,\sigma} e^{-(x_v-\mu)^2/2\sigma^2} \right) \\ &= \left(\frac{1}{\sqrt{2\pi}\,\sigma} \right)^n \cdot e^{-\sum\limits_{v=1}^{n} (x_v-\mu)^2/2\sigma^2}. \end{aligned}$$

Logarithmieren ergibt:

$$\ln L(\mu, \sigma) = -n \ln \sqrt{2\pi} - n \ln \sigma - \frac{1}{2\sigma^2} \sum_{v=1}^{n} (x_v - \mu)^2.$$

Um die Werte $\hat{\mu}, \hat{\sigma}$ zu bestimmen, bei denen $\ln L(\mu, \sigma)$ maximal ist, bilden wir die partiellen Ableitungen und setzen diese gleich Null:

$$\frac{d \ln L(\mu, \sigma)}{d\mu} = -\frac{1}{\sigma^2} \sum_{v=1}^{n} (x_v - \mu) \cdot (-1) = 0$$

$$\frac{d \ln L(\mu, \sigma)}{d\sigma} = -\frac{n}{\sigma} + \frac{1}{\sigma^3} \sum_{v=1}^{n} (x_v - \mu)^2 = 0.$$

Die erste Gleichung ist offensichtlich für $\hat{\mu} = \bar{x}$ erfüllt.

Setzen wir diesen Wert in die zweite Gleichung ein, so folgt:

$$\hat{\sigma}^2 = \frac{1}{n} \sum_{v=1}^{n} (x_v - \bar{x})^2.$$

Damit haben wir zwei gute Bekannte als ML-Schätzer identifiziert:

$\bar{X}$ ist ML-Schätzer für μ

$S = \sqrt{S^2}$ ist ML-Schätzer für σ.

Daß im Fall der Exponential- und der Normalverteilung Momenten- und ML-Schätzer identisch sind, kann als Bestätigung der Schätzkonzepte angesehen werden. In einfachen Fällen liefern sie plausible, übereinstimmende Resultate. In komplizierteren Situationen braucht dies aber nicht mehr zu gelten. Sogar die explizite Angabe der ML-Schätzfunktionen kann unmöglich werden, vgl. untenstehende Tabelle. In solchen Fällen können die ML-Schätzwerte nur mit Hilfe numerischer Näherungsverfahren für jede konkrete Stichprobe einzeln bestimmt werden.

Wenn sie existieren, sind **ML-Schätzer i.d.R. zumindest asymptotisch unverzerrt, konsistent und zumindest in großen Stichproben effizient**, d.h. effizienter als die anderen asymptotisch unverzerrten Schätzer. Für viele praktisch relevante Verteilungen haben sie auch bei kleinen Stichprobenumfängen hervorragende Eigenschaften.

14.4 Übersicht

Tab.: Verteilungen mit Parametern und Schätzern

Verteilung	Parameter	ML-Schätzer	Momenten-Schätzer	Bias $b(\hat{\theta}, \theta)$	Standardfehler des Schätzers $\sqrt{V(\hat{\theta})}$
Binomialv.	p	X/n	X/n	0	$\sqrt{\frac{p(1-p)}{n}}$
Poisson-V.	λ	$\bar{X}$	$\bar{X}$	0	$\sqrt{\frac{\lambda}{n}}$
Geometr.-V.	p	$1/(\bar{X}+1)$	$1/(\bar{X}+1)$	$\to 0$ für $n \to \infty$	$\approx \sqrt{\frac{p(1-p)}{n}}$ für großes n
neg. Binomialv.	k, p	nicht angebbar	$\hat{k} = \bar{X}^2/(S^2 - \bar{X})$ $\hat{p} = \bar{X}/S^2$		
Gleichv.	N bzw. θ	$X_{(n)} = \max_{v} X_v$	$2\bar{X}$ (für θ)	$\to 0$	
Exponentialv.	λ	$1/\bar{X}$	$1/\bar{X}$	$\to 0$ für $n \to \infty$	$\approx \frac{\lambda}{\sqrt{n}}$ für großes n
Gamma-V.	k, λ	nicht angebbar	$\hat{k} = \bar{X}^2/S^2$ $\hat{\lambda} = \bar{X}/S^2$		
Normalv.	μ σ^2	$\bar{X}$ S^2	$\bar{X}$ S^2	0 $\to 0$ für $n \to \infty$	$\sigma/\sqrt{n}$ $\sqrt{\sigma^4 2/(n-1)}$
Log-Normalv.	μ_L	$\overline{\ln X} = \frac{1}{n} \sum_{v=1}^{n} \ln X_v$	$2 \ln \bar{X} - \frac{1}{2} \ln(\bar{X}^2)$	$\to 0$ für $n \to \infty$	
	σ_L^2	$\frac{1}{n} \sum_{v=1}^{n} (\ln X_v - \overline{\ln X})^2$	$\ln(\overline{X^2}) - 2 \ln \bar{X}$	$\to 0$ für $n \to \infty$	

14.5 Aufgaben

1. In einem Geschäft wurden die Wartezeiten festgestellt, die Kunden vor der Kasse bis zur Bedienung verbringen mußten:

Wartezeit:	0–1	1–2	2–4	4–6	6–10
Zahl der Kunden:	30	27	23	16	4

   a) Schätzen Sie die mittlere Wartezeit E(X) und geben Sie einen Näherungswert für den Standardfehler ihres Schätzers an.
   b) Unterstellen Sie eine Exponentialverteilung für X und schätzen Sie erneut den Erwartungswert sowie den Standardfehler ihres Schätzers. Welche Unterschiede ergeben sich zu a)?

2. Welche der folgenden Schätzfunktionen für den Erwartungswert μ einer Zufallsvariablen X sind erwartungstreu? Wie lautet jeweils der MQF? Welche Schätzfunktionen sind konsistent? (Es wird unterstellt, daß sowohl $E(X) = \mu$ als auch $V(X) = \sigma^2$ existieren.)

   i) $\bar{X}$ ii) X_1 iii) $\bar{X} + 0.0001$ iv) $\frac{n-1}{n}\bar{X}$ v) $\frac{1}{n-1}\sum_{i=1}^{n-1} X_i$ vi) $\bar{X} + \frac{1000}{n}$

3. Eine Zufallsvariable X kann die Werte 0, a, 2a mit jeweils gleicher Wahrscheinlichkeit 1/3 annehmen. Dabei ist a eine positive Konstante. Mittels einer Stichprobe vom Umfang $n = 3$ sollen E(X) und a geschätzt werden (Modell der reinen Zufallsauswahl).
   a) Erstellen Sie eine Liste aller möglichen Stichproben vom Umfang $n = 3$ (wieviele sind es?).
   b) Als Schätzfunktionen für $\mu = E(X)$ werden vorgeschlagen:
      i) $\bar{X}$ – Mittelwert der Stichprobe
      ii) $X_{(2)}$ – Median der Stichprobe (= zweitgrößter Wert der Stichprobe)
      Bestimmen Sie ihre Verteilungen.
      Welche Schätzfunktion würden Sie vorziehen?
   c) Vergleichen Sie analog die beiden folgenden Schätzfunktionen zur Schätzung des größten Wertes, den X annehmen kann:
      i) $2\bar{X}$ und ii) $X_{(3)}$ (= größter Wert in der Stichprobe).

4. Die Ökonomen Dr. Utility und Dr. Surplus haben zwei verschiedene (und statistisch unabhängige) Schätzungen $\bar{X}_u$ und $\bar{X}_s$ für μ, das durchschnittliche Einkommen von Unterschichtfamilien in den USA, entwickelt. Beide Schätzfunktionen sind unverzerrt.
   Jedoch hat Dr. Surplus sorgfältiger gearbeitet: die Standardabweichung von $\bar{X}_u$ ist fünfmal so groß wie die Standardabweichung von $\bar{X}_s$.
   Eine Gruppe von Statistikern hat 4 Vorschläge erarbeitet, um $\bar{X}_u$ und $\bar{X}_s$ zu einer gemeinsamen Schätzung zu verbinden:

   1) $\hat{\mu}_1 = \bar{X}_s$
   2) $\hat{\mu}_2 = 1/2(\bar{X}_u + \bar{X}_s)$
   3) $\hat{\mu}_3 = 1/5\bar{X}_u + 4/5\bar{X}_s$
   4) $\hat{\mu}_4 = 1/6\bar{X}_u + 5/6\bar{X}_s$

   a) Ordnen Sie die 4 Vorschläge nach wachsender Effizienz.

b) Können Sie die effizienteste Linearkombination $a\bar{X}_u + (1-a)\bar{X}_s$ mit $0 \leq a \leq 1$ finden?

5. Ein Amateur-Hobbitologe macht sich Gedanken über die Körpergröße der Hobbits. Es gelingt ihm tatsächlich, bei drei Hobbits die Körpergröße zu messen. (Eine Leistung! Hobbits sind sehr schwer aufzuspüren. Vgl. J. R. R. Tolkien: Der Herr der Ringe.)
Leider hat er den zweiten Meßwert auf einen Zeitungsrand notiert und diese weggeworfen. Er will nun den Verlust abschätzen. Dazu unterstellt er für die Körpergröße der Hobbits eine Normalverteilung.
a) Um wieviel Prozent steigt der MQF bei der nun nur noch möglichen Verwendung von $\hat{\mu}_2 = \frac{1}{2}(X_1 + X_3)$ anstelle von $\hat{\mu}_1 = \frac{1}{3}(X_1 + X_2 + X_3)$?
b) Kann der Effizienzverlust durch Verwendung von $\hat{\mu}_3 = \frac{1}{3}(X_1 + 2 \cdot X_3)$ ausgeglichen werden?
c) Unbemerkt von dem Hobbitologen geraten auch Angehörige eines Nachbarvolkes in seine Untersuchung. Während die Körpergröße X der Hobbits den Erwartungswert μ und die Varianz σ^2 besitzt, hat die Körpergröße Y der Nachbarn den Erwartungswert μ'. Die Varianz ist die gleiche, $V(Y) = \sigma^2$. Der Hobbitologe verwendet also die Schätzfunktion

$$\hat{\mu} = \frac{1}{n+m}(X_1 + \ldots + X_n + Y_1 + \ldots + Y_m),$$

wobei die X_i unabhängige Messungen bei den Hobbits und die Y_i unabhängige Messungen bei ihren Nachbarn darstellen.
Wann ist die Schätzfunktion $\hat{\mu}$ konsistent für μ?

6. Berechnen und zeichnen Sie die Sensitivitätskurven:
a) $SC(x; x_1, \ldots, x_{n-1}, s_n^2)$
b) $SC(x; 1, 2, 3, 4, \bar{X}_{0.2})$.

7. Als ein frühes Wahrscheinlichkeitsmodell für Meßfehler wurde von Simpson (1710–1761) eine dreieckförmige Verteilung vorgeschlagen:

$$f(x) = \frac{1}{a} - \frac{1}{a^2}|x| \quad \text{für } -a \leq x \leq a \quad (\text{mit } a > 0).$$

a) Spezifizieren Sie den Parameter a so, daß die resultierende Fehlerverteilung Ihrer Meinung nach zu der folgenden empirischen Fehlerverteilung paßt.
b) Ermitteln Sie den Momentenschätzer für a, und vergleichen Sie das Ergebnis mit ihrer Parameterwahl.

i	$x_{i-1}^* < X \leq x_i^*$	h_i
1	−5 – −2	0.16
2	−2 – 0	0.32
3	0 – 2	0.30
4	2 – 4	0.20
5	4 – 5	0.02

8. Als Autoren neu aufgefundener antiker Texte werden drei Brüder in Betracht gezogen: Theta der Ältere, Theta der Mittlere und Theta der Jüngere, kurz

$\theta = 1, 2, 3$ genannt. Es ist bekannt, daß bei ihnen ein bestimmtes Wort mitunterschiedlicher Wahrscheinlichkeit in einem Text auftaucht. Die Verteilungen der Anzahl X, mit der das Wort pro Abschnitt verwendet wird, sind dabei

		θ	
x	1	2	3
0	10/30	15/30	15/30
1	10/30	10/30	5/30
2	10/30	5/30	10/30

Bei vier Abschnitten erhielt man die folgenden Anzahlen:

$$0, \quad 1, \quad 0, \quad 1.$$

Aufgrund dieser Beobachtungen sollen nun die Texte zugeordnet werden.
a) Stellen Sie dafür die Likelihood-Funktion auf!
b) Wie lautet der ML-Schätzwert?
c) Gelingt es Ihnen, die ML-Schätzfunktion für $n = 4$ allgemein anzugeben?

9. Ein verliebter Student mußte oft zu lange auf den Anruf seiner Freundin warten. In den Wartezeiten hat er sich naturgemäß seine Zeit damit vertrieben, ein Wahrscheinlichkeitsmodell für die Wartezeiten aufzustellen. Er erhielt folgende Wahrscheinlichkeitsfunktionen für die Wartezeit X (in Tagen):

$$P(X = 0) = p, \quad P(X = 1) = p(1 - p), \quad P(X = 2) = (1 - p)^2.$$

Konkret erhielt er dann folgende Stichprobe

$$0, 2, 1, 0, 1, 2, 2.$$

a) Bestimmen Sie den ML-Schätzwert für p für diese Stichprobe.
b) Bestimmen Sie allgemein die ML-Schätzfunktion!

10. Ein säumiger Bibliotheksbenutzer überzieht den Abgabetermin für seine Bücher manchmal bis zu 4 Wochen. Die Lektüre eines spannenden Statistik-Buches motiviert ihn zur Aufstellung des folgenden Modells für die Überziehungszeiten X (in Wochen):

x	0	1	2	3	4
$P(X = x)$	0.1p	0.2p	0.3p	0.4p	$1 - p$

Er möchte nun seinen „Persönlichkeits"-Parameter p schätzen. Helfen Sie ihm dabei! Gehen Sie dazu von n ausgeliehenen Büchern aus, deren Rückgabe unabhängig voneinander erfolgt.
a) Bestimmen Sie folgende Schätzfunktionen für p:
   i) Momentenschätzer
   ii) Eine erwartungstreue Schätzfunktion, die auf der relativen Häufigkeit $h(X = 0)$ basiert.
   iii) ML-Schätzer.
b) Bestimmen Sie die mittleren quadratischen Fehler der Schätzfunktionen. Welche der drei sind konsistent? Gibt es eine effizienteste?

15 Konfidenzintervalle

Außerhalb des Rahmens der Modellanpassung ist die Bestimmung von Schätzwerten vor allem von eigenständigem Interesse, wenn es um inhaltlich einfach zu interpretierende Populationsparameter wie Mittelwert, Median, Anteil etc. geht. Dann stellt sich auch bei Verwendung einer Schätzfunktion mit „guten" Eigenschaften die Frage, mit welcher Sicherheit der unbekannte Parameterwert hinreichend gut „getroffen" wird.

15.1 Konfidenzintervall für den Median

Problemstellung

Aus manchen Leukämie-Zellen entstehen durch Zellteilung Klone, Zellen mit der gleichen Erbinformation. Das Verhältnis der Anzahl klonender Zellen der Tochtergeneration zu der entsprechenden Anzahl der Ausgangsgeneration gibt einen Anhaltspunkt darüber, ob sich die Zellen in einem Differenzierungsprozeß befinden, oder ob sie sich weiterhin wie Stammzellen verhalten.

Tab.: Verteilung der logarithmisch transformierten Verhältnisse (= X) der Anzahlen klonender Zellen aufeinanderfolgender Generationen (pers. Mitteilung von Frau E. Malin)

i	$x_{i-1}^* < X \leq x_i^*$	n_i	i	$x_{i-1}^* < X \leq x_i^*$	n_i
1	−6.25 - −5.75	1	16	1.25 - 1.75	8
2	−5.75 - −5.25	2	17	1.75 - 2.25	8
3	−5.25 - −4.75	1	18	2.25 - 2.75	2
4	−4.75 - −4.25	1	19	2.75 - 3.25	2
5	−4.25 - −3.75	4	20	3.25 - 3.75	2
6	−3.75 - −3.25	3	21	3.75 - 4.25	1
7	−3.25 - −2.75	2	22	4.25 - 4.75	2
8	−2.75 - −2.25	3	23	4.75 - 5.25	1
9	−2.25 - −1.75	2	24	5.25 - 5.75	0
10	−1.75 - −1.25	10	25	5.75 - 6.25	1
11	−1.25 - −0.75	9	26	6.25 - 6.75	0
12	−0.75 - −0.25	8	27	6.75 - 7.25	1
13	−0.25 - 0.25	14	28	7.25 - 7.75	0
14	0.25 - 0.75	13	29	7.75 - 8.25	0
15	0.75 - 1.25	10	30	8.25 - 8.75	1

Für diese Daten ist die Laplace-Verteilung mit der Dichte

$$f(x) = \frac{1}{2\lambda} e^{-|x-\mu|/\lambda}$$

ein geeignetes Modell. Der Maximum-Likelihood-Schätzer für den hier interessierenden Parameter μ, der gleich dem theoretischen Median ist, ist der Stichprobenmedian $\hat{\mu} = \tilde{x}$. Aus den Daten erhalten wir $\tilde{x} = 0.107$.

Um den durch diesen Schätzwert vermittelten Anhaltspunkt abzusichern, ist eine verläßliche Angabe darüber wünschenswert, wie sicher $\hat{\mu}$ in geeigneter Nähe des Zentrums der theoretischen Verteilung von X liegt.

Der Möglichkeit und Form solcher Angaben wollen wir in diesem Kapitel nachgehen.

Ableitung des Konfidenzintervalles

Eine spezielle Aussage über den wahren Wert des Medians $\tilde{\mu}$ einer stetigen Zufallsvariablen X auf der Basis einer Stichprobe hat praktische Gewißheit, daß nämlich $\tilde{\mu}$ vom Stichprobenmedian $\tilde{x}$ nicht exakt getroffen wird. Dies folgt aus der Stetigkeit der Stichprobenfunktion $\tilde{X}$, mit der Eigenschaft $P(\tilde{X} = x) = 0$ für jeden festen Wert x.

Die Frage ist nun, ob $\tilde{X}$ wenigstens einen Wert in der Nähe von $\tilde{\mu}$ angenommen hat. Genauer wollen wir fragen, mit welcher Sicherheit um $\tilde{x}$ liegende Stichprobenwerte den theoretischen Median einschließen.

Beispiel

Zur Illustration versetzen wir uns in die Lage, die theoretische Verteilung genau zu kennen. Dann haben wir den bekannten Wert des theoretischen Medians aus der Stichprobe „wiederzufinden“.

Als Verteilung wählen wir eine Laplace-Verteilung mit den Parametern $\mu = 0$ und $\lambda = 0.5$. Daraus ziehen wir mittels Monte-Carlo-Simulation zehn Stichproben vom Umfang $n = 6$.

Tab.: Stichproben aus einer Laplace-Verteilung mit dem Median $\tilde{\mu} = 0$

Stichprobe Nr.	x_1	x_2	x_3	x_4	x_5	x_6
1	1.587	0.424	−0.142	0.857	3.072	0.773
2	0.191	−2.772	−0.300	1.505	1.363	−1.020
3	−0.403	0.560	1.543	−0.100	−0.915	1.645
4	−0.385	−0.745	−0.707	−0.026	0.093	0.322
5	2.480	−1.242	1.329	4.538	−1.764	1.101
6	−0.263	1.642	0.630	−0.280	0.669	−0.444
7	−0.695	0.598	7.917	0.242	1.289	−1.539
8	−5.461	0.675	−1.431	0.808	0.765	−3.223
9	−0.174	−0.288	0.233	−1.218	3.944	1.595
10	0.021	3.069	−1.615	−2.306	−1.328	−0.252

Fassen wir den jeweils ersten Wert der 10 Stichproben als Stichproben vom Umfang $n = 1$ auf, so sehen wir, daß bei 4 Stichproben x_1 größer und bei 6 Stichproben x_1 kleiner als $\tilde{\mu}$ ist. Keinmal wird der Median genau getroffen.

Werden jeweils die ersten beiden Werte x_1 und x_2 als Stichproben vom Umfang $n = 2$ angesehen, so beträgt der Anteil der Stichproben, bei denen $\tilde{\mu}$ zwischen diesen beiden Werten liegt, 0.6. Die jeweils ersten drei Werte als Stichproben vom Umfang $n = 3$ interpretiert, schließen den theoretischen Median in 9 von 10 Fällen ein.

Da die Stichprobenwerte Realisationen von Zufallsvariablen sind, kann im Einzelfall (bei Unkenntnis des wahren Wertes von $\tilde{\mu}$) nicht mit Sicherheit gesagt werden, ob $\tilde{\mu}$ zwischen zwei Stichprobenwerten liegt oder nicht. Wir können aber eine Bewertung einer solchen Aussage vornehmen, wenn wir die Wahrscheinlichkeit des entsprechenden Ereignisses betrachten.

Am einfachsten ist zu bestimmen, mit welcher Wahrscheinlichkeit der jeweils kleinste und der jeweils größte Wert einer Stichprobe den theoretischen Median einschließen werden.

Dazu betrachten wir das komplementäre Ereignis. Zu seiner Beschreibung verwenden wir die Stichprobenvariablen $X_{(1)}$ und $X_{(n)}$, die jeweils den kleinsten bzw. größten Wert der Stichprobe annehmen. Dann ist

$$\begin{aligned}\overline{\{X_{(1)} \leq \tilde{\mu} \leq X_{(n)}\}} &= \{X_{(1)} > \tilde{\mu}\} \cup \{X_{(n)} < \tilde{\mu}\} \\ &= \{X_1 > \tilde{\mu}, \ldots, X_n > \tilde{\mu}\} \cup \{X_1 < \tilde{\mu}, \ldots, X_n < \tilde{\mu}\}.\end{aligned}$$

Mit der Unabhängigkeit der Stichprobenvariablen folgt nun:

$$\begin{aligned}P(X_{(1)} \leq \tilde{\mu} \leq X_{(n)}) &= 1 - (P(X_1 > \tilde{\mu}) \cdot \ldots \cdot P(X_n > \tilde{\mu}) \\ &\quad + P(X_1 < \tilde{\mu}) \cdot \ldots \cdot P(X_n < \tilde{\mu})) \\ &= 1 - 2 \cdot \left(\frac{1}{2}\right)^n.\end{aligned}$$

Die Aussage „$\tilde{\mu}$ liegt im Intervall $[x_{(1)}, x_{(n)}]$" ist im Einzelfall richtig oder falsch. Bei wiederholter Beobachtung von Stichproben des Umfanges n wird sie mit einem Anteil von $1 - (1/2)^{n-1}$ richtig sein. Diesen Anteil wollen wir als **Vertrauensgrad der Aussage** bezeichnen.

Mit wachsendem n steigt die Wahrscheinlichkeit stark an, daß die beiden Extremwerte $X_{(1)}$ und $X_{(n)}$ den Median $\tilde{\mu}$ einschließen. Der Vertrauensgrad der Aussage „$\tilde{\mu}$ liegt zwischen $x_{(1)}$ und $x_{(n)}$" bei einer einzelnen Stichprobe wird entsprechend groß. Allerdings ist dafür ein Preis zu zahlen: Der Bereich, in dem $\tilde{\mu}$ liegen soll, wird i. d. R. ebenfalls größer. Im Beispiel reicht er bei der siebten Stichprobe von $x_{(1)} = -1.539$ is $x_{(6)} = 7.917$!

Das Konfidenzintervall

Kürzere Bereiche erhalten wir, wenn wir nicht die Extremwerte einer Stichprobe nehmen, sondern weiter in der Mitte liegende Werte, etwa $x_{(c)}$ und $x_{(n+1-c)}$, d. h. jeweils den c-ten Wert vom unteren und vom oberen Ende der geordneten Stichprobe. Dabei wird allerdings auch der Vertrauensgrad geringer.

X sei eine stetige Zufallsvariable mit dem Median $\tilde{\mu}$. $X_{(c)}$ und $X_{(n+1-c)}$ seien die Stichprobenvariablen, die jeweils den c-kleinsten und den c-größten Wert einer Stichprobe vom Umfang n angeben. Dann gilt

$$P(X_{(c)} \leq \tilde{\mu} \leq X_{(n+1-c)}) = 1 - 2 \sum_{i=0}^{c-1} \binom{n}{i} 0.5^n.$$

Für großes n (n > 20) gilt mit $c \approx \frac{1}{2}(n+1) - \frac{1}{2} z_{1-\alpha/2} \sqrt{n}$ näherungsweise

$$P(X_{(c)} \leq \tilde{\mu} \leq X_{(n+1-c)}) = 1 - \alpha.$$

Dabei ist $z_{1-\alpha/2}$ das $(1-\alpha/2)$-Quantil der Standardnormalverteilung. Für c wird der ganze Anteil des rechtsstehenden Ausdrucks genommen.

Beweis: Gesucht ist die Wahrscheinlichkeit $P(X_{(c)} \le \tilde{\mu} \le X_{(n+1-c)})$. Wir bestimmen sie über die Betrachtung des komplementären Ereignisses:

$$\overline{\{X_{(c)} \le \tilde{\mu} \le X_{(n+1-c)}\}} = \{X_{(c)} > \tilde{\mu}\} \cup \{X_{(n+1-c)} < \tilde{\mu}\}.$$

$\{X_{(c)} > \tilde{\mu}\}$ trifft genau dann ein, wenn weniger als c Beobachtungen kleiner als $\tilde{\mu}$ sind. Nun gilt für jede der n Stichprobenvariablen X_v:

$$P(X_v < \tilde{\mu}) = 0.5.$$

Weiterhin sind die Stichprobenvariablen unabhängig. Damit haben wir einen Bernoulli-Prozeß vorliegen. Die gesuchte Wahrscheinlichkeit entspricht der von weniger als c „Erfolgen". Sie ergibt sich aus der Binomialverteilung:

$$P(X_{(c)} > \tilde{\mu}) = \sum_{i=0}^{c-1} \binom{n}{i} \left(\frac{1}{2}\right)^n.$$

Analog erhalten wir:

$$P(X_{(n+1-c)} < \tilde{\mu}) = \sum_{i=n+1-c}^{n} \binom{n}{i} \left(\frac{1}{2}\right)^n.$$

Wegen $\binom{n}{i} = \binom{n}{n+1-i}$ sind diese Wahrscheinlichkeiten gleich groß:

$$P(X_{(n+1-c)} < \tilde{\mu}) = P(X_{(c)} > \tilde{\mu}).$$

Mit dem Übergang zum komplementären Ereignis erhalten wir dann die angegebene Formel.

Mit der Approximation der Binomial- durch die Normalverteilung ist weiter:

$$\frac{\alpha}{2} = P(X_{(c)} > \tilde{\mu}) = \sum_{i=0}^{c-1} \binom{n}{i} \left(\frac{1}{2}\right)^n \approx \Phi\left(\frac{c - 1 + 0.5 - n/2}{0.5\sqrt{n}}\right).$$

Daraus folgt:

$$z_{\alpha/2} = -z_{1-\alpha/2} = \frac{c - 0.5 - n/2}{0.5\sqrt{n}}.$$

Auflösen nach c führt zur angegebenen Approximation.

Beispiel

Für n = 6 erhalten wir

c	1	2	3
$P(X_{(c)} \le \tilde{\mu} \le X_{(n+1-c)})$	0.9688	0.7813	0.3125

Bei den im letzten Beispiel angegebenen 10 Stichproben gilt:

In 10 von 10 Fällen liegt $\tilde{\mu}$ zwischen $x_{(1)}$ und $x_{(6)}$.
In 9 von 10 Fällen liegt $\tilde{\mu}$ zwischen $x_{(2)}$ und $x_{(5)}$.
In 5 von 10 Fällen liegt $\tilde{\mu}$ zwischen $x_{(3)}$ und $x_{(4)}$.

Mit der Reduktion des Vertrauensgrades geht auch eine Verringerung der Länge des Bereiches einher. Die Grenzen der Intervalle bei der siebten Stichprobe betragen:

$$\begin{aligned} x_{(1)} &= -1.539, & x_{(6)} &= 7.917 \\ x_{(2)} &= -0.695, & x_{(5)} &= 1.289 \\ x_{(3)} &= 0.242, & x_{(4)} &= 0.598. \end{aligned}$$

Für $c = 1$ beträgt die Länge des Bereiches, in dem $\tilde{\mu}$ mit großem Vertrauensgrad liegt, ca. 9.5. Bei $c = 2$ haben wir einen geringeren Vertrauensgrad, aber auch einen wesentlich kürzeren Bereich von ca. 2.0. Bei $c = 3$ beträgt bei dieser Stichprobe schließlich die Länge ca. 0.4.

Wie das Beispiel verdeutlicht, gibt es insgesamt einen Zielkonflikt zwischen dem Wunsch nach einem hohen Vertrauensgrad und einem kurzen Bereich: Entweder können wir unzuverlässig sagen, $\tilde{\mu}$ liegt in einem kleinen Bereich um $\tilde{x}$ oder wir können recht zuverlässig sagen, daß $\tilde{\mu}$ in einem weiten Bereich um $\tilde{x}$ liegt.

Dieser Zielkonflikt wird i. d. R. so gelöst, daß man einen Vertrauensgrad $1 - \alpha$, auch als **Konfidenzniveau** $1 - \alpha$ bezeichnet, vorgibt. Für $1 - \alpha$ wird üblicherweise 0.90, 0.95 oder 0.99 gewählt. Dann kann das zugehörige c bestimmt werden, so daß die Vertrauenswahrscheinlichkeit gerade noch eingehalten wird.

Durch die beiden Stichprobenvariablen $X_{(c)}$, $X_{(n+1-c)}$ wird in jeder Anwendung ein Intervall festgelegt, von dem behauptet wird, der unbekannte Parameter liege darin.

$[X_{(c)}; X_{(n+1-c)}]$ heißt ein **Konfidenzintervall** für $\tilde{\mu}$ und das aus einer Stichprobe berechnete Intervall $[x_{(c)}; x_{(n+1-c)}]$ heißt ein **realisiertes Konfidenzintervall**. Die vorgegebene Wahrscheinlichkeit $1 - \alpha$, für die gilt:

$$P(X_{(c)} \leq \tilde{\mu} \leq X_{(n+1-c)}) \geq 1 - \alpha,$$

heißt der Vertrauensgrad oder das **Konfidenzniveau**.

Beispiel

Der in der Problemstellung angegebene Datensatz umfaßt $n = 112$ Werte. Zur Bestimmung eines Konfidenzintervalles zum Niveau $1 - 0.05 = 0.95$ müssen wir den Wert von c mit der Approximationsformel berechnen. Zunächst ist bei $\alpha = 0.05$:

$$z_{1-\alpha/2} = z_{0.975} = 1.96.$$

Dies führt auf

$$c \approx \frac{1}{2} 113 - \frac{1}{2} 1.96 \sqrt{112} = 46.129;$$

also sind $c = 46$ und $n + 1 - c = 67$.

Da die Häufigkeitsverteilung in klassierter Form vorliegt, können wir $x_{(46)}$ und $x_{(67)}$ nicht direkt ablesen. Wir können sie aber als empirische 46/112- und 67/112-Quantile näherungsweise bestimmen. Dies ergibt approximativ das realisierte Konfidenzintervall zum Niveau 0.95:

$$[-0.25; 0.52].$$

15.2 Allgemeine Definition eines Konfidenzintervalles

Um die Diskussion des letzten Abschnittes auf andere Situationen übertragen zu können, fassen wir die wesentlichen Punkte zusammen:

- Es werden jeweils zwei Stichprobenfunktionen bestimmt, so daß die Wahrscheinlichkeit dafür berechnet werden kann, daß sie den unbekannten Parameter einschließen. Diese Wahrscheinlichkeit ist ohne Kenntnis des Parameterwertes berechenbar.
- Die Einschluß- oder Überdeckungswahrscheinlichkeit ist mindestens so groß wie das vorgegebene Konfidenzniveau.

Damit können wir allgemein festlegen:

> Zwei Stichprobenfunktionen U und V mögen die beiden folgenden Bedingungen erfüllen:
>
> (1) $U(x_1, \ldots, x_n) \leq V(x_1, \ldots, x_n)$ für alle möglichen Stichproben $x_1, \ldots, x_n$;
> (2) $P(U \leq \theta \leq V) \geq 1 - \alpha$,
>
> wobei diese Wahrscheinlichkeit ohne Kenntnis des unbekannten Wertes des Parameters θ bestimmbar ist.
> Dann heißt [U; V] ein **Konfidenzintervall für θ zum Konfidenzniveau** $1 - \alpha$, kurz $(1 - \alpha)$-Konfidenzintervall für θ. α heißt auch die Irrtumswahrscheinlichkeit. Die Realisation [u; v] heißt das **realisierte Konfidenzintervall**.

Ein Konfidenzintervall ist also ein Paar von Zufallsvariablen. Das Konfidenzniveau sagt aus, bei welchem Anteil von Stichproben in etwa der unbekannte wahre Parameterwert von diesen Stichprobenvariablen eingeschlossen oder, anders gesagt, von dem Konfidenzintervall überdeckt wird. Der Anteil der den Parameter überdeckenden realisierten Konfidenzintervalle ist sehr hoch ($= 100 \cdot (1 - \alpha)\%$), der Anteil derjenigen, die den Parameter nicht überdecken, dagegen sehr klein ($100 \cdot \alpha\%$). Wir unterstellen nun, daß der konkrete Einzelfall zu den häufigsten gehört und verwenden das Konfidenzintervall so, als ob der Parameterwert darin läge. Diese Vorgehensweise führt bei mehrfacher Wiederholung zu einem Fehleranteil von $\alpha \cdot 100\%$. Obwohl wir wissen, wie hoch dieser Fehleranteil ist, kann für den Einzelfall nicht gesagt werden, ob die Aussage falsch ist oder nicht.

Für die Bestimmung von Konfidenzintervallen ist die Forderung zentral, daß die Wahrscheinlichkeit $P(U \leq \theta \leq V)$ das angegebene Niveau $1 - \alpha$ nicht unterschreitet.

Da die Verteilung der Stichprobenfunktionen U und V von der Verteilung der Stichprobenvariablen $X_1, \ldots, X_n$ abhängen, erhalten wir für gleichartige Parameter bei verschiedenen Ausgangsverteilungen und -situationen unterschiedliche Konfidenzintervalle. Wir geben daher im folgenden nur für einige Standardfälle die Konfidenzintervalle an. Damit lassen sich aber aufgrund des zentralen Grenzwertsatzes eine ganze Anzahl von Situationen bei großen Stichprobenumfängen erfassen.

15.3 Konfidenzintervalle für den Erwartungswert

Normalverteilung mit bekanntem σ^2

Die Situation, daß die Varianz einer normalverteilten Zufallsvariablen bekannt und der Erwartungswert unbekannt ist, liegt in der Praxis sehr selten vor. Sie dient mehr der Vorbereitung für die folgenden, relevanteren Fragestellungen.

Bei der Normalverteilung hat sich das Stichprobenmittel $\bar{X}$ als geeignete Schätzfunktion für den unbekannten Parameter μ erwiesen. Zur Bestimmung eines Konfidenzintervalls für μ liegt es daher nahe, von $\bar{X}$ auszugehen und nun zusätzlich den Standardfehler $\sigma_{\bar{X}} = \sigma/\sqrt{n}$ von $\bar{X}$ zu berücksichtigen. Dann ist bei vorgegebenem Konfidenzniveau $1-\alpha$ noch ein Faktor k zu bestimmen, mit dem $\sigma_{\bar{X}}$ eingehen soll.

Wir gehen also von $\bar{X} \pm k \cdot \sigma_{\bar{X}}$ aus und setzen an:

$$P\left(\bar{X} - k\frac{\sigma}{\sqrt{n}} \leq \mu \leq \bar{X} + k\frac{\sigma}{\sqrt{n}}\right) \geq 1-\alpha.$$

Eine einfache Umformung ergibt:

$$\bar{X} - k\frac{\sigma}{\sqrt{n}} \leq \mu \leq \bar{X} + k\frac{\sigma}{\sqrt{n}}$$

$$\Leftrightarrow \quad \mu - k\frac{\sigma}{\sqrt{n}} \leq \bar{X} \leq \mu + k\frac{\sigma}{\sqrt{n}}$$

$$\Leftrightarrow \quad -k \leq \frac{\bar{X}-\mu}{\sigma/\sqrt{n}} \leq k.$$

$(\bar{X}-\mu)/\frac{\sigma}{\sqrt{n}}$ ist standardnormalverteilt. Daher wählen wir für k das $(1-\alpha/2)$-Quantil der $N(0,1)$-Verteilung. Dann gilt:

$$P\left(\bar{X} - z_{1-\alpha/2}\frac{\sigma}{\sqrt{n}} \leq \mu \leq \bar{X} + z_{1-\alpha/2}\frac{\sigma}{\sqrt{n}}\right) = 1-\alpha.$$

Da σ^2, n und α bekannt sind, sind $\bar{X} - z_{1-\alpha/2}\frac{\sigma}{\sqrt{n}}$, $\bar{X} + z_{1-\alpha/2}\frac{\sigma}{\sqrt{n}}$ Stichprobenfunktionen, d.h. sie hängen nur noch von den Stichprobenvariablen $X_1, \ldots, X_n$ ab. Offensichtlich erfüllen sie dic Definition eines Konfidenzintervalles für μ. Wir können also zusammenfassen:

> X sei eine normalverteilte Zufallsvariable mit bekannter Varianz σ^2. Dann ist ein $(1-\alpha)$-**Konfidenzintervall für** μ gegeben durch
>
> $$\left[\bar{X} - z_{1-\alpha/2}\frac{\sigma}{\sqrt{n}};\, \bar{X} + z_{1-\alpha/2}\frac{\sigma}{\sqrt{n}}\right].$$
>
> Dabei ist $z_{1-\alpha/2}$ das $(1-\alpha/2)$-Quantil der Standard-Normalverteilung.

Wie die Ableitung des Konfidenzintervalls zeigt, sind die Wahrscheinlichkeiten gleich groß, daß

- der unbekannte Parameterwert μ von den Grenzen des Konfidenzintervalls $[\bar{X} - z \cdot \sigma/\sqrt{n}; \bar{X} + z \cdot \sigma/\sqrt{n}]$ eingeschlossen wird,

und daß

- $\bar{X}$ einen Wert aus dem zentralen Schwankungsintervall $[\mu - z\sigma/\sqrt{n}; \mu + z\sigma/\sqrt{n}]$ annimmt.

Inhaltlich besteht aber ein fundamentaler **Unterschied zwischen Schwankungs- und Konfidenzintervall**:

- Beim Schwankungsintervall erwarten wir, daß $(1 - \alpha) \cdot 100\%$ der Werte der Stichprobenfunktion $\bar{X}$ in diesem Intervall mit festen Grenzen liegen werden.
- Beim Konfidenzintervall ist die Aussagenrichtung umgekehrt: Wir gehen vom Intervall aus und unterstellen, daß der unbekannte Parameterwert in den aus der Stichprobe ermittelten Grenzen liegt.

Normalverteilung mit unbekanntem σ^2

In der Regel wird mit dem Erwartungswert μ auch die Standardabweichung der zugrundeliegenden Normalverteilung unbekannt sein.

Beispiel

Zähler für den Verbrauch von elektrischem Strom, wie sie in jedem Haushalt zu finden sind, arbeiten mit einem gewissen Fehler. Um diesen zu schätzen, wurden 144 Zähler jeweils außen am Gebäude angebracht und somit normalen klimatischen Bedingungen ausgesetzt. In Serie geschaltete Kontrollinstrumente maßen den Stromverbrauch unter stabilen Labor-Bedingungen.

Nach einem Jahr ergab sich die folgende Fehlerverteilung. (Nach M. Romanowski: Random Errors in Observations and the Influence of Modulation on their Distribution; Stuttgart 1979.)

Tab.: Meßfehler von 144 Stromzählern (in % der gesamten verbrauchten Kilowatt-Stunden)

i	$x^*_{i-1} < X \leq x^*_i$	n_i	i	$x^*_{i-1} < X \leq x^*_i$	n_i
1	−0.95 – −0.85	2	19	0.85 – 0.95	7
2	−0.85 – −0.75	0	20	0.95 – 1.05	5
3	−0.75 – −0.65	1	21	1.05 – 1.15	2
4	−0.65 – −0.55	0	22	1.15 – 1.25	4
5	−0.55 – −0.45	1	23	1.25 – 1.35	0
6	−0.45 – −0.35	3	24	1.35 – 1.45	1
7	−0.35 – −0.25	1	25	1.45 – 1.55	0
8	−0.25 – −0.15	5	26	1.55 – 1.65	0
9	−0.15 – −0.05	5	27	1.65 – 1.75	1
10	−0.05 – 0.05	9	28	1.75 – 1.85	0
11	0.05 – 0.15	9	29	1.85 – 1.95	0
12	0.15 – 0.25	7	30	1.95 – 2.05	0
13	0.25 – 0.35	14	31	2.05 – 2.15	0
14	0.35 – 0.45	15	32	2.15 – 2.25	0
15	0.45 – 0.55	10	33	2.25 – 2.35	0
16	0.55 – 0.65	20	34	2.35 – 2.45	0
17	0.65 – 0.75	13	35	2.45 – 2.55	1
18	0.75 – 0.85	8			

Die Normalverteilung ist ein naheliegendes Modell für diesen empirischen Datensatz. Ihre Eignung zeigt sich auch anhand eines QQ-Diagramms.

Um ein Konfidenzintervall für den mittleren Meßfehler μ zu bestimmen, steht aber nur eine Schätzung von σ zur Verfügung.

Wird σ unter Verwendung von $\hat{\sigma} = [\frac{1}{n-1} \sum (X_i - \bar{X})^2]^{0.5}$ geschätzt, so hat dies Auswirkungen auf die Verteilung der resultierenden Stichprobenfunktion $\frac{\bar{X} - \mu}{\hat{\sigma}/\sqrt{n}}$.

Diese ist nicht mehr normalverteilt. Somit ist

$$P\left(-z_{1-\alpha/2} \leq \frac{\bar{X} - \mu}{\hat{\sigma}/\sqrt{n}} \leq z_{1-\alpha/2}\right)$$
$$= P\left(\bar{X} - z_{1-\alpha/2} \frac{\hat{\sigma}}{\sqrt{n}} \leq \mu \leq \bar{X} + z_{1-\alpha/2} \frac{\hat{\sigma}}{\sqrt{n}}\right)$$
$$\neq 1 - \alpha.$$

Die Verteilung der Stichprobenfunktion $\frac{\bar{X} - \mu}{\hat{\sigma}/\sqrt{n}}$ ist aber bekannt und liegt tabelliert vor. Es ist eine t-Verteilung mit $\nu = n - 1$ Freiheitsgraden.

Die **t-Verteilung** ist nur von einem Parameter, der Anzahl ν der sogenannten **Freiheitsgrade**, abhängig. Die nachfolgende Abbildung zeigt, daß die Dichtefunktion der t-Verteilung eingipflig ist und symmetrisch um den Nullpunkt liegt.

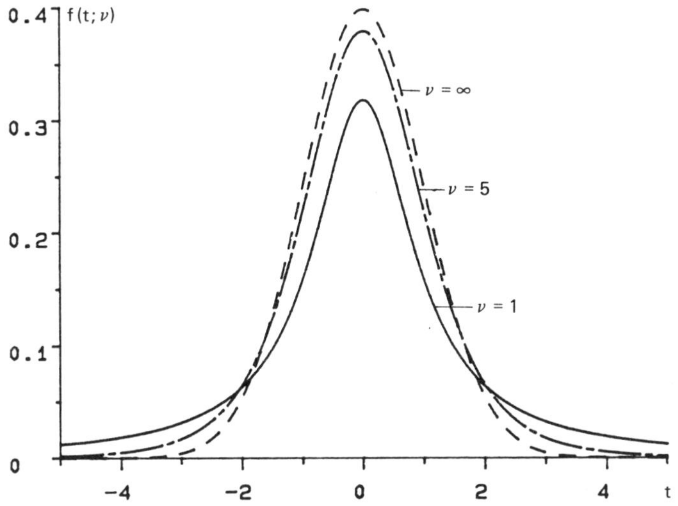

Abb.: Dichtefunktion der t-Verteilung für verschiedene Freiheitsgrade ν.

Die Anzahl ν der Freiheitsgrade beeinflußt, wie in der Abbildung zu sehen ist, die Gestalt der Dichtefunktion der t-Verteilung. Für größer werdendes ν konzentriert sich die Dichte stärker um Null. Für $\nu \to \infty$ geht die t-Verteilung in die $N(0,1)$-Verteilung über.

Die für unsere Zwecke relevanten Quantile der t-Verteilung für verschiedene Freiheitsgrade sind der beigefügten Tabelle zu entnehmen.

$t_{\nu;1-\alpha}$ ist das $(1-\alpha)$-Quantil der t-**Verteilung mit** ν **Freiheitsgraden**. Wegen der Symmetrie um den Nullpunkt gilt:

$$t_{\nu;\alpha} = -t_{\nu;1-\alpha}.$$

Für $\nu \geq 10$ können die Quantile auch **näherungsweise** durch die Formel von Wallace (vgl. Bailey, Appl. Stat. 29, (1980), pp. 304–306) bestimmt werden:

$$t_{\nu;p} \approx (\nu e^{cz^2} - \nu)^{0.5}$$

mit $$c = \frac{1}{\nu}\frac{8\nu+3}{8\nu+1};$$

$z = z_p$ ist das p-Quantil der $N(0,1)$-Verteilung.
Für große ν gilt die **Normalapproximation** $t_{\nu;p} \approx z_p$.

Wegen

$$\begin{aligned} &P\left(-t_{n-1;1-\alpha/2} \leq \frac{\bar{X}-\mu}{\hat{\sigma}/\sqrt{n}} \leq t_{n-1;1-\alpha/2}\right) \\ &= P\left(\bar{X} - t_{n-1;1-\alpha/2}\frac{\hat{\sigma}}{\sqrt{n}} \leq \mu \leq \bar{X} + t_{n-1;1-\alpha/2}\frac{\hat{\sigma}}{\sqrt{n}}\right) \\ &= 1-\alpha \end{aligned}$$

erhalten wir nun:

$\bar{X}$ sei das Stichprobenmittel einer Stichprobe aus einer Normalverteilung. Dann ist

$$\left[\bar{X} - t_{n-1;1-\alpha/2}\frac{\hat{\sigma}}{\sqrt{n}}; \bar{X} + t_{n-1;1-\alpha/2}\frac{\hat{\sigma}}{\sqrt{n}}\right]$$

ein $(1-\alpha)$-**Konfidenzintervall für** μ **bei unbekanntem** σ.

Anstelle des Faktor $z_{1-\alpha/2}$ beim Konfidenzintervall für μ bei bekanntem σ steht hier $t_{n-1;1-\alpha/2}$, daß das $(1-\alpha/2)$-Quantil der t-Verteilung mit $\nu = n-1$ Freiheitsgraden bezeichnet. Da für die gebräuchlichen Konfidenzniveaus die Quantile $t_{\nu;1-\alpha/2}$ größer sind als $z_{1-\alpha/2}$, sind die hier bestimmten Konfidenzintervalle i. d. R. breiter. Dies drückt die fehlende Information über σ aus.

Formal erhalten wir dies daraus, daß für die **Länge** $L = 2t_{n-1;1-\alpha/2}\hat{\sigma}/\sqrt{n}$ des Konfidenzintervalls gilt:

$$E(L^2) = 4t^2_{n-1;1-\alpha/2}\sigma^2/n.$$

Beispiel

Für den mittleren Meßfehler der Stromzähler soll ein Konfidenzintervall zum Niveau $1-\alpha = 0.99$ bestimmt werden.

Es ist n = 144. Mit $1-\alpha = 0.99$ ist zunächst das $(1-\alpha/2) = 0.995$-Quantil der t-Verteilung mit $\nu = 144 - 1 = 143$ Freiheitsgraden zu bestimmen. Wegen der Beschränktheit der Tabelle verwenden wir die Normalapproximation:

$$t_{143;0.995} \approx z_{0.995} = 2.576\,.$$

Aus dem angegebenen Datensatz erhalten wir weiter:

$$\bar{x} = 0.437\,, \quad \hat{\sigma} = 0.465\,.$$

Damit lautet das realisierte Konfidenzintervall:

$$\begin{aligned}
&[\bar{x} - t\hat{\sigma}/\sqrt{n}; \bar{x} + t\hat{\sigma}/\sqrt{n}] \\
&= \left[0.437 - 2.576 \cdot \frac{0.465}{\sqrt{144}}; 0.437 + 2.576 \frac{0.465}{\sqrt{144}}\right] \\
&= [0.337; 0.537]\,.
\end{aligned}$$

Die Formel von Wallace liefert hier

$$\begin{aligned}
t_{143;0.995} &\approx (143 \cdot e^{0.007 \cdot 2.57582^2} - 143)^{0.5} \\
&= 2.61\,.
\end{aligned}$$

Das ist ein etwas größerer Wert als die Normalapproximation ergab.

Approximative Konfidenzintervalle für μ

Bei den Konfidenzintervallen für den Erwartungswert gingen wir bisher davon aus, daß die betrachteten Zufallsvariablen einer Normalverteilung folgen. Dabei haben wir die beiden Fälle unterschieden, daß die Standardabweichung σ der Grundgesamtheit bekannt bzw. unbekannt ist. Es ist auch möglich, Konfidenzintervalle für den Erwartungswert μ bei Vorliegen anderer Verteilungen der Zufallsvariablen zu bestimmen.

Bei kleinen Stichproben ergeben sich jedoch sehr schnell Probleme, da die Verteilungen der Stichprobenfunktionen dann nicht so leicht bestimmbar bzw. so umfassend tabelliert sind.

Nach unserer Meinung werden diese Fälle i.d.R. ausreichend durch die bereits besprochenen Konfidenzintervalle für den Median $\tilde{\mu}$ abgedeckt. Bei symmetrischen Verteilungen fallen μ und $\tilde{\mu}$ zusammen und bei schiefen Verteilungen ist der Median i.d.R. der sinnvollere Lageparameter.

Bei genügend großen Stichproben hilft aber die Anwendung des Zentralen Grenzwertsatzes weiter. Danach geht unter bestimmten Bedingungen die Verteilung des Stichprobenmittels $\bar{X}$ mit wachsendem Stichprobenumfang gegen eine Normalverteilung.

Damit gilt bei genügend großem n:

$$P\left(-z_{1-\alpha/2} \leq \frac{\bar{X} - \mu}{\sigma/\sqrt{n}} \leq z_{1-\alpha/2}\right) \approx 1 - \alpha\,,$$

wobei μ der Erwartungswert und σ die Standardabweichung der Ausgangsvariablen X sind.

Daraus erhalten wir auf dieselbe Weise wie oben:

$$P\left(\bar{X} - z\frac{\sigma}{\sqrt{n}} \leq \mu \leq \bar{X} + z\frac{\sigma}{\sqrt{n}}\right) \approx 1 - \alpha,$$

wenn für $z_{1-\alpha/2}$ abkürzend z geschrieben wird.

Falls die Standardabweichung σ der Ausgangsvariablen X unbekannt ist, wird σ wieder durch $\hat{\sigma}$ geschätzt. Da der Stichprobenumfang groß genug sein soll, um die Normalapproximation zu rechtfertigen, kann das $(1-\alpha/2)$-Quantil der Standard-Normalverteilung auch dann weiter verwendet werden. Denn dann kann wegen der Konsistenz von $\hat{\sigma}$ davon ausgegangen werden, daß $\hat{\sigma}$ hinreichend wenig um die wahre Standardabweichung streut.

> X sei eine Zufallsvariable mit Erwartungswert μ. Dann ist für große n
>
> $$\left[\bar{X} - z\frac{\hat{\sigma}}{\sqrt{n}};\ \bar{X} + z\frac{\hat{\sigma}}{\sqrt{n}}\right]$$
>
> ein **approximatives** $(1-\alpha)$**-Konfidenzintervall für** μ. z ist dabei das $(1-\alpha/2)$-Quantil der Standard-Normalverteilung. n gilt nach einer Faustregel als groß, wenn $n \geq 30$. (Zur Sicherheit kann für $n < 100$ für z auch das $(1-\alpha/2)$-Quantil der t-Verteilung mit $n-1$ Freiheitsgraden genommen werden.)

Beispiel

Der Geschäftsführer einer Reparaturwerkstatt interessiert sich für die durchschnittliche Reparaturdauer der bei ihm in Auftrag gegebenen Pkw. Eine Stichprobe von 99 zufällig gezogenen Karteikarten, auf denen alte Aufträge vermerkt sind, liefert die folgende Verteilung

0	0012334444444
0	55555555566667777777888899
1	01111222333344
1	55556666777777778889999
2	000011234
2	88
3	00122
3	778
4	
4	
5	
5	8
6	2
6	
7	
7	9
8	2

Abb.: Stemleaf-Diagramm Reparaturdauer X (in 1/100 Stunden. Kleinste Einheit: 0.05 Stunden.)

Die Verteilung läßt sich sicher nicht durch die Normalverteilung beschreiben. Da aber der Stichprobenumfang mit $n = 99$ groß genug ist, um die Normalverteilungsapproximation für die Verteilung von $\bar{X}$ zu rechtfertigen, können wir ein approximatives Konfidenzintervall bestimmen.

Aus den Daten erhalten wir:

$$\bar{x} = 157.6$$
$$\hat{\sigma} = 143.65.$$

Für das Konfidenzniveau $1 - \alpha = 0.95$ ist das zugehörige $(1 - \alpha/2)$-Quantil der Standard-Normalverteilung

$$z_{1-\alpha/2} = z_{0.975} = 1.96.$$

Das realisierte Konfidenzintervall ist folglich

$$\left[157.6 - 1.96\frac{143.65}{\sqrt{99}};\ 157.6 + 1.96\frac{143.65}{\sqrt{99}}\right] = [129.3;\ 185.9].$$

Es reicht also von ca. 1 Stunde 18 Minuten bis 1 Stunde 52 Minuten.

15.4 Konfidenzintervalle für Streuungsparameter

Die Streuung ist neben der Lage das zweite wichtige Einzelcharakteristikum einer Verteilung. Entsprechend sind auch Konfidenzintervalle für Streuungsparameter von Bedeutung.

Im Fall der Normalverteilung ist die Standardabweichung σ bzw. die Varianz σ^2 der natürliche Streuungsparameter. Das Konfidenzintervall dafür ist, anders als dasjenige für μ, eng an die Normalverteilungsvoraussetzung gebunden. Sofern die Normalverteilungsannahme verletzt ist, wird das Konfidenzniveau nicht mehr eingehalten. Auch lassen sich daraus keine approximativen Konfidenzintervalle für die Standardabweichungen bzw. Varianzen anderer Verteilungen gewinnen. Daher stellen wir auch gemeinsame Konfidenzintervalle für die beiden Quartile $t_{0.25}$, $t_{0.75}$ einer Verteilung vor. Diese hängen nicht von einer speziellen Verteilungsannahme ab.

Konfidenzintervall für σ^2 bei Normalverteilung

Die geeignete Schätzfunktion für die Varianz σ^2 ist bei der Normalverteilung die modifizierte empirische Varianz:

$$\hat{\sigma}^2 = \frac{1}{n-1} \sum_{v=1}^{n} (X_v - \bar{X})^2.$$

Die Verteilung von $\sum(X_v - \bar{X})^2$ (und damit auch die von $\hat{\sigma}^2$) hängt wegen der Zentrierung $X_v - \bar{X}$ nicht mehr von dem Parameter μ der Normalverteilung ab, wohl aber noch von σ^2. Erst die Normierung der Summanden mit der theoretischen Varianz ergibt eine Zufallsvariable, deren Verteilung nicht von σ^2 abhängt. Genauer gilt:

$$\frac{n-1}{\sigma^2}\hat{\sigma}^2 = \frac{1}{\sigma^2}\sum_{v=1}^{n}(X_v-\bar{X})^2 = \sum_{v=1}^{n}\left(\frac{X_v-\bar{X}}{\sigma}\right)^2$$

ist Chi-Quadrat-verteilt mit $\nu = n - 1$ Freiheitsgraden.

Die **Chi-Quadrat-Verteilung** ist wie die t-Verteilung nur von einem Parameter, der **Anzahl ν der Freiheitsgrade**, abhängig. Diese Verteilung erhält man einerseits, wenn die Summe von quadrierten und geeignet standardisierten Stichprobenvariablen aus einer Normalverteilung betrachtet wird. Andererseits ist sie eine spezielle Gamma-Verteilung mit den Parametern $\lambda = 0.5$ und $k = \nu/2$.

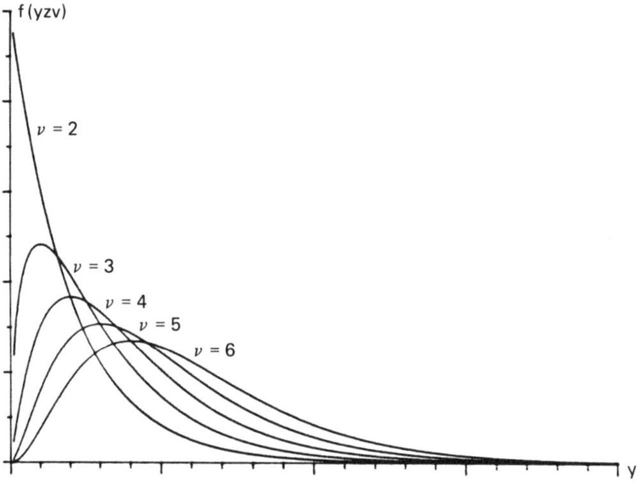

Abb.: Dichtefunktion der Chi-Quadrat-Verteilung für verschiedene Freiheitsgrade ν

Ist eine Zufallsvariable Y **Chi-Quadrat-verteilt mit ν Freiheitsgraden**, so schreiben wir $Y \sim \chi^2_\nu$. Für $Y \sim \chi^2_\nu$ gilt: $E(Y) = \nu$, $V(Y) = 2 \cdot \nu$.
Das p-Quantil der Chi-Quadrat-Verteilung mit ν Freiheitsgraden, kurz χ^2_ν-Verteilung, wird mit $\chi^2_{\nu;p}$ bezeichnet.
Für große ν gilt näherungsweise, wenn z_p das p-Quantil der Standardnormalverteilung ist, die **Wilson-Hilferty Approximation**:

$$\chi^2_{\nu;p} \approx \nu\left(1 - \frac{2}{9\nu} + z_p\sqrt{\frac{2}{9\nu}}\right)^3.$$

Ein $(1-\alpha)$-Konfidenzintervall für σ^2 erhalten wir nun mit der Umformung:

$$\begin{aligned}1-\alpha &= P\left(\chi^2_{n-1;\alpha/2} \le \frac{(n-1)\hat{\sigma}^2}{\sigma^2} \le \chi^2_{n-1;1-\alpha/2}\right)\\ &= P\left(\frac{1}{\chi^2_{n-1;\alpha/2}} \ge \frac{\sigma^2}{(n-1)\hat{\sigma}^2} \ge \frac{1}{\chi^2_{n-1;1-\alpha/2}}\right)\\ &= P\left(\frac{(n-1)\hat{\sigma}^2}{\chi^2_{n-1;1-\alpha/2}} \le \sigma^2 \le \frac{(n-1)\hat{\sigma}^2}{\chi^2_{n-1;\alpha/2}}\right).\end{aligned}$$

$X_1, \ldots, X_n$ sei eine Stichprobe aus einer **Normalverteilung**. Dann ist mit $\hat{\sigma}^2 = \frac{1}{n-1} \sum_{v=1}^{n} (X_v - \bar{X})^2$ ein $(1-\alpha)$-**Konfidenzintervall für** σ^2 gegeben durch

$$[(n-1)\hat{\sigma}^2/\chi^2_{n-1;1-\alpha/2}; (n-1)\hat{\sigma}^2/\chi^2_{n-1;\alpha/2}].$$

Beispiel

Um die Reproduzierbarkeit einer Messung der schallpegelmindernden Wirkung einer Bebauung zu ermitteln, wurde die Messung fünfmal wiederholt. Es ergaben sich folgende Meßwerte x_v [in Dezibel]:

$$6.29, \quad 8.09, \quad 7.89, \quad 7.79, \quad 6.29.$$

Wir unterstellen, daß die Meßfehler normalverteilt sind. Dann erhalten wir zunächst als Hilfsgrößen zur Berechnung eines 0.95-Konfidenzintervalles für σ^2:

$$(n-1)\hat{\sigma}^2 = 3.248, \quad \chi^2_{4;0.025} = 0.484, \quad \chi^2_{4;0.975} = 11.14.$$

Somit lautet das realisierte Konfidenzintervall für σ^2:

$$\left[\frac{3.248}{11.14}; \frac{3.248}{0.484}\right] = [0.292; 6.711].$$

Das entsprechende Konfidenzintervall für die Standardabweichung σ erhalten wir wegen

$$\{(n-1)\hat{\sigma}^2/\chi^2_{n-1;1-\alpha/2} \le \sigma^2 \le (n-1)\hat{\sigma}^2/\chi^2_{n-1;\alpha/2}\}$$
$$= \{\sqrt{(n-1)\hat{\sigma}^2/\chi^2_{n-1;1-\alpha/2}} \le \sigma \le \sqrt{(n-1)\hat{\sigma}^2/\chi^2_{n-1;\alpha/2}}\}$$

zu:

$$[\sqrt{0.292}; \sqrt{6.711}] = [0.540; 2.591].$$

Konfidenzintervalle für zwei Quartile

Der **theoretische Quartilsabstand** $\sigma_Q = t_{0.75} - t_{0.25}$ einer Verteilung ist wie die Standardabweichung ein Streuungsparameter. Wir leiten aber nicht direkt Konfidenzintervalle für σ_Q her, sondern bestimmen sogar **innere und äußere Konfidenzintervalle für das Quartilintervall** $[t_{0.25}; t_{0.75}]$.

Diese lassen sich weitgehend in Analogie zu dem Konfidenzintervall für den Median ableiten. Wir gehen aus von einer Stichprobe $X_1, \ldots, X_n$ und bezeichnen mit $X_{(v)}$ wieder die Stichprobenvariable, die den v-kleinsten Wert der Stichprobe angibt. Zunächst bestimmen wir die Wahrscheinlichkeit, daß beide Quartile $t_{0.25}, t_{0.75}$ von zwei dieser Stichprobenvariablen, die gleiche „Abstände“ vom unteren bzw. oberen Ende der geordneten Stichprobe haben, eingeschlossen werden.

$$P(X_{(r)} \le t_{0.25} \le t_{0.75} \le X_{(n+1-r)})$$
$$\ge P(X_{(r)} \le t_{0.25}) + P(X_{(n+1-r)} \ge t_{0.75}) - 1$$
$$\ge P(X_{(r)} \le t_{0.25}) - P(X_{(n+1-r)} \le t_{0.75})$$
$$= \sum_{i=r}^{n} \binom{n}{i} \left(\frac{1}{4}\right)^i \left(1-\frac{1}{4}\right)^{n-i} - \sum_{i=n+1-r}^{n} \binom{n}{i} \left(\frac{3}{4}\right)^i \left(1-\frac{3}{4}\right)^{n-i}.$$

Hier kommt die Binomialverteilung ins Spiel, da z. B. $\{X_{(r)} \leq t_{0.25}\}$ äquivalent dazu ist, daß mindestens r der unabhängigen Ereignisse $\{X_i \leq t_{0.25}\}$ $i = 1, \ldots, n$ eintreten.

Nun gilt weiter

$$\sum_{i=n+1-r}^{n} \binom{n}{i} \left(\frac{3}{4}\right)^i \left(\frac{1}{4}\right)^{n-i} = \sum_{j=0}^{r-1} \binom{n}{j} \left(\frac{1}{4}\right)^j \left(\frac{3}{4}\right)^{n-j}.$$

Daher ist insgesamt:

$$P(X_{(r)} \leq t_{0.25} < t_{0.75} \leq X_{(n+1-r)}) \geq 1 - 2 \sum_{i=0}^{r-1} \binom{n}{i} \left(\frac{1}{4}\right)^i \left(\frac{3}{4}\right)^{n-i}.$$

Ganz entsprechend erhalten wir:

$$P(t_{0.25} \leq X_{(s)} \leq X_{(n+1-s)} \leq t_{0.75}) \geq 1 - 2 \sum_{i=s}^{n} \binom{n}{i} \left(\frac{1}{4}\right)^i \left(\frac{3}{4}\right)^{n-i}.$$

Wählen wir r und s so, daß die Summen auf den rechten Seiten der beiden letzten Ungleichungen mindestens $\alpha/2$ betragen, so resultieren ein äußeres und ein inneres Konfidenzintervall für das Quartilsintervall $[t_{0.25}; t_{0.75}]$.

Ein **äußeres bzw. inneres $(1-\alpha)$-Konfidenzintervall für das Quartilsintervall** $[t_{0.25}; t_{0.75}]$ der Verteilung einer Zufallsvariablen X ist gegeben durch

$$[X_{(r)}; X_{(n+1-r)}], \quad \text{bzw.} \quad [X_{(s)}; X_{(n+1-s)}],$$

wenn r und s so bestimmt werden, daß

$$\sum_{i=0}^{r-1} \binom{n}{i} \left(\frac{1}{4}\right)^i \left(\frac{3}{4}\right)^{n-i} \leq \alpha/2 \quad \text{bzw.}$$

$$\sum_{i=s}^{n} \binom{n}{i} \left(\frac{1}{4}\right)^i \left(\frac{3}{4}\right)^{n-i} \leq \alpha/2.$$

Für **große Stichprobenumfänge** n ($n \geq 40$) sind r und s **approximativ**

$$r = \frac{1}{4}(n+2) - \frac{1}{4} z_{1-\alpha/2} \sqrt{3n},$$

$$s = \frac{1}{4}(n+2) + \frac{1}{4} z_{1-\alpha/2} \sqrt{3n}.$$

Dabei ist $z_{1-\alpha/2}$ das $(1-\alpha/2)$-Quantil der Standardnormalverteilung.

Aus diesen Konfidenzintervallen können leicht Konfidenzbereiche für den Quartilsabstand gewonnen werden. So gilt etwa

$$P(\sigma_Q \leq X_{(n+1-r)} - X_{(r)}) \geq P(X_{(r)} \leq t_{0.25} \leq t_{0.75} \leq X_{(n+1-r)}).$$

Mit der Bonferroni-Ungleichung $P(A \cap B) \geq 1 - (P(\bar{A}) + P(\bar{B}))$ erhalten wir sogar zweiseitige Konfidenzintervalle für σ_Q:

$$P(X_{(n+1-s)} - X_{(s)} \leq \sigma_Q \leq X_{(n+1-r)} - X_{(r)}) \geq 1 - 2\alpha,$$

wenn r und s wie oben angegeben bestimmt werden.

Diese Konfidenzintervalle sind i. d. R. allerdings recht breit, da mit der verwendeten Information eigentlich weitergehende, die Lage von $t_{0.25}$ und $t_{0.75}$ betreffende Aussagen möglich sind.

Beispiel

In den Jahren 1955 bis 1985 wurde jeweils am 1. Januar am Rhein der Wasserstandstagesmittelwert (= X, in cm) des Pegels Köln notiert. Die geordneten Werte lauten:

61	61	71	77	77	82	82	101	108	110	151	157	170	193	207	210
227	240	284	324	353	383	394	395	426	450	510	530	559	616	631.	

Für das Quartilsintervall $[t_{0.25}; t_{0.75}]$ erhalten wir als äußeres (1 − 0.05)-Konfidenzintervall wegen

$$\sum_{i=0}^{2} \binom{31}{i} \left(\frac{1}{4}\right)^i \left(\frac{3}{4}\right)^{31-i} = 0.0084, \qquad \sum_{i=0}^{3} \binom{31}{i} \left(\frac{1}{4}\right)^i \left(\frac{3}{4}\right)^{31-i} = 0.0307$$

das Paar $[X_{(3)}; X_{(29)}]$.

Das realisierte Konfidenzintervall ist somit [71; 559]. Als realisiertes inneres Konfidenzintervall ergibt sich $[x_{(13)}; x_{(19)}] = [170; 284]$. Die tatsächliche Fehlerwahrscheinlichkeit ist hier ebenfalls geringer als erlaubt. Bei n = 31 gilt nämlich exakt:

$$P(t_{0.25} \leq X_{(13)} \leq X_{(19)} \leq t_{0.75}) = 1 - 2 \cdot 0.0115 = 0.977.$$

Die Bonferroni-Ungleichung führt somit zu dem zweiseitigen Konfidenzintervall

[114; 488]

für σ_Q, das ein Konfidenzniveau von $1 - (2 \cdot 0.0084 + 2 \cdot 0.0115) = 0.9602$ besitzt.

15.5 Konfidenzintervalle für Wahrscheinlichkeiten und Anteile

Problemstellung

In einer Studie sollten Methoden zum frühzeitigen Erkennen von Wiedererkrankungen nach dem Therapieende bei Schilddrüsen-Patienten ermittelt werden. Als ein wichtiger Indikator wurde bei der Planung der Studie das Vorhandensein schilddrüsenstimulierender Antikörper (kurz: TDA+) angesehen. Als Frage stellte sich, ob TDA+-Patienten ein hohes Wiedererkrankungsrisiko haben.

Allerdings sind diesbezügliche Ergebnisse der Studie nur von praktischer Relevanz, wenn mit großer Sicherheit gesagt werden kann, daß ein geeignet hoher Anteil dieser Patienten in kurzer Zeit nach dem Therapie-Ende wieder erkranken.

Eine Vorauswertung ergab bei 69 TDA+-Patienten 53 Rückfälle innerhalb von drei Monaten. Das sind 76.8%.

Aber erst mittels eines Konfidenzintervalles für die unbekannte „Wiedererkrankungs"-Wahrscheinlichkeit p kann mit der gewünschten Sicherheit gesagt werden, wo der wahre Wert von p liegt.

Approximatives Konfidenzintervall für eine Wahrscheinlichkeit

Wir präzisieren die Fragestellung dahingehend, daß ein Konfidenzintervall für den Parameter p einer Binomialverteilung zu bestimmen ist.

Für kleine Stichprobenumfänge ist die Herleitung von Konfidenzintervallen recht aufwendig. Es ist hier nämlich nicht möglich, von dem Stichprobenanteil X/n auszugehen und wie bei der Normalverteilung den Standardfehler zu berücksichtigen.

Wir betrachten deshalb hier nur die Situation, daß der Stichprobenumfang bzw. die Zahl der Versuchswiederholungen ausreicht, den Stichprobenanteil X/n approximativ als normalverteilt anzusehen.

Bei genügend großem n gilt also mit $\hat{p} = X/n$:

$$\frac{\hat{p} - p}{\sqrt{\frac{p(1-p)}{n}}} \mathrel{\dot{\sim}} N(0,1),$$

so daß mit $z = z_{1-\alpha/2}$ folgt:

$$P\left(-z \leq \frac{\hat{p} - p}{\sqrt{\frac{p(1-p)}{n}}} \leq z\right) \approx \Phi(z) - \Phi(-z) = 1 - \alpha.$$

Nun können wir nicht wie beim Konfidenzintervall für μ vorgehen: Die Standardabweichung von $\hat{p}$ hängt von p ab!

Somit wird die äquivalente Umformung etwas schwieriger. Insbesondere ist die Wurzel zu „beseitigen":

$$-z \leq \frac{\hat{p} - p}{\sqrt{\frac{p(1-p)}{n}}} \leq z$$

$$\Leftrightarrow \left(\frac{\hat{p} - p}{\sqrt{p(1-p)/n}}\right)^2 \leq z^2$$

$$\Leftrightarrow (\hat{p} - p)^2 \leq z^2 \frac{p(1-p)}{n}.$$

Auflösen nach p und quadratische Ergänzung liefert die dazu äquivalente Ungleichungen:

$$\frac{\hat{p} + \frac{z^2}{2n} - z\left(\left(\frac{z}{2n}\right)^2 + \frac{\hat{p}(1-\hat{p})}{n}\right)^{0.5}}{1 + \frac{z^2}{n}}$$

$$\leq p \leq \frac{\hat{p} + \frac{z^2}{2n} + z\left(\left(\frac{z}{2n}\right)^2 + \frac{\hat{p}(1-\hat{p})}{n}\right)^{0.5}}{1 + \frac{z^2}{n}}.$$

Damit erhalten wir das gesuchte Konfidenzintervall.

X sei eine binomialverteilte Zufallsvariable, $X \sim B(n, p)$, und es sei $\hat{p} = X/n$. Dann ist für $n \cdot \hat{p}(1-\hat{p}) \geq 5$

$$\left[\frac{\hat{p} + \frac{z^2}{2n} - z\left(\left(\frac{z}{2n}\right)^2 + \frac{\hat{p}(1-\hat{p})}{n}\right)^{0.5}}{1 + \frac{z^2}{n}}; \frac{\hat{p} + \frac{z^2}{2n} + z\left(\left(\frac{z}{2n}\right)^2 + \frac{\hat{p}(1-\hat{p})}{n}\right)^{0.5}}{1 + \frac{z^2}{n}}\right]$$

ein **approximatives $(1-\alpha)$-Konfidenzintervall für** p, wenn $z = z_{1-\alpha/2}$ das $(1-\alpha/2)$-Quantil der Standard-Normalverteilung ist. Für sehr große n $(n \geq 100)$ **vereinfacht sich das Konfidenzintervall**:

$$\left[\hat{p} - z\sqrt{\frac{\hat{p}(1-\hat{p})}{n}}; \hat{p} + z\sqrt{\frac{\hat{p}(1-\hat{p})}{n}}\right].$$

Beispiel

Für die in der Problemstellung angegebene Wiedererkrankungswahrscheinlichkeit ist mit $n = 69$ und $\hat{p} = 0.768$ wegen $69 \cdot 0.768\,(1 - 0.768) = 12.28 > 5$ die Voraussetzung zur Bestimmung des approximativen Konfidenzintervalles erfüllt. Bei $1 - \alpha = 0.99$ erhalten wir: $z_{1-\alpha/2} = 2.576$.

Dies ergibt die Intervallgrenzen

$$\frac{0.768 + \frac{2.576^2}{2 \cdot 69} \pm 2.576\sqrt{\left(\frac{2.576}{2 \cdot 69}\right)^2 + \frac{0.768 \cdot (1 - 0.768)}{69}}}{1 + \frac{2.576^2}{69}}.$$

$$= \frac{0.816 \pm 2.576\sqrt{0.00293}}{1.096},$$

und das realisierte Konfidenzintervall [0.617; 0.872].

Es kann also mit 99%-Sicherheit gesagt werden, daß bei positiver Antikörper-Bestimmung die Chance für ein Rezidiv innerhalb von drei Monaten nach Therapie-Ende im Bereich von 61.7% bis 87.2% liegt.

Für die angedeutete praktische Umsetzung sind natürlich noch weitere Gesichtspunkte zu berücksichtigen.

Approximatives Konfidenzintervall für einen Anteil

Häufig interessiert man sich auch für eine Konfidenzschätzung eines Anteilwertes in einer Grundgesamtheit. So etwa bei der Frage, wie die Bevölkerung zu militärischen Aufrüstungen steht. Gefragt ist dann etwa nach dem Anteil der Gegner weiterer Ausgabenerhöhungen im militärischen Bereich.

Der Anteilswert in einer Grundgesamtheit kann als Wahrscheinlichkeit dafür angesehen werden, daß man bei einmaligem zufälligen Ziehen ein Element mit der interessierenden Eigenschaft gezogen hat. Wir unterstellen zur Vereinfachung, daß der Umfang der Grundgesamtheit sehr groß ist gegen den Stichprobenumfang. Dann ändert sich die Zusammensetzung in der Grundgesamtheit praktisch nicht und die Stichprobenzüge können als unabhängig voneinander angesehen werden. Damit ist die Variable X = „Anzahl der Erfolge in der Stichprobe" in guter Näherung binomialverteilt. (Als Erfolg zählt z. B., wenn jemand gegen Erhöhung der Militärausgaben votiert.)

Somit führen die angesprochenen Fragestellungen formal wiederum dahin, ein Konfidenzintervall für den Parameter p einer B(n, p)-verteilten Zufallsvariablen zu bestimmen.

Beispiel

Eine repräsentative Umfrage bei 1600 Personen ergab einen Anteil von 74%, die sich im Sommer 1983 gegen die Nachrüstung aussprach (WAZ vom 20.10.1983). „Repräsentativ" interpretieren wir dabei so, daß die befragten Personen zufällig aus der Gesamtbevölkerung ausgewählt wurden.

Das Konfidenzintervall zum Niveau 0.99 für den Populationsanteil p kann wegen $n\hat{p}(1-\hat{p}) > 10$ und $n > 100$ nach der vereinfachten Formel berechnet werden.

Es sind

$$z_{1-\alpha/2} = z_{0.995} = 2.576,$$

$$\sqrt{\frac{\hat{p}(1-\hat{p})}{n}} = \sqrt{\frac{0.74 \cdot 0.26}{1600}} = 0.011,$$

und

$$z \cdot \sqrt{\frac{\hat{p}(1-\hat{p})}{n}} = 0.028.$$

Damit erhalten wir das realisierte Konfidenzintervall:

$$[0.74 - 0.028; 0.74 + 0.028] = [0.712; 0.768].$$

Länge der Konfidenzintervalle für p

Bei der Planung von Stichprobenerhebungen stellt sich bisweilen die Aufgabe, vorab die Länge des Konfidenzintervalles festzulegen. Ist das Konfidenzniveau erst einmal gewählt, so kann die Länge noch durch die Wahl des Stichprobenumfanges gesteuert werden. Wir betrachten dazu nur das vereinfachte Konfidenzintervall

$$\left[\hat{p} - z\sqrt{\frac{\hat{p}(1-\hat{p})}{n}}; \hat{p} + z\sqrt{\frac{\hat{p}(1-\hat{p})}{n}}\right].$$

Die **Länge** L dieses Konfidenzintervalles läßt sich angeben als Differenz von Intervallobergrenze und Intervalluntergrenze, d.h.

$$L = 2 \cdot z_{1-\alpha/2} \cdot \sqrt{\hat{p}(1-\hat{p})/n}.$$

Soll nun die Frage nach dem notwendigen Stichprobenumfang beantwortet werden, wenn das Konfidenzintervall eine vorgegebene Länge L hat, so ist diese Formel nach n aufzulösen.

Zentral ist bei der Berechnung von n das Problem, daß der Wert für $\hat{p}$ nicht bekannt ist. In dieser Situation können wir uns auf zweierlei Weise helfen:

- Wir nehmen für $\hat{p}$ einen Schätzwert aus einer früheren Untersuchung (vorausgesetzt, es gab eine) und unterstellen, daß sich der Anteilswert in der Grundgesamtheit im Zeitablauf nicht wesentlich geändert hat. Dann kann n auch so groß gewählt werden, daß die Approximationsvoraussetzung erfüllt ist.
- Wir nehmen den ungünstigsten Fall an und wählen $\hat{p}$ so, daß das Produkt $\hat{p} \cdot (1 - \hat{p})$ maximal wird. Dieser ungünstigste Fall (für den Umfang n der Stichprobe) tritt bei $\hat{p} = 0.5$ ein. Dann vereinfacht sich die Berechnung nach obiger Formel wegen $\hat{p} \cdot (1 - \hat{p}) = 1/4$ zu:

$$n = \left(\frac{z_{1-\alpha/2}}{L}\right)^2 .$$

Allerdings ist hier erst nach der Beobachtung von $\hat{p}$ entscheidbar, ob die Approximationsvoraussetzungen erfüllt sind.

Bei **vorgegebener Länge** L ist der **Stichprobenumfang** n für das Konfidenzintervall für p so zu wählen, daß
bei Vorkenntnis $p \approx \tilde{p}$:

$$n \geq \frac{4 \cdot z_{1-\alpha/2}^2 \tilde{p}(1 - \tilde{p})}{L^2}$$

ohne Vorkenntnisse über p:

$$n \geq \left(\frac{z_{1-\alpha/2}}{L}\right)^2 .$$

Beispiel

Der Studie zur Früherkennung von Wiedererkrankungen von Schilddrüsenpatienten ging eine Voruntersuchung voraus. Dort wurde der interessierende Anteil mit $\tilde{p} = 0.69$ abgeschätzt.

Der Wunsch, ein 95%-Konfidenzintervall der Länge $L = 0.1$ zu erhalten, führt dann auf

$$n \geq \frac{4 \cdot 1.96^2 \cdot 0.69 \cdot (1 - 0.69)}{0.1^2} = 328.68 .$$

Es müßten also 329 Patienten „statistisch auswertbar“ sein. – Wegen vielerlei praktischer Probleme – z. B. dem Fernbleiben von Patienten nach der Therapie – wird man die Zahl der Patienten höher ansetzen und hoffen, daß genügend viele in der Studie verbleiben.

15.6 Aufgaben

1. Vieles eignet sich zum Werfen. Die Bayern werfen sogar mit Hufeisen! Ziel bei diesem Wurfspiel ist, einen in den Boden gerammten Pfahl mit dem Eisen einzuschließen.
   Wenn Sie das Werfen eines Hufeisens mit einer Konfidenzschätzung für μ vergleichen, was entspricht dann der
   - Lage des Pfahls?
   - Breite des Hufeisens?
   - Treffsicherheit des Werfers?
   - Lage des Hufeisens nach dem Wurf?

2. Bestimmen Sie ein 0.99-Konfidenzintervall für den Median der im Beispiel von Abschnitt 15.4 angegebenen Wasserstandsmittelwerte.

3. Als eine Modifikation von Box-Plots wurde vorgeschlagen, die „Schachtel“ mit Kerben zu versehen. Die Kerben sollen an den Grenzen eines 95%-Konfidenzintervalles für $\tilde{\mu}$ beginnen.
   Wie groß muß der Umfang des Datensatzes sein, damit bei Verwendung des angegebenen Konfidenzintervalles $[X_{(c)}; X_{(n+1-c)}]$ die Kerben wie in der Skizze oberhalb von $x_{0.25}$ bzw. unterhalb von $x_{0.75}$ beginnen?

4. Bei verschiedenen Problemen ist man an einseitigen Konfidenzschranken interessiert. So wird z. B. ein Verbraucherverband für ein mittleres Abfüllgewicht nur eine Untergrenze ermitteln wollen.
   a) Bestimmen Sie das Konfidenzniveau der durch $X_{(1)}$ gegebenen unteren Konfidenzschranke für $\tilde{\mu}$, d. h. die Wahrscheinlichkeit $P(X_{(1)} \leq \tilde{\mu})$.
   b) Wie groß ist c zu wählen, damit bei $n = 10$ durch $X_{(c)}$ eine untere Konfidenzschranke für $\tilde{\mu}$ zum Niveau $(1 - \alpha) = 0.95$ gegeben ist?
   Wie lautet die Formel für c, falls $n > 20$ beliebig ist?

5. In einem Experiment wurde die Zeit X, die Probanden verstreichen ließen, bis sie eine Roulette-Scheibe anhielten, gemessen. Sie sollten die gleichmäßig rotierende Scheibe jeweils stoppen, wenn sie meinten, die Eins müsse erscheinen. (T. Engländer; Z. Psychol. 194 (1986), S. 73–92)
   Bestimmen Sie für jede der angegebenen Konstellationen ein $(1 - \alpha)$-Konfidenzintervall für den Erwartungswert μ:
   i) $n = 50$: $\alpha = 0.01$, $\alpha = 0.05$
   ii) $n = 200$: $\alpha = 0.01$, $\alpha = 0.05$.
   Diskutieren Sie die Unterschiede!

i	$x_{i-1}^* < X \leq x_i^*$	h$_i$
1	0 – 5	0.022
2	5 – 10	0.091
3	10 – 15	0.205
4	15 – 20	0.114
5	20 – 25	0.205
6	25 – 30	0.205
7	30 – 35	0.091
8	35 – 40	0.045
9	40 – 45	0
10	45 – 50	0
11	50 – 55	0.022

6. Der mißratene Sohn eines Altphilologen will nicht Lateinlehrer wie sein Vater, sondern Statistiker werden. Folglich versetzt er nach jedem Weihnachtsfest die lateinischen Klassiker, die er geschenkt bekommen hat, um sich dafür Statistiklehrbücher zu kaufen. In den letzten 9 Jahren – die Vorliebe für Statistik entwickelte sich bereits sehr früh – bekam er im Durchschnitt DM 200 für die versetzten Latein-Klassiker.
   a) Wenn man annimmt, daß der Wert der geschenkten Klassiker normalverteilt ist mit der Standardabweichung $\sigma = 45$ DM, wie lautet dann ein 95%-Konfidenzintervall für μ?
   b) Wie sieht das entsprechende Konfidenzintervall aus, wenn σ nicht bekannt ist, sondern mittels der empirischen Standardabweichung $s = 45$ DM geschätzt werden muß?
   c) In diesem Jahr will er sich einen Band der „Encyclopedia of Statistical Sciences" kaufen, der DM 220 kostet. Wie groß ist die Wahrscheinlichkeit, daß er das Geld aufbringt, wenn man den ungünstigsten Fall in dem nach a) berechneten Konfidenzintervall annimmt?
   d) Wie viele Jahre müßte der Sohn noch Latein-Bücher versetzen, um die Länge des unter a) erhaltenen Konfidenzintervalles zu halbieren?

7. Bei einer Untersuchung über das Fernsehverhalten von Kindern wurde unter anderem bei 25 zufällig ausgewählten Kindern zwischen 6 und 10 Jahren ermittelt, wieviel Zeit sie täglich vor dem Fernsehen verbringen. (Angabe in Min.). Dabei erhielt man folgenden Datensatz:

0	10	25	30	40	55	60	60	60	65	65	70	70
75	75	80	80	85	90	95	100	120	140	145	180	

   a) Geben Sie zum Konfidenzniveau $1 - \alpha = 0.95$ ein Konfidenzintervall für den Anteil der Kinder in der Grundgesamtheit an, die täglich mindestens 80 Minuten vor dem Fernseher verbringen.
   b) Bestimmen Sie ein 99%-Konfidenzintervall für den Median der Fernsehzeiten.
   c) Es wird angenommen, daß die tägliche Fernsehzeit von Kindern der genannten Altersgruppe normalverteilt ist. Ermitteln Sie ein 95%-Konfidenzintervall für den im Durchschnitt zu erwartenden Wert.

8. Die folgende Tabelle gibt die Zeitintervalle (in Tagen) zwischen 40 Explosionen in Bergwerken an. (Nach Maguive et al., Biometrika (1952).)

378	36	15	31	215	11	137	4	15	72	96	124
50	120	203	176	55	93	59	315	59	61	1	13
189	345	20	81	286	114	108	188	233	28	22	61
78	99	326	275								

Diese Daten können als Zufallsstichprobe aus einer Exponentialverteilung angesehen werden.
Bestimmen Sie ein 95%-Konfidenzintervall für den Parameter λ!

9. Aus einer Gesamtheit von Männern, die sich einer stationären Entwöhnungs-Behandlung für Alkoholabhängige unterzogen hatten, wurde eine Stichprobe vom Umfang $n = 808$ gezogen. Nach 18 Monaten waren von diesen 290 ungebessert.
(Deutsche Rentenversicherung 3-4/86, S. 219–236).
   a) Bestimmen Sie ein 0.99-Konfidenzintervall für die Mißerfolgswahrscheinlichkeit der Behandlung.
   b) Angenommen, hier handele es sich um eine Vorstudie einer noch größeren Untersuchung. Wieviele Patienten müßten in die Studie aufgenommen werden, damit das entsprechend zu a) bestimmte Konfidenzintervall höchstens die Länge 0.05 aufweist?
   c) Wie viele Patienten müßten bei der Fragestellung unter b) betrachtet werden, wenn keine Vorinformationen gegeben sind?

10. Ein Marktforschungsinstitut will auf Stichprobenbasis den Anteil von Jugendlichen ermitteln, welche den Namen eines bestimmten Produktes kennen. Als Konfidenzniveau wird $1 - \alpha = 0.9973$ gewählt.
   a) Welchen Stichprobenumfang muß das Institut wählen, damit die Länge des Konfidenzintervalles den Wert 0.1 nicht übersteigt?
   b) Tatsächlich erhält man das realisierte Konfidenzintervall [0.16; 0.24]. Mit welchem Stichprobenumfang wurde gearbeitet?
   c) Ein besonders gewissenhafter Mitarbeiter schlägt vor, drei verschiedene Stichproben mit gleichem Umfang unabhängig voneinander zu ziehen, und diese Information für die Konfidenzschätzung auszunutzen.
      i) Wenn das Konfidenzniveau der einzelnen gleich 0.99 ist, mit welcher Wahrscheinlichkeit überdeckt dann keines der drei den wahren Parameterwert p?
      ii) Wie ist die Information der drei unabhängigen Stichproben zu kombinieren, um ein Konfidenzintervall zum Niveau 0.99 zu haben? Welchen Effekt hat die Kombination?

11. In einer großen Behörde ermittelte man aus einer Zufallsstichprobe vom Umfang $n = 525$ mit Hilfe des zentralen Grenzwertsatzes das Konfidenzintervall [0.2608; 0.3392] für den Anteil der Angestellten, die regelmäßig in der Kantine essen. Welches Konfidenzniveau lag der Berechnung zugrunde?

16 Testen von Hypothesen

In den beiden vorangegangenen Kapiteln wurden Schätzungen für unbekannte Parameter theoretischer Verteilungen besprochen. Daneben interessiert in der Praxis auch, wie Vermutungen oder Angaben über Parameter von Grundgesamtheiten oder theoretischen Verteilungen auf Stichprobenbasis überprüft werden können.

Wir wählen hier einen Zugang zu diesem Problemkreis, der die Diskussion über die Aussagen, die im Zusammenhang mit Konfidenzintervallen gemacht werden können, zugrundelegt.

16.1 Reine Signifikanztests

Problemstellung

Im Rahmen der Erforschung von Arbeitsbedingungen in der Glasindustrie sollte auch untersucht werden, ob die Belastung der Arbeiter am Ende der täglichen Arbeitszeit sich von der zu Beginn unterscheidet. Als Indikator wurde die Arbeitspulsfrequenz während des ersten und des letzten Schichtdrittels gewählt.

Die Ausgangsfrage spezifizieren wir nun dahingehend, daß zu prüfen ist, ob die Differenzen der Arbeitspulsfrequenzen im Mittel gleich Null sind, d. h. formal, ob gilt:

$$\mu = 0 .$$

Als Basis für die Prüfung dienen die Messungen der Differenz X der Arbeitspulsfrequenz bei 28 Arbeitern (nach G. Averkamp, T. Hettinger; Z. Arb. Wiss. 40 (12 NF) S. 23–27).

Die beobachteten Differenzen lauten:

7.97	−8.55	−9.18	−7.54	5.09	−1.16	2.46	0.56	−1.06	−0.41
−2.71	−6.80	2.06	7.68	−13.19	−14.32	−6.08	2.10	−3.21	0.77
−2.92	4.98	2.36	8.53	12.18	−4.91	5.48	−7.23		

Da Konfidenzintervalle eine Aussage über die Lage der unbekannten Parameter erlauben, und die Daten als realisierte Stichprobe aus einer Normalverteilung angesehen werden können, berechnen wir ein entsprechendes Konfidenzintervall für μ zum Konfidenzniveau $1-\alpha = 0.95$.

Mit

$$\bar{x} = -0.966 , \quad \hat{\sigma}^2 = 44.489 = 6.67^2$$

lautet das realisierte Konfidenzintervall zum Niveau 0.95:

$$[\bar{x} - t_{27;0.975}\hat{\sigma}/\sqrt{n}; \bar{x} + t_{27;0.975}\hat{\sigma}/\sqrt{n}] = [-3.55; 1.62] .$$

Das Konfidenzintervall überdeckt den Wert Null. Welche Schlußfolgerung legt dieses Ergebnis nahe?

Tests auf der Basis von Konfidenzintervallen

Allgemein dienen Signifikanztests dazu, einen vermutlichen oder behaupteten Wert eines Parameters zu überprüfen. Grundlage für diese Überprüfung ist jeweils eine Stichprobe.

Die Angabe eines hypothetischen Wertes θ_0 eines Parameters θ bezeichnen wir als **(Null-)Hypothese**:

$$H : \theta = \theta_0 .$$

Das Vorgehen, das angibt, wie auf Stichprobenbasis über die Beibehaltung der Hypothese H oder ihre Ablehnung zu entscheiden, nennen wir einen **Signifikanztest**.

Eine Entscheidungsregel auf der Basis eines Konfidenzintervalles basiert auf der folgenden Überlegung:

Angenommen, es wurde ein 95%-Konfidenzintervall berechnet. Bei 95 von 100 Stichproben wird das entsprechend berechnete Konfidenzintervall den tatsächlichen Parameter überdecken, bei nur 5 von 100 Stichproben wird es das nicht tun. Wir gehen sinnvollerweise davon aus, daß nicht einer der seltenen Fälle beobachtet wurde, sondern einer der häufigen. Wir unterstellen also, daß das erhaltene Konfidenzintervall zu den 95% gehört, die den wahren Parameter überdecken und nicht zu den 5%, die ihn nicht überdecken.

Überdeckt nun das erhaltene Konfidenzintervall den hypothetischen Parameterwert, so haben wir keinen Grund ihn abzulehnen. Wir behalten ihn bei. Im anderen Fall lehnen wir ihn ab.

Wir sagen auch, daß das Ergebnis des Testes **statistisch signifikant** ist, wenn das realisierte Konfidenzintervall den hypothetischen Parameterwert nicht überdeckt, die Hypothese H also abgelehnt wird. Diese Bezeichnung wird klar, wenn wir die Begründung der Entscheidung gegen bzw. für die Hypothese noch einmal genauer betrachten.

Da die Grenzen des Konfidenzintervalls den unbekannten Parameterwert mit einem großen Vertrauensgrad $(1-\alpha)$ einschließen, ist man sich ziemlich sicher, daß der wahre Parameterwert im Konfidenzintervall liegt. Jeder Wert im Konfidenzintervall ist mit dieser Vorstellung „verträglich". Jeder dieser Werte stellt also eine akzeptierbare Hypothese dar.

Liegt θ_0 im Konfidenzintervall, so gehört der hypothetische Wert zu den akzeptierbaren Hypothesen. Dies heißt nicht, daß θ_0 „wahr" ist. Es heißt nur, daß das Stichprobenergebnis nicht gegen diesen Wert spricht.

Im anderen Fall lassen wir uns von der Vorstellung leiten, daß das realisierte Konfidenzintervall aufgrund des Unterschieds zwischen wahrem und hypothetischem Wert den hypothetischen nicht enthält. Dazu muß der wahre Wert genügend weit weg vom hypothetischen liegen. Der wahre Wert wird also vom hypothetischen als „statistisch unterscheidbar" angesehen, das Ergebnis als signifikant bezeichnet.

Da die Entscheidung auf einem Konfidenzintervall zum Konfidenzniveau $1-\alpha$ basiert, wäre es naheliegend, davon zu sprechen, daß die Hypothese H mit dem Vertrauensgrad $1-\alpha$ getestet wird. Üblicherweise wählt man jedoch die Fehlerwahrscheinlichkeit α, um den Test zu charakterisieren.

Das **Niveau α eines Signifikanztests** ist die Wahrscheinlichkeit, mit der die Nullhypothese fälschlich abgelehnt wird.

Die Frage der Problemstellung ist also dahingehend zu beantworten, daß der Beobachtungsbefund mit der Hypothese verträglich ist; die Arbeitspulsfrequenz weist im Mittel keinen Unterschied zwischen den beiden betrachteten Schichten auf.

Tests auf der Basis von Prüfgrößen

In verschiedenen Situationen ist die statistische Überprüfung von Hypothesen von Interesse, ohne daß eine Konfidenzschätzung von Bedeutung wäre.

Beispiel

Im Jahre 1879 wurden von dem Amerikaner Michelson Messungen der Lichtgeschwindigkeit in der Luft durchgeführt. Messungen mit modernen Instrumenten haben ergeben, daß die wahre Lichtgeschwindigkeit 299734.5 km/sec beträgt. Damit stellt sich die Frage, ob die seinerzeit von Michelson verwendete Apparatur schon genug ausgereift war, bzw. von ihm genügend beherrscht wurde, um damit die wahre Lichtgeschwindigkeit zu messen.

Diese Frage spezifizieren wir dahingehend, daß zu prüfen ist, ob die mit dieser Apparatur erhaltenen Messungen um den heute akzeptierten Wert zentriert sind, d.h. formal, ob für den Erwartungswert μ gilt:

$$H: \mu = 299734.5 .$$

Als Basis für die Einschätzung dient Michelsons Meßserie von n = 100 Messungen. (Nach S. Stigler; Annals of Statistics, 5 (1977) S. 1055–1098.)

Die Frage ist hier ausschließlich, ob es eine signifikante Abweichung vom hypothetischen Wert gibt.

Ein Konfidenzintervall ist hier nicht von Interesse. Als Signifikanzniveau wählen wir $\alpha = 0.05$.

6	2
6	5
6	
6	
7	
7	222
7	4445
7	666667
7	88999
8	000001111111111
8	2233
8	4444444444444444
8	6667777
8	8888888888999
9	0011
9	233
9	444555
9	66667
9	888
10	000
10	
10	
10	7

Abb.: Stemleaf-Diagramm Lichtgeschwindigkeitsmessungen. Transformierte Werte; (Meßwert – 299000)/10 [10^{-1} km/sec]

Prüfgrößen, mit denen Entscheidungen ohne die Bestimmung von Konfidenzintervallen möglich sind, führen wir anhand eines Tests auf den Erwartungswert einer normalverteilten Zufallsvariablen ein.

Der Test auf Basis des Konfidenzintervalles führt zur Ablehnung von $H_0 : \mu = \mu_0$, falls das Konfidenzintervall $[\bar{X} - t\hat{\sigma}/\sqrt{n}; \bar{X} + t\hat{\sigma}/\sqrt{n}]$ den hypothetischen Parameterwert μ_0 nicht überdeckt.

Dies ist, wie wir in Kapitel 15 gesehen haben, genau dann der Fall, wenn die Stichprobenfunktion $T = \sqrt{n}(\bar{X} - \mu_0)/\hat{\sigma}$ einen Wert aus dem Intervall $[-t; t]$ annimmt:

$$\bar{X} - t\frac{\hat{\sigma}}{\sqrt{n}} \leq \mu_0 \leq \bar{X} + t\frac{\hat{\sigma}}{\sqrt{n}} \Leftrightarrow -t \leq T = \frac{\bar{X} - \mu_0}{\hat{\sigma}/\sqrt{n}} \leq t.$$

Wir können die Entscheidungsregel also auch auf der Stichprobenfunktion T aufbauen:

- H wird abgelehnt, wenn $\{T < -t\}$ oder wenn $\{T > t\}$ mit $t = t_{n-1;1-\alpha/2}$ eintritt;
- H wird beibehalten, wenn $\{-t \leq T \leq t\}$ eintritt.

Diese Form der Entscheidungsregel ist aufgrund der oben angegebenen Beziehung äquivalent zu der Entscheidungsregel, die auf dem Konfidenzintervall beruht. Sie hat aber auch ihre eigene Motivation: $\bar{X}$ ist bei der Normalverteilung ein guter Schätzer für μ. Große Abweichungen zwischen $\bar{X}$ und μ_0 deuten daher auf einen Unterschied zwischen dem wahren Parameterwert μ und dem hypothetischen μ_0 hin. Bei den Abständen ist aber noch die Streuung der zugrundeliegenden Verteilung zu berücksichtigen: Bei einer größeren Streuung werden auch häufiger größere Abstände $\bar{X} - \mu_0$ beobachtet. Durch die Normierung mit der (geschätzten) Standardabweichung von $\bar{X}$, $\hat{\sigma}_{\bar{X}} = \hat{\sigma}/\sqrt{n}$, wird dieser Effekt beseitigt.

Diese Motivation der Entscheidungsregel führt zu folgender allgemeiner Vorgehensweise: Wir wählen eine Stichprobenfunktion und überlegen uns, welche Realisationsmöglichkeiten unter der Hypothese H zu erwarten sind und welche unplausibel sind. Bei einer unplausiblen Realisation wird H abgelehnt, sonst wird H beibehalten.

Entscheidend ist bei dieser Betrachtungsweise, wo die Grenze zwischen „unplausibel" und „plausibel" gezogen wird. Hier hilft der Zugang über das Konfidenzintervall weiter. Er führte dazu, daß bei unterstellter Gültigkeit der Hypothese $H : \mu = \mu_0$ die Wahrscheinlichkeit für einen unplausiblen Wert höchstens so groß ist wie das Niveau α des Tests. Formal formuliert heißt dies:

$$P(T < -t \mid \mu_0) + P(T > t \mid \mu_0) \leq \alpha.$$

Dabei soll die Schreibweise $P(A \mid \mu_0)$ darauf hinweisen, daß die Wahrscheinlichkeit des Ereignisses A unter der Voraussetzung „μ_0 ist der „wahre" Parameterwert" zu berechnen ist.

Eine Stichprobenfunktion, auf Grund der man die Entscheidung eines Tests fällt, heißt die **Prüfgröße** (des Tests). Die Menge der Realisationsmöglichkeiten, bei denen man sich für die Beibehaltung von H entscheidet, ist der **Annahmebereich**. Die dazu komplementäre Menge der Realisationsmöglichkeiten, bei denen man sich für die Ablehnung von H entscheidet, heißt der **Ablehnbereich**. Punkte, bei denen der Annahme- in den Ablehnbereich übergeht, werden als **kritische Werte** bezeichnet.

Sie werden so festgelegt, daß unter Voraussetzung von H die Wahrscheinlichkeit dafür, daß die Prüfgröße einen Wert aus dem Ablehnbereich annimmt, das vorgegebene **Signifikanzniveau** α nicht überschreitet.

Zur Festlegung der kritischen Werte bzw. des Ablehnbereiches muß also die Verteilung der Prüfgröße unter der Hypothese bekannt sein.

$T = T(X_1, \ldots, X_n)$ sei die Prüfgröße eines Tests für die Hypothese H. Die unter H unplausiblen Werte von T seien in der Menge $K \subset \mathbb{R}$ zusammengefaßt. Dann ist

der **Ablehnbereich** gegeben durch $\{T \in K\}$,
der **Annahmebereich** gegeben durch $\{T \in A\}$ mit $A = \mathbb{R} \setminus K$

Der **Ablehnbereich** wird dabei bestimmt, daß

$$P(T \in K \mid H) \leq \alpha,$$

wenn α das vorgegebene Niveau des Tests ist.
Die Grenzen, wo A und K zusammenstoßen, heißen kritische Werte.

Beispiel

Wir führen das Beispiel der Messung der Lichtgeschwindigkeit fort. Unter $H: \mu = 299734.5$ sind sowohl sehr kleine als sehr große Werte der Prüfgröße $T = \sqrt{n}(\bar{X} - \mu_0)/\hat{\sigma}$ unplausibel. Da die t-Verteilung, die die Prüfgröße unter H besitzt, symmetrisch um Null ist, wählen wir die kritischen Werte gleichweit von Null entfernt. Bei $n = 100$ und $\alpha = 0.01$ erhalten wir:

$$t_{n-1;\alpha/2} = -t_{99;0.975} \approx -1.96$$
$$t_{n-1;1-\alpha/2} = t_{99;0.975} \approx 1.96.$$

Der Ablehnbereich ist gegeben durch

$$\{T < -1.96\} \cup \{T > 1.96\},$$

und der Annahmebereich durch

$$[-1.96 \leq T \leq 1.96\}.$$

Aus dem oben angegebenen Datensatz erhalten wir:

$$\bar{x} = 299851.6 \qquad s^2 = 6191.44.$$

Dies führt auf den Wert der Prüfgröße T:

$$\frac{299851.4 - 299734.5}{\sqrt{6253.98/100}} = 14.81.$$

Wegen $14.81 > 1.96$ ist die Hypothese abzulehnen, daß Michelson schon in der Lage gewesen sei, die Lichtgeschwindigkeit korrekt zu ermitteln.

Das empirische Signifikanzniveau

Einem Signifikanztest liegt die Vorstellung zugrunde, daß ein großer Unterschied zwischen hypothetischem und tatsächlichem Parameterwert aufgrund des Stichprobenergebnisses zu „erkennen“ ist. Das Resultat eines solchen Tests ist dann nur eine Alternativ-Entscheidung zwischen Ablehnung und Beibehaltung der Hypothese.

Es ist naheliegend, ein quantitatives Maß zu suchen, das den Grad der Ablehnung oder Stützung einer Hypothese erfaßt.

Eine sehr verbreitete und empfehlenswerte Möglichkeit besteht darin, nach Beobachtung der Stichprobe das Signifikanzniveau zu berechnen, bei dem das erhaltene Stichprobenergebnis an der Grenze zwischen Signifikanz und Nicht-Signifikanz liegt. Diese Wahrscheinlichkeit ist dann ein quantitatives Maß für die Plausibilität der Hypothese H: Je kleiner sie ist, desto unplausibler ist H. Denn dann hat die Prüfgröße des Tests einen extremen Wert angenommen. Umgekehrt werden wir umso eher bereit sein, H bei zubehalten, je größer diese Wahrscheinlichkeit ist.

Das **empirische Signifikanzniveau** α^* ist die Wahrscheinlichkeit, mit der die Prüfgröße T einen Wert annimmt, der unter H genauso oder noch unplausibler ist als der beobachtete Wert t^*.

Beispiel

Wir führen das Lichtgeschwindigkeitsbeispiel fort. Bei den $n = 100$ Messungen nahm die Prüfgröße T den Wert $t^* = 14.81$ an.

Das empirische Signifikanzniveau ist die Wahrscheinlichkeit, daß T einen noch extremeren Wert annimmt. Dies heißt hier, daß der Wert von T noch weiter von Null weg liegt. Dies ist der Fall, wenn eines der Ereignisse

$$\{T < -14.81\} \quad \text{oder} \quad \{T > 14.81\}$$

eintritt. Also gilt:

$$\begin{aligned} \alpha^* &= P(T < -14.81) + P(T > 14.81) \\ &= 2 \cdot P(T > 14.81) \\ &\approx 2 \cdot 0 = 0\,. \end{aligned}$$

Es ist also äußerst unplausibel, einen noch extremeren Wert von T zu erhalten. Bezüglich der aufgrund des Tests getroffenen Einschätzung kann man praktisch sicher sein.

Das empirische Signifikanzniveau α^* kann im Rahmen eines Hypothesentests direkt **als Grundlage für die Entscheidung** verwendet werden: Ist α^* kleiner oder gleich dem vorgegebenen Niveau α, so ist die Hypothese abzulehnen, andernfalls ($\alpha^* > \alpha$) ist sie beizubehalten. $\alpha^* \leq \alpha$ geht ja wie erwähnt mit $\{T < -c\}$ bzw. $\{T > c\}$ und $\alpha^* > \alpha$ mit $\{-c \leq T \leq c\}$ einher, wenn c der kritische Wert ist.

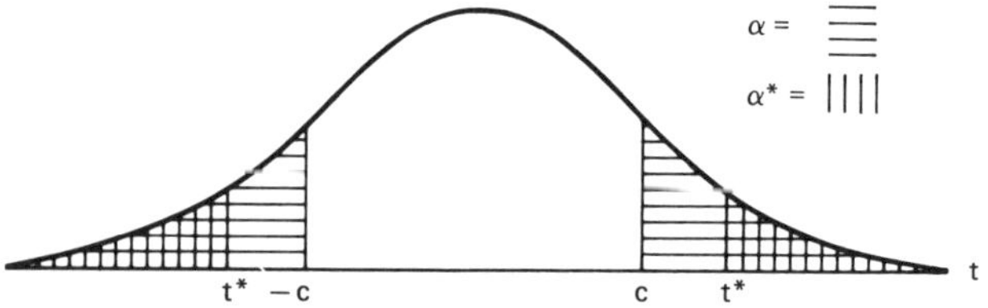

Abb.: Zur Verwendung des empirischen Signifikanzniveaus als Basis eines Signifikanztests.

Diese Anwendungsmöglichkeit findet ihren Niederschlag z. B. bei statistischen Programmpaketen wie SAS, SPSS u. a. Diese geben bei Tests i. d. R. das jeweilige deskriptive Signifikanzniveau als sogenannten **p-Wert** an. Will der Anwender einen Hypothesentest durchführen, erlaubt der Vergleich von empirischen und vorgegebenem Signifikanzniveau die Entscheidung zwischen Ablehnung und Beibehaltung der Hypothese zu treffen.

16.2 Die Elemente der klassischen Testtheorie

Problemstellung

In einem kleineren Zulieferbetrieb wird ein spezielles Autoteil in Serie gefertigt. Da bei der Fertigung ein komplizierter Preß- und Ziehvorgang stattfindet, sind von den fertigen Teilen 30 % Ausschuß. Diese Teile weisen Haarrisse und andere Materialfehler auf.

Der zuständige Meister will den Ausschußanteil durch Verwendung eines höherwertigen Bleches reduzieren.

Eine Probe von 20 aus einem solchen Blech gefertigten Teilen ergab 2 Ausschußstücke. Reicht dieses Ergebnis, um die Verwendung des höherwertigen Bleches (unter dem Ausschußgesichtspunkt) zu empfehlen oder zumindest eine umfangreichere Versuchsserie durchzuführen?

Wird diese Frage als statistisches Testproblem formuliert, so lautet die Hypothese $H: p = 0.3$. Da jedoch bei dem qualitativ besseren Material nicht mit mehr Ausschuß zu rechnen ist, erscheint ein einfacher Signifikanztest nicht angebracht. Nur Abweichungen nach unten sind von Interesse.

Formen von Hypothesen

Wie die Problemstellung aufzeigt, ist es u. U. von Bedeutung, die jeweilige **Alternativ-** oder **Gegenhypothese G** zur Hypothese H zu berücksichtigen. Unter der Alternative G werden alle Parameter zusammengefaßt, die möglich sind und nicht zu H gehören. Wir haben dann Alternativtests: Die Entscheidung fällt jeweils für H oder für G.

Da bei der Verwendung eines höherwertigen Bleches der Ausschußanteil nur geringer werden kann, wird die Frage in der Problemstellung adäquat in das Testproblem

$$H: p = 0.3, \quad G: p < 0.3$$

übersetzt.

Falls die Hypothesen wie in der Problemstellung von der Form

$$H: \theta = \theta_0, \quad G: \theta < \theta_0,$$

oder von der Form

$$H: \theta = \theta_0, \quad G: \theta > \theta_0$$

sind, sprechen wir von **einseitigen Alternativen**.

Oft schreiben wir bei einseitigen Alternativen die Nullhypothese ebenfalls als einseitige Hypothese $H: \theta \leq \theta_0$ bzw. $H: \theta \geq \theta_0$, obwohl nur der Parameterwert θ_0 als

Grenzwert von Bedeutung ist. Der Vorteil, die Nullhypothese ebenfalls in der einseitigen Form zu schreiben, ist ein rein theoretischer: Alle „theoretisch möglichen“ Parameterwerte werden erfaßt. Und das ist ja das Problem: Der wahre Wert von θ ist jeweils unbekannt!

Daneben gibt es natürlich Fragestellungen, die von vornherein zu **einseitigen Hypothesen** führen:

$$H: \theta \geq \theta_0, \quad G: \theta < \theta_0$$

bzw.

$$H: \theta \leq \theta_0, \quad G: \theta > \theta_0.$$

Die eingangs behandelten Signifikanztests können wir als Alternativtests mit Hypothesen der Form

$$H: \theta = \theta_0, \quad G: \theta \neq \theta_0$$

schreiben. Wir sprechen hier von einem zweiseitigen Testproblem oder von einer **zweiseitigen Alternative G**. Die Bezeichnung ist dabei unmittelbar der Anschauung entnommen: Abweichungen in beide Richtungen von θ_0 sind relevant. Schließlich heißt eine Hypothese **einfach**, wenn durch sie nur ein einzelner Parameterwert festgelegt wird. Bei mehr als einem Parameterwert heißt sie **zusammengesetzt**. Bei zweiseitigen Testproblemen ist (in unserem Rahmen) die Hypothese H stets einfach, bei einseitigen werden wir sie meist als zusammengesetzt betrachten.

Bei einseitigen Testproblemen ist zu berücksichtigen, daß nur Abweichungen nach einer Seite für die Gegenhypothese sprechen. Dies ergibt entsprechende Formen der Entscheidungsregeln.

Beispiel

Die Ausgangsfragestellung haben wir in das einseitige Testproblem

$$H: p = 0.3, \quad G: p < 0.3$$

übersetzt. Die naheliegende Prüfgröße

$$T = \text{Anzahl der Ausschußstücke in der Stichprobe}$$

nimmt unter G bevorzugt kleine Werte an. Demgemäß ist der Ablehnbereich von der Form $\{T < c\}$, wobei c festgelegt ist durch

$$P(T < c \mid H) \leq \alpha.$$

Zur Festlegung von c benötigen wir die Verteilung von T unter der Voraussetzung, daß H: $p = 0.3$ gilt. Diese ist sehr einfach: T ist binomialverteilt, wenn die Entnahme einer festen Anzahl von n Teilen zufällig geschieht. H legt dann nur den Parameterwert von p fest. Also gilt unter H: $T \sim B(n, 0.3)$.

Unterstellen wir das Signifikanzniveau $\alpha = 0.05$ als vorgegeben, so lautet der kritische Wert bei $n = 20$, $c = 3$:

$$P(T < 3 \mid p = 0.3) = 0.0355.$$

Der beobachtete Wert $T = 2$ weist somit auf eine signifikante Reduzierung des Ausschußanteils hin.

Allgemein haben wir die folgende schematische Darstellung der relevanten Größen des Tests bei links- einseitigen Hypothesen.

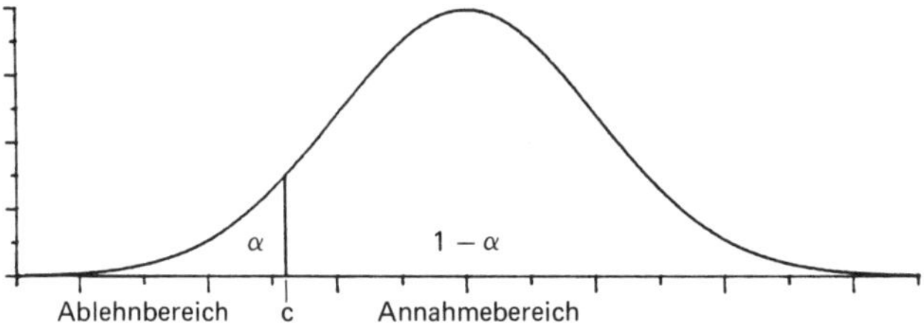

Abb.: Zum Test für H: $\theta \geq \theta_0$ gegen G: $\theta < \theta_0$, wenn kleine Werte der Prüfgröße unter H unplausibel sind

Im Fall H: $\theta \leq \theta_0$, G: $\theta > \theta_0$ wird i. d. R. eine Prüfgröße verwendet, bei der wieder große Werte zur Ablehnung von H führen. Dann ist die Abbildung geeignet zu spiegeln.

Fehlerarten

Test-Entscheidungen basieren auf Stichprobenergebnissen. Je nachdem, welcher Parameterwert der tatsächlich richtige ist, kann die Entscheidung korrekt oder falsch sein. Dabei sind theoretisch zwei Fehler möglich:

- Entscheidung für G, obwohl H richtig ist.
  Diese Fehlentscheidung wird als **Fehler 1. Art** bezeichnet.
- Entscheidung für H, obwohl G richtig ist.
  Diese Fehlentscheidung wird als **Fehler 2. Art** bezeichnet.

Die Möglichkeiten, sich falsch bzw. richtig zu entscheiden, können wir tabellarisch zusammenfassen.

Tab.: Fehlerarten bei Testentscheidungen

Entscheidung	Realität H trifft zu	 G trifft zu
Entscheidung für H	richtige Entscheidung	Fehler 2. Art (β-Fehler)
Entscheidung für G	Fehler 1. Art (α-Fehler)	richtige Entscheidung

Wir haben gesehen, daß man sich in $\alpha \cdot 100\,\%$ der Fälle für G entscheidet, obwohl H richtig ist. Die Wahrscheinlichkeit, einen Fehler 1. Art zu begehen, ist also gleich α.

Die vor Testdurchführung zu treffende Festlegung der Wahrscheinlichkeit α für das fälschliche Verwerfen der Hypothese H, d. h. für den Fehler 1. Art, ist eine Basis der Alternativ-Tests. Diese Irrtumswahrscheinlichkeit α darf für keinen der unter H festgelegten Parameterwerte überschritten werden.

Wie sieht es nun mit dem Fehler 2. Art aus? Wir betrachten dazu das Beispiel zum Ausschußanteil bei der Autoteil-Produktion.

Beispiel

Die Problemstellung führt auf das Testproblem

$$H: p = 0.3, \quad G: p < 0.3.$$

Wir haben bei $n = 20$ und $\alpha = 0.05$ den Ablehnbereich $\{T < 3\}$ ermittelt.

Angenommen, bei Verwendung des neuen Bleches würde der wahre Ausschußanteil nur noch $p = 0.2$ betragen. Dann erhalten wir aus der Binomialverteilungstabelle:

$$P(T < 3 | p = 0.2) = 0.2061$$

und

$$P(T \geq 3 | p = 0.2) = 0.7939.$$

Obwohl die Gegenhypothese G richtig ist ($p = 0.2$ ist ja kleiner als $p = 0.3$), beträgt die Chance, einen Wert im Annahmebereich zu erhalten, noch ca. 80%. Da dann für Beibehaltung von H entschieden wird, beträgt die Wahrscheinlichkeit für den Fehler 2. Art hier 0.7939.

Bei kleineren Ausschußanteilen stellt sich die Situation freundlicher dar:

$$\begin{aligned} p = 0.15&: \ P(T \geq 3 | p = 0.15) = 0.5951 \\ p = 0.10&: \ P(T \geq 3 | p = 0.10) = 0.3231 \\ p = 0.05&: \ P(T \geq 3 | p = 0.05) = 0.0755. \end{aligned}$$

Die Wahrscheinlichkeit für den Fehler 2. Art hängt wie im Beispiel generell von der Lage des wahren Parameterwertes ab. Ist der Unterschied zu den unter H festgelegten Werten groß, so ist die Chance für einen Fehler 2. Art klein. Die Chance einer fälschlichen Entscheidung für H wird aber immer größer, je kleiner der Unterschied zwischen den wahren und den hypothetischen Parameterwerten ist.

Dies zeigt, daß die Annahme von H eine wesentlich unsicherere Entscheidung ist als die Ablehnung. Dies begründet die Sprechweisen „Beibehaltung von H", „die Daten haben nicht ausgereicht H abzulehnen" u.ä.

Aufgrund der unterschiedlichen Aussagekraft bei Ablehnung oder Beibehaltung der Hypothese H muß man sich bei der Formulierung der einseitigen Hypothesen überlegen, welche Hypothese als H bzw. G formuliert wird. Da nur die Entscheidung für G „ziemlich sicher" ist, wird die Hypothese als Gegenhypothese formuliert, die man „beweisen" möchte, oder deren fälschliche Annahme zu schwerwiegenderen Konsequenzen führt.

Die Gütefunktion

Das letzte Beispiel zeigt, daß die Wahrscheinlichkeit für den Fehler 2. Art vom wahren Parameterwert abhängt. Man schreibt daher auch $\beta(\theta)$ für diese Wahrscheinlichkeit. Für einen geeigneten Test sollte $\beta(\theta)$ natürlich klein sein. – Vorausgesetzt ist dabei, daß der Test das vorgegebene Niveau α einhält.

Üblicherweise betrachtet man aber nicht die Wahrscheinlichkeit $\beta(\theta)$ für den Fehler 2. Art, um einen Test einzuschätzen, sondern die Wahrscheinlichkeit, sich richtigerweise für G zu entscheiden. Diese Wahrscheinlichkeit wird mit $G(\theta)$ bezeichnet: Es ist $G(\theta) = 1 - \beta(\theta)$.

Als Funktion von allen durch H und G festgelegten Parameterwerten heißt die zu einem Test gehörige Wahrscheinlichkeit $G(\theta)$, sich für die Gegenhypothese G zu entscheiden, die **Gütefunktion des Tests**.

Beispiel

Wir setzen das letzte Beispiel fort.

Für das Testproblem H: $p = 0.3$, G: $p < 0.3$ lautet bei $n = 20$ und $\alpha = 0.05$ der Ablehnbereich $\{T < 3\}$. Für verschiedene Werte von p war bereits die zugehörige Wahrscheinlichkeit $\beta(p) = P(T \geq 3 \mid p)$ ermittelt worden. In gleicher Weise können wir die Gütefunktion $G(p) = 1 - \beta(p)$ ermitteln:

$$G(p) = P(T < 3 \mid p) = \sum_{t=0}^{2} \binom{20}{t} p^t (1-p)^{20-t}.$$

Die Bestimmung von G(p) führt zu folgender graphischer Darstellung.

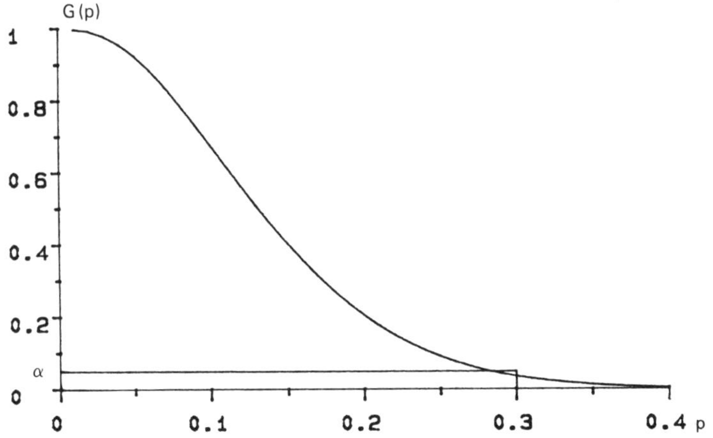

Abb.: Gütefunktion des Tests für H: $p = 0.3$ gegen G: $p < 0.3$

An der Abbildung ist deutlich zu sehen,

- daß die Wahrscheinlichkeit, sich richtig für G zu entscheiden, um so größer ist, je kleiner p ist;
- daß die Wahrscheinlichkeit, sich fälschlich für G zu entscheiden, unter der vorgegebenen Irrtumswahrscheinlichkeit $\alpha = 0.05$ bleibt, wenn $p \geq 0.3$ ist.

Um weitere Eigenschaften von Tests anhand ihrer Gütefunktion aufzuzeigen, wollen wir eine einfache, formale Situation zugrundelegen. Diese besteht in dem zweiseitigen Testproblem für den Erwartungswert μ einer normalverteilten Zufallsvariablen mit bekannter Varianz σ^2:

$$H: \mu_X = \mu_0, \quad G: \mu_X \neq \mu_0.$$

Die adäquate Prüfgröße ist hier (da σ^2 ja bekannt ist):

$$T = \frac{\bar{X} - \mu_0}{\sigma/\sqrt{n}}.$$

Der Ablehnbereich ist $\{T < -z_{1-\alpha/2}\} \cup \{T > z_{1-\alpha/2}\}$, wobei $z_{1-\alpha/2}$ das Quantil der Standard-Normalverteilung ist.

Für die Gütefunktion $G(\mu)$ erhalten wir nun:

$$G(\mu) = 1 - P\left(\mu_0 - z\frac{\sigma}{\sqrt{n}} \le \bar{X} \le \mu_0 + z\frac{\sigma}{\sqrt{n}} \,\middle|\, \mu_1\right)$$

$$= 1 - P\left(\frac{\mu_0 - z\sigma/\sqrt{n} - \mu_1}{\sigma/\sqrt{n}} \le \frac{\bar{X} - \mu_1}{\sigma/\sqrt{n}} \le \frac{\mu_0 + z\sigma/\sqrt{n} - \mu_1}{\sigma/\sqrt{n}} \,\middle|\, \mu_1\right)$$

$$= 1 - \left(\Phi\left(z + \frac{\mu_0 - \mu_1}{\sigma/\sqrt{n}}\right) - \Phi\left(-z + \frac{\mu_0 - \mu_1}{\sigma/\sqrt{n}}\right)\right).$$

Wenn wir annehmen, daß eine feste Zahl von Beobachtungen vorgenommen wird, um den Test zum bekannten Niveau α durchzuführen, so können wir die Werte der Gütefunktion konkret bestimmen.

Für $n = 25$ und $n = 64$, $\sigma = 5$ und $\alpha = 0.05$ erhalten wir die folgende Abbildung.

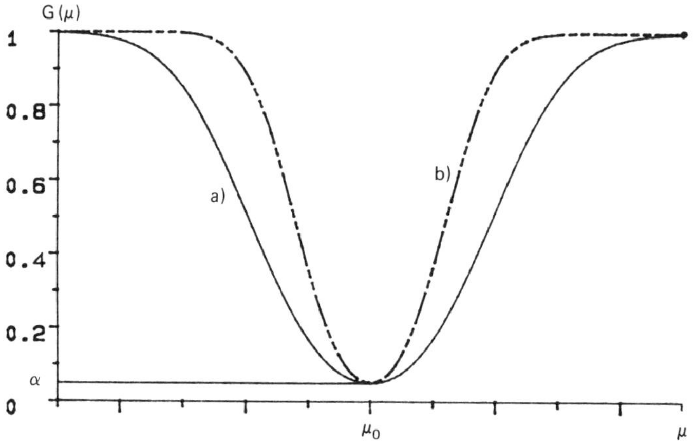

Abb.: Gütefunktion des Tests für H: $\mu = \mu_0$ gegen G: $\mu \neq \mu_0$
(a) $n = 25$ (b) $n = 64$

Anhand der obigen, den typischen Verlauf der Gütefunktion eines zweiseitigen Tests wiedergebenden Darstellung lassen sich folgende Feststellungen treffen:

- Die Wahrscheinlichkeit, eine vorhandene Differenz zwischen wahrem und hypothetischem Parameterwert aufzudecken, wird umso größer, je größer die Differenz ist.

- Die Gütefunktion ist eine stetige Funktion von θ.
  Sie hat bei μ_0 den Wert α.
  Je **kleiner** die Wahrscheinlichkeit α für einen Fehler 1. Art ist, desto niedriger verläuft also der Graph von $G(\theta) = 1 - \beta(\theta)$.
  Umso **größer** ist folglich die Wahrscheinlichkeit $\beta(\theta)$ für einen Fehler 2. Art.
- Mit wachsendem Stichprobenumfang wird die Gütefunktion immer steiler. Die Wahrscheinlichkeit, vorhandene Unterschiede aufzudecken, wächst also mit dem Stichprobenumfang. In gleicher Weise nimmt die Wahrscheinlichkeit für den Fehler 2. Art ab.

Die Eignung eines statistischen Tests für ein Testproblem kommt durch den ersten und den dritten der genannten Punkte zum Ausdruck. Der letzte entspricht dabei der Konsistenzeigenschaft von Schätzfunktionen: Je größer der Stichprobenumfang ist, desto „zuverlässiger“ sollte die statistische Schlußfolgerung sein.

16.3 Aufgaben

1. In einem Gerichtssaal wartet ein Angeklagter auf sein Urteil. Das Gericht hat sich zur Beratung zurückgezogen und muß über „schuldig“ oder „nicht schuldig“ entscheiden.
   Welche beiden Fehler können die Richter bei ihrer Entscheidung machen? In der Rechtsprechung gibt es den Grundsatz: „Im Zweifel für den Angeklagten“. Wie müßten die Wahrscheinlichkeiten für die möglichen Fehler des Gerichts aussehen, wenn von obigem Grundsatz ausgegangen wird?
   Vergleichen Sie die Situation mit einem statistischen Test!
2. Ein großes amerikanisches Unternehmen ist in einen aufsehenerregenden Prozeß wegen Verstoß gegen die Antitrustgesetze geraten. Die Marketingabteilung soll feststellen, ob der Prozeß eine Auswirkung auf die Umsätze des Unternehmens hatte.
   In der Vergangenheit waren die monatlichen Umsätze normalverteilt mit dem Erwartungswert 50 Mio und der Standardabweichung 10 Mio.
   Für die 26 Monate, die der Prozeß bereits dauert, ergab sich ein mittlerer Monatsumsatz von 40 Mio und eine Standardabweichung von 25 Mio.
   a) Die Marketingabteilung berechnet ein 99%-Konfidenzintervall, um zu entscheiden, ob sich der erwartete Monatsumsatz durch den Prozeß geändert hat. Sie teilt das Ergebnis dem Board des Unternehmens mit (wie lautet das Ergebnis?).
   b) Aus welchen Gründen weist der Präsident des Unternehmens die Marketingabteilung an, eine eingehendere Untersuchung der Auswirkungen des Prozesses vorzunehmen?
3. Eine Abfüllmaschine für Weinflaschen ist so konstruiert, daß die Abfüllmange X normalverteilt ist mit einer Standardabweichung von $\sigma = 3$ ccm. Anhand einer Stichprobe soll überprüft werden, ob die Maschine im Mittel 1000 ccm einfüllt.
   a) Wie muß ein Kunde die Hypothesen wählen, um dem Abfüller nachzuweisen, daß im Mittel weniger als 1000 ccm eingefüllt wird?
   b) Wie muß der Abfüller die Hypothesen wählen, wenn er – ebenfalls anhand einer Stichprobe – beweisen möchte, daß im Mittel nicht weniger als 1000 ccm eingefüllt wird?

c) Verbinden Sie die beiden möglichen Fehlerarten eines statistischen Tests mit den Begriffen Konsumentenrisiko und Produzentenrisiko. Wie sind unter diesen Gesichtspunkten die Hypothesenwahlen in a) und b) zu bewerten?

d) Ein Kunde maß den Inhalt von 9 Flaschen:
997, 1000, 1003, 996, 998, 1001, 995, 1002, 990.
   i) Führt der Test zum Niveau $\alpha = 0.05$ zur Ablehnung?
   ii) Wie groß ist das empirische Signifikanzniveau?

4. Ein Spieler wettet, er könne mit seinem Würfel fünfmal in Serie eine Sechs werfen. Er gewinnt die Wette.
Setzen Sie das Instrumentarium der statistischen Tests (Hypothese, Prüfgröße, empirisches Signifikanzniveau) ein, um die Vermutung des Mitspielers, daß der Würfel gefälscht sei, zu analysieren.

5. Die Verkehrsgesellschaft (VG) einer großen Stadt wirbt mit der Pünktlichkeit ihrer Busse und Bahnen. Sie behauptet, mindestens 95% der Fahrten verliefen ohne Verspätung.
Nach mehreren in der örtlichen Presse veröffentlichten Gegendarstellungen, versucht eine Statistikerin eine Ehrenrettung für die VG mit Hilfe eines statistischen Tests.

a) i) Wie muß sie die Hypothesen formulieren, wenn sie die Behauptung der VG unterstützen will?
   ii) Persönlich hat sie in einem Jahr mit 400 Fahrten (an 200 Arbeitstagen) 12 Verspätungen registriert. Führen Sie den Test auf der Basis dieser Stichprobe zum Niveau $\alpha = 0.05$ durch.

b) Ein anderer, der VG übelwollender Fahrgast behauptet, bei seinen eigenen Fahrten habe er einen Anteil von 7% Verspätungen erlebt. Wie oft muß er gefahren sein, um mit Hilfe eines statistischen Tests zum Niveau $\alpha = 0.05$ ein Ergebnis zu bekommen, das eine Verspätungsquote von 5 oder mehr Prozent nachweist?

17 Spezielle Parametertests

Wir haben im letzten Kapitel die Grundlagen der statistischen Tests anhand von Tests auf den Erwartungswert bei Normalverteilung und auf eine Wahrscheinlichkeit besprochen. Die Einführung der Tests zeigte, daß wir für alle Situationen, wo wir Konfidenzintervalle für Parameter kennen, auch zweiseitige Tests auf diese Parameter durchführen können. Bei einseitigen Fragestellungen benötigen wir jedoch Prüfgrößen zur Durchführung von Tests.

Wir stellen hier einige bekannte Tests, die auf leicht ableitbaren Prüfgrößen basieren, eher überblicksmäßig vor. Am Ende des Kapitels werden sie tabellarisch zusammengefaßt.

17.1 Einstichprobentests

Der Begriff Einstichprobentests zielt darauf, daß das zugrundeliegende Testproblem den Wert eines Parameters einer einzelnen, univariaten Verteilung betrifft. Daneben gibt es die im folgenden Abschnitt zu besprechenden Zweistichprobentests, bei denen gleichartige Parameter zweier unabhängiger Stichproben miteinander verglichen werden. Die Ausdehnung der Parametervergleiche auf mehr als zwei Stichproben führt u. a. auf die Varianzanalyse. Darauf gehen wir in Kapitel 18 ein.

Tests auf μ bei Normalverteilung

Bei unterstellter Normalverteilung der Zufallsvariablen X erhielten wir als Prüfgröße zum Testen der Hypothesen

$$H: \mu = \mu_0, \quad G: \mu \neq \mu_0$$

die Stichprobenfunktion $T = \sqrt{n}(\bar{X} - \mu_0)/\hat{\sigma}$.

Dabei war die Standardabweichung σ als unbekannt vorausgesetzt worden. Der zugehörige Test wird als **t-Test** bezeichnet.

Der Annahmebereich des t-Tests zum Niveau α ist bei einer zweiseitigen Alternative gegeben durch

$$\{-t_{1-\alpha/2} \leq T = \sqrt{n}(\bar{X} - \mu_0)/\hat{\sigma} \leq t_{1-\alpha/2}\}.$$

Der Ablehnbereich lautet: $\{T < -t_{1-\alpha/2}\} \cup \{T > t_{1-\alpha/2}\}$. Dabei ist $t_{1-\alpha/2} = t_{n-1;1-\alpha/2}$.

Auch für die einseitigen Fragestellungen können wir die Stichprobenfunktion $\sqrt{n}(\bar{X} - \mu_0)/\hat{\sigma}$ als Prüfgröße verwenden. Große Werte deuten darauf hin, daß der „wahre" Parameterwert μ größer ist als der hypothetische Wert μ_0 und umgekehrt bei kleinen.

Somit lauten die einseitigen Hypothesen und die Ablehn- und Annahmebereiche der zugehörigen t-Tests zum Niveau α:

- H: $\mu \leq \mu_0$, G: $\mu > \mu_0$:

Ablehnbereich: $\left\{\frac{\bar{X}-\mu_0}{\hat{\sigma}/\sqrt{n}} > t_{1-\alpha}\right\}$, Annahmebereich: $\left\{\frac{\bar{X}-\mu_0}{\hat{\sigma}/\sqrt{n}} \leq t_{1-\alpha}\right\}$;

- H: $\mu \geq \mu_0$, G: $\mu < \mu_0$:

Ablehnbereich: $\left\{\frac{\bar{X}-\mu_0}{\hat{\sigma}/\sqrt{n}} < t_{\alpha}\right\}$, Annahmebereich: $\left\{\frac{\bar{X}-\mu_0}{\hat{\sigma}/\sqrt{n}} \geq t_{\alpha}\right\}$.

Ist die Standardabweichung σ bekannt (was in der Praxis aber selten vorkommt), so braucht σ natürlich nicht mehr geschätzt zu werden, und die Prüfgröße ändert sich zu

$$\frac{T-\mu_0}{\sigma/\sqrt{n}}.$$

Bei den oben angegebenen Ablehn- und Annahmebereichen sind dann die kritischen Werte t durch die entsprechenden Quantile z der Standard-Normalverteilung zu ersetzen. Der resultierende Test heißt **Gauß-Test**.

Beispiel

Von einer Brotfirma werden Brötchen produziert. Das Brötchengewicht X wird als normalverteilt vorausgesetzt. Die Standardabweichung sei bekannt: $\sigma = 1.2$. Die Brötchen werden an die Lebensmittelhändler mit dem Hinweis ausgeliefert, das das durchschnittliche Gewicht 50 Gramm betrage. Hier interessiert die Abnehmer offensichtlich nur, ob das mittlere Gewicht mindestens 50 Gramm beträgt. Die Hypothesen lauten also:

$$\text{H: } \mu \geq 50$$
$$\text{G: } \mu < 50.$$

Die Hypothesen sollen zum Niveau 0.01 getestet werden. Dazu wird das Gewicht von 25 Brötchen festgestellt. Das mittlere Gewicht beträgt $\bar{x} = 49.5$.

Die Prüfgröße $\frac{\bar{X}-\mu_0}{\sigma/\sqrt{n}}$ nimmt somit den Wert

$$\frac{49.5-50}{1.2/\sqrt{25}} = -2.083$$

an. Da der Ablehnbereich des Tests wegen

$$P\left(\frac{\bar{X}-\mu_0}{\sigma/\sqrt{n}} < z_{\alpha} \,|\, \mu_0\right) = \alpha$$

gleich $\{\sqrt{n}\,(\bar{X}-\mu_0)/\sigma \leq -2.326\}$ ist, wird hier die Hypothese H: $\mu \geq 50$ zum vorgegebenen Niveau nicht verworfen.

Approximative Tests auf μ

Bei genügend großen Stichprobenumfängen ist $\bar{X}$ nach dem Zentralen Grenzwertsatz approximativ normalverteilt, auch wenn die Ausgangsverteilung keine Normalverteilung ist. Somit ist bei bekannter Varianz σ^2 unter H: $\mu = \mu_0$ die Stichprobenfunktion $\sqrt{n}\,(\bar{X} - \mu_0)/\sigma$ näherungsweise standardnormalverteilt. **Die Tests auf μ bei Normalverteilung** mit bekanntem σ^2 sind folglich **approximativ auch bei nicht-normalverteilten Zufallsvariablen anwendbar**. Wir haben damit **approximative Gauß-Tests**.

Ist die Varianz σ^2 unbekannt, so wird dafür wieder der Schätzer $\hat{\sigma}^2$ eingesetzt. Wie bei den approximativen Konfidenzintervallen kann bei $n \geq 30$ die Stichprobenfunktion $\sqrt{n}\,(\bar{X} - \mu_0)/\hat{\sigma}$ bei Vorliegen des Parameterwertes μ_0 als approximativ $N(0,1)$-verteilt angesehen werden. Für $30 \leq n < 100$ sollten zur Sicherheit allerdings eher die Quantile der t_{n-1}-Verteilung mit $(n - 1)$ Freiheitsgraden als kritische Werte verwendet werden.

Test auf $\tilde{\mu}$ bei symmetrischen Verteilungen

Die oben angegebenen Tests auf den Erwartungswert μ basieren auf der Normalverteilung der zugrundeliegenden Zufallsvariablen X. Bei nicht-normalverteilten Zufallsvariablen sind die Tests dann nur noch approximativ anwendbar.

Zur Überprüfung der Lage einer Nicht-Normalverteilung bei kleinen Stichproben sind **verteilungsfreie Tests** geeignet. Diese setzen keine spezielle Verteilung der stetigen Zufallsvariablen X voraus, sondern nur allgemeinere Eigenschaften der Dichtefunktionen. Zudem ist bei verteilungsfreien Verfahren der Median der adäquate Lageparameter. (Auch wenn wir uns in diesem Buch nicht mit dem Konvergenzproblem von Summen und Integralen beschäftigen, ist an dieser Stelle der Hinweis angebracht, daß nicht bei allen Wahrscheinlichkeitsfunktionen und Dichten die Definition des Erwartungswertes sinnvoll ist.)

Bei symmetrischen Verteilungen ist der Median der Symmetriepunkt. Oft wird man auf das Problem gestoßen, ob der Median einer symmetrischen Verteilung gleich einem vorgegebenen Wert sei, d.h. auf das Testproblem

$$H: \tilde{\mu} = \tilde{\mu}_0, \quad G: \tilde{\mu} \neq \tilde{\mu}_0$$

(bzw. auf ein einseitiges: G′: $\tilde{\mu} < \tilde{\mu}_0$; G″: $\tilde{\mu} > \tilde{\mu}_0$.)

Dies ist etwa der Fall, wenn die Gleichheit zweier Verteilungen zur Debatte steht, und aufgrund der Experimentanordnung die Differenzen von paarweise gemachten Beobachtungen zugrundegelegt werden können. Denn bei Gleichheit der Verteilungen sind die Differenzen symmetrisch um Null verteilt.

Beispiel

Vor der Einführung einer Laborproben-Transportanlage in einem Krankenhaus sollte neben der Wirtschaftlichkeit auch die sachbezogene Frage geprüft werden, ob diese Transportart einen Einfluß auf die Zusammensetzung der zu transportierenden Blutproben haben könnte. Dazu wurde eine Testinstallation vorgenommen. Eine Serie von Proben wurde dann jeweils halbiert; die eine Hälfte wurde auf die herkömmliche Weise, die andere mit der Anlage transportiert.

Die Frage ist hier, ob es signifikante Unterschiede zwischen den Verteilungen der Messungen der jeweiligen Probenhälften gibt. Gehen wir von den Differenzen x_i der Meßwerte aus, so führt dies auf das Lage-Problem

$$H: \tilde{\mu}_X = 0, \quad G: \tilde{\mu}_X \neq 0.$$

Wenn die Messungen nicht zur Ablehnung führen, gibt es von dieser Seite kein Argument gegen die Installation der Anlage. Wegen der zu befürchtenden Auseinandersetzungen mit dem Hersteller der Anlage bei einer Ablehnung ist das Signifikanzniveau klein, etwa $\alpha = 0.01$, anzusetzen.

Die von der Normalverteilung ausgehenden Tests auf die Lage einer Verteilung werden leicht verfälscht, wenn mehr extreme Werte vorkommen als eben die Normalverteilung erwarten läßt. Eine wichtige Alternative zu diesen Tests basiert darauf, die Beobachtungen durch ihre Rangwerte zu ersetzen. Der Übergang von Beobachtungen zu Rangwerten hat insbesondere den Vorteil, daß die Verteilungen der auf den Rangwerten basierenden Prüfgrößen unter der Nullhypothese nicht von der speziellen Form der Verteilungen der zugrundeliegenden Beobachtungen abhängen. Allerdings muß die Ausgangsverteilung der Beobachtungen jeweils stetig sein.

Bei der Entwicklung einer auf Rängen basierenden Prüfgröße für das hier vorliegende Lage-Problem ist zu berücksichtigen, ob die Werte kleiner oder größer als der hypothetische Median $\tilde{\mu}$ sind.

Es ist plausibel, daß bei Gültigkeit der Nullhypothese etwa gleichviele Beobachtungen links wie rechts von $\tilde{\mu}_0$ liegen werden und sich die Symmetrie zudem in den Daten widerspiegeln wird. Unter der Alternative ist dieses Bild verletzt. Wir betrachten dazu den Fall $\tilde{\mu} > \tilde{\mu}_0$. Ist dieser gegeben, so werden die Daten nach rechts verschoben sein. Folglich sind mehr Werte zu erwarten, die größer sind als $\tilde{\mu}_0$ und zudem werden sie einen größeren Abstand zu $\tilde{\mu}_0$ aufweisen als die links von $\tilde{\mu}_0$ liegenden. Wird also bei jeder Beobachtung notiert, ob sie am nächsten, am zweitnächsten, drittnächsten usw. bei $\tilde{\mu}_0$ liegt, so sollte die Summe der Rangwerte, welche zu Beobachtungen größer als $\tilde{\mu}_0$ gehören, unter der Alternative groß sein. Die Summe ist folglich eine plausible Prüfgröße. Formal läßt sich die Prüfgröße des Wilcoxon-Vorzeichen-Rangtests zur Überprüfung der Nullhypothese H: $\tilde{\mu} = \tilde{\mu}_0$ (H': $\tilde{\mu} \le \tilde{\mu}_0$, H'': $\tilde{\mu} \ge \tilde{\mu}_0$) wie folgt angeben:

$$T = \sum_{v=1}^{n} R(|D_v|) \cdot Z_v ;$$

dabei ist $Z_v = \begin{cases} 1 & X_v > \tilde{\mu}_0 \\ 0 & X_v < \tilde{\mu}_0 \end{cases}$ und $R(|D_v|)$ ist der Rangwert der absolut genommenen Differenzen $D_v = X_v - \tilde{\mu}_0$. Beobachtungen, die genau mit $\tilde{\mu}_0$ zusammenfallen, werden aus dem Datensatz gestrichen, da sie nichts zur Beurteilung beitragen können, ob die Verteilung eventuell verschoben ist.

Die Vorgehensweise zur Bestimmung von T ist also folgende:
1. Bestimme die Werte d_v der Differenzen $D_1 = X_1 - \tilde{\mu}_0, \ldots, D_n = X_n - \tilde{\mu}_0$.
2. Notiere, welche der d_v positiv sind.
3. Bestimme die Ränge der Werte aller $|D_v|$:

$$R(|d_1|), \ldots, R(|d_n|) .$$

4. Bestimme die Summe der Rangwerte, die zu positiven Differenzen d_v gehören.

Sehr kleine bzw. sehr große Werte von T führen zur Ablehnung von H: $\tilde{\mu} = \tilde{\mu}_0$. (H' und H'' werden entsprechend nur bei zu kleinen bzw. zu großen Werten von T abgelehnt.) Die Verteilung von T unter H läßt sich für kleinere Stichprobenumfänge mit einem Algorithmus von Streitberg und Röhmel berechnen. (Siehe ihren Aufsatz: Exakte Verteilungen für Rang und Randomisierungstests; EDV in Medizin und Biologie 18 (1987) 12–19.) Die Quantile der Verteilung von T sind in der Tabelle H für Wahrscheinlichkeiten unter 0.5 angegeben. Die oberen Quantile erhält man aus der Symmetrie der Verteilung:

$$P(T \geq t) = P\left(T \leq \frac{n(n+1)}{2} - t\right)$$

bzw.

$$P(T \leq t) = P\left(T \geq \frac{n(n+1)}{2} - t\right).$$

Der Symmetriepunkt ist zugleich der Erwartungswert:

$$E(T \mid \tilde{\mu}_0) = \frac{n(n+1)}{4}.$$

Die Varianz beträgt:

$$V(T \mid \tilde{\mu}_0) = \frac{n(n+1)(2n+1)}{24}.$$

Die standardisierte Prüfgröße $(T - n(n+1)/4)/\sqrt{n(n+1)(2n+1)/24}$ ist unter der Nullhypothese asymptotisch normalverteilt. Damit läßt sich der Test auch für nicht mehr vertafelte Stichprobenumfänge durchführen.

Wenn gleich große Beobachtungen mit unterschiedlichen Vorzeichen, sogenannte **Bindungen**, vorkommen, werden ihnen mittlere Ränge zugeordnet.

Soll beispielsweise zur Überprüfung der Nullhypothese H: $\tilde{\mu} = 40$ die Stichprobe

$$35 \quad 44 \quad 23 \quad 36 \quad 44 \quad 49$$

herangezogen werden, so ergeben sich die Differenzen $d_v = x_v - 40$:

$$-5, \quad 4, \quad -17, \quad -4, \quad 4, \quad 9.$$

Die absolute Differenz „4“ kommt dreimal vor. Da sie am kleinsten ist, wird allen drei Werten der mittlere Rang

$$\frac{1}{3}(1+2+3) = 2$$

zugeordnet. Die Ränge der absoluten Differenzen lauten also:

$$4, \quad 2, \quad 6, \quad 2, \quad 2, \quad 5.$$

Treten Bindungen auf, so stimmen die Quantile der Tabelle H nicht mehr. Ihre Verwendung führt zu einem konservativen Test,. d. h. daß das Testniveau schlechter ausgeschöpft wird als bei der Verwendung der korrekten Quantile. Der Test verliert damit an Güte. Der Streitberg-Röhmel-Algorithmus erlaubt auch für diesen Fall eine effiziente Bestimmung der exakten Verteilung der Prüfgröße bei kleineren Stichprobenumfängen. Bei großen n bleibt die Normalapproximation gültig. Der Erwartungswert ändert sich bei der Verwendung mittlerer Ränge nicht; die Varianz wird kleiner; jedoch wird das erst bei vielen Bindungen relevant. (Vgl. E. L. Lehmann: Nonparametrics: Statistical Methods Based on Ranks; San Francisco, 1975).

Beispiel

Wir führen das Laborproben-Transportanlagen-Beispiel fort. Mit den ersten $n = 11$ Blutproben wurde eine Vorauswertung vorgenommen. Dabei wurde der Kaliumgehalt betrachtet. Man erhielt die Differenzen x_ν:

$$-0.53 \quad 0.26 \quad -1.54 \quad -0.3 \quad -1.79 \quad 0.42 \quad -0.13 \quad -0.23 \quad -0.95 \quad -0.91 \quad -0.9\,.$$

Da unter der Nullhypothese der Median $\tilde{\mu}_0 = 0$ spezifiziert ist, stimmen die Beobachtungen x_ν schon mit den Differenzen d_ν überein.

Zur Ermittlung der Ränge der $|d_\nu|$ werden diese der Größe nach angeordnet:

0.13	0.23	0.26	0.3	0.42	0.53	0.9	0.91	0.95	1.54	1.79
1	2	3	4	5	6	7	8	9	10	11

Die Ränge oder Platznummern 1 bis 11 werden dann mit den Vorzeichen der d_ν versehen:

$$-1 \quad -2 \quad +3 \quad -4 \quad +5 \quad -6 \quad -7 \quad -8 \quad -9 \quad -10 \quad -11\,.$$

Für T erhalten wir

$$T = 3 + 5 = 8\,.$$

Aus der Tabelle ersehen wir, daß $0.01 < P(T \leq 8) \leq 0.025$.

Der Test führt also bei $\alpha = 0.01$ nicht zur Ablehnung.

Test auf $\tilde{\mu}$ bei beliebigen Verteilungen

Im Kapitel 15 haben wir ein Konfidenzintervall für den Median einer beliebigen Verteilung kennengelernt. Dieses Konfidenzintervall kann für einen zweiseitigen Test auf einen Median

$$H\colon \tilde{\mu} = \tilde{\mu}_0\,, \quad G\colon \tilde{\mu} \neq \tilde{\mu}_0\,,$$

dienen. Um auch eindeutige Tests für Mediane beliebiger Verteilungen zur Verfügung zu haben, ist der Übergang zu einer geeigneten Prüfgröße sinnvoll. Wir leiten sie ausgehend vom zweiseitigen Test, der das Konfidenzintervall verwendet, her.

Der Test führt zur Ablehnung von H_0: $\tilde{\mu} = \tilde{\mu}_0$, falls das Konfidenzintervall $[X_{(c)}, X_{(n+1-c)}]$ den hypothetischen Wert $\tilde{\mu}_0$ nicht einschließt. Dies ist genau dann der Fall, wenn die Zahl der Stichprobenwerte, die kleiner als $\tilde{\mu}_0$ sind, weniger als c beträgt, oder wenn die Zahl der Stichprobenwerte, die kleiner als $\tilde{\mu}_0$ sind, mindestens $n + 1 - c$ beträgt.

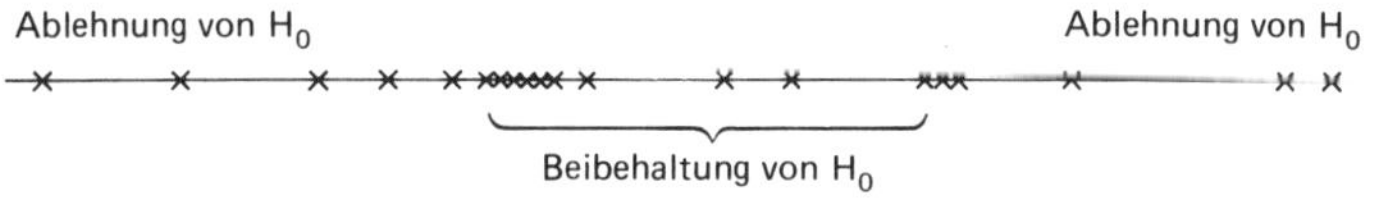

Abb.: Zur Entscheidung für Ablehnung oder Beibehaltung von H: $\tilde{\mu} = \tilde{\mu}_0$.

Sei T die Stichprobenfunktion, die angibt, wieviel Werte einer Stichprobe jeweils kleiner sind als der durch H festgelegte Wert $\tilde{\mu}_0$. Die Ablehnung/Beibehaltung von H geschieht offensichtlich äquivalent aufgrund der Realisation dieser Stichprobenfunktion:

- H wird abgelehnt, wenn $\{T < c\}$ oder $\{T > n - c\}$ eintritt.
- H wird beibehalten, wenn $\{c \leq T \leq n - c\}$ eintritt.

Diese Form der Entscheidungsregel kann auch folgendermaßen interpretiert werden:

Unter H, d.h. bei Gültigkeit von $\tilde{\mu}_0$, ist $P(X < \tilde{\mu}_0) = 0.5$. Dann sollte die Zahl t der Beobachtungen, die kleiner als $\tilde{\mu}_0$ sind, etwa n/2 betragen. Unterscheidet t sich dagegen stark von diesem erwarteten Wert, so deutet dies auf einen systematischen Unterschied hin, d.h. auf $P(X < \tilde{\mu}_0) \neq 0.5$. Dann ist $\tilde{\mu}_0$ aber nicht der wahre Wert des Medians.

Die Prüfgröße T ist bei Gültigkeit der Hypothese H: $\tilde{\mu} = \tilde{\mu}_0$ binomialverteilt mit den Parametern n und 1/2. Damit können die kritischen Werte aus der Binomialverteilungstabelle, oder bei großen n unter Verwendung der Normalapproximation bestimmt werden.

Bei diesem Test wird nur gezählt, wieviele Beobachtungen kleiner als $\tilde{\mu}_0$ sind, bzw. wieviele ‚Vorzeichen' von $d_\nu = x_\nu - \tilde{\mu}_0$ negativ sind.

Daher heißt der Test **Zeichentest**.

Beispiel

In einer Pannenstatistik werden die Anzahlen der Pannen pro 1000 PKW für verschiedene Typen angegeben. Dazu wird jeweils kenntlich gemacht, ob mehr, weniger oder gleichviele Pannen wie im Vorjahr bei gleichem Fahrzeugalter registriert wurden.

Diese Angaben können zu einer Einschätzung verhelfen, ob sich die Reparaturanfälligkeit der PKW insgesamt eher verschlechtert hat. Nicht-Verschlechterung würde bedeuten, daß die typweisen Differenzen der Pannen pro 1000 PKW aus den beiden Jahren um einen Wert größer gleich Null zentriert sind.

Für die Überprüfung ist nur relevant, wieviele Differenzen positiv und wieviele negativ sind. Damit kann der Wert von T, der Anzahl der Beobachtungen kleiner Null, bestimmt werden. Bei 11 Typen wurde eine Verschlechterung festgestellt (Differenz negativ), bei nur 2 Typen eine Verbesserung (Differenz positiv) (ADAC motorwelt 5/1986).

Da nur große (!) Werte von T zur Ablehnung von

$$H: \tilde{\mu} \geq 0,$$

führen, erhalten wir das empirische Signifikanzniveau zu

$$\alpha^* = P(T \geq 11 \mid H) = \sum_{x=11}^{13} \binom{13}{x} \left(\frac{1}{2}\right)^{13} = 0.0112.$$

Dies ist ein starker Indikator für eine Verschlechterung.

Test auf σ^2 bei Normalverteilung

Das Konfidenzintervall für die Varianz σ^2 der Normalverteilung erhielten wir aufgrund der Aussage, daß $(n-1)\hat{\sigma}^2/\sigma^2$ eine Chi-Quadrat-Verteilung mit $n-1$ Freiheitsgraden besitzt. Da $\hat{\sigma}^2$ eine erwartungstreue Schätzfunktion für σ^2 ist, legt diese Verteilungsaussage auch nahe, die Stichprobenfunktion $(n-1)\hat{\sigma}^2/\sigma_0^2$ als Prüfgröße von Tests auf σ_0^2 zu wählen. Ist der wahre Parameterwert σ^2 von σ_0^2 verschieden, so ist $\hat{\sigma}^2$ tendenziell größer bzw. kleiner als σ_0^2. Dies führt zu großen bzw. zu kleinen Werten der Stichprobenfunktion. Falls aber σ_0^2 richtig ist, die Nullhypothese H: $\sigma^2 = \sigma_0^2$ also gilt, haben wir:

$$(n-1)\hat{\sigma}^2/\sigma_0^2 \sim \chi^2_{n-1}.$$

Die verschiedenen Hypothesen mit den Ablehn- und Annahmebereichen der zugehörigen Tests zum Niveau α lauten daher:

- H: $\sigma^2 = \sigma_0^2$, G: $\sigma^2 \neq \sigma_0^2$;

  Ablehnbereich: $\dfrac{(n-1)\hat{\sigma}^2}{\sigma_0^2} < \chi^2_{n-1;\alpha/2}$ oder $\dfrac{(n-1)\hat{\sigma}^2}{\sigma_0^2} > \chi^2_{n-1;1-\alpha/2}$;

  Annahmebereich: $\chi^2_{n-1;\alpha/2} \leq \dfrac{(n-1)\hat{\sigma}^2}{\sigma_0^2} \leq \chi^2_{n-1;1-\alpha/2}$.

- H: $\sigma^2 \leq \sigma_0^2$, G: $\sigma^2 > \sigma_0^2$;

  Ablehnbereich: $\dfrac{(n-1)\hat{\sigma}^2}{\sigma_0^2} > \chi^2_{n-1;1-\alpha}$; Annahmebereich: $\dfrac{(n-1)\hat{\sigma}^2}{\sigma_0^2} \leq \chi^2_{n-1;1-\alpha}$.

- H: $\sigma^2 \geq \sigma_0^2$, G: $\sigma^2 < \sigma_0^2$;

  Ablehnbereich: $\dfrac{(n-1)\hat{\sigma}^2}{\sigma_0^2} < \chi^2_{n-1;\alpha}$; Annahmebereich: $\dfrac{(n-1)\hat{\sigma}^2}{\sigma_0^2} \geq \chi^2_{n-1;\alpha}$.

Beispiel

Ein Typ von Feinwaagen soll mit einer Standardabweichung von höchstens $\sigma_0 = 0.005$ [g] arbeiten. Zehn Messungen ergaben den Schätzwert $\hat{\sigma} = 0.007$. Damit soll die Angabe eingeschätzt werden.

Wir unterstellen, daß die Messungen normalverteilt sind!

Die Fragestellung führt zu der Hypothesenwahl

$$\text{H: } \sigma \leq 0.005, \quad \text{G: } \sigma > 0.005,$$

bzw. zu

$$\text{H: } \sigma^2 \leq 0.005^2, \quad \text{G: } \sigma^2 > 0.005^2.$$

Die Prüfgröße nimmt hier den Wert

$$\frac{(n-1)\hat{\sigma}^2}{\sigma_0^2} = \frac{9 \cdot 0.007^2}{0.005^2} = 17.64$$

an. Das empirische Signifikanzniveau erhalten wir mit der Approximation nach Wilson-Hilferty:

$$17.64 = \chi^2_{9;p} = 9\left(1 - \frac{2}{9^2} + z_p\sqrt{\frac{2}{9^2}}\right)^3 \Rightarrow$$

$$z_p = \sqrt{\frac{9^2}{2}}\left(-1 + \frac{2}{9^2} + \left(\frac{17.64}{9}\right)^{1/3}\right)$$

$$= 1.756.$$

Also ist $p = \Phi^{-1}(1.756) = 0.9605$, und das empirische Signifikanzniveau beträgt $\alpha^* = 1 - p = 0.0395$. Damit ist die Angabe $\sigma_0 = 0.005$ zumindest wenig plausibel.

Test auf eine Wahrscheinlichkeit p

Wie wir im letzten Kapitel gesehen haben, ist die Anzahl T der „Erfolge" bei n Durchführungen des Zufallsexperimentes eine geeignete Prüfgröße für die Überprüfung einer Hypothese über die Erfolgswahrscheinlichkeit p. Eine gleichwertige Prüfgröße ist offensichtlich der Anteil $\hat{p} = T/n$. Wegen $E(T/n) = p$ können wir eine Hypothese der Form $H: p = p_0$ auch als Hypothese bzgl. des Erwartungswertes von T/n auffassen. Da bei genügend großem n gilt

$$\hat{p} = \frac{T}{n} \sim N\left(p, \sqrt{\frac{p(1-p)}{n}}\right),$$

ist die **geeignete Prüfgröße zum Testen von Wahrscheinlichkeiten bei großen Stichprobenumfängen** gegeben durch

$$T = \frac{\hat{p} - p_0}{\sqrt{p_0(1-p_0)/n}}.$$

17.2 Parametervergleiche bei unabhängigen Stichproben

Häufig werden statistische Tests zum Vergleich zweier Populationen oder abstrakter zweier Verteilungen herangezogen. Dazu gehören etwa die Fragen nach dem durchschnittlichen Einkommen in verschiedenen Gruppen und nach der Überlegenheit bzgl. der Heilungschance eines neuen Medikamentes gegenüber einem herkömmlichen.

Wir setzen für diesen Abschnitt voraus, daß die Daten $x_1, \ldots, x_n$ und $y_1, \ldots, y_m$ aus zwei unabhängigen Stichproben stammen. Die Stichprobenvariablen X_i, Y_j $i = 1, \ldots, n$, $j = 1, \ldots, m$ sind also insgesamt unabhängig.

Testen von Lageunterschieden

Sind die zugrundeliegenden Variablen X und Y normalverteilt, so wird ihre Lage durch die zugehörigen Parameter μ_X bzw. μ_Y beschrieben. Die (zweiseitige) Frage, ob die Lage gleich oder unterschiedlich ist, führt damit auf die Hypothesen:

$$H: \mu_X = \mu_Y$$
$$G: \mu_X \neq \mu_Y.$$

(Es sei darauf hingewiesen, daß H hier eine zusammengesetzte Hypothese ist. H gilt, egal ob μ_X und μ_Y beide den Wert 5 oder beide den Wert -100 haben.)

Der Unterschied in der Lage wird durch die Differenzen $\mu_X - \mu_Y$ erfaßt. Daher ist es naheliegend, bei der Bestimmung des Tests von der Differenz der Stichprobenmittel $\bar{X} - \bar{Y}$ auszugehen. Sie ist eine erwartungstreue Schätzfunktion für $\mu_X - \mu_Y$:

$$E(\bar{X} - \bar{Y}) = E(\bar{X}) - E(\bar{Y}) = \mu_X - \mu_Y .$$

Wie im Einstichprobenfall ergeben sich für bekannte und für unbekannte Standardabweichungen unterschiedliche Tests. Genauer müssen wir sogar noch differenzieren, ob bei unbekannten Standardabweichungen σ_X und σ_Y als gleich vorausgesetzt werden können oder nicht.

Vergleich von μ_X und μ_Y bei Normalverteilung; σ_X^2 und σ_Y^2 bekannt

Da die Stichprobenvariablen unabhängig und normalverteilt sind, sind auch $\bar{X}$ und $\bar{Y}$ unabhängig und normalverteilt. Mit $V(\bar{X} - \bar{Y}) = V(\bar{X}) + V(\bar{Y})$ folgt daher

$$\bar{X} - \bar{Y} \sim N(\mu_X - \mu_Y, \sigma_X^2/n + \sigma_Y^2/m).$$

Als standardisierte Prüfgröße erhalten wir

$$T_1 = \frac{\bar{X} - \bar{Y}}{\sqrt{\sigma_X^2/n + \sigma_Y^2/m}} .$$

Die kritischen Werte für die Prüfgröße T_1 können wir exakt aus der Normalverteilungstabelle ablesen. Je nachdem, ob die Fragestellung zweiseitig oder einseitig ist, erhalten wir $\pm z_{1-\alpha/2}$, oder $z_{1-\alpha}$ bzw. $-z_{1-\alpha}$.

Der Haken bei der Sache ist wie im Einstichprobenfall der: In der Regel sind nicht nur die Erwartungswerte μ_X und μ_Y unbekannt, sondern auch die Standardabweichungen σ_X und σ_Y. Dann hilft uns diese Prüfgröße nicht direkt weiter. Sie gibt aber einen Anhaltspunkt, wie bei unbekannten Standardabweichungen vorzugehen ist.

Vergleich von μ_X und μ_Y; σ_X^2 und σ_Y^2 unbekannt; Stichproben groß

Sind die Standardabweichungen unbekannt, aber beide Stichprobenumfänge groß, so ist die Situation nicht aufregend. Wegen der Konsistenz der Schätzfunktion $\hat{\sigma}^2$ können wir bei großen Stichproben unterstellen, daß die aus den jeweiligen Stichproben ermittelten Schätzungen $\hat{\sigma}_X^2$ und $\hat{\sigma}_Y^2$ nahe bei den wahren Parameterwerten σ_X^2 bzw. σ_Y^2 liegen. Daher können wir bei vorausgesetzter Normalverteilung von X und Y die standardisierte Prüfgröße

$$T_2 = \frac{\bar{X} - \bar{Y}}{\sqrt{\hat{\sigma}_X^2/n + \hat{\sigma}_Y^2/m}}$$

verwenden, und wie zuvor die kritischen Werte $\pm z_{1-\alpha/2}$ oder $z_{1-\alpha}$ bzw. $-z_{1-\alpha}$ aus der Normalverteilung bestimmen.

Dieser Test ist auch bei **vorausgesetzter Normalverteilung** nur approximativ richtig. In der Regel kann er aber schon bei $n, m \geq 20$ verwendet werden. Aufgrund des

Zentralen Grenzwertsatzes gilt die Approximation auch, wenn X und Y **nicht normalverteilt** sind. Allerdings sind dann größere Stichprobenumfänge nötig.

Es bereitet auch keine Schwierigkeiten, mittels der asymptotischen Verteilung der Prüfgröße T_2 ein approximatives Konfidenzintervall für die Differenz zweier Erwartungswerte zu bestimmen. Wir erhalten auf dieselbe Weise wie im Einstichprobenfall das Konfidenzintervall für Niveau $1-\alpha$ für $\mu_X - \mu_Y$:

$$\left[(\bar{X}-\bar{Y}) - z_{1-\alpha/2}\sqrt{\frac{\hat{\sigma}_X^2}{n}+\frac{\hat{\sigma}_Y^2}{m}};\quad (\bar{X}-\bar{Y}) + z_{1-\alpha/2}\sqrt{\frac{\hat{\sigma}_X^2}{n}+\frac{\hat{\sigma}_Y^2}{m}}\right].$$

Beispiel

Im Rahmen eines Milieuvergleichs wurden die Intelligenzquotienten, die IQ's, von je 100 Kindern der Unterschicht (= X) und der Mittelschicht (= Y) gemessen. Man erhielt folgende Tabelle. (Vgl. C.G. Liungman, Der Intelligenzkult, Reinbeck 1973.)

Da Intelligenztests eher auf spezifische Fähigkeiten der Mittelschicht ausgerichtet sind, ist hier die Wahl der einseitigen Alternativen $\mu_Y > \mu_X$ angezeigt. Wir haben damit die Hypothesen:

$$H: \mu_X = \mu_Y$$
$$G: \mu_X < \mu_Y.$$

Tab.: IQ-Werte von Kindern aus zwei gesellschaftlichen Schichten

Wert über	–bis einschl.	Unterschicht n_i	Mittelschicht n_i
50	– 60	1	1
60	– 70	4	3
70	– 80	13	10
80	– 90	17	20
90	– 100	20	16
100	– 110	20	15
110	– 120	10	16
120	– 130	8	13
130	– 140	5	5
140	– 150	2	0
150	– 160	0	1

Da Intelligenztests so geeicht werden, daß die damit gewonnenen IQ-Werte normalverteilt sind, haben wir hier keine Probleme mit der Approximation. Der zugehörige Ablehnbereich lautet also:

$$T_2 = \frac{\bar{X}-\bar{Y}}{\sqrt{\hat{\sigma}_X^2/n + \hat{\sigma}_Y^2/m}} < z_\alpha .$$

Anstatt den Test formal für ein festgelegtes α durchzuführen, bestimmen wir das empirische Signifikanzniveau α^*:

Es sind

$$\bar{x} = 98.5, \quad \bar{y} = 100.9, \quad \text{und}$$
$$\hat{\sigma}_X^2 = 374.5, \quad \hat{\sigma}_Y^2 = 384.0.$$

Damit ist

$$\alpha^* = P\left(\frac{\bar{X}-\bar{Y}}{\sqrt{\hat{\sigma}_X^2/n + \hat{\sigma}_Y^2/m}} < -\frac{2.4}{2.75}\right) = \Phi(-0.87) = 0.192.$$

Da α^* wesentlich größer als die üblichen Signifikanzniveaus ist, deutet das Ergebnis kaum auf einen Unterschied hin.

Vergleich von μ_X und μ_Y bei Normalverteilung; σ_X^2 und σ_Y^2 unbekannt, Stichproben klein

Bei kleinen Stichprobenumfängen streuen die Schätzwerte $\hat{\sigma}_X^2$ und $\hat{\sigma}_Y^2$ zu stark um die wahren Parameterwerte, als daß diese zusätzliche Variation vernachlässigt werden dürfte. Die Prüfgröße

$$T_2 = (\bar{X}-\bar{Y})/\sqrt{\hat{\sigma}_X^2/n + \hat{\sigma}_Y^2/m}$$

kann also unter H: $\mu_X = \mu_Y$ nicht mehr als normalverteilt unterstellt werden.

Wir haben eine Situation, die ähnlich der ist, die im Einstichprobenfall zum t-Test führte. Allerdings hängt die Verteilung der Prüfgröße zusätzlich vom Quotienten σ_X^2/σ_Y^2 ab. Daher ergeben sich zwei Tests, je nachdem ob die Varianzen gleich oder verschieden sind.

Bei unterschiedlichen Varianzen ist der **Welch-Test** angebracht. Nach Welch (1938) approximiert man die Verteilung von T_2 unter H: $\mu_X = \mu_Y$ durch eine t-Verteilung mit

$$df = \frac{(1+R)^2}{R^2/(n-1) + 1/(m-1)}$$

Freiheitsgraden. Hier ist $R = \dfrac{\hat{\sigma}_X^2 \cdot m}{\hat{\sigma}_Y^2 \cdot n}$.

Ist die Annahme gerechtfertigt, daß σ_X^2 und σ_Y^2 gleich sind – $\hat{\sigma}_X^2$ und $\hat{\sigma}_Y^2$ sollten sich also nicht wesentlich unterscheiden – können wir den gepoolten Schätzer

$$\hat{\sigma}^2 = \frac{1}{n+m-2}\left(\sum_{i=1}^{n}(X_i-\bar{X})^2 + \sum_{j=1}^{m}(Y_j-\bar{Y})^2\right)$$
$$= \frac{1}{n+m-2}\left((n-1)\hat{\sigma}_X^2 + (m-1)\hat{\sigma}_Y^2\right)$$

verwenden. Damit erhalten wir die Prüfgröße des **Zweistichproben-t-Tests**:

$$T_3 = (\bar{X}-\bar{Y})/\sqrt{\hat{\sigma}^2/n + \hat{\sigma}^2/m}.$$

T_3 ist unter H: $\mu_X = \mu_Y$ t-verteilt mit $n+m-2$ Freiheitsgraden.

Beiden Tests, dem Welch-Test und dem Zweistichproben-t-Test, entsprechen in der üblichen Weise Konfidenzintervalle für die Differenz $\mu_X - \mu_Y$.

Beispiel

Messungen auf einer bestimmten Strecke innerhalb einer Stadt bei n = 15 „wilden“ Fahrern ergaben eine Durchschnittsgeschwindigkeit von $\bar{x} = 44$ bei einer geschätzten Standardabweichung $\hat{\sigma}_X = 22.8$. Für n = 20 „normal“ Fahrende erhielt man $\bar{y} = 41$ und $\hat{\sigma}_Y = 21.5$ (jeweils km/h).

Die Geschwindigkeiten können zudem als normalverteilt angesehen werden. (Nach: Umwelt-Bundesamt: Daten zur Umwelt 1984, S. 291.)

Anhand der Daten soll nun zum Niveau $\alpha = 0.05$ nachgewiesen werden, daß wilde Fahrer im Mittel schneller sind. (Dies ist einer der wesentlichen Gründe für eine „wilde“ Fahrweise.) Wir formulieren daher die Hypothesen:

$$H: \mu_X = \mu_Y, \quad G: \mu_X > \mu_Y.$$

(Das, was wir nachweisen wollen, müssen wir als Gegenhypothese formulieren!)

Gehen wir von ungleichen Varianzen aus, so ist der Welch-Test angebracht. Wir erhalten die Prüfgröße:

$$T_2 = (44 - 41) / \sqrt{\frac{22.8^2}{15} + \frac{21.5^2}{20}} = 0.39,$$

und mit

$$R = \left(\frac{22.8^2}{15}\right) / \left(\frac{21.5^2}{20}\right) = 1.5$$

für die Zahl der Freiheitsgrade:

$$df = \frac{(1 + 1.5)^2}{1.5^2/14 + 1/19} = 32.02$$

df ist stets abzurunden, so daß wir den kritischen Wert aus der Tabelle der t-Verteilung mit $\nu = 32$ Freiheitsgraden erhalten:

$$t_{32;0.95} = 1.6939.$$

Der beobachtete Wert 0.39 ist wesentlich kleiner als dieser kritische Wert. Das schnellere Fortkommen ist damit nicht nachgewiesen.

Vergleich von $\tilde{\mu}_X$ und $\tilde{\mu}_Y$

Sofern die interessierenden Zufallsvariablen nicht normalverteilt und die Stichproben nicht sehr groß sind, ist vom Einsatz der vorstehenden Tests abzuraten. Dies gilt insbesondere, wenn die zugrundeliegenden Verteilungen mehr extreme Werte produzieren als die Normalverteilung.

Sofern X und Y Verteilungen gleichen Typs haben, die sich ggfs. nur bezüglich der Lage unterscheiden, ist die Anwendung des verteilungsfreien **Rangsummentests von Wilcoxon** zur Überprüfung der Hypothese

$$H: \tilde{\mu}_X = \tilde{\mu}_Y$$

geeignet.

Der Test geht ähnlich wie der Wilcoxon-Vorzeichen-Rangtest vor und verwendet als Prüfgröße eine Summe von Rängen. Zur Ermittlung der Ränge werden die n x-Beobachtungen und die m y-Beobachtungen der Größe nach in einer Folge angeordnet. Dann werden die Rangzahlen der x-Werte und die der y-Werte bestimmt. Die Prüfgröße T ist dann die Summe der Ränge der x-Werte.

T ist also

$$T = \sum_{v=1}^{n} R(X_v),$$

wobei die Ränge $R(X_v)$ aus der kombinierten Stichprobe $X_1, \ldots, X_n, X_1, \ldots, Y_m$ vom Umfang $N = n + m$ ermitelt werden. Kleine Werte von T sprechen für die Alternative G': $\tilde{\mu}_X < \tilde{\mu}_Y$, große für G'': $\tilde{\mu}_X > \tilde{\mu}_Y$. Die kritischen Werte für den Test y sind für $N = n + m \leq 20$ aus der Tabelle I des Anhangs zu entnehmen. Bei der Tabellierung wurde die Symmetrie der Verteilung von T (unter H: $\tilde{\mu}_X = \tilde{\mu}_Y$) um den Erwartungswert

$$E(T) = \frac{n \cdot (N+1)}{2}$$

ausgenutzt. Die Varianz von T unter H lautet:

$$V(T) = \frac{n \cdot m \cdot (N+1)}{12}$$

T ist wiederum approximativ normalverteilt. Somit kann für nicht mehr vertafelte Fälle die standardisierte Prüfgröße $(T - n(N+1)/2)/\sqrt{nm(N+1)/12}$ verwendet werden.

Bzgl. des Auftretens von Bindungen gelten die Anmerkungen zum Wilcoxon-Vorzeichen-Rangtest entsprechend. Auch hier sei auf die Möglichkeit hingewiesen, die exakte Verteilung mit dem Algorithmus von Streitberg und Röhmel zu bestimmen.

Beispiel

In einer Untersuchung sollten zwei Gruppen von Unternehmen miteinander verglichen werden. In einer Gruppe setzte das Unternehmen eine Kapital- oder Finanzbewegungsrechnung (FBR) ein. Die Unternehmen der zweiten Gruppe verzichten darauf. Gefragt war unter anderem, ob sich die Bilanzsumme der beiden Gruppen im Mittel unterscheiden. Da eine FBR bei kleinen Unternehmen sowieso nicht einsetzbar ist, stellt sich das Testproblem eher als einseitiges.

In der folgenden Tabelle sind die Bilanzsummen der mittels Zufallsstichproben ausgewählten Unternehmen bereits geordnet. Zudem ist jeweils vermerkt, ob ein FBR eingesetzt wird (X), oder ob das entsprechende Unternehmen zur anderen Gruppe gehört (Y). Schließlich sind für die erste Gruppe die jeweiligen Rangzahlen R(X) angegeben.

Tab.: Bilanzsummen (in Mio DM) von Unternehmen mit (x) bzw. ohne (y) Finanzbewegungsrechnung

Bilsum	FBR	$R(x_v)$	Bilsum	FBR	$R(x_v)$	Bilsum	FBR	$R(x_v)$
19	y		275	x	18	2958	y	
36	y		326	y		3260	x	36
50	y		350	y		4086	x	37
52	x	4	369	x	21	4623	x	38
55	y		425	y		4796	x	39
57	y		454	y		5469	y	
72	x	7	485	x	24	7766	x	41
78	x	8	577	x	25	8870	x	42
91	y		700	x	26	10963	y	
98	x	10	780	y		12833	x	44
115	x	11	992	x	28	14686	y	
133	y		1048	x	29	21871	x	46
159	y		1152	y		26528	x	47
190	y		1192	x	31	39204	y	
193	y		1678	y		40441	x	49
235	x	16	1942	y		113250	x	50
247	y		2628	x	34			

Wir erhalten:

$$\sum_{v=1}^{26} R(x_v) = 761$$

und somit wegen $N > 20$:

$$T = \frac{761 - \dfrac{26 \cdot 51}{2}}{\sqrt{\dfrac{26 \cdot 24 \cdot 51}{12}}} = 1.903$$

Für die einseitige Fragestellung ergibt dies das empirische Signifikanzniveau

$$\alpha^* = P(T > 1.903) = 0.0285 .$$

Dies spricht für eine statistische Bestätigung, daß die eine Kapital- oder Finanzbewegungsrechnung verwendenden Unternehmen eher zu den größeren gehören.

Vergleich zweier Streuungen

Der Vergleich zweier Streuungsparameter gehört zu den delikateren Problemen im Bereich der statistischen Tests. Wenn die Normalverteilungsvoraussetzung gültig ist, kann der sogenannte F-Test verwendet werden. Der F-Test ist aber nicht mehr gültig, d.h. das Niveau für den Fehler 1. Art wird nicht eingehalten, wenn diese Voraussetzung auch nur leicht verletzt ist.

Daher verzichten wir auf die Angabe dieses Tests. Alternativen zum F-Test hängen wesentlich von den jeweiligen Voraussetzungen ab. Bei schwachen Voraussetzungen reagieren die entsprechenden Tests dann allerdings nur zögernd auf Streuungsunterschiede. (Sie haben nur geringe Güte.)

Für Tests, die nicht auf speziellen Verteilungsmodellen basieren, sei auf H. Büning und G. Trenkler: Nichtparametrische statistische Methoden; Berlin 1978, verwiesen.

Vergleich zweier Wahrscheinlichkeiten

Wir wollen hier große Stichprobenumfänge voraussetzen. Dann sind relative Häufigkeiten $\hat{p}$ approximativ normalverteilt:

$$\hat{p} \mathrel{\dot{\sim}} N(p, \sqrt{p(1-p)/n}).$$

Somit folgen auch die Differenzen $\hat{p}_1 - \hat{p}_2$ der relativen Häufigkeiten zweier unabhängiger Versuchsserien des Umfanges n und m einer Normalverteilung. Für diese gilt:

$$E(\hat{p}_1 - \hat{p}_2) = p_1 - p_2$$

$$V(\hat{p}_1 - \hat{p}_2) = V(\hat{p}_1) + V(\hat{p}_2) = \frac{p_1(1-p_1)}{n} + \frac{p_2(1-p_2)}{m}.$$

Auf diesen Eigenschaften der Differenz $\hat{p}_1 - \hat{p}_2$ läßt sich ein approximativer Test zum Vergleich der beiden Wahrscheinlichkeiten p_1 und p_2 aufbauen.

Falls die Nullhypothese H: $p_1 = p_2$ gilt, so ist mit $p = p_1 = p_2$

$$\frac{\hat{p}_1 - \hat{p}_2}{\sqrt{\frac{p(1-p)}{n} + \frac{p(1-p)}{m}}} = \frac{\hat{p}_1 - \hat{p}_2}{\sqrt{p(1-p)\left(\frac{1}{n} + \frac{1}{m}\right)}}$$

standard-normalverteilt. Die unbekannte Varianz $p(1-p)\left(\frac{1}{n} + \frac{1}{m}\right)$ muß aber noch geschätzt werden, um eine einsetzbare Prüfgröße zu erhalten. Dazu bietet sich wegen der (unter H gültigen!) Gleichheit der Wahrscheinlichkeiten an, p durch die relative Häufigkeit der gepoolten Versuchsserien zu ersetzen:

$$\hat{p} = \frac{n \cdot \hat{p}_1 + m \cdot \hat{p}_2}{n+m}.$$

Damit lautet die Prüfgröße

$$T = \frac{\hat{p}_1 - \hat{p}_2}{\sqrt{\hat{p}(1-\hat{p})\left(\frac{1}{n} + \frac{1}{m}\right)}}.$$

T ist unter H: $p_1 = p_2$ asymptotisch standardnormalverteilt. Dies führt zu den üblichen Ablehn- und Annahmebereichen bei den zwei- und einseitigen Testproblemen.

Beispiel

An spondylotischer Osteochondrose, einer mit Rückenbeschwerden einhergehende Erkrankung des Skelettsystems, litten 19% von 352 untersuchten Planierraupen-Fahrern und 11.4% der 315 zum Vergleich betrachteten Männern, die nicht ständig Vibrationen ausgesetzt waren. Die untersuchten Personen waren mittels Zufallsstichproben ausgewählt worden. (Nach Th. Hettinger: Ergonomics, 28 (1985), S. 69–75.)

Die Frage war, ob die Fahrer aufgrund ihrer Tätigkeit eine signifikant größere Erkrankungswahrscheinlichkeit haben als Personen, die den ständigen Erschütterungen nicht ausgesetzt sind. Wir bezeichnen die Wahrscheinlichkeiten mit p_1 für die Fahrer und mit p_2 für die Vergleichspersonen.

Es liegt eine einseitige Fragestellung vor. Dem Erkenntnisinteresse entsprechend formulieren wir:

$$H: p_1 \leq p_2, \quad G: p_1 > p_2.$$

Mit

$$\hat{p} = \frac{352 \cdot 0.19 + 315 \cdot 0.114}{352 + 315} = 0.154$$

erhalten wir als Wert der Prüfgröße T:

$$\frac{0.19 - 0.114}{\sqrt{0.154(1 - 0.154)\left(\frac{1}{352} + \frac{1}{315}\right)}} = \frac{0.076}{0.027996} = 2.715.$$

Wegen $2.715 > z_{0.995} = 2.576$ ist das Ergebnis signifikant zum Niveau 0.005.

17.3 Übersichten über die Parametertests

Übersicht Einstichprobentests

Verteilung, Voraussetzung	Hypothesen Hypo	Prüfgröße	Verteilung der Prüfgröße unter H	kritische Werte
Normalverteilung σ bekannt	H: $\mu = \mu_0$; G: $\mu \neq \mu_0$ H': $\mu \leq \mu_0$; G': $\mu > \mu_0$ H'': $\mu \geq \mu_0$; G'': $\mu < \mu_0$	$\frac{\bar{X} - \mu_0}{\sigma/\sqrt{n}}$	N(0, 1)	$\pm z_{1-\alpha/2}$ $z_{1-\alpha}$ $-z_{1-\alpha}$
σ unbekannt	H: $\mu = \mu_0$; G: $\mu \neq \mu_0$ H': $\mu \leq \mu_0$; G': $\mu > \mu_0$ H'': $\mu \geq \mu_0$; G'': $\mu < \mu_0$	$\frac{\bar{X} - \mu_0}{\hat{\sigma}/\sqrt{n}}$	t_{n-1} bzw. für $n > 100$ approx. N(0, 1)	$\pm t_{n-1;1-\alpha/2}$ (bzw. $\pm z_{1-\alpha/2}$) $t_{n-1;1-\alpha}$ (bzw. $z_{1-\alpha}$) $-t_{n-1;1-\alpha}$ (bzw. $-z_{1-\alpha}$)
beliebige Verteilung mit Erw.-wert μ	H: $\mu = \mu_0$; G: $\mu \neq \mu_0$ H': $\mu \leq \mu_0$; G': $\mu > \mu_0$ H'': $\mu \geq \mu_0$; G'': $\mu < \mu_0$	$\frac{\bar{X} - \mu_0}{\hat{\sigma}/\sqrt{n}}$	approx. N(0, 1) (für $30 \leq n < 100$ zur Sicherheit: t_{n-1})	$\pm z_{1-\alpha/2}$ (bzw. $\pm t_{n-1;1-\alpha/2}$) $z_{1-\alpha}$ (bzw. $t_{n-1;1-\alpha}$) $-z_{1-\alpha}$ (bzw. $-t_{n-1;1-\alpha}$)
Binomialverteilung n klein	H: $p = p_0$; G: $p \neq p_0$ H': $p \leq p_0$; G': $p > p_0$ H'': $p \geq p_0$; G'': $p < p_0$	T = Anzahl der Erfolge	B(n, p_0)	$c_{\alpha/2}$, $c_{1-\alpha/2}$ $c_{1-\alpha}$ c_α
$n \geq 100$ oder $n\hat{p} > 5$, $n(1-\hat{p}) > 5$	H: $p = p_0$, G: $p \neq p_0$ H': $p \leq p_0$, G': $p > p_0$ H'': $p \geq p_0$, G'': $p < p_0$	$\frac{\hat{p} - p_0}{\sqrt{p_0(1-p_0)/n}}$	approx. N(0, 1)	$\pm z_{1-\alpha/2}$ $z_{1-\alpha}$ $z_\alpha = -z_{1-\alpha}$
symmetrische stetige Verteilung	H: $\tilde{\mu} = \tilde{\mu}_0$; G: $\tilde{\mu} \neq \tilde{\mu}_0$ H': $\tilde{\mu} \leq \tilde{\mu}_0$; G': $\tilde{\mu} > \tilde{\mu}_0$ H'': $\tilde{\mu} \geq \tilde{\mu}_0$; G'': $\tilde{\mu} < \tilde{\mu}_0$	$\sum R(\|D_v\|) Z_v$	Tabelle (siehe Text)	
beliebige stetige Verteilung	H: $\tilde{\mu} = \tilde{\mu}_0$; G: $\tilde{\mu} \neq \tilde{\mu}_0$ H': $\tilde{\mu} \leq \tilde{\mu}_0$; G': $\tilde{\mu} > \tilde{\mu}_0$ H'': $\tilde{\mu} \geq \tilde{\mu}_0$; G'': $\tilde{\mu} < \tilde{\mu}_0$	T-Anzahl der Beobachtungen $< \tilde{\mu}_0$ bzw. für $n > 20$: $(T - n/2)/\sqrt{n/4}$	B(n, 0.5); bzw. für $n > 20$: N(0, 1)	$c_{\alpha/2}$, $n - c_{\alpha/2}$ (bzw. $\pm z_{1-\alpha/2}$) c_α (bzw. $-z_{1-\alpha}$) $n - c_\alpha$ (bzw. $z_{1-\alpha}$)
Normalverteilung	H: $\sigma^2 = \sigma_0^2$; G: $\sigma^2 \neq \sigma_0^2$ H': $\sigma^2 \leq \sigma_0^2$; G': $\sigma^2 > \sigma_0^2$ H'': $\sigma^2 \geq \sigma_0^2$; G'': $\sigma^2 < \sigma_0$	$(n-1)\hat{\sigma}^2/\sigma_0^2$	χ^2_{n-1}	$\chi^2_{n-1;\alpha/2}$, $\chi^2_{n-1;1-\alpha/2}$ $\chi^2_{n-1;1-\alpha}$ $\chi^2_{n-1;\alpha}$

Übersicht Zweistichprobentests

Verteilungen, Voraussetzungen	Hypothesen	Prüfgröße	Verteilung der Prüfgröße unter H	kritische Werte
Normalverteilungen, σ_1 und σ_2 bekannt	H: $\mu_1 = \mu_2$; G: $\mu_1 \neq \mu_2$ H′: $\mu_1 \leq \mu_2$; G′: $\mu_1 > \mu_2$ H″: $\mu_1 \geq \mu_2$; G″: $\mu_1 < \mu_2$	$\dfrac{\bar{X} - \bar{Y}}{\sqrt{\sigma_X^2/n + \sigma_Y^2/m}}$	N(0, 1)	$\pm z_{1-\alpha/2}$ $z_{1-\alpha}$ $-z_{1-\alpha}$
σ_1 und σ_2 unbekannt, $\sigma_1 = \sigma_2$, Stichproben klein	H: $\mu_1 = \mu_2$; G: $\mu_1 \neq \mu_2$ H′: $\mu_1 \leq \mu_2$; G′: $\mu_1 > \mu_2$ H″: $\mu_1 \geq \mu_2$; G″: $\mu_1 < \mu_2$	$\dfrac{\bar{X} - \bar{Y}}{\sqrt{\hat{\sigma}^2\left(\frac{1}{n} + \frac{1}{m}\right)}}$ mit $\hat{\sigma}^2 = \dfrac{n-1}{n+m-2}\hat{\sigma}_X^2 + \dfrac{m-1}{n+m-2}\hat{\sigma}_Y^2$	t_{n+m-2}	$\pm t_{n+m-2;1-\alpha/2}$ $t_{n+m-2;1-\alpha}$ $-t_{n+m-2;1-\alpha}$
σ_1 und σ_2 unbekannt, $\sigma_1 \neq \sigma_2$, Stichproben klein	H: $\mu_1 = \mu_2$; G: $\mu_1 \neq \mu_2$ H′: $\mu_1 \leq \mu_2$; G′: $\mu_1 > \mu_2$ H″: $\mu_1 \geq \mu_2$; G″: $\mu_1 < \mu_2$	$\dfrac{\bar{X} - \bar{Y}}{\sqrt{\hat{\sigma}_X^2/n + \hat{\sigma}_Y^2/m}}$	t_{df} (Siehe Text)	$\pm t_{df;1-\alpha/2}$ $t_{df;1-\alpha}$ $-t_{df;1-\alpha}$
Beliebige Verteilungen mit σ_1, σ_2 unbekannt und $< \infty$, Stichproben groß	H: $\mu_1 = \mu_2$; G: $\mu_1 \neq \mu_2$ H′: $\mu_1 \leq \mu_2$; G′: $\mu_1 > \mu_2$ H″: $\mu_1 \geq \mu_2$; G″: $\mu_1 < \mu_2$	$\dfrac{\bar{X} - \bar{Y}}{\sqrt{\hat{\sigma}_X^2/n + \hat{\sigma}_Y^2/m}}$	N(0, 1)	$\pm z_{1-\alpha/2}$ $z_{1-\alpha}$ $z_{1-\alpha}$
Binomialverteilungen, Stichproben groß	H: $p_1 = p_2$; G: $p_1 \neq p_2$ H′: $p_1 \leq p_2$; G′: $p_1 > p_2$ H″: $p_1 \geq p_2$; G″: $p_1 < p_2$	$\dfrac{\hat{p}_1 - \hat{p}_2}{\sqrt{\hat{p}(1-\hat{p})\left(\frac{1}{n} + \frac{1}{m}\right)}}$ mit $\hat{p} = \dfrac{n\hat{p}_1 + m\hat{p}_2}{n+m}$	N(0, 1)	$\pm z_{1-\alpha/2}$ $z_{1-\alpha}$ $-z_{1-\alpha}$
stetige Verteilungen	H: $\tilde{\mu}_1 = \tilde{\mu}_2$; G: $\tilde{\mu}_1 \neq \tilde{\mu}_2$ H′: $\tilde{\mu}_1 \leq \tilde{\mu}_2$; G′: $\tilde{\mu}_1 > \tilde{\mu}_2$ H″: $\tilde{\mu}_1 \geq \tilde{\mu}_2$; G″: $\tilde{\mu}_1 < \tilde{\mu}_2$	$\sum R(X_v)$	Tabelle (siehe Text)	

17.4 Aufgaben

1. Es sollen zwei Schlafmittel miteinander verglichen werden. Dazu werden die Verlängerungen der normalen Schlafdauer bei n = 10 Personen untersucht und die Differenzen als Werte der Zufallsvariablen X angesehen. X wird als normalverteilt vorausgesetzt. Es soll getestet werden, ob im Schnitt die Schlafmittel die gleiche Wirkung haben, die Zufallsvariable X also den Erwartungswert Null hat ($\alpha = 0.01$).

Pers.-Nr.	Verlängerung des Schlafs in Stunden Schlafmittel		
v	I	II	x_v = II–I
1	+0.7	+1.9	+1.2
2	−1.6	+0.8	+2.4
3	−0.2	+1.1	+1.3
4	−1.2	+0.1	+1.3
5	−0.1	−0.1	0.0
6	+3.4	+4.4	+1.0
7	+3.7	+5.5	+1.8
8	+0.8	+1.6	+0.8
9	0.0	+4.6	+4.6
10	+2.0	+3.4	+1.4

2. Die Zeiten zwischen den Ankünften von Flugzeugen auf einem Flughafen können als exponentialverteilt angesehen werden. Je größer der Parameter λ dieser Verteilung ist, desto häufiger wird der Flughafen angeflogen. Im Rahmen einer Untersuchung über die Fluglärmbelastung ermitteln Anwohner 100 Zwischenankunftzeiten, die als unabhängig angesehen werden.
   a) Es soll die Frage überprüft werden, ob λ größer ist als der offizielle Wert $\lambda_0 = 0.1$. Stellen Sie dafür die Hypothesen auf und geben Sie eine geeignete Prüfgröße, kritischen Wert und Entscheidungsregel an.
   b) Die Stichprobe hat eine mittlere Zwischenankunftzeit von 7.5 [Minuten] ergeben. Führen Sie nun den Test zum Signifikanzniveau $\alpha = 0.01$ durch.
   c) Um Aussagen über die Größe von λ machen zu können, soll bei großem n ein 99%-Konfidenzintervall für λ ermittelt werden. Wie lautet dies bei $\bar{x} = 7.5$?

3. Bei einer Untersuchung zur Werbewirksamkeit wurde 15 Kindern ein Gegenstand in einem Werbespot vorgeführt. Diesen sollte dann bekommen, wer am schnellsten ein Puzzle zusammensetzen würde. Die unabhängig voneinander ermittelten Zeiten (in Min) der Kinder waren:
   2.0 2.1 7.7 11.5 16.0 28.3 36.7 41.7 41.8 47.8 65.0 68.7 70.5 72.3 74.0
   a) Wie müssen Sie die Hypothesen wählen, wenn Sie nachweisen wollen, daß die zentrale Lage der Lösungszeiten mit Werbespots größer ist als ohne. (Die Kinder versuchen länger das Puzzle zu lösen, um den Gegenstand zu erhalten.) Ohne Werbespot beträgt der Median $\tilde{\mu} = 13.5$ min.
   b) Führen Sie den Test zum Niveau $\alpha = 0.02$ durch! Wie lautet Ihre Entscheidung?
   c) Wie groß ist das empirische Signifikanzniveau des Tests?

d) Wie lautet Ihre Testentscheidung, wenn 35 von 100 Kindern weniger als 13.5 Minuten für das Puzzle benötigten? ($\alpha = 0.02$)

4. Nach einer von Sheldrake vertretenen These werden Informationen durch morphogenetische Felder übertragen. Dies sind unsichtbare, formgestaltende Strukturen der Natur. (Vgl. Psychologie heute, 5/84). Zur Überprüfung dieser These wurde ein aufwendiges Experiment durchgeführt. Es war folgendermaßen angelegt:
In einer Population wurde der Anteil von Leuten festgestellt, die eine bestimmte Aufgabe mit Erfolg lösten. Dieser Anteil betrug 32%. Er dient als Referenzanteil.
In einem anderen abgeschlossenen Gebiet wurde der dortigen Population in einer Fernsehsendung erklärt, wie die Aufgabe zu lösen war. Anschließend wurde einer neuen Stichprobe außerhalb des Sendebereiches wieder die Aufgabe vorgelegt.
Nach Sheldrakes These sollte sich bei der letzten Stichprobe eine Erhöhung der Lösungsfähigkeit zeigen. In der Tat lösten 46% der Probanden dann diese Aufgabe.
a) Formulieren Sie die Frage, inwieweit die These durch das Experiment gestützt wird, als statistischen Test, wobei von einem großen Stichprobenumfang ausgegangen werden kann. (Angabe der Hypothesen, der Prüfgröße und des kritischen Wertes.)
b) Wie groß mußte der Stichprobenumfang n mindestens sein, damit der nach der Fernsehsendung ermittelte Wert bei $\alpha = 0.01$ signifikant ist?
c) Bei welchen Stichprobenanteilen wäre das Ergebnis signifikant, wenn nach der Fernsehsendung 900 Leute befragt würden ($\alpha = 0.01$)?

5. Beim Tele-Dialog werden Fragen im Fernsehen verlesen, und die Antworten der Zuschauer werden jeweils unmittelbar nach Verlesen der Frage telefonisch eingeholt und mit dem Computer ausgewertet.
In einem 1985 in Westberlin durchgeführten Tele-Dialog war anzugeben, ob ein wiedervereintes Deutschland nach dem Muster der Bundesrepublik gewünscht werde. 36% der telefonisch antwortenden Berliner bejahten dies. (taz vom 6. 9. 1985)
Die Antwortenden werden im folgenden als Zufallsstichprobe vom Umfang $n = 49$ betrachtet:
a) Ist daraufhin die Hypothese aufrecht zu halten, daß für die West-Berliner Gesamtbevölkerung der gleiche Anteil wie für die Bundesrepublik (56%) galt ($\alpha = 0.01$) (Gebietsstand vor 1990)?
b) Wie groß ist das empirische Signifikanzniveau des unter a) durchgeführten Tests?
c) 55% der Antwortenden sprach sich für ein neutrales wiedervereintes Deutschland aus. Ist dieser Anteil bei $\alpha = 0.01$ signifikant höher als im alten Bundesgebiet (höchstens 44%)?

6. In einer Untersuchung der Auswirkung elterlicher Mitaufnahme („rooming-in-Modell") auf das Verhalten stationär behandelter Kinder wurden 25 Paare von Kindern betrachtet, wobei die Kinder eines Paares in Diagnose, Prognose der Aufenthaltsdauer, Alter und sozialer Herkunft übereinstimmten.
Zu prüfen ist, ob die elterliche Mitaufnahme zu einer Verkürzung der Verweildauer führt ($\alpha = 0.05$).

Stationärer Aufenthalt (in Tagen)												
v:	1	2	3	4	5	6	7	8	9	10	11	12
mit Rooming-in:	29	32	16	8	8	7	14	8	7	12	7	8
ohne Rooming-in:	29	44	18	15	15	7	15	11	12	12	7	11

	13	14	15	16	17	18	19	20	21	22	23	24	25
	7	17	6	19	12	8	8	6	10	8	21	17	15
	7	22	7	14	28	31	18	16	10	11	29	8	23

7. Messungen der Halbwertzeiten der Umsetzung eines Medikamentes in einer pharmakologisch nicht mehr aktiven Substanz ergaben bei zwei Patientengruppen folgende geordnete Werte [Minuten]:
   Normalpatienten: 1.02, 1.26, 1.33, 1.39, 1.65, 1.78, 1.93, 2.04, 2.89, 3.47, 3.65, 3.85, 5.33, 13.80
   Intrahepatische Cholestase: 0.39, 0.68, 0.69, 0.76, 0.78, 0.81, 0.96, 1.16, 1.20, 1.26, 1.87, 1.98, 3.15, 3.85, 4.33
   Besteht ein signifikanter Unterschied der Niveaus ($\alpha = 0.01$)?

8. Bei einem Vergleich der von Arbeitern einer Schmelzhütte und einer Lkw-Reparaturwerkstatt eingeatmeten Staubpartikel wurde folgendes auf Basis von Zufallsstichproben ermittelt (Th. J. Smith et al.; J. Occup. Med. 20 (1978), S. 83–87):
   Schmelzhütte, ($n = 139$): $\bar{X} = 1.30$, $\hat{\sigma}_X = 1.24$ [mg/m^3]
   Lkw-Rep.-Werkst., ($m = 45$): $\bar{Y} = 1.86$, $\hat{\sigma}_Y = 1.58$ [mg/m^3]
   Ist auf der Basis des empirischen Signifikanzniveaus ein Unterschied zu erkennen?

9. Dr. Dennis Niewoehner und sein Ärzte-Team vom St. Luke's Hospital in Cleveland stellten einwandfrei fest, daß auch die Lungen jugendlicher Zigarettenraucher bereits geschädigt sind. Sie untersuchten 20 Nichtraucher und 19 Raucher im Alter von 25 Jahren und fanden bei allen Rauchern krankhaft veränderte Atemwege, während dies nur bei fünf Nichtrauchern der Fall war. Bei den Rauchern wurde als charakteristische Erkrankung eine Bronchiolitis festgestellt, das heißt eine Entzündung der kleinsten Bronchien. Da beim jugendlichen Raucher noch wenig zerstörtes Gewebe gefunden wurde, ist anzunehmen, daß sich diese Schäden wieder beheben lassen. (Frankfurter Rundschau vom 27. 3. 1975)
   Kann der Verfasser die Behauptung, daß Raucher gefährdeter sind, zu Recht aufstellen ($\alpha = 0.01$)? (Dabei seien die Stichproben als groß genug für die Normalapproximation angesehen.)

10. Ein mit kontaktfreudigen Kindern gesegneter Vater betrachtet sorgsam die Entwicklung seiner Telefonrechnung. Er möchte in diesem Zusammenhang den monatlichen Anstieg der Kosten in zwei aufeinanderfolgenden Jahren auf statistische Signifikanz hin untersuchen.

Die Telefonrechnungen lauten:

	1. Jahr	2. Jahr
Jan.	51.82	68.9
Febr.	105.1	107.61
März	95.99	153.15
April	70.94	145.86
Mai	134.25	166.81
Juni	102.82	129.69
Juli	111.93	95.08
Aug.	104.87	70.49
Sept.	62.29	86.89
Okt.	114.21	130.15
Nov.	79.6	108.06
Dez.	120.36	144.27

Wählen Sie einen geeigneten Test aus (Begründung!) und führen Sie ihn zum Niveau $\alpha = 0.05$ durch. In welcher Form ist das Ergebnis zu interpretieren?

11. In einer Abteilung eines Krankenhauses wurden bei Stichproben aus zwei Patientenkollektiven, die an verwandten Krankheiten litten, folgende Liegezeiten (in Tagen) ermittelt:
Kollektiv 1:
1, 3, 5, 7, 10, 11, 12, 12, 14, 14, 15, 15, 15, 15, 15, 16, 17, 21, 21, 22, 30.

Kollektiv 2:
1, 1, 1, 2, 2, 4, 4, 4, 5, 5, 6, 7, 9, 9, 10, 10, 10, 10, 11, 11, 14, 15, 19, 23

Gibt es einen signifikanten Unterschied in der Lage der Verteilungen der Liegezeiten ($\alpha = 0.05$)?

18 Varianzanalyse

In Kapitel 17 haben wir Tests für die Lage einer Zufallsvariablen und für den Lagevergleich zweier Zufallsvariablen kennengelernt. In der Praxis kommen aber oft auch Experimente vor, bei denen die Lage von mehr als zwei Variablen bzw. Gruppen von Daten von Interesse sind. So kann z. B. der mittlere Aufwand für die Forschung bei unterschiedlichen Kategorien von Unternehmen von Interesse sein, die mittleren Meßwerte einer gleichartigen Blutanalyse bei einer Anzahl von Labors oder das „mittlere“ Verhalten von Autofahrern bei mehreren systematisch variierten Aufstellungen von Verkehrszeichen.

In diesem Kapitel wollen wir die grundlegenden Ideen und Verfahren besprechen, die es erlauben, Vergleiche bei solchen Experimenten durchzuführen. Dabei ist das Interesse vor allem auf die Analyse der Niveauunterschiede gerichtet. Die Verfahren für diese Art von Lageproblemen werden unter dem auf den ersten Blick paradoxen Namen ‚Varianzanalyse‘ zusammengefaßt.

Werden die Gruppen nach einem einzelnen Gesichtspunkt unterteilt, formaler: nach den Werten einer einzelnen, diskreten Variablen, so spricht man von einfaktorieller Varianzanalyse; bei zwei klassifizierenden diskreten Variablen von zweifaktorieller Varianzanalyse usw.

18.1 Einfache Varianzanalyse

Einführendes Beispiel

In einer Studie sollte eine halbautomatische Methode zur Messung einer Wirkungssubstanz in Tabletten untersucht werden. Die Tabletten wurden von einem Hersteller mit einer Dosierung von vier Milligramm angeboten. Um die dem Produktionsprozeß zuzuschreibende Variation des Gehaltes bei den Tabletten auszuschalten, wurden jeweils mehrere Tabletten zerpulvert, gemischt und neu gepreßt. Jeweils zehn dieser neu gepreßten Tabletten wurden an sieben Labors gegeben. Das Ziel dieses Vorhabens war es, Erkenntnisse über die Konsistenz zwischen den Labors und gleichzeitig auch über die Streuung des Meßprozesses zu gewinnen.

Tab.: Gehaltsbestimmungen einer Wirkungssubstanz in Tabletten durch verschiedene Labors

Lab 1	Lab 2	Lab 3	Lab 4	Lab 5	Lab 6	Lab 7
4.13	3.86	4.00	3.88	4.02	4.02	4.00
4.07	3.85	4.02	3.88	3.95	3.86	4.02
4.04	4.08	4.01	3.91	4.02	3.96	4.03
4.07	4.11	4.01	3.95	3.89	3.97	4.04
4.05	4.08	4.04	3.92	3.91	4.00	4.10
4.04	4.01	3.99	3.97	4.01	3.82	3.81
4.02	4.02	4.03	3.92	3.89	3.98	3.91
4.06	4.04	3.97	3.90	3.89	3.99	3.96
4.10	3.97	3.98	3.97	3.99	4.02	4.05
4.04	3.95	3.98	3.90	4.00	3.93	4.06

Offenbar gibt es Unterschiede im Niveau der sieben Gruppen. Es ist aber nicht klar, ob diese Unterschiede auch als statistisch signifikant anzusehen sind (bei einem Signifikanzniveau von $\alpha = 0.01$).

Das Modell

Wie in dem einführenden Beispiel gehen wir im folgenden von mehreren Gruppen von Beobachtungen aus. Die Beobachtungsgruppen werden als Beobachtungen zu verschiedenen Stufen eines Faktors aufgefaßt. Dabei können wir uns vorstellen, daß es dieser Faktor ist, der ggfs. die Niveauunterschiede zwischen den Beobachtungsserien bewirkt. Im Einführungsbeispiel hätte also der Faktor „Labor" sieben Stufen.

Zu jeder Stufe eines Faktors gibt es eine „grundlegende" Beobachtungsvariable, die eine Anzahl von Stichprobenvariablen nach sich zieht:

Stufen des Faktors:	1	2	...	k
Beobachtungsvariablen:	X_1	X_2		X_k
Stichprobenvariablen:	X_{11}	X_{21}		X_{k1}
	X_{12}	X_{22}		X_{k2}
	$\vdots$			
	X_{1n_1}	X_{2n_2}		X_{kn_k}
Stichprobenumfänge:	n_1	n_2		n_k

Die in einer Spalte stehenden Stichprovenvariablen haben alle die gleiche Verteilung, insbesondere auch den gleichen Erwartungswert:

$$E(X_{1v}) = \mu_1, \ldots, E(X_{kv}) = \mu_k$$

Die Frage nach dem gleichen Niveau bei den verschiedenen Faktorstufen führt also auf das Testproblem:

H: $\mu_1 = \ldots = \mu_k$
G: Nicht alle μ_i sind gleich.

Um hierfür einen Test angeben zu können, müssen wir einige weitere Voraussetzungen machen. Diese bilden die Grundlage des Modells der Varianzanalyse.

Als wesentliche Voraussetzung unterstellen wir, daß die X_i (und damit auch die X_{iv}) bis auf die Lage gleich verteilt sind. Daß sich die Verteilungsfunktionen höchstens durch Verschiebung unterscheiden, können wir beschreiben durch

$$P(X_i \leq x) = F(x - \mu_i), \qquad i = 1, \ldots, k.$$

(Wir haben schon beim Vergleich der Erwartungswerte zweier Normalverteilungen gesehen, daß ungleiche Varianzen schwierig zu handhaben sind. Hier gilt dies erst recht.)

Um die Niveauunterschiede deutlicher als Faktoreffekte herauszustellen, wird i.d.R. von einem allgemeinen Niveau μ ausgegangen und es werden die Abweichungen $\tau_i = \mu_i - \mu$ eingeführt. Zudem werden zufällige Abweichungen vom Mittel ins Spiel gebracht.

Das **Basismodell der einfachen Varianzanalyse** ist gegeben durch

$$X_{iv} = \mu + \tau_i + U_{iv} \qquad i = 1, \ldots, k; \; v = 1, \ldots, n_i$$

$$\text{mit} \quad \sum_{i=1}^{k} n_i \tau_i = 0$$

und mit unabhängigen, identisch verteilten Störungen U_{iv}, die bei Null zentriert sind.

Das interessierende Testproblem lautet dann:

H: $\tau_1 = \ldots = \tau_k = 0$
G: Nicht alle τ_i sind Null.

Die angegebene **Reparametrisierungsbedingung** $\sum n_i \tau_i = 0$ ist notwendig, um die Beschreibung der Effekte eindeutig zu machen. Mit dem Gesamtmittel μ stehen ja zur Beschreibung der Lageparameter der k Stufen des Faktors k + 1 Parameter zur Verfügung. Die gewählte Form der Reparametrisierung sichert, daß die folgenden Betrachtungen auch bei unterschiedlichen Stichprobenumfängen relativ problemlos sind.

Der Test bei Normalverteilung

Sind die U_{iv} normalverteilt, $U_{iv} \sim N(0, \sigma^2)$, so ist ein plausibler Ausgangspunkt zur Konstruktion einer Prüfgröße für das angegebene Testproblem durch die Differenzen

$$\bar{X}_{i\cdot} - \bar{X}_{\cdot\cdot}$$

gegeben. Dabei ist $\bar{X}_{i\cdot} = \sum X_{iv}/n_i$ das Mittel der Beobachtungen zur Stufe i und $\bar{X}_{\cdot\cdot} = \sum\sum X_{iv}/N$ mit $N = \sum n_i$ das Gesamtmittel. Durch $\bar{X}_{i\cdot} - \bar{X}_{\cdot\cdot}$ wird dann gerade der Effekt τ_i geschätzt. Die Schätzungen der Effekte werden nun so kombiniert, daß Abweichungen von Null einen insgesamt großen Wert ergeben. Unterschiedliche Beobachtungsanzahlen in den Gruppen werden ebenfalls berücksichtigt, indem

$$\frac{1}{k-1} \sum_{i=1}^{k} n_i (\bar{X}_{i\cdot} - \bar{X}_{\cdot\cdot})^2$$

gebildet wird.

Diese Summe ist noch zu standardisieren, da große Werte ja auch durch eine große Streuung der U_{iv} verursacht sein können.

Zur Standardisierung verwenden wir eine Schätzung von σ^2. Auf der Basis einer einzelnen Gruppe i ist

$$\hat{\sigma}_i^2 = \frac{1}{n_i - 1} \sum_{v=1}^{n_i} (X_{iv} - \bar{X}_{i\cdot})^2$$

eine erwartungstreue Schätzung für σ^2. Die Kombination der einzelnen Schätzer $\hat{\sigma}_1^2, \ldots, \hat{\sigma}_k^2$ führt mit $N = n_1 + \ldots + n_k$ auf

$$\begin{aligned}\hat{\sigma}^2 &= \frac{1}{N-k}\sum_{i=1}^{k}(n_i-1)\hat{\sigma}_i^2\\ &= \frac{1}{N-k}\sum_{i=1}^{k}\sum_{v=1}^{n_i}(X_{iv}-\bar{X}_{i\cdot})^2\end{aligned}$$

Mit den $\hat{\sigma}_i^2$ ist auch $\hat{\sigma}^2$ erwartungstreu:

$$\begin{aligned}E(\hat{\sigma}^2) &= E\left(\frac{1}{N-k}\sum(n_i-1)\hat{\sigma}_i^2\right) = \frac{1}{N-k}\sum(n_i-1)E(\hat{\sigma}_i^2)\\ &= \frac{1}{N-k}((n_1-1)+(n_2-1)+\ldots+(n_k-1))\cdot\sigma^2\\ &= \frac{1}{N-k}(N-k)\sigma^2\\ &= \sigma^2\,.\end{aligned}$$

Ein geeigneter Test für das Testproblem

$$H:\ \tau_1 = \ldots = \tau_k = 0$$

gegen

$$G:\ \text{Nicht alle } \tau_i \text{ sind Null.}$$

im Modell der einfaktoriellen Varianzanalyse

$$X_{iv} = \mu + \tau_i + U_{iv}, \qquad i = 1, \ldots, k,\ v = 1, \ldots, n_i$$

mit $\Sigma n_i \tau_i = 0$ und unabhängigen, normalverteilten Störungen $U_{iv} \sim N(0, \sigma^2)$ ist der **F-Test mit der Prüfgröße**

$$F = \frac{\frac{1}{k-1}\sum_{i=1}^{k} n_i(\bar{X}_{i\cdot}-\bar{X}_{\cdot\cdot})^2}{\frac{1}{N-k}\sum_{i=1}^{k}\sum_{v=1}^{n_i}(X_{iv}-\bar{X}_{i\cdot})^2}\,.$$

F ist unter H F-verteilt mit $k-1$ Freiheitsgraden des Zählers und $N-k$ Freiheitsgraden des Nenners, kurz $(k-1, N-k)$ Freiheitsgraden.
Der Ablehnbereich des Tests ist $\{F > F_{k-1;N-k;1-\alpha}\}$.

Die folgende Abbildung zeigt die Dichtefunktion der F-Verteilung für verschiedene Freiheitsgrade (m_1, m_2). Auf die Angabe der funktionalen Form verzichten wir. Im Anhang ist eine Tabelle mit kritischen Werten für $\alpha = 0.05$ angegeben.

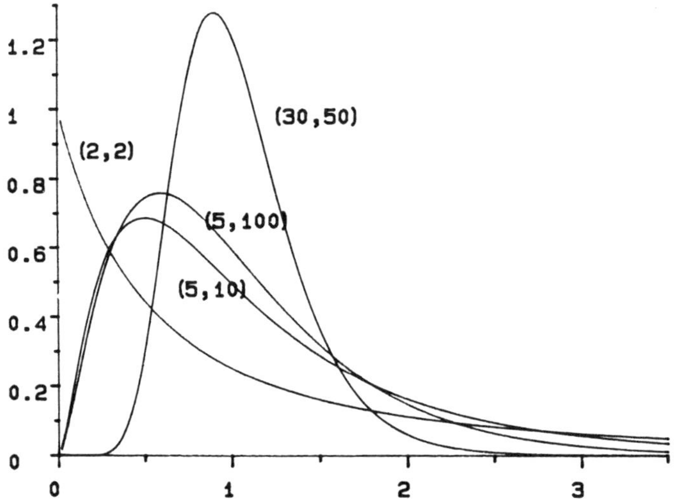

Abb.: Dichtefunktion der F-Verteilung für verschiedene Freiheitsgrade

Bevor wir uns ein Beispiel ansehen, können wir nun den Namen „Varianzanalyse" erklären. Wie wir in Kapitel 7 gesehen haben, gilt

$$\frac{1}{N}\sum_i\sum_v(X_{iv}-\bar{X}_{..})^2=\frac{1}{N}\sum_i\sum_v(\bar{X}_{i.}-\bar{X}_{..})^2+\frac{1}{N}\sum_i\sum_v(X_{iv}-\bar{X}_{i.})^2$$

Diese Streuungszerlegung haben wir verbal ausgedrückt durch:

$$\text{Gesamte Varianz} = \begin{matrix}\text{Varianz zwischen}\\ \text{den Gruppen}\end{matrix} + \begin{matrix}\text{Varianz innerhalb}\\ \text{der Gruppen}\end{matrix}.$$

Die Prüfgröße F ist im wesentlichen das Verhältnis der beiden Teile, aus denen sich die gesamte Varianz zusammensetzt: Streuen die Gruppenmittel stärker um das Gesamtmittel als die Beobachtungen innerhalb der Gruppen um ihre Gruppenmittel, so weist dies auf systematische Unterschiede hin. Unter H sollten die beiden Teile dagegen etwa gleich groß sein und F somit bei Eins liegen.

Die üblichen kritischen Werte der F-Verteilung sind vertafelt. Anstatt umfangreichere Tabellen hier zu reproduzieren, geben wir eine schnelle Möglichkeit zur approximativen Berechnung der Verteilungsfunktion an.

Die **Verteilungsfunktion** $F_{a,b}(y)$, **der F-Verteilung** mit (a, b)-Freiheitsgraden läßt sich nach Peizer/Pratt (JASA 63, (1968) 1416–1456) folgendermaßen **durch die Normalverteilung approximieren**:

$$F_{a,b}(y) \approx \Phi(z),$$

wobei

$$z = \frac{d}{b^* - n(1-x)} \left\{ \frac{2}{1 + \frac{1}{6n}} \left(b^* \cdot \ln \frac{b^*}{n(1-x)} + a^* \cdot \ln \frac{a^*}{nx} \right) \right\}^{1/2}$$

$$x = \frac{ay}{b + ay}$$

$$a^* = (a-1)/2$$

$$b^* = (b-1)/2$$

$$n = a^* + b^*$$

$$d = b^* + \frac{1}{6} - \left(n + \frac{1}{3}\right)(1-x) + \frac{1}{25} \cdot \left\{ \frac{x}{b} - \frac{1-x}{a} + \frac{x - 0.5}{a+b} \right\}$$

Die zur Durchführung des F-Tests benötigten Größen werden gern in einer **Varianzanalysetafel** zusammengestellt.

Tab.: Tafel der einfachen Varianzanalyse

Streuungsursache	Freiheitsgrade (df)	Quadratsumme	Mittlere Quadratsumme (MS)
Faktor A	$k-1$	$SS(A) = \sum_{i=1}^{k} n_i(\bar{X}_i. - \bar{X}..)^2$	$MS(A) = SS(A)/(k-1)$
zufälliger Fehler	$N-k$	$SS(E) = \sum_{i=1}^{k} \sum_{v=1}^{n_i} (X_{iv} - \bar{X}_i.)^2$	$MS(E) = SS(E)/(N-k)$
Gesamt	$N-1$	$SS(G) = \sum_{i=1}^{k} \sum_{v=1}^{n_i} (X_{iv} - \bar{X}..)^2$	

Den Hintergrund für die Spalte Freiheitsgrade bildet die Tatsache, daß die geeignet standardisierten Quadratsummen (SS′) unter der Hypothese Chi-Quadratverteilt sind mit eben dieser Zahl von Freiheitsgraden.

Die **Prüfgröße des F-Tests ist der Quotient** MS(A)/MS(E).

Beispiel

Wir setzen das einführende Beispiel fort.

Für die Tablettenmessungen erhalten wir folgende Tafel der einfachen Varianzanalyse:

Streuungsursache	Freiheitsgrade	Quadratsumme (SS)	Mittlere Quadratsumme (MS)
Labor	6	0.125	0.0210
Zufälliger Fehler	63	0.231	0.0037
Gesamt	69	0.356	

Damit ist der Wert der Prüfgröße

$$F = \frac{0.0210}{0.0037} = 5.67\,,$$

und mit der Approximation von Peizer/Pratt gilt:

$$P(F \geq 5.67) = 1 - 0.9999 = 0.0001\,.$$

Die Labors unterscheiden sich also signifikant.

Multiple Vergleiche bei Normalverteilung

Der F-Test erlaubt nur zu entscheiden, ob alle Stufen des Faktors die gleiche mittlere Wirkung haben oder nicht. Oft ist auch von Interesse, gleich mit festzustellen, wo die Unterschiede liegen, beispielsweise welche Stufenpaare sich signifikant unterscheiden.

Zum Paarvergleich zweier fester Stufen, sagen wir i und j, können wir bei normalverteilten U_{iv} auf den Zweistichproben t-Test zurückgreifen. Die Prüfgröße ist hier

$$T_{ij} = (\bar{X}_{i\cdot} - \bar{X}_{j\cdot})\Big/\sqrt{\hat{\sigma}^2\left(\frac{1}{n_i} + \frac{1}{n_j}\right)}$$

mit der auf allen Beobachtungen basierenden Schätzung $\hat{\sigma}^2$:

$$\hat{\sigma}^2 = \frac{1}{N-k}\sum_{r=1}^{k}(n_r - 1)\hat{\sigma}_r\,.$$

Die Verwendung von $\hat{\sigma}^2$ ist sinnvoll, weil alle U_{iv} die gleiche Varianz haben und somit σ^2 genauer geschätzt werden kann. Sie ist auch möglich, weil die Prüfgröße T_{ij} wieder t-verteilt ist, allerdings t-verteilt mit $N - k$ Freiheitsgraden.

Die Frage zielt jedoch auf die **gleichzeitige Durchführung aller Paarvergleiche**, also das Testen aller Hypothesen

$$H_{ij}\colon\ \mu_i = \mu_j \qquad i, j = 1, \ldots, k,\ i \neq j\,.$$

Bei k Stufen sind dies $\binom{k}{2}$ Paarvergleiche; bei $k = 4$ also 6, bei $k = 5$ sind es 10, bei $k = 6$ schon 15 usw.

Die Schwierigkeit, mehr als einen Test auf der Basis einer einzelnen Stichprobe durchzuführen, liegt in der Vorgabe, daß das Niveau α gleichzeitig eingehalten werden muß.

Machen wir uns das Problem anhand zweier Tests klar. Das Gesamtniveau der Tests ist dann definiert als die Wahrscheinlichkeit, mindestens eine der beiden betrachteten Nullhypothesen H_1 oder H_2 abzulehnen, obwohl beide richtig sind. Seien A_1 und A_2 die Ablehnbereiche der zugehörigen Tests. Dann gilt:

$$\begin{aligned}
&P(\text{mindestens eine Nullhypothese wird abgelehnt} \mid H_1, H_2)\\
&= P(A_1 \cup A_2 \mid H_1, H_2)\\
&= P(A_1 \mid H_1, H_2) + P(A_2 \mid H_1, H_2) - P(A_1 \cap A_2 \mid H_1, H_2)
\end{aligned}$$

Werden nun die beiden Tests zum Niveau α durchgeführt, so beträgt das multiple Niveau

$$2\alpha - P(A_1 \cap A_2 | H_1, H_2)$$

Wenn $P(A_1 \cap A_2 | H_1, H_2) < \alpha$, so überschreitet das multiple Niveau die vorgegebene Irrtumswahrscheinlichkeit.

Einen Ausweg bietet die **Bonferroni-Ungleichung**. Sie sagt in ihrer einfachsten Form

$$P(A_1 \cup \ldots \cup A_k) \leq P(A_1) + \ldots + P(A_k).$$

Werden also alle einzelnen Tests zum Niveau α/k durchgeführt, so ist das **multiple Niveau**, die Wahrscheinlichkeit mindestens eine Nullhypothese zu verwerfen, obwohl alle richtig sind, durch α begrenzt.

Dieses verblüffend einfache Vorgehen bringt bei nicht zu großem k erstaunlich gute Resultate. Es gibt daneben natürlich noch andere Vorgehensweisen. Hierzu sei das Buch von R. G. Miller, Jr.: Beyond ANOVA, Basics of Applied Statistics, New York 1986 wärmstens empfohlen.

Da alle Prüfgrößen T_{ij} t-verteilt sind mit $N - k$ Freiheitsgraden (sofern alle Hypothesen H: $\mu_i = \mu_j$ richtig sind), braucht für die Durchführung der Tests nur das Quantil

$$t_{N-k;1-\alpha'/2}$$

mit $\alpha' = \alpha/\binom{k}{2}$ bestimmt zu werden. Hier ist i. d. R. die Approximationsformel von Wallace hilfreich.

Wir fassen zusammen:

Die **paarweisen Vergleiche**

$$H_{ij}\colon \ \mu_i = \mu_j$$
$$G_{ij}\colon \ \mu_i \neq \mu_j \qquad i, j = 1, \ldots, k, \ i \neq j$$

werden im Varianzanalysemodell mit normalverteilten Störungen **simultan zum Gesamtniveau** $\leq \alpha$ mit den Prüfgrößen

$$T_{ij} = (\bar{X}_{i\cdot} - \bar{X}_{j\cdot}) \Big/ \sqrt{\hat{\sigma}^2 \left(\frac{1}{n_i} + \frac{1}{n_j}\right)}$$

getestet. Die Hypothese H_{ij} wird abgelehnt, wenn

$$|T_{ij}| > t_{N-k;1-\alpha'/2};$$

dabei ist $\alpha' = \alpha/\binom{k}{2}$.

Ungleiche Streuungen

Die angegebenen Verfahren basieren alle auf der Voraussetzung, daß die Störungen U_{iv} die gleiche Verteilung haben. Den Effekt, den speziell unterschiedliche Streuungen haben, können wir uns anhand des F-Tests klar machen.

Im Nenner der Prüfgröße des F-Tests stehen die kombinierten Einzelschätzungen für die Varianzen der einzelnen Gruppen. Wir ersetzen sie zur Vereinfachung durch die theoretischen Größen. (Dies ist besonders bei großen n_i eine zulässige Näherung.) Dann wird der Nenner zu

$$\tilde{\sigma}^2 = \frac{1}{N-k} \sum_{i=1}^{k} (n_i - 1)\sigma_i^2 .$$

Für den Erwartungswert der so modifizierten Prüfgröße $\tilde{T}$ erhalten wir dann nach einigen Umformungen unter H: $\tau_i = 0, i = 1, \ldots, k$:

$$E(\tilde{T}) = E\left(\frac{1}{k-1} \sum_{i=1}^{k} n_i(\bar{X}_{i\cdot} - \bar{X}_{\cdot\cdot})^2/\tilde{\sigma}^2\right)$$

$$= \frac{\frac{1}{N(k-1)} \sum_{i=1}^{k} (N - n_i)\sigma_i^2}{\frac{1}{N-k} \sum_{i=1}^{k} (n_i - 1)\sigma_i^2}$$

Sind alle Stichprobenumfänge n_i gleich groß, $n_i = n_1$, so ist $N = k \cdot n_1$ und wir erhalten:

$$E(\tilde{T}) = \frac{\frac{1}{kn_1(k-1)} n_1(k-1) \sum \sigma_i^2}{\frac{1}{k(n_1-1)} (n_1 - 1) \sum \sigma_i^2} = 1 .$$

Im sogenannten **balancierten Versuchsplan**, d. h. bei gleichen n_i, ist $\tilde{T}$ (und auch T) unter H bei Eins zentriert. – Wie es auch sein sollte.

Bei **unbalancierten Versuchsplänen** (nicht alle n_i sind gleich) können in den Summen des Zählers und des Nenners die Faktoren $(N - n_i)$ bzw. $(n_i - 1)$ nicht mehr herausgezogen werden. Der Effekt ungleicher Varianzen kann im Zusammenspiel mit unterschiedlichen n_i beliebig groß sein. Somit ist die Voraussetzung gleicher Varianzen vor allem in diesem Fall zentral.

Die (Un-)Gleichheit der Streuungen läßt sich durch die Gegenüberstellung der Box-Plots erkennen. Gegebenenfalls ist eine **varianzstabilisierende Transformation** auf die Daten anzuwenden. Dies haben wir in Kapitel 8.2 ausgeführt.

Beispiel

In einer Schmelzhütte sollte die SO_2 Belastung an einzelnen Arbeitsplätzen untersucht werden.

Die Plätze Nr. 1 und Nr. 2 befanden sich in der Nähe des Schmelzofens, Platz Nr. 3 im Kran-Bereich und Platz Nr. 4 im zentralen Bereich.

Tab.: SO_2-Werte (mg/m^3) an vier Stellen eines Schmelzbetriebes (nach T.J. Smith et al. (1978), J. Occup. Med., 20, 83–87.)

	Stelle			
v	1	2	3	4
1	4.114	8.466	1.889	1.796
2	4.179	9.962	2.489	1.871
3	5.648	12.736	2.768	1.969
4	6.556	13.266	3.535	2.432
5	8.190	17.800	4.411	2.641
6	12.456	18.205	4.772	2.688
7	13.090	23.118	5.024	3.347
8	14.096	25.816	5.272	3.729
9	15.026	26.034	5.373	4.150
10	15.594	29.261	5.576	4.313
11	19.354	37.436	5.856	4.540
12	24.593	42.791	6.133	5.254
13	30.477	50.720	6.787	5.770
14	39.144	59.483	7.749	6.213
15	46.412	78.146	10.009	7.868

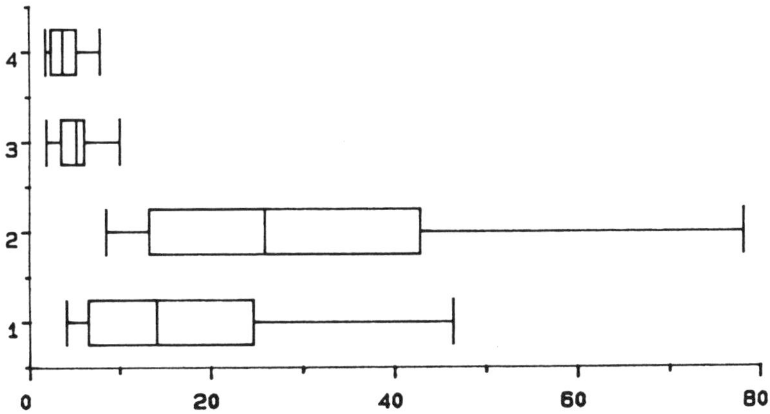

Abb.: Box-Plots der SO_2-Konzentration an verschiedenen Stellen einer Schmelzhütte

Die Box-Plots zeigen, daß die Streuungen mit dem Niveau zunehmen. Das in Kapitel 8.2 besprochene Vorgehen führt zu der Transformation

$$x_{iv} \rightarrow y_{iv} = 1/\sqrt{x_{iv}} .$$

Die Varianzen der transformierten Werte sind tatsächlich von gleicher Größenordnung:

$$s_{Y_1}^2 = 0.0117, \quad s_{Y_2}^2 = 0.0045, \quad s_{Y_3}^2 = 0.0114, \quad s_{Y_4}^2 = 0.0146.$$

Die Varianzanalysetafel für die transformierten Daten lautet:

Streuungs-ursache	Freiheits-grade	Quadrat-Summe	Mittlere Quadratsumme
Faktor	3	1.0669	0.3556
Zuf. Fehler	56	0.6329	0.0113
Gesamt	59	1.6997	

Als Wert der Prüfgröße des F-Tests erhalten wir

$$F = \frac{0.3556}{0.0113} = 31.469\,.$$

Das empirische Signifikanzniveau beträgt nach der Approximation von Peizer/Pratt:

$$P(T \geq 31.469) = 1 - 1 = 0\,.$$

Damit sind Zufallseinflüsse zur Erklärung der Niveauunterschiede sehr unplausibel.

Nicht-normalverteilte Variablen

Die für die Anwendung des F-Tests notwendige Voraussetzung der Normalverteilung läßt sich mittels geeigneter QQ-Diagramme überprüfen. Liegen genügend Beobachtungen pro Faktorstufe vor, so können für die Stufen getrennte Diagramme erstellt werden. Andernfalls sind die Daten in den Gruppen zu zentrieren und anschließend gesamt zur Erstellung eines gemeinsamen QQ-Diagrammes zu verwenden.

Ist die Voraussetzung der Normalverteilung verletzt, so stellt sich die Frage nach der Anwendbarkeit des F-Tests und der multiplen t-Tests bzw. nach geeigneten Alternativen.

Verschiedene Untersuchungen haben gezeigt, daß das Niveau des F-Tests relativ wenig durch Abweichungen von der Normalverteilung beeinflußt wird.

Somit bleibt er im Prinzip anwendbar. Was eine Alternative wünschenswert macht, ist der Umstand, daß seine Güte bei weitem nicht mehr so groß ist wie im Fall der Normalverteilung.

Die sinnvollste Alternative zum F-Test stellt der nichtparametrische **Kruskal-Wallis-Test** dar. Er kann als Verallgemeinerung des Wilcoxon Rangsummentests auf mehr als zwei Stichproben angesehen werden. Wir unterstellen also, daß sich die Verteilungen der X_{iv} nur durch die Lage unterscheiden. Diese beschreiben wir nun durch die Mediane. Dann lautet die zu testende Hypothese

$$H:\ \tilde{\mu}_1 = \ldots = \tilde{\mu}_k$$

und die Alternative

$$G:\ \text{Nicht alle } \tilde{\mu}_i \text{ sind gleich}\,.$$

Die Konstruktion der Prüfgröße des Kruskal-Wallis-Tests geschieht, indem einfach die ursprüngliche Prüfgröße des F-Tests für die Ränge der Beobachtungen berechnet wird. Dazu werden zuerst alle Beobachtungen x_{iv}, $i = 1, \ldots, k$, $v = 1, \ldots, n_i$ als ein Datensatz vom Umfang $N = n_i + \ldots + n_k$ aufgefaßt, und die Ränge R_{iv} der Beobachtungen x_{iv} bestimmt.

Zu jeder Stufe des Faktors werden die Mittelwerte der Ränge

$$\bar{R}_{i\cdot} = \frac{1}{n_i} \sum_{v=1}^{n_i} R_{iv}$$

gebildet. Dem entscheidenden Teil der Prüfgröße des F-Tests, dem Zähler, entspricht

$$\sum_{i=1}^{k} n_i (\bar{R}_{i\cdot} - \bar{R}_{\cdot\cdot})^2 .$$

Da die Rangwerte stets Zahlen von 1 bis N sind, braucht diese Summe von Abweichungsquadraten anders als beim F-Test nicht mittels einer Schätzung der Varianz der Residuen standardisiert zu werden.

Die **Prüfgröße des Kruskal-Wallis-Tests**

$$T = \sum_{i=1}^{k} n_i (\bar{R}_{i\cdot} - \bar{R}_{\cdot\cdot})^2 \Big/ \frac{N(N+1)}{12}$$

$$= \frac{12}{N(N+1)} \sum_{i=1}^{k} n_i \bar{R}_{i\cdot}^2 - 3(N+1) .$$

T ist unter H approximativ Chi-Quadrat-verteilt mit $k - 1$ Freiheitsgraden. H wird zum Niveau α abgelehnt, wenn $T > \chi^2_{k-1;1-\alpha}$.

Für kleine Stichproben und kleinere Anzahlen von Faktor-Stufen sind kritische Werte der Prüfgröße vertafelt. Wir verweisen aber auf die Möglichkeit, recht einfach die gesamte, exakte Verteilung der Prüfgröße unter Computer-Einsatz zu berechnen. Siehe J. Arrenberg: Ein Algorithmus zur Bestimmung der exakten Verteilung der Kruskal-Wallis-Teststatistik. Diskussionsbeitrag zur Statistik und Quantitativen Ökonomik Nr. 33, Mai 1988, Universität der Bundeswehr Hamburg.

Liegen Bindungen vor, so können mittlere Ränge vergeben werden, vgl. die Ausführungen zum Wilcoxon-Rangsummentest. Bei sehr vielen Bindungen sollte der Nenner der Prüfgröße mit dem Korrekturfaktor

$$1 - \frac{1}{N^3 - N} \sum_{j=1}^{m} (t_j^3 - t_j)$$

multipliziert werden. t_j ist hier die Anzahl der gleichgroßen Werte an der j-ten Stelle.

Die Verwendung der Bonferroni-Ungleichung macht multiple Vergleiche hier äußerst einfach. Zum multiplen Niveau $\alpha / \binom{k}{2}$ brauchen nur die jeweiligen paarweisen Wilcoxon-Rangsummentests durchgeführt zu werden.

Beispiel

Mit dem Mikrokerntest wird die mutagene Aktivität von Präparaten untersucht. Von jedem Versuchstier wird nach Behandlung eine bestimmte Anzahl (z. B. 2000) Erythrozyten untersucht. Die Anzahl der gefundenen Mikrokerne liefert das Maß für die mutagene Aktivität.

Bei der Prüfung einer chemischen Substanz wurden folgende Werte gefunden:

Tab.: Anzahl Mikrokerne pro 2000 Erythrozyten und Rangzahlen für den Kruskal-Wallis-Test

	Dosis (MG/KG)							
v	Kontrolle		10.0		20.0		50.0	
	x_{1v}	r_{1v}	x_{2v}	r_{2v}	x_{3v}	r_{3v}	x_{4v}	r_{4v}
1	3	3	4	5	1	1	6	10.5
2	4	5	5	8	2	2	7	12
3	4	5	5	8	5	8	8	15
4	6	10.5	8	15	8	15	11	19
5	8	15	10	18	12	21	12	21
6	8	15	12	21	13	23	17	24

Zur Ermittlung der Ränge R_{iv} wurden die Werte der Größe nach angeordnet und ihnen dann die Rangzahlen zugeordnet.

Damit erhalten wir

$$T = 3.965 .$$

Der Korrekturfaktor ist hier, wenn wir die Summanden mit dem Wert Null ($t_j = 1$) weglassen:

$$1 - \frac{1}{24^3 - 24} [(3^3 - 3) + (3^3 - 3) + (2^3 - 2) + (5^3 - 5) + (3^3 - 3)]$$
$$= 0.986 .$$

Die korrigierte Prüfgröße ist folglich

$$T/0.986 = 4.02 .$$

Der kritische Wert zum Niveau $\alpha = 0.05$ beträgt

$$\chi^2_{3;0.95} = 7.81 ,$$

so daß ein signifikanter Unterschied bei $\alpha = 0.05$ mit dem Kruskal-Wallis-Test nicht nachgewiesen werden kann.

18.2 Zweifache Varianzanalyse

Einführendes Beispiel

Durch ein Experiment sollte festgestellt werden, ob verschiedene Methoden zur Herstellung von Goldfüllungen unterschiedlich harte Zahnfüllungen ergeben. Dabei sollte auch berücksichtigt werden, daß verschiedene Goldarten möglicherweise einen Einfluß auf die Härte der Füllungen haben.

Jede Herstellungsart wurde zweimal mit jeder Goldart kombiniert. Dies ergab die folgenden Füllungshärten. (Nach Xhonga (1971) J. Amer. Acad. Gold Foil Opers, 14, 5–15.)

Tab.: Härte von Zahnfüllungen

Gold-Art	Herstellungsart 1		2		3	
1	792	803	772	752	782	715
2	824	803	772	772	803	707
3	813	715	782	772	752	835
4	792	803	698	782	620	715
5	792	813	665	743	835	673
6	907	858	1115	933	847	698
7	792	907	835	792	560	734
8	835	882	870	824	585	681

Modell mit Wechselwirkungen

Wie in dem einführenden Beispiel kommt in vielen Anwendungen zu dem einen Faktor A nach dem die Beobachtungen unterteilt sind, noch ein zweiter Faktor B hinzu. Der Faktor B ist oft von der Qualität, daß durch ihn als entscheidender „Hintergrundsvariablen" die Variabilität innerhalb der Stufen des Faktors A stark vergrößert wird. Beispielsweise ist das Alter eine solche Hintergrundsvariable bei der Liegezeit von Patienten in verschiedenen Stationen eines Krankenhauses.

Wir beschränken uns auf die Behandlung **balancierter Experimente**. Diese sind dadurch charakterisiert, daß jede Kombination (i, j), $i = 1, \ldots, k$, $j = 1, \ldots, m$ der k Stufen des Faktors A und der m Stufen des Faktors B gleich oft beobachtet wird. Die Anzahl der Wiederholungen pro Faktorstufen-Kombination, kurz Zelle, bezeichnen wir mit n. Die Gesamtzahl der Beobachtungen des Experimentes ist dann $N = k \cdot m \cdot n$.

In Fortführung der Überlegungen zu der einfachen Varianzanalyse können Lageunterschiede zwischen den einzelnen Zellen als Abweichungen von einem Gesamtniveau angesehen werden. Da die Abweichungen jetzt durch zwei Faktoren bewirkt werden, ist es naheliegend, für die Zelle (i, j) das Mittel in der Form

$$\mu_{ij} = \mu + \tau_i + \varrho_j$$

zu schreiben. Das wäre Ausdruck einer einfachen Überlagerung der Effekte τ_i des Faktors A und derjenigen des Faktors B, die mit ϱ_j bezeichnet werden.

In den meisten Fällen ist es angebracht, Wechselwirkungseffekte zwischen den Faktoren zu berücksichtigen. Dies führt zu dem allgemeinen Ansatz

$$\mu_{ij} = \mu + \tau_i + \varrho_j + (\tau\varrho)_{ij} \,.$$

$(\tau\varrho)_{ij}$ bezeichnet die Auswirkung der Kombination der Stufen i und j der beiden Faktoren A und B, soweit sie eine Abweichung von der einfachen Überlagerung $\tau_i + \varrho_j$ ergibt.

Da der Ansatz bei $k \cdot m$ Zellen $1 + k + m + k \cdot m$ Parameter enthält, sind wie bei der einfachen Varianzanalyse geeignete Bedingungen an die Parameter zu stellen.

Das Modell der zweifachen, balancierten Varianzanalyse mit Wechselwirkung ist gegeben durch den Ansatz

$$X_{ijv} = \mu + \tau_i + \varrho_j + (\tau\varrho)_{ij} + U_{ijv}$$
$$i = 1, \ldots, k, \quad j = 1, \ldots, m, \quad v = 1, \ldots, n \,.$$

Dabei gelten die **Reparametrisierungsbedingungen**

$$\sum_{i=1}^{k} \tau_i = 0 \,, \quad \sum_{j=1}^{m} \varrho_j = 0 \,,$$
$$\sum_{i=1}^{k} (\tau\varrho)_{ij} = 0 \quad \text{für alle j}, \quad \sum_{j=1}^{m} (\tau\varrho)_{ij} = 0 \quad \text{für alle i}\,.$$

U_{ijv} sind unabhängige Zufallsvariablen, die die gleiche, bei Null zentrierte Verteilung haben.

Die hier vor allem interessierenden Hypothesen sind:

$$H\colon \ (\tau\varrho)_{11} = \ldots = (\tau\varrho)_{km} = 0 \,,$$
$$H'\colon \ \tau_1 = \ldots = \tau_k = 0 \,,$$
$$H''\colon \ \varrho_1 = \ldots = \varrho_m = 0 \,.$$

Die Hypothese über die Wechselwirkungseffekte steht dabei nicht umsonst an erster Stelle. Bei Ablehnung von H ist nämlich bei der Interpretation der Aussagen über die Haupteffekte τ_i, ϱ_j größere Sorgfalt geboten. Das Vorhandensein von Wechselwirkungen bedeutet z. B., daß ein Versuchseffekt (= Stufe des Faktors A) für jede Stufe des Faktors B getrennt interpretiert oder gar untersucht werden muß. Es kommt vor, daß die Tests auf die Faktoreffekte nicht signifikant sind, weil sich gegenläufige Effekte wegen der Wechselwirkungen aufheben. Um dies zu erkennen sind häufig **Mittelwertskurven**, bei denen Zellenmittel gegen die Faktorstufen eingezeichnet werden, hilfreich.

Tests bei Normalverteilung

Wir gehen bei der Ableitung der Prüfgrößen für die drei formulierten Hypothesen von Schätzfunktionen für die differentiellen Effekte τ_i, ϱ_j und $(\tau\varrho)_{ij}$ aus. Diese basieren bei normalverteilten X_{ijv} wie üblich auf arithmetischen Mitteln. Wir schreiben

$$\bar{X}_{ij\cdot} = \frac{1}{n} \sum_{v=1}^{n} X_{ijv},$$

$$\bar{X}_{i\cdot\cdot} = \frac{1}{m \cdot n} \sum_{j=1}^{m} \sum_{v=1}^{n} X_{ijv},$$

$$\bar{X}_{\cdot j\cdot} = \frac{1}{k \cdot n} \sum_{i=1}^{k} \sum_{v=1}^{n} X_{ijv},$$

$$\bar{X}_{\cdots} = \frac{1}{k \cdot m \cdot n} \sum_{i=1}^{k} \sum_{j=1}^{m} \sum_{v=1}^{n} X_{ijv}.$$

Dann sind folgende Schätzfunktionen naheliegend:

$$\begin{aligned}
&\bar{X}_{i\cdot\cdot} - \bar{X}_{\cdots} \qquad \text{für } \tau_i \\
&\bar{X}_{\cdot j\cdot} - \bar{X}_{\cdots} \qquad \text{für } \varrho_j \\
&\bar{X}_{ij\cdot} - \bar{X}_{\cdots} - (\bar{X}_{i\cdot\cdot} - \bar{X}_{\cdots}) - (\bar{X}_{\cdot j\cdot} - \bar{X}_{\cdots}) \\
&\quad = \bar{X}_{ij\cdot} - \bar{X}_{i\cdot\cdot} - \bar{X}_{\cdot j\cdot} + \bar{X}_{\cdots} \qquad \text{für } (\tau\varrho)_{ij}.
\end{aligned}$$

Somit sollten jeweils die Summen der entsprechenden, quadrierten Schätzungen nicht zu groß sein, wenn die zugehörige Hypothese gilt. Um zu geeigneten Prüfgrößen zu gelangen, müssen die Summen $\sum (\bar{X}_{i\cdot\cdot} - \bar{X}_{\cdots})^2$, $\sum (\bar{X}_{\cdot j\cdot} - \bar{X}_{\cdots})^2$ und $\sum (\bar{X}_{ij\cdot} - \bar{X}_{i\cdot\cdot} - \bar{X}_{\cdot j\cdot} + \bar{X}_{\cdots})^2$ noch mit einer Schätzung für die Varianz standardisiert werden.

Mit den oben angegebenen Schätzungen erhalten wir aufgrund der Modellgleichung $X_{ijv} = \mu + \tau_i + \varrho_j + (\tau\varrho)_{ij} + U_{ijv}$:

$$\begin{aligned}
\hat{U}_{ijv} &= X_{ijv} - [\bar{X}_{\cdots} + (\bar{X}_{i\cdot\cdot} - \bar{X}_{\cdots}) + (\bar{X}_{\cdot j\cdot} - \bar{X}_{\cdots}) \\
&\qquad + (\bar{X}_{ij\cdot} - \bar{X}_{i\cdot\cdot} - \bar{X}_{\cdot j\cdot} + \bar{X}_{\cdots})] \\
&= X_{ijv} - \bar{X}_{ij\cdot}.
\end{aligned}$$

Somit ist die Summe der Fehlerquadrate

$$\sum_{i=1}^{k} \sum_{j=1}^{m} \sum_{v=1}^{n} \hat{U}_{ijv}^2 = \sum_{i=1}^{k} \sum_{j=1}^{m} \sum_{v=1}^{n} (X_{ijv} - \bar{X}_{ij\cdot})^2$$

nach geeigneter Normierung eine sinnvolle Schätzung der Varianz der Störungen. Wie bei der einfachen Varianzanalyse erhalten wir die vier betrachteten Summen von Quadraten bei der Zerlegung der Summe aller Abweichungsquadrate:

$$\begin{aligned}
&\sum_{i=1}^{k} \sum_{j=1}^{m} \sum_{v=1}^{n} (X_{ijv} - \bar{X}_{\cdots})^2 \\
&= \sum_{i=1}^{k} \sum_{j=1}^{m} \sum_{v=1}^{n} (\bar{X}_{i\cdot\cdot} - \bar{X}_{\cdots})^2 + \sum_{i=1}^{k} \sum_{j=1}^{m} \sum_{v=1}^{n} (\bar{X}_{\cdot j\cdot} - \bar{X}_{\cdots})^2 \\
&\quad + \sum_{i=1}^{k} \sum_{j=1}^{m} \sum_{v=1}^{n} (\bar{X}_{ij\cdot} - \bar{X}_{i\cdot} - \bar{X}_{\cdot j\cdot} + \bar{X}_{\cdots})^2 \\
&\quad + \sum_{i=1}^{k} \sum_{j=1}^{m} \sum_{v=1}^{n} (X_{ijv} - \bar{X}_{ij\cdot})^2
\end{aligned}$$

$$
\begin{aligned}
&= m \cdot n \sum_{i=1}^{k} (\bar{X}_{i}.. - \bar{X}...)^2 + k \cdot n \sum_{j=1}^{m} (\bar{X}._{j}. - \bar{X}...)^2 \\
&+ n \cdot \sum_{i=1}^{k} \sum_{j=1}^{m} (\bar{X}_{ij}. - \bar{X}_{i}.. - \bar{X}._{j}. + \bar{X}...)^2 \\
&+ \sum_{i=1}^{k} \sum_{j=1}^{m} \sum_{v=1}^{n} (X_{ijv} - \bar{X}_{ij}.)^2 .
\end{aligned}
$$

In Verbindung mit den zugehörigen Freiheitsgraden ergibt sich daraus die folgende Varianzanalysetafel.

Tab.: Tafel der Varianzanalyse für die zweifache Varianzanalyse

Streuungs-ursache	Freiheits-grade (df)	Quadratsumme (SS)	Mittlere Quadratsumme (MS)
Faktor A	$k-1$	$SS(A) = n \cdot m \sum_{i=1}^{k} (\bar{X}_{i}.. - \bar{X}...)^2$	$MS(A) = SS(A)/k-1$
Faktor B	$m-1$	$SS(B) = n \cdot k \sum_{j=1}^{m} (\bar{X}._{j}. - \bar{X}...)^2$	$MS(B) = SS(B)/m-1$
Wechsel-wirkung	$(k-1)(m-1)$	$SS(AB) = n \cdot \sum_{i=1}^{k} \sum_{j=1}^{m} (\bar{X}_{ij}. - \bar{X}_{i}.. - \bar{X}._{j}. + \bar{X}...)^2$	$MS(AB) = SS(AB)/(k-1)(m-1)$
zuf. Fehler	$km(n-1)$	$SS(E) = \sum_{i=1}^{k} \sum_{j=1}^{m} \sum_{v=1}^{n} (X_{ijv} - \bar{X}_{ij}.)^2$	$MS(E) = SS(E)/k \cdot m(n-1)$
Gesamt	$k \cdot m \cdot n - 1$	$SS(G) = \sum_{i=1}^{k} \sum_{j=1}^{m} \sum_{v=1}^{n} (X_{ijv} - \bar{X}...)^2$	

Die Prüfgrößen sind dann wieder die Quotienten

$F_1 = MS(AB)/MS(E)$ für die Überprüfung von
$H: (\tau\varrho)_{11} = \ldots = (\tau\varrho)_{km} = 0$,

$F_2 = MS(A)/MS(E)$ für die Überprüfung von
$H': \tau_1 = \ldots = \tau_k = 0$

und

$F_3 = MS(B)/MS(E)$ für die Überprüfung von
$H'': \varrho_1 = \ldots = \varrho_m = 0$.

Unter den Nullhypothesen sind F_1, F_2 und F_3 jeweils F-verteilt, und zwar mit $(k-1) \cdot (m-1)$, $(k-1)$ bzw. $(m-1)$ Freiheitsgraden des Zählers und mit gleichermaßen $k \cdot m \cdot (n-1)$ Freiheitsgraden des Nenners.

Bei der Durchführung einer Varianzanalyse ist generell eine Diagnose der Voraussetzungen anzuraten. Diese sollte die **Überprüfung der Normalverteilungsannahme** und der **Annahme der Konstanz der Streuung** umfassen. Die Normalverteilung kann mittels eines QQ-Diagrammes überprüft werden. Dazu werden i. d. R. die Beobachtungen zellenweise zentriert; die Gesamtheit der zentrierten Werte wird zur Erstellung eines QQ-Diagrammes verwendet. Die $X_{ij\nu}$ sollten sich ja nur im Niveau unterscheiden.

Eine systematische Änderung der Streuung mit dem Niveau läßt sich aus einem Lage-Streuungsdiagramm erkennen. Dabei werden die logarithmierten Standardabweichungen innerhalb der Zellen gegen die logarithmierten Zellenmittel aufgetragen. Siehe dazu Kapitel 8.2.

Was ggfs. gemacht werden kann, wenn diese Voraussetzungen nicht erfüllt sind, besprechen wir weiter unten.

Beispiel

Wir setzen das einführende Beispiel fort.

Zur Überprüfung der Normalverteilungsannahme zentrieren wir die Beobachtungen zellenweise und erstellen für alle zentrierten Werte gemeinsam ein QQ-Diagramm. Dieses zeigt eine zufriedenstellende Übereinstimmung mit der Normalverteilung.

Auf die Erstellung eines Lage-Streuungsdiagrammes verzichten wir. Da pro Zelle nur zwei Werte vorliegen, ist die Streuung proportional zur Differenz der beiden Werte. Somit läßt bereits die einfache Betrachtung der Zellen erkennen, daß die Streuung nicht systematisch mit dem Mittel wächst.

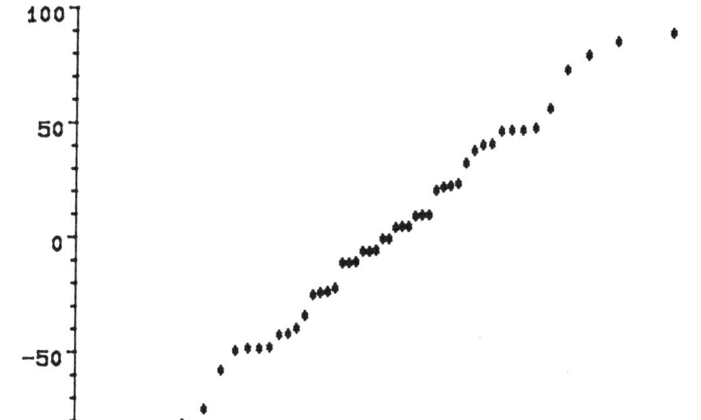

Abb.: QQ-Diagramm der zellenweise zentrierten Härte-Werte auf Normalverteilung

Die Varianzanalysetafel erhält die Gestalt:

Tab.: Varianzanalyse für die Härte der Zahnfüllungen

Streuungsursache	df	SS	MS
Herst.-Art	2	91166.5	45583.3
Gold-Art	7	94020.7	13431.5
Wechselw.	14	117355.5	8382.5
zuf. Fehler	24	98424.0	4101.0
Gesamt	47	400966.7	

Damit ergeben sich die folgenden Werte der Prüfgrößen und die mittels der Approximation von Peizer/Pratt ermittelten empirischen Signifikanzniveaus:

Test auf Wechselwirkung:

$$F = \frac{8382.5}{4101} = 2.044\,, \qquad P(F > 2.044) = 0.0597\,;$$

Test auf Effekte des Faktors A (Herst.-Art):

$$F = \frac{45583.3}{4101} = 11.115\,, \qquad P(F > 11.115) = 0.0004\,;$$

Test auf Effekte des Faktors B (Gold-Art):

$$F = \frac{13431.5}{4101} = 3.275\,, \qquad P(F > 3.275) = 0.0137\,.$$

Da keine signifikanten Wechselwirkungen vorliegen, ist die Interpretation der Effekte der beiden Faktoren einfach: Die Herstellungsarten und die Goldarten sind jeweils als verschieden wirksam anzusehen.

Die Ausführungen zu den **Multiplen Vergleichen**, die wir im ersten Abschnitt gemacht haben, können ohne großen Aufwand auf die zweifache Varianzanalyse übertragen werden.

Eine Beobachtung pro Zelle

Liegt nur **eine Beobachtung pro Zelle** vor, d.h. n = 1, so wird in der allgemeinen Varianzanalysetafel die Zahl der Freiheitsgrade für den zufälligen Fehler Null. Dann ist auch $\bar{X}_{ij\cdot} = X_{ij\nu}$, so daß SS(E) selbst Null ist.

Bei nur einer Beobachtung pro Zelle kann die Analyse also nicht in der angegebenen Form durchgeführt werden. Es gibt aber zwei Auswege.

Einmal kann in manchen Fällen a priori unterstellt werden, daß keine Wechselwirkungen vorliegen. Dann wird MS(AB) zu MS(E) und für die Überprüfung der Hypothesen bzgl. der Haupteffekte sind die Prüfgrößen

$$F = \frac{MS(A)}{MS(AB)}\,, \qquad F = \frac{MS(B)}{MS(AB)}$$

geeignet. Sie haben $k-1$ bzw. $m-1$ Freiheitsgrade des Zählers und jeweils $(k-1)(m-1)$ Freiheitsgrade des Nenners.

In anderen Fällen setzt man die Wechselwirkungen multiplikativ an:

$$(\tau\varrho)_{ij} = \delta \cdot \tau_i \cdot \varrho_j \,.$$

δ ist ein Proportionalitätsfaktor. Damit wird – so hofft man – zumindest der relevante Teil der Wechselwirkung erfaßt.

Es soll nun die Hypothese überprüft werden, daß keine Wechselwirkungen vorliegen, daß also H: $\delta = 0$ gilt.

Eine bzgl. dieser Form von Wechselwirkungen sensitive Stichprobenfunktion ist

$$SS(A \times B) = \frac{\left[\sum_{i=1}^{k} \sum_{j=1}^{m} X_{ij}(\bar{X}_{i\cdot} - \bar{X}_{\cdot\cdot})(\bar{X}_{\cdot j} - \bar{X}_{\cdot\cdot})\right]^2}{\sum_{i=1}^{k} (\bar{X}_{i\cdot} - \bar{X}_{\cdot\cdot})^2 \cdot \sum_{j=1}^{m} (\bar{X}_{\cdot j} - \bar{X}_{\cdot\cdot})^2} \,.$$

Dabei wurde auf den letzten Index verzichtet. Dieser ist ja wegen $n = 1$ sowieso konstant.

Die Prüfgröße für die Überprüfungen von Wechselwirkungen im zweifachen Varianzanalysemodell mit nur einer Beobachtung pro Zelle ist dann

$$F = \frac{(k-1)(m-1)-1}{1} \cdot \frac{SS(A \times B)}{SS(G) - SS(A) - SS(B) - SS(A \times B)} \,.$$

Diese Prüfgröße ist unter H: $\delta = 0$ F-verteilt mit $(1, (k-1)(m-1)-1)$ Freiheitsgraden.

Ungleiche Varianzen

Sofern nur eine Beobachtung pro Zelle vorliegt, ist es unmöglich, die Auswirkungen von ungleichen Varianzen und von Wechselwirkungen zu unterscheiden. Wir setzen daher $n > 1$ voraus.

Zum Erkennen ungleicher Varianzen kann – wie erwähnt – für jede Zelle (i, j) das Mittel $\bar{X}_{ij\cdot}$ und die Standardabweichung s_{ij} bestimmt werden. Die Darstellung der logarithmierten Standardabweichungen gegen die logarithmierten Mittelwerte zeigt dann einmal, ob die Streuung systematisch mit dem Mittel varriert. Weiter können wir gegebenenfalls daraus mit Hilfe der Überlegungen in Kapitel 8.2 bestimmen, welche Transformation die Streuung stabilisiert.

Es sei darauf hingewiesen, daß eine Transformation bei einer zweifachen Varianzanalyse nicht unproblematisch ist, da eine additive Struktur zerstört werden kann.

Beispiel

Die Anzahl der Keime in der Milch ist ein Indikator für ihre Qualität: Eine hohe Keimzahl ist ein Indiz für das Vorhandensein von Krankheits-erregenden Keimen. Im Rahmen eines Ringversuches wurden an sieben Labors zwei Proben verschickt, aus denen die Labors vier gleichartige Untersuchungsreihen herstellen sollten. Aus diesen Reihen, die als Versuchswiederholungen angesehen werden können, wurden die Keimzahlen ermittelt. Ziel der Untersuchung war einmal die Feststellung, ob die Milch-Qualität beider Proben gleichgut war. Zum zweiten sollten die Untersuchungsstandards der Labors verglichen werden.

Tab.: Anzahlen von Keimen in zwei Milchproben durch sieben Labors bei je vier Wiederholungen. (Für die Daten danke ich dem Institut für Biometrie des FB Veterinärmedizin der FU Berlin).

Hochgerechnete Keimzahl								
		L1	L2	L3	L4	L5	L6	L7
Probe 1	R1	336	241	249	291	292	232	202
	R2	295	266	234	327	289	294	178
	R3	336	276	264	367	338	280	199
	R4	372	280	239	126	294	312	170
Probe 2	R1	194	109	174	171	193	196	196
	R2	168	110	160	190	163	161	186
	R3	183	131	174	185	238	173	172
	R4	149	130	162	186	193	159	186

Das Lage-Streuungsdiagramm zeigt einen Anstieg der Streuung mit dem Niveau. Die eingezeichnete Gerade hat die Steigung $b = 1.43$. Dies weist darauf hin, daß die Potenztransformation mit $m = 1 - b \approx -1/2$ eine streuungsstabilisierende Wirkung hat; vgl. Kapitel 8.2.

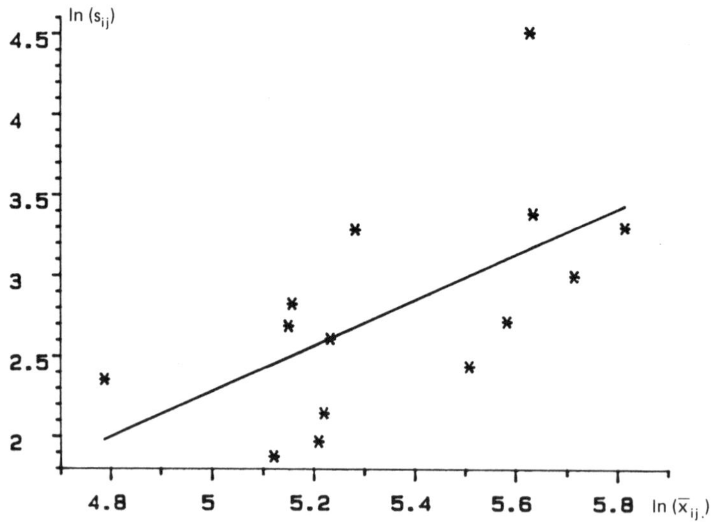

Abb.: Lage-Streuungsdiagramm für die zellenweise zusammengefaßten Keimzahlen

Für die transformierten Werte $y_{ijv} = 1/\sqrt{x_{ijv}}$ erhalten wir folgende Varianzanalysetafel:

Tab.: Tafel der Varianzanalyse für die transformierten Keimzahlen

Streuungsursache	df	SS	MS
Probe	1	$3.222 \cdot 10^{-3}$	$3.222 \cdot 10^{-3}$
Labor	6	$0.852 \cdot 10^{-3}$	$0.142 \cdot 10^{-3}$
Wechselw.	6	$1.024 \cdot 10^{-3}$	$0.171 \cdot 10^{-3}$
zuf. Fehler	42	$1.287 \cdot 10^{-3}$	$0.031 \cdot 10^{-3}$
Gesamt	55	$6.384 \cdot 10^{-3}$	

Dies führt auf folgende Werte der Prüfgrößen und der empirischen Signifikanzniveaus:

Test auf Wechselwirkung:

$$F = \frac{0.171 \cdot 10^{-3}}{0.031 \cdot 10^{-3}} = 5.57 \qquad F(F > 5.57) = 0.0003$$

Test auf Probe-Effekte:

$$F = \frac{3.222 \cdot 10^{-3}}{0.031 \cdot 10^{-3}} = 105.17 \qquad P(F > 105.17) \approx 0$$

Test auf Labor-Effekte:

$$F = \frac{0.142 \cdot 10^{-3}}{0.031 \cdot 10^{-3}} = 4.63 \qquad P(F > 4.63) = 0.001$$

Hier ist die Interpretation der Ergebnisse schwierig, da die Wechselwirkungen signifikant von Null verschieden sind. Es scheint offensichtlich, daß sich sowohl Proben als auch Labors unterscheiden. Aber die Signifikanz der Wechselwirkung deutet darauf hin, daß die Labors bei den beiden Proben unterschiedlich gearbeitet haben.

Auf eine Möglichkeit, daß diese Interpretation nicht stimmen muß, weist das QQ-Diagramm der zellenweise zentrierten Werte hin. Im wesentlichen sind die Daten normalverteilt. (In bedeutend besserer Näherung als die nicht-transformierten Werte!) Jedoch gibt es einen starken Ausreißer. Solche Ausreißer können leicht dazu führen, daß der F-Test auf Wechselwirkung signifikant ist. Leider gibt es außer dem Ausschließen des entsprechenden Labors keine allgemein akzeptierte Möglichkeit, mit Ausreißern bei der Varianzanalyse umzugehen.

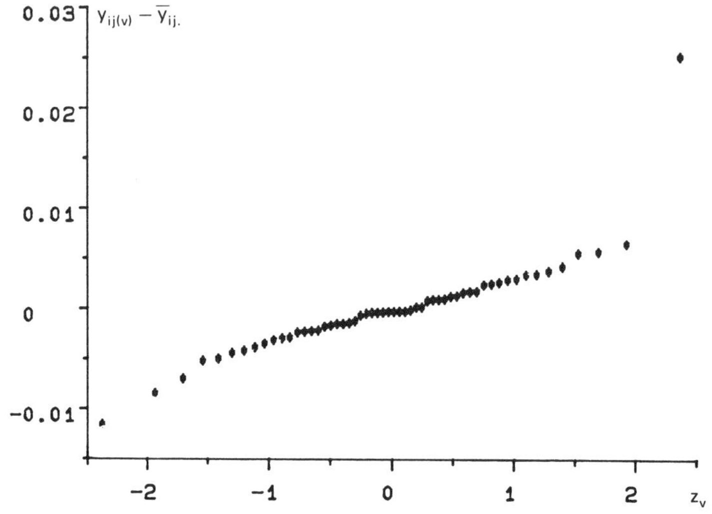

Abb.: QQ-Diagramm für die zellenweise zentrierten transformierten Keimzahlen auf Normalverteilung

Nicht-normalverteilte Störungen

Sind die Störungen U_{ijv} nicht normalverteilt, so können wie bei der einfachen Varianzanalyse Rangtests eingesetzt werden. Wir beschreiben nur einen häufiger eingesetzten Test.

Der **Friedmann-Test** geht von einer Beobachtung pro Zelle aus. Bei mehr als einer Beobachtung pro Zelle wendet man den Test üblicherweise auf die Zellmittel $\bar{x}_{ij.}$ an und vernachlässigt die restliche Information. Zusätzlich wird bei der Anwendung des Friedmann-Tests unterstellt, daß keine Wechselwirkungseffekte vorhanden sind.

Der Friedmann-Test zur Überprüfung der Effekte des Faktors B basiert auf Rängen, die innerhalb der Stufen des Faktors A vergeben werden. Es werden also für jedes i die Beobachtungen $x_{i1}, \ldots, x_{im}$ als ein Datensatz genommen. Dann werden diesen Werten Rangzahlen $R_{i1}, \ldots, R_{im}$ zugeordnet. Mit $\bar{R}_{.j}$ bezeichnen wir das Mittel dieser Ränge innerhalb der i-ten Stufe des Faktors A und mit $\bar{R}_{..}$ das Mittel aller $k \cdot m$ Ränge.

Faktor A		Faktor B					
		1	…	j	…	m	
	1	R_{11}	…	…			Zeilenweise:
	i	R_{i1}	…	R_{ij}	…	R_{im}	Vergabe von Rängen
	k	R_{k1}	…	…			
		$\bar{R}_{.1}$	…	$\bar{R}_{.j}$	…	$\bar{R}_{.m}$	

Spaltenweise: Durchschnittsbildung

Die dem Zähler der Prüfgröße des F-Tests nachgebildete Größe $(\bar{R}_{.j} - \bar{R}_{..})^2$ ist noch geeignet zu standardisieren.

Die **Prüfgröße des Friedmann-Tests** für das Testen der Effekte des Faktors B lautet:

$$T = \sum_{j=1}^{m} (\bar{R}_{.j} - \bar{R}_{..})^2 / \frac{m(m+1)}{12k}$$

$$= \frac{12k}{m(m+1)} \sum_{j=1}^{m} \bar{R}^2_{.j} - 3k(m+1) .$$

T ist unter H: $\tau_1 = \ldots = \tau_m = 0$ asymptotisch χ^2-verteilt mit $m-1$ Freiheitsgraden.

Bei Bindungen werden mittlere Ränge vergeben. Bei sehr vielen Bindungen ist der Nenner von T geeignet zu modifizieren. Dazu sei auf Hollander/Wolfe: Nonparametric Statistical Methods, New York (1973) verwiesen.

Einen Test für die Überprüfung der Effekte des Faktors A erhalten wir einfach durch Umbenennung.

Hollander/Wolfe behandeln auch multiple Vergleiche auf der Basis von Rangtests.

Beispiel

Wir setzen das letzte Beispiel fort. (Dazu unterstellen wir, daß für die zellenweise gemittelten Werte keine Wechselwirkungen vorhanden sind.) Da die oben angewendete, varianzstabilisierende Transformation monoton ist, können wir die Ränge auch über die Originalwerte ermitteln.

In der folgenden Tabelle für die Überprüfung der Effekte sind die Zellenmittel mit den zugehörigen Rangzahlen angegeben.

		Labor						
		1	2	3	4	5	6	7
Probe 1	$\bar{x}_{1j.}$	334.75	265.75	246.50	277.75	303.25	279.50	187.25
	R_{1j}	7	3	2	4	6	5	1
2	$\bar{x}_{2j.}$	173.50	120.00	167.50	183.00	196.75	172.25	185.00
	R_{2j}	4	1	2	5	7	3	6
	$\bar{R}_{.j}$	5.5	2	2	4.5	6.5	4	3.5

Mit der zweiten Berechnungsformel erhalten wir

$$T = \frac{12 \cdot 2}{7 \cdot 8} \cdot 129 - 3 \cdot 2 \cdot 8$$

$$= 7.29 .$$

Das empirische Signifikanzniveau liegt nach der Tabelle der χ^2-Verteilung mit 6 Freiheitsgraden zwischen 0.4 und 0.25. Somit gibt der Friedmann-Test keinen Anhaltspunkt für einen nicht-zufälligen Unterschied.

18.3 Aufgaben

1. Die folgende Tabelle gibt Hämoglobin-Werte (Gramm pro 1000 ml) im Blut einer Forellenart nach 35 Tagen an. Den Fischen wurden täglich 0,5, 10 bzw. 15 g (pro 100 Pfund Fisch) eines schwefelhaltigen Futters zugesetzt. Dabei wurden jeweils zwei Tröge parallel behandelt. (Nach Gutsell, Biometrics (1951) S. 171–179).

	H-Wert							
	0		5		10		15	
Fisch-Nr.	**A**	**B**	**A**	**B**	**A**	**B**	**A**	**B**
1	6.7	7.0	9.9	9.9	10.4	9.9	9.3	11,0
2	7.8	7.8	8.4	9.6	8.1	9.6	9.3	9.3
3	5.5	6.8	10.4	10.2	10.6	10.2	7.2	11.0
4	8.4	7.0	9.3	10.4	8.7	10.4	7.8	9.0
5	7.0	7.5	10.7	11.3	10.7	11.3	9.3	8.4
6	7.8	6.5	11.9	9.1	9.1	10.9	10.2	8.4
7	8.6	5.8	7.1	9.0	8.8	8.0	8.7	6.8
8	7.4	7.1	6.4	10.6	8.1	10.2	8.6	7.2
9	5.8	6.5	8.6	11.7	7.8	6.1	9.3	8.1
10	7.0	5.5	10.6	9.6	8.0	10.7	7.2	11.0
Trog-Summe	72.0	67.5	93.3	101.4	90.3	97.3	86.9	90.2

a) Führen Sie eine geeignete Varianzanalyse durch! Checken Sie die Voraussetzungen dafür. Welche empirischen Signifikanzniveaus deuten auf relevante Einflüsse hin?

b) Es wird nur jeweils der Trog A betrachtet. Führt der nichtparametrische Test zur Ablehnung der Hypothesen, daß der unterschiedliche Futterzusatz keine Auswirkung auf den Hämoglobin-Gehalt hat? ($\alpha = 0.01$)

2. Ein Hersteller hatte Schwierigkeiten mit einer Katalysator-Anlage. Nach Rücksprache mit der Forschungsabteilung der Firma wurde eine Untersuchung durchgeführt, bei der vier Reagenzien und drei Katalysatoren kombiniert und die Auswirkung der Kombinationen auf die Produktionsraten studiert wurden. (Nach Smith, J. Qual. Tech. 1, (1969), S. 259–263).

	Katalysator		
Reagenzien	x	y	z
A	4	11	5
	6	7	9
B	6	13	9
	4	15	7
C	13	15	13
	15	9	13
D	12	12	7
	12	14	9

a) Führen Sie eine geeignete Varianzanalyse durch.

b) Wie lautet die Varianzanalyse, wenn im Modell keine Wechselwirkung berücksichtigt wird?

3. Die mittlere Überlebenszeit von vier Tierarten unter der Gabe von drei unterschiedlichen Raten eines Giftes war (nach Brown, Appl. Statist., 24, (1975), S. 288–298):

	Tierart			
Gift	1	2	3	4
1	0.41	0.88	0.57	0.61
2	0.32	0.82	0.38	0.67
3	0.21	0.34	0.24	0.33

a) Führen Sie einen nichtparametrischen Test auf die Gift-Effekte durch. ($\alpha = 0.05$)
b) Führen Sie eine Standard-Varianzanalyse durch.
c) Welchen Effekt hat die Erhöhung des Wertes 0.34 der Zelle (3,2) um 0.27 auf die Wechselwirkung?

19 Überprüfung der Anpassungsgüte von Verteilungen und der Unabhängigkeit

Wir haben die theoretischen Verteilungsmodelle unter dem Blickwinkel der Beschreibung von empirischen Verteilungen eingeführt. Ob ein Verteilungsmodell zu den Daten paßt, bzw. welches von mehreren Modellen die empirische Verteilung besser beschreibt, haben wir subjektiv entschieden. Bei den diskreten Variablen verglichen wir dazu die empirischen Häufigkeiten $n(X = x_i)$ mit den theoretisch erwarteten $n \cdot P(X = x_i)$. Bei stetigen Variablen dienten uns QQ-Diagramme als Hilfsmittel zur Beantwortung dieser Frage.

Die Eignung von Verteilungsmodellen läßt sich nun objektiv beurteilen, wenn wir geeignete Signifikanztests heranziehen. Tests, die es gestatten, hypothetische Verteilungsmodelle zu überprüfen, werden als **Anpassungstests** bezeichnet. Einige der zahlreichen Anpassungstests behandeln wir im ersten Abschnitt dieses Kapitels.

Auch im bivariaten Fall, bei der gleichzeitigen Betrachtung zweier Zufallsvariablen, stellt sich die Frage nach der Verteilung der beiden Zufallsvariablen. Ein wichtiger Teilaspekt ist dabei die **Unabhängigkeit**. Ihm wenden wir uns im zweiten Abschnitt zu.

19.1 Anpassungstests

Problemstellung

Die Entwicklung der Wahrscheinlichkeitstheorie läßt sich auf Glücksspielberechnungen zurückverfolgen. In diesem Zusammenhang ist die Beschäftigung mit antiken Würfeln von Interesse. Insbesondere stellt sich die Frage, ob antike Würfel schon so gleichmäßig gearbeitet waren, daß jede Seite die gleiche Chance hatte.

Die folgende Tabelle gibt die Ergebnisse eines langen Würfelnachmittags in einem Museum der UdSSR wieder. Verwendet wurde ein aus Knochen geschnitzter ägyptischer Würfel aus dem 16. Jhdt v. u. Z. (Quelle: Maistrov, L. E.: Probability Theory, A Historical Sketch, New York 1974.)

Tab.: Verteilung der Augenzahlen x bei n = 235 Würfen mit einem antiken Würfel

x_i	1	2	3	4	5	6
n_i	37	17	49	59	28	45

Das theoretische Modell für die Zufallsvariable X = „Augenzahl" ist eine diskrete Gleichverteilung:

$$P(X = x) = 1/6 = 0.167, \quad x = 1, 2, \ldots, 6.$$

Die Frage betrifft hier die gesamte Verteilung, nicht nur einen einzelnen Parameter. Wenn wir sie in die Form einer Nullhypothese H bringen wollen, müssen wir unter H also die gesamte Verteilung festlegen:

$$H: p_1 = p_2 = p_3 = p_4 = p_5 = p_6,$$

oder, kürzer:

$$H: p_i = \frac{1}{6} \quad i = 1, \ldots, 6.$$

Benötigt wird nun ein statistischer Test, der geeignet ist, diese sowie analoge Hypothesen zu überprüfen.

Der Chi-Quadrat-Anpassungstest für vollständig spezifizierte Verteilungen

Bei diskreten Zufallsvariablen bildet der Vergleich zwischen empirischen und theoretisch erwarteten Häufigkeiten einen geeigneten Ansatz, um das Vorliegen eines bestimmten Verteilungsmodells zu überprüfen. Ein derartiger Vergleich ist auch bei stetigen Variablen möglich, wenn die Daten klassiert werden.

Den Ausgangspunkt bildet also die zu testende Hypothese

$$H: P(X = x_i) = p_i^0 \quad i = 1, 2, \ldots, k$$

bzw.

$$H: P(x_{i-1}^* < X \leq x_i^*) = p_i^0 \quad i = 1, 2, \ldots, k.$$

Die unter H angegebenen Wahrscheinlichkeiten p_i^0 sollen fest vorgegebene Werte repräsentieren. Daß wir unter H nur endlich viele Werte p_i^0 spezifizieren, hängt mit der zu entwickelnden Prüfgröße zusammen. Gegebenenfalls sind also mehrere Realisationsmöglichkeiten zusammenzufassen.

Der Vergleich zwischen empirischen n_i und erwarteten Häufigkeiten $n \cdot p_i^0$ baut nun auf den Differenzen

$$(n_i - n \cdot p_i^0) \quad i = 1, \ldots, k$$

auf.

Eine geeignete Zusammenfassung der Differenzen führt auf die Stichprobenfunktion

$$X^2 = \sum_{i=1}^{k} \frac{(n_i - np_i^0)^2}{n \cdot p_i^0}.$$

Hierbei sind die Quadrate notwendig, damit sich positive und negative Differenzen nicht gegenseitig aufheben. Die Division durch die erwarteten Häufigkeiten trägt einmal der Vorstellung Rechnung, daß bei kleinem n ein absolut gesehen gleich großer Unterschied anders ins Gewicht fällt als bei großem n. Bei großem n ist die Streuung der empirischen Häufigkeiten n_i größer als bei kleinem n. Zudem hängt die Streuung der Häufigkeiten auch von den p_i ab.

Wie bei den Parametertests benötigen wir die Verteilung der Prüfgröße X^2 unter der Nullhypothese zur Festlegung des Ablehnbereiches.

Falls die p_i^0 die korrekten Wahrscheinlichkeiten sind, ist die **Stichprobenfunktion** $X^2 = \sum_{i=1}^{k} [(n_i - np_i^0)^2/np_i^0]$ unabhängig vom speziellen Problem **approximativ Chi-Quadrat-verteilt mit** $\nu = k - 1$ **Freiheitsgraden.**

Die tatsächliche Verteilung von X^2 kann dabei nach einer Faustregel brauchbar durch die χ^2_{k-1}-Verteilung angenähert werden, wenn die folgende **Approximationsvoraussetzung** erfüllt ist:

$$np_i^0 \geq 5 \quad \text{für alle } i = 1, \ldots, k.$$

Die Verteilung von X^2 unter H ist also eine χ^2-Verteilung. Dabei deuten offensichtlich nur große Werte von X^2 auf Unterschiede zwischen empirischen und theoretisch erwarteten Häufigkeiten hin. Der Ablehnbereich des auf der Prüfgröße X^2 basierenden **Chi-Quadrate-Anpassungs-Tests** der Hypothese

$$H: p_i = p_i^0 \quad i = 1, \ldots, k$$

hat also die Form: $\{X^2 > \chi^2_{v;1-\alpha}\}$

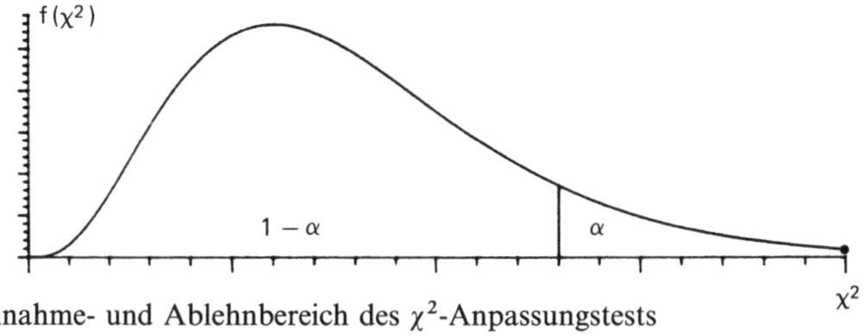

Abb.: Annahme- und Ablehnbereich des χ^2-Anpassungstests

Die Verteilung der Prüfgröße X hängt unter H nur von der Zahl der Summanden ab. Der Stichprobenumfang n hat dagegen zweierlei Effekte. Einmal wird mit wachsendem n die Approximation besser. Das heißt, die tabellierten Quantile stimmen mit denen der tatsächlichen Verteilung immer besser überein. Zum zweiten werden mit größerem n die Abstände stärker gewichtet. Dies ist aus der folgenden Form der Prüfgröße zu ersehen:

$$X^2 = \sum_{i=1}^{k} \frac{(n_i - np_i^0)^2}{np_i^0} = n \sum_{i=1}^{k} \frac{(h_i - p_i^0)^2}{p_i^0},$$

wobei $h_i = n_i/n$ die relative Häufigkeit ist. Der gleiche Abstand zwischen relativer Häufigkeit und Wahrscheinlichkeit wiegt also z. B. zehnfach, wenn der Stichprobenumfang zehnmal so groß ist.
Dies entspricht der auf dem schwachen Gesetz der großen Zahlen beruhenden Vorstellung, daß mit wachsendem Stichprobenumfang n die relativen Häufigkeiten immer dichter um die zugehörige Wahrscheinlichkeit liegen. Der gleiche Abstand hat bei großem n also einen stärkeren „Beweiswert" für eine vorliegende Abweichung von der Nullhypothese als bei kleinem.

Beispiel

In der Problemstellung formulierten wir als Hypothese:

$$H: p_i = \frac{1}{6} \quad i = 1, \ldots, 6.$$

Die Überprüfung von H wollen wir mit dem χ^2-Anpassungstest vornehmen. Dieser soll zum Niveau $\alpha = 0.01$ durchgeführt werden.

Die Bestimmung des Wertes der Prüfgröße X^2 geschieht dabei am einfachsten in einer geeigneten Arbeitstabelle.

Tab.: Arbeitstabelle zur Bestimmung der Prüfgröße X^2

x_i	n_i	np_i^0	$(n_i - np_i^0)$	$\frac{(n_i - np_i^0)^2}{np_i^0}$
1	37	39.17	− 2.17	0.120
2	17	39.17	−22.17	12.548
3	49	39.17	9.83	2.467
4	59	39.17	19.83	10.039
5	28	39.17	−11.17	3.185
6	45	39.17	5.83	0.868
	n = 235			29.227

Wir erhalten den Wert $X^2 = 29.227$.

Hier beträgt die Zahl der Klassen $k = 6$. Daher beträgt die Zahl der Freiheitsgrade

$$v = 6 - 1 = 5.$$

Da mit $235 \cdot \frac{1}{6} > 5$ die Approximationsvoraussetzung erfüllt ist, können wir die approximative Verteilung verwenden. Aus der Tabelle der Chi-Quadrat-Verteilung erhalten wir

$$\chi^2_{5;0.99} = 15.09.$$

Wegen $X^2 = 29.227 > 15.09$ wird die Hypothese H zum Niveau $\alpha = 0.01$ abgelehnt.

Der Chi-Quadrat-Anpassungstest für Verteilungen mit unbekannten Parametern

Häufig stellten wir bei der Einführung der theoretischen Verteilungen die Frage, ob ein empirischer Datensatz durch ein Verteilungsmodell gut erfaßt wird. Dabei legten wir die Parameter der theoretischen Verteilung nicht vorher fest.

Auch solche Hypothesen können mit dem Chi-Quadrat-Anpassungstest überprüft werden. Um aber überhaupt die erwarteten Häufigkeiten $n \cdot p_i^0$ bestimmen zu können, müssen die unbekannten Parameter aus den Daten geschätzt werden. Die Verwendung der geschätzten Parameter zur Festlegung von $n \cdot p_i^0$ ändert die Verteilung der Prüfgröße X^2 in der Form, daß die Anzahl der Freiheitsgrade um die Zahl der geschätzten Parameter reduziert wird.

Falls die $\hat{p}_i^0$ die Wahrscheinlichkeiten sind, die aus dem korrekten Verteilungsmodell durch Schätzung von m Parametern entstehen, so ist die Stichprobenfunktion

$$X^2 = \sum_{i=1}^{k} \frac{(n_i - n\hat{p}_i^0)^2}{n\hat{p}_i^0}$$

approximativ Chi-Quadrat-verteilt mit $\nu = k - 1 - m$ **Freiheitsgraden.**
Die Faustregel, ab wann die Approximation gilt, lautet $n\hat{p}_i^0 \geq 5$ für $i = 1, \ldots, k$.

Selten wird die folgende Voraussetzung dafür genannt, daß die Prüfgröße unter der Nullhypothese tatsächlich approximativ Chi-Quadrat-verteilt ist. Die $\hat{p}_i^0$ müssen nämlich mit der ML-Methode aus den **klassierten Daten** bestimmt werden. Dazu ist für die Klassenhäufigkeiten eine Multinomialverteilung zu unterstellen. Diese Bestimmung ist i. d. R. nur mit numerischen Näherungsverfahren unter dem Einsatz von Computern möglich. Das ist wohl der Hauptgrund, warum so wenig auf diesen wichtigen Punkt eingegangen wird. Oft wird die Verwendung der ML-Schätzer aus den Originaldaten bzw. die der einfachen Momentenschätzer mit dem Hinweis gerechtfertigt, daß es keine große Abweichung gibt, wenn die Klasseneinteilung fein genug ist. Das ist etwa im folgenden Beispiel gegeben. Im darauffolgenden wird illustriert, daß die Verhältnisse nicht immer so gutartig sind.

Beispiel

Der Pionier der experimentellen Gedächtnisforschung, H. Ebbinghaus, legte in der 1885 veröffentlichten Schrift „Über das Gedächtnis" seine Untersuchungen über das Lernen sinnloser Silben vor.

Bei einer 84 Einzelversuche umfassenden Versuchsserie bestand jeder Versuch im Lernen von je sechs Reihen zu 16 Silben, jedesmal bis zum ersten fehlerfreien Hersagen. Die hierzu erforderliche Gesamtzeit wurde notiert. Er erhielt folgende Verteilung:

Tab.: Verteilung der Zeiten bis zum Behalten von 6 mal 16 Silben

i	Zeit $x_{i-1}^* < X \leq x_i^*$	n_i	i	Zeit $x_{i-1}^* < X \leq x_i^*$	n_i
1	– 1116	2	10	1261 – 1269	2
2	1116 – 1140	3	11	1269 – 1273	3
3	1140 – 1165	3	12	1273 – 1285	5
4	1165 – 1189	6	13	1285 – 1309	14
5	1189 – 1213	8	14	1309 – 1333	5
6	1213 – 1237	7	15	1333 – 1357	5
7	1237 – 1249	6	16	1357 – 1382	4
8	1249 – 1253	2	17	1382 – 1406	3
9	1253 – 1261	5	18	1406 –	1

Er stellte die Frage, ob die gefundene empirische Verteilung hinreichend gut mit der Normalverteilung übereinstimmte. Wir wollen dies mit dem (später entwickelten) Chi-Quadrat-Test überprüfen.

Für die angegebene Versuchsfolge ermittelte Ebbinghaus das arithmetische Mittel $\hat{\mu} = 1261$. Unter Verwendung dieses Mittels erhalten wir weiter $\hat{\sigma} = 65.607$. Diese Werte setzen wir für die unbekannten Parameter μ und σ der Normalverteilung ein. Damit können wir die erwarteten Häufigkeiten $\hat{p}_i^0$ der Klassen bestimmen.

Zum Beispiel gilt: $\hat{p}_1^0 = F(1116; \hat{\mu}, \hat{\sigma}) = \Phi\left(\frac{1116 - \hat{\mu}}{\hat{\sigma}}\right) = \Phi(-2.210) = 0.0135.$

Tab.: Arbeitstabelle zum Chi-Quadrat-Test auf Normalverteilung

i	x_i^*	$z_i^* = \frac{x_i^* - \bar{x}}{\hat{\sigma}}$	$\Phi(z_i^*)$	$n((\Phi(z_i^*) - \Phi(z_{i-1}^*))$	$n\hat{p}_i^0$ (Zusammengefaßte Klassen)	$\frac{(n_i - n\hat{p}_i^0)^2}{n\hat{p}_i^0}$
1	1116	−2.210	.0135	1.1380		
2	1140	−1.844	.0326	1.5977	6.0227	0.6492
3	1165	−1.463	.0717	3.2869		
4	1189	−1.097	.1362	5.4201	5.4201	0.0620
5	1213	−0.732	.2322	8.0618	8.0618	0.0005
6	1237	−0.366	.3573	10.5045	10.5045	1.1692
7	1249	−0.183	.4274	5.8954	5.8954	0.0019
8	1253	−0.122	.4515	2.0192	6.0954	0.1342
9	1261	0.000	.5000	4.0762		
10	1269	0.122	.5485	4.0762	6.0954	0.1969
11	1273	0.183	.5726	2.0192		
12	1285	0.366	.6427	5.8954	5.8954	0.1360
13	1309	0.732	.7678	10.5045	10.5045	1.1631
14	1333	1.097	.8638	8.0618	8.0618	1.1628
15	1357	1.463	.9283	5.4201	5.4201	0.0326
16	1382	1.844	.9674	3.2869		
17	1406	2.210	.9865	1.5977	6.0227	0.6492
18	∞	∞	1.0000	1.1380		

Soweit die Approximationsvoraussetzungen nicht erfüllt sind, haben wir benachbarte Klassen zusammengefaßt, um $n \cdot \hat{p}_i^0 > 5$ zu bewirken.

Die Summe der letzten Spalte ergibt den Wert der Prüfgröße:

$$X^2 = 5.358.$$

Da (nach Zusammenlegung) 12 Klassen einbezogen und zwei Parameter geschätzt wurden, beträgt die Anzahl der Freiheitsgrade:

$$\nu = 12 - 1 - 2 = 9.$$

Das empirische Signifikanzniveau α^* ist wegen $5.358 < \chi^2_{9;0.6} = 9.414$ größer als 0.4. Die Approximationsformel von Wilson-Hilferty ergibt genauer:

$$5.358 = 9 \cdot \left(1 - \frac{2}{9 \cdot 9} + z_{1-\alpha^*}\sqrt{\frac{2}{9 \cdot 9}}\right)^3 \Rightarrow z_{1-\alpha^*} = -0.853,$$

und damit $\alpha^* = 0.802$. Insgesamt ist also von einer hervorragenden Übereinstimmung von empirischer und theoretischer Verteilung zu sprechen.

Beispiel

Die tägliche Niederschlagsmenge in Melbourne variiert mit der Jahreszeit. In den dortigen Wintermonaten Juni, Juli und August ergaben sich in drei Jahren die folgenden Werte (in mm) für die Tage, an denen überhaupt ein meßbarer Niederschlag fiel. (Aus Staudte, R.G. und S.J. Schiether (1990): Robust estimation and testing; New York.)

6.4, 4.0, 3.2, 3.2, 8.2, 11.8, 6.0, 0.2, 4.2, 2.8, 0.6, 2.0, 16.4, 0.4, 8.4, 1.0, 7.4, 0.2, 4.6, 0.2, 0.2, 0.8, 0.2, 9.8, 1.2, 1.0, 0.2, 30.2, 1.4, 3.0

Es soll mit dem Chi-Quadrat-Test überprüft werden, ob die Werte als Realisationen einer Exponentialverteilung angesehen werden können. Dazu wird die folgende Häufigkeitstabelle erstellt. Diese ist gleich um die Arbeitstabelle zum nachfolgenden Chi-Quadrat-Test erweitert.

x_{i-1}^*	$< X \leq$	x_i^*	n_i	$n\hat{p}_i^*$	$\frac{(n_i - n\hat{p}_i^*)^2}{n\hat{p}_i^*)}$
0	–	1	10	8.69	0.197
1	–	3	9	10.76	0.287
3	–		12	11.55	0.017
					0.501

Der ML-Schätzwert aus den Originaldaten ist $\hat{\lambda} = 0.222$. Den ML-Schätzwert aus den klassierten Daten erhalten wir durch Lösung des Maximierungsproblems

$$\begin{aligned}
&(F_\lambda(1) - F_\lambda(0))^{n_1}(F_\lambda(3) - F_\lambda(1))^{n_2}(F_\lambda(\infty) - F_\lambda(3))^{n_3} \\
&= ((1 - e^{-\lambda 1}) - 0)^{10}((1 - e^{-\lambda 3}) - (1 - e^{-\lambda 1}))^9(1 - (1 - e^{-\lambda 3}))^{12} \\
&\overset{!}{=} \max_\lambda .
\end{aligned}$$

Hier ist zur Vereinfachung der nicht von dem Parameter abhängige Faktor der Wahrscheinlichkeitsfunktion der Multinomialverteilung weggelassen. Zur Bestimmung des Maximums kann der Ausdruck natürlich wieder logarithmiert werden. Die Durchführung der Maximierung ergibt dann $\hat{\lambda} = 0.329$. Dieser Wert unterscheidet sich von dem aus den Originaldaten deutlich. Der mit $\hat{\lambda} = 0.329$ berechnete Wert der approximativ χ_1^2-verteilten Teststatistik ist dann gemäß der Arbeitstabelle $X^2 = 0.501$. Dies gibt keinen Anhaltspunkt, an der Exponentialverteilung zu zweifeln.

Der Chi-Quadrat-Anpassungstest kann auch zur **Auswahl des besten von mehreren zur Konkurrenz stehenden Modellen** herangezogen werden. Dabei ist wegen der unter Umständen unterschiedlichen Anzahl von Freiheitsgraden das geeignete Kriterium das deskriptive Signifikanzniveau. Ein kleineres Signifikanzniveau zeigt bei einem Vergleich die schlechtere Eignung des entsprechenden Modells.

Das Chigramm

Die Durchführung des Chi-Quadrat-Anpassungstests läßt sich sinnvoll durch eine diagnostische Grafik ergänzen. Das **Chigramm** macht deutlich, welche Klassen bzw. Realisationen empirische Häufigkeiten aufweisen, die besonders stark von den unter dem Modell erwarteten abweichen.

Bei dem Chigramm gehen wir von den nichtquadrierten, standardisierten Differenzen

$$\frac{n_i - n \cdot \hat{p}_i^0}{\sqrt{n \cdot \hat{p}_i^0}}$$

aus. Vernachlässigen wir etwaige Schätzeffekte, so sind die absoluten Häufigkeiten n_i – einzeln betrachtet – binomialverteilt. Mit der Unterstellung, daß die $\hat{p}_i^0$ eher klein sind, erhalten wir mit der Poisson-Approximation der Binomialverteilung:

$$E(n_i) \approx n\hat{p}_i^0$$
$$V(n_i) \approx n\hat{p}_i^0 .$$

Folglich sollten die einzelnen standardisierten Differenzen um Null zentriert sein und eine Standardabweichung von Eins haben:

$$E\left(\frac{n_i - n\hat{p}_i^0}{\sqrt{n\hat{p}_i^0}}\right) \approx 0$$

$$V\left(\frac{n_i - n\hat{p}_i^0}{\sqrt{n\hat{p}_i^0}}\right) \approx 1 .$$

Somit ist ein Größenvergleich zwischen den einzelnen standardisierten Differenzen sinnvoll: Weicht eine zu stark von Null ab, so trägt sie übermäßig zum Wert der Prüfgröße bei.

Weiterhin ist eine systematische Struktur – etwa mehrere Klassen mit gleichem Vorzeichen der standardisierten Differenzen – ein Indiz für die Natur der Unterschiede zwischen empirischer und angepaßter theoretischer Verteilung.

Wir empfehlen, bei klassierten Daten das Chigramm so zu zeichnen, daß nur über den Klassenmitten die entsprechenden Werte eingetragen werden, ggfs. noch als Stabdiagramm. Ein dem Histogramm nachempfundene Division durch die Blockbreiten zerstört bei unterschiedlich breiten Klassen die Gleichheit der Streuungen.

Beispiel

Die bei einer Typologisierung als entscheidungsorientiert eingestuften Unternehmen wiesen folgende Aufwandsanteile für Forschung und Entwicklung (FE) auf. (Nach: Innovatoren, Hrsg. vom Spiegel Verlag 1988)

Tab.: Arbeitstabelle zur Erstellung eines Chigramms

i	$x_{i-1}^* < X \leq x_i^*$	n_i	$\Phi\left(\frac{\ln(x_i^*) - \hat{\mu}_L}{\hat{\sigma}_L^2}\right)$	p_i^0	$\frac{n_i - n\hat{p}_i^0}{\sqrt{n\hat{p}_i^0}}$
1	0 – 1	7	0.08	0.080	−0.03
2	1 – 2	14	0.235	0.155	0.108
3	2 – 4	17	0.483	0.248	−1.031
4	4 – 6	19	0.639	0.156	1.432
5	6 – 8	8	0.738	0.099	−0.249
6	8 – 10	10	0.804	0.066	1.739
7	10 – 15	4	0.895	0.091	−1.417
8	15 – 50	9	1.000	0.105	−0.082

Die Verteilung weist eine offensichtliche Rechtsschiefe auf. Als Modell passen wir den Daten daher eine Log-Normalverteilung an. Wir erhalten die Schätzungen

$$\hat{\mu}_L = 1.43 \qquad \hat{\sigma}_L = 1.02 .$$

Damit können wir die benötigten Werte entsprechend der obigen Arbeitstabelle bestimmen. Die grafische Darstellung weist auf eine gute Anpassung hin:

- keiner der Werte liegt außerhalb des doppelten zentralen Schwankungsintervalles ± 2.

Diese Grenzen werden in der Diagnostik gerne als ‚Warngrenzen' verwendet.

- Es ist keine Systematik in der Form der Abweichungen zu erkennen.

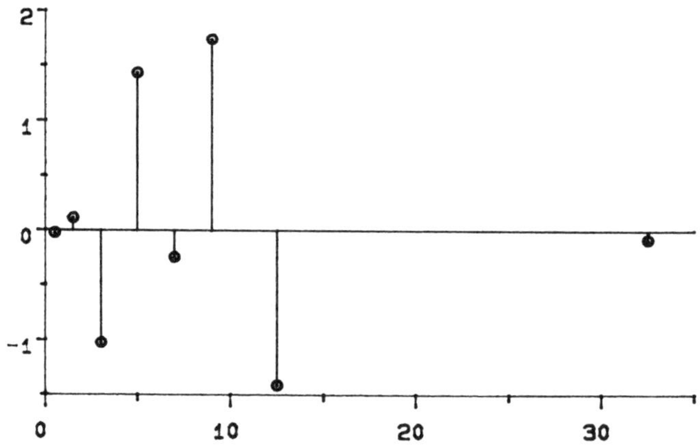

Abb.: Chigramm für die Anpassung einer Log-Normalverteilung an die FE-Anteile

Der Kolmogorov-Smirnov-Test

Bei stetigen Zufallsvariablen stellt die für die Anwendung des Chi-Quadrat-Anpassungstests notwendige Klassierung zumindest eine „Unschönheit" dar. Die Klassierung erlaubt – streng genommen – auch nicht, die Hypothese

$$H: F(x) = F_0(x)$$

zu überprüfen. Nur die Gleichheit der Wahrscheinlichkeiten für die Klassen wird getestet.

Die Formulierung der Nullhypothese mittels der Verteilungsfunktionen legt es nun nahe, die Differenz der empirischen und der unter H festgelegten theoretischen Verteilungsfunktion als Basis eines Tests zu wählen. Die Werte der empirischen Verteilungsfunktion $\hat{F}_n(x)$ streuen ja für jedes feste x um den wahren Wert $F_0(x)$. Und wenn der Stichprobenumfang groß ist, ist nach dem Satz von Glivenko-Cantelli auch die Wahrscheinlichkeit groß, daß die empirische Verteilungsfunktion insgesamt nur wenig von der theoretischen abweicht. Daher sollte bei Gültigkeit der Hypothese H: $F(x) = F_0(x)$ auch der „größte" Abstand $|\hat{F}_n(x) - F_0(x)|$, $-\infty < x < \infty$, nicht zu groß sein. Daß diese heuristischen Überlegungen zu einem allgemein einsetzbaren Anpassungs-Test führen, liegt darin begründet, daß die Verteilung des „größten" Abstandes bestimmt werden konnte, und daß diese Verteilung unabhängig von der konkreten theoretischen Verteilungsfunktion ist.

Sei X eine Zufallsvariable mit einer stetigen, vollständig spezifizierten Verteilungsfunktion $F_0(x)$; $\hat{F}_n(x)$ sei die zu einer Zufallsstichprobe gehörige empirische Verteilungsfunktion. Dann ist die Verteilung der als **Kolmogorov-Statistik** bezeichneten Stichprobenfunktion

$$D = \sup_{-\infty < x < \infty} |\hat{F}_n(x) - F_0(x)|$$

unabhängig von der speziellen Verteilungsfunktion $F_0(x)$, und es gilt:

$$\lim_{n \to \infty} P(\sqrt{n}\,D \leq z) = K(z).$$

Die Funktion K(z) ist für ausgewählte Werte z in der folgenden Tabelle angegeben.

Tab.: Asymptotische Verteilung der Kolmogorov-Statistik

z	$P(\sqrt{n}D \leq z)$	z	$P(\sqrt{n}D \leq z)$	z	$P(\sqrt{n}D \leq z)$
0.40	0.003	1.14	0.850	1.60	0.988
0.60	0.163	1.20	0.888	1.63	0.990
0.80	0.456	1.22	0.900	1.80	0.993
1.00	0.730	1.36	0.950	2.00	0.997
1.07	0.800	1.40	0.960		

Die **Bestimmung des Wertes der Kolmogorov-Statistik** aus einer Stichprobe erfolgt so, daß für jede der geordneten Realisationen $x_{(1)}, \ldots, x_{(v-1)}, x_{(v)}, \ldots, x_{(n)}$ die Differenzen

$$|\hat{F}(x_{(v)}) - F_0(x_{(v)})| \quad \text{und} \quad |\hat{F}(x_{(v-1)}) - F_0(x_{(v)})|$$

berechnet werden. Die größte aller Differenzen ist der gesuchte Wert.

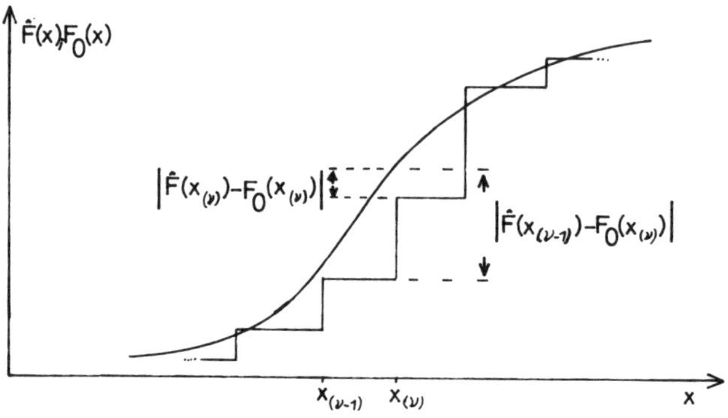

Abb.: Zur Bestimmung der Kolmogorov-Statistik

Bei großen Stichprobenumfängen ($n > 40$) können die asymptotischen Quantile zur Durchführung des Kolmogorov-Smirnov-Anpassungstests verwendet werden. Um aber auch bei kleineren Stichproben ohne aufwendige Tabellen auszukommen, wurde eine **Modifikation** vorgeschlagen, bei der die Abhängigkeit der Quantile vom Stichprobenumfang schon in die Prüfgröße einbezogen ist.

Der Kolmogorov-Smirnov-Test ist in der angegebenen Form nur zur Überprüfung vollständig spezifizierter, stetiger Verteilungen geeignet.

Wegen ihrer großen praktischen Bedeutung sind auch für die Normal- und die Exponentialverteilung kritische Werte ermittelt worden, wenn die **Parameter der Verteilungen unbekannt** sind und geschätzt werden müssen. Dann sind zur Bestimmung der Werte von D für die theoretischen Verteilungsfunktionen jeweils die zu nehmen, die mit den Schätzwerten spezifiziert wurden.

Geeignete Modifikationen der Kolmogorov-Statistik machen auch hier die Verwendung umfangreicher Tabellen überflüssig.

Tab.: Kritische Werte der modifizierten Kolmogorov-Statistik

Test auf	modifizierte Kolmogorov-Statistik	0.85	0.90	0.95	0.975	0.990
stetige, vollständig spezifizierte Verteilungsfunktion	$\left(\sqrt{n} + 0.12 + \frac{0.11}{n}\right) \cdot D$	1.138	1.224	1.358	1.480	1.628
Normalverteilung mit unbekannten Parametern μ und σ	$\left(\sqrt{n} - 0.01 + \frac{0.85}{n}\right) \cdot D$	0.775	0.819	0.895	0.955	1.035
Exponentialverteilung mit unbekanntem Parameter λ	$\left(\sqrt{n} + 0.26 + \frac{0.5}{\sqrt{n}}\right) \cdot \left(D - \frac{0.2}{n}\right)$	0.926	0.990	1.094	1.190	1.308

Beispiel

Computermäßig erzeugte, über dem Intervall (0,1) gleichverteilte Zufallszahlen sollten unter anderem die simple Forderung erfüllen, daß eine Serie hintereinander produzierter Zahlen bei einem Anpassungstest auf Gleichverteilung nicht zur Ablehnung der Hypothese

$$H: F(x) = F_0(x)$$

mit $F_0(x) = x$ für $0 < x < 1$ führt.

Diese Hypothese soll für den Zufallszahlen-Generator eines Hand-Held-Computers zum Niveau $\alpha = 0.05$ getestet werden. Dazu wurde eine Serie von 50 Zufallszahlen erzeugt.

Tab.: 50 „Zufallszahlen" (aufsteigend nach Größe geordnet)

0.003	0.013	0.041	0.043	0.103	0.104	0.117	0.122	0.144	0.181
0.197	0.208	0.236	0.282	0.316	0.321	0.339	0.354	0.354	0.391
0.391	0.398	0.425	0.446	0.453	0.466	0.480	0.490	0.516	0.532
0.543	0.551	0.556	0.560	0.571	0.591	0.612	0.615	0.624	0.636
0.666	0.670	0.743	0.746	0.803	0.806	0.836	0.868	0.954	0.980

Die Gegenüberstellung von empirischer und theoretischer Verteilungsfunktion in der Grafik zeigt, daß der maximale Abstand zwischen $x = 0.55$ und $x = 0.75$ liegt. Daher geben wir nur für Realisationen aus diesem Intervall die Arbeitstabelle zur Berechnung von D an.

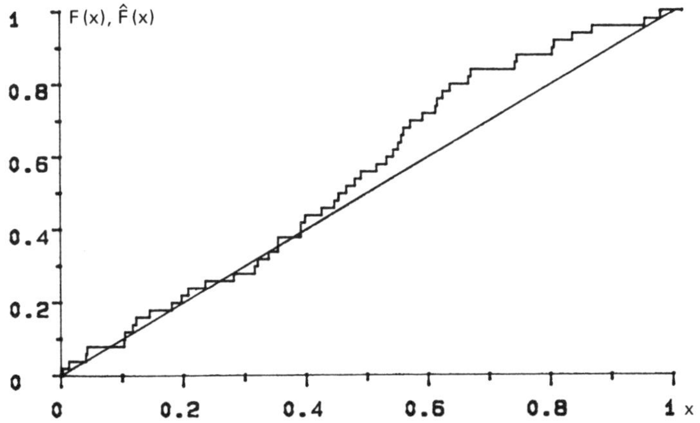

Abb.: Empirische Verteilungsfunktion $\hat{F}(x)$ von 50 Zufallszahlen und theoretische Gleichverteilung

Tab.: Arbeitstabelle zum Kolmogorov-Anpassungstest

v	$x_{(v)}$	$\hat{F}(x_{(v)})$	$F_0(x_{(v)})$	$\lvert\hat{F}(x_{(v)}) - F_0(x_{(v)})\rvert$	$\lvert\hat{F}(x_{(v-1)}) - F_0(x_{(v)})\rvert$
.	.				
32	.551	.64	.551	.089	.069
33	.556	.66	.556	.104	.084
34	.560	.68	.560	.120	.100
35	.571	.70	.571	.129	.109
36	.591	.72	.591	.129	.109
37	.612	.74	.612	.128	.108
38	.615	.76	.615	.145	.125
39	.624	.78	.624	.156	.136
40	.636	.80	.636	.164	.144
41	.666	.82	.666	.154	.134
42	.670	.84	.670	.170	.150
43	.743	.86	.743	.117	.097
44	.746	.88	.746	.134	.114

Die maximale Differenz beträgt 0.17. Sie kommt bei $x_{(42)}$ vor.

Mit $n = 50$ ist

$$\sqrt{n} \cdot D = \sqrt{50} \cdot 0.17 = 1.202.$$

Bei $\alpha = 0.05$ ist der kritische Wert, den wir aus der Tabelle der asymptotischen Verteilung von $\sqrt{n}\,D$ ablesen: $z = 1.36$. Somit wird die Hypothese der Gleichverteilung nicht abgelehnt.

Beispiel

Für Versicherungen sind geeignete Verteilungsmodelle für Verluste, die aus bestimmten Schadenursachen resultieren, wichtig. Abschätzungen der Chancen von zu erwartenden großen Verlusten sind aus empirischen Verteilungen nur sehr ungenau durchzuführen.

0	00111111223344445567
1	002499
2	2
3	26
4	2
5	14
6	
7	5
8	6
9	
10	
11	
12	
13	
14	
15	
16	3

Abb.: Stemleaf-Diagramm der Verluste durch Hurrikan-Schäden (Einheit 10 Mio Dollar)

Das Stemleaf-Diagramm zeigt die Verteilung der durch Hurrikane in den Jahren 1949 bis 1980 in den USA verursachten Schäden (in Mio Dollar), die 6 Millionen Dollar übersteigen. Dies sind die von der American Insurance Association angegebenen Werte. (Aus: R. V. Hogg and S. A. Klugmann, J. Econometrics, 23, (1983), S. 91–102.)

Wegen der einzelnen, sehr großen Werte überprüfen wir die Eignung einer Pareto-Verteilung mit der Verteilungsfunktion

$$F(x) = 1 - \left(\frac{6000}{x}\right)^{\alpha}, \quad x > 6000,$$

Tab.: Arbeitstabelle für die Bestimmung der modifizierten Kolmogorov-Statistik (mit $F(y_{(0)}; \hat{\alpha}) = 0$)

v	$x_{(v)}$	$y_{(v)}$	$\hat{F}(y_{(v)})$	$F(y_{(v)}; \hat{\alpha})$	$\lvert\hat{F}(y_{(v)}) - F(y_{(v)}; \hat{\alpha})\rvert$	$\lvert\hat{F}(y_{(v-1)}) - F(y_{(v)}; \hat{\alpha})\rvert$
1	6766	0.120	.029	.046	.018	.046
2	7123	0.172	.057	.065	.008	.037
3	10562	0.566	.086	.199	.114	.142
4	14474	0.881	.114	.293	.179	.207
5	15351	0.939	.143	.309	.166	.195
6	16983	1.040	.171	.336	.165	.193
7	18383	1.120	.200	.356	.156	.185
8	19030	1.154	.229	.365	.136	.165
9	25304	1.439	.257	.432	.175	.204
10	29112	1.579	.286	.463	.177	.206
11	30146	1.614	.314	.470	.156	.184
12	33727	1.727	.343	.493	.150	.179
13	40596	1.912	.371	.529	.157	.186
14	41409	1.932	.400	.532	.132	.161
15	47905	2.077	.429	.558	.130	.158
16	49397	2.108	.457	.564	.107	.135
17	52600	2.171	.486	.574	.089	.117
18	59917	2.301	.514	.596	.081	.110
19	63123	2.353	.543	.604	.061	.090
20	77809	2.562	.571	.635	.064	.092
21	102942	2.842	.600	.673	.073	.102
22	103217	2.845	.629	.674	.045	.074
23	123680	3.026	.657	.696	.039	.067
24	140136	3.151	.686	.711	.025	.053
25	192013	3.466	.714	.744	.030	.059
26	198446	3.499	.743	.748	.005	.033
27	227338	3.635	.771	.761	.011	.018
28	329511	4.006	.800	.793	.007	.022
29	361200	4.098	.829	.801	.028	.001
30	421680	4.252	.857	.812	.045	.016
31	513586	4.450	.886	.826	.059	.031
32	545778	4.510	.914	.830	.084	.055
33	750389	4.829	.943	.850	.092	.064
34	863881	4.970	.971	.858	.113	.084
35	1638000	5.609	1.000	.890	.110	.081

als Modell. Da dann $Y = \ln(X) - \ln(6000)$ exponential-verteilt ist,

$$P(Y \leq y) = P(X \leq e^{y + \ln(6000)}) = 1 - e^{-\alpha y},$$

können wir den modifizierten Kolmogorov-Smirnov-Test anwenden.

Aus den logarithmierten Werten erhalten wir zunächst:

$$\hat{\alpha} = 0.39345.$$

Damit können wir die Werte der (geschätzten) theoretischen Verteilungsfunktion ermitteln. Zum Beispiel ist für $y_{(1)} = \ln x_{(1)} - \ln(6000) = 0.12$:

$$F(y_{(1)}; \hat{\alpha}) = 1 - e^{-0.39345 \cdot 0.12} = 0.046.$$

Daraus erhalten wir $D = 0.207$. Die modifizierte Kolmogorov-Statistik nimmt also den Wert

$$\left(\sqrt{35} + 0.26 + \frac{0.5}{\sqrt{35}}\right) \cdot \left(0.207 - \frac{0.2}{35}\right) = 1.260$$

an. Das Pareto-Modell wird folglich zum Niveau $\alpha = 0.025$ abgelehnt.

Der Kolmogorov-Smirnov-Test bezieht seine Attraktivität nicht zuletzt aus der **Möglichkeit der grafischen Durchführung**. Die Prüfgröße $\sqrt{n}\,D$ nimmt nämlich genau dann einen Wert im Annahmebereich an, wenn die hypothetische Verteilungsfunktion vollständig in einem **Konfidenzband** um $\hat{F}_n(x)$ liegt:

$$\sqrt{n}\,D = \sqrt{n} \sup_{-\infty < x < \infty} |\hat{F}_n(x) - F(x)| \leq z$$

$$\Leftrightarrow |\hat{F}_n(x) - F(x)| \leq \frac{z}{\sqrt{n}} \qquad \text{für alle } x$$

$$\Leftrightarrow \hat{F}_n(x) - \frac{z}{\sqrt{n}} \leq F(x) \leq \hat{F}_n(x) + \frac{z}{\sqrt{n}} \qquad \text{für alle } x.$$

Zeichnen wir also die beiden Treppenfunktionen $\hat{F}_n(x) \pm z/\sqrt{n}$, so wird die Hypothese $H: F(x) = F_0(x)$ abgelehnt, falls der Graph von $F_0(x)$ eine der beiden Funktionen schneidet. Bei kleinerem n und beim Testen auf $H: F(x) = F_0(x; \theta)$ für ein θ, sind für die Grenzen die Modifikationen zu berücksichtigen.

Beispiel

Beim letzten Beispiel erhalten wir für die Verteilung der logarithmierten Werte y aufgrund der Modifikation:

$$\left(\sqrt{n} + 0.26 + \frac{0.5}{\sqrt{n}}\right)\left(D - \frac{0.2}{n}\right) \leq z$$

$$\Leftrightarrow \hat{F}_n(y) - \frac{0.2}{n} - \frac{z}{\sqrt{n} + 0.26 + 0.5/\sqrt{n}} \leq F(y; \hat{\alpha})$$

$$\leq \hat{F}_n(y) + \frac{0.2}{n} + \frac{z}{\sqrt{n} + 0.26 + 0.5/\sqrt{n}}.$$

Dies ergibt für $z = z_{0.95}$ die folgende Abbildung, aus der der Unterschied zwischen der empirischen und theoretischen Verteilung deutlich hervortritt.

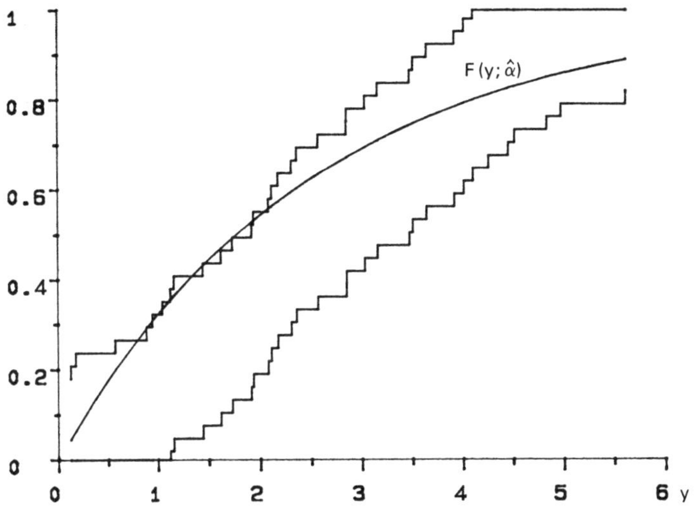

Abb.: Graphische Durchführung des Kolmogorov-Smirnov-Tests für die Verlust-Verteilung

Anpassungstests von Korrelationstyp

QQ-Diagramme haben wir als nützliches Instrument kennengelernt, um die Eignung eines Verteilungsmodells zur Beschreibung eines Datensatzes zu überprüfen: Nur wenn die eingezeichneten Punkte im wesentlichen einen linearen Zusammenhang aufweisen, ist die Eignung gegeben. Wie wir in Kapitel 9 gesehen haben, wird die Stärke des linearen Zusammenhanges zweier Variablen durch den Korrelationskoeffizienten erfaßt. Daher ist es naheliegend, diesen zur formalen Überprüfung der linearen Abhängigkeit der empirischen von den theoretischen Quantilen bzw. zum Testen von Verteilungshypothesen heranzuziehen. Ein großer Vorteil dieses Ansatzes liegt in der Möglichkeit, die eher subjektive Entscheidung über die Eignung eines Verteilungsmodells aufgrund der grafischen Darstellung im QQ-Diagramm durch ein formales Kriterium zu ergänzen. Vor allem bei Grenzfällen ist dies hilfreich.

Wir gehen von einer stetigen Verteilungsfunktion $F(x)$ mit den theoretischen $(v-0.5)/n$-Quantilen t_v, $F^{-1}(t_v) = (v-0.5)/n$, $v = 1, \ldots, n$ aus. Dann lautet die Prüfgröße des Korrelations-Anpassungstests:

$$R = \frac{\sum_{v=1}^{n} (t_v - \bar{t})(X_{(v)} - \bar{X})}{\sqrt{\sum_{v=1}^{n} (t_v - \bar{t})^2}\sqrt{\sum_{v=1}^{n} (X_{(v)} - \bar{X})^2}} = \sum_{v=1}^{n} \tilde{t}_v \frac{X_{(v)} - \bar{X}}{\sqrt{n}\, S_X}.$$

Dabei ist $\tilde{t}_v = (t_v - \bar{t})/\sqrt{\sum (t_v - \bar{t})^2}$. Die Standardisierung der theoretischen und der empirischen Quantile bewirkt, daß nicht das Vorliegen einer speziellen Verteilung überprüft wird, sondern einer Verteilungsklasse, die aus einer standardisierten Verteilung durch Verschiebung und Stauchung bzw. Streckung hervorgeht.

Die Normalverteilung ist dafür ein Beispiel. Hier gilt mit geeignetem μ und σ:

$$t_v = \mu + \sigma \cdot z_v \Rightarrow \tilde{t}_v = \frac{t_v - \bar{t}}{\sqrt{\sum (t_v - \bar{t})^2}} = \frac{z_v}{\sqrt{\sum z_v^2}} = \tilde{z}_v,$$

da wegen $z_v = -z_{n+1-v}$ das Mittel der z_v gleich Null ist: $\bar{z} = 0$. Also nimmt die Prüfgröße hier die Form $R = \sum \tilde{z}_v (X_{(v)} - \bar{X}) / \sqrt{nS_X^2}$ an.

Das entscheidende Problem bei diesem Ansatz bildet die Verteilung der Prüfgröße. Sie hängt einmal von dem zugrundeliegenden Verteilungsmodell ab. Zudem kann sie für praktisch relevante, endliche Stichprobenumfänge nicht in geschlossener Form angegeben werden. Als Ausweg bot sich die empirische Bestimmung der Verteilung von R mittels umfangreicher Monte-Carlo-Simulationen für ausgewählte Verteilungsmodelle an. Für die Normalverteilung, die Gleichverteilung und die verschobene Exponentialverteilung mit jeweils unbekannten Parametern sind ausgewählte kritische Werte im Anhang beigefügt. Natürlich führen hier kleine Werte der Prüfgröße zur Ablehnung der Nullhypothese.

Beispiel

Bei 21 Schiffsfahrten wurde der Anteil der Personen festgehalten, denen während der Fahrt zum Erbrechen übel wurde. (A. Lawther and M. J. Griffin, Ergonomics 1986, vol. 29, S. 535–552.) Wir wollen sehen, ob die Daten als Stichprobe aus einer log-Normalverteilung aufgefaßt werden können. Dies ist ja gleichwertig dazu, daß die logarithmierten Daten normalverteilt sind.

Tab.: Arbeitstabelle zur Bestimmung der Prüfgröße R bei log-Normalverteilung

v	$x_{(v)}$	$y_{(v)} = \ln x_{(v)}$	$\tilde{y}_v = \frac{y_{(v)} - \bar{y}}{s_y}$	z_v	$\tilde{z}_v = \frac{z_v}{\sqrt{\sum z_v^2}}$	$\tilde{y}_v \cdot \tilde{z}_v$
1	0.5	−0.6931	−3.23	−1.98	−0.45	1.441
2	3.3	1.1939	−1.22	−1.46	−0.33	0.401
3	5.6	1.7228	−0.65	−1.18	−0.27	0.173
4	5.8	1.7579	−0.61	−0.97	−0.22	0.133
5	6.5	1.8718	−0.49	−0.79	−0.18	0.087
6	7.0	1.9459	−0.41	−0.64	−0.14	0.059
7	7.5	2.0149	−0.34	−0.50	−0.11	0.038
8	7.6	2.0281	−0.32	−0.37	−0.08	0.027
9	7.9	2.0669	−0.28	−0.24	−0.05	0.015
10	8.25	2.1102	−0.24	−0.12	−0.03	0.006
11	12.1	2.4932	0.17	0.00	0.00	0.000
12	12.8	2.5494	0.23	0.12	0.03	0.006
13	13.9	2.6319	0.32	0.24	0.05	0.017
14	14.0	2.6391	0.33	0.36	0.08	0.027
15	15.3	2.7279	0.42	0.49	0.11	0.047
16	19.7	2.9806	0.69	0.63	0.14	0.099
17	24.2	3.1864	0.91	0.79	0.18	0.162
18	24.9	3.2149	0.94	0.97	0.22	0.205
19	26.9	3.2921	1.03	1.18	0.27	0.272
20	37.1	3.6136	1.37	1.46	0.33	0.452
21	37.5	3.6243	1.38	1.98	0.45	0.616
						4.284

Der Korrelationskoeffizient der geordneten, logarithmierten Werte und der Normalverteilungsquantile nimmt den Wert $R = 4.284/\sqrt{21} = 0.935$ an.

Als kritische Werte des Tests lesen wir aus Tabelle F bei $n = 21$ ab: $r_{0.05} = 0.952$. Damit wird die Verteilungshypothese zum Niveau $\alpha = 0.05$ abgelehnt.

Wie das nachfolgende QQ-Diagramm zeigt, ist die schlechte Anpassung vor allem dem kleinsten Wert des Datensatzes geschuldet. Die Berechnung der Prüfgröße nach seiner Elimination ergibt den Wert $R = 0.983$. Wegen $r_{20;0.1} = 0.960$ ist dann das Modell als akzeptabel anzusehen.

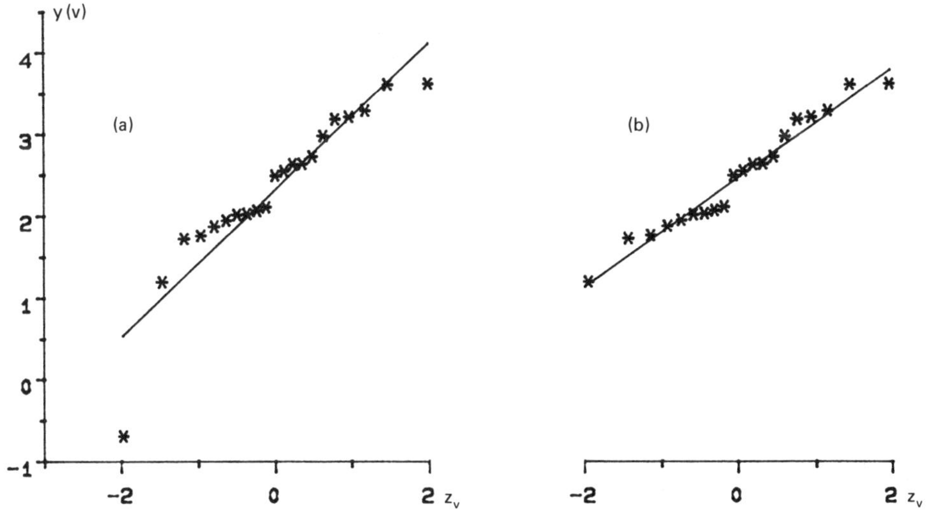

Abb.: QQ-Diagramm zur Anpassung der Log-Normalverteilung mit Ausgleichsgeraden – a) voller Datensatz – b) nach Weglassen des kleinsten Wertes

19.2 Unabhängigkeitstests

Problemstellung

In dem am Institut für Kulturgeographie der J. W. Goethe-Universität Frankfurt/M. 1984 durchgeführten Forschungsprojekt „Aktionsräumliches Freizeitverhalten Jugendlicher am Frankfurter Stadtrand“ wurde u. a. die Frage gestellt, ob die Sportaktivitäten im Freien bei Schülern und Lehrlingen gleich stark ausgeprägt sind. Zu ihrer Beantwortung gehen wir von zwei nominal skalierten Zufallsvariablen aus, und zwar von X = „Status“ und Y = „Aktivität“ mit

$$X = \begin{cases} 0 & \text{falls die befragte Person Schüler ist;} \\ 1 & \text{falls die befragte Person Lehrling ist;} \end{cases}$$

$$Y = \begin{cases} 0 & \text{falls kein Sport im Freien betrieben wird;} \\ 1 & \text{falls Sport im Freien betrieben wird.} \end{cases}$$

Die Erhebung ergab:

Tab.: Sportaktivitäten im Freien von Schülern und Lehrlingen

X \ Y	0	1	Σ
0	14	6	20
1	8	9	17
Σ	22	15	37

Eine etwa gleich starke Aktivität bei Schülern und Lehrlingen drückt sich in einem kleinen Wert des Assoziationsmaßes Φ^2 aus. Der quadrierte Phi-Koeffizient

$$\Phi^2 = n^4 \frac{\left(\frac{n_{22}}{n} - \frac{n_{2.}}{n} \cdot \frac{n_{.2}}{n}\right)^2}{n_{1.} \cdot n_{2.} \cdot n_{.1} \cdot n_{.2}}$$

nimmt einen Wert nahe Eins an, wenn eine der beiden Diagonalen übermäßig stark besetzt ist und einen Wert nahe Null, wenn sich die Häufigkeiten der Zeilen in etwa gleichen Proportionen verteilen.

Hier erhalten wir

$$\Phi^2 = 37^4 \frac{\left(\frac{9}{37} - \frac{17}{37} \cdot \frac{15}{37}\right)^2}{20 \cdot 17 \cdot 22 \cdot 15} \approx 0.05\,.$$

Der Zusammenhang ist nach der in Kapitel 9 angegebenen Einstufungsskala als schwach zu bezeichnen. (Φ entspricht ja dem Korrelationskoeffizienten!)

Das Assoziationsmaß Φ^2 mißt zunächst nur den in den konkreten Daten vorliegenden Zusammenhang. Um zu beurteilen, ob der hier beobachtete, geringe Zusammenhang nicht sogar mit der Arbeitshypothese verträglich ist, daß in der Grundgesamtheit zwischen Status und Aktivität gar kein Zusammenhang besteht, benötigen wir die Verteilung dieser Stichprobenfunktion bei Unabhängigkeit.

Der Chi-Quadrat-Test

Es ist naheliegend, bei der Entwicklung einer Prüfgröße zur Überprüfung des Zusammenhanges zweier diskreter, nicht nur dichotomer Zufallsvariablen X und Y von dem Phi-Koeffizienten auszugehen. Von den verschiedenen Berechnungsformeln für Φ^2 zeigt zunächst einmal

$$\Phi^2 = \sum_i \sum_j \frac{\left(\frac{n_{ij}}{n} - \frac{n_{i.}}{n} \cdot \frac{n_{.j}}{n}\right)^2}{\frac{n_{i.}}{n} \cdot \frac{n_{.j}}{n}}$$

am deutlichsten, welche Form des Zusammenhanges überhaupt mit einer auf Φ^2 basierenden Prüfgröße getestet werden kann.

Die relativen Häufigkeiten sind geeignete Schätzwerte für die Wahrscheinlichkeiten der entsprechenden Ereignisse. Somit ist

n_{ij}/n ein Schätzwert für $P(X = x_i, Y = y_j)$,
$n_{i.}/n$ ein Schätzwert für $P(X = x_i)$,
$n_{.j}/n$ ein Schätzwert für $P(Y = y_j)$.

Die Zähler der Summanden von Φ^2 sind also Schätzungen der quadrierten Abstände $P(X = x_i, Y = y_j) - P(X = x_i) \cdot P(Y = y_j)$. Diese Abstände sind insgesamt genau dann gleich Null, wenn die Zufallsvariablen X und Y stochastisch unabhängig sind. Ein Test, dessen Prüfgröße auf Φ^2 basiert, überprüft also die stochastische Unabhängigkeit zweier Zufallsvariablen.

Offensichtlich gilt das bisher Gesagte ohne die Einschränkung auf zwei dichotome Zufallsvariablen. Wenn wir die ursprüngliche Interpretation des Phi-Koeffizienten als Korrelationskoeffizient aufgeben, haben wir also auch für diskrete Zufallsvariablen mit mehr als zwei Realisationsmöglichkeiten eine Stichprobenfunktion, die als Indikator für die Abhängigkeit der Zufallsvariablen dienen kann.

Die endgültige Prüfgröße zur Überprüfung der Hypothese der Unabhängigkeit erhalten wir aus Φ^2 einfach durch Multiplikation mit dem Stichprobenumfang.

$$X^2 = \sum_{i=1}^{I} \sum_{j=1}^{J} \frac{\left(n_{ij} - \frac{n_{i.} n_{.j}}{n}\right)^2}{\frac{n_{i.} n_{.j}}{n}}$$

ist die Prüfgröße des **Chi-Quadrat-Tests auf Unabhängigkeit** der beiden diskreten Zufallsvariablen X und Y mit den Realisationsmöglichkeiten

$x_1, \ldots, x_I$ bzw. $y_1, \ldots, y_J$.

X^2 ist bei Gültigkeit von

H: $P(X = x_i, Y = y_j) = P(X = x_i) \cdot P(Y = y_j)$ $i = 1, \ldots, I$, $j = 1, \ldots, J$

approximativ χ^2-verteilt mit $\nu = (I - 1) \cdot (J - 1)$ Freiheitsgraden.
Die **Approximation ist hinreichend** genau, falls $n_{i.} n_{.j}/n \geq 5$ für alle i, j.

Nach obigen Ausführungen ist klar, daß große Werte der Prüfgröße X^2 zur Ablehnung der Hypothese der Unabhängigkeit führen. Die kritischen Werte $\chi^2_{\nu;1-\alpha}$ sind dabei der im Anhang befindlichen Tabelle zu entnehmen.

Die angegebene Zahl der Freiheitsgrade entspricht denen des Chi-Quadrat-Anpassungstests. Die gemeinsame Verteilung von X und Y ist durch $I \cdot J$ „Felder" gegeben. Soviele Summanden gehen auch in die Berechnung von X^2 ein. Nun ist bei Unabhängigkeit die gemeinsame Verteilung schon durch die Randverteilungen festgelegt. Wegen $p_{1.} + \ldots + p_{I.} = 1$ und $p_{.1} + \ldots + p_{.J} = 1$ müssen $I - 1$ und $J - 1$ Parameter geschätzt werden, um die Randverteilungen zu ermitteln. Also beträgt die Zahl der Freiheitsgrade der Prüfgröße:

$$I \cdot J - 1 - (I - 1 + J - 1) = (I - 1)(J - 1).$$

Um den Test bei stetigen Zufallsvariablen durchzuführen, ist eine Klassierung der Daten nötig. Blum, Kiefer und Rosenblatt (1961), Ann. Math. Statist. 32, 485–98 geben einen anderen Test für stetige Zufallsvariablen an. Dieser ist ohne Klasseneinteilung durchführbar.

Beispiel

In einer Untersuchung zur Unfallneigung von Arbeitern wurden die Unfallzahlen von 122 erfahrenen Weichenstellern in zwei Zeitperioden aufgeteilt. X bezeichnet die Anzahl der Unfälle pro Arbeiter in der Zeit von 1937–1942 und Y die von 1943–1947. Eine Abhängigkeit der beiden Zufallsvariablen würde auf einen Zeiteffekt hindeuten.

Tab.: Verteilung der Unfälle von Weichenstellern in zwei Zeitperioden (Biometrics 7 (1951), S. 340–432)

X \ Y	0	1	2	3	4	5	6	7	Σ
0	21	13	4	2	0	0	0	0	40
1	18	14	5	1	0	0	0	1	39
2	8	10	4	3	1	0	0	0	26
3	2	1	2	2	1	0	0	0	8
4	1	4	1	0	0	0	0	0	6
5	0	1	0	1	0	0	0	0	2
6	0	0	1	0	0	0	0	0	1
Σ	50	43	17	9	2	0	0	1	122

Um den Chi-Quadrat-Unabhängigkeitstest zum Niveau $\alpha = 0.05$ durchführen zu können, müssen mehrere Spalten und Zeilen zusammengefaßt werden. Sonst ist die Approximationsvoraussetzung $n_{i.} \cdot n_{.j}/n \geq 5$ nicht erfüllt. Wir erhalten die kondensierte Tabelle:

Tab.: Zusammengefaßte Unfallzahlen

X \ Y	0 ($\hat{=}\, y_1$)	1 ($\hat{=}\, y_2$)	≥ 2 ($\hat{=}\, y_3$)	Σ
0 ($\hat{=}\, x_1$)	21	13	6	40
1 ($\hat{=}\, x_2$)	18	14	7	39
≥ 2 ($\hat{=}\, x_3$)	11	16	16	43
Σ	50	43	29	122

Die Berechnung der Prüfgröße nehmen wir in der folgenden Arbeitstabelle vor.

Tab.: Arbeitstabelle zur Berechnung von X^2

i	j	n_{ij}	$n_{i.} \cdot n_{.j}$	$\frac{n_{i.} \cdot n_{.j}}{n}$	$n_{ij} - \frac{n_{i.} n_{.j}}{n}$	$\frac{\left(n_{ij} - \frac{n_{i.} n_{.j}}{n}\right)^2}{n_{i.} \cdot n_{.j}/n}$
1	1	21	2000	16.39	4.61	1.29
2	1	18	1950	15.98	2.02	0.25
3	1	11	2150	17.62	−6.62	2.49
1	2	13	1720	14.10	−1.10	0.09
2	2	14	1677	13.75	0.25	0.00
3	2	16	1849	15.16	0.84	0.05
1	3	6	1160	9.51	−3.51	1.29
2	3	7	1131	9.27	−2.27	0.56
3	3	16	1247	10.22	5.78	3.27
						9.29

Die Zahl der Freiheitsgrade beträgt $(3-1) \cdot (3-1) = 4$. Wegen

$$\chi^2_{4;0.95} = 9.488$$

wird die Hypothese der Unabhängigkeit nicht abgelehnt ($\alpha = 0.05$).

Die Berechnung der globalen Prüfgröße X^2 zur Entscheidung über Unabhängigkeit-Abhängigkeit ist selten ausreichend, wenn es um die Betrachtung des **Unabhängigkeitsmodells** geht. Dann sind meist weitergehende Aufschlüsse über die Modellanpassung wünschenswert.

Diese Aufschlüsse erhalten wir über die Betrachtung der einzelnen Komponenten von X^2. So können z. B. einige wenige Felder sehr starke Unterschiede zwischen beobachteten und unter der Unabhängigkeit erwarteten Häufigkeiten aufweisen, während bei den anderen nur geringfügige Unterschiede vorliegen. Dies erfordert dann ebenso eine Erklärung wie eine systematische Struktur bei ordinal skalierten Zufallsvariablen.

Der Betrachtung der einzelnen Summanden von X^2 ist die der **standardisierten Residuen**

$$\frac{n_{ij} - \frac{n_{i.} n_{.j}}{n}}{\sqrt{n_{i.} n_{.j}/n}}$$

vorzuziehen, da durch das Vorzeichen deutlich wird, ob Felder über- oder unterzufällig häufig beobachtet wurden.

Beispiel

Wir setzen das vorige Beispiel fort und tragen die standardisierten Residuen in die Tabelle ein

Tab.: Standardisierte Residuen der Unfälle

X \ Y	0	1	≥2
0	1.14	−0.29	−1.14
1	0.50	0.07	−0.75
≥2	−1.58	0.22	1.81

Beachtenswert ist hier, daß die vier Eck-Felder die größten Abweichungen von der Unabhängigkeit aufweisen. Die Abweichungen sind zudem so strukturiert, daß weniger in die jeweils andere Kategorie gewechselt haben ($0 \to \geq 2$ bzw. $\geq 2 \to 0$), als bei Unabhängigkeit zu erwarten gewesen wären. Somit schälen sich drei Gruppen von Arbeitern heraus. Eine davon ist die Gruppe ohne Unfälle in beiden Zeitabschnitten, die zweite bilden diejenigen mit mindestens zwei Unfällen in jedem der beiden Zeitabschnitte, und der Rest die dritte.

Tests auf Korrelation

Der χ^2-Test auf Unabhängigkeit hat bei stetigen Variablen den Nachteil, daß die Daten klassiert werden müssen; das bringt einen Informationsverlust mit sich. Andererseits gibt es beliebig viele vorstellbare Abweichungen von der Nullhypothese der Unabhängigkeit, so daß es kaum einen Test geben wird, der gegen alle Formen der Abhängigkeit sensitiv ist. Es ist daher naheliegend, sich auf spezielle Alternativen bzw. Situationen zurückzuziehen. Eine solche stellt die bivariate Normalverteilung dar. Hier ist die Nullhypothese der Unabhängigkeit gleichwertig mit der der Unkorreliertheit. Die Ableitung des Φ-Koeffizienten als Korrelationskoeffizient bildet nun die Brücke zur Prüfgröße R, um die Hypothese H: $\varrho = 0$ gegen die Alternative G: $\varrho \neq 0$ (bzw. $\varrho > 0$ oder $\varrho < 0$) zu testen. Um zu einer Prüfgröße zu gelangen, deren Verteilung unter H bekannt ist, muß der empirische Korrelationskoeffizient R noch transformiert werden.

X und Y seien bivariat normalverteilt. Dann gilt für den aus einer Stichprobe vom Umfang n zu berechnenden empirischen Korrelationskoeffizienten R bei Gültigkeit der Hypothese H: $\varrho_{XY} = 0$:

$$T = \frac{\sqrt{n-2} \cdot R}{\sqrt{1-R^2}} \sim t_{n-2} \,.$$

d. h. die transformierte Größe ist t-verteilt mit $n-2$ Freiheitsgraden.

Die angegebene Statistik T nimmt offensichtlich Werte an, die umso weiter von Null weg liegen, je größer $|R|$ ist. Damit ist sie als Prüfgröße geeignet.

Beispiel

In einer Studie zum Trainingserfolg der Krankengymnastik nach einer Knieoperation wurden u. a. die statischen Nettodrehmomente an beiden Beinen zu Beginn und am Ende der Therapie ermittelt. Von Interesse war auch, ob der Zuwachs am nicht betroffenen Bein von der Ausgangssituation abhängt. Bei 10 zufällig ausgewählten Patienten ergaben sich folgende Meßwerte.

Tab.: Statische Nettodrehmomente (nm) bei 90° Kniegelenkswinkel
X = Anfangswert, Y = Zunahme bei Ende

x_v	7	56	65	88	109	120	130	134	158	164
y_v	−1	−9	−3	29	−3	10	47	36	23	11

Die für die Anwendung des Tests notwendige Voraussetzung der bivariaten Normalverteilung läßt sich bei nur 10 Beobachtungen nicht nachvollziehen. Daher wird hier zur Vorsicht nur das empirische Signifikanzniveau ermittelt. Mit $r = 0.554$ ergibt sich für die Prüfgröße der Wert $T = \sqrt{10-2} \cdot 0.554/\sqrt{1-0.554^2} = 1.88$. α^* liegt folglich für die zweiseitige Fragestellung zwischen 0.05 und 0.1. Das deutet nicht auf einen Zusammenhang hin. Jedoch ist zu berücksichtigen, daß der Umfang des Datensatzes recht gering ist.

Zweifelt man an dem Vorliegen der bivariaten Normalverteilung, so ist es besser einen Test anzuwenden, der nicht auf dem Korrelationskoeffizienten von Bravais-Pearson beruht. Als Alternative bietet sich der Rangkorrelationskoeffizient von Spearman an. Dieser mißt ja die Stärke des monotonen Zusammenhanges, vgl. Kapitel 9.1. Mit der Aufgabe der Normalverteilungsannahme wird nicht mehr die Unabhängigkeit gegen die Abhängigkeit schlechthin getestet. Ein auf dem Rangkorrelationskoeffizienten basierender Test ist vielmehr zur Überprüfung des folgenden Testproblems geeignet:

H: X und Y sind unabhängig.
G: Zwischen X und Y gibt es einen monotonen Zusammenhang.

Der Rangkorrelationskoeffizient von Spearman lautet

$$R_s = \frac{\sum (R(X_v) - \overline{R(X)})(R(Y_v) - \overline{R(Y)})}{\sqrt{\sum (R(X_v) - \overline{R(X)})^2}\sqrt{\sum (R(Y_v) - \overline{R(Y)})^2}} = \frac{\sum\limits_{v=1}^{n} R(X_v)\,R(Y_v) - \dfrac{n(n+1)^2}{4}}{n(n^2-1)/12}.$$

Unter H ist R_s approximativ normalverteilt mit $E(R_s) = 0$ und $V(R_s) = 1/(n-1)$. Somit ist die Prüfgröße $R_s \cdot \sqrt{n-1}$ unter H approximativ $N(0,1)$ verteilt. Diese Approximation ist schon für $n \geq 10$ hinreichend genau. Daher verzichten wir auf die Angabe von exakten kritischen Werten.

Bei verbundenen Stichprobenwerten werden wie üblich mittlere Ränge vergeben. Das beeinflußt die Varianz der Prüfgröße. Der Effekt ist aber bei kleineren Anzahlen von Bindungen gering. Der interessierte Leser sei diesbezüglich auf das Buch J. D. Gibbons: Nonparametric Statistical Inference, New York 1992, verwiesen.

Beispiel

In den ursprünglichen Daten befindet sich ein Beobachtungspaar, das als Ausreißer angesehen werden kann, nämlich (88, 29). Daher ist es von Interesse, den Test auf die Daten zum Trainingserfolg anzuwenden, und zu sehen, ob dieses Paar das obige Ergebnis stark beeinflußt hat. Die Rangwerte sind

$r(x_v)$	1	2	3	4	5	6	7	8	9	10
$r(y_v)$	4	1	2.5	8	2.5	5	10	9	7	6

Das ergibt für die Prüfgröße:

$$R_s \cdot \sqrt{n-1} = \frac{353 - \dfrac{10 \cdot 11^2}{4}}{10 \cdot (10^2 - 1)/12} \cdot \sqrt{9} = 1.836 \, .$$

Das empirische Signifikanzniveau beträgt $\alpha^* = 0.066$ (zweiseitige Fragestellung). Somit deutet dieser Test nicht deutlicher auf einen monotonen Zusammenhang hin.

19.3 Aufgaben

1. In Schweden wurden die 1- und 2-Öre-Münzen abgeschafft. In den Geschäften wird bei der Gesamtsumme eines Einkaufs dann entsprechend auf- bzw. abgerundet. Der Fehlbetrag X pro Einkauf kann daher die Werte $-2, -1, 0, 1, 2$ annehmen. Das Rundungsverfahren wurde damit begründet, daß positive und negative Abweichungen jeweils die gleichen Wahrscheinlichkeiten hätten. Eine Stichprobe ergab die Häufigkeitstabelle

x_i	-2	-1	0	1	2
n_i	70	90	50	90	100

   a) Überprüfen Sie, ob X gleichverteilt sein kann ($\alpha = 0.05$).
   b) Überprüfen Sie, ob die Wahrscheinlichkeit für positive Abweichung genau so groß ist wie für negative ($\alpha = 0.05$).
   Gehen Sie dazu von 160 negativen und 190 positiven Abweichungen aus.

2. Überprüfen Sie, ob die Anzahl der Sportunfälle einer Studentengruppe, die als Stichprobe aus allen Sportstudenten angesehen werden kann, eher einer Poisson-Verteilung oder einer negativen Binomialverteilung folgt.
   (W. Höppke, H.-U. Hindrichs; Kölner Beiträge zur Sportwissenschaft 14, 1985, S. 35ff.)

Anzahl der Unfälle x_i	0	1	2	3	4	5
Häufigkeit n_i	296	95	23	7	1	1

3. Beim Windhundrennen gibt es 8 Bahnen, die von innen nach außen mit den Zahlen 1, 2, 3, 4, 5, 6, 7, 8 durchnummeriert sind. Es soll untersucht werden, ob Startvorteile für die innere Bahnen existieren oder ob alle Bahnen gleiche Gewinnchancen bieten.
   Dazu wurde die Häufigkeit bestimmt, mit der in den letzten 800 Rennen der jeweilige Sieger auf einer bestimmten Bahn startete.

Bahn des Siegers	1	2	3	4	5	6	7	8
beobachtete Häufigkeit	104	104	102	102	100	96	96	96

Wie groß ist der Wert der entsprechenden Chi-Quadrat-Statistik X^2?
Wie groß ist in etwa die Wahrscheinlichkeit, einen noch größeren Wert als den beobachteten für X^2 zu erhalten?
Entsprechen die berechneten Werte Ihrer intuitiven Vorstellung?

4. In einem klassischen Experiment beobachtete Mendel, der Begründer der modernen Genetik, die Häufigkeit mit der verschiedene Formen von 480 Züchtungsversuchen vorkamen.
Die folgende Tabelle gibt beobachtete und nach der MENDEL'schen Theorie zu erwartende Häufigkeiten wieder (die Zahlen sind vereinfacht, entsprechen in der Tendenz jedoch den Originaldaten).

Samen	beobachtete Häufigkeit	erwartete Häufigkeit
Rund und gelb	271	270
Runzlig und gelb	88	90
Rund und grün	93	90
Runzlig und grün	28	30
	n = 480	n = 480

a) Entsprechen die Beobachtungsergebnisse MENDEL's Theorie?
b) Was halten Sie von der wissenschaftlichen Redlichkeit Herrn MENDELs?

5. Das Umweltbundesamt hat in „Daten zur Umwelt 1984" für 1979 die Verteilung der nächtlichen Lärmbelastung der Bevölkerung in Großstädten mit mehr als 50000 Einwohnern angegeben. (Mittelungspegel in dB(A).) Daraus wurde die folgende Tabelle rekonstruiert.
Bestimmen Sie die Eignung der Log-Normalverteilung für diese Daten ($\alpha = 0.05$).
Nehmen Sie dazu an, daß sie auf
(i) n = 100 bzw. (ii) n = 200 Messungen beruhen.
(iii) Wie groß muß die Anzahl der Messungen sein, um bei der vorliegenden Verteilung und dem vorgegebenen Signifikanzniveau die Ablehnung der logarithmischen Normalverteilung als Modell zu erreichen?

Tab.: Nächtliche Lärmbelastung X (in dB(A))

i	$x_{i-1}^* < X \leq x_i^*$	$H(x_i^*)$
1	0 – 35	0.01
2	35 – 40	0.03
3	40 – 45	0.19
4	45 – 50	0.47
5	50 – 55	0.73
6	55 – 60	0.89
7	60 – 65	0.96
8	65 – 70	0.98
9	70 – 75	1.00

6. Folgt die kumulative radioaktive Dosis X, die bei Arbeitern der Hanford-Anlage zur Plutonium-Produktion festgestellt wurde, einer Exponentialverteilung ($\alpha = 0.05$)?
(Nach E.S. Gilbert, Biometrics 39 (1983, S.161–171.)

i	$x_{i-1}^* < X \leq x_i^*$			n_i
1	0	–	1	6735
2	1	–	2	2863
3	2	–	3	1476
4	3	–	4	760
5	4	–	5	455
6	5	–	10	1274
7	10	–	15	509
8	15	–	20	327
9	20	–	25	250
10	25	–	30	206
11	30	–	35	171
12	35	–	40	112
13	40	–	45	88
14	45	–	50	60
15	50	–		89

7. Überprüfen Sie mit dem Kolmogorov-Smirnov-Test und dem Korrelationstest zum Niveau $\alpha = 0.01$ die Hypothese, daß die Differenz der Wasserstände an zwei Stellen des Fox-River, Wisconsin, einer Normalverteilung folgen. (Daten aus L.J. Bain and M. Engelhardt, Technometrics 15 (1973), S. 885).

1.96	1.97	3.60	3.80	4.79	5.66	5.76	5.78	6.27	6.30	6.76
7.65	7.84	7.99	8.51	9.18	10.13	10.24	10.25	10.43	10.45	11.48
11.75	11.81	12.34	12.78	13.06	13.29	13.98	14.18	14.40	16.22	17.06

8. Sind die folgenden Fahrzeiten von der Wohnung zur Arbeitsstätte mit der Hypothese der Gleichverteilung verträglich ($\alpha = 0.05$)?
20, 23, 24, 23, 19, 20, 19, 28, 26, 30

9. Testen Sie die Abhängigkeit von Alter und Geschlecht einer Gruppe von zufällig ausgewählten Personen, die Selbstmord begingen ($\alpha = 0.05$).

				Alter			
	10–19	20–29	30–39	40–49	50–59	60–69	70
männlich	3	16	9	19	14	8	21
weiblich	2	3	7	11	8	9	9
	5	19	16	30	22	17	30

10. Überprüfen Sie die Hypothese der Unabhängigkeit von Überschreitungsgeschwindigkeit und Alter anhand der in Kapitel 9 angegebenen Daten ($\alpha = 0.05$). Unterstellen Sie, daß es sich um eine Zufallsstichprobe handelt.

11. Die Marktforschungsabteilung eines Computerunternehmens untersucht das Marktverhalten des einzigen Konkurrenzunternehmens auf einem bestimmten Markt. Beide Unternehmen teilen sich den Markt ungefähr zu gleichen Anteilen – die folgende Zeitreihe gibt für die letzten 26 Vierteljahresperioden an, ob das

eigene Unternehmen (+) oder die Konkurrenz (−) den größeren Marktanteil hatte:

+ − + − +   + − + − −   + − − + −   + − − + −   + − + − −   −

Besteht eine Abhängigkeit der Marktsituation einer bestimmten Periode von der Marktsituation der Vorperiode? Wenden Sie einen Chi-Quadrat-Test zur Überprüfung dieser Frage an.

12. Analysieren Sie die (Un-)Abhängigkeit der Berufe von Vätern und Söhnen in Dänemark. Die Berufe sind auf einer ordinalen Status-Skala angeordnet. (Nach Svalagosta, K. (1959): Prestige, Class, and Mobility; London.)

		Berufs-Status des Sohnes				
		1	2	3	4	5
Berufs-	1	18	17	16	4	2
Status	2	24	105	109	59	21
des	3	23	84	289	217	95
Vaters	4	8	49	175	348	198
	5	6	8	69	201	246

13. Während der Jahrzehnte, in denen die Motorisierung stark zunahm sind die Probleme des Radverkehrs als Randgebiet der Verkehrsplanung betrachtet worden. Mit wachsendem Umweltbewußtsein erachten große Teile der Bevölkerung das Fahrrad wieder als umweltfreundliches Verkehrsmittel. In einem Forschungsvorhaben sollte geklärt werden, ob allein der Bau von Radwegen den Fahrradanteil am Berufsverkehr positiv beeinflußt. Eine Stichprobe in verschiedenen Städten ergab folgenden Zusammenhang zwischen X = ‚Radwegerschließung' (in Punkten) und Y = ‚Radanteil im Berufsverkehr' (in %). (Nach Spektrum der Wissenschaft 6/84.)

x_v	0	1	2	3	4	5	6	7	8	9	10	11	12	13	14	15	16	17
y_v	3.2	4.2	5.1	2.1	6.8	3.7	3.2	6.3	5.1	8.9	12.8	9.8	11.2	14.5	14.0	15.6	13.7	10.7

Überprüfen Sie das Vorliegen eines monotonen Zusammenhanges ($\alpha = 0.01$).

20 Regressionsanalyse

Bisher ging es mit Ausnahme der im vorletzten Kapitel behandelten Varianzanalyse um die Modellierung und Analyse von Verteilungen, bei denen derselbe Sachverhalt mehrmals unter gleichen Bedingungen beobachtet wird. Von großer Bedeutung ist auch die Frage, wie sich eine Variable in Abhängigkeit von einer anderen Variablen ändert. Wir fassen die Variable X als erklärend oder unabhängig auf und die Variable Y als zu erklärend bzw. abhängig. Dann geht es um die **Form der Abhängigkeit** der Variablen Y von der Variablen X.

Zur Behandlung dieser Frage unterstellen wir, daß die Werte von X vorgegeben oder ohne Fehler meßbar sind. Zufallseinflüsse kommen über die abhängige Variable Y ins Spiel. Bei wiederholter Beobachtung zu demselben x-Wert können verschiedene y-Werte beobachtet werden. Bildlich gesehen streuen die Punkte (x_v, y_v) um den Graphen einer Funktion $y = f(x)$.

Das Ziel ist dann die Bestimmung einer geeigneten Funktion f(x), die den Zusammenhang „im wesentlichen" erfaßt.

Das Interesse an der Bestimmung einer derartigen Funktion f(x) kann durchaus unterschiedlich sein:

- Die Funktion beschreibt die wesentliche Struktur des Zusammenhanges. Diese sichtbar zu machen, kann zu einer vereinfachten Beschreibung der Daten dienen.
- Sollen für nicht-beobachtete x-Werte die zugehörigen y-Werte prognostiziert werden, so kann dies mit Hilfe der Funktion f(x) geschehen.
- Die Anpassung einer Funktion an einen Datensatz kann auch dazu dienen, theoretische Vorstellungen zu überprüfen. Haben zwei Variablen in der Theorie eine bestimmte funktionale Beziehung, so sollte sich diese in konkreten Daten wiederfinden lassen.

Die linearen Funktionen nehmen dabei aus verschiedenen Gründen eine herausragende Stellung ein:

- Geradengleichungen sind die formal einfachsten, um die Abhängigkeit einer Variablen Y von einer anderen Variablen X zu erfassen. Zudem sind sie einfach zu interpretieren.
- Viele Zusammenhänge sind durch eine lineare Beziehung zumindest in guter Näherung zu erfassen.
- Auch nicht-lineare Beziehungen lassen sich häufig auf lineare zurückführen, wenn eine oder beide Variablen transformiert werden.
- Methoden zur Beschreibung und Analyse komplizierterer Zusammenhänge lassen sich oft durch Verallgemeinerungen der Methoden für den linearen Zusammenhang gewinnen.

20.1 Die empirische Regressionsgerade

Problemstellung

In den Ländern mit freier Marktwirtschaft werden Steuern und Sozialabgaben i. d. R. als prozentuale Abgaben vom Bruttolohn bzw. -gehalt erhoben. Von Interesse ist es dann, nach einer Gesetzmäßigkeit zu suchen, die beschreibt, wie interregional die Höhe der Abgaben von der Höhe der Einkommen bestimmt werden.

Tab.: Jahreseinkommen von Abteilungsleitern [in 1000 sFr.]
(Quelle: Preise und Löhne rund um die Welt; Ausgabe 1985, Schweizerische Bankgesellschaft Zürich.)

ν	Brutto x_ν	Netto y_ν	ν	Brutto x_ν	Netto y_ν	ν	Brutto x_ν	Netto y_ν
1	73.3	45.4	17	30.1	19.0	33	139.8	83.5
2	32.2	24.4	18	52.1	34.9	34	49.9	33.1
3	40.9	31.7	19	13.8	9.6	35	61.8	48.8
4	44.4	32.5	20	76.4	32.5	36	71.5	49.0
5	5.2	4.8	21	57.4	41.6	37	72.5	51.5
6	43.1	27.3	22	36.5	34.0	38	53.8	37.4
7	14.7	12.5	23	18.1	11.3	39	35.8	30.3
8	42.8	40.3	24	40.0	25.9	40	50.8	36.8
9	162.5	112.1	25	120.0	82.0	41	53.9	30.2
10	61.0	58.0	26	72.7	47.5	42	55.0	31.8
11	53.7	38.8	27	31.4	22.9	43	29.5	17.1
12	67.9	42.2	28	36.5	26.8	44	121.9	85.9
13	101.7	64.6	29	71.6	71.6	45	92.4	60.7
14	68.5	30.6	30	26.6	21.4	46	56.0	34.3
15	57.2	45.4	31	19.1	15.3	47	103.8	73.4
16	98.9	80.8	32	113.7	68.9			

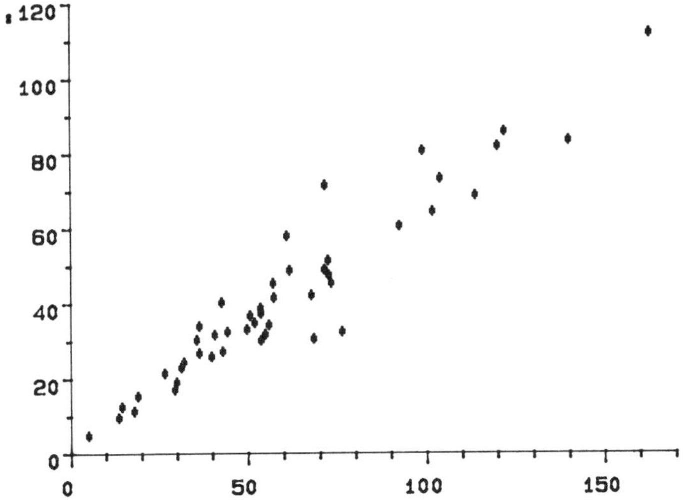

Abb.: Nettoeinkommen von Abteilungsleitern in Abhängigkeit von ihrem Brutto-Verdienst [in 1000 sFr] in 47 Städten

Wir betrachten dazu die Jahresverdienste von Abteilungsleitern. (Genauer: von technischen Betriebsleitern einer Produktionsabteilung mit über 100 Beschäftigten in einem größeren Unternehmen der metallverarbeitenden Industrie; mit abgeschlossener Berufsausbildung und langjähriger Berufserfahrung; zirka 40 Jahre, verheiratet, ohne Kinder). Anstelle der Abgaben untersuchen wir äquivalent dazu die Abhängigkeit der Nettoeinkommen von den Bruttoverdiensten.

Das Streudiagramm weist auf eine lineare Abhängigkeit hin: Der Anteil, der vom Bruttogehalt übrigbleibt, ist im wesentlichen in allen Städten gleich.

Von Bedeutung ist nun, diese qualitative Einschätzung zu präzisieren. Es gilt also, eine lineare Funktion zu bestimmen, die die gegebenen Daten möglichst gut beschreibt. Grafisch gesehen lautet die Aufgabe, eine geeignete **Ausgleichsgerade**

$$f(x) = a + b \cdot x$$

durch die Punkte (x_v, y_v), $v = 1, \ldots, n$, des Streudiagramms zu legen. Mit anderen Worten sind a und b so zu bestimmen, daß die resultierende Gerade „gut durch die Punktewolke" geht. Wir sprechen dann auch von einer **Regressionsgeraden**.

Kriterien für die Anpassung einer Geraden

Durch die Punkte (x_v, y_v), $v = 1, \ldots, n$, soll eine Gerade gelegt werden, die diese Punkte im wesentlichen beschreibt. Hier ist es noch nötig, den Terminus „im wesentlichen" zu präzisieren.

Bei den QQ-Diagrammen legen wir Geraden meist nach Augenmaß durch die Punkte. Dies ist aus zwei Gründen ausreichend:

In der Regel geht es nur um die Abschätzung, ob systematische Abweichungen von einer linearen Beziehung zu sehen sind. Weiterhin ist aufgrund der Konstruktion der QQ-Diagramme ein eventuell vorhandener linearer Zusammenhang so deutlich, daß eine Ausgleichsgerade nach Augenmaß eine ausreichende Beschreibung liefert.

Im allgemeinen reicht eine solch subjektive Geradenanpassung jedoch nicht aus.

Beispiel

Die folgenden Diagramme zeigen jeweils dieselben Werte mit den von drei Personen nach der **„Zwirnsfadenmethode"** bestimmten Regressionsgeraden. Bei dieser „Methode" führt man einen dunklen Faden straff über das Streudiagramm und entscheidet sich für die Gerade, die einem am geeignetsten erscheint. Trotz der Subjektivität des Vorgehens erhält man bei etwas Übung oft überraschend gute Resultate, wenn man die so bestimmte Gerade mit einer nach einem objektiven Kriterium bestimmten vergleicht.

Die gesuchte Gerade $y = a + bx$ soll die lineare Abhängigkeit der Variablen Y von der Variablen X möglichst gut beschreiben. Es ist daher plausibel, von den Differenzen zwischen den tatsächlichen Werten y_v und den zugehörigen, auf der Gerade liegenden Werten $a + bx_v$ auszugehen.

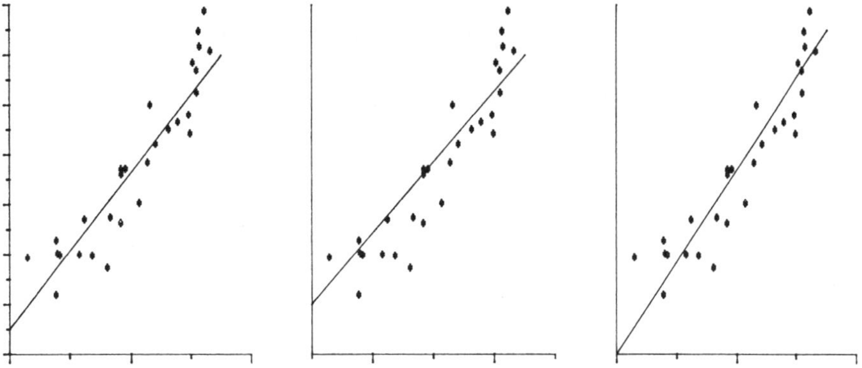

Abb.: Streudiagramm mit subjektiv ermittelten Regressionsgeraden

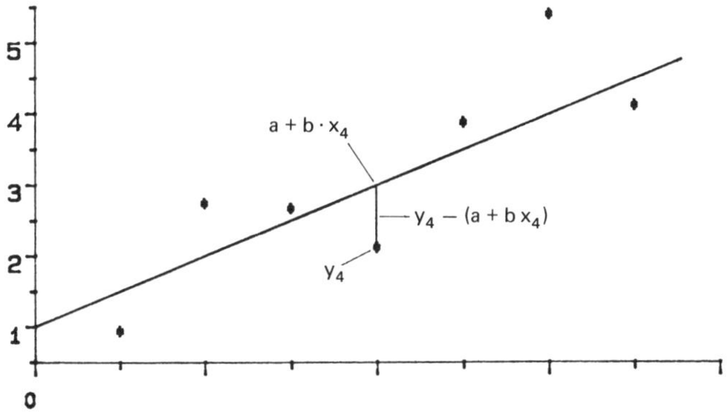

Abb.: Zur Bestimmung der Regressionsgeraden

Möglichst gut beschreibt eine Gerade die Punkte, wenn die Abweichungen insgesamt möglichst klein sind. Es gibt dabei verschiedene Ansätze, die Abweichungen zusammenzufassen. Dabei ist so vorzugehen, daß sich positive und negative Abweichungen nicht gegeneinander aufheben.

Das Kriterium der **kleinsten absoluten Abweichungen** fordert, daß $\hat{a}$ und $\hat{b}$ so bestimmt werden, daß

$$\sum_{v=1}^{n} |(y_v - (\hat{a} + \hat{b}x_v)| \leq \sum_{v=1}^{n} |y_v - (a + bx_v)| \quad \text{für alle a, b.}$$

Dieses ist historisch gesehen das wohl älteste objektive Anpassungskriterium für eine Regressionsgerade. Wegen der beträchtlichen formalen Schwierigkeiten, die Koeffizienten a und b nach diesem Ansatz zu bestimmen, trat es aber über lange Zeit in den Hintergrund. Neuerdings findet es wieder verstärktes Interesse im Zusammenhang mit der robusten Regression. Darauf gehen wir später noch ein.

Allgemein verbreitet ist die Bestimmung der Regressionsgeraden nach der **Methode der kleinsten Quadrate** (KQ-Methode), bei der von dem Zielkriterium

$$\sum_{v=1}^{n} (y_v - (\hat{a} + \hat{b}x_v))^2 \leq \sum_{v=1}^{n} (y_v - (a + bx_v))^2 \quad \text{für alle a, b}$$

ausgegangen wird. Es bildet gewissermaßen das Fundament der gesamten Regressionsrechnung.

Bestimmung der Regressionsgeraden

Durch die Zielkriterien werden genauer gesprochen die beiden Koeffizienten a und b der Ausgleichsgeraden festgelegt. Für die resultierende **Regressionsgerade** schreiben wir

$$\hat{y} = \hat{a} + \hat{b}x.$$

$\hat{a}$ gibt dabei den Achsenabschnitt auf der y-Achse an und $\hat{b}$ die Steigung der Geraden $\hat{y}$. $\hat{b}$ wird auch **Regressionskoeffizient** genannt.

Zu x_v gehört nun nicht nur ein empirischer Wert y_v, sondern auch ein „erwarteter", nämlich $\hat{y}_v = \hat{a} + \hat{b}x_v$. Die Differenz

$$\hat{u}_v = y_v - \hat{y}_v = y_v - (\hat{a} + \hat{b}x_v)$$

wird als **Residuum** bezeichnet.

Die **Methode der kleinsten Quadrate** ergibt folgende **Werte der Koeffizienten** $\hat{a}$, $\hat{b}$ der Regressionsgeraden $\hat{y} = \hat{a} + \hat{b}x$ bei einem gegebenen Datensatz (x_v, y_v), $v = 1, \ldots, n$:

$$\hat{a} = \bar{y} - \hat{b}\bar{x}$$

$$\hat{b} = \frac{\overline{xy} - \bar{x}\bar{y}}{\overline{x^2} - \bar{x}^2} = \frac{s_{XY}}{s_X^2}.$$

Das Minimum von $\sum(y_v - (a + bx_v))^2$ in Abhängigkeit von a und b finden wir durch Nullsetzen der partiellen Ableitungen dieses Ausdruckes nach a und b. Die Ableitungen sind:

$$\frac{\partial}{\partial a} \sum(y_v - a - bx_v)^2 = \sum 2(y_v - a - bx_v)(-1)$$

$$\frac{\partial}{\partial b} \sum(y_v - a - bx_v)^2 = \sum 2(y_v - a - bx_v)(-x_v).$$

Nullsetzen der Ableitungen führt auf die **Normalgleichungen**

$$n \cdot \hat{a} + \sum x_v \cdot \hat{b} = \sum y_v$$
$$\sum x_v \cdot \hat{a} + \sum x_v^2 \hat{b} = \sum x_v y_v,$$

mit den angegebenen Lösungen für $\hat{a}$ und $\hat{b}$.

Die Bestimmungsgleichung für $\hat{a}$ zeigt, daß die nach der Methode der kleinsten Quadrate ermittelte Gerade stets durch $(\bar{x}, \bar{y})$, den Schwerpunkt des Datensatzes, verläuft.

Beispiel

Wir betrachten die in der Problemstellung angegebene Abhängigkeit des Netto- vom Bruttoeinkommen für Abteilungsleiter in verschiedenen Städten. Um die Berechnungen nachvollziehbar zu machen, reduzieren wir den Datensatz. Die Werte werden zudem auf volle Tausend (sFr) gerundet.

Tab.: Arbeitstabelle zur Bestimmung der Regressionsgeraden

v	x_v	y_v	x_v^2	$x_v y_v$	$\hat{y}_v$	$\hat{u}_v$
1	73.3	45.4	5372.89	3327.82	51.479	−6.079
2	43.1	27.3	1857.61	1176.63	27.801	−0.501
3	53.7	38.8	2883.69	2083.56	36.112	+2.688
4	98.9	80.8	9781.21	7991.12	71.551	+9.249
5	57.4	41.6	3294.76	2387.84	39.013	+2.587
6	72.7	47.5	5285.29	3453.25	51.009	−3.509
7	19.1	15.3	364.81	292.23	8.983	+6.317
8	71.5	49.0	5112.25	3503.50	50.068	−1.068
9	53.9	30.2	2905.21	1627.78	36.269	−6.069
10	56.0	34.3	3136.00	1920.80	37.915	−3.615
$\sum$	599.6	410.2	39993.72	27764.53	410.200	0.000

Dies ergibt:

$$\bar{x} = 59.96, \quad \overline{x^2} = 3999.372,$$
$$\bar{y} = 41.02, \quad \overline{xy} = 2776.453.$$

Daraus erhalten wir

$$\hat{b} = \frac{2776.453 - 59.96 \cdot 41.02}{3999.372 - 59.96^2} = 0.784,$$
$$\hat{a} = 41.02 - 0.784 \cdot 59.96 = -5.99.$$

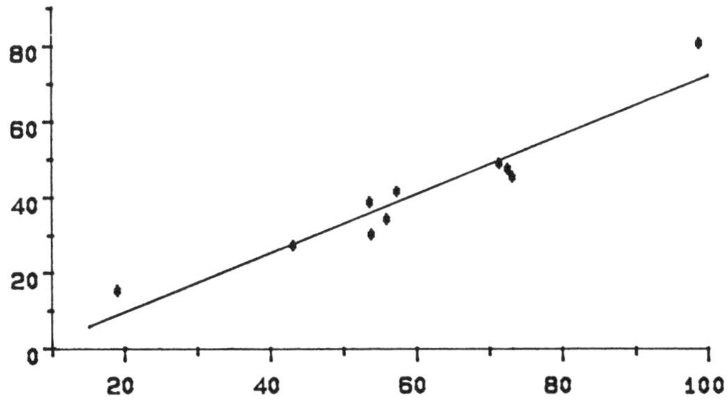

Abb.: Regressionsgerade Nettoeinkommen in Abhängigkeit von Bruttoeinkommen (reduzierte Daten)

Die Regressionsgerade hat also die Gestalt

$$\hat{y} = -5.99 + 0.784 \cdot x.$$

Die „erwarteten“ Werte $\hat{y}_v$ und die Residuen $\hat{u}_v = y_v - \hat{y}_v$ sind in der Arbeitstabelle mit angegeben.

Bei der grafischen Darstellung nutzen wir aus, daß die nach der Methode der kleinsten Quadrate bestimmte Regressionsgerade stets durch $(\bar{x}, \bar{y})$ geht. Dies legt einen Punkt der Geraden fest. Ein zweiter ist durch den Achsenabschnitt $\hat{a}$ bestimmt.

Für den vollen Datensatz ergibt sich die Regressionsgerade

$$\hat{y} = 2.78 + 0.646 \cdot x.$$

Das Bestimmtheitsmaß

Unter der Voraussetzung, daß die Beschreibung der Punkte (x_v, y_v) durch eine Gerade überhaupt sinnvoll ist, stellt sich die Frage, wie gut sie dies tut. Naheliegend ist, von der mittleren Summe der quadrierten Residuen $\frac{1}{n}\sum u_v^2 = \frac{1}{n}\sum(y_v - \hat{y}_v)^2$ auszugehen.

Die Summe kann jedoch nicht direkt als Maßzahl genommen werden, da die Residuen von der Maßeinheit der y-Werte abhängen. So ergäbe der Übergang von Schweizer Franken zu Rappen beim Nettoeinkommen eine ganz andere Größenordnung. Diese Schwierigkeit ist aber durch die Standardisierung mit der empirischen Varianz der y-Werte leicht zu beseitigen.

Um schließlich ein Maß zu erhalten, das bei „guter Beschreibung“ einen großen Wert annimmt und bei „schlechter“ einen kleinen, nutzen wir noch die folgenden Beziehungen aus.

Für die nach der Methode der kleinsten Quadrate bestimmten theoretischen Regressionspunkte $\hat{y}_v = \hat{a} + \hat{b}x_v$ gilt:

$$\frac{1}{n}\sum_{v=1}^{n} \hat{y}_v = \bar{y}$$

$$\frac{1}{n}\sum_{v=1}^{n} (\hat{y}_v - \bar{y})^2 = \hat{b}^2 s_X^2$$

$$\frac{1}{n}\sum_{v=1}^{n} (y_v - \hat{y}_v)^2 = \frac{1}{n}\sum_{v=1}^{n} (y_v - \bar{y})^2 - \frac{1}{n}\sum_{v=1}^{n} (\hat{y}_v - \bar{y})^2.$$

Diese Beziehungen erhalten wir folgendermaßen:

$$\hat{y}_v = \hat{a} + \hat{b}x_v \quad v = 1, \ldots, n$$

ergibt mit $\hat{a} = \bar{y} - \hat{b}\bar{x}$:

$$\bar{\hat{y}} = \hat{a} + \hat{b}\bar{x} = (\bar{y} - \hat{b}\bar{x}) + \hat{b}\bar{x} = \bar{y}.$$

Das ist die erste Gleichung.

Die zweite Gleichung folgt aus dem Verhalten der empirischen Varianz bei Lineartransformationen. Die dritte erhalten wir durch Einsetzen von $\hat{a} = \bar{y} - \hat{b}\bar{x}$ in die

Summe der quadrierten Residuen:

$$\begin{aligned}\frac{1}{n}\sum(y_v-\hat{y}_v)^2 &= \frac{1}{n}\sum((y_v-\bar{y})-\hat{b}(x_v-\bar{x}))^2\\ &= \frac{1}{n}\sum(y_v-\bar{y})^2-2\hat{b}\frac{1}{n}\sum(x_v-\bar{x})(y_v-\bar{y})+\hat{b}^2\frac{1}{n}\sum(x_v-\bar{x})^2\\ &= s_Y^2-2\frac{s_{XY}}{s_X^2}\cdot s_{XY}+\hat{b}^2\cdot s_X^2\\ &= s_Y^2-2\hat{b}^2 s_X^2+\hat{b}^2 s_X^2\\ &= s_Y^2-s_{\hat{Y}}^2 .\end{aligned}$$

Die dritte Gleichung wird auch als **Varianzzerlegungsformel** der Regressionsrechnung bezeichnet. Sie sagt, daß sich die Gesamtstreuung der y-Werte aus zwei Komponenten zusammensetzt: Aus der Streuung der Werte um die Regressionsgerade und aus der Streuung, die durch die Regressionsgerade bewirkt wird. Sofern die Regressionsgerade eine von Null verschiedene Steigung hat, weisen die durch die Gerade bestimmten Werte $\hat{y}_v$ immer eine positive Varianz auf. Da dieser Teil der Streuung allein aus der Steigung der Geraden resultiert, spricht man von dem **erklärten Teil der Varianz**.

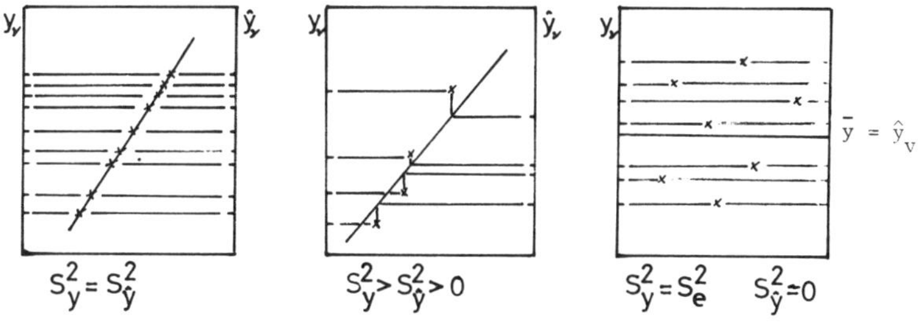

Abb.: Zur Varianzzerlegung bei der Regressionsgeraden

Anstelle der standardisierten Summe der quadrierten Residuen wählen wir das gleichwertige Verhältnis der erklärten Varianz zur Gesamtvarianz als Maßzahl für die Güte der Beschreibung der Punkte durch die Regressionsgeraden.

Das **Bestimmtheitsmaß** R^2 ist der Anteil der durch die Regressionsgeraden erklärten Varianz an der gesamten Varianz der y-Werte:

$$R^2=\frac{\sum(\hat{y}_v-\bar{y})^2}{\sum(y_v-\bar{y})^2}=1-\frac{\sum(y_v-\hat{y}_v)^2}{\sum(y_v-\bar{y})^2}=\hat{b}^2\frac{s_X^2}{s_Y^2}.$$

Die Wahl des Symbols R^2 für das Bestimmtheitsmaß resultiert aus dem Zusammenhang mit dem Korrelationskoeffizienten:

$$R^2 = \frac{\frac{1}{n}\sum(\hat{y}_\nu - \bar{y}_\nu)^2}{\frac{1}{n}\sum(y_\nu - \bar{y})^2} = \frac{\hat{b}^2 s_X^2}{s_Y^2} = \frac{s_{XY}^2}{s_X^2 s_Y^2} = r^2 .$$

Aus der Beziehung $R^2 = r^2$ erhalten wir auch die in Kapitel 9 angegebenen **Eigenschaften des Korrelationskoeffizienten**. Aus der Konstruktion des Bestimmtheitsmaßes ist klar, daß $0 \le R^2 \le 1$ und $R^2 = 1$ genau dann, wenn $\hat{y}_\nu = y_\nu$, d.h. alle beobachteten Punkte auf einer Geraden liegen.

Die große Bedeutung des Bestimmtheitsmaßes liegt darin, daß das zugrundeliegende Prinzip generell, z.B. auch bei der multiplen Regression, bei der mehrere unabhängige Variablen zugelassen sind, anwendbar ist. Genauer formuliert kann die Eignung vieler Modelle aufgrund des Verhältnisses

$$\frac{\text{erklärte Varianz}}{\text{gesamte Varianz}}$$

eingeschätzt werden. Der Korrelationskoeffizient ist dagegen nur ein Maß für den (linearen) Zusammenhang zweier Variablen. Der Zusammenhang von Bestimmtheitsmaß und Korrelation ist auf den Fall der einfachen linearen Regression beschränkt.

Beispiel

Für den reduzierten Datensatz der Brutto-/Nettolöhne erhalten wir

$$s_X^2 = 404.17 \quad s_Y^2 = 272.46$$

und damit:

$$R^2 = 0.784^2 \frac{404.17}{272.46} = 0.912 .$$

Der Korrelationskoeffizient ist

$$r = \sqrt{R^2} = 0.955 .$$

Nach der Einteilung in Kapitel 9 ist die Korrelation als stark zu bezeichnen.

Bei dem vollen Datensatz hat das Bestimmtheitsmaß den Wert

$$R^2 = 0.905 ;$$

es ist also fast genauso hoch wie bei dem reduzierten Datensatz.

20.2 Das lineare Regressionsmodell

Einführendes Beispiel

L.A. Cooper und R.N. Shepard haben Experimente entwickelt, mit denen sich eine bestimmte Form des Denkens, nämlich die Vorstellung räumlicher Bewegungen, näher untersuchen läßt. (Siehe: Spektrum der Wissenschaft 2/1985.)

Die Aufgabe der Versuchsteilnehmer bestand darin, jeweils zwei vom Computer erzeugte perspektivische Strichzeichnungen miteinander zu vergleichen. Jede Zeichnung stellte ein dreidimensionales Objekt aus zehn Würfeln dar, die eine armförmige Struktur ergaben. Bei einigen waren die beiden Objekte identisch, aber aus verschiedenen Perspektiven dargestellt. Die Versuchsteilnehmer mußten nun möglichst schnell die beiden Figuren miteinander vergleichen und dann kenntlich machen, ob sie gleich oder ungleich waren.

Tab.: Drehung einer Zeichnung in der Bildebene (= X, in Grad) und Reaktionszeit (= Y, in Sekunden)

x	0	20	40	60	80	100	120	140	160	180
y	1.15	1.65	2.00	2.46	2.77	3.15	3.66	3.95	4.45	4.69

Offensichtlich besteht hier ein linearer Zusammenhang. Pro zusätzlicher Drehung um 20° werden ca. 0.4 Sekunden zusätzlich benötigt.

Das Ergebnis veranlaßte die Autoren zu folgender Schlußfolgerung:

„Aus dem linearen Zusammenhang zwischen Reaktionszeit und Winkeldifferenz war zu schließen, daß die Objekte zum Bildvergleich mental bewegt werden. Die Geschwindigkeit, mit der diese gedanklichen Rotationen ablaufen, ergibt sich aus der hier gezeigten Steigung der Geraden."

Gerade die Schlußfolgerung zeigt, daß in dieser Anwendung über die rein deskriptive Bestimmung der Regressionsgeraden hinausgegangen wurde. Vielmehr wurde die Regressionsgerade als Basis für eine Aussage über den theoretischen Zusammenhang der Variablen genommen. – Mit einer anderen Gruppe von Versuchspersonen erwarten wir ein davon nur wenig abweichendes Ergebnis.

Entwicklung des Modells

Den Zusammenhang der Variablen wollen wir nun modellmäßig erfassen. Bei der Entwicklung des Modells gehen wir von der empirischen Situation aus. Diese ist dadurch charakterisiert, daß die Werte der Variablen Y um eine Gerade streuen:

$$y_v = a + bx_v + u_v \qquad v = 1, \ldots, n.$$

Die y_v fassen wir als Realisationen von Zufallsvariablen $Y_1, \ldots, Y_n$ auf. Dies trägt dem Umstand Rechnung, daß für festes x verschiedene y-Werte auftreten können. Wir erfassen damit, daß die Variable Y für unterschiedliche Werte der Variablen X betrachtet wird.

Weiter unterstellen wir, daß die Werte $x_1, \ldots, x_n$ fest vorgegeben sind. Dies ist sicher nicht für alle Situationen korrekt. So wird etwa bei der im vorigen Abschnitt betrachteten Abhängigkeit des Netto- vom Bruttoeinkommen auch das Bruttoeinkommen erst mit der Wahl der Stadt festgelegt. Die Ergebnisse der für feste x_v entwickelten Theorie können aber praktisch ohne Änderung auf die andere Situation übertragen werden. Die x_v werden dann einfach so behandelt, als wären sie von vornherein festgelegt gewesen.

Damit aus $y_v = a + bx_v + u_v$ eine sinnvolle Modellgleichung wird, müssen wir die Störungen u_v als Realisationen von zufälligen **Fehler-** oder **Störgrößen** U_v interpretieren.

Die Fehler können wir inhaltlich auf zwei unterschiedliche Einflußfaktoren zurückführen.

Der eine Faktor ist ein Meßfehler. Vor allem bei experimentellen Untersuchungen wird die Variable Y i.d.R. nicht exakt gemessen werden können. Wegen der Meßungenauigkeiten, Ablesefehler u.ä. kommt eine gewisse Streuung der Werte um die Regressionsgerade zustande. Rein zufällige Abweichungen resultieren aus der nicht exakten Reproduzierbarkeit von Messungen.

Auch bei der Erfassung ökonomischer oder sozialer Zusammenhänge kommt es zu zufälligen Abweichungen, da neben der erklärenden Variablen X andere Variable einen, als gering unterstellten, Einfluß auf Y ausüben. Diese bilden die zweite Art von Einflußfaktoren. Die U_v stellen dann die Summe der geringen Einflüsse dar.

Die U_v erfassen die Abweichungen der Beobachtungen von der Regressionsgeraden. Formal heißt dies, daß für das Modell

$$E(U_v) = 0 \quad v = 1, \ldots, n$$

zu fordern ist.

Die Vorstellung, daß die lineare Abhängigkeit der Zufallsvariablen Y von der Variablen X nur durch eine Störung überlagert wird, führt dazu, die U_v als Replikate einer Störung U zu interpretieren. Daher unterstellen wir, daß die U_v alle identisch verteilt sind und insbesondere dieselbe Varianz σ^2 haben.

Schließlich soll eine systematische Änderung der Y ausschließlich auf die Änderung der X-Werte zurückführbar sein. Ein großer Wert von U_v darf also z.B. keinen großen Wert von U_{v+1} bewirken: Die U_v werden als unabhängig angesehen.

Insgesamt lautet das **Modell der (einfachen) linearen Regression**:
Die Zufallsvariablen Y_v, die die potentiellen Beobachtungen der abhängigen Variablen Y an den fest vorgegebenen Werten x_v der unabhängigen Variablen X erfassen, hängen linear von diesen Werten ab:

$$Y_v = a + bx_v + U_v \qquad v = 1, \ldots, n.$$

Für die Störgrößen U_v gilt dabei:

(i) $U_1, \ldots, U_n$ sind identisch verteilt mit
$E(U_v) = 0$,
$V(U_v) = \sigma^2$.

(ii) $U_1, \ldots, U_n$ sind unabhängig.

Die folgende Abbildung verdeutlicht das einfache Regressionsmodell. Die identische Verteilung der U_v bewirkt, daß die Verteilungen der Y_v bis auf eine Verschiebung gleich sind. Insbesondere gilt:

$$E(Y_v) = E(a + bx_v + U_v) = a + bx_v,$$
$$V(Y_v) = V(a + bx_v + U_v) = \sigma^2.$$

Y_v stellt die Beobachtung der Variablen Y für den Wert x_v der unabhängigen Variablen X dar. Dies wird auch durch die Schreibweise $E(Y|X = x_v) = a + bx_v$ gekennzeichnet. $E(Y|X = x)$ heißt der **bedingte Erwartungswert** von Y bei gegebenem Wert x von X.

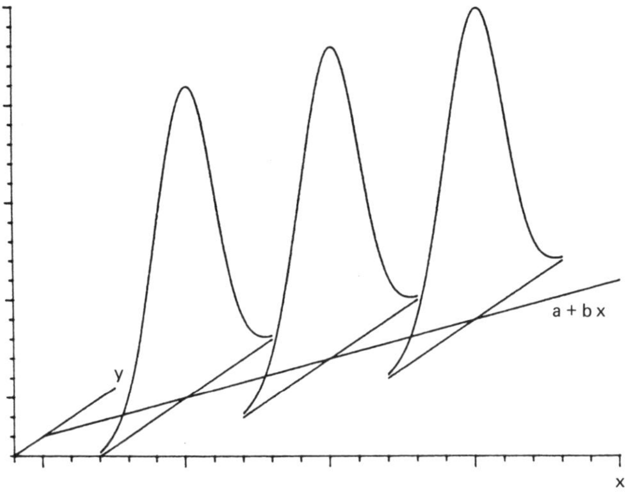

Abb.: Das einfache Regressionsmodell

20.3 Schätzen und Testen im linearen Regressionsmodell

Problemstellung

Die zunehmende Beliebtheit des Abenteuerurlaubes veranlaßte eine Studie über die Belastung des mit dem Rucksack zu transportierenden Gepäcks auf die Wanderer. Geeignete Anhaltspunkte sind u.a. für Empfehlungen in Wanderführern wesentlich.

Eine wichtige Belastungskomponente wird durch die Herzschlagfrequenz erfaßt. Naheliegend ist dabei der lineare Ansatz

$$\text{Herzschlag} = a + b \cdot \text{Gepäck} + \text{Störung}.$$

Labormessungen am Laufband an zehn Männern, die ca. 22 Jahre alt waren und ein nur gering von 71.8 kg abweichendes Körpergewicht hatten, ergaben die folgenden Meßwerte (nach Gordon u.a.: Ergonomics 26, (1983), 289–298):

Tab.: Belastung durch Rucksackgewicht

Zusätzliches Gepäck (% Körpergewicht)	Herzschlag (Schläge/Min)
0	117.5, 120.5
20	133.5, 138.5
30	140 , 146
40	151.5, 154.5
50	160 , 166

Gesucht sind hier neben den Schätzwerten für a und b auch geeignete Konfidenzintervalle. Zudem sollten auch Zwischenwerte (für andere Gewichtsanteile) mit zugehörigen Vertrauensbereichen angegeben werden.

Die Kleinst-Quadrate-Schätzfunktion

Die Bestimmung der empirischen Regressionsgeraden nach der Methode der kleinsten Quadrate ergibt im Rahmen des Regressionsmodells eine **Schätzmethode**. Die Interpretation der empirisch ermittelten Parameter $\hat{a}$ und $\hat{b}$ als Schätzwerte der Modellparameter macht dabei den eigentlichen Unterschied zum deskriptiven Ansatz aus.

Wie wir gesehen haben, gilt bei vorgegebenen Beobachtungspaaren (x_v, y_v) $v = 1, \ldots, n$:

$$\hat{a} = \bar{y} - \hat{b}\bar{x}, \quad \hat{b} = \frac{\overline{xy} - \bar{x}\bar{y}}{\overline{x^2} - \bar{x}^2}.$$

Da die Werte $x_1, \ldots, x_n$ als fest vorgegeben betrachtet werden, sind $\hat{a}$ und $\hat{b}$ jetzt Realisationen von Funktionen der Zufallsvariablen $Y_1, \ldots, Y_n$.

Dies wird deutlicher mit folgenden Umformungen:

$$\begin{aligned}
\hat{b} &= \frac{\overline{xy} - \bar{x}\bar{y}}{\overline{x^2} - \bar{x}^2} = \frac{\sum (x_v - \bar{x})(y_v - \bar{y})}{\sum (x_u - \bar{x})^2} \\
&= \frac{\sum (x_v - \bar{x}) y_v}{\sum (x_u - \bar{x})^2} - \frac{\sum (x_v - \bar{x}) \bar{y}}{\sum (x_u - \bar{x})^2} \\
&= \sum_{v=1}^{n} \left(\frac{x_v - \bar{x}}{\sum (x_u - \bar{x})^2} \right) y_v, \\
\hat{a} &= \bar{y} - \hat{b}\bar{x} \\
&= \frac{1}{n} \sum y_v - \sum \left(\frac{x_v - \bar{x}}{\sum (x_u - \bar{x})^2} \right) y_v \cdot \bar{x} \\
&= \sum_{v=1}^{n} \left(\frac{1}{n} - \frac{x_v - \bar{x}}{\sum (x_u - \bar{x})^2} \bar{x} \right) y_v.
\end{aligned}$$

Die aus dem Kleinst-Quadrate-Ansatz resultierenden **KQ-Schätzfunktionen** bezeichnen wir wieder mit $\hat{a}$ und $\hat{b}$:

$$\hat{a} = \sum_{v=1}^{n} \left(\frac{1}{n} - \frac{x_v - \bar{x}}{\sum (x_u - \bar{x})^2} \bar{x} \right) Y_v,$$

$$\hat{b} = \sum_{v=1}^{n} \left(\frac{x_v - \bar{x}}{\sum (x_u - \bar{x})^2} \right) Y_v.$$

Beispiel

Für den in der Problemstellung angegebenen Datensatz erhalten wir die folgenden Gewichte für die Darstellung von $\hat{a}$ und $\hat{b}$ als gewichtete Summe der y_v:

Tab.: Arbeitstabelle zur Bestimmung der Gewichte y_v

v	x_v	$x_v - \bar{x}$	$(x_v - \bar{x})^2$	$\frac{x_v - \bar{x}}{\sum(x_v - \bar{x})^2}$	$\frac{1}{10} - \frac{x_v - \bar{x}}{\sum(x_v - \bar{x})^2} \cdot \bar{x}$
1	0	−28	784	−28/2960	(148 + 14 · 28)/1480
2	0	−28	784	−28/2960	(148 + 14 · 28)/1480
3	20	− 8	64	− 8/2960	(148 + 4 · 28)/1480
4	20	− 8	64	− 8/2960	(148 + 4 · 28)/1480
5	30	2	4	2/2960	(148 − 1 · 28)/1480
6	30	2	4	2/2960	(148 − 1 · 28)/1480
7	40	12	144	12/2960	(148 − 6 · 28)/1480
8	40	12	144	12/2960	(148 − 6 · 28)/1480
9	50	22	484	22/2960	(148 − 11 · 28)/1480
10	50	22	484	22/2960	(148 − 11 · 28)/1480
	280		2960		

Mit den Gewichten lassen sich dann die gesuchten Parameter berechnen:

$$\hat{b} = \sum_{v=1}^{10} \frac{x_v - \bar{x}}{\sum(x_u - \bar{x})^2} y_v = 0.87$$

$$\hat{a} = \sum_{v=1}^{10} \left(\frac{1}{10} - \frac{x_v - \bar{x}}{\sum(x_u - \bar{x})^2} \cdot \bar{x}\right) y_v = 118.43.$$

Eigenschaften der KQ-Schätzer

Mit der Darstellung von $\hat{a}$ und $\hat{b}$ als Linearkombination von $Y_1, \ldots, Y_n$ erhalten wir sehr einfach die Erwartungswerte und Varianzen der beiden Schätzfunktionen.

$$\begin{aligned} E(\hat{b}) &= E\left(\sum_{v=1}^{n} \frac{x_v - \bar{x}}{\sum(x_u - \bar{x})^2} Y_v\right) = \sum_{v=1}^{n} \frac{x_v - \bar{x}}{\sum(x_u - \bar{x})^2} E(Y_v) \\ &= \sum_{v=1}^{n} \frac{x_v - \bar{x}}{\sum(x_u - \bar{x})^2} \cdot (a + bx_v) \\ &= a \cdot \sum_{v=1}^{n} \frac{x_v - \bar{x}}{\sum(x_u - \bar{x})^2} + b \cdot \sum_{v=1}^{n} \frac{(x_v - \bar{x}) \cdot x_v}{\sum(x_u - \bar{x})^2} \\ &= b \end{aligned}$$

und

$$\begin{aligned} V(\hat{b}) &= V\left(\sum \frac{x_v - \bar{x}}{\sum(x_u - \bar{x})^2} Y_v\right) = \sum \frac{(x_v - \bar{x})^2}{(\sum(x_u - \bar{x})^2)^2} V(Y_v) \\ &= \frac{1}{\sum(x_u - \bar{x})^2} \cdot \sigma^2. \end{aligned}$$

Entsprechend erhalten wir:

$$E(\hat{a}) = a,$$

$$V(\hat{a}) = \frac{\sum x_v^2}{n\sum(x_u - \bar{x})^2} \sigma^2.$$

In die Formeln von $V(\hat{a})$ und $V(\hat{b})$ geht die unbekannte Varianz σ^2 der Störungen ein. Die **Standardfehler der Schätzer** $\hat{a}$, $\hat{b}$ können also selbst nur näherungsweise unter Verwendung einer Schätzung von σ^2 angegeben werden. Eine Schätzung von σ^2 geht dabei naheliegender Weise von den Rediduen $\hat{u}_v$ aus. Wegen $\bar{\hat{u}} = 0$ ist $\sum \hat{u}_v^2$ nur noch geeignet zu normieren. Dies geschieht hier mit dem Faktor $1/n-2$. Dann ist

$$\hat{\sigma}^2 = \frac{1}{n-2} \sum_{v=1}^{n} \hat{u}_v^2$$

eine erwartungstreue Schätzfunktion für σ^2. In der Praxis werden die geschätzten Regressionsgeraden gern mit den resultierenden Schätzungen für die Standardfehler von $\hat{a}$ und $\hat{b}$ angegeben. Dies erlaubt eine Bewertung der Zuverlässigkeit der Punktschätzungen.

Zusammengefaßt erzielten wir bisher die folgenden Ergebnisse für die Schätzungen von a und b nach der Methode der kleinsten Quadrate:

Im einfachen linearen Regressionsmodell $Y_v = a + bx_v + U_v$, $v = 1, \ldots, n$ lauten die **Kleinstquadrate-Schätzer** für die Parameter a, b und σ^2:

$$\hat{b} = \frac{\sum(x_v - \bar{x})(Y_v - \bar{Y})}{\sum(x_v - \bar{x})^2} = \sum_{v=1}^{n} \left(\frac{x_v - \bar{x}}{\sum(x_u - \bar{x})^2} \right) Y_v$$

$$\hat{a} = \bar{Y} - \hat{b}\bar{x} = \sum_{v=1}^{n} \left(\frac{1}{n} - \frac{x_v - \bar{x}}{\sum(x_u - \bar{x})^2} \bar{x} \right) Y_v$$

$$\hat{\sigma}^2 = \frac{1}{n-2} \sum_{v=1}^{n} (Y_v - \hat{Y}_v)^2 = \frac{1}{n-2} \sum_{v=1}^{n} (Y_v - \hat{a} - \hat{b}x_v)^2$$

$$= \frac{1}{n-2} (\sum Y_v^2 - \hat{a} \sum Y_v - \hat{b} \sum x_v Y_v)$$

$$= \frac{1}{n-2} (\sum (Y_v - \bar{Y})^2 - \hat{b} \sum (x_v - \bar{x})(Y_v - \bar{Y})) .$$

$$= \frac{n}{n-2} (S_Y^2 - \hat{b}^2 S_X^2)$$

Sie sind **erwartungstreu**:

$$E(\hat{b}) = b, \quad E(\hat{a}) = a, \quad E(\hat{\sigma}^2) = \sigma^2 .$$

$\hat{a}$ und $\hat{b}$ sind auch **konsistent**:

$$V(\hat{b}) = \sigma_{\hat{b}}^2 = \frac{\sigma^2}{\sum(x_u - \bar{x})^2} \to 0, \quad V(\hat{a}) = \sigma_{\hat{a}}^2 = \frac{(\sum x_v^2)\sigma^2}{n\sum(x_u - \bar{x})^2} \to 0 .$$

Beispiel

Für die Belastungs-Daten ergeben sich mit den im vorigen Beispiel ermittelten Schätzungen:

ν	$\hat{y}_\nu$	$y_\nu - \hat{y}_\nu$	$(y_\nu - \hat{y}_\nu)^2$
1	118.432	−.9320	0.869
2	118.432	2.068	4.277
3	135.838	−2.338	5.466
4	135.838	2.662	7.086
5	144.541	−4.541	20.621
6	144.541	1.459	2.129
7	153.243	−1.743	3.038
8	153.243	1.257	1.580
9	161.946	−1.946	3.787
10	161.946	4.054	16.435
			65.288

Damit ist

$$\hat{\sigma}^2 = \frac{1}{8} 65.288 = 8.161 .$$

Die Schätzungen der Standard-Fehler für die Schätzer $\hat{\mathfrak{a}}$ und $\hat{\mathfrak{b}}$ sind

$$\hat{\sigma}_{\hat{\mathfrak{b}}} = \left(\frac{8.161}{2960}\right)^{0.5} = 0.0525$$

$$\hat{\sigma}_{\hat{\mathfrak{a}}} = \left(\frac{10800 \cdot 8.161}{10 \cdot 2960}\right)^{0.5} = 1.7256 .$$

Die Regressionsgerade läßt sich folglich in der Form

$$\begin{aligned} \hat{y} = {} & \underset{(1.73)}{118.433} + \underset{(0.05)}{0.876} \cdot x \end{aligned}$$

angeben.

Konfidenzintervalle

Um Konfidenzintervalle bestimmen und Tests durchführen zu können, benötigen wir zusätzlich zu den bereits formulierten Annahmen eine Verteilungsannahme für die Störungen bzw. die abhängigen Variablen.

Die Unterstellung, daß Fehler normalverteilt sind, reicht bis in das 18te Jahrhundert zurück. In der Tat wurde die Methode der kleinsten Quadrate von Gauß im Kontext normalverteilter Fehler der Störungen entwickelt. Sie ist in gewisser Hinsicht die adäquate Verteilung für die Regressionsrechnung nach der Methode der kleinsten Quadrate. Bei Anwendungen ist jeweils zu überprüfen, ob diese Annahme gerechtfertigt ist. Darauf gehen wir im Abschnitt über die Residuenanalyse noch ein.

Das im folgenden zugrundegelegte Modell lautet also:

Das **Regressionsmodell mit normalverteilten Störungen** ist gekennzeichnet durch die Annahmen:
Die Zufallsvariablen $Y_1, \ldots, Y_n$ hängen von den vorgegebenen Werten $x_1, \ldots, x_n$ ab:

$$Y_v = a + bx_v + U_v \quad v = 1, \ldots, n.$$

Für die Störungen U_v gilt:

(i) $U_v \sim N(0, \sigma^2)$

(ii) $U_1, \ldots, U_n$ sind unabhängig.

Mit den U_v sind dann auch die abhängigen Variablen Y_v normalverteilt:

$$Y_v \sim N(a + bx_v, \sigma^2) \qquad v = 1, \ldots, n.$$

Da die Y_v unabhängig und $\hat{a}$ sowie $\hat{b}$ Linearkombinationen der Y_v sind, erhalten wir nach den Ergebnissen des Kapitels 12, daß auch $\hat{a}$ und $\hat{b}$ normalverteilt sind:

$$\hat{a} \sim N(a, \sigma_{\hat{a}}^2),$$
$$\hat{b} \sim N(b, \sigma_{\hat{b}}^2),$$

wobei $\sigma_{\hat{a}}^2$ und $\sigma_{\hat{b}}^2$ die oben angegebenen Varianzen von $\hat{a}$ und $\hat{b}$ sind.

Zur Bestimmung von Konfidenzintervallen und Tests können wir dann wieder von den standardisierten Schätzfunktionen ausgehen. Da i.d.R. σ^2 unbekannt ist, betrachten wir die Standardisierung mit den geschätzten Standardfehlern:

Im Regressionsmodell $Y_v = a + bx_v + U_v$ mit normalverteilten Störungen sind die geeignet **standardisierten Schätzfunktionen t-verteilt mit n – 2 Freiheitsgraden**:

$$\frac{\hat{a} - a}{\hat{\sigma}_{\hat{a}}} = \frac{\hat{a} - a}{\hat{\sigma}} \cdot \sqrt{\frac{n\sum(x_u - \bar{x})^2}{\sum x_v^2}} \sim t_{n-2},$$

$$\frac{\hat{b} - b}{\hat{\sigma}_{\hat{b}}} = \frac{\hat{b} - b}{\hat{\sigma}} \cdot \sqrt{\sum(x_u - \bar{x})^2} \sim t_{n-2}.$$

Über eine Umformung, wie sie schon beim Konfidenzintervall für μ durchgeführt wurde, erhalten wir Konfidenzintervalle für a und b.

Außer an den einzelnen Konfidenzintervallen für a und b besteht bisweilen auch ein Interesse an einer Konfidenzschätzung für den zu erwartenden Y-Wert an einer nicht vorgegebenen Stelle x, d.h. für

$$E(Y|X = x) = a + bx.$$

Naheliegend ist zunächst die Verwendung von

$$\hat{Y}|x := \hat{a} + \hat{b}x$$

als Schätzer für $E(Y|X = x) = a + bx$. Aus den Eigenschaften von $\hat{a}$ und $\hat{b}$ erhalten wir leicht:

$$\hat{Y}|x = \hat{a} + \hat{b}x \sim N(\mu_{\hat{Y}|x}, \sigma^2_{\hat{Y}|x})$$

mit

$$\mu_{\hat{Y}|x} = a + bx, \quad \text{und} \quad \sigma^2_{\hat{Y}|x} = \left(\frac{1}{n} + \frac{(x-\bar{x})^2}{\sum(x_u - \bar{x})^2}\right) \cdot \sigma^2 .$$

Damit erhalten wir die Konfidenzschätzung wieder auf die gewohnte Weise.

Die Länge des Konfidenzintervalles für $E(Y|X = x)$ hängt von der Lage des Wertes x ab: Je näher x bei $\bar{x}$ liegt, desto kleiner ist $\sigma_{\hat{Y}|x}$.

> Im Regressionsmodell mit normalverteilten Störungen lauten die $(1-\alpha)$-**Konfidenzintervalle für** a **und** b:
>
> $$[\hat{a} - t_{n-2;1-\alpha/2} \cdot \hat{\sigma}_{\hat{a}};\ \hat{a} + t_{n-2;1-\alpha/2} \cdot \hat{\sigma}_{\hat{a}}]$$
> $$[\hat{b} - t_{n-2;1-\alpha/2} \cdot \hat{\sigma}_{\hat{b}};\ \hat{b} + t_{n-2;1-\alpha/2} \cdot \hat{\sigma}_{\hat{b}}] .$$
>
> Ein **Konfidenzintervall für die Regressionsgerade** an der Stelle x ist gegeben durch
>
> $$[\hat{a} + \hat{b}x - t_{n-2;1-\alpha/2}\hat{\sigma}_{\hat{Y}|x};\ \hat{a} + \hat{b}x + t_{n-2;1-\alpha/2}\hat{\sigma}_{\hat{Y}|x}] .$$

Wenn Konfidenzintervalle zum Niveau $1-\alpha$ für a und b nach den angegebenen Formeln bestimmt werden, so ist der Vertrauensgrad **nicht** $1-\alpha$, daß beide Intervalle **gleichzeitig** den jeweiligen wahren Parameterwert überdecken. Wenn KI_1, KI_2 die Konfidenzintervalle für a und b sind, so ist diese Wahrscheinlichkeit der gleichzeitigen oder simultanen Überdeckung gleich

$$P(KI_1 \text{ überdeckt a}, KI_2 \text{ überdeckt b}) .$$

Da die Ereignisse abhängig sind, können wir diese Wahrscheinlichkeit nicht ohne weiteres angeben.

Mit Hilfe der **Bonferroni-Ungleichung** $P(A \cap B) \geq 1 - (P(\bar{A}) + P(\bar{B}))$, vgl. Kapitel 4, können aber **simultane Konfidenzintervalle** bestimmt werden.

Mit dieser Ungleichung haben wir für die gesuchte Wahrscheinlichkeit die Abschätzung:

$$\begin{aligned} &P(KI_1 \text{ überdeckt a}, KI_2 \text{ überdeckt b}) \\ &\geq 1 - [P(KI_1 \text{ überdeckt a nicht}) + P(KI_2 \text{ überdeckt b nicht})] \\ &= 1 - [\alpha + \alpha] = 1 - 2\alpha . \end{aligned}$$

Um einen **Gesamtvertrauensgrad** von $1-\alpha'$ zu haben, daß beide Konfidenzintervalle die jeweiligen wahren Parameterwerte überdecken, müssen die Einzelniveaus also $1-\alpha'/2$ betragen.

Beispiel

Wir wollen 95%-Konfidenzintervalle für die Parameter a und b der Regressionsgeraden

$$\text{Herzschlagfrequenz} = a + b \cdot \text{Rucksackgewicht} + \text{Störung}$$

bestimmen.

Die vorangehenden Berechnungen ergaben:

$$\hat{a} = 118.43, \quad \hat{\sigma}_{\hat{a}} = 1.7256;$$
$$\hat{b} = 0.87, \quad \hat{\sigma}_{\hat{b}} = 0.0525.$$

Bei $n - 2 = 8$ Freiheitsgraden erhalten wir

$$t_{8;0.975} = 2.306.$$

Dies führt auf das realisierte Konfidenzintervall für a:

$$[114.45; 122.41],$$

und das realisierte Konfidenzintervall für b:

$$[0.755; 0.997].$$

Der Vertrauensgrad, daß beide Intervalle gleichzeitig den jeweiligen wahren Parameterwert überdecken, ist nach der Bonferroni-Ungleichung, wenn KI_1, KI_2 die Konfidenzintervalle für a und b sind:

$$P(KI_1 \text{ überdeckt a und } KI_2 \text{ überdeckt b}) \geq 1 - (0.05 + 0.05) = 0.90.$$

Die an allen Stellen x berechneten 95%-Konfidenzintervalle für $E(Y|X = x)$ sind in der folgenden Abbildung dargestellt.

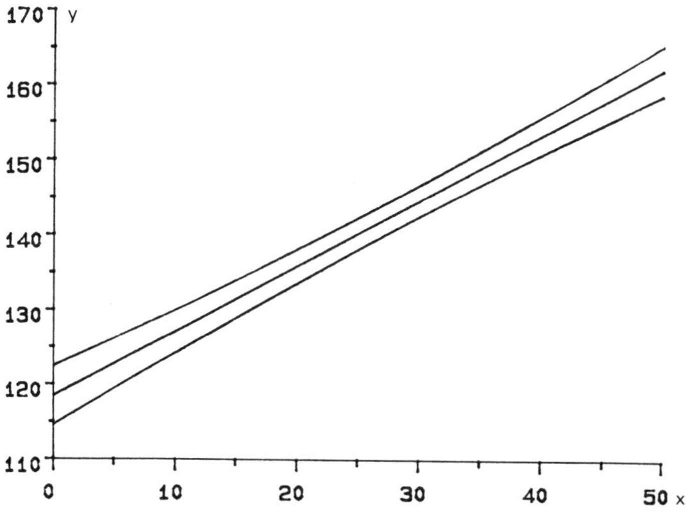

Abb.: Konfidenzintervalle für $E(Y|X = x)$

Tests

Die Verteilungsaussagen für die standardisierten Stichprobenfunktionen $(\hat{a} - a)/\hat{\sigma}_{\hat{a}}$ und $(\hat{b} - b)/\hat{\sigma}_{\hat{b}}$ erlauben, sie als Prüfgrößen für Tests bzgl. der Parameter a und b zu verwenden.

Tab.: Überblick der Tests für die Parameter der Regressionsgeraden

Hypothesen	Prüfgröße	Ablehnbereich
H: $b = b_0$, G: $b \neq b_0$	$T = \dfrac{\hat{b} - b_0}{\hat{\sigma}_{\hat{b}}}$	$\lvert T \rvert > t_{n-2;1-\alpha/2}$
H: $b \leq b_0$, G: $b > b_0$		$T > t_{n-2;1-\alpha}$
H: $b \geq b_0$, G: $b < b_0$		$T < -t_{n-2;1-\alpha}$
H: $a = a_0$ G: $a \neq a_0$	$T = \dfrac{\hat{a} - a_0}{\hat{\sigma}_{\hat{a}}}$	$\lvert T \rvert > t_{n-2;1-\alpha/2}$
H: $a \leq a_0$ G: $a > a_0$		$T > t_{n-2;1-\alpha}$
H: $a \geq a_0$ G: $a < a_0$		$T < -t_{n-2;1-\alpha}$

Beispiel

Wird ein Mensch Erschütterungen ausgesetzt, so pflanzen sich diese über den ganzen Körper fort. Die Übertragbarkeit von Vibrationen hängt dabei von körperlichen Charakteristika wie Größe, Geschlecht und Gewicht ab. Zur Erforschung dieses Zusammenhanges wurde u.a. eine Anzahl von Frauen vertikalen Vibrationen ausgesetzt, indem ihr Sitz in sinusförmige Schwingungen von 16 Herz versetzt wurde. Die induzierte Kopf-Vibration wurde als relative Größe zu der Schwingungsfrequenz des Sitzes festgehalten. (M.J. Griffin and E.M. Witham, J. Sound and Vibration (1978), 58, S. 239–250.)

Als (eine) Frage stellt sich, ob die Übertragbarkeit mit zunehmendem Gewicht geringer wird. Dies läßt sich als Testproblem für die Steigung der Regressionsgeraden

$$\text{Übertragbarkeit} = a + b \cdot \text{Körpergewicht} + U$$

formulieren:

$$H\colon b = 0,$$
$$G\colon b < 0.$$

Die Versuchsergebnisse sind in der folgenden Tabelle angegeben.

Tab.: Körpergewicht X (in kg) und Vibrationsübertragung Y (in %)

v	x_v	y_v	v	x_v	y_v	v	x_v	y_v
1	67	86	10	55	73	19	64	64
2	50	65	11	54	102	20	55	55
3	68	59	12	73	37	21	54	49
4	55	43	13	54	94	22	51	73
5	63	53	14	63	82	23	64	25
6	45	88	15	47	83	24	54	75
7	52	88	16	51	83	25	56	82
8	51	84	17	59	59	26	51	93
9	59	52	18	55	121	27	53	138

Die benötigten Zwischenwerte sind

$$\bar{x} = 56.41, \quad \overline{x^2} = 3225.37, \quad \bar{y} = 74.30, \quad \overline{y^2} = 6114.37, \quad \overline{xy} = 4116.33.$$

Damit erhalten wir:

$$\hat{b} = \frac{\overline{xy} = \bar{x}\bar{y}}{\overline{x^2} - \bar{x}^2} = -1.73,$$

$$\hat{a} = \bar{y} - \hat{b}\bar{x} = 171.89,$$

$$\hat{\sigma}^2 = \frac{27}{25}(\overline{y^2} - \bar{y}^2 - \hat{b}^2(\overline{x^2} - \bar{x}^2)) = 501.49,$$

$$\hat{\sigma}_{\hat{b}} = \hat{\sigma}/(n\overline{x^2} - n\bar{x}^2)^{0.5} = 0.655.$$

Die Prüfgröße nimmt folglich den Wert

$$T = (\hat{b} - 0)/\hat{\sigma}_{\hat{b}} = -\frac{-1.73}{0.655} = -2.641$$

an. Bei $28 - 2 = 26$ Freiheitsgraden liegt das empirische Signifikanzniveau zwischen 0.01 und 0.05.

Die fallende Tendenz ist damit zwar belegt, sie ist aber wohl nicht als bedeutend einzuschätzen: Pro Kilogramm Körpergewicht wird die Übertragbarkeit um nur 1% verringert.

20.4 Residuenanalyse

Schon aus dem Streudiagramm ist bisweilen zu erkennen, daß das einfache lineare Regressionsmodell mit seinen Annahmen keinen sinnvollen Ansatz darstellt. In anderen Fällen ist dies nicht so leicht zu erkennen. Jede vollständige Regressionsanalyse schließt daher Schritte zur Überprüfung des angepaßten Modells ein.

Die Grundlage zur Beurteilung eines Regressionsmodells bilden die Residuen $\hat{u}_v = y_v - \hat{y}_v$, $v = 1, \ldots, n$. Bei einem korrekten Modell sind sie näherungsweise gleich den Realisationen der Störungen U_v. Wenn den Beobachtungen also tatsächlich eine lineare Beziehung der unterstellten Form zugrundeliegt, sind in der grafischen Darstellung der Residuen einige typische Muster zu erwarten. Abweichungen von diesen Mustern weisen auf Modelldefekte hin.

Die grafischen Darstellungen der $\hat{u}_v$ werden als **Residuendiagramme** bezeichnet. Üblich ist es, die Residuen $\hat{u}_v$ in Abhängigkeit von den auf der geschätzten Regressionsgeraden liegenden Werten $\hat{y}_v$ aufzutragen.

Die vier Residuendiagramme zeigen unterschiedliche Situationen. Das Residuendiagramm a) zeigt die Idealsituation, wenn alle Modellvoraussetzungen erfüllt sind. b) bis d) zeigen davon abweichende Muster. Auf die Ursachen der Abweichungen gehen wir im folgenden ein.

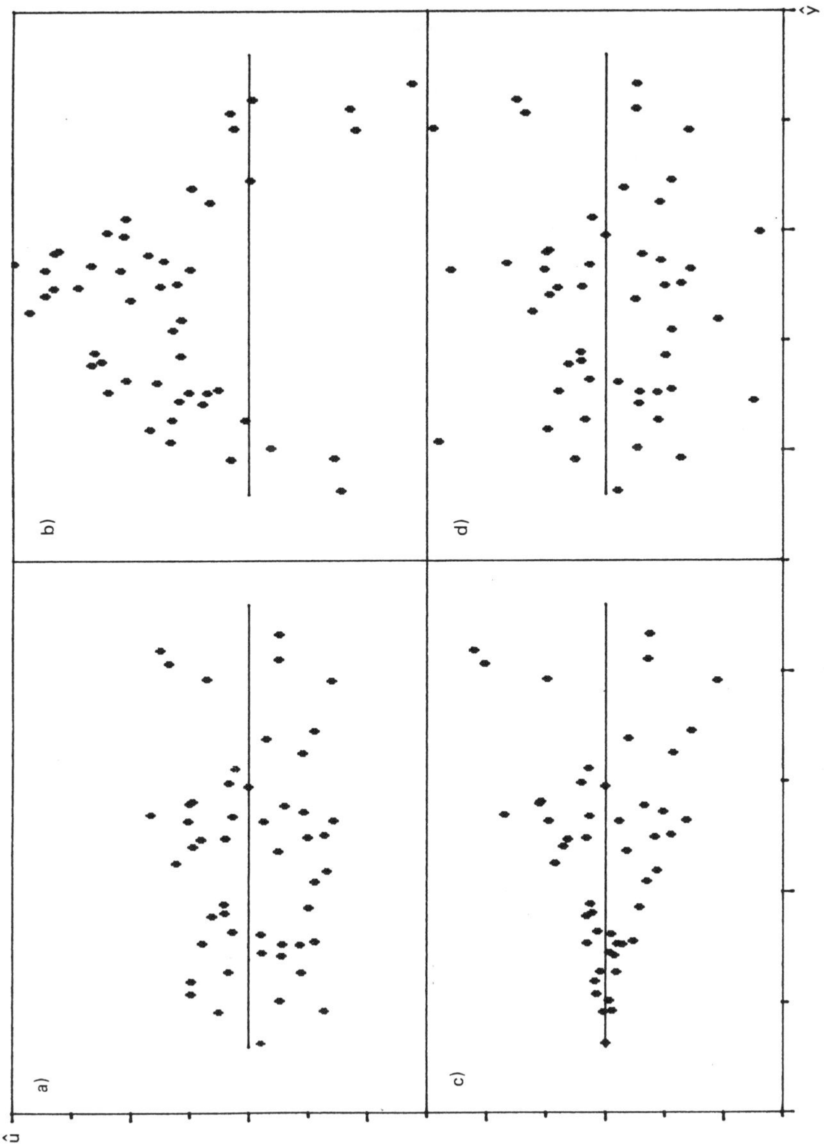

Abb.: Einige Residuendiagramme

Systematische Änderung des Mittels

Die Störungen U_v sind die Abweichungen von der Regressionsgeraden. Ihr Erwartungswert ist Null: $E(U_v) = 0$. Daher (und wegen der Unabhängigkeit der Beobachtungen) sollte im Residuendiagramm kein systematisch von Null abweichender Verlauf erkennbar sein.

In der Eingangsabbildung gilt dies für den Fall a). Das Bild b) zeigt dagegen einen systematisch von Null abweichenden Verlauf.

Eine derartige Abweichung deutet darauf hin, daß die angepaßte Gerade die Abhängigkeit der Y-Variablen von der Variablen X nicht adäquat erfaßt. Eine Verbesserung ist aber oftmals mit der im folgenden Abschnitt 20.5 dargestellten Methode möglich.

Beispiel

Der Leistungsrückgang von Sportlern im Alter ist zwar ganz natürlich, es gibt jedoch keine Theorie, die die Form dieses Rückganges erfaßt. Für Schwimmer ist nun die für eine feste Strecke benötigte Zeit ein Indikator für die Leistungsfähigkeit. Somit kann aus der Entwicklung dieser Zeiten in Abhängigkeit vom Alter auf die Form des Leistungsabfalls geschlossen werden.

45 qualifizierte Wettkampfschwimmer im Alterssport erbrachten in Wettkämpfen über 50 m Brustschwimmen die folgenden Zeiten. Die Schwimmer sind in je 5 Jahre umfassende Altersklassen zusammengefaßt. Angegeben sind die Klassenmitten. (Nach: M. Letzelter u.a.: Schwimmleistungen im Alter; Z. Gerontol 19, (1986), S. 389–395.)

Tab.: Schwimmzeiten über 50 m Brust

Alter (J)	Zeiten (in Sec)				
27.5	37.34	37.10	37.96	37.36	37.93
32.5	37.75	37.25	38.10	38.39	37.35
37.5	39.54	39.89	38.67	39.36	37.81
42.5	39.19	39.80	39.80	39.38	39.26
47.5	41.58	41.69	39.34	40.66	42.42
52.5	42.91	42.24	42.41	42.07	43.35
57.5	43.85	41.81	44.74	43.81	44.86
62.5	48.97	47.10	45.82	45.97	47.51
67.5	50.74	49.01	48.87	48.74	47.99

Wesentlich deutlicher als aus dem Streudiagramm ist aus dem Residuendiagramm ersichtlich, daß der Leistungsabfall nicht linear mit dem Alter zunimmt. Die erhöhten Werte der Residuen an den Rändern und die niedrigen im mittleren Teil deuten darauf hin, daß ein quadratischer Zusammenhang existiert.

Bei einem Residuendiagramm mit vielen Punkten ist es oft schwer zu entscheiden, ob tatsächlich keine Verletzung der „nicht-systematischen Streuung der Residuen um Null“ vorliegt. Dies kann sehr einfach überprüft werden, indem aus den Residuen eine Serie von Box-Plots erstellt wird.

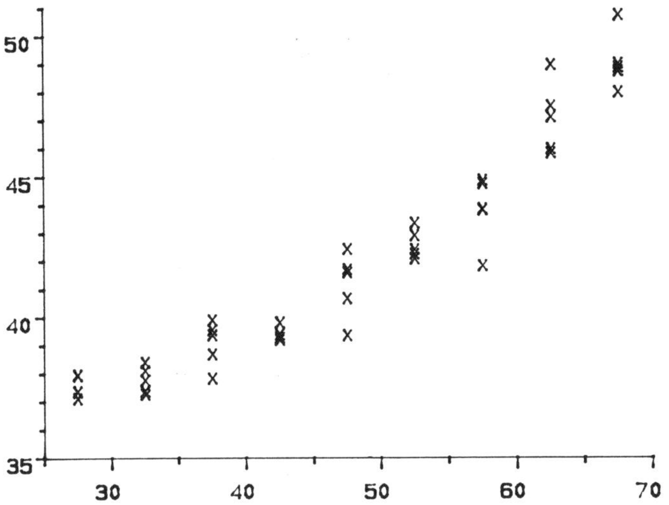

Abb.: Streudiagramm Schwimmzeit in Abhängigkeit vom Alter

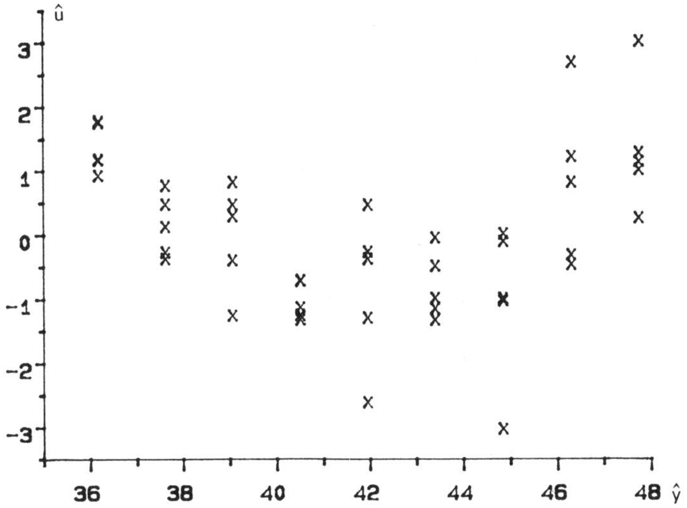

Abb.: Residuen der linearen Regression Schwimmzeit gegen Alter

Dazu wird die Abszisse in mehrere Abschnitte mit jeweils etwa gleich vielen Punkten aufgeteilt. Es resultieren Streifen, wenn durch die Abschnittsgrenzen Senkrechte gezeichnet werden. Die Residuen in einem Streifen stellen dann einen Datensatz dar, für den ein Box-Plot gezeichnet wird. Dieses ist sinnvollerweise in die Mitte des Streifens zu plazieren. Alle **Streifen-Box-Plots** zusammen sollten dann ein systematisches Abweichen der Lage der Residuen von Null erkennen lassen.

Inhomogenität der Varianz

Eine andere, häufig anzutreffende Modellverletzung drückt sich darin aus, daß die Streuung der Residuen um Null ein systematisches Verhalten zeigt. Eine typische, keilförmige Struktur ist etwa zu beobachten, wenn die Streuung der abhängigen Variablen Y mit der Größe der unabhängigen Variablen X zunimmt (bzw. abnimmt). Dieses Verhalten der Residuen wird durch **Heteroskedastizität**, d. h. ungleiche Varianzen der Störungen U_v, bewirkt.

Im Abschnitt 8.2 haben wir den Fall betrachtet, daß die Varianz von dem Niveau eines Datensatzes abhängt. Eine geeignete Transformation der Form $Y \rightarrow Y^m$ $m \neq 0$, bzw. der Übergang zu logarithmierten Werten $Y \rightarrow \ln(Y)$ führt häufig zu einer Varianzstabilisierung. Entsprechend reicht oft auch eine **Transformation der abhängigen Variablen** aus, um die Heteroskedastizität zu beseitigen. Gehen also etwa große Residuenwerte mit großen Werten von $\hat{Y}$ einher, so werden wir versuchen, die Varianz der Störungen durch Hinabsteigen der Leiter der Transformationen zu stabilisieren: Durch den Übergang von Y zu $T(Y) = \ln(Y)$ werden z. B. Differenzen zwischen großen Werten von Y stärker reduziert als Differenzen zwischen kleinen Werten.

Dabei kann es passieren, daß nach der Transformation von Y die Abhängigkeit zwischen der transformierten Variablen und der unabhängigen Variablen nicht mehr von linearer Gestalt ist. Die lineare Form ist aber meist wieder herstellbar. Dies fällt unter das Thema des folgenden Abschnittes.

Beispiel

Bache et al. (Science 117 (1972), S. 1192–1193) berichten über die Kumulierung von Polychlorinat Biphenyl (PCB) mit zunehmendem Alter bei Forellen. Das Alter der Fische war exakt bekannt, da sie jährlich in dem entsprechenden See ausgesetzt und unterschiedlich markiert wurden.

Tab.: Alter (Jahre) und PCB-Konzentration (ppm)

v	x_v	y_v	v	x_v	y_v	v	x_v	y_v
1	1	0.6	10	3	1.2	19	7	5.5
2	1	1.6	11	4	3.5	20	7	10.5
3	1	0.5	12	4	4.1	21	8	17.5
4	1	1.2	13	4	5.1	22	8	13.4
5	2	2.0	14	5	5.7	23	8	4.5
6	2	1.3	15	6	3.4	24	9	30.4
7	2	2.5	16	6	9.7	25	11	12.4
8	3	2.2	17	6	8.6	26	12	13.4
9	3	2.4	18	7	4.0	27	12	26.2

Das Streudiagramm weist einen Anstieg der Variabilität der PCB-Konzentration mit dem Alter auf. Die Residuen der Regression, die die geschätzte Beziehung

$$\hat{y} = -2.27 + 1.78 \cdot x$$

ergibt, zeigt die oben erwähnte, keilförmige Struktur. Dies gibt Anlaß, die abhängige Variable zu transformieren. Für die logarithmierte Variable $Z = \ln(Y)$ erhalten wir die Regressionsgerade

$$\hat{z} = -0.063 + 0.285x.$$

Im neuen Residuendiagramm ist der Hinweis auf Heteroskedastizität verschwunden.

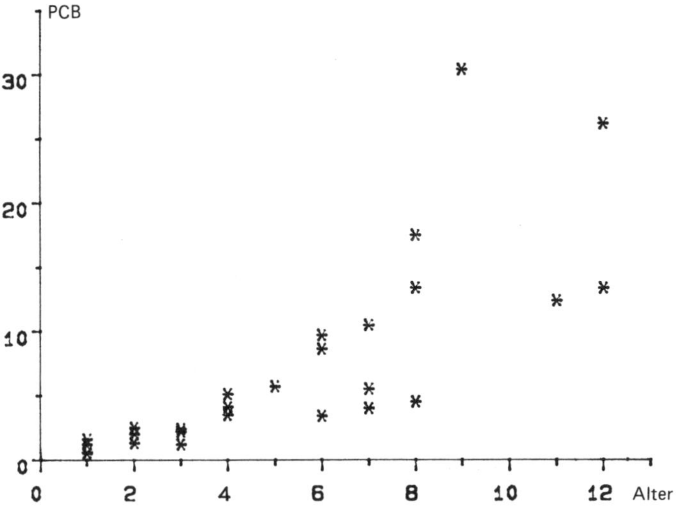

Abb.: PCB-Konzentration in Abhängigkeit vom Alter

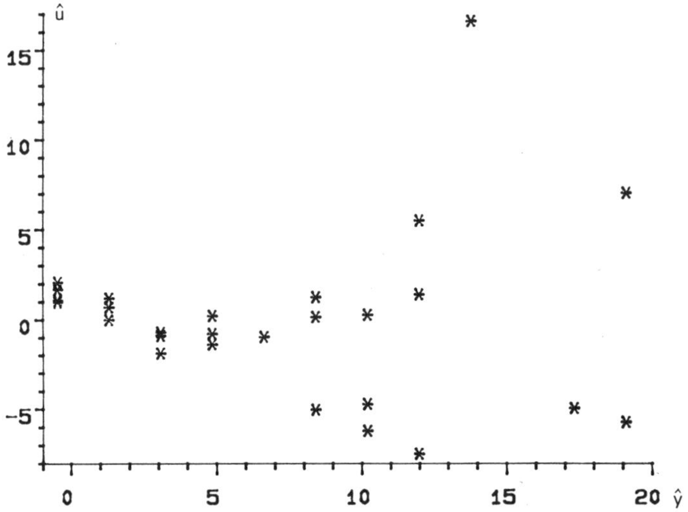

Abb.: Residuen der Regression PCB versus Alter

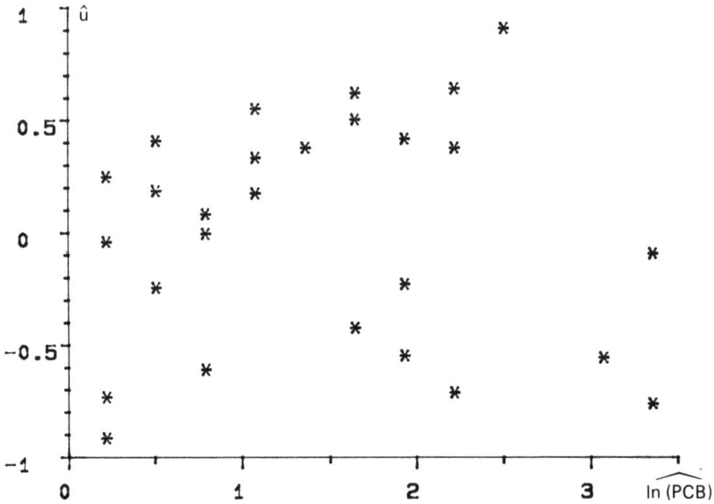

Abb.: Residuen der Regression ln(PCB) versus Alter

Ausreißer

Residuendiagramme und Darstellungen der Häufigkeitsverteilung der Residuen sollten auch in Hinblick auf Ausreißer, ungewöhnlich stark von den restlichen Residuen abgesonderte Werte, durchgemustert werden. Einzelne Ausreißer können einen großen Einfluß auf die angepaßte Regressionsgerade haben, so daß sie die Lage der Punkte im Streudiagramm nicht mehr korrekt beschreibt. Weniger empfindlich als die Methode der kleinsten Quadrate reagieren robuste Verfahren auf Ausreißer. Damit erlauben sie zugleich eine bessere Identifikation von Ausreißern. Die Residuen werden an diesen Stellen noch größer, da die Gerade nicht so stark in die Richtung der Ausreißer gezogen wird. Für die Darstellung robuster Verfahren der Regressionsrechnung sei verwiesen auf: D.C. Hoaglin, F. Mosteller & J.W. Tukey: Exploring Data Tables, Trends and Shapes, New York, 1985.

Einzelne Ausreißer werden üblicherweise aus dem Datensatz eliminiert und die Regressionsanalyse wird noch einmal für den bereinigten Datensatz durchgeführt. Die Ausreißer sollten jedoch stets noch einmal auf inhaltliche Besonderheiten, Eingabefehler und Ähnliches angesehen werden.

Beispiel

Die Ausbreitung von Flechten gibt Anhaltspunkte über die Entwicklung von Küstenregionen. Von Interesse ist daher die Abhängigkeit der Größe von Flechten-„Nestern“ von ihrem Alter. (Vgl. N. D. Broadbent and K. I. Bergquist: Lichenometric Chronology, Arctic and Alpine Research, 18, (1986), S. 297–306.)

Tab.: Alter (Jahre vor unserer Zeit) und Durchmesser (mm) von Flechten-„Nestern“ einer Region

v	1	2	3	4	5	6	7	8	9	10	11
Alter	237	293	300	429	474	521	626	705	776	895	914
Durchmesser	19	39	49	105	170	128	133	170	181	211	230

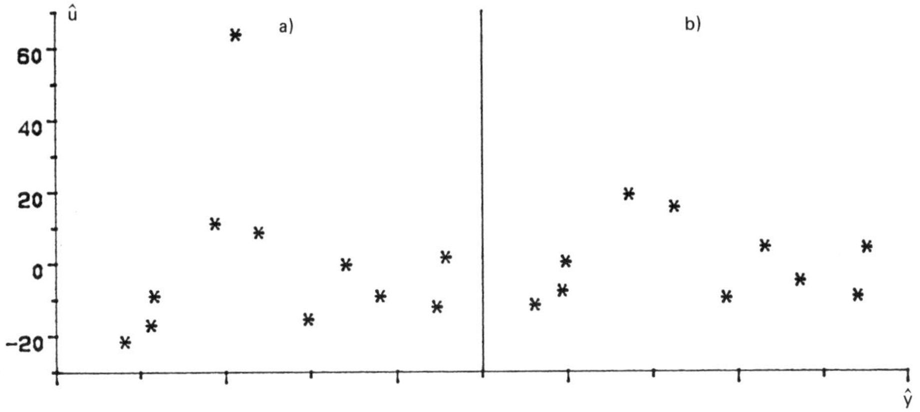

Abb.: Residuendiagramm Durchmesser in Abhängigkeit von Alter von Flechten
a) voller Datensatz b) nach Ausreißerbeseitigung

Tab.: Ergebnisse der Regressionsanalyse (In Klammern die geschätzten Standardfehler)

	voller Datensatz		nach Ausreißerbeseitigung	
$\hat{a}$	−25.23	(19.81)	−37.67	(9.33)
$\hat{b}$	0.28	(0.033)	0.29	(0.015)
$\hat{\sigma}^2$	618.50		130.33	
R^2	0.889		0.978	

Das Residuendiagramm weist auf den fünften Punkt als Ausreißer hin. Weglassen dieses Punktes gibt ein Diagramm, das keine Auffälligkeiten mehr zeigt. Die Verbesserung der Beschreibung der Daten durch das Weglassen dieses einen Punktes zeigt die Gegenüberstellung der Ergebnisse der Regressionsrechnung, besonders die Reduktion der Residualstreuung und die Erhöhung des Wertes des Bestimmtheitsmaßes.

Die Bedeutung der Forderung, daß extreme Werte genauer betrachtet werden sollten, wird durch diesen ‚Ausreißer' allerdings noch einmal betont: Der Datenpunkt gehört zu einer anderen Flechtenart als die restlichen zehn. Damit ist seine Entfernung aus dem Datensatz auch inhaltlich sinnvoll.

Während einzelne Ausreißer im zentralen Bereich der Y-Werte in der Regel schon im Streudiagramm oder zumindest im Residuendiagramm zu erkennen sind, ist das Aufspüren eines Ausreißers am Rande schwieriger. Je weiter weg die X-Koordinate eines Punktes vom Mittel $\bar{x}$ liegt, desto stärker wird die Regressionsgerade durch ihn beeinflußt. Wegen ihrer Fähigkeit, die Gerade aus der ursprünglichen Richtung zu drehen, werden solche Punkte als **Hebelpunkte** bezeichnet.

Da, wie die Abbildung verdeutlicht, die Regressionsgerade sehr stark zu dem Hebelpunkt hingedreht wird, ist das Residuum an dieser Stelle nicht unbedingt untypisch groß. Ein Ausreißer ist als solcher dann nicht ohne weiteres aus dem Residuendiagramm zu erkennen.

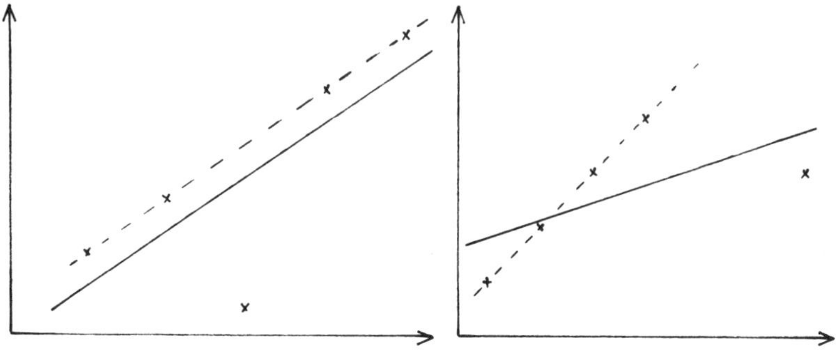

Abb.: Zur Bedeutung der Lage eines Ausreißers

Hier hilft eine andere Art von Residuen weiter, die **Streichungs-Residuen**. Sie entstehen, indem jeweils ein einzelner Punkt des Datensatzes gestrichen und die Regressionsgerade aus den restlichen Daten bestimmt wird. Wir bezeichnen die nach Streichen des v-ten Punktes bestimmte Gerade mit $\hat{y}_{[v]} = \hat{a}_{[v]} + \hat{b}_{[v]}x$. Das zugehörige Streichungsresiduum ist dann $\hat{u}_{[v]} = y_{[v]} - \hat{y}_{[v]}$.

Da für jedes $\hat{u}_{[v]}$ eine andere Regressionsgerade $\hat{y}_{[v]}$ berechnet wurde, können die Streichungsresiduen nicht gegen irgendwelche theoretische Werte eingezeichnet werden. Meist begnügt man sich daher mit einem **Index-plot**, in dem die $\hat{u}_{[v]}$ in Abhängigkeit von dem Index v eingetragen werden.

Beispiel

Alkohol ist sehr wahrscheinlich nicht selbst krebserregend. Eine mit steigendem Alkoholkonsum wachsende Anzahl von Krebserkrankungen von Mundhöhle, Rachen und Kehlkopf ist aber wohl auch auf die durch ihn bewirkte Schädigung der Zellen beeinflußt. Den Zusammenhang zeigt der internationale Vergleich. (Nach E.R. Koch u.a.: Die Gesundheit der Nation; Köln 1986.)

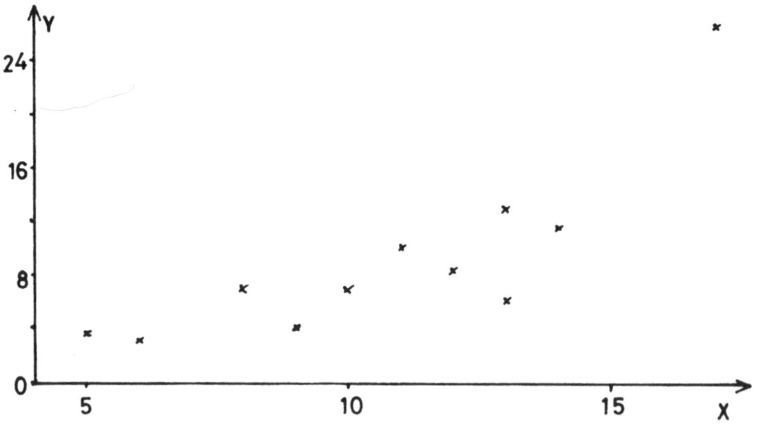

Abb.: Alkoholverbrauch X (in Litern) und Krebs Y (Todesfälle pro 100000 Einwohner jährlich)

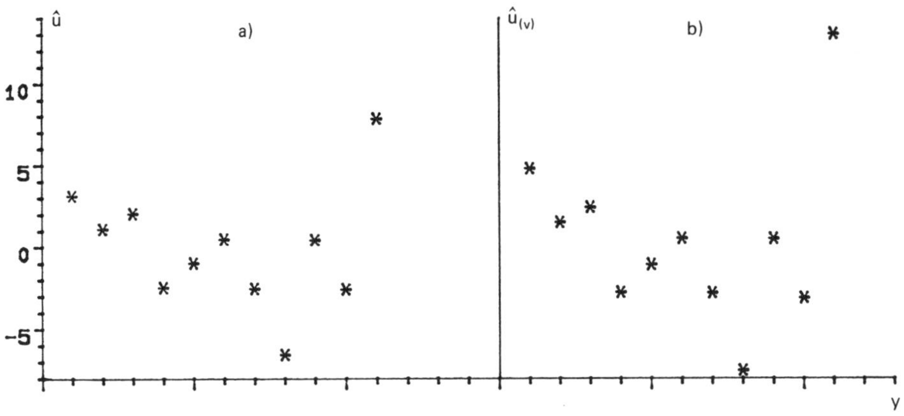

Abb.: Index-Plots der einfachen Residuen (a) und der Streichungs-Residuen (b) für Alkohol und Krebs

Tab.: Alkoholverbrauch X (Liter) und Krebserkrankungen Y (Todesfälle pro 100000 Einwohner)

v	1	2	3	4	5	6	7	8	9	10	11
X	5	6	8	9	10	11	12	13	13	14	17
Y	3.5	3	7	4	7	10	8.5	6	13	11.5	26.5

Beide Residuenplots weisen die gleiche Tendenz auf. Bei den Streichungsresiduen tritt der elfte Punkt aber deutlicher als Ausreißer hervor.

Verletzung der Normalverteilungsannahme

Das einfache lineare Regressionsmodell haben wir ohne die Forderung normalverteilter Störungen formuliert. Wesentliche Eigenschaften der Kleinst-Quadrate-Schätzfunktionen sind auch ohne Normalverteilung gültig. Bei genügend großen Stichprobenumfängen bleiben sogar die unter der Normalverteilungsannahme abgeleiteten Konfidenzintervalle und Tests approximativ anwendbar. Somit scheint eine Verletzung dieser Annahme über weite Bereiche nicht wesentlich.

Stark von der Normalverteilung hängt jedoch die Effizienz der Kleinst-Quadrate-Schätzer ab. Vor allem bei Fehlerverteilungen, die mehr extreme Werte erwarten lassen als die Normalverteilung, sind alternative, speziell robuste Schätzfunktionen merklich besser.

Der mögliche Effizienzverlust der Kleinst-Quadrate-Schätzer legt also eine Überprüfung der Normalverteilungsannahme nahe. Dazu bietet sich an, für die Residuen ein QQ-Diagramm zu zeichnen. Nun haben aber die Residuen der Kleinst-Quadrate-Schätzer auch bei Gültigkeit des Modells unterschiedliche Varianzen. Die Varianzen der Residuen sind umso kleiner, je weiter die „Trägerpunkte“ x_v vom Mittel $\bar{x}$ weg liegen:

$$V(\hat{U}_v) = V(Y_v - \hat{a} - \hat{b}x_v)$$
$$= V\left(Y_v - \sum_u \left[\frac{1}{n} - \frac{x_u - \bar{x}}{\sum (x_w - \bar{x})^2}\bar{x}\right] Y_u - \sum_u \left[\frac{x_u - \bar{x}}{\sum (x_w - \bar{x})^2} \cdot x_v\right] Y_u\right)$$
$$= \left(1 - \frac{1}{n} - \frac{(x_v - \bar{x})^2}{\sum (x_w - \bar{x})^2}\right)^2 \cdot \sigma^2 .$$

Um den Einfluß der Werte der unabhängigen Variablen X auf die Varianzen der Residuen auszuschalten, werden die **standardisierten Residuen** r_v betrachtet:

$$r_v = \hat{u}_v \Big/ \sqrt{1 - \frac{1}{n} - \frac{(x_v - \bar{x})^2}{\sum (x_w - \bar{x})^2}} .$$

Sofern das QQ-Diagramm der standardisierten Residuen auf eine Verteilung mit der Tendenz zu extremen Werten hindeutet, sollte die Schätzung mit einem robusten Regressionsverfahren wiederholt werden.

Ein einfaches robustes Verfahren ist die **getrimmte Kleinst-Quadrate-Methode**. Sie bringt die Idee des getrimmten arithmetischen Mittels ein: Es wird ein Anteil α vorgegeben und die $n \cdot \alpha$ kleinsten sowie die $n \cdot \alpha$ größten Werte aus dem Datensatz eliminiert. Als „kleinste“ und „größte“ Werte werden die Datenpunkte (x_v, y_v) angesehen, zu denen die extremsten Residuen aus einer Vorschätzung gehören. Anschließend wird die Schätzung nach der Methode der Kleinsten Quadrate mit dem bereinigten Datensatz durchgeführt. Empfohlen wird, mit einem Anteil $\alpha = 0.1$ zu arbeiten.

Dieses Verfahren formalisiert offensichtlich das in der Praxis weit verbreitete, oben schon erwähnte Vorgehen, Ausreißer aus den Daten zu entfernen. Es hat daher die Plausibilität für sich. Allerdings ist es im Vergleich zu anderen nicht sehr effizient. Effizientere robuste Verfahren sind jedoch i. d. R. wesentlich rechenaufwendiger, so daß auf weitere Methoden hier nicht eingegangen werden soll.

Beispiel

Affen leben in Gruppen zusammen. Deren Größe hängt von der zur Verfügung stehenden Nahrungsmenge ab. Ein Indikator für die Nahrungsmenge ist das Volumen der Baumkronen.

Die Beobachtung von „Freßgruppen“ ergab die folgenden Werte. (Nach: Spektrum der Wissenschaft 8/1985)

Tab.: Maximale Größe von Freßgruppen (= Y) in Abhängigkeit vom (geschätzten) Kronenvolumen X (in 1000 m^3)

v	x_v	y_v	v	x_v	y_v	v	x_v	y_v
1	0.29	3	7	4.78	8	13	11.31	9
2	0.87	2	8	4.84	2	14	12.65	10
3	1.75	4	9	8.57	24	15	13.34	14
4	2.33	3	10	8.62	10	16	14.80	4
5	2.91	3	11	8.92	6	17	16.67	10
6	4.37	5	12	9.91	4	18	21.21	16

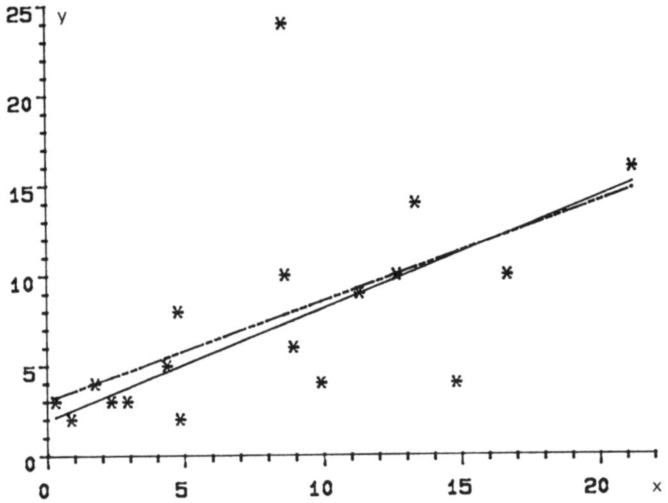

Abb.: Streudiagramm Kronenvolumen und Größe der Freßgruppe mit Kleinst-Quadrate (...) sowie getrimmter (−) Kleinst-Quadrate-Regressionsgeraden

Während schon das Streudiagramm auf einen Ausreißer (v = 9) hinweist, zeigt das QQ-Diagramm, daß ein weiterer Punkt (v = 16) mit einem untypisch kleinen Residuum aus dem Rahmen fällt.

Die mit $\alpha = 0.1$ getrimmte Regressionsgerade basiert gerade auf den restlichen 16 Datenpunkten. Entsprechend der Anordnung der beiden „Extremwerte" weist die getrimmte Kleinst-Quadrate-Regressionsgerade eine größere Steigung (und einen kleineren Achsenabschnitt) auf.

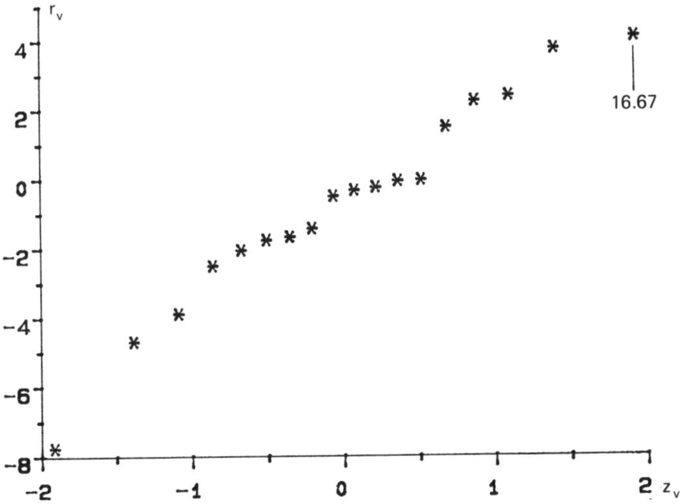

Abb.: QQ-Diagramm für die standardisierten Residuen der Kleinst-Quadrate-Regressionsgeraden

20.5 Linearisierung eines Zusammenhanges

Problemstellung

Die Lebenserwartung eines Menschen hängt wesentlich von seinen sozialen und ökonomischen Lebensbedingungen ab. Diese Abhängigkeit wollen wir anhand regionaler Daten betrachten. Dazu wählen wir als Indikator für die Lebensbedingungen in einem Land das Bruttosozialprodukt pro Einwohner, und als abhängige Variable die mittlere Lebenserwartung.

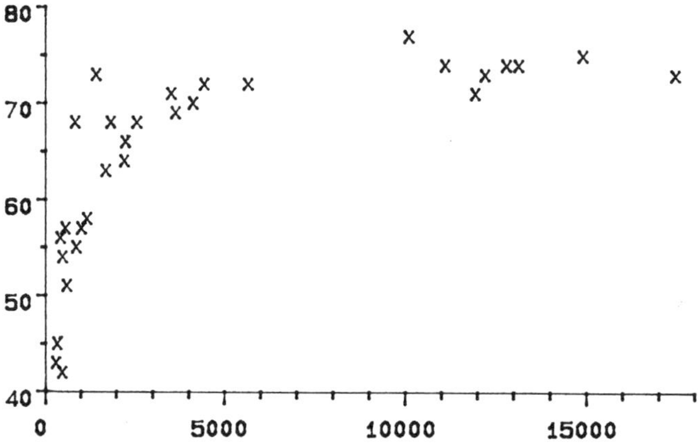

Abb.: Mittlere Lebenserwartung Y in Abhängigkeit vom Bruttosozialprodukt je Einwohner X

Die Lebenserwartung steigt, wie die Abbildung zeigt, tendenziell mit dem Bruttosozialprodukt pro Einwohner, jedoch keineswegs linear. Ein einfaches lineares Regressionsmodell ist offensichtlich unsinnig. Die Frage ist daher, welche Form der Abhängigkeit hier vorliegt und wie der Regressionsansatz zur Modellierung dieser nichtlinearen Beziehung ausgenutzt werden kann.

Tab.: Bruttosozialprodukt je Einwohner in US-$ (= X) und Mittlere Lebenserwartung (= Y) für 30 Länder aller Kontinente (Daten aus: Dierke Weltstatistik 84/85, München 1984)

v	x_v	y_v	v	x_v	y_v	v	x_v	y_v
1	300	43	11	1170	58	21	4420	72
2	330	45	12	1430	73	22	5640	72
3	420	56	13	1700	63	23	10080	77
4	470	42	14	1840	68	24	11080	74
5	480	54	15	2220	64	25	11920	71
6	600	51	16	2250	66	26	12190	73
7	650	57	17	2560	68	27	12780	74
8	840	68	18	3500	71	28	13120	74
9	870	55	19	3620	69	29	14870	75
10	1010	57	20	4110	70	30	17430	73

Transformationen

Wir haben zu Beginn des Kapitels erwähnt, daß nichtlineare Beziehungen oft auf lineare zurückgeführt werden können. Eine besonders einfache Möglichkeit besteht darin, die unabhängige Variable X in der Regressionsgleichung durch eine Transformation von X zu ersetzen.

In der Problemstellung erscheint das einfache lineare Regressionsmodell $Y = a + bX + U$ nicht geeignet, weil die jeweils gleiche Vergrößerung von X zu einem immer kleineren Anstieg von Y führt, je größer X selbst ist. Genau dieses Verhalten weist auch der Verlauf der Transformation $f(x) = \sqrt{x}$ auf. Mit dem Ansatz

$$Y = a + bX' + U = a + b\sqrt{X} + U$$

sollte dementsprechend die Abhängigkeitsstruktur besser erfaßt werden können.

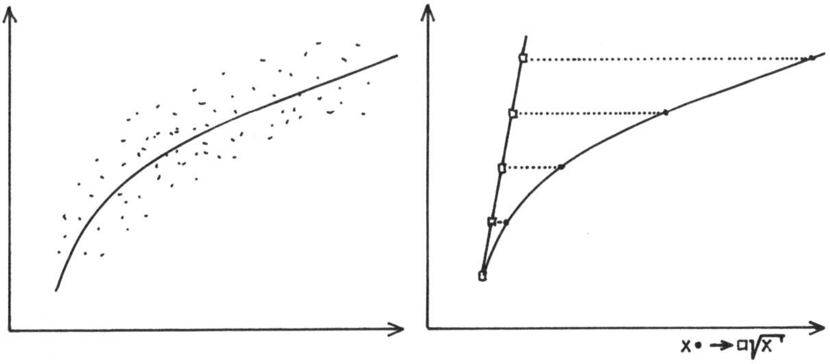

Abb.: Zur Linearisierung einer Abhängigkeitsstruktur

Das Modell $Y = a + b\sqrt{X} + U$ ist zwar nichtlinear in der unabhängigen Variablen X, es ist aber linear in den Parametern a und b. Somit ist $Y = a + b \cdot \sqrt{X} + U$ ein **einfaches Regressionsmodell für die transformierte** Variable $X' = \sqrt{X}$. Wir können folglich die üblichen Vorgehensweisen zur Bestimmung von $\hat{a}$ und $\hat{b}$ sowie die anderen Methoden der Regressionsrechnung anwenden, sofern für die Störungen im neuen Modell die üblichen Annahmen als erfüllt gelten können.

Die Quadratwurzeltransformation gehört zu der Klasse der **Potenztransformationen**, die wir in Kapitel 8 bereits besprochen haben. Diese sind auch für die Linearisierung von Abhängigkeitsstrukturen von besonderem Nutzen.

Einige dieser Transformationen können schon aus formalen Gründen nur angewandt werden, wenn alle X-Werte positiv sind. Aber auch aus inhaltlichen Erwägungen ist dies – ggfs. durch Addition einer Konstanten – sicherzustellen. Dann ist nämlich gewährleistet, daß alle Potenztransformationen **monoton** sind. Ohne die Monotonie kann nämlich die Zusammenhangsrichtung verloren gehen.

Auswahl der Transformation

Einen Anhaltspunkt für die Auswahl der geeignetsten Potenztransformation bietet die in Abschnitt 8.2 gezeigte Darstellung der Verläufe einiger dieser Funktionen.

Aus diesen Verläufen ist ersichtlich:

- Bei anfangs sehr großen, dann mit wachsendem X schwächer werdenden Änderungen der Y-Werte, müssen wir die Leiter der Transformationen hinabsteigen. $X^{0.5}$, $\ln X$, X^{-1}, ..., sind mögliche Kandidaten.
- Bei überproportional wachsenden Änderungen der Y-Werte steigen wir die Leiter der Transformationen hinauf: $X^{1.5}$, X^2, $X^{2.5}$, ...

Diese Vorgehensweise können wir nach Mosteller und Tukey in einem **Auswahldiagramm** zusammenfassen.

Wir wissen nun, in welche Richtung wir jeweils gehen müssen, um eine geeignete Transformation zur Linearisierung einer Abhängigkeitsstruktur zu bestimmen. Die vorläufige Auswahl geschieht aufgrund der Stärke der Krümmung. Die Residuenanalyse erlaubt dann zu entscheiden, ob die Transformation zu der gewünschten Transformation geführt hat. Andernfalls ist die Leiter der Transformationen weiter hinauf- bzw. hinabzusteigen.

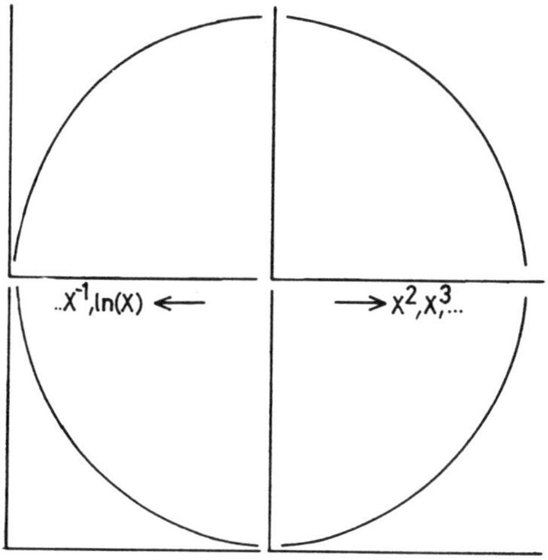

Abb.: Auswahldiagramm für Potenztransformationen zur Linearisierung

Beispiel

Wir greifen die in der Problemstellung formulierte Frage nach der Form der Abhängigkeit der mittleren Lebenserwartung vom Bruttosozialprodukt pro Person wieder auf. Zur Linearisierung dieser Beziehung müssen wir nach dem Auswahldiagramm die Leiter der Transformationen hinabsteigen. Die erste Stufe stellt die logarithmische Transformation dar. Das Residuendiagramm zeigt aber, daß hier noch eine wesentliche Krümmung verblieben ist. Wir steigen also die Leiter eine weitere Stufe hinab und betrachten das Modell $Y = a + bX^{-1} + U$.

Das Residuendiagramm spiegelt zwar die Konzentration der Punkte für kleine Werte von $1/X$ (!) wieder und weist auf einen potentiellen Ausreißer hin ($\hat{u}_v = -9.5$), zeigt ansonsten aber keine systematische Verletzung der Modellvoraussetzungen. Zudem ist das resultierende Modell

$$\text{Lebenserwartung} = 72.85 - 9978.33 \cdot (\text{Bruttosozialprodukt})^{-1} + U$$

auch inhaltlich interpretierbar: Die mittlere Lebenserwartung nimmt linear mit der Anzahl der Personen ab, die sich einen festen Betrag des Bruttosozialproduktes teilen müssen. Daher beenden wir die Analyse.

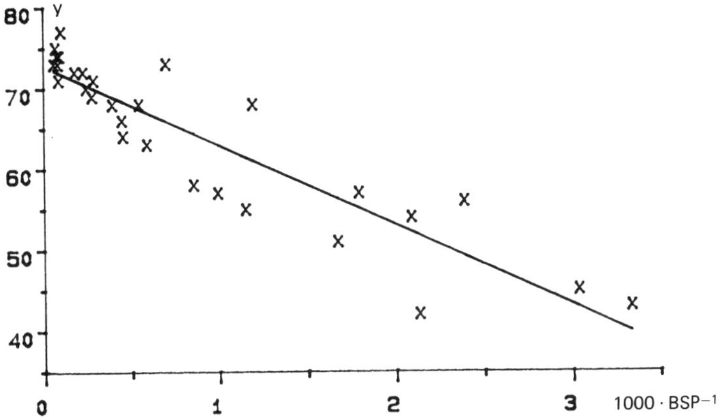

Abb.: Streudiagramm Lebenserwartung gegen Kehrwert des Bruttosozialproduktes mit der Regressionsgeraden $\hat{Y} = 72.85 - 9978.33 \cdot X^{-1}$

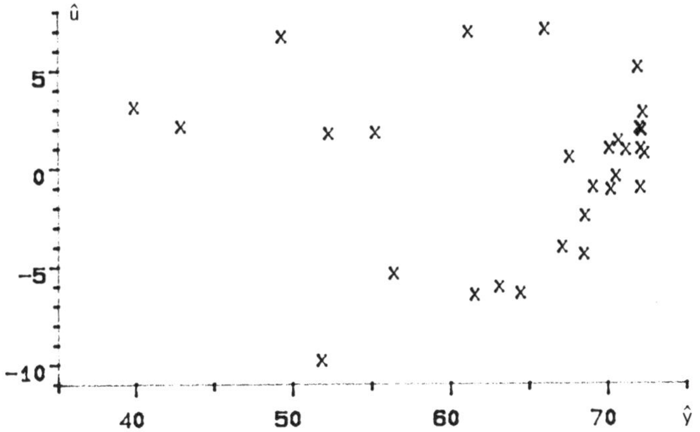

Abb.: Residuendiagramm der Regression Lebenserwartung gegen Kehrwert des Bruttosozialproduktes

20.6 Aufgaben

1. Von besonderem Interesse für Automobilversicherer ist die Abhängigkeit des Risikos von der Fahrleistung. Auf schwedischen Daten basiert die folgende, vereinfachte Tabelle über die jährliche Fahrleistung X (in 1000 km) und die Schadenfrequenz Y (in %). (Mitt. Verein. Schweiz. Vers. Math. 1962, S. 118.)

x_v	5	10	15	20	25	30	40	50
y_v	9	10	14	18	22	24	29	29

a) Stellen Sie die Punkte in einem Streudiagramm dar.
b) Ermitteln Sie die Regressionsgerade.
c) Bestimmen Sie das Bestimmtheitsmaß.
d) Welche Schadenfrequenz ist bei Autofahrern mit 35.000 km jährlicher Fahrleistung zu unterstellen?
e) Zeichnen Sie das Residuendiagramm!

2. In den Jahren 1952 bis 1966 entwickelten sich das Bruttosozialprodukt (BSP zu Preisen von 1954 in Mrd. DM) und der Primärenergieverbrauch (PEV in Mio. t SKE) wie folgt. (Leicht vereinfachte Werte.)

Jahr	BSP	PEV	Jahr	BSP	PEV	Jahr	BSP	PEV
1952	135	150	1957	200	190	1962	280	235
1953	145	150	1958	205	180	1963	290	255
1954	160	160	1959	220	185	1964	310	265
1955	170	175	1960	250	215	1965	325	270
1956	190	185	1961	270	220	1966	330	270

a) Stellen Sie die Werte des BSP und des PEV in einem Streudiagramm dar.
b) Ermitteln Sie die Regressionsgerade für den PEV in Abhängigkeit vom BSP.
c) Am Ende des Jahres 1966 wurde für 1967 mit einer Steigerung des BSP von 4% gerechnet. Welcher Primärenergieverbrauch war bei Zugrundelegung des in b) unterstellten linearen Zusammenhanges zu erwarten?

3. Ermitteln Sie für die folgenden vier Datensätze, die jeweils aus 11 Paaren (x_v, y_v) bestehen, die Koeffizienten für die Regressionsgerade $y = bx + a$. Zeichnen Sie die Regressionsgeraden in die jeweiligen Streudiagramme und erstellen Sie für die Residuen $\hat{u}_v = y_v - \hat{y}_v$ die Streudiagramme.
Diskutieren Sie die Ergebnisse.

Tab.: Anscombe – Daten (Amer. Statist. 27 (1973), S. 17–21)

Datensatz	1–3	1	2	3	4	4
Variable	x	y	y	y	x	y
	10.0	8.04	9.14	7.46	8.0	6.58
	8.0	6.95	8.14	6.77	8.0	5.76
	13.0	7.58	8.74	12.74	8.0	7.71
	9.0	8.81	8.77	7.11	8.0	8.84
	11.0	8.33	9.26	7.81	8.0	8.47
	14.0	9.96	8.10	8.84	8.0	7.04
	6.0	7.24	6.13	6.08	8.0	5.25
	4.0	4.26	3.10	5.39	19.0	12.50
	12.0	10.84	9.13	8.15	8.0	5.56
	7.0	4.82	7.26	6.42	8.0	7.91
	5.0	5.68	4.74	5.73	8.0	6.89

4. Eine Firma untersucht, ob sich der Absatz eines Produktes durch zusätzliche Werbekampagnen in regionalen Tageszeitungen erhöhen läßt. In 5 der 10 Absatzgebiete wurden derartige Kampagnen durchgeführt ($X = 1$), in den anderen 5 Absatzgebieten fanden keine Kampagnen statt ($X = 0$).
Im Laufe eines Vierteljahres wurden in den 10 Absatzgebieten mit dem betreffenden Produkt folgende Umsätze in Mio. DM ($= Y$) getätigt:

X			Y		
0	2.5	1.0	0.5	2.0	4.0
1	1.5	3.5	4.5	4.0	3.5

Bestimmen Sie die Koeffizienten a und b der Regressionsbeziehung

$$y_v = a + bx_v + u_v$$

nach der Methode der kleinsten Quadrate.
Wie lassen sich die Koeffizienten inhaltlich interpretieren?

5. In 10 Geschäften wurde ein bestimmter Artikel verkauft. In nachstehender Tabelle finden sich Angaben über den geforderten Preis, die in einer Woche abgesetzte Menge und den sich hieraus ergebenden Wochenumsatz.

	Preis p_v	Menge x_v	Umsatz $p_v \cdot x_v$
arithmetisches Mittel	3.6	28	99.1
empirische Varianz	1.39	2.43	5.73

a) Berechnen Sie die Koeffizienten a und b der linearen Regression

$$x_v = a + b \cdot p_v + u_v$$

nach der Methode der kleinsten Quadrate und interpretieren Sie (kurz) das Ergebnis für b.
b) Berechnen Sie das Bestimmtheitsmaß und interpretieren Sie das Ergebnis.
c) Es wird ein weiteres Geschäft in die Betrachtung einbezogen. Dort beträgt der Preis dieses Artikels 3.60 DM und die in der Woche abgesetzte Menge ist 28. Berechnen Sie die Koeffizienten a und b, die sich bei Berücksichtigung aller 11 Geschäfte ergeben.

6. Im Bergbau und im Verarbeitenden Gewerbe stieg das Arbeitsergebnis je Arbeiterstunde in den auf 1976 folgenden Jahren jeweils um den angegebenen Wert.

Jahr:	1	2	3	4	5	6	7
Steigung Arb.-Ergebnis:	3.95	9.19	14.54	16.28	20.23	23.07	28.37

Leiten Sie unter Verwendung des Kleinst-Quadrate-Ansatzes die Regressionsgerade durch den Nullpunkt her. ($a = 0$ ist also vorgegeben.)
Diskutieren Sie den Unterschied zur Regressionsgeraden, bei der zugleich der Achsenabschnitt bestimmt wird.

7. Unter der Sichtbarkeit eines Zweirades versteht man die Eigenschaft, in seiner Umgebung zumindest so stark aufzufallen, daß der andere Verkehrsteilnehmer

seine Präsenz bemerkt. Für entgegenkommende Motorräder, deren Scheinwerfer ausgeschaltet waren, wurden folgende „Entdeckungsquoten" (in Abhängigkeit von der Entfernung) ermittelt (Verkehrsunfall und Fahrzeugtechnik, März 1986):

Abstand (in Fuß)	50	100	150	200	250	300
Entdeckungsanteil (in %)	33.3	27.5	17.5	15.0	7.5	6.7

Ermitteln und zeichnen Sie die Regressionsgerade und die 95%-Konfidenzintervalle für die Gerade.

8. Es wurde immer wieder versucht, zwischen dem maximalen Lebensalter und anderen Merkmalen einer Tierart Beziehungen herzustellen. Der Index für den Kephalisationsgrad nach Sacher ($=X$) basiert auf dem Verhältnis von Hirngewicht zu Körpergewicht. Er ist so konstruiert, daß er gleich dem Logarithmus der maximalen Lebenslänge der Tierart ($=Y$) ist.
Überprüfen Sie mit einem geeigneten Test zum Niveau $\alpha = 0.05$, ob dies auch für Nagetiere, deren Werte hier angegeben sind, gilt: (Nach: H. P. v. Hahn: Ursachen des Alterns; Spektrum der Wissenschaft 7/1980.)
(Dabei werden durch die Nullhypothese Achsenabschnitt und Steigung der Geraden festgelegt!)

x:	0.43	0.50	0.60	0.63	0.67	0.83	0.83	0.87	0.97	1.05	1.13	1.13
y:	0.40	0.53	0.30	0.70	0.60	0.77	0.85	1.13	1.13	1.27	0.95	1.17

9. Steigt der Stimmanteil für die CDU/CSU bei den Bundestagswahlen mit der Wahlbeteiligung? Überprüfen Sie dies zum Niveau $\alpha = 0.05$.

Jahr	Wahlbeteiligung (%)	CDU/CSU (%)
49	78.5	31.0
53	85.5	45.2
57	87.8	50.2
61	87.7	45.3
65	86.8	47.6
69	86.7	46.1
72	91.1	44.9
76	90.7	48.6
80	88.6	44.5
83	89.1	48.8
87	84.4	44.3

10. Für die Weizenproduktion galt 1982:

Land	Anbaufläche X (in Mio. ha)	Produktion Y (in Mio. t)
Sowjetunion	57	87
USA	32	76
VR China	28	63
Indien	22	38
Kanada	13	28
Australien	12	9
Türkei	9	18
Frankreich	5	25
Großbritannien	2	10
BR Deutschland	2	9

Untersuchen Sie den Einfluß der Sowjetunion auf die Regressionsbeziehung $Y = a + bX + U$ mittels der Residuen und der Streichungsresiduen.

11. Die Zeitschrift Nature hat für den August 1982 die folgenden Angaben über Marktwert X (in Mio. Dollar) und Aktienkurs Y der fünfzehn größten Biotechnik-Unternehmen, deren Aktien in den USA gehandelt werden, gemacht.

X	Y	X	Y	X	Y
635.0	46.75	91.2	17.63	37.7	3.13
444.1	32.75	73.8	12.00	34.0	10.75
265.3	33.75	68.0	10.63	23.4	4.00
176.0	8.88	64.0	8.75	19.0	9.75
110.0	14.38	42.9	7.88	16.2	2.00

Bestimmen Sie die 10%-getrimmte Kleinst-Quadrate-Regressionsgerade. Vergleichen Sie die Schätzergebnisse mit denen der nicht-getrimmten Regression.

12. Die Abhängigkeit des Bremsweges (Y in Fuß) von Automobilen von der Fahrgeschwindigkeit (X in Meilen/Std.) wurde in einem Versuch betrachtet. (M. Ezekiel (1930): Methods of correlation analysis. Wiley: New York.)

x	y				
4	2	10			
7	4	22			
8	16				
9	10				
10	18	26	34		
11	17	28			
12	14	20	24	28	
13	26	34	34	46	
14	26	36	60	80	
15	20	26	54		
16	32	40			
17	32	40	50		
18	42	56	76	84	
19	36	46	68		
20	32	48	52	56	64
22	66				
23	54				
24	70	92	93	120	
25	85				

Ist für diese Daten ein linearer Regressionsansatz $y_v = a + bx_v + u_v$ sinnvoll? Welche Modifikationen sind ggfs. vorzunehmen, um zu einer geeigneten Modellbeziehung zu gelangen?

13. Das Bruttosozialprodukt pro Einwohner (= X) und der Anteil der Lese- und Schreibkundigen (= Y) wurde 1964 für einige Länder mit folgenden Werten angegeben:

	X	Y
Nepal	50	5
Uganda	60	28
Thailand	100	68
Südkorea	140	77
Peru	180	48
Libanon	360	48
Irland	570	98
Frankreich	940	96
Neuseeland	1300	99

Ermitteln Sie eine geeignete Form der Abhängigkeit der Variablen Y von der Variablen X; schätzen Sie diese mit der Methode der kleinsten Quadrate und überprüfen Sie die Eignung der unterstellten Beziehung anhand eines Residuendiagramms.

14. In dem Beispiel der PCB-Konzentration bei Forellen in Abschnitt 4 wurde der Datenpunkt (12, 7.4) weggelassen. Fügen Sie ihn wieder dem Datensatz hinzu und untersuchen Sie, ob bei dem vollen Datensatz die Abhängigkeit der transformierten Variablen ln(PCB) vom Alter noch linear erscheint. Linearisieren Sie ggfs. den Zusammenhang!

Anhang Tabellen

A Binomialverteilung
B Poissonverteilung
C Normalverteilung
D t-Verteilung
E Chi-Quadrat-Verteilung
F Kritische Werte des F-Tests für $\alpha = 0.05$
G Kritische Werte der Korrelationstests
H Wilcoxon-Vorzeichen-Rangtest
I Wilcoxon-Rangsummentest

Tabelle A: Verteilungsfunktion der Binomialverteilung

Ablesebeispiel

n = 7, p = 0.30

n	x	p = .10	.30
7	0		
	⋮		
	3		.8740
	4		.9712

$P(X \leq 4) = .9712$
$P(X = 4) = P(X \leq 4) - P(X \leq 3)$
$= .9712 - .8740 = .0972$

n = 8, p = 0.85

n	x	p = 0.15
8	0	
	1	0.6572
	2	0.8948
	3	0.9786

$$\begin{aligned} P(Y \leq 5 \mid p = 0.85) &= P(X \geq 3 \mid p = 0.15) \\ &= 1 - P(X \leq 2 \mid p = 0.15) \\ &= 1 - 0.8948 = 0.1052 \end{aligned}$$

$$\begin{aligned} P(Y = 6 \mid p = 0.85) &= P(X = 2 \mid p = 0.15) \\ &= P(X \leq 2 \mid p = 0.15) - P(X \leq 1 \mid p = 0.15) \\ &= 0.8948 - 0.6572 = 0.2376 \end{aligned}$$

Tabelle A: Binomialverteilung

n	x	p = 0.05	0.10	0.15	0.20	0.25	0.30	0.35	0.40	0.45	0.50
2	0	0.9025	0.8100	0.7225	0.6400	0.5625	0.4900	0.4225	0.3600	0.3025	0.2500
	1	0.9975	0.9900	0.9775	0.9600	0.9375	0.9100	0.8775	0.8400	0.7975	0.7500
	2	1.0000	1.0000	1.0000	1.0000	1.0000	1.0000	1.0000	1.0000	1.0000	1.0000
3	0	0.8574	0.7290	0.6141	0.5120	0.4219	0.3430	0.2746	0.2160	0.1664	0.1250
	1	0.9927	0.9720	0.9393	0.8960	0.8438	0.7840	0.7183	0.6480	0.5748	0.5000
	2	0.9999	0.9990	0.9966	0.9920	0.9844	0.9730	0.9571	0.9360	0.9089	0.8750
	3	1.0000	1.0000	1.0000	1.0000	1.0000	1.0000	1.0000	1.0000	1.0000	1.0000
4	0	0.8145	0.6561	0.5220	0.4096	0.3164	0.2401	0.1785	0.1296	0.0915	0.0625
	1	0.9860	0.9477	0.8905	0.8192	0.7383	0.6517	0.5630	0.4752	0.3910	0.3125
	2	0.9995	0.9963	0.9880	0.9728	0.9492	0.9163	0.8735	0.8208	0.7585	0.6875
	3	1.0000	0.9999	0.9995	0.9984	0.9961	0.9919	0.9850	0.9744	0.9590	0.9375
	4		1.0000	1.0000	1.0000	1.0000	1.0000	1.0000	1.0000	1.0000	1.0000
5	0	0.7738	0.5905	0.4437	0.3277	0.2373	0.1681	0.1160	0.0778	0.0503	0.0313
	1	0.9774	0.9185	0.8352	0.7373	0.6328	0.5282	0.4284	0.3370	0.2562	0.1875
	2	0.9988	0.9914	0.9734	0.9421	0.8965	0.8369	0.7648	0.6826	0.5931	0.5000
	3	1.0000	0.9995	0.9978	0.9933	0.9844	0.9692	0.9460	0.9130	0.8688	0.8125
	4		1.0000	0.9999	0.9997	0.9990	0.9976	0.9947	0.9898	0.9815	0.9687
	5			1.0000	1.0000	1.0000	1.0000	1.0000	1.0000	1.0000	1.0000
6	0	0.7351	0.5314	0.3771	0.2621	0.1780	0.1176	0.0754	0.0467	0.0277	0.0156
	1	0.9672	0.8857	0.7765	0.6554	0.5339	0.4202	0.3191	0.2333	0.1636	0.1094
	2	0.9978	0.9842	0.9527	0.9011	0.8306	0.7443	0.6471	0.5443	0.4415	0.3438
	3	0.9999	0.9987	0.9941	0.9830	0.9624	0.9295	0.8826	0.8208	0.7447	0.6562
	4	1.0000	0.9999	0.9996	0.9984	0.9954	0.9891	0.9777	0.9590	0.9308	0.8906
	5		1.0000	1.0000	0.9999	0.9998	0.9993	0.9982	0.9959	0.9917	0.9844
	6				1.0000	1.0000	1.0000	1.0000	1.0000	1.0000	1.0000
7	0	0.6983	0.4783	0.3206	0.2097	0.1335	0.0824	0.0490	0.0280	0.0152	0.0078
	1	0.9556	0.8503	0.7166	0.5767	0.4449	0.3294	0.2338	0.1586	0.1024	0.0625
	2	0.9962	0.9743	0.9262	0.8520	0.7564	0.6471	0.5323	0.4199	0.3164	0.2266
	3	0.9998	0.9973	0.9879	0.9667	0.9294	0.8740	0.8002	0.7102	0.6083	0.5000
	4	1.0000	0.9998	0.9988	0.9953	0.9871	0.9712	0.9444	0.9037	0.8471	0.7734
	5		1.0000	0.9999	0.9996	0.9987	0.9962	0.9910	0.9812	0.9643	0.9375
	6			1.0000	1.0000	0.9999	0.9998	0.9994	0.9984	0.9963	0.9922
	7					1.0000	1.0000	1.0000	1.0000	1.0000	1.0000
8	0	0.6634	0.4305	0.2725	0.1678	0.1001	0.0577	0.0319	0.0168	0.0084	0.0039
	1	0.9428	0.8131	0.6572	0.5033	0.3671	0.2553	0.1691	0.1064	0.0632	0.0352
	2	0.9942	0.9619	0.8948	0.7969	0.6785	0.5518	0.4278	0.3154	0.2201	0.1445
	3	0.9996	0.9950	0.9786	0.9437	0.8862	0.8059	0.7064	0.5941	0.4770	0.3633
	4	1.0000	0.9996	0.9971	0.9896	0.9727	0.9420	0.8939	0.8263	0.7396	0.6367
	5		1.0000	0.9998	0.9988	0.9958	0.9887	0.9747	0.9502	0.9115	0.8555
	6			1.0000	0.9999	0.9996	0.9987	0.9964	0.9915	0.9819	0.9648
	7				1.0000	1.0000	0.9999	0.9998	0.9993	0.9983	0.9961
	8						1.0000	1.0000	1.0000	1.0000	1.0000
9	0	0.6302	0.3874	0.2316	0.1342	0.0751	0.0404	0.0207	0.0101	0.0046	0.0020
	1	0.9288	0.7748	0.5995	0.4362	0.3003	0.1960	0.1211	0.0705	0.0385	0.0195
	2	0.9916	0.9470	0.8591	0.7382	0.6007	0.4628	0.3373	0.2318	0.1495	0.0898
	3	0.9994	0.9917	0.9661	0.9144	0.8343	0.7297	0.6089	0.4826	0.3614	0.2539
	4	1.0000	0.9991	0.9944	0.9804	0.9511	0.9012	0.8283	0.7334	0.6214	0.5000
	5		0.9999	0.9994	0.9969	0.9900	0.9747	0.9464	0.9006	0.8342	0.7461
	6		1.0000	1.0000	0.9997	0.9987	0.9957	0.9888	0.9750	0.9502	0.9102
	7				1.0000	0.9999	0.9996	0.9986	0.9962	0.9909	0.9805
	8					1.0000	1.0000	0.9999	0.9997	0.9992	0.9980
	9							1.0000	1.0000	1.0000	1.0000

Tabelle A: Binomialverteilung

n	x	p = 0.05	0.10	0.15	0.20	0.25	0.30	0.35	0.40	0.45	0.50
10	0	0.5987	0.3487	0.1969	0.1074	0.0563	0.0283	0.0135	0.0060	0.0025	0.0010
	1	0.9139	0.7361	0.5443	0.3758	0.2440	0.1493	0.0860	0.0464	0.0233	0.0107
	2	0.9885	0.9298	0.8202	0.6778	0.5256	0.3828	0.2616	0.1673	0.0996	0.0547
	3	0.9990	0.9872	0.9500	0.8791	0.7759	0.6496	0.5138	0.3823	0.2660	0.1719
	4	0.9999	0.9984	0.9901	0.9672	0.9219	0.8497	0.7515	0.6331	0.5044	0.3770
	5	1.0000	0.9999	0.9986	0.9936	0.9803	0.9527	0.9051	0.8338	0.7384	0.6230
	6		1.0000	0.9999	0.9991	0.9965	0.9894	0.9740	0.9452	0.8980	0.8281
	7			1.0000	0.9999	0.9996	0.9984	0.9952	0.9877	0.9726	0.9453
	8				1.0000	1.0000	0.9999	0.9995	0.9983	0.9955	0.9893
	9						1.0000	1.0000	0.9999	0.9997	0.9990
	10								1.0000	1.0000	1.0000
11	0	0.5688	0.3138	0.1673	0.0859	0.0422	0.0198	0.0088	0.0036	0.0014	0.0005
	1	0.8981	0.6974	0.4922	0.3221	0.1971	0.1130	0.0606	0.0302	0.0139	0.0059
	2	0.9848	0.9104	0.7788	0.6174	0.4552	0.3127	0.2001	0.1189	0.0652	0.0327
	3	0.9984	0.9815	0.9306	0.8389	0.7133	0.5696	0.4256	0.2963	0.1911	0.1133
	4	0.9999	0.9972	0.9841	0.9496	0.8854	0.7897	0.6683	0.5328	0.3971	0.2744
	5	1.0000	0.9997	0.9973	0.9883	0.9657	0.9218	0.8513	0.7535	0.6331	0.5000
	6		1.0000	0.9997	0.9980	0.9924	0.9784	0.9499	0.9006	0.8262	0.7256
	7			1.0000	0.9998	0.9988	0.9957	0.9878	0.9707	0.9390	0.8867
	8				1.0000	0.9999	0.9994	0.9980	0.9941	0.9852	0.9673
	9					1.0000	1.0000	0.9998	0.9993	0.9978	0.9941
	10							1.0000	1.0000	0.9998	0.9995
	11									1.0000	1.0000
12	0	0.5404	0.2824	0.1422	0.0687	0.0317	0.0138	0.0057	0.0022	0.0008	0.0002
	1	0.8816	0.6590	0.4435	0.2749	0.1584	0.0850	0.0424	0.0196	0.0083	0.0032
	2	0.9804	0.8891	0.7358	0.5583	0.3907	0.2528	0.1513	0.0834	0.0421	0.0193
	3	0.9978	0.9744	0.9078	0.7946	0.6488	0.4925	0.3467	0.2253	0.1345	0.0730
	4	0.9998	0.9957	0.9761	0.9274	0.8424	0.7237	0.5833	0.4382	0.3044	0.1938
	5	1.0000	0.9995	0.9954	0.9806	0.9456	0.8822	0.7873	0.6652	0.5269	0.3872
	6		0.9999	0.9993	0.9961	0.9857	0.9614	0.9154	0.8418	0.7393	0.6128
	7		1.0000	0.9999	0.9994	0.9972	0.9905	0.9745	0.9427	0.8883	0.8062
	8			1.0000	0.9999	0.9996	0.9983	0.9944	0.9847	0.9644	0.9270
	9				1.0000	1.0000	0.9998	0.9992	0.9972	0.9921	0.9807
	10						1.0000	0.9999	0.9997	0.9989	0.9968
	11							1.0000	1.0000	0.9999	0.9998
	12									1.0000	1.0000
13	0	0.5133	0.2542	0.1209	0.0550	0.0238	0.0097	0.0037	0.0013	0.0004	0.0001
	1	0.8646	0.6213	0.3983	0.2336	0.1267	0.0637	0.0296	0.0126	0.0049	0.0017
	2	0.9755	0.8661	0.6920	0.5017	0.3326	0.2025	0.1132	0.0579	0.0269	0.0112
	3	0.9969	0.9658	0.8820	0.7473	0.5843	0.4206	0.2783	0.1686	0.0929	0.0461
	4	0.9997	0.9935	0.9658	0.9009	0.7940	0.6543	0.5005	0.3530	0.2279	0.1334
	5	1.0000	0.9991	0.9925	0.9700	0.9198	0.8346	0.7159	0.5744	0.4268	0.2905
	6		0.9999	0.9987	0.9930	0.9757	0.9376	0.8705	0.7712	0.6437	0.5000
	7		1.0000	0.9998	0.9988	0.9944	0.9818	0.9538	0.9023	0.8212	0.7095
	8			1.0000	0.9998	0.9990	0.9960	0.9874	0.9679	0.9302	0.8666
	9				1.0000	0.9999	0.9993	0.9975	0.9922	0.9797	0.9539
	10					1.0000	0.9999	0.9997	0.9987	0.9959	0.9888
	11						1.0000	1.0000	0.9999	0.9995	0.9983
	12								1.0000	1.0000	0.9999
	13										1.0000

Tabelle A: Binomialverteilung

n	x	p = 0.05	0.10	0.15	0.20	0.25	0.30	0.35	0.40	0.45	0.50
14	0	0.4877	0.2288	0.1028	0.0440	0.0178	0.0068	0.0024	0.0008	0.0002	0.0001
	1	0.8470	0.5846	0.3567	0.1979	0.1010	0.0475	0.0205	0.0081	0.0029	0.0009
	2	0.9699	0.8416	0.6479	0.4481	0.2811	0.1608	0.0839	0.0398	0.0170	0.0065
	3	0.9958	0.9559	0.8535	0.6982	0.5213	0.3552	0.2205	0.1243	0.0632	0.0287
	4	0.9996	0.9908	0.9533	0.8702	0.7415	0.5842	0.4227	0.2793	0.1672	0.0898
	5	1.0000	0.9985	0.9885	0.9561	0.8883	0.7805	0.6405	0.4859	0.3373	0.2120
	6		0.9998	0.9978	0.9884	0.9617	0.9067	0.8164	0.6925	0.5461	0.3953
	7		1.0000	0.9997	0.9976	0.9897	0.9685	0.9247	0.8499	0.7414	0.6047
	8			1.0000	0.9996	0.9978	0.9917	0.9757	0.9417	0.8811	0.7880
	9				1.0000	0.9997	0.9983	0.9940	0.9825	0.9574	0.9102
	10					1.0000	0.9998	0.9989	0.9961	0.9886	0.9713
	11						1.0000	0.9999	0.9994	0.9978	0.9935
	12							1.0000	0.9999	0.9997	0.9991
	13								1.0000	1.0000	0.9999
	14										1.0000
15	0	0.4633	0.2059	0.0873	0.0352	0.0134	0.0047	0.0016	0.0005	0.0001	0.0000
	1	0.8290	0.5490	0.3186	0.1671	0.0802	0.0353	0.0142	0.0052	0.0017	0.0005
	2	0.9638	0.8159	0.6042	0.3980	0.2361	0.1268	0.0617	0.0271	0.0106	0.0037
	3	0.9945	0.9444	0.8227	0.6482	0.4613	0.2969	0.1727	0.0905	0.0424	0.0176
	4	0.9994	0.9873	0.9383	0.8358	0.6865	0.5155	0.3519	0.2173	0.1204	0.0592
	5	0.9999	0.9978	0.9832	0.9389	0.8516	0.7216	0.5643	0.4032	0.2608	0.1509
	6	1.0000	0.9997	0.9964	0.9819	0.9434	0.8689	0.7548	0.6098	0.4522	0.3036
	7		1.0000	0.9994	0.9958	0.9827	0.9500	0.8868	0.7869	0.6535	0.5000
	8			0.9999	0.9992	0.9958	0.9848	0.9578	0.9050	0.8182	0.6964
	9			1.0000	0.9999	0.9992	0.9963	0.9876	0.9662	0.9231	0.8491
	10				1.0000	0.9999	0.9993	0.9972	0.9907	0.9745	0.9408
	11					1.0000	0.9999	0.9995	0.9981	0.9937	0.9824
	12						1.0000	0.9999	0.9997	0.9989	0.9963
	13							1.0000	1.0000	0.9999	0.9995
	14									1.0000	1.0000
	15										
16	0	0.4401	0.1853	0.0742	0.0281	0.0100	0.0033	0.0010	0.0003	0.0001	0.0000
	1	0.8108	0.5147	0.2839	0.1407	0.0635	0.0261	0.0098	0.0033	0.0010	0.0002
	2	0.9571	0.7892	0.5614	0.3518	0.1971	0.0994	0.0451	0.0183	0.0066	0.0021
	3	0.9930	0.9316	0.7899	0.5981	0.4050	0.2459	0.1339	0.0651	0.0281	0.0106
	4	0.9991	0.9830	0.9209	0.7982	0.6302	0.4499	0.2892	0.1666	0.0853	0.0384
	5	0.9999	0.9967	0.9765	0.9183	0.8103	0.6598	0.4900	0.3288	0.1976	0.1051
	6	1.0000	0.9995	0.9944	0.9733	0.9204	0.8247	0.6881	0.5272	0.3660	0.2272
	7		0.9999	0.9989	0.9930	0.9729	0.9256	0.8406	0.7161	0.5629	0.4018
	8		1.0000	0.9998	0.9985	0.9925	0.9743	0.9329	0.8577	0.7441	0.5982
	9			1.0000	0.9998	0.9984	0.9929	0.9771	0.9417	0.8759	0.7728
	10				1.0000	0.9997	0.9984	0.9938	0.9809	0.9514	0.8949
	11					1.0000	0.9997	0.9987	0.9951	0.9851	0.9616
	12						1.0000	0.9998	0.9991	0.9965	0.9894
	13							1.0000	0.9999	0.9994	0.9979
	14								1.0000	0.9999	0.9997
	15									1.0000	1.0000
	16										

Tabelle A: Binomialverteilung

n	x	p = 0.05	0.10	0.15	0.20	0.25	0.30	0.35	0.40	0.45	0.50
17	0	0.4181	0.1668	0.0631	0.0225	0.0076	0.0023	0.0007	0.0001	0.0000	0.0000
	1	0.7922	0.4818	0.2525	0.1182	0.0501	0.0193	0.0067	0.0021	0.0006	0.0001
	2	0.9497	0.7618	0.5198	0.3096	0.1637	0.0774	0.0327	0.0123	0.0041	0.0012
	3	0.9912	0.9174	0.7556	0.5489	0.3530	0.2019	0.1028	0.0464	0.0184	0.0064
	4	0.9988	0.9779	0.9013	0.7582	0.5739	0.3887	0.2348	0.1260	0.0596	0.0245
	5	0.9999	0.9953	0.9681	0.8943	0.7653	0.5968	0.4197	0.2639	0.1471	0.0717
	6	1.0000	0.9992	0.9917	0.9623	0.8929	0.7752	0.6188	0.4478	0.2902	0.1662
	7		0.9999	0.9983	0.9891	0.9598	0.8954	0.7872	0.6405	0.4743	0.3145
	8		1.0000	0.9997	0.9974	0.9876	0.9597	0.9006	0.8011	0.6626	0.5000
	9			1.0000	0.9995	0.9969	0.9873	0.9617	0.9081	0.8166	0.6855
	10				0.9999	0.9994	0.9968	0.9880	0.9652	0.9174	0.8338
	11				1.0000	0.9999	0.9993	0.9970	0.9894	0.9699	0.9283
	12					1.0000	0.9999	0.9994	0.9975	0.9914	0.9755
	13						1.0000	0.9999	0.9995	0.9981	0.9936
	14							1.0000	0.9999	0.9997	0.9988
	15								1.0000	1.0000	0.9999
	16										1.0000
	17										
18	0	0.3972	0.1501	0.0536	0.0180	0.0056	0.0016	0.0004	0.0001	0.0000	
	1	0.7735	0.4503	0.2241	0.0991	0.0395	0.0142	0.0046	0.0013	0.0003	0.0000
	2	0.9419	0.7338	0.4797	0.2713	0.1353	0.0599	0.0236	0.0082	0.0025	0.0007
	3	0.9891	0.9018	0.7202	0.5010	0.3057	0.1646	0.0783	0.0328	0.0120	0.0038
	4	0.9985	0.9718	0.8794	0.7164	0.5187	0.3327	0.1886	0.0942	0.0411	0.0154
	5	0.9998	0.9936	0.9581	0.8671	0.7175	0.5344	0.3550	0.2088	0.1077	0.0481
	6	1.0000	0.9988	0.9882	0.9487	0.8610	0.7217	0.5491	0.3743	0.2258	0.1189
	7		0.9998	0.9973	0.9837	0.9431	0.8593	0.7283	0.5634	0.3915	0.2403
	8		1.0000	0.9995	0.9957	0.9807	0.9404	0.8609	0.7368	0.5778	0.4073
	9			0.9999	0.9991	0.9946	0.9790	0.9403	0.8653	0.7473	0.5927
	10			1.0000	0.9998	0.9988	0.9939	0.9788	0.9424	0.8720	0.7597
	11				1.0000	0.9998	0.9986	0.9938	0.9797	0.9463	0.8811
	12					1.0000	0.9997	0.9986	0.9942	0.9817	0.9519
	13						1.0000	0.9997	0.9987	0.9951	0.9846
	14							1.0000	0.9998	0.9990	0.9962
	15								1.0000	0.9999	0.9993
	16									1.0000	0.9999
	17										1.0000
	18										
19	0	0.3774	0.1351	0.0456	0.0144	0.0042	0.0011	0.0003	0.0001	0.0000	
	1	0.7547	0.4203	0.1985	0.0829	0.0310	0.0104	0.0031	0.0008	0.0002	0.0000
	2	0.9335	0.7054	0.4413	0.2369	0.1113	0.0462	0.0170	0.0055	0.0015	0.0004
	3	0.9868	0.8850	0.6841	0.4551	0.2631	0.1332	0.0591	0.0230	0.0077	0.0022
	4	0.9980	0.9648	0.8556	0.6733	0.4654	0.2822	0.1500	0.0670	0.0280	0.0096
	5	0.9998	0.9914	0.9463	0.8369	0.6678	0.4739	0.2968	0.1629	0.0777	0.0318
	6	1.0000	0.9983	0.9837	0.9324	0.8251	0.6655	0.4812	0.3081	0.1727	0.0835
	7		0.9997	0.9959	0.9767	0.9225	0.8180	0.6656	0.4878	0.3169	0.1796
	8		1.0000	0.9992	0.9933	0.9713	0.9161	0.8145	0.6675	0.4940	0.3238
	9			0.9999	0.9984	0.9911	0.9674	0.9125	0.8139	0.6710	0.5000
	10			1.0000	0.9997	0.9977	0.9895	0.9653	0.9115	0.8159	0.6762
	11				1.0000	0.9995	0.9972	0.9886	0.9648	0.9129	0.8204
	12					0.9999	0.9994	0.9969	0.9884	0.9658	0.9165
	13					1.0000	0.9999	0.9993	0.9969	0.9891	0.9682
	14						1.0000	0.9999	0.9994	0.9972	0.9904
	15							1.0000	0.9999	0.9995	0.9978
	16								1.0000	0.9999	0.9996
	17									1.0000	1.0000
	18										
	19										

Tabelle A: Binomialverteilung

n	x	p = 0.05	0.10	0.15	0.20	0.25	0.30	0.35	0.40	0.45	0.50
20	0	0.3585	0.1216	0.0388	0.0115	0.0032	0.0008	0.0002	0.0000	0.0000	
	1	0.7358	0.3917	0.1756	0.0692	0.0243	0.0076	0.0021	0.0005	0.0001	0.0000
	2	0.9245	0.6769	0.4049	0.2061	0.0913	0.0355	0.0121	0.0036	0.0009	0.0002
	3	0.9841	0.8670	0.6477	0.4114	0.2252	0.1071	0.0444	0.0160	0.0049	0.0013
	4	0.9974	0.9568	0.8298	0.6296	0.4148	0.2375	0.1182	0.0510	0.0189	0.0059
	5	0.9997	0.9887	0.9327	0.8042	0.6172	0.4164	0.2454	0.1256	0.0553	0.0207
	6	1.0000	0.9976	0.9781	0.9133	0.7858	0.6080	0.4166	0.2500	0.1299	0.0577
	7		0.9996	0.9941	0.9679	0.8982	0.7723	0.6010	0.4159	0.2520	0.1316
	8		0.9999	0.9987	0.9900	0.9591	0.8867	0.7624	0.5956	0.4143	0.2517
	9		1.0000	0.9998	0.9974	0.9861	0.9520	0.8782	0.7553	0.5914	0.4119
	10			1.0000	0.9994	0.9961	0.9829	0.9468	0.8725	0.7507	0.5881
	11				0.9999	0.9991	0.9949	0.9804	0.9435	0.8692	0.7483
	12				1.0000	0.9998	0.9987	0.9940	0.9790	0.9420	0.8684
	13					1.0000	0.9997	0.9985	0.9935	0.9786	0.9423
	14						1.0000	0.9997	0.9984	0.9936	0.9793
	15							1.0000	0.9997	0.9985	0.9941
	16								1.0000	0.9997	0.9987
	17									1.0000	0.9998
	18										1.0000
	19										
	20										
25	0	0.2774	0.0718	0.0172	0.0038	0.0008	0.0001	0.0000			
	1	0.6424	0.2712	0.0931	0.0274	0.0070	0.0016	0.0003	0.0000	0.0000	
	2	0.8729	0.5371	0.2537	0.0982	0.0321	0.0090	0.0021	0.0004	0.0001	
	3	0.9659	0.7636	0.4711	0.2340	0.0962	0.0332	0.0097	0.0024	0.0005	0.0000
	4	0.9928	0.9020	0.6821	0.4207	0.2137	0.0905	0.0321	0.0095	0.0023	0.0005
	5	0.9988	0.9666	0.8385	0.6167	0.3783	0.1935	0.0826	0.0294	0.0086	0.0020
	6	0.9998	0.9905	0.9305	0.7800	0.5611	0.3407	0.1734	0.0736	0.0258	0.0073
	7	1.0000	0.9977	0.9745	0.8909	0.7265	0.5118	0.3061	0.1536	0.0639	0.0216
	8		0.9995	0.9920	0.9532	0.8506	0.6769	0.4668	0.2735	0.1340	0.0539
	9		0.9999	0.9979	0.9827	0.9287	0.8106	0.6303	0.4246	0.2424	0.1148
	10		1.0000	0.9995	0.9944	0.9703	0.9022	0.7712	0.5858	0.3843	0.2122
	11			0.9999	0.9985	0.9893	0.9558	0.8746	0.7323	0.5426	0.3450
	12			1.0000	0.9996	0.9966	0.9825	0.9396	0.8462	0.6937	0.5000
	13				0.9999	0.9991	0.9940	0.9745	0.9222	0.8173	0.6550
	14				1.0000	0.9998	0.9982	0.9907	0.9656	0.9040	0.7878
	15					1.0000	0.9995	0.9971	0.9868	0.9560	0.8852
	16						0.9999	0.9992	0.9957	0.9826	0.9461
	17						1.0000	0.9998	0.9988	0.9942	0.9784
	18							1.0000	0.9997	0.9984	0.9927
	19								0.9999	0.9996	0.9980
	20								1.0000	0.9999	0.9995
	21									1.0000	0.9999
	22										1.0000

Tabelle B: Verteilungsfunktion der Poissonverteilung

Ablesebeispiel

$\lambda = 4$

x	λ 4.0
0	
⋮	
10	.9972
11	.9991

$$P(X \leq 11) = .9991$$
$$P(X = 11) = P(X \leq 11) - P(X \leq 10)$$
$$= .9991 - .9972 = .0019$$

Tabelle B: Poissonverteilung

x	λ = 0.5	1.0	1.5	2.0	2.5	3.0	3.5	4.0	4.5	5.0
0	0.6065	0.3679	0.2231	0.1353	0.0821	0.0498	0.0302	0.0183	0.0111	0.0067
1	0.9098	0.7358	0.5578	0.4060	0.2873	0.1991	0.1359	0.0916	0.0611	0.0404
2	0.9856	0.9197	0.8088	0.6767	0.5438	0.4232	0.3208	0.2381	0.1736	0.1247
3	0.9982	0.9810	0.9344	0.8571	0.7576	0.6472	0.5366	0.4335	0.3423	0.2650
4	0.9998	0.9963	0.9814	0.9473	0.8912	0.8153	0.7254	0.6288	0.5321	0.4405
5	1.0000	0.9994	0.9955	0.9834	0.9580	0.9161	0.8576	0.7851	0.7029	0.6160
6		0.9999	0.9991	0.9955	0.9858	0.9665	0.9347	0.8893	0.8311	0.7622
7		1.0000	0.9998	0.9989	0.9958	0.9881	0.9733	0.9489	0.9134	0.8666
8			1.0000	0.9998	0.9989	0.9962	0.9901	0.9786	0.9597	0.9319
9				1.0000	0.9997	0.9989	0.9967	0.9919	0.9829	0.9682
10					0.9999	0.9997	0.9990	0.9972	0.9933	0.9863
11					1.0000	0.9999	0.9997	0.9991	0.9976	0.9945
12						1.0000	0.9999	0.9997	0.9992	0.9980
13							1.0000	0.9999	0.9997	0.9993
14								1.0000	0.9999	0.9998
15									1.0000	0.9999
16										1.0000

x	λ = 6.0	7.0	8.0	9.0	10.0	11.0	12.0	13.0	14.0	15.0
0	0.0025	0.0009	0.0003	0.0001						
1	0.0174	0.0073	0.0030	0.0012	0.0005	0.0002				
2	0.0620	0.0296	0.0138	0.0062	0.0028	0.0012	0.0005	0.0002	0.0001	
3	0.1512	0.0818	0.0424	0.0212	0.0103	0.0049	0.0023	0.0011	0.0005	0.0002
4	0.2851	0.1730	0.0996	0.0550	0.0293	0.0151	0.0076	0.0037	0.0018	0.0009
5	0.4457	0.3007	0.1912	0.1157	0.0671	0.0375	0.0203	0.0107	0.0055	0.0028
6	0.6063	0.4497	0.3134	0.2068	0.1301	0.0786	0.0458	0.0259	0.0142	0.0076
7	0.7440	0.5987	0.4530	0.3239	0.2202	0.1432	0.0895	0.0540	0.0316	0.0180
8	0.8472	0.7291	0.5925	0.4557	0.3328	0.2320	0.1550	0.0998	0.0621	0.0375
9	0.9161	0.8305	0.7166	0.5874	0.4579	0.3405	0.2424	0.1658	0.1094	0.0699
10	0.9574	0.9015	0.8159	0.7060	0.5830	0.4599	0.3472	0.2517	0.1757	0.1185
11	0.9799	0.9467	0.8881	0.8030	0.6968	0.5793	0.4616	0.3532	0.2600	0.1848
12	0.9912	0.9730	0.9362	0.8758	0.7916	0.6887	0.5760	0.4631	0.3585	0.2676
13	0.9964	0.9872	0.9658	0.9261	0.8645	0.7813	0.6815	0.5730	0.4644	0.3632
14	0.9986	0.9943	0.9827	0.9585	0.9165	0.8540	0.7720	0.6751	0.5704	0.4657
15	0.9995	0.9976	0.9918	0.9780	0.9513	0.9074	0.8444	0.7636	0.6694	0.5681
16	0.9998	0.9990	0.9963	0.9889	0.9730	0.9441	0.8987	0.8355	0.7559	0.6641
17	0.9999	0.9996	0.9984	0.9947	0.9857	0.9678	0.9370	0.8905	0.8272	0.7489
18	1.0000	0.9999	0.9993	0.9976	0.9928	0.9823	0.9626	0.9302	0.8826	0.8195
19		1.0000	0.9997	0.9989	0.9965	0.9907	0.9787	0.9573	0.9235	0.8752
20			0.9999	0.9996	0.9984	0.9953	0.9884	0.9750	0.9521	0.9170
21			1.0000	0.9998	0.9993	0.9977	0.9939	0.9859	0.9712	0.9469
22				0.9999	0.9997	0.9990	0.9970	0.9924	0.9833	0.9673
23				1.0000	0.9999	0.9995	0.9985	0.9960	0.9907	0.9805
24					1.0000	0.9998	0.9993	0.9980	0.9950	0.9888
25						0.9999	0.9997	0.9990	0.9974	0.9938
26						1.0000	0.9999	0.9995	0.9987	0.9967
27							0.9999	0.9998	0.9994	0.9983
28							1.0000	0.9999	0.9997	0.9991
29								1.0000	0.9999	0.9996
30									0.9999	0.9998
31									1.0000	0.9999
32										1.0000

Tabelle C: Quantile der Normalverteilung

Ablesebeispiel
a) $\Phi(z) = 0.164 \Rightarrow z = -.9782$
b) $z = -0.9822 \Rightarrow \Phi(z) = 0.163$

p	.000	.001	.002	.003	.004	.005	.006	.007	.008	.009
0.00		-3.0902	-2.8782	-2.7478	-2.6521	-2.5758	-2.5121	-2.4573	-2.4089	-2.3656
0.01	-2.3263	-2.2904	-2.2571	-2.2262	-2.1973	-2.1701	-2.1444	-2.1201	-2.0969	-2.0749
0.02	-2.0537	-2.0335	-2.0141	-1.9954	-1.9774	-1.9600	-1.9431	-1.9268	-1.9110	-1.8957
0.03	-1.8808	-1.8663	-1.8522	-1.8384	-1.8250	-1.8119	-1.7991	-1.7866	-1.7744	-1.7624
0.04	-1.7507	-1.7392	-1.7279	-1.7169	-1.7060	-1.6954	-1.6849	-1.6747	-1.6646	-1.6546
0.05	-1.6449	-1.6352	-1.6258	-1.6164	-1.6072	-1.5982	-1.5893	-1.5805	-1.5718	-1.5632
0.06	-1.5548	-1.5464	-1.5382	-1.5301	-1.5220	-1.5141	-1.5063	-1.4985	-1.4909	-1.4833
0.07	-1.4758	-1.4684	-1.4611	-1.4538	-1.4466	-1.4395	-1.4325	-1.4255	-1.4187	-1.4118
0.08	-1.4051	-1.3984	-1.3917	-1.3852	-1.3787	-1.3722	-1.3658	-1.3595	-1.3532	-1.3469
0.09	-1.3408	-1.3346	-1.3285	-1.3225	-1.3165	-1.3106	-1.3047	-1.2988	-1.2930	-1.2873
0.10	-1.2816	-1.2759	-1.2702	-1.2646	-1.2591	-1.2536	-1.2481	-1.2426	-1.2372	-1.2319
0.11	-1.2265	-1.2212	-1.2160	-1.2107	-1.2055	-1.2004	-1.1952	-1.1901	-1.1850	-1.1800
0.12	-1.1750	-1.1700	-1.1650	-1.1601	-1.1552	-1.1503	-1.1455	-1.1407	-1.1359	-1.1311
0.13	-1.1264	-1.1217	-1.1170	-1.1123	-1.1077	-1.1031	-1.0985	-1.0939	-1.0893	-1.0848
0.14	-1.0803	-1.0758	-1.0714	-1.0669	-1.0625	-1.0581	-1.0537	-1.0494	-1.0450	-1.0407
0.15	-1.0364	-1.0322	-1.0279	-1.0237	-1.0194	-1.0152	-1.0110	-1.0069	-1.0027	-0.9986
0.16	-0.9945	-0.9904	-0.9863	-0.9822	-0.9782	-0.9741	-0.9701	-0.9661	-0.9621	-0.9581
0.17	-0.9542	-0.9502	-0.9463	-0.9424	-0.9385	-0.9346	-0.9307	-0.9269	-0.9230	-0.9192
0.18	-0.9154	-0.9116	-0.9078	-0.9040	-0.9002	-0.8965	-0.8927	-0.8890	-0.8853	-0.8816
0.19	-0.8779	-0.8742	-0.8705	-0.8669	-0.8633	-0.8596	-0.8560	-0.8524	-0.8488	-0.8452
0.20	-0.8416	-0.8381	-0.8345	-0.8310	-0.8274	-0.8239	-0.8204	-0.8169	-0.8134	-0.8099
0.21	-0.8064	-0.8030	-0.7995	-0.7961	-0.7926	-0.7892	-0.7858	-0.7824	-0.7790	-0.7756
0.22	-0.7722	-0.7688	-0.7655	-0.7621	-0.7588	-0.7554	-0.7521	-0.7488	-0.7454	-0.7421
0.23	-0.7388	-0.7356	-0.7323	-0.7290	-0.7257	-0.7225	-0.7192	-0.7160	-0.7128	-0.7095
0.24	-0.7063	-0.7031	-0.6999	-0.6967	-0.6935	-0.6903	-0.6871	-0.6840	-0.6808	-0.6776
0.25	-0.6745	-0.6713	-0.6682	-0.6651	-0.6620	-0.6588	-0.6557	-0.6526	-0.6495	-0.6464
0.26	-0.6433	-0.6403	-0.6372	-0.6341	-0.6311	-0.6280	-0.6250	-0.6219	-0.6189	-0.6158
0.27	-0.6128	-0.6098	-0.6068	-0.6038	-0.6008	-0.5978	-0.5948	-0.5918	-0.5888	-0.5858
0.28	-0.5828	-0.5799	-0.5769	-0.5740	-0.5710	-0.5681	-0.5651	-0.5622	-0.5592	-0.5563
0.29	-0.5534	-0.5505	-0.5476	-0.5446	-0.5417	-0.5388	-0.5359	-0.5330	-0.5302	-0.5273
0.30	-0.5244	-0.5215	-0.5187	-0.5158	-0.5129	-0.5101	-0.5072	-0.5044	-0.5015	-0.4987
0.31	-0.4959	-0.4930	-0.4902	-0.4874	-0.4845	-0.4817	-0.4789	-0.4761	-0.4733	-0.4705
0.32	-0.4677	-0.4649	-0.4621	-0.4593	-0.4565	-0.4538	-0.4510	-0.4482	-0.4454	-0.4427
0.33	-0.4399	-0.4372	-0.4344	-0.4316	-0.4289	-0.4261	-0.4234	-0.4207	-0.4179	-0.4152
0.34	-0.4125	-0.4097	-0.4070	-0.4043	-0.4016	-0.3989	-0.3961	-0.3934	-0.3907	-0.3880
0.35	-0.3853	-0.3826	-0.3799	-0.3772	-0.3745	-0.3719	-0.3692	-0.3665	-0.3638	-0.3611
0.36	-0.3585	-0.3558	-0.3531	-0.3505	-0.3478	-0.3451	-0.3425	-0.3398	-0.3372	-0.3345
0.37	-0.3319	-0.3292	-0.3266	-0.3239	-0.3213	-0.3186	-0.3160	-0.3134	-0.3107	-0.3081
0.38	-0.3055	-0.3029	-0.3002	-0.2976	-0.2950	-0.2924	-0.2898	-0.2871	-0.2845	-0.2819
0.39	-0.2793	-0.2767	-0.2741	-0.2715	-0.2689	-0.2663	-0.2637	-0.2611	-0.2585	-0.2559
0.40	-0.2533	-0.2508	-0.2482	-0.2456	-0.2430	-0.2404	-0.2378	-0.2353	-0.2327	-0.2301
0.41	-0.2275	-0.2250	-0.2224	-0.2198	-0.2173	-0.2147	-0.2121	-0.2096	-0.2070	-0.2045
0.42	-0.2019	-0.1993	-0.1968	-0.1942	-0.1917	-0.1891	-0.1866	-0.1840	-0.1815	-0.1789
0.43	-0.1764	-0.1738	-0.1713	-0.1687	-0.1662	-0.1637	-0.1611	-0.1586	-0.1560	-0.1535
0.44	-0.1510	-0.1484	-0.1459	-0.1434	-0.1408	-0.1383	-0.1358	-0.1332	-0.1307	-0.1282
0.45	-0.1257	-0.1231	-0.1206	-0.1181	-0.1156	-0.1130	-0.1105	-0.1080	-0.1055	-0.1030
0.46	-0.1004	-0.0979	-0.0954	-0.0929	-0.0904	-0.0878	-0.0853	-0.0828	-0.0803	-0.0778
0.47	-0.0753	-0.0728	-0.0702	-0.0677	-0.0652	-0.0627	-0.0602	-0.0577	-0.0552	-0.0527
0.48	-0.0502	-0.0476	-0.0451	-0.0426	-0.0401	-0.0376	-0.0351	-0.0326	-0.0301	-0.0276
0.49	-0.0251	-0.0226	-0.0201	-0.0176	-0.0150	-0.0125	-0.0100	-0.0075	-0.0050	-0.0025

p	.003	.004
⋮		
.16	−.9822	−.9782

p	.000	.001	.002	.003	.004	.005	.006	.007	.008	.009
0.50	0.0000	0.0025	0.0050	0.0075	0.0100	0.0125	0.0150	0.0176	0.0201	0.0226
0.51	0.0251	0.0276	0.0301	0.0326	0.0351	0.0376	0.0401	0.0426	0.0451	0.0476
0.52	0.0502	0.0527	0.0552	0.0577	0.0602	0.0627	0.0652	0.0677	0.0702	0.0728
0.53	0.0753	0.0778	0.0803	0.0828	0.0853	0.0878	0.0904	0.0929	0.0954	0.0979
0.54	0.1004	0.1030	0.1055	0.1080	0.1105	0.1130	0.1156	0.1181	0.1206	0.1231
0.55	0.1257	0.1282	0.1307	0.1332	0.1358	0.1383	0.1408	0.1434	0.1459	0.1484
0.56	0.1510	0.1535	0.1560	0.1586	0.1611	0.1637	0.1662	0.1687	0.1713	0.1738
0.57	0.1764	0.1789	0.1815	0.1840	0.1866	0.1891	0.1917	0.1942	0.1968	0.1993
0.58	0.2019	0.2045	0.2070	0.2096	0.2121	0.2147	0.2173	0.2198	0.2224	0.2250
0.59	0.2275	0.2301	0.2327	0.2353	0.2378	0.2404	0.2430	0.2456	0.2482	0.2508
0.60	0.2533	0.2559	0.2585	0.2611	0.2637	0.2663	0.2689	0.2715	0.2741	0.2767
0.61	0.2793	0.2819	0.2845	0.2871	0.2898	0.2924	0.2950	0.2976	0.3002	0.3029
0.62	0.3055	0.3081	0.3107	0.3134	0.3160	0.3186	0.3213	0.3239	0.3266	0.3292
0.63	0.3319	0.3345	0.3372	0.3398	0.3425	0.3451	0.3478	0.3505	0.3531	0.3558
0.64	0.3585	0.3611	0.3638	0.3665	0.3692	0.3719	0.3745	0.3772	0.3799	0.3826
0.65	0.3853	0.3880	0.3907	0.3934	0.3961	0.3989	0.4016	0.4043	0.4070	0.4097
0.66	0.4125	0.4152	0.4179	0.4207	0.4234	0.4261	0.4289	0.4316	0.4344	0.4372
0.67	0.4399	0.4427	0.4454	0.4482	0.4510	0.4538	0.4565	0.4593	0.4621	0.4649
0.68	0.4677	0.4705	0.4733	0.4761	0.4789	0.4817	0.4845	0.4874	0.4902	0.4930
0.69	0.4959	0.4987	0.5015	0.5044	0.5072	0.5101	0.5129	0.5158	0.5187	0.5215
0.70	0.5244	0.5273	0.5302	0.5330	0.5359	0.5388	0.5417	0.5446	0.5476	0.5505
0.71	0.5534	0.5563	0.5592	0.5622	0.5651	0.5681	0.5710	0.5740	0.5769	0.5799
0.72	0.5828	0.5858	0.5888	0.5918	0.5948	0.5978	0.6008	0.6038	0.6068	0.6098
0.73	0.6128	0.6158	0.6189	0.6219	0.6250	0.6280	0.6311	0.6341	0.6372	0.6403
0.74	0.6433	0.6464	0.6495	0.6526	0.6557	0.6588	0.6620	0.6651	0.6682	0.6713
0.75	0.6745	0.6776	0.6808	0.6840	0.6871	0.6903	0.6935	0.6967	0.6999	0.7031
0.76	0.7063	0.7095	0.7128	0.7160	0.7192	0.7225	0.7257	0.7290	0.7323	0.7356
0.77	0.7388	0.7421	0.7454	0.7488	0.7521	0.7554	0.7588	0.7621	0.7655	0.7688
0.78	0.7722	0.7756	0.7790	0.7824	0.7858	0.7892	0.7926	0.7961	0.7995	0.8030
0.79	0.8064	0.8099	0.8134	0.8169	0.8204	0.8239	0.8274	0.8310	0.8345	0.8381
0.80	0.8416	0.8452	0.8488	0.8524	0.8560	0.8596	0.8633	0.8669	0.8705	0.8742
0.81	0.8779	0.8816	0.8853	0.8890	0.8927	0.8965	0.9002	0.9040	0.9078	0.9116
0.82	0.9154	0.9192	0.9230	0.9269	0.9307	0.9346	0.9385	0.9424	0.9463	0.9502
0.83	0.9542	0.9581	0.9621	0.9661	0.9701	0.9741	0.9782	0.9822	0.9863	0.9904
0.84	0.9945	0.9986	1.0027	1.0069	1.0110	1.0152	1.0194	1.0237	1.0279	1.0322
0.85	1.0364	1.0407	1.0450	1.0494	1.0537	1.0581	1.0625	1.0669	1.0714	1.0758
0.86	1.0803	1.0848	1.0893	1.0939	1.0985	1.1031	1.1077	1.1123	1.1170	1.1217
0.87	1.1264	1.1311	1.1359	1.1407	1.1455	1.1503	1.1552	1.1601	1.1650	1.1700
0.88	1.1750	1.1800	1.1850	1.1901	1.1952	1.2004	1.2055	1.2107	1.2160	1.2212
0.89	1.2265	1.2319	1.2372	1.2426	1.2481	1.2536	1.2591	1.2646	1.2702	1.2759
0.90	1.2816	1.2873	1.2930	1.2988	1.3047	1.3106	1.3165	1.3225	1.3285	1.3346
0.91	1.3408	1.3469	1.3532	1.3595	1.3658	1.3722	1.3787	1.3852	1.3917	1.3984
0.92	1.4051	1.4118	1.4187	1.4255	1.4325	1.4395	1.4466	1.4538	1.4611	1.4684
0.93	1.4758	1.4833	1.4909	1.4985	1.5063	1.5141	1.5220	1.5301	1.5382	1.5464
0.94	1.5548	1.5632	1.5718	1.5805	1.5893	1.5982	1.6072	1.6164	1.6258	1.6352
0.95	1.6449	1.6546	1.6646	1.6747	1.6849	1.6954	1.7060	1.7169	1.7279	1.7392
0.96	1.7507	1.7624	1.7744	1.7866	1.7991	1.8119	1.8250	1.8384	1.8522	1.8663
0.97	1.8808	1.8957	1.9110	1.9268	1.9431	1.9600	1.9774	1.9954	2.0141	2.0335
0.98	2.0537	2.0749	2.0969	2.1201	2.1444	2.1701	2.1973	2.2262	2.2571	2.2904
0.99	2.3263	2.3656	2.4089	2.4573	2.5121	2.5758	2.6521	2.7478	2.8782	3.0902

Tabelle D: Quantile der t-Verteilung

Ablesebeispiel

$T \sim t_7$

$$P(T \leq t) = 0.9 \Rightarrow t = 1.4149$$
$$P(T \leq 1.4149) = A - \alpha \Rightarrow 1 - \alpha = 0.9$$

ν	p .90
⋮	
7	1.4149
⋮	

Tabelle D: t-Verteilung

ν	p 0.60	0.70	0.80	0.90	0.95	0.975	0.99	0.995
1	0.3249	0.7265	1.3764	3.0777	6.3138	12.706	31.821	63.657
2	0.2887	0.6172	1.0607	1.8856	2.9200	4.3027	6.9646	9.9248
3	0.2767	0.5844	0.9785	1.6377	2.3534	3.1824	4.5407	5.8409
4	0.2707	0.5687	0.9410	1.5332	2.1318	2.7764	3.7470	4.6041
5	0.2672	0.5594	0.9195	1.4759	2.0150	2.5706	3.3649	4.0322
6	0.2648	0.5534	0.9057	1.4398	1.9432	2.4469	3.1427	3.7074
7	0.2632	0.5491	0.8960	1.4149	1.8946	2.3646	2.9980	3.4995
8	0.2619	0.5459	0.8889	1.3968	1.8595	2.3060	2.8965	3.3554
9	0.2610	0.5435	0.8834	1.3830	1.8331	2.2622	2.8214	3.2498
10	0.2602	0.5415	0.8791	1.3722	1.8125	2.2281	2.7638	3.1693
11	0.2596	0.5399	0.8755	1.3634	1.7959	2.2010	2.7181	3.1058
12	0.2590	0.5386	0.8726	1.3562	1.7823	2.1788	2.6810	3.0545
13	0.2586	0.5375	0.8702	1.3502	1.7709	2.1604	2.6503	3.0123
14	0.2582	0.5366	0.8681	1.3450	1.7613	2.1448	2.6245	2.9768
15	0.2579	0.5357	0.8662	1.3406	1.7531	2.1314	2.6025	2.9467
16	0.2576	0.5350	0.8647	1.3368	1.7459	2.1199	2.5835	2.9208
17	0.2574	0.5344	0.8633	1.3334	1.7396	2.1098	2.5669	2.8982
18	0.2571	0.5338	0.8621	1.3304	1.7341	2.1009	2.5524	2.8784
19	0.2569	0.5333	0.8610	1.3277	1.7291	2.0930	2.5395	2.8609
20	0.2567	0.5329	0.8510	1.3253	1.7247	2.0860	2.5280	2.8453
21	0.2566	0.5325	0.8591	1.3232	1.7207	2.0796	2.5176	2.8314
22	0.2564	0.5321	0.8583	1.3212	1.7171	2.0739	2.5083	2.8188
23	0.2563	0.5318	0.8575	1.3195	1.7139	2.0687	2.4999	2.8073
24	0.2562	0.5314	0.8569	1.3178	1.7109	2.0639	2.4922	2.7969
25	0.2561	0.5312	0.8562	1.3163	1.7081	2.0595	2.4851	2.7874
26	0.2560	0.5309	0.8557	1.3150	1.7056	2.0555	2.4786	2.7787
27	0.2559	0.5307	0.8551	1.3137	1.7033	2.0518	2.4727	2.7707
28	0.2558	0.5304	0.8547	1.3125	1.7011	2.0484	2.4671	2.7633
29	0.2557	0.5302	0.8542	1.3114	1.6991	2.0452	2.4620	2.7564
30	0.2556	0.5300	0.8538	1.3104	1.6973	2.0423	2.4573	2.7500
31	0.2555	0.5298	0.8534	1.3095	1.6955	2.0395	2.4528	2.7440
32	0.2555	0.5297	0.8530	1.3086	1.6939	2.0369	2.4487	2.7385
33	0.2554	0.5295	0.8527	1.3077	1.6924	2.0345	2.4448	2.7333
34	0.2553	0.5294	0.8523	1.3070	1.6909	2.0322	2.4411	2.7284
35	0.2553	0.5292	0.8520	1.3062	1.6896	2.0301	2.4377	2.7238
36	0.2552	0.5291	0.8517	1.3055	1.6883	2.0281	2.4345	2.7195
37	0.2552	0.5290	0.8514	1.3049	1.6871	2.0262	2.4314	2.7154
38	0.2551	0.5288	0.8512	1.3042	1.6860	2.0244	2.4286	2.7116
39	0.2551	0.5287	0.8509	1.3036	1.6849	2.0227	2.4258	2.7079
40	0.2550	0.5286	0.8507	1.3031	1.6839	2.0211	2.4233	2.7045
41	0.2550	0.5285	0.8505	1.3025	1.6829	2.0195	2.4208	2.7012
42	0.2550	0.5284	0.8503	1.3020	1.6820	2.0181	2.4185	2.6981
43	0.2549	0.5283	0.8501	1.3016	1.6811	2.0167	2.4163	2.6951
44	0.2549	0.5282	0.8499	1.3011	1.6802	2.0154	2.4141	2.6923
45	0.2549	0.5281	0.8497	1.3006	1.6794	2.0141	2.4121	2.6896
46	0.2548	0.5281	0.8495	1.3002	1.6787	2.0129	2.4102	2.6870
47	0.2548	0.5280	0.8493	1.2998	1.6779	2.0117	2.4083	2.6846
48	0.2548	0.5279	0.8492	1.2994	1.6772	2.0106	2.4066	2.6822
49	0.2547	0.5278	0.8490	1.2991	1.6766	2.0096	2.4049	2.6800
50	0.2547	0.5278	0.8489	1.2987	1.6759	2.0086	2.4033	2.6778

Tabelle E: Quantile der χ^2-Verteilung

Ablesebeispiel

$X^2 \sim \chi^2_{10}$:
$P(X^2 \leq z) \quad = 0.9 \Rightarrow z = 18.31$
$P(X^2 \leq 18.31) = 1 - \alpha \Rightarrow 1 - \alpha = 0.95$

ν	0.005	0.01	0.025	0.05	0.1	0.2	0.3	0.4	0.5
1			0.001	0.004	0.016	0.064	0.149	0.275	0.455
2	0.010	0.020	0.051	0.103	0.211	0.446	0.713	1.022	1.386
3	0.072	0.115	0.216	0.352	0.584	1.005	1.424	1.869	2.366
4	0.207	0.297	0.484	0.711	1.064	1.649	2.195	2.753	3.357
5	0.412	0.554	0.831	1.145	1.610	2.343	3.000	3.655	4.351
6	0.676	0.872	1.237	1.635	2.204	3.070	3.828	4.570	5.348
7	0.989	1.239	1.690	2.167	2.833	3.822	4.671	5.493	6.346
8	1.345	1.647	2.180	2.733	3.490	4.594	5.527	6.423	7.344
9	1.735	2.088	2.700	3.325	4.168	5.380	6.393	7.357	8.343
10	2.156	2.558	3.247	3.940	4.865	6.179	7.267	8.295	9.342
11	2.603	3.054	3.816	4.575	5.578	6.989	8.148	9.237	10.34
12	3.074	3.571	4.404	5.226	6.304	7.807	9.034	10.18	11.34
13	3.565	4.107	5.009	5.892	7.042	8.634	9.926	11.13	12.34
14	4.075	4.660	5.629	6.571	7.790	9.467	10.82	12.08	13.34
15	4.601	5.229	6.262	7.261	8.547	10.31	11.72	13.03	14.34
16	5.142	5.812	6.908	7.962	9.312	11.15	12.62	13.98	15.34
17	5.697	6.408	7.564	8.672	10.09	12.00	13.53	14.94	16.34
18	6.265	7.015	8.231	9.390	10.86	12.86	14.44	15.89	17.34
19	6.844	7.633	8.907	10.12	11.65	13.72	15.35	16.85	18.34
20	7.434	8.260	9.591	10.85	12.44	14.58	16.27	17.81	19.34
21	8.034	8.897	10.28	11.59	13.24	15.44	17.18	18.77	20.34
22	8.643	9.542	10.98	12.34	14.04	16.31	18.10	19.73	21.34
23	9.260	10.20	11.69	13.09	14.85	17.19	19.02	20.69	22.34
24	9.886	10.86	12.40	13.85	15.66	18.06	19.94	21.65	23.34
25	10.52	11.52	13.12	14.61	16.47	18.94	20.87	22.62	24.34
26	11.16	12.20	13.84	15.38	17.29	19.82	21.79	23.58	25.34
27	11.81	12.88	14.57	16.15	18.11	20.70	22.72	24.54	26.34
28	12.46	13.56	15.31	16.93	18.94	21.59	23.65	25.51	27.34
29	13.12	14.26	16.05	17.71	19.77	22.48	24.58	26.48	28.34
30	13.79	14.95	16.79	18.49	20.60	23.36	25.51	27.44	29.34
31	14.46	15.66	17.54	19.28	21.43	24.26	26.44	28.41	30.34
32	15.13	16.36	18.29	20.07	22.27	25.15	27.37	29.38	31.34
33	15.82	17.07	19.05	20.87	23.11	26.04	28.31	30.34	32.34
34	16.50	17.79	19.81	21.66	23.95	26.94	29.24	31.31	33.34
35	17.19	18.51	20.57	22.47	24.80	27.84	30.18	32.28	34.34
36	17.89	19.23	21.34	23.27	25.64	28.73	31.12	33.25	35.34
37	18.59	19.96	22.11	24.07	26.49	29.64	32.05	34.22	36.34
38	19.29	20.69	22.88	24.88	27.34	30.54	32.99	35.19	37.34
39	20.00	21.43	23.65	25.70	28.20	31.44	33.93	36.16	38.34
40	20.71	22.16	24.43	26.51	29.05	32.34	34.87	37.13	39.34
41	21.42	22.91	25.21	27.33	29.91	33.25	35.81	38.11	40.34
42	22.14	23.65	26.00	28.14	30.77	34.16	36.75	39.08	41.34
43	22.86	24.40	26.79	28.96	31.63	35.07	37.70	40.05	42.34
44	23.58	25.15	27.57	29.79	32.49	35.97	38.64	41.02	43.34
45	24.31	25.90	28.37	30.61	33.35	36.88	39.58	42.00	44.34
46	25.04	26.66	29.16	31.44	34.22	37.80	40.53	42.97	45.34
47	25.77	27.42	29.96	32.27	35.08	38.71	41.47	43.94	46.34
48	26.51	28.18	30.75	33.10	35.95	39.62	42.42	44.92	47.34
49	27.25	28.94	31.55	33.93	36.82	40.53	43.37	45.89	48.33
50	27.99	29.71	32.36	34.76	37.69	41.45	44.31	46.86	49.33

Tabelle E: χ^2-Verteilung

v	p .95
⋮	
10	18.31
⋮	

ν	0.5	0.6	0.7	0.8	0.9	0.95	0.975	0.990	0.995
1	0.455	0.708	1.074	1.642	2.706	3.841	5.024	6.635	7.879
2	1.386	1.833	2.408	3.219	4.605	5.991	7.378	9.210	10.60
3	2.366	2.946	3.665	4.642	6.251	7.815	9.348	11.34	12.84
4	3.357	4.045	4.878	5.989	7.779	9.488	11.14	13.28	14.86
5	4.351	5.132	6.064	7.289	9.236	11.07	12.83	15.09	16.75
6	5.348	6.211	7.231	8.558	10.64	12.59	14.45	16.81	18.55
7	6.346	7.283	8.383	9.803	12.02	14.07	16.01	18.48	20.28
8	7.344	8.351	9.524	11.03	13.36	15.51	17.53	20.09	21.95
9	8.343	9.414	10.66	12.24	14.68	16.92	19.02	21.67	23.59
10	9.342	10.47	11.78	13.44	15.99	18.31	20.48	23.21	25.19
11	10.34	11.53	12.90	14.63	17.28	19.68	21.92	24.72	26.76
12	11.34	12.58	14.01	15.81	18.55	21.03	23.34	26.22	28.30
13	12.34	13.64	15.12	16.98	19.81	22.36	24.74	27.69	29.82
14	13.34	14.69	16.22	18.15	21.06	23.68	26.12	29.14	31.32
15	14.34	15.73	17.32	19.31	22.31	25.00	27.49	30.58	32.80
16	15.34	16.78	18.42	20.47	23.54	26.30	28.85	32.00	34.27
17	16.34	17.82	19.51	21.61	24.77	27.59	30.19	33.41	35.72
18	17.34	18.87	20.60	22.76	25.99	28.87	31.53	34.81	37.16
19	18.34	19.91	21.69	23.90	27.20	30.14	32.85	36.19	38.58
20	19.34	20.95	22.77	25.04	28.41	31.41	34.17	37.57	40.00
21	20.34	21.99	23.86	26.17	29.62	32.67	35.48	38.93	41.40
22	21.34	23.03	24.94	27.30	30.81	33.92	36.78	40.29	42.80
23	22.34	24.07	26.02	28.43	32.01	35.17	38.08	41.64	44.18
24	23.34	25.11	27.10	29.55	33.20	36.42	39.36	42.98	45.56
25	24.34	26.14	28.17	30.68	34.38	37.65	40.65	44.31	46.93
26	25.34	27.18	29.25	31.79	35.56	38.89	41.92	45.64	48.29
27	26.34	28.21	30.32	32.91	36.74	40.11	43.19	46.96	49.64
28	27.34	29.25	31.39	34.03	37.92	41.34	44.46	48.28	50.99
29	28.34	30.28	32.46	35.14	39.09	42.56	45.72	49.59	52.34
30	29.34	31.32	33.53	36.25	40.26	43.77	46.98	50.89	53.67
31	30.34	32.35	34.60	37.36	41.42	44.99	48.23	52.19	55.00
32	31.34	33.38	35.66	38.47	42.58	46.19	49.48	53.49	56.33
33	32.34	34.41	36.73	39.57	43.75	47.40	50.73	54.78	57.65
34	33.34	35.44	37.80	40.68	44.90	48.60	51.97	56.06	58.96
35	34.34	36.47	38.86	41.78	46.06	49.80	53.20	57.34	60.27
36	35.34	37.50	39.92	42.88	47.21	51.00	54.44	58.62	61.58
37	36.34	38.53	40.98	43.98	48.36	52.19	55.67	59.89	62.88
38	37.34	39.56	42.05	45.08	49.51	53.38	56.90	61.16	64.18
39	38.34	40.59	43.11	46.17	50.66	54.57	58.12	62.43	65.48
40	39.34	41.62	44.16	47.27	51.81	55.76	59.34	63.69	66.77
41	40.34	42.65	45.22	48.36	52.95	56.94	60.56	64.95	68.05
42	41.34	43.68	46.28	49.46	54.09	58.12	61.78	66.21	69.34
43	42.34	44.71	47.34	50.55	55.23	59.30	62.99	67.46	70.62
44	43.34	45.73	48.40	51.64	56.37	60.48	64.20	68.71	71.89
45	44.34	46.76	49.45	52.73	57.51	61.66	65.41	69.96	73.17
46	45.34	47.79	50.51	53.82	58.64	62.83	66.62	71.20	74.44
47	46.34	48.81	51.56	54.91	59.77	64.00	67.82	72.44	75.70
48	47.34	49.84	52.62	55.99	60.91	65.17	69.02	73.68	76.97
49	48.33	50.87	53.67	57.08	62.04	66.34	70.22	74.92	78.23
50	49.33	51.89	54.72	58.16	63.17	67.50	71.42	76.15	79.49

Tabelle F: Kritische Werte des F-Tests für $\alpha = 0.05$

Ablesebeispiel:
$F \sim F_{4,13}$:
empirischer F-Wert: 4.69 Wegen 4.69 > 3.18 führt der Test zur Ablehnung

m_2	m_1: 1	2	3	4	5	6	7	8	9	10
1	161.45	199.50	215.71	224.58	230.16	233.99	236.77	238.88	240.54	241.88
2	18.51	19.00	19.16	19.25	19.30	19.33	19.35	19.37	19.38	19.40
3	10.10	9.55	9.28	9.14	9.04	8.97	8.92	8.88	8.84	8.82
4	7.71	6.94	6.59	6.39	6.26	6.17	6.10	6.05	6.01	5.97
5	6.61	5.79	5.40	5.19	5.05	4.95	4.88	4.82	4.77	4.74
6	5.99	5.14	4.75	4.53	4.39	4.28	4.21	4.15	4.10	4.06
7	5.59	4.74	4.34	4.12	3.97	3.87	3.79	3.73	3.68	3.64
8	5.32	4.46	4.06	3.84	3.69	3.58	3.50	3.44	3.39	3.35
9	5.12	4.26	3.86	3.63	3.48	3.37	3.29	3.23	3.18	3.14
10	4.96	4.10	3.70	3.48	3.33	3.22	3.14	3.07	3.02	2.98
11	4.84	3.98	3.58	3.35	3.20	3.09	3.01	2.95	2.90	2.85
12	4.75	3.89	3.48	3.26	3.11	3.00	2.91	2.85	2.80	2.75
13	4.67	3.81	3.40	3.18	3.02	2.91	2.83	2.77	2.71	2.67
14	4.60	3.74	3.34	3.11	2.96	2.85	2.76	2.70	2.65	2.60
15	4.54	3.68	3.28	3.05	2.90	2.79	2.71	2.64	2.59	2.54
16	4.49	3.63	3.23	3.01	2.85	2.74	2.66	2.59	2.54	2.49
17	4.45	3.59	3.19	2.96	2.81	2.70	2.61	2.55	2.49	2.45
18	4.41	3.55	3.15	2.93	2.77	2.66	2.58	2.51	2.46	2.41
19	4.38	3.52	3.12	2.89	2.74	2.63	2.54	2.48	2.42	2.38
20	4.35	3.49	3.09	2.86	2.71	2.60	2.51	2.45	2.39	2.35
21	4.32	3.47	3.07	2.84	2.68	2.57	2.49	2.42	2.37	2.32
22	4.30	3.44	3.04	2.82	2.66	2.55	2.46	2.40	2.34	2.30
23	4.28	3.42	3.02	2.79	2.64	2.53	2.44	2.37	2.32	2.27
24	4.26	3.40	3.00	2.77	2.62	2.51	2.42	2.35	2.30	2.25
25	4.24	3.39	2.99	2.76	2.60	2.49	2.40	2.34	2.28	2.24
26	4.23	3.37	2.97	2.74	2.59	2.47	2.39	2.32	2.27	2.22
27	4.21	3.35	2.96	2.73	2.57	2.46	2.37	2.31	2.25	2.20
28	4.20	3.34	2.94	2.71	2.56	2.44	2.36	2.29	2.24	2.19
29	4.18	3.33	2.93	2.70	2.54	2.43	2.35	2.28	2.22	2.18
30	4.17	3.32	2.92	2.69	2.53	2.42	2.33	2.27	2.21	2.16
31	4.16	3.30	2.91	2.68	2.52	2.41	2.32	2.25	2.20	2.15
32	4.15	3.29	2.90	2.67	2.51	2.40	2.31	2.24	2.19	2.14
33	4.14	3.28	2.89	2.66	2.50	2.39	2.30	2.23	2.18	2.13
34	4.13	3.28	2.88	2.65	2.49	2.38	2.29	2.23	2.17	2.12
35	4.12	3.27	2.87	2.64	2.48	2.37	2.29	2.22	2.16	2.11
36	4.11	3.26	2.86	2.63	2.48	2.36	2.28	2.21	2.15	2.11
37	4.11	3.25	2.85	2.62	2.47	2.36	2.27	2.20	2.14	2.10
38	4.10	3.24	2.85	2.62	2.46	2.35	2.26	2.19	2.14	2.09
39	4.09	3.24	2.84	2.61	2.46	2.34	2.26	2.19	2.13	2.08
40	4.08	3.23	2.83	2.60	2.45	2.34	2.25	2.18	2.12	2.08

M_1 / M_2		4
⋮		⋮
13	…	3.18

m_2	m_1 11	12	13	14	15	16	17	18	19	20
1	242.98	243.91	244.69	245.36	245.95	246.46	246.92	247.32	247.69	248.01
2	19.40	19.41	19.42	19.42	19.43	19.43	19.44	19.44	19.44	19.45
3	8.80	8.78	8.76	8.75	8.74	8.73	8.72	8.71	8.70	8.69
4	5.94	5.92	5.90	5.88	5.86	5.85	5.84	5.83	5.82	5.81
5	4.71	4.68	4.66	4.64	4.62	4.61	4.59	4.58	4.57	4.56
6	4.03	4.00	3.98	3.96	3.94	3.92	3.91	3.90	3.89	3.88
7	3.60	3.58	3.55	3.53	3.51	3.49	3.48	3.47	3.46	3.44
8	3.31	3.28	3.26	3.24	3.22	3.20	3.19	3.17	3.16	3.15
9	3.10	3.07	3.05	3.03	3.01	2.99	2.97	2.96	2.95	2.94
10	2.94	2.91	2.89	2.86	2.85	2.83	2.81	2.80	2.79	2.77
11	2.82	2.79	2.76	2.74	2.72	2.70	2.69	2.67	2.66	2.65
12	2.72	2.69	2.66	2.64	2.62	2.60	2.58	2.57	2.56	2.54
13	2.63	2.60	2.58	2.55	2.53	2.51	2.50	2.48	2.47	2.46
14	2.57	2.53	2.51	2.48	2.46	2.44	2.43	2.41	2.40	2.39
15	2.51	2.48	2.45	2.42	2.40	2.38	2.37	2.35	2.34	2.33
16	2.46	2.42	2.40	2.37	2.35	2.33	2.32	2.30	2.29	2.28
17	2.41	2.38	2.35	2.33	2.31	2.29	2.27	2.26	2.24	2.23
18	2.37	2.34	2.31	2.29	2.27	2.25	2.23	2.22	2.20	2.19
19	2.34	2.31	2.28	2.26	2.23	2.21	2.20	2.18	2.17	2.16
20	2.31	2.28	2.25	2.22	2.20	2.18	2.17	2.15	2.14	2.12
21	2.28	2.25	2.22	2.20	2.18	2.16	2.14	2.12	2.11	2.10
22	2.26	2.23	2.20	2.17	2.15	2.13	2.11	2.10	2.08	2.07
23	2.24	2.20	2.18	2.15	2.13	2.11	2.09	2.08	2.06	2.05
24	2.22	2.18	2.15	2.13	2.11	2.09	2.07	2.05	2.04	2.03
25	2.20	2.16	2.14	2.11	2.09	2.07	2.05	2.04	2.02	2.01
26	2.18	2.15	2.12	2.09	2.07	2.05	2.03	2.02	2.00	1.99
27	2.17	2.13	2.10	2.08	2.06	2.04	2.02	2.00	1.99	1.97
28	2.15	2.12	2.09	2.06	2.04	2.02	2.00	1.99	1.97	1.96
29	2.14	2.10	2.08	2.05	2.03	2.01	1.99	1.97	1.96	1.94
30	2.13	2.09	2.06	2.04	2.01	1.99	1.98	1.96	1.95	1.93
31	2.11	2.08	2.05	2.03	2.00	1.98	1.96	1.95	1.93	1.92
32	2.10	2.07	2.04	2.01	1.99	1.97	1.95	1.94	1.92	1.91
33	2.09	2.06	2.03	2.00	1.98	1.96	1.94	1.93	1.91	1.90
34	2.08	2.05	2.02	1.99	1.97	1.95	1.93	1.92	1.90	1.89
35	2.07	2.04	2.01	1.99	1.96	1.94	1.92	1.91	1.89	1.88
36	2.07	2.03	2.00	1.98	1.95	1.93	1.92	1.90	1.88	1.87
37	2.06	2.02	2.00	1.97	1.95	1.93	1.91	1.89	1.88	1.86
38	2.05	2.02	1.99	1.96	1.94	1.92	1.90	1.88	1.87	1.85
39	2.04	2.01	1.98	1.95	1.93	1.91	1.89	1.88	1.86	1.85
40	2.04	2.00	1.97	1.95	1.92	1.90	1.89	1.87	1.85	1.84

Tabelle G: Kritische Werte der Korrelationstests

Ablesebeispiel:

Test auf Normalverteilung
$\alpha = 0.05 \quad n = 26$
empirischer Korrelationskoeffizient: 0.945
Wegen $0.945 < 0.959$ wird die Hypothese der Normalverteilung abgelehnt.

	Normalverteilung		
n	0.01	0.05	0.10
⋮			
26	0.940	0.959	0.967
⋮			

Tabelle G: Korrelationstests

	GLEICHV.			NORMALV.			EXPONENTIALV.		
	.01	.05	.10	.01	.05	.10	.01	.05	.10
5	0.808	0.869	0.897	0.828	0.880	0.902	0.770	0.842	0.884
6	0.817	0.877	0.904	0.842	0.890	0.910	0.791	0.864	0.896
7	0.837	0.894	0.917	0.846	0.898	0.917	0.813	0.875	0.901
8	0.853	0.902	0.923	0.866	0.907	0.925	0.831	0.885	0.909
9	0.868	0.911	0.930	0.868	0.911	0.928	0.838	0.891	0.912
10	0.880	0.920	0.936	0.879	0.918	0.934	0.846	0.896	0.916
11	0.886	0.923	0.939	0.888	0.924	0.939	0.855	0.903	0.922
12	0.897	0.931	0.946	0.895	0.929	0.943	0.859	0.906	0.924
13	0.904	0.936	0.949	0.900	0.933	0.945	0.863	0.908	0.926
14	0.912	0.941	0.953	0.905	0.936	0.948	0.866	0.910	0.928
15	0.914	0.942	0.954	0.906	0.936	0.949	0.875	0.917	0.933
16	0.923	0.948	0.959	0.914	0.942	0.953	0.882	0.922	0.938
17	0.926	0.950	0.961	0.917	0.944	0.955	0.882	0.920	0.936
18	0.931	0.954	0.963	0.921	0.946	0.956	0.884	0.923	0.938
19	0.935	0.956	0.965	0.926	0.950	0.959	0.888	0.926	0.941
20	0.937	0.958	0.966	0.927	0.950	0.960	0.892	0.929	0.943
21	0.938	0.958	0.967	0.929	0.952	0.961	0.892	0.929	0.943
22	0.940	0.960	0.968	0.934	0.955	0.963	0.891	0.928	0.943
23	0.945	0.963	0.970	0.934	0.955	0.963	0.897	0.933	0.946
24	0.947	0.964	0.972	0.937	0.957	0.965	0.901	0.935	0.948
25	0.947	0.964	0.972	0.941	0.959	0.967	0.902	0.936	0.949
26	0.951	0.967	0.974	0.940	0.959	0.967	0.905	0.938	0.951
27	0.952	0.968	0.974	0.943	0.961	0.968	0.910	0.942	0.954
28	0.953	0.968	0.975	0.945	0.962	0.969	0.906	0.939	0.952
29	0.955	0.970	0.976	0.948	0.964	0.971	0.911	0.942	0.954
30	0.957	0.971	0.977	0.948	0.965	0.971	0.910	0.941	0.954
32	0.959	0.972	0.978	0.952	0.967	0.973	0.915	0.945	0.957
34	0.962	0.975	0.980	0.953	0.968	0.974	0.916	0.946	0.957
36	0.963	0.975	0.980	0.956	0.969	0.975	0.918	0.947	0.959
38	0.967	0.977	0.982	0.959	0.972	0.977	0.922	0.950	0.961
40	0.967	0.978	0.982	0.960	0.972	0.977	0.920	0.949	0.960
42	0.970	0.980	0.984	0.962	0.973	0.978	0.925	0.952	0.962
44	0.971	0.980	0.984	0.964	0.975	0.979	0.926	0.953	0.963
46	0.972	0.981	0.985	0.964	0.975	0.979	0.927	0.954	0.964
48	0.973	0.981	0.985	0.965	0.976	0.980	0.930	0.956	0.966
50	0.974	0.982	0.986	0.967	0.977	0.981	0.929	0.955	0.965
55	0.977	0.984	0.987	0.970	0.979	0.983	0.935	0.959	0.969
60	0.979	0.985	0.988	0.972	0.980	0.984	0.938	0.961	0.970
65	0.980	0.986	0.989	0.974	0.982	0.985	0.939	0.962	0.971
70	0.982	0.987	0.990	0.976	0.983	0.986	0.942	0.964	0.972
75	0.983	0.989	0.991	0.977	0.984	0.986	0.943	0.965	0.973
80	0.984	0.989	0.991	0.979	0.985	0.987	0.946	0.967	0.975
85	0.985	0.990	0.992	0.980	0.986	0.988	0.947	0.968	0.976
90	0.986	0.990	0.992	0.981	0.986	0.988	0.949	0.969	0.976
95	0.987	0.991	0.993	0.982	0.987	0.989	0.950	0.969	0.977
100	0.987	0.991	0.993	0.983	0.987	0.989	0.950	0.970	0.977

Tabelle H: Quantile der Prüfgröße des Wilcoxon-Vorzeichen-Rangtests

Ablesebeispiel

n = 19

n	0.025	0.050
⋮		
19	46	53

$$0.025 \leq P(T \leq 49) \leq 0.05$$
$$P(T \leq 53) \leq 0.05$$
$$P(T \geq 142) = P\left(T \leq \frac{19 \cdot 20}{2} - 142\right) = P(T \leq 48)$$
$$\Rightarrow 0.025 \leq P(T \geq 142) \leq 0.05$$

Tabelle H: Quantile der Prüfgröße des Wilcoxon-Vorzeichen-Rangtests

N	0.001	0.005	0.010	0.025	0.050	0.10	0.20	0.30	0.40	0.50
2								0	0	1
3							0	1	2	2
4						0	2	2	3	4
5					0	2	3	4	5	7
6				0	2	3	5	7	8	10
7			0	2	3	5	8	10	11	13
8		0	1	3	5	8	11	13	15	17
9		1	3	5	8	10	14	17	19	22
10	0	3	5	8	10	14	18	21	24	27
11	1	5	7	10	13	17	22	26	29	32
12	2	7	9	13	17	21	27	31	35	38
13	4	9	12	17	21	26	32	37	41	45
14	6	12	15	21	25	31	38	43	47	52
15	8	15	19	25	30	36	44	50	54	59
16	11	19	23	29	35	42	50	57	62	67
17	14	23	27	34	41	48	57	64	70	76
18	18	27	32	40	47	55	65	72	79	85
19	21	32	37	46	53	62	73	81	88	94
20	26	37	43	52	60	69	81	90	97	104
21	30	42	49	58	67	77	90	99	107	115
22	35	48	55	65	75	86	99	109	118	126
23	40	54	62	73	83	94	109	119	129	137
24	45	61	69	81	91	104	119	130	140	149
25	51	68	76	89	100	113	130	142	152	162
26	58	75	84	98	110	124	141	154	164	175
27	64	83	92	107	119	134	153	166	177	188
28	71	91	101	116	130	145	165	179	191	202
29	79	100	110	126	140	157	177	192	205	217
30	86	109	120	137	151	169	190	206	219	232
31	94	118	130	147	163	181	204	220	234	247
32	103	128	140	159	175	194	218	235	249	263
33	112	138	151	170	187	207	232	250	265	280
34	121	148	162	182	200	221	247	265	281	297
35	131	159	173	195	213	235	262	282	298	314
36	141	171	185	208	227	250	278	298	316	332
37	151	182	198	221	241	265	294	315	334	351
38	162	194	211	235	256	281	311	333	352	370
39	173	207	224	249	271	297	328	351	371	389
40	185	220	238	264	286	313	346	370	390	409
41	197	233	252	279	302	330	364	389	410	430
42	209	247	266	294	319	348	383	408	430	451
43	222	261	281	310	336	365	402	428	451	472
44	235	276	296	327	353	384	421	449	472	494
45	249	291	312	343	371	402	441	470	494	517
46	263	307	328	361	389	422	462	491	516	540
47	277	322	345	378	407	441	483	513	539	563
48	292	339	362	396	426	462	504	535	562	587
49	307	355	379	415	446	482	526	558	586	612
50	323	373	397	434	466	503	549	582	610	637

Tabelle I: Untere Quantile der Wilcoxon-Rangsummen-Teststatistik

Ablesebeispiel

Gesamtstichprobenumfang $N = n + m = 8$, $n = 3$:

$$P(T \leq 7) = 0.05$$

$$P(T \geq 17) = P\left(T \geq \frac{3 \cdot 9}{2} - \left(17 - \frac{3 \cdot 9}{2}\right)\right) = P(T \leq 10) = 0.20$$

N	n	0.001	0.005	0.010	0.025	0.05	0.10	0.20	0.30	0.40	0.50
2	1										1
3	1									1	1
3	2									3	3
4	1								1	1	2
4	2							3	3	4	4
4	3								6	6	7
5	1							1	1	2	2
5	2						3	4	4	5	5
5	3						6	7	7	8	8
5	4							10	10	11	11
6	1							1	1	2	3
6	2						3	4	5	6	6
6	3					6	7	8	8	9	10
6	4						10	11	12	13	13
6	5							15	15	16	17
7	1							1	2	2	3
7	2					3	4	5	6	6	7
7	3					6	7	9	9	10	11
7	4					10	11	13	13	14	15
7	5					15	16	17	18	18	19
7	6							21	22	22	23
8	1							1	2	3	4
8	2					3	4	5	6	7	8
8	3				6	7	8	10	11	12	13
8	4				10	11	13	14	15	16	17
8	5				15	16	17	19	20	21	22
8	6					21	22	23	24	25	26
8	7							28	29	30	31
9	1							1	2	3	4
9	2					3	4	6	7	8	9
9	3				7	8	9	11	12	13	14
9	4			10	11	12	14	15	17	18	19
9	5			15	16	17	19	20	22	23	24
9	6				22	23	24	26	27	28	29
9	7					28	29	31	32	33	34
9	8							36	37	38	39
10	1						1	2	3	4	5
10	2				3	4	5	7	8	9	10
10	3			6	7	8	10	12	13	14	16
10	4		10	11	12	13	15	17	18	20	21
10	5		15	16	17	19	20	22	24	25	27
10	6		21	22	23	24	26	28	29	31	32
10	7			28	29	30	32	34	35	36	38
10	8				36	37	38	40	41	42	43
10	9						45	46	47	48	49

Tabelle I: Untere Quantile der Wilcoxon-Rangsummen-Teststatistik

N	n	0.001	0.005	0.010	0.025	0.05	0.10	0.20	0.30	0.40	0.50
11	1						1	2	3	4	5
11	2				3	4	5	7	9	10	11
11	3			6	8	9	11	13	14	16	17
11	4		10	11	13	14	16	18	20	22	23
11	5		16	17	18	20	22	24	26	28	29
11	6		22	23	24	26	28	30	32	34	35
11	7		28	29	31	32	34	36	38	40	41
11	8			36	38	39	41	43	44	46	47
11	9				45	46	47	49	51	52	53
11	10						55	56	57	58	59
12	1						1	2	3	4	6
12	2				3	4	6	8	9	11	12
12	3		6	7	8	10	11	14	16	17	19
12	4		11	12	14	15	17	20	22	23	25
12	5		16	18	20	21	23	26	28	30	32
12	6		23	24	26	28	30	33	35	36	38
12	7		29	31	33	34	36	39	41	43	45
12	8		37	38	40	41	43	46	48	49	51
12	9		45	46	47	49	50	53	55	56	58
12	10				55	56	58	60	61	63	64
12	11						66	67	68	69	71
13	1						1	2	3	5	6
13	2				3	4	6	8	10	12	13
13	3		6	7	9	10	12	15	17	18	20
13	4		11	13	14	16	19	21	23	25	27
13	5	15	17	19	21	23	25	28	30	32	34
13	6	21	24	25	27	29	32	35	37	39	41
13	7	28	31	32	34	36	39	42	44	46	48
13	8	36	38	40	42	44	46	49	51	53	55
13	9		46	48	49	51	54	56	58	60	62
13	10		55	56	58	59	61	64	66	67	69
13	11				66	67	69	71	73	75	76
13	12						78	79	80	82	83
14	1						1	2	4	5	7
14	2				4	5	7	9	11	13	14
14	3		6	7	9	11	13	16	18	20	22
14	4	10	12	13	15	17	20	23	25	27	29
14	5	16	18	20	22	24	27	30	32	35	37
14	6	22	25	27	29	31	34	37	40	42	44
14	7	29	32	34	36	39	41	45	47	49	52
14	8	37	40	42	44	46	49	52	55	57	59
14	9	46	48	50	52	54	57	60	62	65	67
14	10	55	57	58	60	62	65	68	70	72	74
14	11		66	67	69	71	73	76	78	80	82
14	12				79	80	82	84	86	88	89
14	13						91	92	94	95	97

Tabelle I: Untere Quantile der Wilcoxon-Rangsummen-Teststatistik

N	n	0.001	0.005	0.010	0.025	0.05	0.10	0.20	0.30	0.40	0.50
15	1						1	3	4	6	7
15	2			3	4	5	7	10	12	14	15
15	3		7	8	10	11	14	17	19	21	23
15	4	10	12	14	16	18	21	24	27	29	31
15	5	16	19	21	23	26	28	32	35	37	39
15	6	23	26	28	31	33	36	40	42	45	47
15	7	30	34	35	38	41	44	48	50	53	55
15	8	38	42	43	46	49	52	56	58	61	63
15	9	47	50	52	55	57	60	64	66	69	71
15	10	56	59	61	63	66	68	72	75	77	79
15	11	66	68	70	72	74	77	80	83	85	87
15	12		79	80	82	83	86	89	91	93	95
15	13			91	92	93	95	98	100	102	103
15	14						105	107	108	110	111
16	1						1	3	4	6	8
16	2			3	4	6	8	10	13	14	16
16	3		7	8	10	12	15	18	20	23	25
16	4	10	13	15	17	19	22	26	29	31	33
16	5	17	20	22	24	27	30	34	37	39	42
16	6	24	27	29	32	35	38	42	45	48	50
16	7	31	35	37	40	43	46	50	53	56	59
16	8	40	43	45	49	51	55	59	62	65	67
16	9	48	52	54	57	60	63	67	70	73	76
16	10	58	61	63	66	69	72	76	79	82	84
16	11	68	71	73	75	78	81	85	88	90	93
16	12	78	81	83	85	87	90	94	97	99	101
16	13		92	93	95	97	100	103	105	108	110
16	14			105	106	108	110	112	115	116	118
16	15						120	122	123	125	127
17	1						1	3	5	6	8
17	2			3	4	6	8	11	13	15	17
17	3		7	8	11	13	16	19	22	24	26
17	4	11	13	15	18	20	23	27	30	33	35
17	5	17	21	23	26	28	32	36	39	42	44
17	6	25	28	30	34	37	40	44	48	50	53
17	7	33	37	39	42	45	49	53	56	59	62
17	8	41	45	47	51	54	58	62	65	68	71
17	9	50	54	56	60	63	67	71	74	77	80
17	10	60	64	66	69	72	76	80	83	86	89
17	11	70	73	75	79	82	85	89	93	95	98
17	12	80	84	86	89	91	95	99	102	105	107
17	13	92	94	96	99	101	104	108	111	114	116
17	14		106	107	110	112	115	118	121	123	125
17	15			120	121	123	125	128	130	132	134
17	16						136	138	140	141	143

Tabelle I: Untere Quantile der Wilcoxon-Rangsummen-Teststatistik

N	n	0.001	0.005	0.010	0.025	0.05	0.10	0.20	0.30	0.40	0.50
18	1						1	3	5	7	9
18	2			3	4	6	8	12	14	16	18
18	3		8	9	11	13	16	20	23	25	28
18	4	11	14	16	19	21	25	29	32	35	37
18	5	18	22	24	27	30	33	38	41	44	47
18	6	25	30	32	35	38	42	47	50	53	56
18	7	34	38	40	44	47	51	56	60	63	66
18	8	42	47	49	53	56	60	65	69	72	75
18	9	52	56	59	62	66	70	75	78	82	85
18	10	61	66	68	72	75	79	84	88	91	94
18	11	72	76	78	82	85	89	94	98	101	104
18	12	82	87	89	92	95	99	104	107	110	113
18	13	94	98	100	103	106	109	114	117	120	123
18	14	106	109	111	114	116	120	124	127	130	132
18	15		122	123	125	127	130	134	137	139	142
18	16			136	137	139	141	145	147	149	151
18	17						153	155	157	159	161
19	1						1	3	5	7	9
19	2			3	5	6	9	12	15	17	19
19	3		8	9	12	14	17	21	24	27	29
19	4	11	15	17	20	22	26	30	34	36	39
19	5	18	22	25	28	31	35	40	43	46	49
19	6	26	31	33	37	40	44	49	53	56	59
19	7	35	40	42	46	49	54	59	63	66	69
19	8	44	49	51	55	59	63	69	73	76	79
19	9	53	58	61	65	69	73	78	82	86	89
19	10	63	68	71	75	79	83	88	92	96	99
19	11	74	79	81	85	89	93	99	103	106	109
19	12	85	90	92	96	99	104	109	113	116	119
19	13	96	101	103	107	110	114	119	123	126	129
19	14	108	112	115	118	121	125	130	133	136	139
19	15	121	125	127	130	132	136	140	144	146	149
19	16		138	139	142	144	147	151	154	157	159
19	17			153	155	156	159	162	165	167	169
19	18						171	173	175	177	179
20	1					1	2	4	6	8	10
20	2			3	5	7	9	13	16	18	20
20	3	6	8	10	12	15	18	22	25	28	31
20	4	12	15	17	21	24	27	32	35	38	41
20	5	19	23	26	29	33	37	42	45	48	52
20	6	27	32	34	38	42	46	52	55	59	62
20	7	36	41	44	48	52	56	62	66	69	73
20	8	45	51	53	58	62	66	72	76	80	83
20	9	55	61	63	68	72	76	82	86	90	94
20	10	65	71	74	78	82	87	93	97	101	104
20	11	76	82	84	89	93	97	103	107	111	115
20	12	87	93	95	100	104	108	114	118	122	125
20	13	99	104	107	111	115	119	125	129	132	136
20	14	111	116	118	122	126	130	136	139	143	146
20	15	124	128	131	134	138	142	147	150	153	157
20	16	138	141	143	147	150	153	158	161	164	167
20	17	153	155	157	159	162	165	169	172	175	178
20	18			171	173	175	177	181	184	186	188
20	19					190	191	193	195	197	199

Anhang: Lösungen der Aufgaben

Kapitel 1

1. –

2. Familienstand: diskret/nominal; Religion: diskret/nominal; Steuerklasse: diskret/ordinal; Alter in Jahren: diskret/metrisch; Stückzahl in der Produktion: diskret/metrisch; Reaktionszeit: stetig/metrisch; Härtegrad: stetig/metrisch; Güteklasse von Restaurants: diskret/ordinal; Fahrzeit: stetig/metrisch; Länge: stetig/metrisch; Lebensdauer: stetig/metrisch; Gewichtsklasse von Eiern: diskret/ordinal.

3. (i) $T: \mathbb{R}_+ \to \{0,1\}$ mit $T(x) = 0$ für $x \le g$ und $T(x) = 1$ für $x > g$, wobei g ein positiver Schwellenwert ist; metrisch/nominal.
   (ii) $T(x) = 0.20 \cdot x$, wenn eine Zigarette 0.20 DM kostet; metrisch/metrisch.
   (iii) $T(x) = 0$ für $0 \le x < g_1$, $T(x) = 1$ für $g_1 \le x < g_2$, $T(x) = 2$ für $g_2 \le x < g_3$, $T(x) = 3$ für $x > g_3$, wobei g_1, g_2 und g_3 Schwellenwerte sind; metrisch/ordinal.

4. Die Logarithmus-Transformation $T(x) = \log(x)$ für $x > 0$.

5. –

Kapitel 2

1. – Strichliste:

i	x_i	
1	1.0	𝍸 𝍸 𝍸 ||
2	1.5	𝍸 ||||
3	2.0	𝍸 𝍸 𝍸 𝍸 𝍸 𝍸 𝍸 𝍸 𝍸 𝍸 𝍸 |
4	2.5	𝍸 𝍸 𝍸 𝍸 𝍸 𝍸 ||
5	3.0	𝍸 𝍸 𝍸 𝍸 𝍸 𝍸 𝍸 𝍸 |||
6	3.5	𝍸 𝍸 𝍸 𝍸 𝍸 |
7	4.0	||||
8	4.5	𝍸 ||||
9	5.0	
10	5.5	
11	6.0	|

– einfache und kumulierte Häufigkeiten und empirische Verteilungsfunktion:

i	x_i	n_i	h_i	$h(X \leq x_i)$	$n(X \leq x_i)$	$\hat{F}(x)$
						0.0000 für $x < 1$
1	1.0	17	0.0863	0.0863	17	0.0863 für $1.0 \leq x < 1.5$
2	1.5	9	0.0457	0.1320	26	0.1320 für $1.5 \leq x < 2.0$
3	2.0	56	0.2843	0.4162	82	0.4162 für $2.0 \leq x < 2.5$
4	2.5	32	0.1624	0.5787	114	0.5787 für $2.5 \leq x < 3.0$
5	3.0	43	0.2183	0.7970	157	0.7970 für $3.0 \leq x < 3.5$
6	3.5	26	0.1320	0.9289	183	0.9289 für $3.5 \leq x < 4.0$
7	4.0	4	0.0203	0.9492	187	0.9492 für $4.0 \leq x < 4.5$
8	4.5	9	0.0457	0.9949	196	
9	5.0	0	0	0.9949	196	0.9949 für $4.5 \leq x < 6.0$
10	5.5	0	0	0.9949	196	
11	6.0	1	0.0051	1.0000	197	1.0000 für $6.0 \leq x$

– graphische Darstellung dazu: Stabdiagramm und $\hat{F}(x)$ als Treppenfunktion.

2. a + b) Ordnen mittels Strichliste; dies ergibt die zugehörige Häufigkeitsverteilung und die empirische Verteilungsfunktion

i	x_i		n_i	h_i	$\hat{F}(x_i)$	$\hat{F}(x)$
						für $x < 0.0$
1	0.0	|	1	1/63	1/63	1/63 für $0.0 \leq x < 3.0$
2	3.0	|	1	1/63	2/63	2/63 für $3.0 \leq x < 4.0$
3	4.0	||	2	2/63	4/63	4/63 für $4.0 \leq x < 5.0$
4	5.0	~~||||~~ ~~||||~~ ~~||||~~ ~~||||~~	20	20/63	24/63	24/63 für $5.0 \leq x < 5.5$
5	5.5	|	1	1/63	25/63	25/63 für $5.5 \leq x < 6.0$
6	6.0	||||	4	4/63	29/63	29/63 für $6.0 \leq x < 7.0$
7	7.0	||	2	2/63	31/63	31/63 für $7.0 \leq x < 7.5$
8	7.5	||||	4	4/63	35/63	35/63 für $7.5 \leq x < 8.0$
9	8.0	||	2	2/63	37/63	37/63 für $8.0 \leq x < 9.0$
10	9.0	|	1	1/63	38/63	38/63 für $9.0 \leq x < 10.0$
11	10.0	~~||||~~ ~~||||~~ ~~||||~~	15	15/63	53/63	53/63 für $10.0 \leq x < 12.0$
12	12.0	||	2	2/63	55/63	55/63 für $12.0 \leq x < 12.5$
13	12.5	~~||||~~	5	5/63	60/63	60/63 für $12.5 \leq x < 15.0$
14	15.0	||	2	2/63	62/63	62/63 für $15.0 \leq x < 25.0$
15	25.0	|	1	1/63	63/63	63/63 für $25.0 \leq x$

c) $\hat{F}(8) = 37/63 = 0.587$; $h(7 < X < 11) = \hat{F}(10) - \hat{F}(7) = 0.349$.

3. a)

i	x_i	h_i	$h(X \leq x_i)$
1	41	0.01	0.01
2	42	0.09	0.10
3	43	0.13	0.23
4	44	0.13	0.36
5	45	0.20	0.56
6	46	0.15	0.71
7	47	0.10	0.81
8	48	0.07	0.88
9	49	0.05	0.93
10	50	0.04	0.97
11	51	0.03	1.00

c) $h(X \geq 48) = 0.19$; das Kino hat also keine Chance.
d) $h(6 \cdot X < 270) = h(X < 45) = 0.36$
e) $h(45 \leq X \leq 50) = 0.61$.

4. a)

15	6
15	8888
16	01
16	222
16	455555
16	66677
16	88888889
17	000000000
17	22223
17	44455
17	7
17	8

b) $\hat{F}(x)$

0.00	für	$x < 156$
0.02	für	$156 \leq x < 158$
0.10	für	$158 \leq x < 160$
0.12	für	$160 \leq x < 161$
0.14	für	$161 \leq x < 162$
0.20	für	$162 \leq x < 164$
0.22	für	$164 \leq x < 165$
0.32	für	$165 \leq x < 166$
0.38	für	$166 \leq x < 167$
0.42	für	$167 \leq x < 168$
0.56	für	$168 \leq x < 169$
0.58	für	$169 \leq x < 170$
0.76	für	$170 \leq x < 172$
0.84	für	$172 \leq x < 173$
0.86	für	$173 \leq x < 174$
0.92	für	$174 \leq x < 175$
0.96	für	$175 \leq x < 177$
0.98	für	$177 \leq x < 178$
1.00	für	$178 \leq x$

c) i) $h(X < 164) = \hat{F}(162) = 0.2$; $h(X \geq 172) = 1 - \hat{F}(170) = 0.24$;
$h(X \leq 170) = \hat{F}(170) = 0.76$; $h(X > 155) = 1 - \hat{F}(155) = 1$.
ii) $x_{0.75} = 169$; $x_{0.12} = 159$; $x_{0.36} + 1 = 167$.

d)

i	$x_{i-1}^* < X \leq x_i^*$	n_i	h_i	$\hat{F}(x_i^*)$	$\hat{f}(x)$
1	155 –157.5	1	0.02	0.02	0.008
2	157.5–160	5	0.10	0.12	0.040
3	160 –162.5	4	0.08	0.20	0.032
4	162.5–165	6	0.12	0.32	0.056
5	165 –167.5	5	0.10	0.42	0.040
6	167.5–170	17	0.34	0.76	0.132
7	170 –172.5	4	0.08	0.84	0.032
8	172.5–175	6	0.12	0.96	0.056
9	175 –177.5	1	0.02	0.98	0.008
10	177.5–180	1	0.02	1.00	0.008

e) Die empirische Verteilungsfunktion wird nun über die Tabelle aus d) bestimmt!
i) $\hat{F}(164) = 0.272$; $1 - \hat{F}(172) = 0.176$; $\hat{F}(170) = 0.76$; $1 - \hat{F}(155) = 1$.
ii) $x_{0.75} = 169.93$; $x_{0.12} = 160$; $x_{0.36} = 166$.

5. a) $10 \cdot \log_{10}(55) \approx 17$; daher:

4	33
4	5589
5	0000234444
5	5557788999999
6	00001133334
6	577899
7	024
7	689
8	2
8	7
9	
9	
1|	1

b) $x_{0.3} = 55$
$x_{0.5} = 59$
$x_{0.75} = 67$
$x_{0.95} = 82$

6. a + b)

i	$x_{i-1}^* < X \leq x_i^*$	h_i	$\hat{F}(x_i^*)$	$\hat{f}(x)$
1	0– 2	0.24	0.24	0.12
2	2– 4	0.32	0.56	0.16
3	4– 8	0.20	0.76	0.05
4	8–12	0.16	0.92	0.04
5	12–20	0.08	1.00	0.01

c) $\hat{F}(15) - \hat{F}(11) = 0.07$; $x_{0.9} = 11.5$.

7. $n = 20$

$\tilde{x} = 52.5$	
$x_{0.25} = 15$	$x_{0.75} = 125$
$x_{(1)} = 0$	$x_{(20)} = 390$

8. a)

x-Daten		y-Daten	
10		10	
995		1005	
980	1010	1000	1010
970	1020	990	1030

b) Für das Quantildiagramm sind hier einfach die geordneten Werte des y-Datensatzes in Abhängigkeit von den geordneten Werten des x-Datensatzes einzuzeichnen.

c) Alle Punkte im Streudiagramm aus b) liegen um 10 Einheiten tiefer.

9.

v	$x_{(v)}$	$p_v = \hat{F}_X(x_{(v)})$	y_{p_v}
1	2	0.01	6
2	3	0.10	9
3	5	0.23	14
4	9	0.36	15
5	13	0.56	17
6	16	0.71	17
7	17	0.81	18
8	19	0.88	19
9	20	0.93	20
10	22	0.97	21
11	23	1.00	22
12	26	0.10	22
13	27	0.23	26
14	27	0.36	26
15	28	0.56	27
16	29	0.71	28
17	30	0.81	30
18	31	0.88	31
19	32	0.93	32
20	34	0.97	33

10.

i	x_i^*	$\hat{f}(x_i^*) \times 10000$	$\hat{F}(x_i^*)$
1	2000	1.000	0.20
2	6000	0.350	0.34
3	10000	0.250	0.44
4	20000	0.040	0.48
5	30000	0.040	0.52
6	40000	0.020	0.54
7	50000	0.040	0.58
8	75000	0.032	0.64
9	100000	0.032	0.76
10	200000	0.026	1.00

i	x_i^*	$\hat{f}(x_i^*) \times 10000$	$\hat{F}(x_i^*)$
1	1000	0.500	0.05
2	2000	1.800	0.23
3	5000	0.500	0.38
4	8000	0.600	0.56
5	15000	0.171	0.68
6	25000	0.200	0.88
7	35000	0.050	0.93
8	50000	0.027	0.97
9	200000	0.002	1.00

p	x_p	y_p
0.05	500	1000
0.38	7600	5000
0.44	10000	6000
0.48	20000	6667
0.52	30000	7333
0.54	40000	7667
0.58	50000	9167
0.68	81250	15000
0.74	100000	18000
0.88	153846	25000
0.93	173077	35000
0.97	188462	50000

Kapitel 3

1. a)

X \ Y	1 ≙ < 30 %	2 ≙ 30–< 50 %	3 ≙ 50–< 70 %	4 ≙ 70–100	
1	38	74	56	32	200
2	8	16	40	16	80
	46	90	96	48	280

b)

X \ Y	1	2	3	4
1	$h(Y=1 \mid X=1) = 0.19$	$h(Y=2 \mid X=1) = 0.37$	$h(Y=3 \mid X=1) = 0.28$	$h(Y=4 \mid X=1) = 0.16$
2	$h(Y=1 \mid X=2) = 0.10$	$h(Y=2 \mid X=2) = 0.20$	$h(Y=3 \mid X=2) = 0.50$	$h(Y=4 \mid X=2) = 0.20$

Die Passanten mit Studenten in ihrem Bekanntenkreis schätzen den Anteil der BAFÖG-beziehenden Studenten tendenziell niedriger (richtiger) ein als die anderen befragten Passanten.

2. X = Eigenes Einkommen im Vergleich zu Freunden und Verwandten
   Y = Einkommensniveau nach Quintilen

a)

X \ Y	1	2	3	4	5	Σ
1	6	9	8	11	18	52
2	20	56	83	75	122	356
3	121	148	152	163	132	716
4	131	101	98	74	69	473
5	78	41	22	20	12	173

b)

X \ Y	1	2	3	4	5	Σ
1	11.5	17.3	15.4	21.2	34.6	100
2	5.6	15.7	23.3	21.1	34.3	100
3	16.9	20.7	21.2	22.8	18.4	100
4	27.7	21.4	20.7	15.6	14.6	100
5	45.1	23.7	12.7	11.6	6.9	100

3. a)

X \ Y	1	2	3	
1	36	30	54	120
2	4	10	16	30
	40	40	70	150

b) $h(Y = 3 | X = 1) = 13/30$, $h(Y = 3 | X = 2) = 16/30 \Rightarrow$ ja
c) $h(Y \leq 2) = 8/15$
c) $h(X = 1 | Y = 1) = 0.9$, $h(X = 1) = 0.8 \Rightarrow$ ja.

4. – Drei Dimensionen: Geschlecht, Alter, Sport (nein, Tennis, sonst.)
   – Benötigt werden getrennt nach Geschlecht die gemeinsamen Häufigkeiten von Alter und Sport

5. X = Leistungsgruppe, Y = Altersgruppe

a)

X \ Y	1	2	3
1	$h(X = 1 \| Y = 1) = 0.60$	$h(X = 1 \| Y = 2) = 0.57$	$h(X = 1 \| Y = 3) = 0.47$
2	$h(X = 2 \| Y = 1) = 0.40$	$h(X = 2 \| Y = 2) = 0.43$	$h(X = 2 \| Y = 3) = 0.53$

6. –

7. a) n_{51}: Es gibt 2 Kunden (= 1 %), die über 3000,– DM verdienen und das Sponsoring stark ablehnen.
n_{15}: 18 Kunden (= 9 %) verdienen bis zu 1500,– DM und befürworten das Sponsoring stark.

b)

i	y_i	n_i	$\hat{f}(y_i)$	$\hat{F}(y_i)$
1	0	7	0.035	0.035
2	1	20	0.100	0.135
3	2	42	0.210	0.345
4	3	61	0.305	0.650
5	4	70	0.350	1.00

c)

i	y_i	n_i	$\hat{f}(y_i \mid X \leq 2500)$	$\hat{F}(y_i \mid X \leq 2500)$
1	0	3	0.0205	0.0205
2	1	12	0.0822	0.1027
3	2	27	0.1849	0.2876
4	3	46	0.3151	0.6027
5	4	58	0.3973	1.00

d)

i	$x_{i-1}^* < X \leq x_i^*$	n_i	$\hat{F}(x_i^*)$	$\hat{f}(x) \cdot 10^3$
1	0–1500	2	0.074	0.0494
2	1500–2000	6	0.296	0.4444
3	2000–2500	7	0.556	0.5185
4	2500–3000	7	0.815	0.5185
5	3000–	5	1.00	–

$\hat{f}(x)$ ist für die letzte Klasse nicht bestimmbar, da sie offen ist und somit die Klassenbreite nicht bekannt ist.

Kapitel 4

1. a) Alle Lernenden aus E sind Trunkenbolde.
   b) Alle Lehrenden aus E sind sowohl freundlich als auch Nichttrinker.
   c) Alle Nichttrinker aus E sind freundliche Personen.
   d) Auch die Lehrenden sind Lernende.

2.

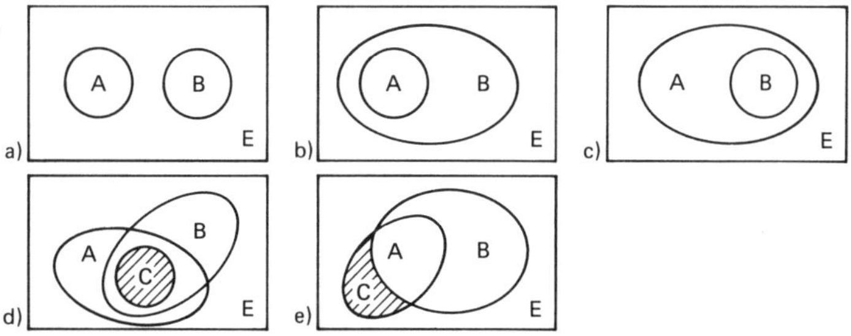

3. Stichprobenraum $\cong \{k_1, \ldots, k_6\}$, wobei k_i die i'te Kammer der Trommel des Revolvers bezeichnet. Mittels Drehen der Trommel wird eine der 6 Kammern zufällig ausgesucht (d.h. so positioniert, daß beim nächsten Abdrücken der

Hahn auf diese Kammer trifft). O.B.d.A. kann die Kammer 1 als geladen angesetzt werden. Das Ereignis A, daß Sahne sich erschießt, ist dann $A = \{k_1\}$. $\bar{A} = \{k_2, \ldots, k_6\}$ ist dann das Ereignis, daß Sahne überlebt.

$$P(A) = 1/6, \quad P(\bar{A}) = 5/6 .$$

4. $E = \{(x_1, x_2, x_3, x_4) | x_i \in \{a, b, c, d\} \text{ und } x_i \neq x_j \text{ für } i \neq j\}$
   E hat 4! = 24 mögliche Ergebnisse. Über kombinatorische Überlegungen oder einfach mittels Auflisten aller Ergebnisse und Auszählen erhält man:

$$P(A) = 6/24, \quad P(A \cup B) = 10/24, \quad P(A \cup B \cup C) = 13/24,$$
$$P(A \cup B \cup C \cup D) = 15/24,$$
$$P(A \cap B) = 2/24, \quad P(A \cap B \cap C) = P(A \cap B \cap C \cap D) = 1/24 .$$

5. Setze $P(\{1\}) = p$. Dann ist die gesamte Wahrscheinlichkeit Eins, d.h. $p + 2p + 3p + \ldots + 10p = 1 \Rightarrow p = 1/55$. Allgemein gilt: $p = 2/N(N+1)$.

6. a) Jede der Nummern 1 bis 10000 ist über den Ziehungsmechanismus mit genau einer der Nummern 1, ..., 20 verbunden. Daher beträgt die Wahrscheinlichkeit 1/20, daß eine spezielle Nummer gezogen wird.
   b) Es gibt $\binom{10000}{500}$ Möglichkeiten, 500 Nummern aus 10000 auszuwählen. Die Wahrscheinlichkeit für eine spezielle Stichprobe ist dann $1 \Big/ \binom{10000}{500}$, also von 1/20 verschieden.

7. In einen Hut kommt nur ein grüner Chip. Alle anderen kommen in den zweiten Hut. Die Wahrscheinlichkeit beträgt dann 0.7436.

8. Seien A = ‚Nicht-Warten' beim ersten Bus, B = ‚Nicht-Warten' beim zweiten Bus. Gegeben sind die Angaben $P(A) = 0.9$, $P(B) = 0.75$, $P(\bar{A} \cap \bar{B}) = 0.07$. Das ergibt die folgende Tabelle, in der die Wahrscheinlichkeiten für die Durchschnitte der am Rand stehenden Ereignisse angegeben sind:

	A	$\bar{A}$	
B	0.72	0.03	0.75
$\bar{B}$	0.18	0.07	0.25
	0.90	0.10	

Daraus erhalten wir unmittelbar:

$$\text{a) } P(B|A) = 0.8, \quad \text{b) } P(A \cap \bar{B}) + P(\bar{A} \cap B) = 0.21,$$
$$\text{c) } P(\bar{A} \cap \bar{B}) = 1 - P(A \cap B) = 0.28 .$$

9. Seien S = ‚Koch versalzt seine Suppe', L = ‚Koch ist verliebt'.
   Die Angaben lauten dann formal: $P(S) = 0.5$, $P(L) = 0.4$, $P(S|L) = 0.8$.
   Daraus folgt: $P(S \cap L) = P(S|L) \cdot P(L) = 0.32$. Somit ergibt sich (vgl. Aufg. 8):

	S	$\bar{S}$	
L	0.32	0.08	0.4
$\bar{L}$	0.18	0.42	0.6
	0.50	0.50	

a) $P(\bar{L} \cap S) = 0.18$, b) $P(L \mid \bar{S}) = 0.16$, c) $P(\bar{L} \cap \bar{S}) = 0.42$.

10. Die Angaben lauten formal: $P(S) = 0.8$, $P(A) = 0.4$, $P(A \cup S) = 0.9$.
    a) $P(A \cap S) = P(A) + P(S) - P(A \cap S) = 0.8 + 0.4 - 0.9 = 0.3$.
    b) $P(A \cap S) = 0.3 \neq 0.32 = P(A) \cdot P(S) \Rightarrow A$ und S sind abhängig.
    c) $P(S \mid A) = 0.3/0.4 = 0.75$, $P(S \mid \bar{A}) = 0.3/0.6 = 0.5$.
    d) Die Angaben besagen: $P(G) = 15/16$, $A \subset G$. Aus der letzten Beziehung folgt insbesondere: $A \cap G = A$.
       i) $P(A \mid G) = P(A \cap G)/P(G) = 0.4/(15/16) = 0.4267$;
       $P(G \mid A) = P(A \cap G)/P(A) = 1$.
       ii) $P(A \cap G \cap S) = P(A \cap S) = 0.3$. $P(A)\,P(G)\,P(S) = 0.4 \cdot 0.8 \cdot 15/16 = 0.3$.
       Es liegt aber keine Unabhängigkeit vor, da A und G paarweise abhängig sind.

11. a) $1/7^3 = 0.002926$, b) $5 \cdot 6 \cdot 7/7^3 = 0.612$, d) $7/7^3 = 1/49$,
    c) $1 - (5 \cdot 6 \cdot 7/7^3 + 7/7^3) = 0.36735$

12. Seien A_{ij} = ‚Person i wird zum Zeitpunkt j getäuscht' und $p = P(A_{ij})$.
    a) Zu mindestens einem Zeitpunkt werden alle Personen getäuscht:

$$P\left(\bigcup_{j=1}^{K} \bigcap_{i=1}^{N} A_{ij}\right) = 1 - P\left(\overline{\bigcup_{j=1}^{K} \bigcap_{i=1}^{N} A_{ij}}\right) = 1 - P\left(\bigcap_{j=1}^{K} \overline{\bigcap_{i=1}^{N} A_{ij}}\right)$$

$$= 1 - \prod_{j=1}^{K} P\left(\overline{\bigcap_{i=1}^{N} A_{ij}}\right)$$

$$= 1 - \prod_{j=1}^{K} \left[1 - P\left(\bigcap_{i=1}^{N} A_{ij}\right)\right]$$

$$= 1 - \prod_{j=1}^{K} \left[1 - \prod_{i=1}^{N} P(A_{ij})\right] = 1 - [1 - p^N]^K.$$

    b) Einige Personen werden zu allen Zeitpunkten getäuscht: Zwei Interpretationen sind möglich.
       i) Mindestens eine bestimmte Person wird zu allen Zeitpunkten getäuscht. Wie bei a) ergibt sich:

$$P\left(\bigcup_{i=1}^{N} \bigcap_{j=1}^{K} A_{ij}\right) = 1 - [1 - p^K]^N.$$

ii) Zu allen Zeitpunkten wird mindestens eine Person getäuscht:

$$P\left(\bigcap_{j=1}^{K} \bigcup_{i=1}^{N} A_{ij}\right) = \prod_{j=1}^{K} P\left(\bigcup_{i=1}^{N} A_{ij}\right) = \prod_{j=1}^{K} \left[1 - P\left(\overline{\bigcup_{i=1}^{N} A_{ij}}\right)\right]$$

$$= \prod_{j=1}^{K} \left[1 - P\left(\bigcap_{i=1}^{N} \bar{A}_{ij}\right)\right]$$

$$= [1 - (1-p)^N]^K$$

c) Zu allen Zeitpunkten werden alle getäuscht:

$$P\left(\bigcap_{j=1}^{K} \bigcap_{i=1}^{N} A_{ij}\right) = (p^N)^K .$$

d) Für $p = 0.1$, $K = 5$ und $N = 100$ sind die konkreten Werte:

a) 0 b) i) 0.0009995 ii) 0.99987 c) 0.

13. Wahr sind: i), ii), vi), vii), viii); die anderen sind falsch.

14. $P(A_1 \cap A_2 \cap \ldots \cap A_k)$

$$= P(A_1) \cdot \frac{P(A_2 \cap A_1)}{P(A_1)} \cdot \frac{P(A_3 \cap A_2 \cap A_1)}{P(A_2 \cap A_1)} \cdot \ldots \cdot \frac{P(A_k \cap A_{k-1} \cap \ldots \cap A_1)}{P(A_{k-1} \cap \ldots \cap A_1)}$$

$$= P(A_1) \cdot P(A_2|A_1) \cdot P(A_3|A_2 \cap A_1) \cdot \ldots \cdot P(A_k|A_1 \cap A_2 \cap \ldots \cap A_{k-1}) .$$

15. a) Die Wahrscheinlichkeit für eine spezielle Folge aus 3 Zahlen, die kleiner als drei und einer Zahl, die größer oder gleich 3 ist, beträgt $(2/6)^3 \cdot (4/6)$. Es gibt $\binom{4}{3}$ derartige Folgen, so daß die gesuchte Wahrscheinlichkeit $\binom{4}{3} \cdot (2/6)^3 \cdot (4/6) = 0.098765$ beträgt.

b) Eine einzige von $6! = 720$ Möglichkeiten ergibt die Wahrscheinlichkeit $1/720$.

c) (i) $1\Big/\binom{20}{3} = 1/1140 = 0.000877$; (ii) $1/(20 \cdot 19 \cdot 18) = 0.0001462$.

16. Die Kugeln werden mit den Ziffern $0, 1, 2, \ldots, 9$ bezeichnet. Das zufällige Ziehen mit Zurücklegen von drei Kugeln gibt eine Zufallszahl von 000, 001, 002, ..., 0,10, ..., bis 999. Wird zum Schluß das Ergebnis 000 mit der Zahl 1000 identifiziert, so erhält man die 10 Zufallszahlen durch das 10malige Wiederholen des Experimentes.

17. a) Es gibt $11 \cdot 10 = 110$ verschiedene Arten.

b) Es gibt $\binom{10+7-1}{10} = 8008$ verschiedene Häufigkeitstabellen.

Kapitel 5

1. i) nein, da $F(10) > 1$, ii) nein, da $F(x) \not\to 0$ für $x \to -\infty$. iii) nein, da $F(x)$ im Intervall $(0, 1)$ nicht monoton wachsend, iv) ja.

2. a) falsch, b) falsch, c) wahr, d) nur für Wahrscheinlichkeitsfunktionen e) wahr, f) falsch.

3. a) X = ‚Anzahl der Felder, die der Spieler noch vorrücken kann'; $E = \{1, 2, 3, 4, 5, 7, 8, 9, 10, 11, 13, 14, 15, 16, 17, 18\}$.

   b) $P(X = x) = \begin{cases} 1/6 & \text{für } x = 1, \ldots, 5 \\ 1/6^2 & \text{für } x = 7, \ldots, 11 \\ 1/6^3 & \text{für } x = 13, \ldots, 18 \end{cases}$. Die Verteilungsfunktion erhält man durch Kumulation der Einzelwahrscheinlichkeiten.

4. a) $E = \{(i, j) \mid i, j \in \{1, 2, 3, 4, 5, 6\}\}$

   b) Realisationsmöglichkeiten von X: $2, 3, \ldots, 12$

   c) $P(X = x) = \begin{cases} (x-1)/36 & \text{für } 1 \leq x \leq 7 \\ (13-x)/36 & \text{für } 8 \leq x \leq 12 \end{cases}$,

   e) $P(X = 4) = 3/36, P(X \geq 10) = 6/35, P(X > 10) = 3/36, P(X \leq 5) = 10/36$, $P(X \leq 12) = 1$, $P(X > 1) = 1$, $P(3 < X \leq 7) = 18/36$.

5. a) Die gemeinsame Wahrscheinlichkeitsfunktion wird tabellarisch angegeben. Die Realisationsmöglichkeiten von Y sind offensichtlich die Werte $1, 2, \ldots, 6$. Dann:

X \ Y	1	2	3	4	5	6
2	1/36					
3	2/36					
4	2/36	1/36				
5	2/36	2/36				
6	2/36	2/36	1/36			
7	2/36	2/36	2/36			
8		2/36	2/36	1/36		
9			2/36	2/36		
10				2/36	1/36	
11					2/36	
12						1/36
—						

   Die nicht ausgefüllten Felder sind Null.

   b) $P(Y = y) = (13 - 2 \cdot y)/36$ für $y = 1, 2, 3, 4, 5, 6$. Die Randverteilung von X ist in Aufgabe 4) bestimmt worden.
   X und Y sind abhängig, da z. B. $P(X = 12, Y = 1) = 0 \neq (1/36)^2 = P(X = 12)\,P(Y = 1)$.

   c) $P(Y = 1 \mid X = 6) = \dfrac{2/36}{5/36} = 0.4$, $P(Y = 2 \mid X = 6) = \dfrac{2/36}{5/36} = 0.4$,

   $P(Y = 3 \mid X = 6) = \dfrac{1/36}{5/36} = 0.2$.

6.

x_i	n_i	$n \cdot f_1(x_i)$	$n \cdot f_2(x_i)$
0	109	80	108
1	65	60	58
2	22	40	24
3	3	20	6
4	1	0	4

Die zweite Wahrscheinlichkeitsfunktion ist akzeptabel. Die erste scheidet schon wegen $P(X = 4) = 0$ aus.

7. a) Aus $f(x) \geq 0$ und $\sum_{x=36}^{44} f(x) = 1$ folgen die Bedingungen: $-1/20 \leq b \leq 16$ und $a = (1 + 20 \cdot b)/9$.
   b) a, b werden so gewählt, daß $\sum (f(x) - h_x)^2 \stackrel{!}{=} \min$. Das ergibt $b = 0.056$, $a = 0.2366$.

8. a) Die Fläche unter f(x) läßt sich mittels der Dreiecksformel bestimmen. Das ergibt: $(1 \cdot a)/2 = 1 \Rightarrow a = 2$.
   b) $F(x) = x^2$ für $0 \leq x \leq 1$, $F(x) = 0$ für $x < 0$ und $F(x) = 1$ für $x > 1$.
   d) Durch Integration oder einfach mit der Trapezformel erhält man: $P(X > 0.5) = 0.75$.
   e) Hier gilt auch $P(X \leq c) = 0.5$. Also: $F(c) = c^2 = 0.5 \Rightarrow c = 0.71$.

9. a) Die Gesamtfläche unter f(x) muß den Inhalt Eins haben. Wegen der einfachen geometrischen Gestalt können die Berechnungen auf die Flächenformeln für Trapeze reduziert werden. Das ergibt: $h = 0.5$
   b) $$F(x) = \begin{cases} 0 & x < 1 \\ 0.5 - x + 0.5 \cdot x^2 & 1 < x < 1.5 \\ -0.625 + 0.5 \cdot x & 1.5 < x < 3 \\ -5.125 + 3.5 \cdot x - 0.5 \cdot x^2 & 3 < x < 3.5 \\ 1 & x > 3.5 \end{cases}.$$
   c) $P(X = 2) = 0$, $P(X > 2) = 0.625$, $P(X \geq 1) = 0$, $P(2 < X < 3) = 0.5$.
   d) Die theoretischen Quantile t_v mit $F(t_v) = (v - 0.5)/n$ werden bestimmt aus
   $$t_v = \begin{cases} 1 + \sqrt{2p} & \text{für} \quad 0 < p \leq 1/8 \\ 1.25 + 2p & \text{für} \quad 1/8 < p < 7/8 \\ 3.5 + \sqrt{2 - 2p} & \text{für} \quad 7/8 \leq p \leq 1 \end{cases}.$$

10. a) Der Ansatz ist: $F(20) = 1 \Rightarrow a = 0.1$. Tatsächlich erfüllt dann F(x) die Bedingungen einer Verteilungsfunktion.
    c) $f(x) = 0.1 - 0.005 \cdot x$ für $0 \leq x \leq 20$ und $f(x) = 0$ sonst.
    $$\hat{f}(x) = \begin{cases} 0.0875 & 0 \leq x \leq 4 \\ 0.060 & 4 < x \leq 9 \\ 0.050 & 9 < x \leq 15 \\ 0.010 & 15 < x \leq 20 \end{cases}.$$

11. a) Das Volumen unter f(x, y) muß 1 betragen.
    $$1 \stackrel{!}{=} \int_0^1 \int_0^1 c(x + y + x \cdot y)\,dx\,dy = \int_0^1 c\left[\frac{1}{2} + y + \frac{1}{2}y\right] dy$$
    $$= \frac{c}{2}\left[1 + \frac{3}{2}\right] = c \cdot 1.25 \Rightarrow c = 0.8\,.$$

b) Randverteilung von X: $f(x) = \int_0^1 0.8(x + y + x \cdot y)\,dy = 0.4(1 + 3x)$ für $0 < x < 1$.
Die gleiche Randdichte erhält man für Y.

c) $f(x|y) = \dfrac{0.8(x + y + x \cdot y)}{0.4(1 + 3y)} = 2 \cdot \dfrac{x + y + x \cdot y}{1 + 3y}$ für $0 < x < 1$. Das gleiche gilt für Y bei gegebenem x.

Kapitel 6

1. zu Aufgabe 2: $\bar{x} = 7.9524$; $\tilde{x} = 7.5$; $\mathring{x} = 5$
zu Aufgabe 3: $\bar{x} = 45.44$; $\tilde{x} = 45$; $\mathring{x} = 45$
zu Aufgabe 6: $\bar{x} = 5.28$; $\tilde{x} = 3.625$; $\mathring{x} =$ Klasse 2
zu Aufgabe 10:
(i) bzgl. Steuerkrim.: $\bar{x} = 56660$; $\tilde{x} = 25000$; $\mathring{x} = 1000$;
(ii) bzgl. Bankraub: $\bar{x} = 14320$; $\tilde{x} = 7000$; $\mathring{x} = 1500$.

2. a) $\bar{x}_A = \dfrac{1}{11} \sum_{\nu=1}^{11} x_\nu = \dfrac{324.8}{11} = 29.527 \qquad \bar{x}_B = \dfrac{1}{12} \sum_{\nu=1}^{12} x_\nu = \dfrac{378}{12} = 31.5$

b) $\bar{x}_{ges} = \dfrac{324.8 + 378}{12 + 11} = 30.5565$

c) Durch Streichen des kleinsten (bei A) bzw. des größten (bei B) Wertes erhalten wir:

$$\bar{x}_A = \frac{324.8 - 25}{10} = 29.98\,; \qquad \bar{x}_B = \frac{378 - 37}{11} = 31$$

Route A ist noch immer zu präferieren.

d) Der Median ist gegen Ausreißer robust. Bei seiner Berechnung gehen die Werte der extremen Daten nicht mit ein.

Median für A: $\tilde{x}_A = x_{\left(\frac{11+1}{2}\right)} = x_{(6)} = 29.5$

Median für B: $\tilde{x}_B = \dfrac{1}{2}(x_{(6)} + x_{(7)}) = 31.4$.

3. a) $\bar{y}_1 = (5 \cdot 27 + 4 \cdot 35 + 1 \cdot 43 + 0)/10 = 31.8$
$\bar{y}_2 = (2 \cdot 27 + 4 \cdot 35 + 9 \cdot 43 + 5 \cdot 53)/20 = 42.3$.

b) Sei Z = Anzahl der Besucher pro Konzert, genauer $Z_1 = Y_1/30$ bzw.

$Z_2 = Y_2/40$: $\bar{z}_1 = 31.8/30 = 1.06$; $\bar{z}_2 = 42.3/40 = 1.0575$.

4. a) Modus $\mathring{x}$: Fixpunkt auf dem Kreis ist beliebig wählbar.
b) Die Variable ist zwar mindestens ordinalskaliert, aber wegen der Form der Verteilung gibt es keinen brauchbaren Lageparameter!
c) Das arithmetische Mittel wäre zwar bestimmbar, ist aber aufgrund der Form der Verteilung nur beschränkt sinnvoll.
d) Alle Lageparameter einsetzbar, abhängig vom Erkenntnisinteresse
e) Wegen ordinaler Skalierung: Median $\tilde{x}$ oder Modus $\mathring{x}$
f) Median oder arithmetisches Mittel, vorzuziehen ist der Median, der die Banken in eine günstige und weniger günstige Hälfte teilt.

5. X = Anzahl der Felder, die der Spieler vorrücken kann.

$$E(X) = (1+2+3+4+5)\cdot\frac{1}{2} + (7+8+9+10+11)\cdot\frac{1}{36} + (13+14+15+16+17+18)\cdot\frac{1}{216} = 4.1805\,.$$

Y = Anzahl der Felder, wenn bei einer 6 nicht noch einmal gewürfelt werden kann: $E(Y) = (1+2+3+4+5+6)/6 = 3.5$.

6. a) A: $E(X) = 1.45$, B: $E(Y) = 2.1$. Also sind in B mehr Verkäufe zu erwarten.
   b) $E(X+Y) = E(X) + E(Y) = 3.55$
   c) $E(Y-X) = E(X) - E(Y) = 0.12$
   d) i) $P(X=0, Y=0) = P(X=0)\cdot P(Y=0) = 0.3\cdot 0.4 = 0.12$
      ii) $P(X+Y \geq 10) = P(X \geq 4, Y=6) + P(X \geq 5, Y=5) = 0.1\cdot 0.1 + 0.05\cdot 0.1 = 0.015$.

7. a) K = Kopf ≅ Voraussage eines Jungen, Z = Zahl ≅ Voraussage eines Mädchen, J ≅ Jungengeburt, M ≅ Geburt eines Mädchens.
   K und J sind unabhängig. Daher gilt für die Einnahme bei einer Vorhersage:

$$X = \begin{cases} 5 & \text{falls Vorhersage und Geschlecht übereinstimmen} \\ 0 & \text{sonst} \end{cases}:$$

$$P(X=5) = P((K\cap J)\cup(M\cap Z)) = P(K\cap J) + P(M\cap Z) = \frac{1}{2}\cdot 0.514 + \frac{1}{2}\cdot 0.486 = \frac{1}{2}\,.$$

   Somit ist auch $E(X) = 5\cdot\frac{1}{2} = 2.5$.

   Bei 200 Voraussagen ergibt sich: $E\left(\sum_{i=1}^{200} X_i\right) = 200\cdot 2.5 = 500$.

   Sagt er immer die Geburt eines Jungen voraus, so ist $P(X=5) = P(J) = 0.514$, und die erwarteten Gesamteinnahmen erhöhen sich auf $200\cdot 5\cdot 0.514 = 514$.

8. $E(X) = \sum_{i=1}^{n} E(X_i)$, wegen $E(X_i) = p$ also: $E(X) = n\cdot p$.

9. Modus $\acute{\mu} = x_1 = 10$; Median $\tilde{\mu} = x_{0.5} = 10$.
   $E(X)$ näher bei x_3 als bei $x_1 \Leftrightarrow E(X) > (x_3 + x_1)/2 = 30$. Wegen $E(X) = 0.5\cdot x_1 + p_2\cdot x_2 + p_3\cdot x_3$ folgt mit einigen Umformungen: $x_2 > x_3$.

10. a) Die grafische Darstellung der Dichte zeigt: Modus $\acute{\mu} = 2$. Es ist $F(2) = 2\cdot\frac{1}{3}/2 = \frac{1}{3}$. Somit ist der Median > 2. Die standardmäßige Bestimmung des 0.5-Quantils ergibt sich als Median $x_{0.5} = 2.53$; $E(X) = 2\frac{2}{3}$.

11. $E(X) = 6\frac{2}{3}$.

Kapitel 7

1. zu Aufgabe 2: $d = 2.98$, $s = 3.795$, $s_Q = 5$, $s_M = 25$
   zu Aufgabe 2.3: $d = 1.89$, $s = 2.34$, $s_Q = 3$, $s_M = 10$
   zu Aufgabe 2.6: $d = 3.99$, $s = 4.35$, $s_Q = 5.74$
   zu Aufgabe 10: i) (Steuerkr.): $d = 51\,340$, $s = 60\,934.3$, $s_Q = 94\,488.1$
   ii) (Bankraub): $d = 11\,180$, $s = 22\,060.5$, $s_Q = 26\,100$

2. Nicht klassierte Daten: $s = 1.962$, klassierte Daten: $s \approx 2.02$.
   Der Unterschied erklärt sich daraus, daß s im Fall klassierter Daten nur näherungsweise bestimmbar ist.

3. $\bar{x} = (20 \cdot 100 + 30 \cdot 50)/150 = 23.333$,
   $s^2 = (5^2 \cdot \frac{2}{3} + 6^2 \cdot \frac{1}{3}) + \frac{2}{3} \cdot (20 - \bar{x})^2 + \frac{1}{3} \cdot (30 - \bar{x})^2 \Rightarrow s^2 = 51$ und $s \approx 7.14$.

4. Es gilt: $\bar{x} = 6$, $s_x^2 = 5.38$. Als Ansatz für die gesuchte Transformation wählen wir: $y = a + bx$.
   Dann gilt: $\bar{y} = a + b\bar{x}$, und $s_y^2 = b^2 \cdot s_x^2$. Eine Lösung des Gleichungssystems $a + b\bar{x} = 20$ und $b^2 \cdot s_x^2 = 5^2$ erhält man mit: $a \approx 7.07$, $b \approx 2.16$.

5. Es seien n_i die Anzahlen der Werte, die gleich i sind, $i = 1, 2, 3$.
   i) $n_1 = n_2 = 0$, $n_3 = 10$
   ii) unmöglich: $\tilde{x} = 1 \Rightarrow n_1 \geq 6 \Rightarrow \bar{x} \leq \frac{1}{10}(6 \cdot 1 + 4 \cdot 3) = 1.8$.
   iii) $n_1 = n_2 = 2$, $n_3 = 6$. $\Rightarrow 2.4 = \bar{x} < \mathring{x} = \tilde{x} = 3$.
   iv) $n_1 = 6$, $n_2 = 0$, $n_3 = 4$.
   v) $n_1 = n_2 = 0$, $n_3 = 10$.

6. 1. Datensatz (200 mg/kg): $s_Q(x)/\tilde{x} = 0.5$, $v = s_x/\bar{x} = 0.279$
   2. Datensatz (400 mg/kg): $s_Q(y)/\tilde{y} = 0.099$, $v = s_y/\bar{y} = 0.127$
   Die Variation ist beim 2. Datensatz geringer einzustufen.

7. a) $E(X) = 0.4$, $V(X) = 0.24$
   b) $E(X_1 - 2X_2) = E(X_1) - 2E(X_2) = -0.4$,
   $V(X_1 - 2X_2) = V(X_1) + 4V(X_2) = 1.7$.

8. a) 55, da die erste Ziffer sowieso eine 5 sein muß und sie zudem mit 3/16 die größte Chance hat.
   b + c) Für ein Spiel gilt: $X_i = 2$, falls „55 kommt" und $X_i = 0$ sonst; $P(X_i = 2) = (3/16)^2 = 0.035156$. Somit gilt $E(X_i = 0.0703125$ und $V(X_i) = 0.13568$.
   Für $X = \sum_{i=1}^{1000} X_i$ folgt: $E(X) = 70.3125$, c) $V(X) = 135.68$.
   d) Mit der Ungleichung von Tschebyschev folgt:
   $P(-a \leq X - E(X) \leq a) \geq 1 - \frac{V(X)}{a^2} = 0.9 \Rightarrow a = 36.85$ und der Bereich ist $[33.48, 107.14]$.

9. Gesucht ist die Größe: $P(160 \leq X \leq 200) = P(\mu - 4\sigma \leq X \leq \mu + 4\sigma)$.
   Die Tschebyschev-Ungleichung liefert: $P(160 \leq X \leq 200) \geq 1 - \frac{1}{16} = 0.9375$.
   Höchstens 6.25 % der Männer werden aufgrund ihrer Körpergröße nicht eingezogen.

10. a) $\mu = 0$, $\sigma^2 = 1/4$

b), c)

k	1/2	1	3/2	2	3	4
$P(\mu - k\sigma \leq X \leq \mu + k\sigma)$	6/8	6/8	6/8	1	1	1
Mindestw. nach Tschebyschev	−3	0	5/9	3/4	8/9	15/16

d) Für $k \leq 1$ ist die Tschebyschev-Ungl. wertlos weil ohnehin gilt: $P \geq 0$. Für $k > 1$ liefert sie u.U. recht grobe Abschätzungen, die mit wachsendem k aber kontinuierlich besser werden.

11. $\mathrm{Var}(X - Y) = \mathrm{Var}(X) + (-1)^2\,\mathrm{Var}(Y) = 5$

12. Nur die Aussagen (i) und (iii).

13. Über Integration erhält man $E(X^2)$. Damit: $\mathrm{Var}(X) = E(X^2) + E(X)^2 = 8\frac{2}{3} - (2\frac{2}{3})^2 = 1\frac{5}{9}$.

14. a) $h(17 \leq X \leq 25.8) = h(\bar{x} - 4.4 \leq X \leq \bar{x} + 4.4) \geq 1 - (3.6/4.4)^2 \approx 0.33$
b) $h(X > 30) = h(X - \bar{x} > 8.6) = h(|X - \bar{x}| > 8.6) \leq (3.6/8.6)^2 \approx 0.175$
c) $h(16 \leq X \leq 29.4) \geq 0.8$.

Kapitel 8

1. a) $\gamma_M = 0.305, \quad \gamma_{0.25} \approx 0.26$
b) $\gamma_M \approx 4.65, \quad \gamma_{0.25} \approx 0.31$

2. $g_{0.25} = -0.2, \quad g_M = -0.0417$

3. Mit $m = 0.75$ erhält man $g_{0.25}^{(m)} = 0.0012$. Nach Transformation mit $m = 0.75$ zeigt ein Blick ins Stemleaf-Diagramm, daß es sich hier um einen klaren Extremwert handelt.

4. $g_{0.2} = 0.375, \quad g_{0.2}^{-0.5} = 0.013$
$1/\sqrt{x}$ scheint die geeignete Transformation für diese rechtsschiefe Verteilung.

5. Punkte im Lage-Streuungsdiagramm liegen in etwa auf einer Geraden mit der Steigung 1. Damit ist die geeignete streuungsstabilisierende Transformation $T_0(x) = \ln x$.

Kapitel 9

1. $r_{XY} = 0.86 = r_{UW}$, da die Transformation $U = \frac{0.8}{3.2}X$ und $W = \frac{0.8}{3.2}Y$ keine Auswirkung auf die Korrelation haben.

2. $r_{XY} = 0.553$

3. Mit den Zwischenwerten $\bar{x} = 3.50$, $s_X^2 = 2.88$, $\bar{y} = 3.51$, $s_Y^2 = 2.88$, $\overline{xy} = 13.8$ folgt: $r_{XY} = 0.526$. Da X und Y nur ordinales Meßniveau haben, darf die Korrelation nur als monotoner Zusammenhang interpretiert werden.

4. $\Phi = 0.4189$

5. $\varrho_{XY} = -0.0208$

6. Die gemeinsame Verteilung von X und Y ist in tabellarischer Form:

X \ Y	−2	0	2
−1	0.25	0.25	0
1	0	0.25	0.25

. Das führt auf $\varrho_{XY} = 0.7071$.

7. Man erhält durch Integrieren: $E(X \cdot Y) = \int_0^1 \int_0^1 x \cdot y \cdot f(x,y)\,dx\,dy = 16/45$, $Cov(X,Y) = -1/225$.

Kapitel 10

1. a) X = „Anzahl der empfangenen Nullen“
   $Y \sim B(5; 0.2) \Rightarrow$ i) $P(X = 5) = 0.0003$; ii) $P(X \leq 2) = 0.9421$
   b) X = „Anzahl der empfangenen Einsen“
   $Y \sim B(20; 0.8)$ i) $P(Y \geq 15) = 0.8042$ für richtige Interpretation,
   $P(Y \leq 5) = 0.000$ für falsche Interpretation;
   ii) $1 - P(8 \leq X \leq 12) = 0.9679$.

2. X = „Anzahl der richtig geratenen Antworten“; $X \sim B(10; 0.2)$
   a) $P(X > 5) = 1 - P(X \leq 5) = 0.0064$;
   b) $P(X = 2) = 0.3020$;
   c) $P(X > 2) = 1 - P(X \leq 2) = 0.3222$;
   d) $P(X \geq 2) = 1 - P(X \leq 1) = 0.6242$;
   e) $P(X \leq 2) = 0.6778$;
   f) $P(X < 2) = P(X \leq 1) = 0.3758$.

3. X = „Anzahl der Spiele vor dem ersten Gewinn“; $X \sim G(0.05)$
   a) $E(X) = (1 - p)/p = 19$; Man muß also im Mittel 20 mal spielen.
   b) $P(X \geq 50) = P(X > 49) = (1 - 0.05)^{50} = 0.077$.

4. a) X = „Anzahl der erfolgreichen Tage von insgesamt 5 Tagen“
   $X \sim B(5; 0.2)$; i) $P(X = 3) = 0.0521$; ii) $P(X = 0) = 0.3277$;
   iii) $P(X > 1) = 0.2627$
   b) Y = „Anzahl der Tage, **bevor** 1. Erfolg eintritt“; $Y \sim G(0.2)$;
   $P(Y \leq 3) = 0.5904$
   c) Z = „Anzahl der erfolgreichen Angler“; $Z \sim PO(8)$; $P(Z \geq 10) = 0.2834$.

5. a) Es handelt sich im Prinzip um eine B(n; p)-Verteilung mit großem n und kleinen p, wobei n = „Anzahl der Soldaten je Regiment“ und p = „Todeswahrscheinlichkeit des einzelnen Soldaten innerhalb eines Jahres“.

b) $\bar{x} = 0.61$ (letzte Klasse bei 4 abgeschlossen), $s^2 = 0.6079 \approx 0.61$(!) $\Rightarrow \lambda = 0.61$.

x_i	n_i	$n \cdot e^{-\lambda} \cdot \frac{\hat{\lambda}^x}{x!}$
0	109	108.6
1	65	66.2
2	22	20.2
3	3	4.2
4	1	0.6

6. a) Die Poissonverteilung ist als theoretisches Verteilungsmodell geeignet.
   i) **Intervallbetrachtung**: Es wird die Anzahl des Eintreffens eines Ereignisses pro Zeitintervall betrachtet. Die Wahrscheinlichkeit hängt plausibel nur von der Länge, jedoch nicht von der Lage des Zeitintervalls auf der Zeitachse ab.
   ii) **n · p-Betrachtung**: n = Anzahl aller Haushalte des Kreises o. ä. (sehr groß), p = Wahrscheinlichkeit für das Aufsuchen des Meldebüros (sehr gering).

   b) $\lambda = 5$: $P(X > 12) = 0.0020$ (Tabelle)
   c) $\lambda = 7$: $P(Y \leq 5) = 0.3007$ (Tabelle)
   d) $\lambda = 12$: $P(X + Y \geq 1) \approx 1$.

7. Das Auswahldiagramm legt eher die Poissonverteilung als das geeignetere Verteilungsmodell nahe.

8. Für die Werte des Auswahldiagrammes erhalten wir:

x_i	1	2	3	4
$x_i \cdot n_i/n_{i-1}$	0.129	0.224	0.414	0.683

Der lineare Anstieg deutet auf eine negative Binomialverteilung hin. Die Näherungswerte für die Parameter lauten, wenn der größte Wert auf 5 gesetzt wird: $\hat{p} = 0.8813$, $\hat{k} = 1.069$.

9. a) Geometrische Verteilung: Anzahl von Mißerfolgen vor Eintritt eines bestimmten Ereignisses.
   b) Poissonverteilung: Anzahl von Ereignissen pro Flächeneinheit.
   c) Negative Binomialverteilung: Anzahl der Mißerfolge, bevor bestimmtes Ereignis zum dritten Mal eintritt.
   d) Binomialverteilung: Es geht nur um die Frage, ob ein Sitz besetzt ist oder nicht und die Zahl der Plätze ist fest.

10. Da die Anzahl der Stellenwechsel nicht begrenzt ist, kommen die Poissonverteilung und die negative Binomialverteilung in Betracht. Das Auswahldiagramm zeigt bei Vernachlässigung der Kategorie ≥ 6 keine Steigung, so daß die Poissonverteilung zu präferieren ist. Dies wird auch gestützt durch die näherungsweise Übereinstimmung von $\bar{x} = 2.11$ und $s^2 = 2.46$.

Kapitel 11

1. Das entsprechend gezeichnete Quantildiagramm weist eine systematische Krümmung auf, so daß die Pareto-Verteilung nicht geeignet erscheint.
2. $F(\tilde{\mu}) = 1 - e^{-\lambda\tilde{\mu}} = 0.5 \Rightarrow \tilde{\mu} = x_{0.5} = \frac{0.6931}{\lambda}$.
3. a) $\bar{x} = 200$; b) $\hat{\lambda} = 1/\bar{x} \Rightarrow P(X \leq 100) = 1 - e^{-0.005 \cdot 100} = 0.393469$;
   c) $x_{0.1} = 21.07$.
4. $P(X \geq x + z | X \geq z) = \frac{e^{-\lambda(x+z)}}{e^{-\lambda z}} = e^{-\lambda z} = P(X \geq x)$
5. Das Quantildiagramm bestätigt die Eignung des Exponentialverteilungsmodells.
6. Wie das QQ-Diagramm verdeutlicht, eignet sich für die Variable $Y = X - 10$ im wesentlichen eine Exponentialverteilung als Verteilungsmodell: $Y \sim \exp(0.017)$. Lediglich der größte Wert 332 erscheint hier als Ausreißer.

Kapitel 12

1. $X \sim N(990, 1.5^2)$ a) $P(X \geq 987.5) = 0.952$; b) $x_{0.33} = 989.340$;
   c) $P\left(\sum_{i=1}^{10} X_i \geq 9910\right) = 0.018$.
2. a) (i) $P(X \geq 130) = 0.001$;
   (ii) $P(X \leq x) = 0.975 \Rightarrow x = 119.6$;
   (iii) $P(X \geq x) = 0.8 \Rightarrow x = x_{0.2} = 91.584$;
   (iv) $\mu \pm 3 \cdot \sigma = 100 \pm 30 \Rightarrow [70, 130]$;
   (v) $P(75 \leq X \leq 125) = 0.982$;
   (vi) $P(76.737 \leq X \leq 123.63) = 0.98$;
   (vii) $P(85 \leq X \leq 129) = 0.91$
   b) (i) $\mu = 125.537$;
   (ii) $\Phi\left(\frac{104 - \mu}{\sigma}\right) = 0.05 \Rightarrow z_{0.05} = \frac{104 - \mu}{\sigma}$,
   $\Phi\left(\frac{120 - \mu}{\sigma}\right) = 0.5 \Rightarrow z_{0.5} = \frac{120 - \mu}{\sigma}$.
   Lösen der beiden Gleichungen ergibt: $\mu = 120$, $\sigma = 9.73$.
3. a) (i) $P(X \geq 32.5) = 0.067$; (ii) $P(X \leq 25) = 0.5$; (iii) $P(22.5 \leq X \leq 30) = 0.532$
   b) $p = 0.9973$ (Text!);
   c) Nach Text: einfaches zentrales Schwankungsintervall: [20, 30];
   d) $P(X \geq x) = 0.02 \Rightarrow x = 35.27$.
4. a) (i) $X = \sum_{i=1}^{4} X_i \sim N(1600, 1600) \Rightarrow P(1540 \leq X \leq 1660) = 0.866$;
   (ii) X symmetrisch mit Erwartungswert und Varianz wie oben.
   $\Rightarrow P(1540 \leq X \leq 1660) \geq 0.55$ (Tschebyschev-Ungleichung)
   b) (i) $P(X \leq 1550) = 0.106$;
   (ii) $P(X \leq 1550) = \frac{1}{2} P(\{X \leq 1550\} \cup \{X \geq 1650\}) \leq \frac{1}{2} 0.64 = 0.32$.

5. Da die Eignung eines Verteilungsmodells eher anhand des QQ-Diagramms zu sehen ist, wird nur eine Arbeitstabelle dafür angegeben – mit ausgewählten Quantilen.

v	$x_{(v)}$	z_v	v	$x_{(v)}$	z_v	v	$x_{(v)}$	z_v
1	164	−2.519	20	178	−0.741	75	188	1.158
2	165	−2.105	25	179	−0.599	76	189	1.217
3	168	−1.89	30	180	−0.393	77	190	1.282
4	172	−1.737	35	181	−0.238	78	190	1.352
5	173	−1.617	40	181	−0.089	79	192	1.429
6	173	−1.516	45	182	0.059	80	193	1.516
7	174	−1.429	50	183	0.208	81	193	1.617
8	174	−1.352	55	184	0.362	82	193	1.737
9	174	−1.282	60	185	0.524	83	194	1.89
10	174	−1.217	65	186	0.703	84	194	2.105
15	176	−0.952	70	187	0.906	85	196	2.519

Das resultierende Diagramm deutet auf keine gute Eignung der Normalverteilung als Modell hin.

6. Die Arbeitstabelle für das QQ-Diagramm lautet:

x_i^*	$\hat{F}(x_i^*)$	z_i	x_i^*	$\hat{F}(x_i^*)$	z_i	x_i^*	$\hat{F}(x_i^*)$	z_i
25	.003	−2.716	65	.224	−0.757	105	.858	1.072
35	.010	−2.330	75	.399	0.255	115	.947	1.618
45	.033	−1.838	85	.611	0.281	125	.983	2.132
55	.116	−1.198	95	.756	0.693	135	.997	2.716

Das QQ-Diagramm weist auf eine gute Eignung der Normalverteilung als Modell für diese Daten hin.

7. $Y = \sum_{i=1}^{100} X_i$ = „Gewinn bei 100 Spielen". $E(Y) = -10$, $V(Y) = 34$.
   i) $P(Y \geq 1.5) = 0.024$; ii) $y_{0.9} = -2.53$.

8. a) $Y = \sum_{i=1}^{100} X_i$ = „Anzahl der an 100 Tagen vorbeifahrenden Busse"
   $E(Y) = 100$, $V(Y) = 100 \Rightarrow Y \sim N(100, 100)$;
   b) $P(Y \leq 80) = 0.023$;
   c) $[y_{0.25}, y_{0.75}] = [93.255, 106.745]$

9. X = „Anzahl von Unfällen mit Schwerverletzten" $\sim B(50, 0.2)$.
   a) i) exakt: $P(X < 50 \cdot 0.3) = P(X \leq 14) = 0.939$;
      ii) approximativ: $P(X \leq 14) \approx 0.944$;
   b) i) exakt: $P(X > 10) = 0.416$; ii) approximativ: $P(X > 10) \approx 0.43$;
   c) i) exakt: $P(10 < X < 20) = 0.416$;
      ii) approximativ: $P(10 < X < 20) \approx 0.43$.

10. X = „Anzahl der weißen Kugeln in der Stichprobe"
   a) $X \sim B(100, 0.1)$ (i) $E(X) = 10$; (ii) $P(X = 10) = 0.134$;
      (iii) $P(8 < X < 12) = 0.384$;
   b) $X \sim B(100, 0.1)$ (i) $E(X) = 100$; (ii) $P(X = 100) = 0.042$;
      (iii) $P(88 < X < 112) = 0.756$;

c) Die Wahrscheinlichkeit ist:

$$\Phi\left(\frac{10^9 - 10^4 \cdot 10^9 - 10^9}{\sqrt{10^9 \cdot 0.9}}\right) + 1 - \Phi\left(\frac{10^9 + 10^4 \cdot 10^9 - 10^9}{\sqrt{10^9 \cdot 0.9}}\right)$$
$$= \Phi(-3.333) + 1 - \Phi(3.333) \approx 0 .$$

11. Die Arbeitstabelle für das QQ-Diagramm lautet:

$\ln(x_i)$	$\hat{F}(x_i)$	z_i	$\ln(x_i)$	$\hat{F}(x_i)$	z_i	$\ln(x_i)$	$\hat{F}(x_i)$	z_i
.693	.242	−.701	2.303	.813	.889	2.890	.908	1.331
1.099	.419	−.204	2.398	.830	.953	2.944	.913	1.360
1.386	.538	.096	2.485	.844	1.011	2.996	.918	1.391
1.609	.623	.312	2.565	.855	1.057	3.219	.938	1.539
1.792	.681	.470	2.639	.868	1.116	3.401	.957	1.718
1.946	.720	.584	2.708	.886	1.204	3.555	.967	1.834
2.079	.755	.690	2.773	.893	1.242	3.689	.976	1.981
2.197	.786	.792	2.833	.901	1.288	3.912	.990	2.345

Aus der Grafik erhält man die Näherungswerte $\tilde{\mu} = 1.33$, $\tilde{\sigma} = 1.16$. Die Eignung der Lognormalverteilung als approximatives Modell ist aber zweifelhaft.

Kapitel 13

1. a) Die Arbeitstabelle

i	$x_{(1)}$	$x_{(2)}$	$x_{(3)}$	n_i	$\bar{x}$	s^2
1	−1	−1	−1	1	−1	0
2	−1	−1	0	3	−2/3	2/9
3	−1	0	0	3	−1/3	2/9
4	−1	−1	1	3	−1/3	8/9
5	−1	1	1	3	1/3	8/9
6	−1	0	1	6	0	6/9
7	0	0	0	1	0	0
8	0	0	1	3	1/3	2/9
9	0	1	1	3	2/3	2/9
10	1	1	1	1	1	0

führt zu folgenden Verteilungen der Stichprobenfunktionen:

$x_{(2)}$	$P(X_{(2)} = x_{(2)})$	$\bar{x}$	$P(\bar{X} = \bar{x})$	s^2	$P(S^2 = s^2)$
−1	7/27	−1	1/27	0	3/27
0	13/27	−2/3	3/27	2/9	12/27
1	7/27	−1/3	6/27	6/9	6/27
		0	7/27	8/9	6/27
		1/3	6/27		
		2/3	3/27		
		1	1/27		

b)

$E(\bar{X}) = 0$	$E(X_{(2)}) = 0$	$E(S^2) = 4/9$
$V(\bar{X}) = 2/9$	$V(X_{(2)}) = 14/27$	$V(S^2) = 8/81$

2.

i	x_1	x_2	p	$\bar{x}$	s^2
1	0	0	0.25	0	0
2	0	1	0.2	0.5	0.25
3	0	2	0.05	1	1
4	1	0	0.2	0.5	0.25
5	1	1	0.16	1	0
6	1	2	0.04	1.5	0.25
7	2	0	0.05	1	1
8	2	1	0.04	1.5	0.25
9	2	2	0.01	2	0

X_1 und X_2 haben dieselbe Verteilung wie X selbst. Für die anderen Stichprobenvariablen gilt:

$x_{(1)}$	$P(X_{(1)} = x_{(1)})$	$x_{(2)}$	$P(X_{(2)} = x_{(2)})$	$\bar{x}$	$P(\bar{X} = \bar{x})$	s^2	$P(S^2 = s^2)$
0	0.75	0	0.25	0	0.25	0	0.42
1	0.24	1	0.56	0.5	0.40	0.25	0.48
2	0.01	2	0.19	1	0.26	1.0	0.10
				1.5	0.08		
				2	0.01		

3. a + b)

Stichprobe	1	2	3	4	5	Mittel über die Stichpr.	Varianz über die Stichpr.	$E(\hat{F}(x))$	$V(\hat{F}(x))$
$\hat{F}(0.5)$	0.3	0.4	0.1	0.1	0.1	0.2	0.016	0.2212	0.0345
$\hat{F}(1.5)$	0.5	0.7	0.3	0.5	0.3	0.46	0.0224	0.5726	0.0494
$\hat{F}(4.0)$	0.9	1.0	0.8	0.9	0.8	0.88	0.0056	0.8647	0.0234
$\bar{x}$	1.741	1.115	2.530	2.277	2.675	2.0676			

4. Es sei $\bar{X} = h(A)$. Dann gilt die Tschebyschev-Ungleichung:

$$P(|\bar{X} - p| \leq 0.01) \geq 1 - p(1-p)/n \cdot 0.01^2 \geq 1 - \frac{1}{2} \cdot \frac{1}{2} \cdot /n \cdot 0.01^2 \geq 0.09$$

$\Rightarrow n = 25000$,

Normalapproximation: $\Phi\left(\frac{0.01}{\sqrt{p(1-p)/n}}\right) - \Phi\left(\frac{-0.01}{\sqrt{p(1-p)/n}}\right) \geq 0.09$. Da die Differenz umso kleiner ist, je größer $p(p \leq 1/2)$ ist, kann auch hier $p(1-p)$ durch 1/4 ersetzt werden. $\Rightarrow \Phi(-0.02\sqrt{n}) = 0.05 \Rightarrow n = 6766$.

Kapitel 14

1. a) $\bar{x} = \sum_{i=1}^{k} m_i \cdot h_i = 2.365, \quad \hat{\sigma}_{\bar{X}} = \frac{\hat{\sigma}}{10} = 0.19285$;

b) $\hat{E}(X) = \frac{1}{\hat{\lambda}} = \bar{x} = 2.365, \quad \hat{\sigma}_{\bar{X}} = \frac{1}{10} \cdot \frac{1}{\hat{\lambda}} = 0.2365$.

2. Erwartungstreu sind: i), ii), v); konsistent sind: i), iv), v),. vi); die MQF sind:

i) $E(\bar{X}-\mu)^2 = \frac{1}{n} V(X)$,

ii) $E(X_1-\mu)^2 = V(X)$,

iii) $E(\bar{X}+0.0001-\mu)^2 = \frac{1}{n} V(X) + 0.0000001$,

iv) $E\left(\frac{n-1}{n}\bar{X}-\mu\right)^2 = \frac{(n-1)^2}{n^3} V(X) + \left(\frac{\mu}{n}\right)^2$

v) $E\left(\frac{1}{n-1}\sum_{i=1}^{n-1} X_i-\mu\right)^2 = \frac{1}{n-1} V(X)$,

vi) $E\left(\bar{X}+\frac{1000}{n}-\mu\right)^2 = \frac{1}{n} V(X) + \left(\frac{1000}{n}\right)^2$.

3. a) Es sind 27 verschiedene Stichprobenergebnisse möglich. Die Arbeitstabelle listet die geordneten Stichproben:

i	$x_{(1)}$	$x_{(2)}$	$x_{(3)}$	p_i	$\bar{x}$
1	0	0	0	1/27	0
2	0	0	a	3/27	a/3
3	0	0	2a	3/27	2a/3
4	0	a	a	3/27	2a/3
5	0	a	2a	6/27	a
6	0	2a	2a	3/27	4a/3
7	a	a	a	1/27	a
8	a	a	2a	3/27	4a/3
9	a	2a	2a	3/27	5a/3
10	2a	2a	2a	1/27	2a

führt zu folgenden Verteilungen der Stichprobenfunktionen:

$x_{(2)}$	$P(X_{(2)} = x_{(2)})$	$\bar{x}$	$P(\bar{X} = \bar{x})$
0	7/27	0	1/27
a	13/27	a/3	3/27
2a	7/27	2a/3	6/27
		a	7/27
		4a/3	6/27
		5a/3	3/27
		2a	1/27

$x_{(3)}$	$P(X_{(3)} = x_{(3)})$	$2\bar{x}$	$P(2\bar{X} = \bar{x})$
0	1/27	0	1/27
a	7/27	2a/3	3/27
2a	19/27	4a/3	6/27
		2a	7/27
		8a/3	6/27
		10a/3	3/27
		4a	1/27

mit

$E(\bar{X}) = a$	$E(X_{(2)}) = a$	$E(2\bar{X}) = 2a$	$E(X_{(3)}) = (2-\frac{7}{27})a$
$V(\bar{X}) = 2a^2/9$	$V(X_{(2)}) = 14a^2/27$	$V(\bar{X}) = 8a^2/9$	$MQF(X_{(3)}; a) = \frac{297}{729}a^2$

Das Stichprobenmittel ist dem Stichprobenmedian als Schätzfunktion vorzuziehen. $X_{(3)}$ ist effizienter als $2\bar{X}$, aber verzerrt.

4. a) Da die vorgeschlagenen Schätzfunktionen alle erwartungstreu sind, reicht es aus, die Varianzen zu vergleichen. Es gilt: $V(\hat{\mu}_1) < V(\hat{\mu}_4) < V(\hat{\mu}_3) < V(\hat{\mu}_2)$.

b) Die effizienteste Linearkombination erhält man mit dem Ansatz:

$V(a\bar{X}_u + (1-a)\bar{X}_s) = a^2 25 V(\bar{X}_s) + (1-a)^2 V(\bar{X}_s) \overset{!}{=} \min$. Ableiten und Nullsetzen der Ableitung ergibt als effizienteste Linearkombination: $\frac{1}{26}\bar{X}_u + \frac{25}{26}\bar{X}_s$.

5. a) Es sind $MQF(\hat{\mu}_1, \mu) = \frac{1}{3} \cdot V(X)$ und $MQF(\hat{\mu}_2, \mu) = \frac{1}{2} \cdot V(X)$. Der MQF steigt um 50 %.

b) Nein: $MQF(\hat{\mu}_3, \mu) = \frac{5}{9} \cdot V(X) > \frac{1}{3} \cdot V(X) = MQF(\hat{\mu}_1, \mu)$.

c) Es gilt: $V(\hat{\mu}) = \frac{\sigma^2}{n+m}$, $E(\hat{\mu}) = \frac{n}{n+m} \cdot \mu + \frac{m}{n+m} \cdot \mu'$. Das ergibt:
$MQF(\hat{\mu}, \mu) = \frac{\sigma^2}{n+m} + \frac{m^2}{(n+m)^2} \cdot (\mu - \mu')^2$. $\hat{\mu}$ ist also konsistent, wenn
$\frac{m}{n+m} \to 0$ für $n \to \infty$.

6. a) Mit $x_n = x$ ist: $n(s_n^2 - s_{n-1}^2) = n\left\{\frac{1}{n}\sum_{v=1}^{n} x_v^2 - \bar{x}_n^2 - \left(\frac{1}{n-1}\sum_{v=1}^{n-1} x_v^2 - \bar{x}_{n-1}^2\right)\right\}$
$= -s_{n-1}^2 + \frac{n-1}{n}\bar{x}_{n-1}^2 - \frac{2(n-1)}{n} \cdot \bar{x}_{n-1}^2 \cdot x$.
Also geht auch bei s^2 ein Ausreißer nur linear ein.

b)
$$\bar{x}_{0.2} = \begin{cases} 2 & \text{falls } x \leq 1 \\ (2+3+x)/3 & \text{falls } 1 < x < 4 \\ 3 & \text{falls } x \geq 4 \end{cases}.$$

7. a) Die Verteilung ist symmetrisch um Null, bei der empirischen Verteilung liegen die erhaltenen Werte zwischen -5 und 5, so daß es nahe liegt, für a den Wert 5 zu nehmen.

b) Das erste Moment $E(X)$ ist gleich Null, und somit keine Funktion von a. Wir berechnen das zweite Moment: $E(X^2) = \frac{1}{6}a^2$. Daraus ergibt sich als Momentenschätzer für a: $\hat{a} = \sqrt{6\overline{x^2}} = 5.358$.
Der Momentenschätzer ist größer als 5. Da bei der empirischen Verteilung tatsächlich die Werte nicht so stark um Null zentriert sind wie bei der theoretischen Verteilung, ist der Momentenschätzer vorzuziehen.

8. a + b)
$$L(\theta) = \begin{cases} \frac{10}{30} \cdot \frac{10}{30} \cdot \frac{10}{30} \cdot \frac{10}{30} & \text{für } \theta = 1 \\ \frac{15}{30} \cdot \frac{10}{30} \cdot \frac{15}{30} \cdot \frac{10}{30} & \text{für } \theta = 2 \\ \frac{15}{30} \cdot \frac{5}{30} \cdot \frac{15}{30} \cdot \frac{5}{30} & \text{für } \theta = 3 \end{cases}. \quad \text{Damit ist } \hat{\theta} = 2.$$

c) Wenn mit n_i die Häufigkeiten der Beobachtungen i, i = 0, 1, 2, bezeichnet werden:
$$L(\theta) = \begin{cases} 30^{-n} \cdot 5^n \cdot 2^n & \text{für } \theta = 1 \\ 30^{-n} \cdot 5^n \cdot 2^{n_1} \cdot 3^{n_0} & \text{für } \theta = 2 \\ 30^{-n} \cdot 5^n \cdot 2^{n_2} \cdot 3^{n_0} & \text{für } \theta = 3 \end{cases};$$

Damit ist $\hat{\theta} = 1$ falls $\ln(3)/\ln(2) - 1 > n_2/n_0$ und $\ln(3)/\ln(2) - 1 > n_1/n_0$,
$\hat{\theta} = 2$ falls $\ln(3)/\ln(2) - 1 < n_2/n_0$,
$\hat{\theta} = 3$ falls $\ln(3)/\ln(2) - 1 < n_1/n_0$.

9. a) $L(p) = p^2 \cdot (p^2(1-p)^2)(1-p)^6. \Rightarrow \hat{p} = \frac{1}{3}$ ist ML-Schätzer für p.

   b) $L(p) = p^{n_0+n_1} \cdot (1-p)^{n_1+2n_2}. \quad \Rightarrow \quad \hat{p} = \frac{n_0+n_1}{n_0+2n_1+2n_2}$. Dabei sind $n_i = n(X = i)$.

10. a) (i) $E(X) = 4 - 2p. \Rightarrow \hat{p}_M := \frac{4-\bar{x}}{2}$;

   (ii) $P(X = 0) = 0.1\,p \Rightarrow \hat{p}_h := 10 \cdot h(X = 0)$;

   (iii) $L(x_1, \ldots, x_n) = c(x_1, \ldots, x_n) \cdot p^m (1-p)^{n-m}$. Dabei hängt c nicht von p ab, und $m = h(X \leq 3)$. $\Rightarrow \hat{p}_{ML} := h(X \leq 3)$.

   b) $MQF(\hat{p}_M, p) = \frac{1}{4n}(5p - 4p^2)$; $\quad MQF(\hat{p}_h, p) = \frac{10p(1-0.1p)}{n}$;

   $MQF(\hat{p}_{ML}, p) = \frac{p(1-p)}{n}$.

   Es gilt: $MQF(\hat{p}_{ML}, p) < MQF(\hat{p}_M, p) < MQF(\hat{p}_h, p)$.
   Alle drei Schätzer sind konsistent.

Kapitel 15

1. Lage des Pfahls ≙ Lage des unbekannten Parameters
   Breite des Hufeisens ≙ Länge des Konfidenzintervalls
   Treffsicherheit des Werfers ≙ Konfidenzniveau
   Lage des Hufeisens nach dem Wurf ≙ realisiertes Konfidenzintervall.

2. $c \approx \frac{n+1}{2} - \frac{1}{2} \cdot z_{0.995}\sqrt{n} = 16 - \frac{1}{2} \cdot 2.576\sqrt{31} = 8.83 \Rightarrow$ Das Intervall ist: $[108, 394]$.

3. Der Ansatz $\frac{n+1}{2} - \frac{1}{2} \cdot z_{0.975}\sqrt{n} \geq \frac{n}{4}$ liefert: $n \geq 11$. Da die Approximationsformel aber erst für $n > 20$ verwendbar ist, sollte das gekerbte Box-Plot auch erst bei $n > 20$ gezeichnet werden.

4. a) $P(X_{(1)} \leq \tilde{\mu}) = 1 - \left(\frac{1}{2}\right)^n$

   b) $P(X_{(2)} \leq \tilde{\mu}) = 0.9893 > 0.95, \quad P(X_{(3)} \leq \tilde{\mu}) = 0.9453 < 0.95 \Rightarrow c = 2$; für $n > 20$ gilt allgemein: $c \approx \frac{1}{2}(n+1) - \frac{1}{2} z_{0.95}\sqrt{n}$.

5. Mit den angegebenen Stichprobenumfängen haben die Konfidenzintervalle die Gestalt:

$$\left[\bar{x} - t_{n-1;1-\alpha/2}\frac{\hat{\sigma}}{\sqrt{n}},\ \bar{x} + t_{n-1;1-\alpha/2}\frac{\hat{\sigma}}{\sqrt{n}}\right].$$

Mit $\bar{x} = 21.345$ und $s^2 = 95.44$ lauten die realisierten Konfidenzintervalle:

	i) $n = 50$	ii) $n = 200$
$\alpha = 0.01$	$[17.60, 25.09]$	$[18.77, 23.13]$
$\alpha = 0.05$:	$[18.56, 24.13]$	$[19.99, 22.70]$

6. a) $n = 9$, $\bar{x} = 200$, $\sigma = 45$: Das Konfidenzintervall lautet: $[170.6, 229.4]$.
   b) $n = 9, \bar{x} = 200, s = 45$: Das Konfidenzintervall lautet nun: $[163.31, 236.69]$.
   c) Der ungünstigste Fall aus a) ist $\mu = 170.6$; also: $X \sim N(170.6, 45^2)$ $\Rightarrow P(X \geq 220) = 0.136$.
   d) Er müßte noch $n = 4 \cdot 9 = 36$ Jahre lang Latein-Bücher versetzen.

7. a) Gefragt ist ein Konfidenzintervall für einen Anteil. X = Anzahl der Kinder mit ≥ 80 [min] Fernseh-Konsum. $\hat{p} = 10/25 = 0.4$. Das realisierte Konfidenzintervall lautet: $[0.2340, 0.5925]$.
   b) Das realisierte Konfidenzintervall für μ lautet: $[x_{(6)}, x_{(20)}] = [55, 95]$.
   c) Mit $\bar{x} = 75$ und $s^2 = 1620$ erhält man als realisiertes Konfidenzintervall für μ: $[58.08, 91.92]$.

8. Für exponentialverteilte Stichprobenvariablen X_v nimmt der zentrale Grenzwertsatz die Form an: $\dfrac{\bar{X} - 1/\lambda}{\frac{1}{\lambda}\sqrt{n}} \sim N(0, 1)$. Umformen von $-z \leq \dfrac{\bar{X} - 1/\lambda}{\frac{1}{\lambda}\sqrt{n}} \leq z$

   ergibt das Konfidenzintervall zum Niveau $1 - \alpha$: $\left[\dfrac{1}{\bar{X}}\left(1 - \dfrac{z}{\sqrt{n}}\right), \dfrac{1}{\bar{X}}\left(1 + \dfrac{z}{\sqrt{n}}\right)\right]$.

   Mit $\bar{x} = 119.8$ lautet das realisierte Konfidenzintervall: $[0.00576, 0.01093]$.

9. a) Das realisierte Konfidenzintervall für die Mißerfolgswahrscheinlichkeit ist: $[0.3154, 0.4024]$.
   b) Mit der Vorinformation $p \approx 0.36$ ergibt sich: $n > 2445.83$.
   c) $n > 2653.9$.

10. a) $n \geq 900$.
    b) $\hat{p} = 0.2$ (Intervallmitte). Damit ist die Formel aus dem Text anwendbar. Es folgt: $n = 900$.
    c) i) Die Wahrscheinlichkeit ist $0.01 \cdot 0.01 \cdot 0.01 = 10^{-6}$.
       ii) Entweder sind die drei Konfidenzintervalle zum Niveau $1 - \alpha = 0.9967$ zu bestimmen ($0.9967^3 = 0.99$) und $[\max\{U_1, U_2, U_3\}, \min\{V_1, V_2, V_3\}]$ als Konfidenzintervall anzusetzen, wobei $[U_i, V_i]$ das i'te Konfidenzintervall ist.
       Im ungünstigsten Fall sind die drei Intervalle (ungefähr) gleich. Dann ist das kombinierte Intervall länger als bei gleichem n zum Niveau 0.99. Alternativ kann $\hat{p} = \frac{1}{3}(\hat{p}_1, \hat{p}_2, \hat{p}_3)$ gebildet und damit das 99%-Konfidenzintervall bestimmt werden. Die Länge des Intervalls würde sich um den Faktor $\sqrt{3} = 1.732$ verringern.

11. $\hat{p} = 0.3$ (Intervallmitte). Damit folgt, daß ein Konfidenzniveau von 0.95 zugrunde lag.

Kapitel 16

1. Entsprechend dem Grundsatz „Im Zweifel für den Angeklagten“ ist sicherzustellen, daß die Wahrscheinlichkeit für eine fälschliche Verurteilung möglichst klein ist. Das führt zu: H: Angeklagter unschuldig; G: Angeklagter schuldig.
Fehler erster Art: Angeklagter unschuldig und zu Unrecht verurteilt.
Fehler zweiter Art: Angeklagter schuldig und zu Unrecht freigesprochen.

2. a) Das realisierte Konfidenzintervall für den erwarteten Monatsumsatz lautet: $[26.063, 53.937]$.
b) Stichworte: große Stichprobenstreuung; realisiertes KI relativ lang; 50 liegt im oberen Randbereich des KI.

3. a) H: $\mu \geq 1000$; G: $\mu < 1000$.
b) H: $\mu \leq 1000$, G: $\mu > 1000$.
c) Als Produzentenrisiko bezeichnet man die Wahrscheinlichkeit, daß eine gute Warensendung aufgrund des zufälligen Stichprobenergebnisses zurückgewiesen wird. Dies entspricht der fälschlichen Ablehnung von H: $\mu \geq 1000$, also dem Fehler 1. Art.
Das Konsumentenrisiko entspricht der Wahrscheinlichkeit für einen Fehler 2. Art, der fälschlichen Beibehaltung von H: $\mu \geq 1000$. Mit anderen Worten ist dies die Annahme einer schlechten Lieferung.
d) i) Der Gauß-Text führt wegen $R = \dfrac{998 - 1000}{3/\sqrt{9}} = -2 < -1.645$ zur Ablehnung von H: $\mu \geq 1000$.
ii) $P(T < -2) = 0.0225$.

4. H: $p = 1/6$; G: $p > 1/6$. Prüfgröße $T := $ Anzahl der Sechsen, $T \sim B(5, p)$.
Es gilt: $\alpha^* = P(T = 5 | H) = 0.00013$.

5. Sei p die Wahrscheinlichkeit, daß eine zufällig ausgewählte Fahrt eine Verspätung aufweist.
a) i) H: $p \geq 0.05$, G: $p < 0.05$
ii) Die Prüfgröße lautet: $T = \dfrac{\hat{p} - 0.05}{\sqrt{0.05 \cdot 0.95/400}}$. Mit $\hat{p} = \dfrac{12}{400} = 0.03$ ist $T = -1.8353$. Mit $T < -1.645$ wird H abgelehnt.
b) H: $p \leq 0.05$, G: $p > 0.05$. $T = \dfrac{0.07 - 0.05}{\sqrt{0.05 \cdot 0.95/n}}$. H wird abgelehnt, wenn $T > 1.645$. $\Rightarrow n \geq 322$.

Kapitel 17

1. Hier ist der t-Test angezeigt. (X ist normalverteilt, σ^2 ist unbekannt.) Die Hypothesen lauten: H: $\mu = 0$, G: $\mu \neq 0$. Bei $n - 1 = 9$ Freiheitsgraden sind die kritischen Werte für $T = \dfrac{\bar{X} - \mu_0}{\hat{\sigma}/\sqrt{n}}$ die Quantile $\pm t_{9;0.995} = \pm 3.2498$. Wegen $T = \dfrac{1.58 - 0}{1.23/\sqrt{10}} = 4.062$ wird H abgelehnt.

2. a) H: $\lambda \leq \lambda_0 = 0.1$; G: $\lambda > \lambda_0$. Ist $\lambda = \lambda_0$ richtig, so ist die Prüfgröße

$T = \frac{\bar{X} - 1/\lambda_0}{(1/\lambda_0)/\sqrt{n}} = \bar{X} - 10$ approximativ Standardnormalverteilt. Der Ablehnbereich ist also: $\{T < z_\alpha\}$.

b) $T = -2.5 < -2.3263 = z_{0.01}$. Die Nullhypothese ist abzulehnen.

c) Umformen von $-z \leq \frac{\bar{X} - 1/\lambda}{(1/\lambda)/\sqrt{n}} \leq z$ ergibt das Konfidenzintervall $\left[\frac{1}{\bar{X}}\left(1 - \frac{z}{\sqrt{n}}\right), \frac{1}{\bar{X}}\left(1 + \frac{z}{\sqrt{n}}\right)\right]$. Das Konfidenzintervall lautet für $n = 100$: $[0.099, 0.168]$.

3. a) H: $\tilde{\mu} = 13.5$; G: $\tilde{\mu} > 13.5$.

b) Prüfgröße: $S :=$ Anzahl der Kinder, die das Puzzle in weniger als 13,5 Min. lösen. S ist unter H $B(15, 0.5)$ verteilt. $\Rightarrow$ Ablehnbereich zum Niveau $a = 0.02$: $\{S < 4\}$. H wird hier wegen $S = 4$ nicht abgelehnt.

c) Das empirische Signifikanzniveau ist $\alpha^* = 0.0592$.

d) Bei Verwendung der Normalapproximation für $T = \frac{S - 100 \cdot 0.5}{\sqrt{100 \cdot 0.5 \cdot 0.5}}$ ist die Nullhypothese wegen $T = -3 < -2.0537$ abzulehnen.

4. a) H: $p = 0.32$; G: $p > 0.32$. Prüfgröße: $T := \frac{\hat{p} - 0.32}{\sqrt{0.32(1 - 0.32)/n}}$, Ablehnbereich: $\{T > z_{1-\alpha}\}$.

b) Aus dem Ansatz $\frac{0.46 - 0.32}{\sqrt{0.32(1 - 0.32)/n}} = 2.3263$ folgt, daß der Stichprobenumfang > 60 sein muß.

c) Analog zu b) ergibt sich für den Stichproben: 35,6 %.

5. a) H: $p = 0.56$; G: $p \neq 0.56$. Prüfgröße: $T = \frac{\hat{p} - 0.56}{\sqrt{0.56 \cdot 0.44/n}}$; Die Nullhypothese ist wegen $T = 2.82 > z_{0.995} = 2.5758$ abzulehnen.

b) $\alpha^* = 2\Phi(-2.82) = 0.004$.

c) H: $p \leq 0.44$; G: $p > 0.44$. H wird nicht abgelehnt.

6. Es können die Differenzen der Wertepaare, T = „Anzahl Tage ohne RI – Anzahl Tage mit RI“ als Basis für den Test genommen werden. Da die Daten diskret sind und die Stichprobe recht klein, wird der Zeichentest verwendet. Die Hypothesen lauten: H: $\tilde{\mu} = 0$; G: $\tilde{\mu} < 0$.
Unter H ist die Prüfgröße T $B(25, 0.5)$ verteilt. Der Ablehnbereich ist also $\{T > 16\}$, und wegen $T = 17$ wird die Nullhypothese abgelehnt.

7. Das Testproblem lautet: H: $\tilde{\mu}_X = \tilde{\mu}_Y$; G: $\tilde{\mu}_X < \tilde{\mu}_Y$. Da die Daten nicht normalverteilt sind und die Stichprobe klein ist, wird der Wilcoxon-Rangsummentest ausgewählt. Die Prüfgröße T ist (approximativ) t-verteilt mit 27 Freiheitsgraden. Daraus folgt der Ablehnbereich: $\{T > 2.4727\}$. Wegen $T = 2.7068$ ist die Nullhypothese abzulehnen.

8. H: $\mu_X = \mu_Y$; G: $\mu_X \neq \mu_Y$. Unter H gilt: $T = \frac{\bar{X} - \bar{Y}}{\sqrt{\hat{\sigma}^2_{X/n} + \hat{\sigma}^2_{Y/m}}} \sim N(0, 1)$.

Wegen $|T| = 2.1706$ folgt $\alpha^* = 2 \cdot P(T \geq 2.1706 | H) = 0.06$. Zu den üblichen Niveaus wäre das Ergebnis nicht signifikant.

9. H: $p_1 \leq p_2$; G: $p_1 > p_2$, wobei p_1 = Anteil der Raucher mit krankhaften Veränderungen der Atemwege in GG, und p_2 = entsprechender Anteil der Nichtraucher.
Mit $\hat{p} = \dfrac{n \cdot \hat{p}_1 + m \cdot \hat{p}_2}{n+m}$ ist $T = \dfrac{\hat{p}_1 - \hat{p}_2}{\sqrt{\hat{p}(1-\hat{p})\left(\dfrac{1}{n} + \dfrac{1}{m}\right)}}$.
Wegen $T = 4.84 > z_{0.99} = 2.3263$ ist das Ergebnis signifikant zum Niveau 0.01.

10. Es wird auf die Differenzen der Wilcoxon-Vorzeichen-Test angewandt. Da der Nachweis einer Steigerung von Interesse ist, lautet das Testproblem: H: $\tilde{\mu} \leq 0$; G: $\tilde{\mu} > 0$. Die Prüfgröße T ist t-verteilt mit 11 Freiheitsgraden. Es ergibt sich der Ablehnbereich: $\{T > 1.7959\}$, in den $T = 2.4159$ fällt. Jedoch ist das Ergebnis nur deskriptiv zu interpretieren, da kein Zufallsexperiment zugrunde liegt.

11. Hypothesen: H: $\mu_X = \mu_Y$; G: $\mu_X > \mu_Y$. Die Prüfgröße des Rangsummentests ist t-verteilt mit 43 Freiheitsgraden. Es ergibt sich der Ablehnbereich: $\{T > 1.681\}$. Wegen $T = 3.4531$ ist die Nullhypothese abzulehnen.

Kapitel 18

1. a) Die Varianzen in den einzelnen Gruppen unterscheiden sich nicht dramatisch, so daß die Voraussetzung homogener Varianzen als gegeben angesehen werden kann. Das QQ-Diagramm zeigt einen in etwa linearen Verlauf, so daß auch die Voraussetzung der Normalverteilung ausreichend erfüllt ist.
Als Tafel der Varianzanalyse erhält man:

Faktor	df	SS	MS
A	3	90.56	30.187
B	1	2.415	2.415
Wechsel-W.	3	4.872	1.624
zuf. Fehler	72	111.637	1.551
Gesamt	79	209.48	

Damit folgt:
Test auf Wechselwirkung: $F = 1.047$, $P(F > 1.047) = 0.376$;
Test auf Effekte des Faktors A (Futterzusatz): $F = 19.469$, $P(F > 19.469) \approx 0$.
Test auf Effekte des Faktors B (Trog-Art): $F = 1.558$, $P(F > 1.558) = 0.206$;

b) Der Kruskal-Wallis-Test (unter Verwendung mittlerer Ränge) liefert als realisierten Wert der Prüfgröße: $T = 12.85 > \chi^2_{3;0.99} = 11.34$. Der Korrekturfaktor ist trotz der vielen Bindungen fast Eins: 0.999.

2. a) Als Tafel der Varianzanalyse erhält man:

Faktor	df	SS	MS
A (Reagenz.)	3	120	40
B (Katalys.)	2	48	24
Wechsel-W.	6	84	14
zuf. Fehler	12	48	4
Gesamt	23	300	

Damit folgt:
Test auf Wechselwirkung: $F = 3.5$, $P(F > 3.5) = 0.03$;
Test auf Effekte des Faktors A: $F = 10$, $P(F > 10) = 0.003$
Test auf Effekte des Faktors B: $F = 6$, $P(F > 6) = 0.01$;

b) Für die Residuen erhält man bei der Zwei-Weg-Klassifikation ohne Wechselwirkung:

$$\begin{aligned} U_{ijv} &= X_{ijv} - [\bar{X}_{...} + (\bar{X}_{i..} - \bar{X}_{...}) + (\bar{X}_{.j.} - \bar{X}_{...})] \\ &= X_{ijv} - \bar{X}_{i..} - \bar{X}_{.j.} + \bar{X}_{...} \quad . \end{aligned}$$

Das führt zu der folgenden Tafel der Varianzanalyse:

Faktor	df	SS	MS
A (Reagenz.)	3	120	40
B (Katalys.)	2	48	24
zuf. Fehler	18	132	7.33
Gesamt	23	300	

3. a) Prüfgröße des Friedmann-Tests: $T = 9 > \chi^2_{3;0.95} = 7.815$.

b) Tafel der Varianzanalyse:

Faktor	df	SS	MS
A (Gift)	2	0.2538	0.1269
B (Tierart)	3	0.2338	0.0779
Wechsel-W.	1	$SS(A \times B) =$ 0.038	
Gesamt	11	0.5498	

Der Wert der Teststatistik auf Wechselwirkung beträgt $7.985 > F_{1,5;0.95} = 6.61$.

c) Nach der Änderung erhält man als Wert der Prüfgröße des F-Tests auf Wechselwirkung: 0.00099. Hier wird die Interpretation der Faktoreffekte dann sinnvoll.

Kapitel 19

1. a) H: $p_{-2} = p_{-1} = \ldots = p_2 = \frac{1}{5}$. $X^2 = 20 > \chi_{4;0.95} = 9.488$. H wird abgelehnt.

   b) H: $p_{<0} = p_{>0} = \frac{1}{2}(1 - p_0)$. Für die Prüfgröße des Chi-Quadrat-Tests,

$$X^2 = \frac{(n_{<0} - n \cdot p_{<0})^2}{n \cdot p_{<0}} + \frac{(n_{=0} - n \cdot p_{=0})^2}{n \cdot p_{=0}} + \frac{(n_{>0} - n \cdot p_{>0})^2}{n \cdot p_{>0}}$$

   ist ein Parameter zu schätzen, nämlich $p_{=0}$. Mit $\hat{p}_{=0} = \frac{n_{=0}}{n}$ erhält man $X^2 = 2.5714$. Die Anzahl der Freiheitsgrade ist $3 - 1 - 1 = 1$. Wegen $\chi_{1;0.95} = 3.841$ kann H nicht abgelehnt werden.

2. Man erhält $\bar{x} = 0.40426$, $s^2 = 0.5245$. Das führt zu folgenden Werten der Prüfgröße der Chi-Quadrat-Tests:
   Poisson: $\hat{\lambda} = 0.404$; $X^2 = 31.85 > 14.86 = \chi_{6-1-1;0.995}$.
   neg. Bin.: $\hat{k} = 1.35$, $\hat{p} = 0.77$; $X^2 = 4.49 < \chi_{6-1-2;0.8} = 4.642$.
   Die negative Binomialverteilung ist klar das geeignetere Verteilungsmodell.

3. H: $p_1 = \ldots = p_8 = \frac{1}{8}$. $X^2 = 0.88$. $P(X^2 \geq 0.88) > 0.995$. H wird also nicht abgelehnt, obwohl die Daten offensichtlich einen klaren Trend zeigen. Der χ^2-Test ist nicht geeignet, solche Strukturen zu entdecken.

4. a) $X^2 = 0.2815 < \chi_{3;0.05}$. Die Hypothese H: „Mendels Theorie gilt" wird beibehalten.

   b) Der Wert von X^2 ist so klein und dementsprechend das empirische Signifikanzniveau so groß, daß eine überzufällig gute Übereinstimmung von den Daten mit den erwarteten Häufigkeiten vorzuliegen scheint.

5. Da die Daten klassiert vorliegen, ist der χ^2-Test angebracht. Man erhält die folgende Arbeitstabelle, wobei $y_i = \ln(x_i^*)$, $\bar{y} = 3.9195$, $s_Y = 0.1714$:

$\ln(m_i)$	$\frac{y_i - \bar{y}}{s_Y}$	h_i	$\Phi\left(\frac{y_i - \bar{y}}{s_Y}\right)$	p_i	$100 \times \frac{(h_i - p_i)^2}{p_i}$
2.862	−2.125	0.01	0.0168	0.0168	
3.624	−1.346	0.02	0.0892	0.0724	3.932
3.750	−0.658	0.16	0.2551	0.1659	0.021
3.861	−0.044	0.28	0.4826	0.2274	1.215
3.961	0.512	0.26	0.6958	0.2132	1.026
4.052	1.020	0.16	0.8461	0.1503	0.062
4.135	1.487	0.07	0.9315	0.0853	0.276
4.212	1.919	0.02	0.9725	0.0410	0.579
4.284	2.322	0.02	0.9899	0.0174	

   An beiden Rändern müssen je zwei Randklassen zusammengefaßt werden, da die Approximationsvoraussetzung sonst nicht erfüllt ist. Der Wert der Prüfgröße ist $X^2 = 7.11$. Bei $7 - 1 - 2 = 4$ Freiheitsgraden ist die Modellabweichung nicht signifikant. Die Verdoppelung des Stichprobenumfanges ändert nichts an der Notwendigkeit der Zusammenlegung der Klassen. Jedoch wird

die nunmehr doppelt so große Prüfgröße signifikant zum Niveau $\alpha = 0.05 : \chi^2_{4;0.95} = 9.488 < 14.22$.
Da die Prüfgröße linear von n abhängt, folgt aus dem Ansatz $9.488 = n \times 0.0711$: $n \geq 133.4$.

6. Anwendung der modifizierten Kolmogorov-Statistik liefert den Wert 8.0029. Die Nullhypothese ist abzulehnen.

7. Kolmogorov-Smirnov-Test: Als realisierten Wert der Prüfgröße erhält man den Wert 0.4626. Die Nullhypothese wird beibehalten.
Korrelationstest: Als realisierten Wert der Prüfgröße R erhält man 0.9769. Wegen $0.9769 > 0.953$ (vgl. Tabelle G) ist die Hypothese von der Normalverteilung nicht abzulehnen.

8. Von den im Text dargestellten Tests ist nur der Test vom Korrelationstyp anwendbar. Mit dem empirischen Korrelationskoeffizienten $r = 0.97156$ wird die Nullhypothese der Gleichverteilung auch beim Niveau $\alpha = 0.1$ beibehalten ($r > 0.936$).

9. Die untersten zwei Altersklassen sind zusammenzufassen, um der Bedingung $n_{i.} \cdot n_{.j} \geq 50$ zu genügen. Anwendung des Chi-Quadrat-Unabhängigkeitstests liefert als Wert der Prüfgröße: $5.42 < 11.07 = \chi^2_{5;0.95}$. Die Unabhängigkeitshypothese ist beizubehalten.

10. Wir wählen die Altersklassen ≤ 25, $25 < - \leq 31$, > 31, sowie als Klasseneinteilung für die Höhe der Geschwindigkeitsüberschreitung ≤ 23, > 23. Der Chi-Quadrat-Unabhängigkeitstest liefert als realisierten Wert der Prüfgröße: 0.906. Wegen $\chi^2_{2;0.95} = 5.99$ wird die Unabhängigkeitshypothese beibehalten.

11. Wir benutzen die Zufallsvariablen X = „Marktsituation der Vorperiode" und Y = „Marktsituation der nachfolgenden Periode" mit den Realisationsmöglichkeiten $0 \cong$ „$-$", $1 \cong$ „$+$". Das ergibt folgende Tabelle von Übergängen:

X \ Y	0	1	Σ
0	1	10	11
1	9	5	14
Σ	10	15	25

Der Chi-Quadrat-Unabhängigkeitstest liefert: $X^2 = 7.819 > 6.635 = \chi^2_{1;0.99}$. Die kleiner als der kritische Wert ist, kann die Entscheidung jedoch als angemessen angesehen werden.

12. Damit die Bedingung $n_{i.} \cdot n_{.j} \geq 5$ erfüllt ist, müssen die Klassen 1 und 2 zusammengelegt werden. Der Chi-Quadrat-Unabhängigkeitstest liefert dann: $X^2 = 662.58 > 23.59 = \chi^2_{9;0.995}$. Die Unabhängigkeitshypothese wird also abgelehnt.

13. Der Wert der Prüfgröße $R_s \sqrt{n-1}$ ist 3.56. Damit ist ein monotoner Zusammenhang nachgewiesen.

Kapitel 20

1. b) $\hat{a} = 7.09$, $\hat{b} = 0.504$; somit ist $\hat{y} = 7.09 + 0.504 \cdot x$. c) $R^2 = 0.937$.
   d) Es ist mit einer Schadensfrequenz von $7.09 + 0.504 \cdot 35 = 24.73$ Monaten zu rechnen.

2. b) $\hat{a} = 57.3177$, $\hat{b} = 0.6452$; somit ist $PEV = 57.3177 + 0.6452 \cdot BSP$.
   c) $PEV(1967) = 57.3177 + 0.6452 \cdot (1.04 \times 330) = 278.75$.

3. In allen vier Datensätzen ergibt sich die gleiche Regressionsgerade $y = 3 + 0.5\,x$ mit demselben Wert des Bestimmtheitsmaßes: $R^2 = 0.666$. Die unterschiedlichen Diagramme machen deutlich, daß den Ergebnissen von Regressionsrechnungen allein wenig Vertrauen zu schenken ist.

4. $\hat{a} = 2.0$ ist der durchschnittliche Umsatz ohne Werbekampagne $(X = 0)$; $\hat{b} = 1.4$ ist die durchschnittliche Zunahme des Umsatzes bei zusätzlichen Werbekampagnen $(X = 1)$.

5. a) $\hat{a} = 32.403$, $\hat{b} = -1.223$. Das negative Vorzeichen von $\hat{b}$ weist auf eine Abnahme der Anzahl verkaufter Stücke mit erhöhtem Preis hin. Pro DM geht die mitlere verkaufte Anzahl um mehr als ein Stück zurück.
   b) $R^2 = 0.856$.
   c) Die neuen Mittelwerte und Varianzen lauten: $\bar{p} = 3.6$, $s_P^2 = 1.2636$, $\bar{x} = 28$, $s_X^2 = 2.209$, $\overline{px} = 99.25$. Damit folgt: $\hat{b} = -0.6996$, $\hat{a} = 30.519$.

6. Bei gegebenem $a = 0$ lautet der Ansatz zur KQ-Schätzung von b: $\sum(y_\nu - b \cdot x_\nu)^2 \overset{!}{=} \min$. Das ergibt $\hat{b} = \dfrac{\sum x_\nu y_\nu}{\sum x_\nu^2}$. Konkret ist $\hat{b} = 4.065$.
   Im Modell mit Achsenabschnitt erhält man die üblichen KQ-Schätzwerte: $\hat{a} = 1.274$, $\hat{b} = 3.811$, $R^2 = 0.985$.

7. Man erhält: $\hat{a} = 37.46$, $\hat{b} = -0.1117$. Damit ergeben sich folgende 95%-Konfidenzintervalle:

x_ν	$\hat{y}_\nu$	untere Gr.	obere Gr.
50	31.88	27.97	35.79
100	26.29	23.78	28.81
150	20.71	19.35	22.07
200	15.12	13.77	16.48
250	9.54	7.02	12.06
300	3.95	0.04	7.86

8. Nach der Aussage müßten die x- und die y-Werte bis auf Zufallsfehler gleich sein. Daher kann entweder ein Lagetest für die Differenzen angewendet werden, oder aber im Rahmen der Regressionsanalyse die Hypothese H: $b = 1$ und $a = 0$ getestet werden. Die Hypothese ist abzulehnen wenn einer der beiden Tests auf $a = 0$ bzw. $b = 0$ zur Ablehnung führt. Dabei sind die Tests jeweils zum Niveau $\alpha/2$ durchzuführen, um das Gesamtniveau einzuhalten (Bonferroni-Korrektur, siehe Abschnitt 20.3).
   Als Realisierung der Prüfgrößen erhält man: $T_a = -0.836$, $T_b = 0.959$ und wegen $t_{10;0.99} = 2.7638$ ist die Nullhypothese nicht zu verwerfen.

9. H: $b \leq 0$, G: $b > 0$. Wegen $T_b = 4.2588 > 1.8125$ wird die Nullhypothese abgelehnt.

10. Die Werte der einfachen und der Streichungsresiduen sind:

Land	SU	USA	RC	IND	CDN	AUS	TR	F	GB	D
einf. R.	−10.4	18.0	11.3	−4.3	−0.1	−17.5	−3.8	9.5	−0.8	−1.8
Str.-R.	−31.2	21.7	13.0	−4.8	−0.1	−19.8	−4.4	11.3	−1.0	−2.2

11. Das Trimmen von je 10% der Wertepaare mit den größten bzw. kleinsten Residuen bringt hier die Streichung der Paare 3, 4, 6 und 11. Damit ergibt sich:

	$\hat{a}$	$\hat{b}$	$\hat{\sigma}^2$	R^2
ungetrimmt	5.49	0.067	23.32	0.87
getrimmt	5.60	0.064	6.43	0.97

12. Das Residuendiagramm zeigt eine systematische Änderung des mittleren Verlaufs. Gemäß dem Auswahldiagramm ist eine Transformation $X \rightarrow X^2$ angezeigt. Der Modellansatz $Y = a + bX^2 + U$ scheint dann sinnvoll.

13. Hier bringt die Transformation $X \rightarrow X^{-1}$ eine verbesserte Linearisierung des Zusammenhanges. Die KQ-Methode ergibt die geschätzte Regressionsgerade $\hat{Y} = 92.69 - 4065.34\,X^{-1}$. Das Residuendiagramm zeigt dann aber zwei Ausreißer (Peru, Libanon), so daß bei nur 9 Datenpunkten der Ansatz fraglich bleibt.

14. Das Residuendiagramm scheint aufgrund des zusätzlichen Datenpunktes eine systematische Krümmung zu bekommen. Die Transformation $X \rightarrow \ln(X)$ führt dann auf die akzeptable lineare Regressionsbeziehung $\ln(Y) = -0.258 + 1.19 \cdot \ln(X)$.

Sachverzeichnis